U0181522

乡土·建筑

李秋香　主编

碛口古镇

李秋香　陈志华　罗德胤　著

北京出版集团公司
北　京　出　版　社

图书在版编目（CIP）数据

碛口古镇 / 李秋香，陈志华，罗德胤著． — 北京 ：
北京出版社，2020.2
（乡土 · 建筑 / 李秋香主编）
ISBN 978-7-200-13406-3

Ⅰ．①碛… Ⅱ．①李… ②陈… ③罗… Ⅲ．①村落—
古建筑—研究—临县 Ⅳ．① TU-092.2

中国版本图书馆 CIP 数据核字（2017）第 266501 号

地图审图号：GS（2019）2288号

责任编辑：王忠波　　责任印制：陈冬梅　　整体设计：苗　洁

乡土 · 建筑　李秋香主编

碛口古镇
QIKOU GUZHEN
李秋香　陈志华　罗德胤　著

出　　版　北京出版集团公司
　　　　　北京出版社
地　　址　北京北三环中路6号
邮　　编　100120
网　　址　www.bph.com.cn
总 发 行　北京出版集团公司
印　　刷　北京雅昌艺术印刷有限公司
经　　销　新华书店
开　　本　787毫米×1092毫米　1/16
印　　张　35.75
字　　数　311千字
版　　次　2020年2月第1版
印　　次　2020年2月第1次印刷
书　　号　ISBN 978-7-200-13406-3
定　　价　228.00 元

质量监督电话：010-58572393
如有印装质量问题，由本社负责调换

目　录

总 序

碛口古镇

3　第一章　小都会与大文章
23　第二章　黄河百害，唯富一“套”
35　第三章　崛起于河山之间
47　第四章　满地是银子
57　第五章　黄河船夫曲
67　第六章　吕梁山里的驼铃
87　第七章　精明而诚信的经营者
99　第八章　自己管理自己
115　第九章　长街小巷
129　第十章　货栈、骆驼店与商铺
141　第十一章　世俗化的庙宇
附：碛口市街及部分店铺测绘图

周边辐射村落

189　第一章　西湾村
小附：窑洞建筑的名称解释
231　第二章　高家坪村
271　第三章　李家山村
297　第四章　孙家沟村

323 第五章 招贤沟
377 第六章 彩家庄村
441 第七章 吴城镇老街概况

采访访问纪要

497 访问马常春
507 访问兴盛韩药店后人韩福兴
511 谈谈拉骆驼
519 访问碛码头工丁四保
523 从扛包工到经纪人
527 做过载生意的和合店
533 复泰泉粉坊
535 大德通票号碛口分号
537 碛口聚星魁
539 访问老艄高恩才

547 **第一版后记**

555 **再版后记**

561 **参加碛口及周围村落测绘学生名单**

总序

中国有一个非常漫长的自然农业的历史，中国的农民至今还占着人口的绝大多数。五千年的中华文明，基本上是农业文明。农业文明的基础是乡村的社会生活。在广阔的乡土社会里，以农民为主，加上小手工业者、在乡知识分子和明末清初从农村兴起的各行各业的商人，一起创造了像海洋般深厚瑰丽的乡土文化。庙堂文化、士大夫文化和市井文化，虽然给乡土文化以巨大的影响，但它们的根扎在乡土文化里。比起庙堂文化、士大夫文化和市井文化来，乡土文化是最大多数人创造的文化，为最大多数人服务。它最朴实、最真率、最生活化，因此最富有人情味。乡土文化依赖于土地，是一种地域性文化，它不像庙堂文化、士大夫文化和市井文化那样有强烈的趋同性，它千变万化，更丰富多彩。乡土文化是中华民族文化遗产中至今还没有被充分开发的宝藏，没有乡土文化的中国文化史是残缺不全的，不研究乡土文化就不能真正了解我们这个民族。

乡土建筑是乡土生活的舞台和物质环境，它也是乡土文化最普遍存在的、信息含量最大的组成部分。它的综合度最高，紧密联系着许多其他乡土文化要素或者甚至是它们重要的载体。不研究乡土建筑就不能完整地认识乡土文化。甚至可以说，乡土建筑研究是乡土文化系统研究的基础。

乡土建筑当然也是中国传统建筑最朴实、最真率、最生活化、最富有人情味的一部分。它们不仅有很高的历史文化的认识价值，对建筑工作者来说，还可能有一些直接的借鉴价值。没有乡土建筑的中国建筑史也是残缺不全的。

但是，乡土建筑优秀遗产的价值远远没有被正确而充分地认识。

一个物种的灭绝是巨大的损失，一种文化的灭绝岂不是更大的损失？大熊猫、金丝猴的保护已经是全人类关注的大事，乡土建筑却在以极快的速度、极大的规模被愚昧而专横地破坏着，我们正无可奈何地失去它们。

我们无力回天。但我们决心用全部的精力立即抢救性地做些乡土建筑的研究工作。

我们的乡土建筑研究从聚落下手。这是因为，绝大多数的乡民生活在特定的封建家长制的社区中，所以，乡土建筑的基本存在方式是形成聚落。和乡民们社会生活的各个侧面相对应，作为它们的物质条件，乡土建筑包含着许多种类，有居住建筑，有礼制建筑，有崇祀建筑，有商业建筑，有公益建筑，也有文教建筑，等等。每一种建筑都是一个系统。例如宗庙，有总祠、房祠、支祠、香火堂和祖屋；例如文教建筑，有家塾、义塾、私塾、书院、文馆、文庙、文昌（奎星）阁、文峰塔、文笔、进士牌楼，等等。这些建筑系统在聚落中形成一个有机的大系统，这个大系统规定着聚落的结构，使它成为功能完备的整体，满足一定社会历史条件下乡民们物质的、文化的和精神的生活需求，以及社会的制度性需求。打个比方，聚落好像物质的分子，分子是具备了某种物质的全部性质的最小的单元，聚落是社会的这种最小单元。而个体建筑则是构成聚落的原子。个体建筑只有形成聚落才能充分获得它们的意义和价值。聚落失去了个体建筑便不能形成功能和形态齐全的整体。我们因此以完整的聚落作为研究乡土建筑的对象。

乡土生活赋予乡土建筑丰富的文化内涵，我们力求把乡土建筑与乡土生活联系起来研究，因此便是把乡土建筑当作乡土文化的基本部分来研究。聚落的建筑大系统是一个有机整体，我们力求把研究的重点放在聚落的整体上，放在各种建筑与整体的关系以及它们之间的相互关系上，放在聚落整体以及它的各个部分与自然环境和历史环境的关系上。乡土文化不是孤立的，它是庙堂文化、士大夫文化、市井文化的共同基础，和它们都有千丝万缕的关系。乡土生活也不是完全封闭的，它和一个时代整个社会的各个生活领域也都有千丝万缕的关系。我们力求在这些关系中研究乡土建筑。例如明代初年“九边”的乡土建筑随军事形势的张弛而变化，例如江南和晋中的乡土建筑在明代末年随着商品经济的发展所发生的变化历历可见，等等。聚落是在一个比较长的时期里定型的，这个定型过程蕴含着丰富的历史文化内容，我们也希望有足够的资料可以让我们对聚落做动态的研究。总之，我们的研究方法综合了建筑学的、历史学的、民俗学的、社会学的、文化人类学的各种方法。方法的综合性是由乡土固有的复杂性和外部联系的多方位性决定的。

从一个系列化的研究来说，我们希望选作研究课题的聚落在各个层次上都有类型性的变化：有纯农业村，有从农业向商业、手工业转化的村；有窑洞村，有雕梁画栋的村；有山村，有海滨村；有马头墙参差的，也有吊脚楼错落的，还有不同地区不同民族的，等等。这样才能一步步接近中国乡土建筑的全貌，虽然这个路程非常漫长。在区分乡土聚落在各个层次上的类别和选择典型的时候，我们使用了细致的比较法。就是要找出各个聚落的特征性因子，这些因子相互之间要有可比性，要在聚落内部有本质性，要在类型之间或类型内部有普遍性。

因为我们的研究是抢救性的，所以我们不选已经闻名天下的聚落作研究课题，而去发掘一些默默无闻但很有价值的聚落。这样的选题很难：聚落要发育得成熟一些，建筑类型比较完全，建筑质量好，有家谱、碑铭之类的文献资料。当然聚落还得保存得相当完整，老的没有太大的损坏，新的又没有太多。但是，近半个世纪来许多极精致的或者极具典型性的村子都已经被破坏，而且我们选择的自由度很小，有经费原因，有交通原因，甚至还会遇到一些有意的阻挠。我们只能尽心竭力而已。

因为是丛书，我们尽量避免各

本之间的重复，很注意每本的特色。特色主要来自聚落本身，在选题的时候，我们加意留心它们的特色，在研究过程中，我们再加深发掘。其次来自我们的写法，不仅尽可能选取不同的角度和重点，甚至变换文字的体裁风格。有些一般性的概括，我们放在某一本书里，其他几本里就不再反复多写。至于究竟在哪一本书里写，还要看各种条件。条件之一，虽然并不是主要条件，便是篇幅。有一些已经屡屡见于过去的民居调查报告或者研究论文里的描述、分析、议论，例如“因地制宜”“就地取材”之类，大多读者早就很熟悉，我们便不再啰唆。我们追求的是写出每个聚落的特殊性，而不是去把它纳入一般化的模子里。只有写题材的特殊性，才能多少写出一点点中国乡土建筑的丰富性和多样性。所以，挖掘题材的特殊性，是我们着手研究的切入点，必须下比较大的功夫。类型性特殊性和个体性特殊性的挖掘，也都要靠细致运用比较的方法。

这套丛书里每一本的写作时间都很短，因为我们不敢在一个题材里多耽搁，怕的是这里花工夫精雕细刻，那里已拆毁了多少个极有价值的村子。为了和拆毁比速度，我们只好贪快贪多，抢一个是一个，好在调查研究永远只能嫌少而不会嫌多。工作有点浅简，但我们还是认真地做了工作的，我们决不草率从事。

虽然我们只能从汪洋大海中取得小小一勺水，这勺水毕竟带着海洋的全部滋味。希望我们的这套丛书能够引起读者们对乡土建筑的兴趣，有更多的人乐于也来研究它们，进而能有选择地保护其中最有价值的一部分，使它们免于彻底干净地毁灭。

陈志华　2005年12月2日

碛口古镇

第一章　小都会与大文章
第二章　黄河百害，唯富一“套”
第三章　崛起于河山之间
第四章　满地是银子
第五章　黄河船夫曲
第六章　吕梁山里的驼铃
第七章　精明而诚信的经营者
第八章　自己管理自己
第九章　长街小巷
第十章　货栈、骆驼店与商铺
第十一章　世俗化的庙宇
附：碛口市街及部分店铺测绘图

第一章　小都会与大文章

“物阜民熙小都会，河声岳色大文章”，这是碛口镇背后黑龙庙山门檐柱上的一副对联，写于清道光癸卯仲春。道光癸卯是1843年，中英《南京条约》签订的第二年。这一年，上海和宁波相继开港，中国的历史走上了近代史的新阶段。在这之前，一个远离海疆几千里路的偏僻落后的地区里，在农牧业经济的基础上，一百多年皮筏子的漂流和骆驼队的跋涉已经造就了一个物资丰富、商民云集的小都会。

碛口镇在山西省西部的临县，黑龙庙在卧虎山尽端的陡坡上。站在山门前放眼眺望，右手边是浩浩荡荡万里奔腾而来的黄河，左手边是出自吕梁山支脉的湫水。湫水在碛口镇南面被屏风一样壁立三百米的秃鹫山一挡，扭头向西北，扑进了黄河。碛口镇就在这两条河相汇的口子上，卧虎山从后面撞上了它的腰，把它撞成了个牛轭形，西北一半贴在黄河岸边，东南一半贴在湫水岸边，从这头到那头，足足有三里长。镇上人把黄河叫“老河”，把湫水叫“小河”，亲切的称呼道出了两条河对镇子的血肉关系。

黄河岸边的西市街，有几座码头，繁华时期，每年仅仅从

碛口镇黑龙庙及关帝庙。位于黄河与湫水河的交汇处的山头上，位置最高，是碛口镇的地标
李秋香摄

内蒙古河套的磴口出发来碛口的船便有四千艘，再加上五原、包头、托克托、府谷、保德的木船和皮筏子，每天都有几十艘船和筏子从上游下来，这里总停泊着近百艘。码头上和船筏上，几百个苦力，被叫作“闹包子的”，忙忙碌碌，把水上运来的各种货物卸到驳船，泊岸，再踏过跳板，用并不强壮的脊背把它们扛到卧虎山脚下西市街上的几十家货栈里去。“杭育杭育”的号子声响成一片，在山和水之间回荡。货栈很大，光是那空阔的院子便有四五百平方米，黄河岸边的台地很狭窄，货栈便爬上山坡，一叠一叠的窑洞，越爬越高，多的竟有五层。圆弧形的窑洞把陡峭的崖壁雕刻得像雄伟的摩天大楼。窑洞里装满了从甘肃、宁夏、陕西和内蒙古运来的货物，主要是粮食、麻油、盐、碱、药材和皮毛，叫作“六大行业”。店东们盘算着行市，是收购有利，还是中介有利。

湫水岸边，东市街集中着十几个骆驼店和骡马店，街北一溜儿并肩有七座大院子，每座足足可以容得下两三百头牲口。从早到晚，成千匹牲口，有骡子也有骆驼，西

沟壑纵横的黄土高原　李秋香摄

去东往，在人群中穿过街道，把河路上运来的货物送到晋中、河北、山东、河南和京津，又把东路来的货物，布匹、绸缎、煤油、茶叶、生熟铁制品和“洋板货”（即洋货），运过黄河到陕西、甘肃、宁夏和内蒙古，回来再带些皮、毛、药材、烟丝和碱。牲口走的当然是旱路。

碛口是个水旱转运码头，生意西到兰州、吴忠，北到包头、五原，南到邯郸、郑州，东到太原、京津。以至在太原、汾阳、太谷、平遥，市上卖的烟丝、碱、油、粉条都叫“碛口烟”“碛口碱”“碛口油”“碛口粉条”；兰州、银川、包头卖的锅、勺、绸布统称“碛口货”。但它们并非产于碛口，而是从碛口贩来。

在粮油货栈和骆驼店之间夹杂着几百家商店和作坊。有京广杂货店、绸布店、糖果食品店、药店、金银店、油盐店、纸笔文具店、肉店、皮毛店、瓷器店、铁器店、染坊、粉坊、磨坊、剃头店、鞋店、成衣店、饭店、旅店、钱庄、当铺和专为牲口服务的钉掌店，后来还开了

碛口商业店铺　李秋香摄

碛口镇逢五、逢十赶集　李秋香摄

照相馆、镶牙馆和石印馆，五花八门，应有尽有，供应着本镇的和外来做生意的商家的各方面需要。这样的市镇，总免不了还有大烟馆和妓院。生意做大了，连中央银行、山西省银行，甚至天津的银行，在碛口也开设了分支机构。

从早到晚，三千来个坐商、客商，忙忙碌碌，订货、批货、零售、讨账。迎客的、问安的，隔着人头打招呼，嘈嘈杂杂又红红火火，生气蓬勃。除了每天的繁华，碛口街上每逢五、逢十有集市，不但周边的村子里人来做买卖，连陕西都有人过渡来赶集。集市上人挤人，挤掉了鞋子都弯不下身去捡。

连西头村的和河南坪的在内，碛口有五座戏台，“你方演罢我登场”，几乎天天有各处来的戏班子唱戏，锣鼓喧天。高亢嘹亮的“山西梆子”直送过黄河，对岸陕西的村子里都听得见。东边的露天场子叫戏台坪，

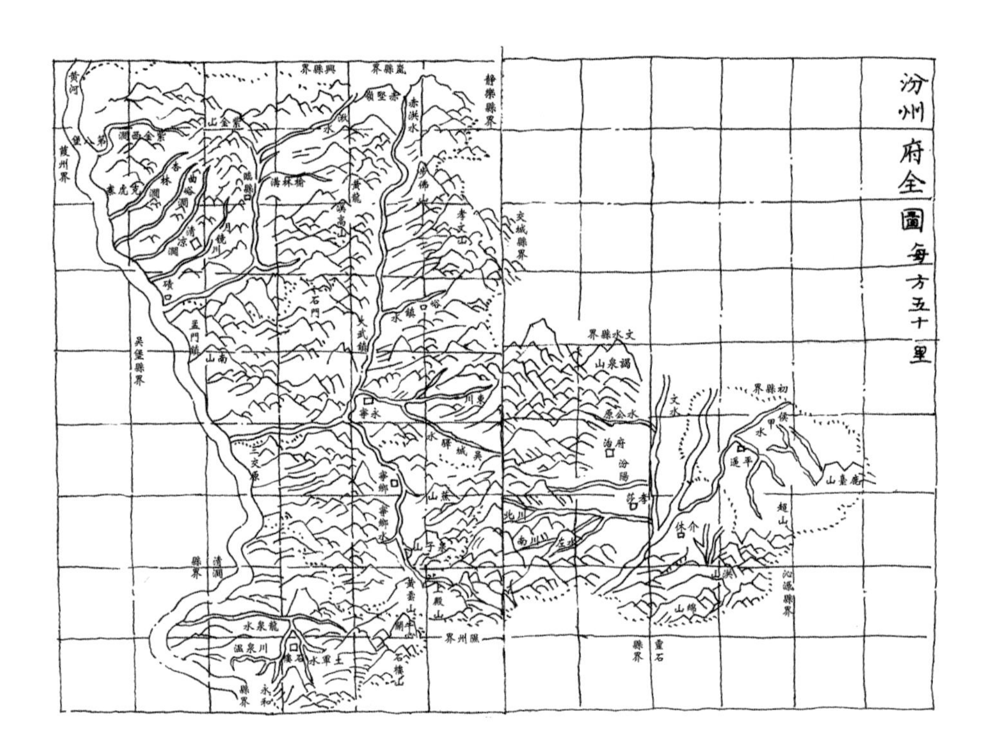

汾州府全图　地图审图号：GS（2019）2288 号

演戏的日子，场子周边搭满了棚子，全都是卖小吃的，油香气飞溢整个河滩。它北面的“高圪台”上，光赌摊就有二三十个，吆五喝六，一把一把地抓钱。

每夜点灯以后，商店上好了排板门，满街便响起噼里啪啦的算盘声，管账先生认真结一天的营业账了。快到二更时分，街上又热闹起来，四处晃动着一盏又一盏的灯笼，流星般匆匆来往，那是饭铺的小伙计给二三百家的管账先生送夜宵，通常是一壶黄酒、一盘烧鸡、一份“碗饦”[①]。

① 碗饦是把调好的莜麦面放在瓷碗里蒸熟，用刀子划成片，加上蒜泥、醋或臊子等做成的点心，算得上碛口的特产。

一曲伞头秧歌唱：

> 九曲黄河十八弯，宁夏起身到潼关，万里风光谁第一？还数碛口金银山。

这就是“物阜民熙小都会”了。

一、黄河东岸的门户

碛口镇在山西省临县，临县在吕梁山区，至今还由吕梁行署管辖着。山西民间老早就有一首谣谚传下来，说的是：

> 欢欢喜喜汾河湾，凑凑付付晋东南，哭哭啼啼吕梁山，死也不出雁门关。

吕梁地区虽然不是一个宁死也不能去的地方，却是一个教人悲苦的地方。黄土高原，沟壑纵横，地形破碎，草木不长，人都住在崖壁上凿出来的窑洞里，连饮水都非常困难。这样的自然环境中，怎么会出现一座商旅云集、物资丰富的“小都会”呢？造就它的，是黄河、湫水和吕梁山，这两水一山，河声岳色，写下了天地之间的“大文章”。

黄河东流，在中游转了一个大弯——先从甘肃经宁夏北上，到内蒙古临河境内折而向东，到了和林格尔的清水河又掉回头来向南奔流，直下潼关再向东赴海而去。从清水河到潼关，大约七百公里，黄河冲开秦晋高原，形成了切割深度达一二百米、宽只有三四百米的秦晋大峡谷。峡谷两岸都是悬崖峭壁，几乎没有缺口。临县就在这个峡谷中段的东岸。

秦晋大峡谷截断了陕西和山西之间的陆路交通，使它们的物资交流极为困难，而这两侧的经济本来有很大的互补性。虽然北端在包头、归化和大同、张家口之间可以交通，南端经潼关、风陵渡可以在晋南和关中之间交通，但南北两端有七百公里的距离，实在太远，因而必须在中段，也就是临县一带，有一个门户可以贯通东西。这门户一要便于渡河，二要便于穿透两岸沿河削壁，进而通过平均海拔一千五百米上下、布满了深沟大壑的黄土高原。湫水河口的碛口就是黄河东岸这样的门户。

民国六年《临县志·兵防》里说："碛口镇，临县之门户也。县境万山罗列，惟湫水由碛口达河。碛口虽无津渡，而沿河津渡十三处，必须取道于此。"十三个渡口，都背靠吕梁绝壁，只碛口可以经湫水河谷进入东去的孔道。碛口上游，北二十里有高家塌、下咀头，又三十里有堡则峪，都是渡口。它们对岸分别是陕西省吴堡县的岔上镇和葭县（今佳县）的螅蜊峪（现名螅镇），以螅蜊峪为主。从螅蜊峪循一条小河谷可以到米脂。道路在米脂分支，一支先沿无定河南下到绥德，再经大理河谷到靖边，循长城向西到安边、定边，更向前便是银川和吴忠，可以直下兰州。另一支沿无定河北上经镇川堡到榆林，在榆林再分两路，一路在横山出长城越毛乌素沙漠西到银川，一路在神木出关越毛乌素沙漠北到包头。

临县通晋中只有两个孔道，都起于碛口。民国《临县志·疆域》载，其中"南山孔道。城南一百里碛口镇，东行十里曰樊家沟，又东三十里曰南沟镇，与离（石）界牙错。又东三十里曰梁家岔，为碛口东通离石孔道"。到了离石，向东七十里便可以抵达吴城，再往东南到汾州（今汾阳），太谷、祁县、平遥、介休这些晋商大本营就在前面了；也可以从汾州向东北到太原盆地。这里便是"欢欢喜喜"的汾河湾。碛口，这个秦晋大峡谷中段东岸最好的出口，恰巧是离晋中和太原最近的出口之一。从太原经榆次向东，再从娘子关出太行山，便是石家庄。从此一马平川，可以北上京津，南下顺德府（今邯郸）和郑州，向东南则是济南。

然而，西北和华北两大经济区之间的这条古老的陆上通道在清代之前并没有成就碛口，因为碛口地势极为狭窄，没有耕地，养不活常住人口，而从上游五十里内几个渡口过来的商旅也并不需要在碛口停留。他们沿湫水往上，只要走五里，便到了侯台镇。侯台镇在湫水的冲积河滩上，土层厚而肥，早在明代就很富庶。侯台镇上有一块大明嘉靖六年（1527年）立的“大侯公讳浩塔”的残石，方形抹角，其上有铭说，侯浩于弘治年间被推为“老人”之职，“明如宝镜”。他置田产百顷，还有瓦井园圃，“立房舍一十二座”，是个不小的地主了。镇上人口众多，有集市贸易，商旅当然乐于在侯台镇打尖或住宿，从而促进侯台镇更加繁荣，以至形成了一条长长的商业街，也有骡马店和骆驼店。

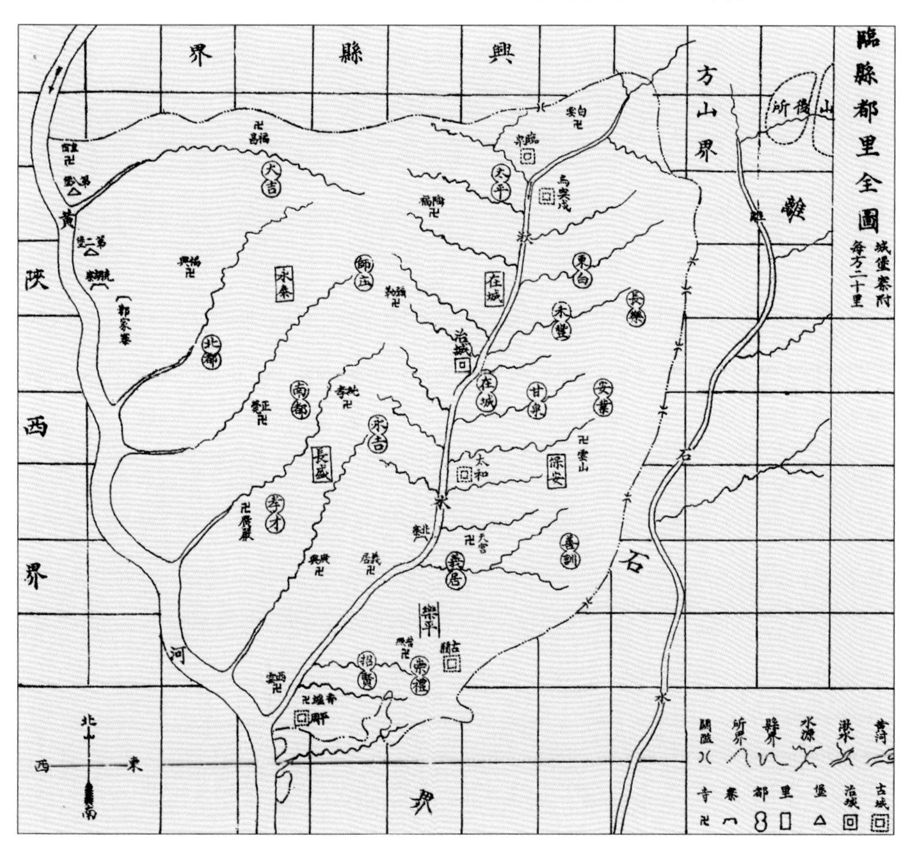

临县都里全图　地图审图号：GS（2019）2288 号

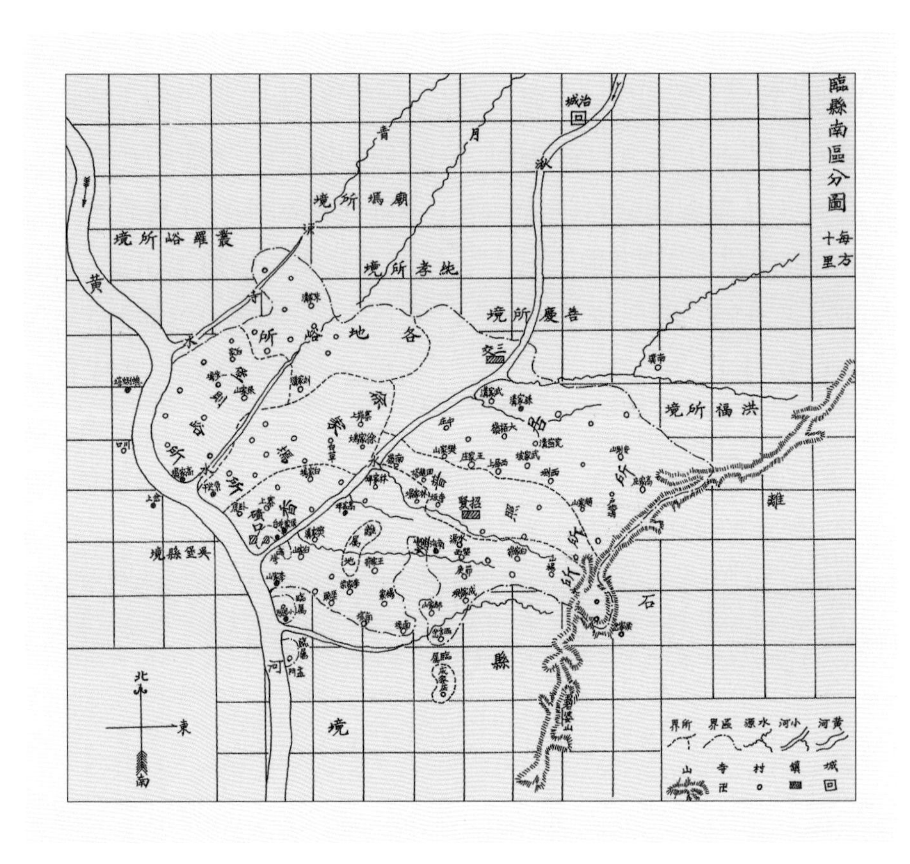

临县南区分图　地图审图号：GS（2019）2288 号

成就了碛口的，是从清代初年开发的廉价而又高效的黄河水路运输，更确切地说，是水路和旱路的交会。黄河北上南下，绕了个弯子，给陆路交通带来了困难，但是它到了内蒙古，在河套地区灌溉了大片沃土，到清代初年，催生了丰饶的农产品，于是人们用木船和皮筏子装载上粮食、胡麻油、吉兰泰的盐和碱经秦晋大峡谷顺流而下，运进内陆，还捎带着把宁夏、甘肃的牛、羊、皮毛，以及甘草、枸杞、当归等中药材一起运过来。粮食主要是接济虽然繁华但因为“地狭人稠”而严重缺粮的晋中和太原盆地。其余货物也要通过太原、晋中再

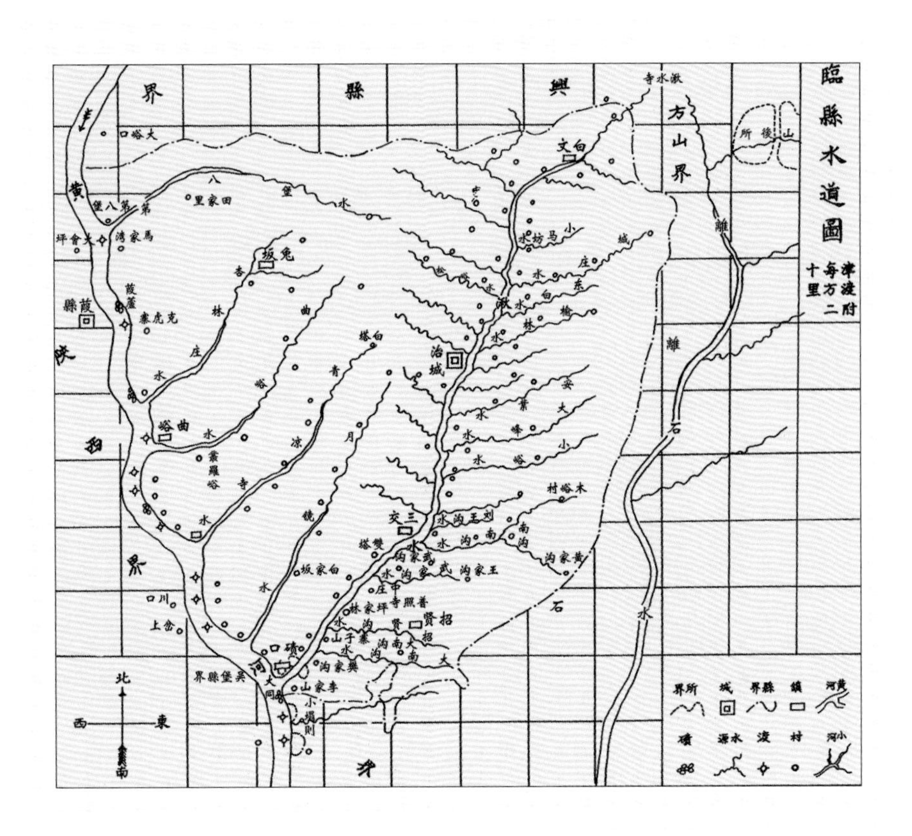

临县水道图　地图审图号：GS（2019）2288号

供应华北和京津各地，而从黄河通往太原、晋中的最便捷的转运码头还是碛口。碛口不仅早有直奔太原和晋中的陆上商道，而且黄河本身又给它造就了一个特殊的条件。

碛口正在湫水注入黄河的口子的北岸。湫水发源于兴县，从北向南，贯穿临县全境。它全长只有一百二十二公里，源头海拔一千五百至一千八百米，入河处海拔六百五十七米，落差降比为千分之一。急流在黄土高原奔腾，切割很深，挟带大量泥沙砾石。一进黄河，流速骤然下降，在入口下游靠黄河东岸堆积成一个长近一千米的砾石滩，当地叫它“大同碛”，碛口便因此得名，又叫它“二碛”，说的是它的险阻仅次于禹门口。大同碛把本来四百米宽的黄河挤成了只有八十米左右的水道，流急浪高，水底乱石如林，变化莫测，重载木船不能通过，皮筏子更经不起摔打。同时，大同碛又提高了上游的水位，加宽了河道，降低了流速，使碛口成了一个天然的河运良港。于是最无奈而其实恰恰又最合理的办法是在碛口把船筏上的货物卸下，改用牲口走旱就通行的旱路转运。碛口因此成了一个水旱转运码头，胜过了大同碛下游不远只有旱路渡口的孟门和军渡，以至早在乾隆年间就已经说它“境接秦晋，地临河干，为商旅往来、舟楫上下之要津也，比年来人烟辐辏，货物山积”（见乾隆二十一年《重修黑龙庙碑记》）。盛况一直保持到20世纪30年代。

是山，是水，成全了碛口这个“小都会”。

这就是“河声岳色大文章”！

二、非常特殊的地理条件

碛口镇由于非常特殊的地理条件成为水旱转运码头而繁荣起来。临县本地水土上的农业生产原来不足以打造出一个“小都会”，也不足以维持它。民国《临县志 · 区新》里说：“县境多山少原而民尽山居，广袤一百八十余里，按籍而稽，仅得三万四千二百三十三户，每户丁壮不过一人。……山僻之区，业农为本，凡有可耕之地，随在营窟而居，以便耕凿而谋衣食，故所谓十家村者实居多数，通邑足百户者除城镇而外不过数村而

19 世纪三四十年代山西的骆驼帮
海达 · 莫理循 1933 ～ 1946 年摄

已。”碛口身处黄土高原腹地，周围都是贫瘠荒凉的沟壑峁梁。在这些沟壑峁梁里，散布着一些小小的山村，村民都“营窟而居”，住的是山崖上凿出来的窑洞。喝的水是一滴一滴从石头缝里渗出来的，一遇伏旱，人畜生存都很困难。因此，碛口靠外在条件而发达起来之后，它对周围村落就发生了格外强烈的经济辐射力。周围村民很快投到以碛口为中心的经济圈里来，纷纷向碛口的转运业讨生活。

例如，黑龙庙后面的西山上村，男劳力几乎全部到碛口黄河码头当搬运工，叫“闹包子的”。麻墕村男子汉大多习武，练就一身好功夫，到碛口当更夫，开镖局。索达干、琉璃畔、高家塌、下咀头、小垣则（子）这些黄河边上的村子，男人家大多当船工或者筏工，少数发了家的，便当起了“养船的”，也就是船主。马杓峁、尧昌里、刘家里、陈家塬、冯家会诸村各有骡马上百头，而西头、西湾、寨子山、寨子坪、侯台镇则多养骆驼。清末民初西头村陈家有骆驼一千头左右，在碛口先后开大星店、天星店、三星店三家骆驼店。远在百里外的汾阳，也有养骆驼上百头的人家，参与碛口的运输业。侯台镇、樊家沟、南沟、梁家岔，这些村子在碛口去吴城的官道上，是骆驼队必经之地，村民们便开草料店、歇店、货栈等谋生。西湾、寨子山、李家山、高家坪、塬上、白家山等村，有不少人在碛口做小买卖，或者学做生意，由学徒而“二把刀”而掌柜，也有少数自立经营，当上了东家，甚至成了百万富翁，如民国初年寨子山的陈懋勇、陈敬梓兄弟。李家山、西湾和高家坪也都出了“财主”。特殊一点的是距碛口四十来里路的招贤镇，那里有一条瓷窑沟，沟里村子如小塌则（子）、化塌则（子）的村民，大量生产粗瓷用品，如缸、盆、罐之类；还有一个武家沟村，村民全用手工制作日用铜器，如炊具、灯具、烟具。这些粗瓷器和

碛口商人　碛口照相馆摄　侯克杰提供

铜器极大多数靠碛口输出到陕西、甘肃、宁夏和内蒙古去。所有这些村子，除了对碛口外，外部联系都很少而且很单纯，它们随碛口的繁荣而繁荣，随碛口的衰落而衰落，它们的命运和碛口的命运形成了一体。

更远一点，如东面的离石、吴城、汾阳，南面的孟门、军渡、柳林，北面的河曲、保德、府谷，甚至黄河对岸陕西的葭县、义合、米脂、绥德、榆林等地，也受到碛口经济辐射力的强大影响。

在临县的黄土地上走，满眼凄凉，深沟大壑里，悬崖上散落着零星的窑洞，连县志上说的十家之村都难得一见。但是，绕过一道山梁，忽然间，竟会有一座满是青砖瓦房的大村落，层层叠叠，从沟底一直漫上坡顶。这里地形陡峭，石板路曲曲折折，两旁的院门却很精致，甚至也有精雕细刻的。推门进去，宽敞的大院子，三合或者四合，都是砖砌的箍窑，窑前一律建明柱厦檐。有单层的，更多的是两层。格子窗上，艳红的剪纸还鲜亮着。这些院子里，大多有畜养骡马的厩屋，用整块青石雕出来的料槽排列得整整齐齐。院子中央的碾盘上，姑娘们用小笤帚扫着金黄的玉米面。每到仲秋，院子里就会满地摊着枣子，红光闪闪一片。这些村子，看上去，仿佛是依靠一种特殊的力量变出来的幻景，不是这黄土地上所能生成的，因为它们都是碛口镇经济辐射的产物。西湾、高家坪、李家山、寨子山，或许是其中比较好的，它们和碛口街共同构成一幅完整的历史场景的图画。

繁华的碛口街上，不论是腰缠万贯的大东家还是靠卖血汗糊口养家的苦力，都是在这些山村里出生长大，到成家了之后，房子依然造在山村里，家眷也绝不搬到街上去住。他们还是村子里的人，这里有他们祖辈植下的根。到了老年，回来颐养，即使死在街上，也要埋在村边，挨着祖坟。他们创造了许多经济上的业绩，他们的身体和灵魂都还没有离开土地。这些小村和村外的宝地，是碛口历史不可以忽略的一部分，是中华民族向新的近代历史阶段发展的艰难路程的一份记录。

站在碛口黑龙庙后山顶俯瞰黄河及湫水河　李秋香摄

黄河
湫水河

1. 锦荣店
2. 要冲巷
3. 永光店
4. 谦光第
5. 大顺店
6. 百川巷
7. 崇和店
8. 新华商行
9. 贸易局
10. 无名巷
11. 万全店、义成染
12. 厘金局、复和店
13. 永裕店
14. 天聚永
15. 裕后泉、万兴德
16. 永顺店
17. 永隆店
18. 粮油店
19. 四十眼窑院巷
20. 万益成
21. 义成染、楼楼店、增盛店
22. 复元店
23. 两湖楼（音）
24. 忠皇院（音）
25. 光裕店
26. 兴隆泰
27. 广生源
28. 杂货店
29. 日兴亨
30. 德和泰
31. 和顺店
32. 德义兴
33. 利元通
34. 驴市巷
35. 晋泰祥
36. 永裕店
37. 永丰店
38. 十义镖局
39. 高升店
40. 当局
41. 福太恒
42. 鸿盛厚
43. 杂货店
44. 永生瑞
45. 兴盛店
46. 十间房
47. 画市巷
48. 丰记货栈
49. 协图店
50. 万盛店
51. 义生成
52. 世恒昌
53. 长星店
54. 大德通钱庄
55. 祥记烟草
56. 名号不知
57. 兴盛韩
58. 杂货店（西市）
59. 剃头铺
60. 木匠铺
61. 振兴西
62. 义诚信
63. 洋火店、义记美孚
64. 天成店
65. 恒久店
66. 拐角巷
67. 商会
68. 广泰当局
69. 当铺巷
70. 兴胜韩
71. 稀屎巷
72. 丰盛店
73. 四盛永
74. 三益店
75. 兴隆烟店
76. 万兴店
77. 万顺德
78. 生涯亭
79、80. 福顺德
81. �泰店
82. 骡马店
83. 杂货店
84. 耶稣堂
85. 春泰店
86. 祥光店
87. 长顺店
88. 镶牙铺
89. 进聚堂
90. 三星店
91. 洪发店
92. 骆驼店
93. 钉掌铺
94. 三盛永
95. 银匠铺
96. 信义源
97. 洋烟铺
98. 世兴店
99. 邮政局
100. 杂货铺
101. 戏台
102. 西云寺

碛口镇西市街、中市街、东市街建筑分布平面图

三、水旱转运码头

正是促进碛口成为水旱转运码头的那些地理因素，也使碛口成为兵家必争之地。碛口在史书或志书里出现，总是这两种身份。山西省北部和西部，历史上长期是少数民族和汉族之间的“前线”，距碛口不远的马头山，有晋代边防名将刘琨和祖逖的庙。作为军事要地，碛口之名最早大约出现在《隋书》里，是山西面对匈奴的防御要塞。民国《临县志·山川》载：“黄河经县境二百余里，沿岸石壁巉岩，军行无路，间有山径，皆羊肠小道，惟碛口为临（县）之门户，有事必争其形胜。”《临县志·兵防》又说：“每遇陕北告警，临（县）首当其冲，碛（口）实扼其要。历来办理团防，必以碛口为关键，督师坐镇于此，俾贼益无隙可乘。……临（县）无事则晋无事矣！”万一晋“有事”，则京畿就吃紧了。好在“东西山径皆鸟道羊肠，一夫当隘，万夫莫开，如逢惊扰，筹防较易”。

寨子山村的商人们，民国初年在碛口街上照相馆摄　侯克杰提供

从明末以来，陕西屡屡发生各种战乱。先有李闯王，他的部下王家胤、张有义、王之臣都曾经渡河犯临县县城；清初，榆林姜瓖余党平德围攻临县县城。这两次都造成了很大损失。清咸丰三年（1853年），汾州在碛口设通判衙门，并派千总一名，士兵九十名，驻地防守，防御的对象便是陕北此起彼伏的乱事。同治

日暮中碛口镇　林安权摄

年间，继捻军之后，宁夏、陕西发生了回乱。碛口通判汪韶光任沿河团练总办，永宁（离石）李能臣、临县张从龙为协办，分驻军渡和碛口，汾州派兵八百人增援。汪韶光是广东三元里人，鸦片战争时，在广州率民团截杀过英兵数百，并歼英将伯麦。张从龙则在闽浙沿海抗击英军有功。李能臣曾任云南总镇。张、李二人“声势相联、上下策应，又恃黄河天堑之险，幸获无虞”。地方商团和民团都参加了防御。

民国五年（1916年），陕西又有“会党”，四处劫掠，“三交、碛口及沿河各村赶办商团、民团”，协助军队驻黄河东岸设防。防御的主要方法是“设版焚舟之策”，一方面构筑防御工事，一方面把河上船只全部拘到东岸。企图东渡的乱民无舟可渡，碛口始终不曾失守。

清光绪三十三年(1907年)，汾州通判移署，碛口设巡检。

碛口的地标黑龙庙　李秋香摄

由于碛口在军事上的重要性，民国二年（1913年）冬在碛口设警察分所，由临县派警兵八名，巡官一名，离石因为在碛口有一块“飞地”，所以也派巡官一名，并出全部官兵饷银。除了县城之外，碛口是全县唯一有常驻警兵的地方。为加强防务，民国五年（1916年）碛口镇和县城同时设军用电话，“各有专员驻办传报军事，慎固河防”。

红军长征到达陕北之后，1936年便分兵渡过黄河，建立晋绥、晋西北根据地，一方面掩护陕、甘、宁边区，一方面接近抗日前线。这种形势下，碛口成了中央陕甘宁边区和晋绥、晋西北联系的要道。大量武器、医药、“标准布”和军鞋，通过碛口源源运往陕北。

第二章　黄河百害，唯富一“套”

碛口作为水旱转运码头，是从清代初年康熙朝起步，到乾隆朝而发达的。转运业的发展，固然要有一定的地理条件，但它真正重要的前提是商品生产和市场。清代初年，大西北和内蒙古河套地区农牧业稳定发展，产品进入市场，促进了与内地繁忙的贸易，碛口正是在这个背景下崛起的。

明代之后，面对着蒙古人在北方边疆的威胁，明人一方面筑长城，一方面沿长城设了九个军事重镇，它们是蓟州（驻蓟县）、辽东（驻辽阳）、宣府（驻宣化）、大同（驻大同）、山西（驻偏关）、延绥（驻榆林）、宁夏（驻银川）、固原（驻固原）、甘肃（驻张掖），称为“九边”，在边镇上驻重兵防守，据《明会典》，一共布置了八十万上下的军队。为了供应这支庞大的军队，官方不得不吸引民间力量参加。活跃于明、清两代的中国第一商帮——晋商，就是利用这个机遇而兴盛起来的。早在明代中叶，为了支应边镇军粮，以晋商为主，在边镇形成了粮食市场，并且带动了盐、布等生活必需品的交易。

不过，有明一代，蒙古与明边界始终大小冲突不断。15

世纪中叶，正统年间，在永乐时期得到过明朝册封的蒙古族瓦剌部入侵，在“土木之变”中俘虏了明英宗。另一个蒙古族俺答部活跃在河北、山西境内，嘉靖二十年（1541年）一直侵犯到石州，也便是碛口所属的永宁州（今名离石）。

隆庆四年（1570年），俺答部内部矛盾尖锐，首领向明政府求降，宣大总督王崇古奏请朝廷“封俺答、定朝贡、通互市”。内阁大臣高拱、张居正、张四维大力支持王崇古的主张，终于在次年实现了俺答和明廷的和议。促成这个和议的王崇古是山西蒲州人，父亲、伯父和长兄都是巨商。张四维是王崇古的外甥，他的父亲、叔父和弟弟也都是巨商。王、张两家的亲戚中也有商人。所以，“隆庆和议”是晋商的一次大成功。和成之后，以晋商为主的边市贸易大大兴盛起来。《明史·王崇古传》记载：“崇古乃广召商贩，听令贸易。布帛、菽粟、皮革远自江、淮、湖、广，辐辏塞下。因收其税以充犒赏，其大小部长则官给金缯，岁市马各有数。”据《万历武功录·俺答列传》载，关内商人用绸缎、布匹、棉花、针线、梳篦、米、盐、糖、果、梭布、水獭皮、金银、锅等交换蒙古牧民的马匹、牛、羊、骡、驴、马尾、羊皮、皮筒，等等。政府开设了十三处“官市”，“官市毕，听民私市”。起初，市是一年一次的，后来又设了“月市”，再进一步便设立了频繁的“小市”。万历年间，更进一步的自由贸易占了上风，官市便衰落了。

入清以后，满族统治者实行笼络蒙古人的政策，封爵通婚，修路赈灾，扶持农牧业生产，派内地官员教蒙古人犁地播种、引河灌溉、田间管理、及时收获，并准许向蒙古输出铁质农具，塞外的农牧业生产又有比较大的提高，蒙古成了一个重要的经济区。康熙三十年（1691年）“多伦会盟”稳定了对蒙古的边防，康熙帝说：“昔秦兴土石之功修

从天津大量贩来的日用百货　李秋香摄

碛口镇做药材生意的铺子，有些也行医坐诊。图为药碾子及切刀　李秋香摄

用于科考的小书籍　李秋香摄

筑长城，我朝施恩于喀尔喀，使之防备朔方，较长城更为坚固。”（《康熙实录》一五一）他的政策很快收到了好的效果。康熙四十年（1701年），塞北已有余粮可以输入内地。

清代康熙、乾隆两朝，先后西征准噶尔部，为了稳定后方边防，保障军需后勤，便在东起察哈尔、西到临河的黄河河套地区和它的外围实施八旗兵丁屯垦，并设立“皇庄”，后来更允许私垦，甚至招民垦荒。雍正时期，在归化城（今呼和浩特）土默特地区开放了土地十四万顷，招山西等地农民开荒，到乾隆初年，归化平原已开垦了两万顷。河套地区、察哈尔地区和东蒙古地区也相继开垦。这时候，山西省已经地狭人稠，粮食难以自给，尤其是太原盆地、晋中、忻州盆地和运城盆地。这里的人不得不向外求发展。除了晋南的运城盆地“走西口”，向关中讨生活之外，晋中、晋北都奔向归化平原和河套，“走北口”。朝廷正式下令“借地养民”，予以支持。他们有一部分长期住下，有能耐的当“地商”，一部分短期打工，以至从集宁、归化经包头到五原、临河，整个河套地区里，山西话成了当地土语。归化城外五百余村，山西籍移民“更不知有几千家”（《宫中档雍正朝奏折》）。经过以山西籍移民为主的农民辛勤的开发，短短几十年，归化和河套农业就发达起来，后来便有“黄河百害，唯富一套”的说法。尤其是归化平原和河套盆地，土层厚，水利好，农产十分富饶。归化和河套的粮食，早在康熙年间便源源输向缺粮的汾州（今汾阳）、太原、晋中，供应当地急需，称为“北路粮食”。这些地方的粮价都随“北路粮食”的情况而波动。

正是由于蒙古粮内运，碛口便进入历史。蒙古粮内运，有两条路线，一条是北面从陆路进杀虎口到大同再南下，一条便是从水路借黄河从秦晋大峡谷而来。两条路线上主要的经营者都是山西商人。乾隆八年（1743年），山西巡抚刘于义给皇上写了个“为筹划将口外之米以牛皮混沌运入内地事”的奏折（见《历史档案》1990年第三期）。这份奏折里说到“归化城、托克托城一带连岁丰收，米价甚贱”，而雍正时“世宗宪皇帝深知山右（按：即山西）需米甚殷，欲以口外之米运入内地”，但陆路运输“车骡雇价为费甚多，运到内地已与市价相去无几”，而用船和木筏运输又各有不利，因此他建议用牛皮混沌来运。刘于义调查了运输路线，写道：“黄河自托克托城河口村起，到保德之天桥，计水程四百八十里。又自保德天桥过兴县、临县到永宁州之碛口，计水程四百八十里。碛口陆运至汾州府计二百八十里，运至太原府，计四百八十里。此处即可接济汾州、太原二府。”刘于义又做了试验：“于保德州买米三十八仓石，令装入混沌试运，不过四日，已至永宁州碛口地方。陆运至汾州，每石较市价可减银四钱，陆运至太原，每石较市价可减银二钱。”托克托在归化西南黄河边，是归化的航运码头所在地。这份史料，第一次说明碛口作为从归化平原向汾州、太原接济粮食的水陆运输交换站，已经被官方认定和准备利用。它的这个地位历经两百多年，到光绪年间，张之洞、岑春暄又设绥远垦务总局，归化、河套的开发更加迅猛了，粮食内运的规模也更大了。碛口在这时候达到了繁荣的顶点，并保持到20世纪30年代之后才渐渐衰落。

除了粮食，大宗货物由黄河直下秦晋大峡谷，而到碛口转陆运的还有产于河套吉兰泰盐池的盐（简称吉盐或蒙古盐）。盐是民生必需，在明清两代都由政府专卖。山西省民用盐都是产于内陆的池盐，来源有两个，一是运城盆地的，叫河东盐，可供晋南，并输向关中，一是吉兰泰盐池所产。清咸丰年间，通政司副使王庆云在所著《石渠余记·河东盐法篇下》有详论，简略地说：吉兰泰盐池的盐，味甘而产多，旧行山西口外五厅并大同、朔平两府，兼济太原四十四州县土盐之不足。清乾隆四十五年（1780年）为防运盐造成道路壅堵，一度禁运。四十七年（1782年），“上念河东盐敝，命议运吉盐到临县”。起初，因为担心吉盐大量运到临县碛口之后和河东盐发生产销矛盾，所以只许由陆路运，但“道远费贵”。五十一年（1786年），山西巡抚伊桑阿趁乾隆到五台山礼佛，上奏乾隆“请改吉盐由水运”，供应晋北的一部分在河口卸下，走杀虎口大同一路，其余“应听运至碛口贮岸，零星售贩，不得载至下游”。“不得载至下游”仍是为了避免冲击河东盐的经营。乾隆把奏折交部议之后允准了。《大清会典·户部奏准盐法事例》记载：“乾隆五十六年（1791年），奏准阿拉山地方每年准造盐船五百只，每船盐四十石，石七百斤，共计二万八千斤，运到山西例食口盐地方贩卖，石收银四钱，共收银八千两。”吉兰泰盐的发运口岸指定为磴口。嘉庆年间，吉盐水运至碛口的事又经朝廷多次议止又多次开放，每次开放都规定，不许吉盐“侵越碛口龙王辿以下”，因为那以下便“非吉盐引地”，就是说，碛口以下便不是吉盐官定的销售地了。这样就更加强了碛口作为吉盐济晋的转运口岸的地位。这地位也一直维持到20世纪30年代。碛口人把蒙古盐叫作“红盐”，因为颜色微微发红。

吉兰泰盐池同时产食用碱，碱也经碛口转运，是碛口批发商品的又一大宗。

为适应蒙古地域农牧业的发展，清政府在塞外建设了十五条驿道，二百三十多座驿站，吸引大批内地商人去贸易有无。他们拉着骆驼走遍大漠南北，从而在乾隆朝便在漠南形成了几个商品集散中心，其中比较大的有归化、包头和多伦，尤其以归化为最繁华。康熙中前期，归化城除了衙署庙宇还有可观之外，“余

碛口镇旧时的粮行兼骆驼店　李秋香摄

寥寥土屋数间而已”（张鹏翮：《奉使俄罗斯行程录》）。五六十年后，城里街道“长径数里，圜阓喧闹，市货充溢”（夏之璜：《塞外橐中集》）。乾隆四十一年（1776年）军机处录副巴延三在《查明归化城税务情形》档中说，归化城“居民稠密、行户众多，一切外来货物先汇聚该城囤积，然后陆续分散各处售卖”。当时有内地旅蒙商人开设的商号至少一百四十家。《绥远志略·绥远之商业》（1937年，正中书局）中说：“本省商务，自前清中叶而后渐趋繁盛，荜路褴褛者，厥为晋人。”光绪朝山西《左云县志·风俗》里记：“牵车服贾于口外”的，“大半皆往归化城开设生理或寻人铺以贸易”。归化的这些商号无疑大多为山西晋商所有。道光初年，归化城已经成为南至安徽、江苏、湖北、山西，北达乌里雅苏台、科布多、恰克图，西抵巴里坤、古城、迪化、塔城的一个商业网的中心。恰克图和塔城是西

原碛口镇油行　李秋香摄

去俄罗斯直通欧洲的国际贸易城市，而晋商在恰克图有商业字号一百二十多家，甚至贩运到欧洲去的茶叶，也多是晋商直接赴福建、江西两省的产地收购，经长途跋涉，运送到恰克图和伊犁。

随着商贸集散城镇的涌现，内地的手工业匠人也纷纷来到塞外谋生。起初，这些匠人是春来秋去，被叫作“雁行”客户，后来渐渐定居下来，开设作坊，主要从事硝皮、制毡、缝靴、酿酒、制酱油和榨油这些农牧产品加工。此外，他们还制作蒙古包、鞍具、藏传佛教法器和金银首饰。河套地区盛产胡麻和大麻，起初有许多运到碛口榨油，后来觉得这种做法不上算，便在当地榨油，把成品油运往碛口，于是麻油也成为碛口转运的货物中的大宗。碛口俗谚说：“碛口三天不发油，汾州满城黑黢黢。”因为当时点灯要用胡麻油，碛口不发油，汾州人连灯都点不上了。道光二十七年《重修黑龙庙碑记》里刻录的出钱修庙的汾州施主全是油行，也可以旁证这一点。

正是口外农牧业和以农牧产品加工以及为农牧业服务的手工业的发展，大大促进了内蒙古商品的内流。正是这种主要由晋商操作的内流依靠黄河水运，从而成全了碛口，使它发挥了山水地理条件的优势，成为一个繁华的水旱码头，一个“小都会”。

所以，碛口镇崛起于康熙、乾隆年间，发达于道光年间，至光绪年间而极盛。这个过程和河套地区经济的发展完全同步。

民国十五年（1926年）9月初版的，由山西省教育厅编辑处编辑的初级小学补习科用《商业课本》第一册第二十八课“碛口”写道：

> 碛口所来去的货物，约计如下：
>
> 西路：来货皮、毛、碱；去货布匹、棉花、生铁货、瓷器（按：均为缸，盆等粗货）

从黄河逆流而上的船和筏需要纤夫拉纤前行　陈宝生摄

红枣丰收　陈宝生摄

枣子熟了的时节　李玉祥摄

细瓷碗多是外面采购，粗瓷及陶制品大多是从招贤镇来，在碛口的三道街上就能买到，称为"招贤货"。　林安权摄

碛口春天吃榆钱饭　李秋香摄

东路：来货河南布、洋布、省南棉花、熟铁货；去货皮毛、油、碱、粉条、粉皮。

南路：来货无；去货小米、麦、豆。

北路：来货油、盐、鄂套碱、杂粮；去货无。

据上所述，南路无来货，北路无去货，俱是因为黄河水运不能用木板船上行的缘故。

课本里没有写到东路去货中有粮食，可能因为民国十五年（1926年）京包铁路和同蒲铁路已经通车的关系。这时北路来的杂粮已经只供临县本地和附近地区的消费了。在这种情况下，西路的黑豆、小米等杂粮也就不来了。课文里所说，由于黄河不利于船只上行，所以“南路无来货，北路无去货”，是很重要的情况。

碛口的衰落，是由于它失去了使它兴发的作为水旱转运码头的功能。铁路和公路的兴建，使陆上运输远比黄河运输更便捷、安全而且廉价。近年，葭县和吴堡跨黄河的公路大桥通车，碛口只剩下了与对岸吴堡农村的集市贸易关系了。“河声岳色”再也写不出“大文章”来了。贫瘠干旱、十年九灾、水浇田不过十分之一的黄土地上的农业不能支持碛口的繁荣，甚至不足以养活它三千多的人口，它必须另谋出路，而这将十分艰难。

第三章　崛起于河山之间

虽然有信实的史料可征，清初乾隆八年（1743年），山西巡抚刘于义便已向朝廷奏请以碛口为水旱转运码头，从归化平原运粮接济汾州、太原。但碛口更早的历史难以确认，而且关于乾隆以后时期的零星史料，相互之间出入分歧很多。

湫水和碛口，大约最早见于《隋书》。《隋书·帝纪第二·高祖下》记载："仁寿元年（601年）……五月己丑，突厥男女九万口来降。壬辰，骤雨震雷，大风拔木，宜君湫水移于始平。"《隋书·列传第十六·长孙晟》记载："仁寿元年，晟表奏曰：'臣夜登城楼，望见碛北有杀气，长百余里，皆如雨足下垂披地。谨验兵书，此名洒血，其下之国必且破亡，欲灭匈奴，宜在今日。'诏杨素为行军元帅，晟为受降使者，送染干北伐。二年，军次北河，值贼帅思力俟斤等领兵拒战，晟与大将军梁默击走之，转战六十余里，贼众多降。晟又教染干分遣使者，往北方铁勒等部招携取之。三年，有铁勒、思结、伏利具、浑、斛萨、阿拔、仆骨等十余部尽背达头，请来降附。达头众大溃，西奔吐谷浑，晟送染干安置于碛口。"

把一员战功显赫的北伐大将安置在碛口，这碛口必定是个战略要地。今之碛口古代属离石，汉初韩王信亡走匈奴后，高祖命车骑击匈奴，就直追到离石。东汉及魏晋南北朝时期，南匈奴人散居在今甘肃、陕西、内蒙古和山西一带，又以在山西的为最多最强。西晋时，匈奴左贤王刘渊拥兵自立，国号为汉，地点就在离石。而从离石西走黄河求渡，碛口是最近便的。离石、汾州、孟门都是当时军事重镇。孟门在碛口南，距碛口不过十余公里，北周时设定胡郡定胡县，碛口北八十公里，黄河岸边有克胡砦，因为那一带都是“乱华”的胡人的居住地。所以，隋初染干驻防的碛口很有可能就是现在临县的碛口，而且仁寿元年（601年）对湫水的天候很注意，也可能作为另一个佐证。

从湫河口向上走大约两公里，湫水东岸的寨子（则）山村有一块明代天启年间的残墓碑，还有一块乾隆四十年（1775年）刻的《重修关帝庙碑记》，这两块碑上的第一句都是“寨则（子）山村即左大同镇也，传言外藩建城于兹”。湫水注入黄河所形成的石滩至今叫大同碛，显然和这个大同镇有关系。“古大同镇”是什么时代的，并不清楚。寨子山村东侧的山，被村民称为“城墙梁”，上有古建筑遗址。这遗址是不是“大同镇”，也不清楚。

清光绪年间，寨子山有《观音古刹诸祠重修碑》，它的“记”说：“距城百里有寨子山村者，相传外藩侦逻之所，上依古塞，下瞰湫河，为碛口镇一隅之保障，诚巨观也。旧有观音、三官神祠，不知创自何年，考残石断碣，多宋元时语，知其由来远矣。”碑记中提到光绪九年（1883年）湫河水灾事，则此碑之立当在光绪九年（1883年）之后。它只提“外藩侦逻之所”而不再提大同镇的事。民国六年（1917年）《临县志·山川》说：“寨则山有古寨，形势雄峙。”山村因此而得名。看来有古寨大概是真的。这样，碛口在古代曾是军事重地又多了一份可能性。

寨子山下方，湫水西岸有个侯台镇，民间传说这里古代是元代驻军的防地，当年的军官职称叫“镇台”，姓侯，退役后在这里定居，村子便得名为侯台镇，居民都姓侯。这一带乡民相信：“先有侯台，后有碛口”。现在的碛口镇，东头有个西头村，西头村往北一公里有个西湾村，碛口北面卧虎山上有个西山上村。西头、西湾和西山上，都是由于在侯台镇的西面而得名的。所以，侯台镇早于碛口的传说可以相信。至于它作为元代“镇台”的驻地则没有确凿的证据。

西头村和碛口之间，有一座西云寺，据民国六年《临县志·古迹》说，这座庙“旧称西云观，在侯台镇北之西石崖，后因殿宇破坏，不便香火，元皇庆年间（1312~1313年）移置碛口之北，西头之西。旧志称皇庆年建，今则无碑可考矣”。旧志所说的“皇庆年建”，不知指在侯台镇的初建还是后来到西头村的迁建，语焉不详。西头村现在有三座刘氏大宅，分别叫“光槐堂”、“双槐堂”和“三槐堂”（村民叫它“圪垯院”），有些村民说它们建于明代，但三槐堂院门上有匾额，书“□□增荣”四个字，下款为“乾隆十三年□月”，双槐堂的门额上则有道光乙未的题刻“长发其祥”，都不是明代的。

碛口街身后，卧虎山陡坡上，正对着湫水入注黄河的口子，有一座黑龙庙。它正殿的前廊里有一块乾隆二十一年（丙子，1756年）的碑，上刻《重修黑龙庙碑记》，里面写道：“临、永间碛口镇，相传于明时因河水漂来木植，创庙三楹，正祀龙王，分祀风伯、河伯于左右。”临是临县，永是永宁州，即今离石市。这是直接有关碛口镇本身建筑最早的史料。第一座庙便奉祀龙王、风伯和河伯，可以看出当地人对河流的重要性已经十分在意了。可惜这则史料仅仅是“相传”而已。

民国六年（1917年）《临县志·乡贤》记载，明末清初的大学者、大书画家傅山（1607~1684年），字青主，山西阳曲人，应邑人赵禓之邀游历临县时，曾“南至碛口为士夫题写楹联，其书法篆隶及诗古文辞一时珍若拱璧”。赵禓逝于清康熙二年（1663年），当可推断，此前碛口已有相当规模，且略有名声。不过当时碛口是个什么性质的聚落，以什么营生为主，县志都毫无涉及。而地方士夫雅爱法书诗文，则似乎难以置信，碛口自始至终不过是个码头，并没有什么“士夫”。

最确实的史料来自清光绪三年（1877年）的《永宁州志·孝义》，当时临县包括湫水河口一带都隶属永宁州。它记载：“陈三锡，西湾村人，候选州判，勇于有为。康熙年间，岁大祲，三锡恻然隐忧，因念北口为产谷之区，且傍大河，转运非难，遂出己赀于碛口招商设肆，由是舟楫胥至，粮果云集，居民得就市，无殍饿之虞，三锡之力也。至今碛口遂为巨镇，秦晋之要津焉。”据西湾村《陈氏家谱》所说，三锡生于清康熙二十四年，卒于乾隆二十三年（1685~1758年），他在康熙年间大发时，不超过三十六岁。后来又趁河南大灾，从北口运粮向当地农民赊售，要求以土地抵押，从而赚得了大批土地。传说陈三锡一生在碛口开设了三十所商号，他的后代在碛口拥有一百多座商号，占了半个碛口街面。碛口最大的货栈——四十眼窑院，传说是他建造的。从陈三锡的事迹可以见出，早在康熙时期北口的粮食已经大量由黄河南运，不但供应临县一带，而且可以从碛口再转运河南，在这个贩运贸易中，碛口已经扮演了重要的角色。所以，乾隆八年（1743年）山西巡抚刘于义才会奏请皇上筹划将口外之粮用水路运到碛口，再走旱路到汾、太两州。

如果西湾村《陈氏家谱》的措辞是准确的，那么，陈三锡不但是碛口的早期开发者之一，而且是北口粮食内运早期开发者之一。

但是，陈三锡是西湾陈氏的第三代。据西湾村《陈氏家谱》，始迁祖陈师范在明代晚期到西湾定居。那时，碛口已有水运，货物运到碛口后，由人力或畜力运到侯台镇，当时侯台镇才是个物资转运中心；因为侯台镇早是个富庶的农业聚落，有人有屋，在河东、河西只有旱路运输时期就已经成了过境宿站，而碛口在河运开发之初还没有或者只有很少定居的人家。陈师范出身贫苦，起初当劳工，后来摆小摊做从碛口到侯台镇的转运工人的生意。他聪明能干，善于经营，终于大发。但这里有一个疑点，即碛口在明末或清初师范时期的河运，是运从河套来的“北路货”呢，还是仅仅运从蛐蜊峪渡口南下三十里而来的陕、甘、宁一带的“西路货”？如果是后者，那不过是旱路长途运输中的一个小小插曲而已，还算不上真正的黄河水运。师范晚年已经在湫水河口的南岸一个叫河南坪的地方以及碛口黄河岸边买下了不少的土地。河南坪的土地肥沃，有很好的灌溉之利，黄河边上的土地是无用的乱石坡。师范的两个儿子分家时，三锡的先人受欺侮，只分得黄河边的劣地，而三锡恰恰靠这一片地，利用北口粮食河运，大大发达起来。如果这个分地的传说可靠，则黄河岸边由“劣地”变为“黄金宝地”，这过程正发生在三锡壮年时期。这个过程，应该也正是碛口从仅仅一个过境码头向水旱转运中心转变的过程。这和州志里所说，三锡“出己赀于碛口招商设肆，由是舟楫胥至，粮果云集”的情况是符合的。

关于侯台镇还有一则史料，清嘉庆《山西通志》里记载：“侯国泰……侯台镇人，家贫力作，道拾遗金六百，还其主。富商某闻其义，畀千金令贸易，持往北口，值岁祲，塞外大寒，见无衣者，买羊裘给之。金尽归来，

碛口东市街

某嘉其见义勇为，复与千金，再至口外。适值乾隆间采买皇木，承办有功，以掾吏考授从九品。”拾遗能得六百金，可见遗金的人十分富有；某富商嘉义先后两次畀金各一千，这位商人拥金之巨已很不一般；侯国泰遵命贸易，都赴北口之外，可见侯台镇和蒙古的贸易已经很普遍。据西湾村人传说，侯国泰“采买皇木，承办有功”，就是把大青山的木材由黄河下放到碛口再转运北京。侯国泰第二次赴北口外是在清乾隆时期，大约正和陈三锡为同时人或稍晚，生活在鼎盛时期的侯台镇。

水旱转运中心于乾隆朝从侯台镇转移到碛口，应是黄河水运发达之后的必然结果。有一则史料说，决定性的变化缘于一次水灾。民国六年《临县志·山川》记载：“碛口古无镇市之名，自清乾隆年间河水泛滥，冲毁县川南区之侯台镇并黄河东岸之曲峪镇，两镇商民渐移积于碛口，至道光初元，商务发达，遂称水陆小埠。”县川就是湫水，因为它纵贯临县全境。侯台镇在湫水西岸，曲峪镇在碛口北大约一百二三十里，黄河岸边，是个重要渡口，这两镇同时遭遇水灾，是河水和川水同时暴涨的大灾，但县志“大事记”里清代乾隆朝只有一次大水灾，即“六月二十五日湫河暴涨，冲坏护城堤四十余丈”。说的虽是临县县城，但或许摧毁侯台镇和曲峪镇的洪水就是这一次。如果是这一次，则发生在陈三锡死后（陈三锡死于乾隆二十三年，即1758年）。县志的那段话说，碛口“至道光初元，商务发达，遂称水陆小埠”，这就是说，三锡时，碛口的发达程度还低于侯台镇和曲峪镇，是那二镇冲毁后商民移迁到碛口，碛口才逐渐发展成为临县第一大镇的。然而前引《永宁州志》说它在三锡死前已经“舟楫胥至，粮果云集”，何况早在乾隆八年（1743年），山西巡抚已经向朝廷建议由碛口转运归化粮食接济晋中了。

孙家沟——小院人家　陈宝生摄

寨子山——毛泽东东渡黄河时在寨子山住过的窑院　陈宝生摄

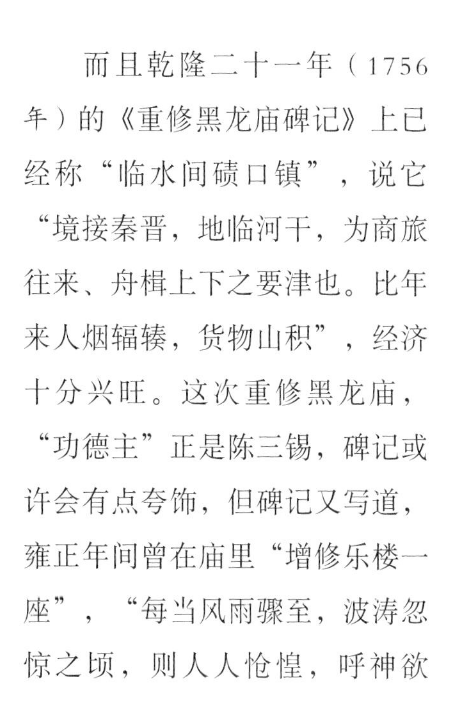

而且乾隆二十一年（1756年）的《重修黑龙庙碑记》上已经称“临水间碛口镇”，说它“境接秦晋，地临河干，为商旅往来、舟楫上下之要津也。比年来人烟辐辏，货物山积”，经济十分兴旺。这次重修黑龙庙，“功德主”正是陈三锡，碑记或许会有点夸饰，但碑记又写道，雍正年间曾在庙里“增修乐楼一座”，“每当风雨骤至，波涛忽惊之顷，则人人怆惶，呼神欲应，夫是以演歌舞、供牺牲，祈灵于兹庙者，踵几相接”。乐楼就是戏台，一有风雨，人们便纷纷去给龙王、风伯、河伯演戏、烧香，大约并不是怕洪水泛滥，更重要的无疑是为往来商旅、上下舟楫祈祷平安。而这种情况的发生更早于大水冲了侯台镇和曲峪镇之前很多。另外，更重要的是还有一宗实物证据。碛口街上现在还存在五块清代乾隆朝的店号牌匾。三块在西市街，分

西湾——古宅遗韵　陈宝生摄

别是乾隆四十七年（1782年）、五十四年（1789年）和五十九年（1794年）的，后两家都是大型货栈，其中一座在山脚下，不临街，依常理，它前面临街的那家货栈不可能造得比它迟。另两块在东市街，分别是乾隆五十四年（1789年）和五十七年（1792年）的，其中之一到了东头西云寺边上。这样看来，乾隆时期碛口镇已经大致成型。所以，民国六年《临县志·山川》说碛口到道光初元才成水陆小埠，大概是不可靠的。

总之，抛开这些史料间的矛盾出入，从康熙末年到乾隆中期的五六十年间，便是碛口镇从崛起到兴盛的五六十年。这五六十年，也正是内蒙古河套及其周围地区在山西籍为主的移民开发下农牧业大发展，山西晋商在那里大展身手的时期。

孙家沟——古风古韵　陈宝生摄

第四章　满地是银子

一、驮不完的碛口

从清代乾隆朝到20世纪30年代末的二百多年，是碛口经济的鼎盛时期，中间还有一个光绪朝的高潮。这期间，碛口镇号称秦晋大峡谷沿岸七百公里的第一镇，或者说晋西第一镇，远比临县县城繁华得多。民国六年《临县志·物产·商业经略》写得很具体："临邑山岭崎岖，通商不便，固非若名都大埠得以便交易而广招徕。治城虽在适中之地，无银行、钱店为金融机关，不过以梭布米面小小经营供四民之取求而已。就合邑城镇之商业较，碛口为县南门户，东北接县川，东南达离石，西南通陕甘，西北连河套，水陆交通颇称繁盛，城内与三交远不逮也。白文、招贤、南沟又其次者，而兔儿坂、曲峪镇、丛罗峪、安家庄、清凉寺、梁家会等处，均在县境西鄙，山场野市，商业之零落不待言矣。"临县全境在"哭哭啼啼"的吕梁山区，贫穷落后，而独碛口繁盛，就是因为它依靠的是"过载"，便是转口贸易。

当地民间有谣谚："碛口柳林子，满地是银子，一家没银子，旮旯里扫得几盆子。”柳林在碛口南五六十里，主要经济活动是转运批发从碛口、军渡来的商品。它不在沿黄河第一线，比较清静，却又分享了转运的利益，又盛产时鲜蔬菜，多零售业和服务业，手工业也比较发达，生活安逸而富足，是附近地主们乐于居住的地方。

另一个谣谚是：“驮不完的碛口，填不满的吴城。”吴城在离石县城以东三十七公里处，是从碛口来的驼队东出吕梁之前的最后一站，也是“东货西运”进山之后的第一站，算得上是山区和平原间的咽喉之地。两边驮来的货物绝大部分卸在这里，经过批发再运送出去，或东向太原、晋中到京津，或西向内蒙古和陕甘。货物川流不息，碛口和吴城两个批转站便紧忙乎着过手，所以既驮不完也填不满。

但是，民国以前，关于碛口的史料很少，正式的几乎没有，大都是些口头的传说，虽然众口一词夸赞碛口的繁荣，说到具体处，相互间又差别很大，而且都难以征信。关于那个漫长的历史时期，只能依靠一些零碎的资料来认识。

清代乾隆二十一年的《重修黑龙庙碑记》碑阴的施银“芳名录”记下了“功德主”陈三锡和他儿子的名字，以及十一位“领袖人”和“经理人”，大概是具体负责工程的；此外，还记着长盛厂、广昌号和广裕号三家商号，但它们是以什么身份出现在“芳名录”上，看不清楚。到嘉庆二十二年（1817年）重修西云寺，据道光九年（1829年）所立的重修碑记载，有“本镇”三十三位“募化人”，其中有二十一位可以认定为商号，占百分之六十四，其余的十二位都以个人的名义，虽然他们大都是各业的东家、掌柜，但并不用店号的名义。除了本镇的募化人之外，其余都是冯家会、索达干、樊家沟这些近邻农村中的，一百一十八人全部以个人名义。另有临县县城的施主十五位，至少有十一位可以识别为店号。从这两块碑来看，一是商号在公益事业里还不是很活跃，经营意识不高，恐怕众多商号之上也还没有产生一个能起作用的组织力量；二是碛口镇在外地的影响力还不很大，外地只有县城的商号来参与重修西云寺。从这两点看来，碛口虽然作为水旱转运码头已经有了一百来年甚至可能更长的历史，在一些方面还像处于草创阶段。

但是，道光朝似乎是碛口经济的突进时期。西云寺重修之后，不过三十年整，从道光二十七年《卧虎山黑龙庙碑》起，以后所有修庙的施银“芳名录”里几乎全是店号，个人的名字只有零星几个而已。

就是这块道光二十七年碑，施主一共七十二位，除了三位庙里的住持及徒弟以及三位署名为“河滩”的外，其余六十六位全部是店号。尤其值得注意的是店号中有四十二家是外地的，计柳林十九家、薛村一家、大麦郊一家、段村一家、汾府（汾州）三家（全部为油行）、灵邑（灵石）三家、平邑（平遥）一家、介休一家、孝邑（孝义）四家、军铺镇四家、晋州一家、吴城镇二家、南关（临县县城内）一家。这可能说明，本镇和外地的商行的经营意识有了提高，也说明碛口在外地的联系大大增强了。

过了十九年，即同治五年（1866年），距碛口不过五公里的山村李家山重修天官庙，碑上刻的“芳名录”里，竟有碛口本镇商号一百三十二家。李家山深藏万山之中，这座庙又很小，并不是香火胜地，重要性远远不能和黑龙庙相比，不可能全镇商号一齐来施银，可见当时碛口商号数已经很可观了，而且经营者也懂得参加公益事业了。

比较道光二十七年的《卧虎山黑龙庙碑》和同治五年的李家山《重修天官庙碑》，仿佛可以见出碛口的商号在这十九年里有了一次大发展。所以，民国六年《临县志》说碛口在道光朝之后才成“水陆小埠”虽然不很准确，但在道光朝之后明显更加繁荣了是很可能的。

再过五十年，民国五年（1916年）重修黑龙庙的碑里，施主“芳名录”有了新的特点。一是外地商号增加到了一百二十九家，而且远到了包头（二十四家，其中一家为大义宴铺）、河口（即托克托的水运埠头，商务会一家、店号七家）、河曲（五家）、保德（十三家）、府谷（九家）等地。二是本镇商号也增加到了一百三十二家。

黑龙庙有个上庙，就是关帝庙，那里有一块民国八年（1919年）的重修庙宇碑，“芳名录”上本镇商号二百一十九家，远比民国五年碑上的多，外地商号一百四十九家，大体和民国五年碑上持平。但新的特点是，施主的名称中有本邑（临县）“合油行”，汾府“合油行”，离石“面行、花布行、染行、银行”和招贤镇“全镇商行、煤窑合行、瓷窑合行”。这或许反映出当时行业的同业组织发展起来了。不远的外地如此，本镇可能也如此。组织水平的提高，应该是和经济水平的提高相应的。

黑龙庙和它的上庙，基本上在同时重修，两块碑上的“芳名录”里，本镇施主没有一家重复出现在两块碑上，可见当时募化时是有意避免的。因此，大致可以推断，民国五年至八年间（1916~1919年），碛口有实力的商号至少有了三百五十一家之多。

据民国六年《临县志·商业》记载，清末至民国初年，临县全县经正式挂号登记的坐商有二百六十多家，其中县城只有十五家，而碛口竟有二百零四家，约为县城的十四倍。又据1993年《临县志·商业》，民国二十年（1931年）临县全县坐商已有八百七十七家，其中县城有二百四十九家，而碛口有超过三百六十家之多，仍比县城多百分之五十，占全县总数的百分之四十一。碛口镇商业经济之发达，确实远远超过临县县治。而清末民初碛口经济的规模，证明了光绪年间是碛口继道光朝之后又一次大发展的时期。

光绪年间的大发展，背景大约有二：一是这时候张之洞、岑春煊大大加强了绥远开发的力度，北路贸易量大大增加了；二是五口通商和国内新工业兴起，东路贸易也大大增加了，碛口出现了不少专卖“洋板货”的店铺。

二、商号林立

碑文中所见的外地商号，有一些其实是碛口人开办的，而碛口镇上的商号，则有很大一部分是临县以外的人来开设的，尤其是晋中的晋商大户。民国六年《临县志·区所》里说，临县“境内水陆不通，天时地理阻力特甚，以致民无远志，且无论航海渡关经商做工者绝无其人，即本地城镇之坐贾行商数十年前皆系客民，土人安于椎鲁，不知为也。乡民非纳粮不至城市，甚有终身未见县城者。近年民智渐开，城镇坐贾以及肩挑贸易，本地人已居多数”。这段话过于夸大临县人的闭塞落后，但外地人在开发碛口镇这样的经济中心方面的作用之大，则可以得到印证。

碛口是清康熙、乾隆年间才发展起来的，以前大概充其量不过是个黄河边上的小码头，所以参与开发的人几乎都从外地来。按照晋商的规矩，外出经商的人不得携带家眷，所以这些开发者的家仍在原籍。他们每三年可以有五十天的假期，探亲团圆，子女都在老家生、老家长。所以严格地说，本来就无所谓碛口本镇人，不过是在碛口开店设栈而已。清末民初碛口镇上的二百零四家坐商中有客商七十九家，其中有包头的十八家，河口的八家，河曲的四家，绥德四家，府谷十三家，孟门二十二家。此外还有汾阳、平遥、孝义、吴城、曲沃、邯郸、镇川堡、大麦郊等地人开办的。而且这些客商开的栈店都是比较大的，如天聚永和永泰祥粮油栈，德永源和资升长棉布批发店，兴隆昌烟店，世恒昌皮毛店，永生瑞茶叶、粉条店，德义兴京广杂货店，兴盛韩药店等都是多年有名的老字号。其余开店的所谓本地人，也都是外乡外村的，如西湾、李家山、高家坪、寨子山、白家山、塬上等乡村。

由于都是外来人氏到碛口买地建商号，至迟从清道光初年起，本来荒芜的碛口土地价格猛涨。有些人大量购买土地，待善价而沽之。高家坪人在碛口买地最多，很发财。据《青塘王氏家谱》（青塘村在临县境内）记载，著名的大粮油货栈荣光店的创始人王佩珩的父亲，道光年间人王居仲，初到碛口买地的时候，位于黄河边上的房基地是一片乱石山坡，原主要价五百两银子，居仲嫌贵没有买。几天之后，他又来买，要价涨到八百两，他仍然没有买。恰巧他在包头做买卖的长子佩珩回来，看了这块基地，立即买了下来，这时已经要价一千二百两。后来荣光店因为靠近黄河码头，生意十分兴隆。

王佩珩是在包头经商发财的。这样的临县人不止一家。距碛口只有五里的寨子山村有一个陈敬梓（晋之），20世纪30年代是碛口镇上最大的商业资本家，资本总额有银圆十余万元。他先在寨子山本村开了裕和成粉铺，用粮食做粉条、粉皮。几年之后，在碛口西市街的四十眼窑院开办了裕后泉粮油行，在街面上开办了裕成泉钱庄，专营糕点、酱、醋、酒等食品的裕顺居，专营京广杂货的广生源，制销木器家具的裕德厂，又和薛氏合股开办永生瑞过载行专做转运生意。陈敬梓在外地也有买卖，如临县三交镇的华丰号（与胡氏合伙），县城里的义聚恒（与李氏合伙），还成了榆次纱厂的股东，生意一直做到包头、榆林、太原等地。他在碛口到榆林的沿途开了大约四十家店铺。街上人说，陈敬梓家的人到榆林去，一路上都住自己家。碛口一带叫他“陈百万”，许为晋西第一富人。所以，只要有条件，临县人并不愚鲁，他们有能力开辟工商业经营的新天地。

1993年编写的《临县志》在“商业”篇中引《山西金融》（转引自1994年《临县志》，出版年月失载）的话说，20世纪30年代，“碛口镇曾是贸易往来的大驿站，有坐商三百六十余家，每天有成百上千的商人、旅客过往，其市面因之日趋繁华，日渡船只五十多艘，船工装卸货物不下百万斤。镇内有搬运工两千余人，日过驮货牲畜三千余头。全年营业额在五十万银圆以上商号有十余家，集义兴和义生成药行（太原的）每年经碛口转运甘草达三百五十万公斤。每年从磴口一带航至货船不下四千余艘。……全镇有较大的粮油店两家，棉花店两家，分金炉三家，银匠铺六家，染坊十家，磨坊三十余家，骡马店三十余家。其余为当铺、皮毛店、盐碱店、饭店、京广杂货店等。市面货币流通额达一百五十万银圆”。虽然所举的数字未必准确可靠，但大体上勾画出了当年“小都会”的盛况。

碛口的河山楼，面对黄河雄伟壮阔的景观，是一座仓储兼休闲居住的大院　李秋香摄

碛口大车店，前进拴骆驼，后进为旅店住宿处　李秋香摄

碛口曾经的药行　李秋香摄

碛口镇多层窑洞，曾是粮行和油行　李秋香摄

三、盛况之后的碛口

号称“小都会”的碛口镇，繁荣了二百年后，到20世纪30年代末，终于衰败了。衰败的根本原因为20世纪初年开始的铁路建设，最重要的是京绥—京包铁路（1909年北京至张家口的线路通车，1922年延长至包头）和同蒲铁路（1907年始建，1937年全线通车）。这两条铁路建成之后，从内蒙古最富庶的河套地区到京津、东北和太原、晋中的客货运输就便捷多了，不必再经黄河水运到碛口转付骆驼骡马跋山涉水了。同时，又建成了陇海铁路（1904年始建，1935年从连云港到西安的线路通车），陕南、甘肃、宁夏和东部间的往来运输也有一部分不走绥德、三边和吴忠这条路了，碛口又失去了一笔生意。

更不幸的是日本帝国主义的侵华战争对碛口造成了直接的破坏。1938年至1942年间，日寇曾反复“扫荡”碛口达八次之多，最残酷的一次竟来了九百多人。西山上村和西湾村都遭到烧杀掳掠，一些大商号藏匿在西湾村的存货被全部烧光、抢光。大批商贾被迫携资逃亡，商店大多停业。三四年间，曾是舳舻相接的黄河变得冷冷清清，难得一闻号子之声。碛口镇市面的货币流通额下降到七十多万，即下降了一半多。

1940年，临县建立了抗日民主政权，经过政策的几次偏差和纠偏，新政府支持了工商业经营，到1941年，碛口商号由六十一家恢复到一百零二家，同时办起了公营的商店。这时，碛口又成为晋西北革命根据地支援陕甘宁边区的交通要冲，布匹、粮食、军鞋、药品，甚至军火经碛口源源运往陕北。大商号虽然少了，但造成一个市镇熙熙攘攘、摩肩接踵的热闹景象的小商小贩却多了。当时碛口隶属临县七区，曾任区长的陈玉凡老人（1923年生）回忆说，碛口当年连街边小商小贩在内共有商业户六百七十六家。

1947年，临县实行土地改革，由于执行了极左的政策，部分工商业户也被斗争清算，碛口经济又一次遭到打击。20世纪50年代初期，经济稍有恢复，又搞了工商业公私合营，到1956年，碛口还有私营小本生意一百九十一户，从业人员二百三十五人，资金只有四万二千元。当年对私营经济实行社会主义“全面改造”之后，镇上只剩一家七百多平方米营业面积的供销合作社和极少数小买卖人。1958年为了“割资本主义尾巴”，连集市贸易都停止了，直到1978年9月以后才恢复。

第五章　黄河船夫曲

一、水旱转运业

碛口镇经济的基础是水旱转运业。转运业的主要内容是走水路把黄河前套和后套的大量粮食、食油、盐、碱、皮毛、草药运到碛口，然后走旱路转运到太原和晋中各县，以供当地急需，其中一小部分再运到河北、山东，甚至东北各省。

水路是古代最廉价的运输方式。黄河水运主要有两种工具，一是船，一是筏子。早在清乾隆八年（1743年），山西巡抚刘于义给皇上的奏折就建议用“牛皮混沌”运送归化平原的粮食到碛口。（见《历史档案》1990年第三期）奏折中说，以前陆路运粮太贵，水路上，商贩借从大青山放流木筏之便“带运米石”，但木筏“为数有限”，故带运粮米亦不多。又有商人造船载运，因黄河之水“建瓴而来，河中又多沙碛湍急，运米之船止能顺水而下，不能复逆流而上”，所以商人只得在下游把船卖作木料，很吃亏。而刘于义在兰州见过以牛皮混沌运米，“最为便捷，虽惊涛骇浪中，从无倾覆之患”。混沌，正确的写法可能是“红胴”。牛皮混沌，是用整张牛皮剥下熟制而成的，充气之后有浮力，可以“以三十余混沌缀作一筏，每筏需用水手四名”。刘于义做了一次试验，“于保德州买米三十八仓石，令装入混沌试运，不过四日已至永宁州碛口地方。怒浪之中，其捷如矢，见者无不惊异”。

从这个奏折中可知从河套到碛口的水运，很早便是船和皮筏并用，而船早于筏，皮筏是清乾隆八年（1743年）以后从兰州引进的。

不过，后来运粮食主要用船。黄河上的船大致有三种，即长船、草船和渡船。运粮食多用长船，叫“七板长船”。七板，指船的侧帮用七块板子拼成。黄河船的形制一律是“一帮二底”，即底宽为帮高的两倍。而船的长度为宽度的三倍，即“一宽三长”。长船的宽度有丈八、丈五两种，则长度分别为五丈四（约18米）和四丈五（约15米）。前者可装载四万斤（20000公斤），后者装载三万斤（15000公斤）。油、盐、碱、畜牧业产品也都可以用长船运输。这是从河套磴口、五原、河口、保德往下到碛口的主要船种，每天到埠几十艘。

最大的船宽二丈四（约8米），也是“一宽三长”，长度为七丈二（24米），可以装载八万斤（40000公斤），用来运甘草头、党参、当归、黄芪和枸杞等草药，所以叫“草船”。山西农民大量到宁夏、后套巴彦淖尔盟一带草地挖掘野生甘草头，用这种大船运输，费用低一些。因为草船多从包头下来，所以又叫“北口船”。碛口每年甘草头等草药的到埠量约七百万斤（3500000公斤），折合下来，大约装一百只草船左右。草船也搭装盐、碱、黄烟、皮毛之类，所以每年到埠总数就会多于一百只。

陕北、宁夏和山西、华北之间来往的旱路运输，在碛口以北几十里的高家塌、下咀头、堡子峪等地渡过黄河，所用的船叫渡船，货、客都载。大的宽丈二五（约4.17米），则长度为三丈七五（约12.5米）。“东货西运”的骆驼队大多不在碛口停留，径直走到上游三十里的高家塌、下咀头，把货卸下，装船过渡到吴堡县的岔上镇，回头第二次再运牲口过渡，在当地或螅蜊峪过一夜，次日装上货继续赶路。

最小的渡船宽六尺(2米)，长丈八(6米)，只装人过渡。

七板长船由七个人驾驶。六个人专司摇桨，分两组，每侧一组三个人，同扳一支大桨。另一个人是艄工，叫“老艄”，专管掌橹，是最有经验、有技术的，喊着高亢而悠长有韵味的号子指挥扳桨船工的操作，走准方向。他还负责看水线，就是看航道。黄河河床有沙底、石底之别，沙底的河床变化大，老艄要有本领在水面上便看出变化来。有时候，老艄要先沿河岸步行考察一番之后才能行船。即使如此，长船也不敢单独航行，要结伴才敢走。老艄的职业地位比较高，上岸需要蹚水的时候由船工背着，工资是摇桨船工的两倍，大约一石小米的价格，要走六百里左右。

从包头到碛口，水路一千一百八十里，平常水情要走七八天，水瘦的时候，走半个月甚至一个月都可能。晓行夜泊，

黄河上走筏会遇到各种情况，老艄工要有驾驭船只的本领，一旦搁浅就要下水推船　陈宝生摄

黄河纤夫　陈宝生摄

三餐在船上做，无非是煮一锅小米饭，熬几只蔓菁。睡觉的时候拉上船篷。老艄则大多上岸到村子里去过夜，那里可能会有他们的老相好。船到碛口，由于大同碛十分危险难过，而且正如刘于义奏折上所说“不能复逆流而上”，从包头来的船于是都和货物一起卖掉了。碛口码头上有专收木船的人，拆掉了卖木料。木船都是柳木做的，轻而不值钱。碛口和附近山村的人用它们做棺材、家具和建筑构件。所以说“北路无去货”。很小一部分船由船工自己拆开改装成小船，装上一些“东路货”和招贤出产的缸、盆和生熟铁器冒险过大同碛继续往下走。草船船身虽大但货轻，吃水浅，有些也敢往下走。

过大同碛要专门请当地的老艄掌舵，这些人被称为“过碛老艄”，极富经验。他们熟悉水道和河底每一块礁石，能根据水情决定船的最大安全装载量，超过这个量的，就在碛口卸掉。

“过碛老艄”都很有名气，穿着讲究，坐在街上小店里喝茶，等人来请。但出事的仍然不少，船毁人亡，他们的命运还在一搏。

也有很小一部分从河曲以下来的船装上“东路货”和“招贤货”，由人力拉纤往上游回到保德、府谷、河曲一带去。拉纤很辛苦，一天只能走三十来里。老艄身份高、年岁大，收入也多一些，所以不参与拉纤，空身走旱路回去。大多数船工因为船已经卖掉，也要走回去，到包头去的，叫“走包”。老艄回到家之后，再等船主来邀请，船工则要靠自己出去揽活。这叫作“船工是揽，艄公是寻”。船工和老艄以陕北黄河西岸人为多，因为陕北比山西更贫穷，所以陕北汉子“吃苦耐劳不怕死”。

船有船主，叫“养船的”。下碛口的船绝大多数是一次性使用的，所以“养船”其实就是出钱造船。黄河沿岸各水运起点附近村子都有“养船的”，但临县对岸陕北吴堡县慕家垣也有一位先后曾养过三百多艘船的大船主。他养的船大多卖在附近渡口，做短途的生意。

货船常常在沿路各站卸货装货，所以船上除了船工和老艄之外，通常还有一个船主的代表，叫“把头”，负责经营业务，一路上揽货、交货。把头的工资相当于三个船工，形成“一工、二艄、三把头”的等级。货主并不随运，也不派代表，有发货单（货签），到目的地码头有货栈的人验收。把头要善于交际，熟悉市场，能跟各地“坐庄”的谈判买卖。船沿途卸空了，买卖谈妥了，也要回去，大多走旱路骑牲口。

二、羊皮筏子

油筏子的主要组成部分是羊皮筒和木框架。皮筒又叫“红胴”，应该便是刘于义在奏折里所说的“混沌”。红胴是牛羊割掉头颅和四蹄后囫囵剥下的皮。把它的毛翻到里面，盛上生石灰水，毛就脱落了。如果用来装油，就不必用硝熟制，只消里外都刮干净。红胴不漏水，可以当口袋装物品，如粮食、草药等，也可以用作个人泅渡时的浮筒，里面装他们脱下的衣物，吹上点气，但不吹足，有浮力而略软，便于泅渡者抱紧甚至骑上。但皮筒主要用于运油，并不如刘于义建议的用于运粮食，所以河路上的人都叫皮筏子为“油筏子”。

油筏子主要用羊皮筒，不用“牛混沌”。先把羊皮筒的颈部和三只脚的切口用麻绳扎紧，把油灌进另一只脚的切口，不灌到十分满，往里吹气，吹足之后，把口子扎紧。油轻于水，又兼有一点气，所以能浮在水面。有首“羊皮筏子汉”这样唱道：

远看哟，骑着那个黄龙下东海，近看哟，一团那个莲花浪涛里颠。

家住在沙枣树下的黄河边，皮筏子营生祖祖辈辈传，烧酒一灌能挡狼叫的风，桨板一挥敢闯九十九道险。

河湾里练成憨厚厚的身板，天生喜欢旋涡涡里面钻，顺水快过扯满了帆的船哟，逆水能追天上沙咕噜的雁。

这曲子把走筏人勇敢自豪的气势唱了出来。

羊皮筏子的木框架做法有几

种。一种是，用柳木制成长方形整体的格栅式架子。纵向的木材上打卯口，横向的木材两端做榫头，榫卯接合之后，再用皮绳紧紧捆住，然后再用皮绳在框架上来回绑成稀疏的网。装满了油的皮筒就缚在木框架和绳网上。

缚皮筒的时候，把木框架放在河滩上，前沿紧靠河水，或稍稍探进浅水。先在贴水一边缚上一排油皮筒，头朝前，尾在后，向前一推，这第一排进入河面漂着，再缚第二排，缚毕再推，这样缚一排推一推，木框架上缚满了，筏子也就下水了。在整个操作过程中利用了水的浮力，比较轻松。一只油筏子，大体是横向十只油皮筒，纵向也是十只。皮筒的长度大于宽度，所以筏子的长度也大于宽度。讲究一点的，四个角上用牛皮红胴，因为它们比较结实，耐碰撞。瘦水期，要减少筏子的吃水深度，便在油皮筒之中夹杂几个只充气的空皮筒。肥水期，油筏子可以摞二至四层，吃水比船深。这时要在侧面加些木棍把上下几层筏子捆牢实。摞筏子的操作也在水里进行，轻巧得多。筏子上要铺一层板子，一来便于筏工活动，二来可以再放些货。

筏子的另一种扎法是，不做整体的木框架，而是化整为零，先扎成一些狭长的爬梯式的架子，绑上皮筒之后，再在水里两两相缚，成为一“扇”。这两个架子之间的连接是刚性的。六扇缚成一个筏子，连接略带柔性。

油筏子航行的时候，经常几只串连在一起，三四只一串。头上一只筏子有八个艄工，一个站在前面，管点篙（叫“蹬子”）和停航时抛锚，工作量不大，常常帮着划桨。六个人专职划桨，每边三个，桨是用皮绳套牢在一个短短的小立柱上。余下的一个是老艄，负责掌橹，控制筏子的方向。末尾一只筏子上搭个布篷，可以避雨，夜晚供住宿，做饭也在这只筏子上。有时候在最前面还有一只头船，寻找水路把握航线，后面也有一只船，专管救护落水筏工。筏工身上也常缚一根皮绳在筏子上，遇险可以自救。

虽然有桨，但筏子主要靠河水漂流，行程缓慢。从磴口到碛口，大约要走一个半月，水瘦的时候甚至走两个月。晓行夜宿，非常辛苦，不过收入比种地好多了，而且可以从羊皮筒里取油做“油捞饭”吃，比在家吃得好。吃菜自然十分简单，一些腌蔓菁而已。过夜更简单，“铺的水，盖的天，下雨还往石崖下头钻”。

油筏子一到碛口，卸完货，便没有用处了，既不能下大同碛，也不值得拉回上游去，只有拆掉卖木料。羊皮筒可以反复用五六次，头几次用过了收拾好，带回包头去。太旧了，便切割成细条拧成皮绳。皮绳在河运中用处很大。

油筏子的卸货其实就是把筏子解体拆掉，由搬运工把装满油的红胴先扛到小驳船上，驳船靠岸之后，再扛到货栈里去，倒进大油池里。

先把皮筒装的油倒进油池里，是因为下一步走旱路运油要用篓子装。篓子是用柳条（一种灌木的细而长的枝条，很有韧性）编的，用掺了猪血的石灰和纸浆腻住缝隙，再糊两层纸，涂抹猪油，吃透之后就不漏了。一篓能装八十斤（40公斤）到一百斤（50公斤）油，比一只羊皮红胴多一点。从上游用船运来的油本来就是用篓子装的，就不必倒进大油池里了。皮筒装油便于用筏子运输，篓子装油则便于贮存。民国五年（1917年）重修黑龙庙的碑记里，捐资赞助重修工程的店号就有西包头的一家大义篓铺。传说祁县乔家大院第三代乔景仪，人称“乔财主”，有一回指令他家在包头经营粮油的店铺通和号把全城当年产的胡麻油全部买下，企图垄断市场。碛口镇西湾村陈三锡的后人陈辉章也派人到包头抢购胡麻油，见油已被通和号收完，急中生智，立即收购了市面上全部的油篓和红胴。通和号有油而没有运输的容器，不得不向陈家妥协，结果双方都赚了一大笔钱。篓子和油的关系十分密切，缺一不可。

油是碛口运输货物的大宗之一，20世纪二三十年代，碛口有油行三十六家，所以一曲“伞头秧歌”唱道：

碛口镇里尽是油，油篓垒成七层楼，苦力扛来畜生驮，三天不出满街流。

三、行船的规矩

黄河河道有几段河床是沙质的，叫“沙河”；有几段是石质的，叫“石河”。沙河河床常有变化，船和油筏子不免会搁浅。一搁浅，工人便要下河去扛，去推，冬天也一样。工人夏季索性赤身露体，冬天也得脱光了衣服下水，就大大吃苦了。碛口有一曲“伞头秧歌”唱：

绥、宁、青海和包头，船筏天天往下流，买卖人发得冒了油，艄工们穷得露出屎。

船和油筏子出事故死人的事也经常发生，河上流传着一句谚语：

炭毛埋了没有死，艄工死了没有埋。

炭毛就是山西极多的挖煤工人，煤窑一塌活着就埋了。艄工出事死了连尸体都找不到，怎么埋法？

由于辛苦，更由于有危险，所以船筏上有许多禁忌，限制着艄工们的言语行动。比如，不能在船头上撒尿，女人不能坐在船头上，等等。

更进一步，便要祭河神，向河神许愿。

黄河有河神，是自然崇拜的一种表现。周代《礼记 · 王制》里说：“五岳视三公，四渎视诸侯。”黄河是四渎之一，河神的地位与诸侯相当。沿黄河有不少河神庙。船工、筏工、船主、货主都要祭拜河神以祈平安，每次船、筏开行之前，一齐在河滩上跪拜烧香磕头。航行时带着一只羊，到了某一座河神庙拜祭，拉着羊到庙里，烧香磕头表白来意之后，往羊头上泼一瓢冷水，羊一打激灵、摇头，就表示河神接受了贡品，于是把羊耳朵割破，用表（黄表纸，一种质地松软易于吸水的纸，多用于祭祀）沾上血烧掉，礼仪就完成了。然后把羊杀了，一路上煮了吃。穷困一些的，割破羊耳朵，挤出几滴血来，用手指弹进河里，就可以了，当然吃不上羊肉。碛口湫水南岸就有一座河神庙，香火一直很旺。

祈神保佑，还有一种办法是许愿，便是货主向神承诺，在平安完成一次河上货运之后，给神杀一只羊、演一台大戏或三出“还愿戏”，也可以承诺捐钱“重光金身”、修庙或者建庙，等等。有的时候，航行途中遇到暴风恶浪，船工们也会在惊慌中向神许愿。许下愿就不敢不还愿，但穷船工们实在无力还愿，只好向神请求饶恕，磕头烧香之后说一篇“自我批评”的话，也就过去了，神灵毕竟是宽宏大量的。

黄河水运并不是全年都有。每个冬季，从小雪到立春（有些年份从霜降到清明），黄河前、后套都冰冻封河，不能航行。河口以下，不一定封河，但有大量浮动的冰凌，航行危险比较大，船筏都很少。

夏季，船筏也要“歇伏”，因为伏天常发洪水。过去，人们对气象所知甚少，难测的洪水很可怕，便不发或少发船筏。正好这时候骆驼也要避暑，以至碛口商界有一句谚语：“杏黄麦熟买卖稀。”

清代山西巡抚刘于义在乾隆八年（1743年）的奏折里说，黄河船筏“一岁中止可运六个月，三月、四月、五月、七月、八月、九月可以运米，惟六月中风涛太大，十月以后天气寒冷，难于转运”。这种自然条件造成的河运情况，几百年里始终没有变化。

第六章　吕梁山里的驼铃

黄河上来的“北路货”，到碛口上岸，“过载”之后，就要改用被称为“高脚”的牲口走旱路运输了。实现这个转换的，一靠商号，二靠搬运工人。

一、闹包子的搬运工

搬运工人被称为“闹包子的”或者“扛包子的”。这些苦力都是衣衫褴褛的穷光蛋，也被人叫作“爬河滩野鬼”。劳动又苦又累，肚子里却没有多少食物，为了强打精神，不少“野鬼”染上了大烟瘾。年老力衰的，不得不由妻子儿女帮助着扛起沉重的货物。到了擦黑，工人拿一天干活的计件凭证——木签去结算，往往要等到三更半夜才能领到工资，赶紧到专做这些人生意的小贩手里籴点儿粮食。不过身强力壮的，在旺季一天能挣三四升米，特殊日子能挣一斗多，勉强够养活四口之家，比种地强一点，所以“野鬼”们也挺知足，说：“一只羊有一摊草，一头猪嘴上顶三升糠。”

闹包子的苦力都是邻近农村的人，早晨来，晚上回去。卧虎山上黑龙庙背后的西山上村，都是岩坂，几乎没有土地可以耕种，青壮年们几乎全到碛口码头

这位老人家年轻时曾当过几天扛包工，2007年拍摄　李秋香摄

上当苦力。他们偶然也在贫瘠的岩坂地里劳作，远远望见黄河上来了船，便赶紧丢下锄头跑到码头上来。

扛包子并非天天有活可干，干一天领一天的钱，干不上，吃饭就难。扛包子的到老娶不上媳妇的多了，娶了也是苦一辈子。西山上有个扛包子的娶了个媳妇，掏了两孔土窑住下，捡了别人扔掉的半截破缸盛水，炕上连席子和褥子都没有，买一把米吃一顿饭。媳妇一个劲地埋怨生活太苦，他却顺口来了几句："不喝隔夜水，不吃虫蛀粮，天黑不用摊铺盖，天亮不用拾掇炕。"这般小故事或许是扛包子的苦力编来勉强安慰自己的。

扛包子的活不是任何人想干就可以干的。在商会安排下，他们组织成队，队下有组。每天上班报到领号牌，货船来了，按号上工。做一趟工，拿一块木签，晚上和组长结算。商会包下他们的税，税由组长统一缴给商会，商会再缴给厘金局，苦力们自己不管。组长当然在每天结算的时候已经从进货的商号手里拿到这些钱了。

河上来的货物要进货栈存放。沿黄河岸的后街，从黑龙庙下方到北端的锦荣店，山脚下一溜儿排着十几家大货栈。它们前面的院子和街面相平，后面的就一层一层上了山坡，清代道光年间造的永光店竟有五层之多。闹包子的把货物扛下船，过河滩，登上陡峭的码头坡道，到了后街，找到货栈，再走几十级石阶，一路上转弯抹角，极其艰难。一毛口袋粮食和盐有一百二十斤

在碛口经营的商人　侯克杰提供

（老秤1斤=0.59公斤），制得方方的碱锭有四十斤，一红胴或一篓油有八十斤上下，闹包子的每个人扛着一件、两件或者两人合抬两件怕碰撞的油篓，喊着沉重的号子，“杭育，杭育”，把货物一件一件送进货栈放妥。他们的双脚已经把山脚下的石板小巷子磨成了沟。下雨天，山水顺巷子冲下，大概都成了咸的，因为里面含有太多的汗水。

每一家粮油货栈，门框上、廊柱上、墙角上，都凝结着厚厚的一层坚硬的油皮，有的竟有五六毫米厚。它们深棕色，像老松树皮一样布满了裂缝。扛油皮筒的苦力进了库房，要把皮筒解开，把油倒进油池，难免沾一手油，他们顺便一伸手把油抹在那些地方，两百多年，终于形成了那一层厚厚的油皮，又变得那么坚硬，像化石一样。那真是化石，是碛口繁荣的历史所化，是闹包子的苦力的血汗所化。

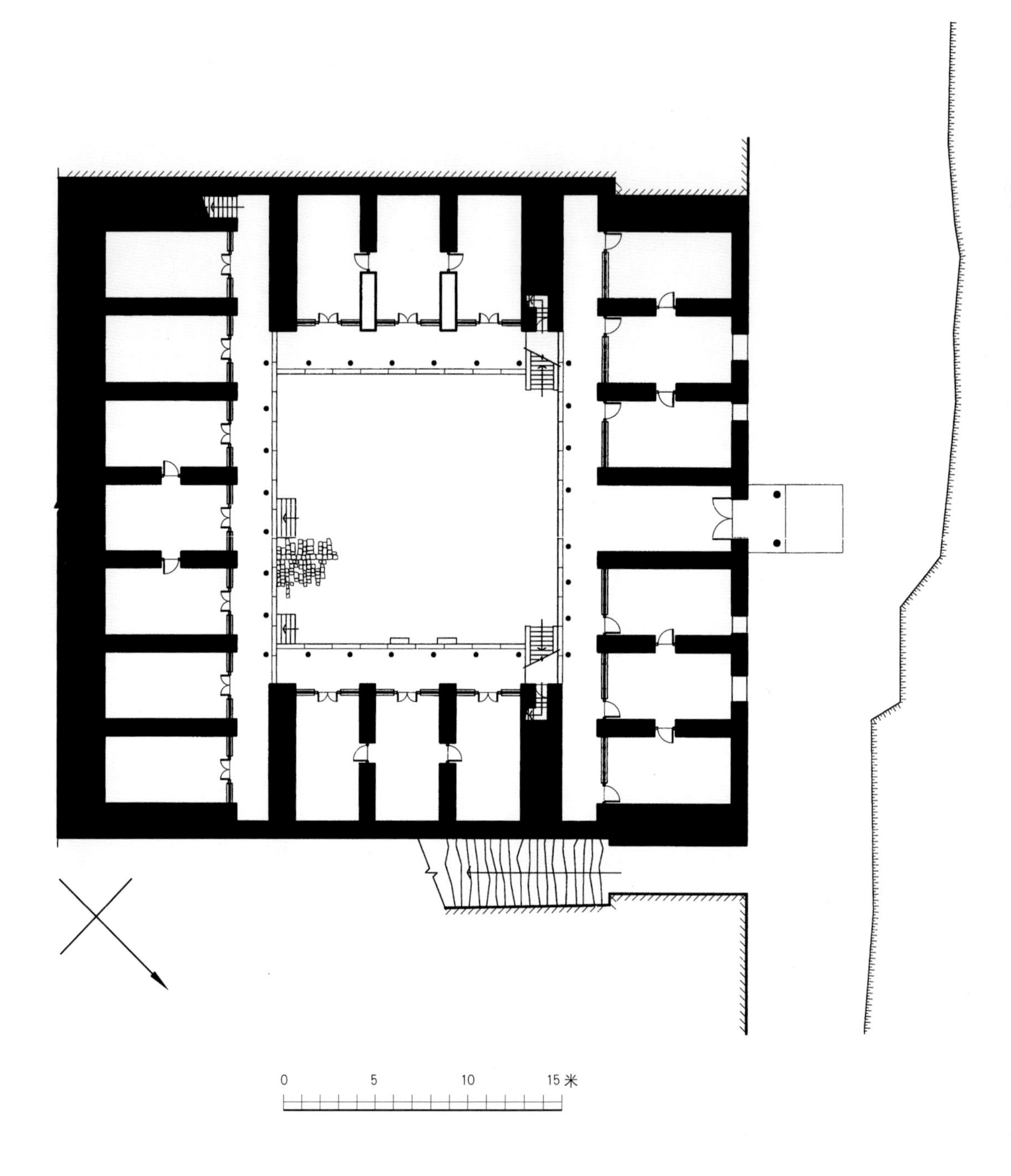

永光店一层平面

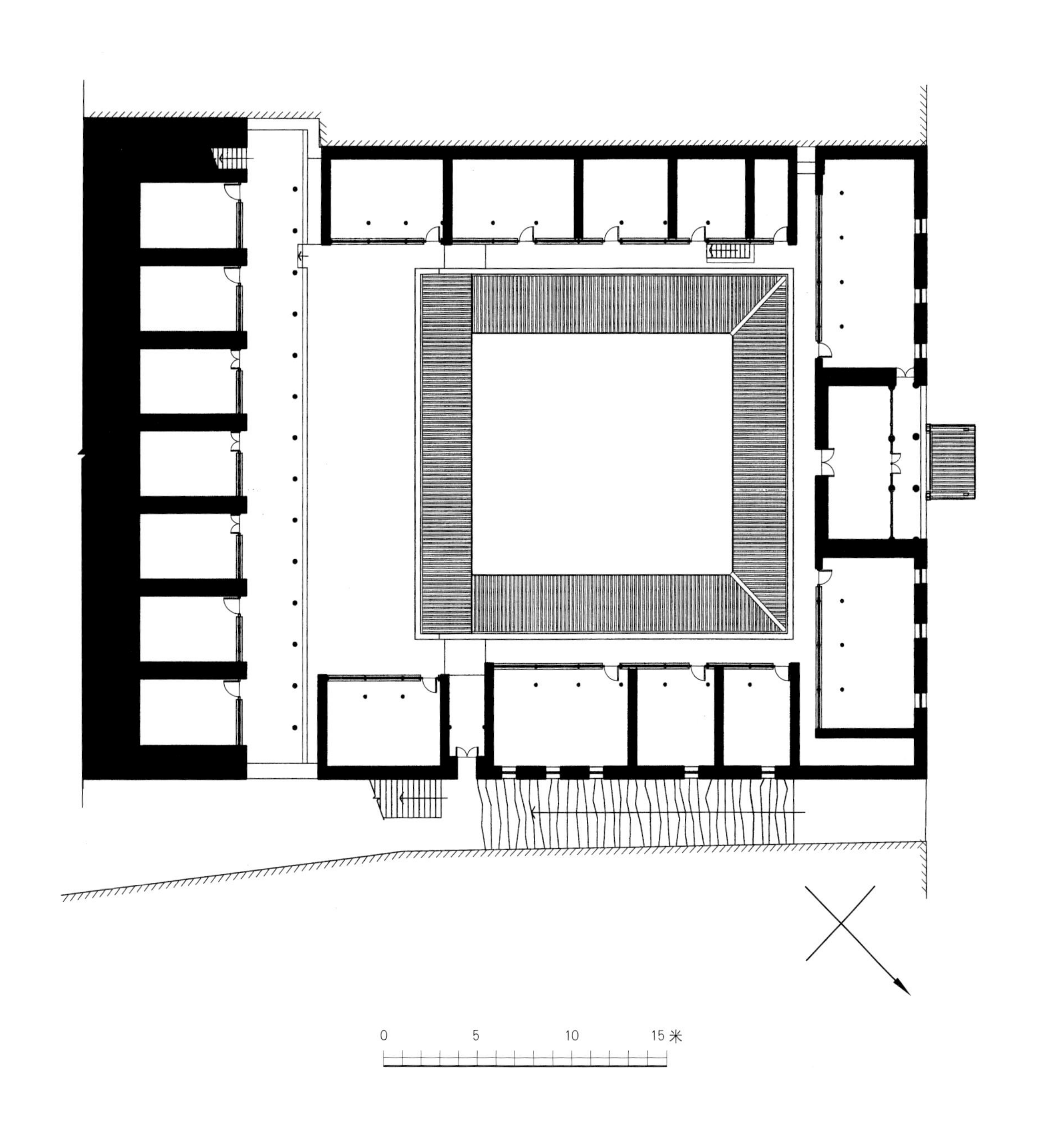

永光店二层平面

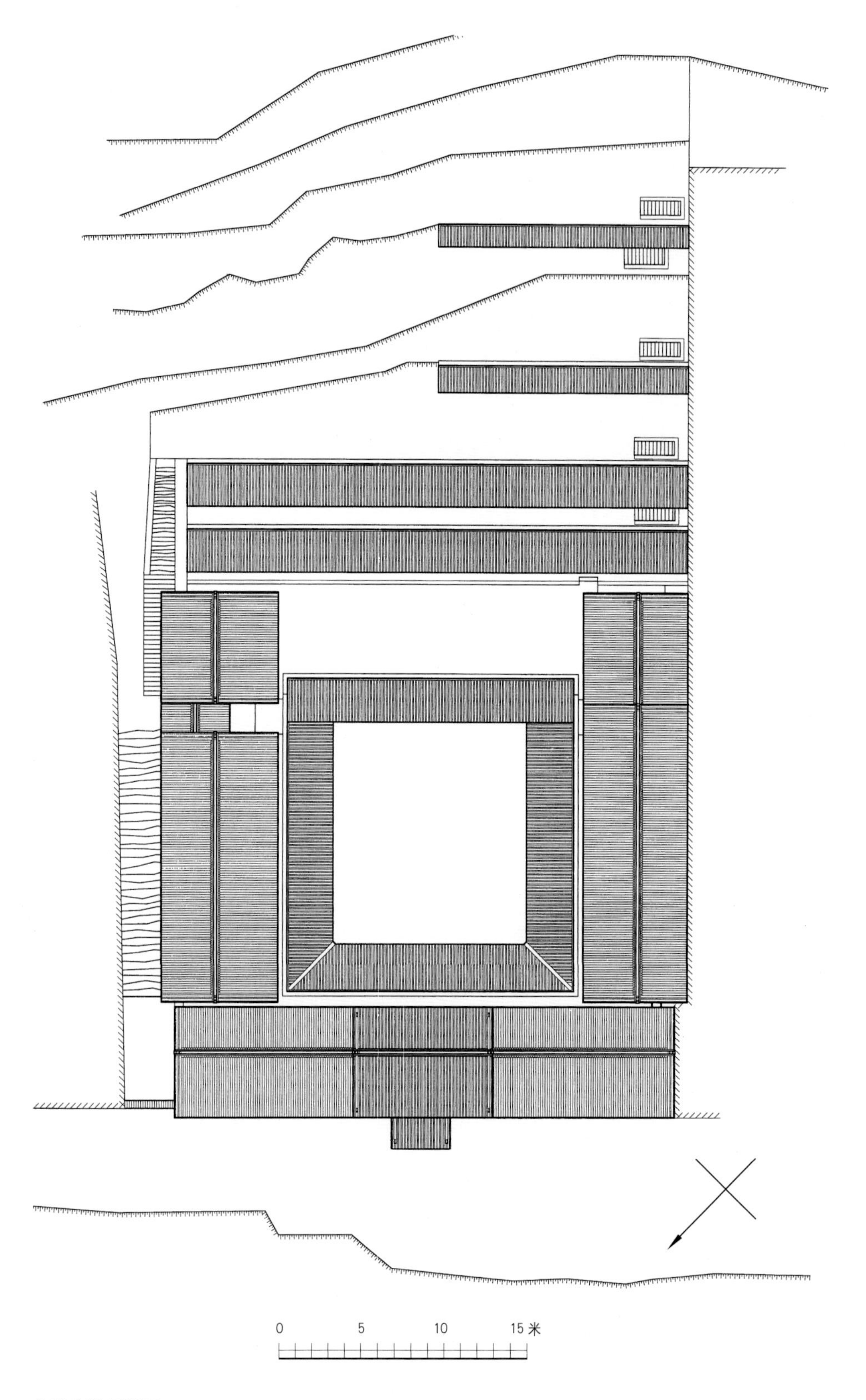

永光店屋顶平面

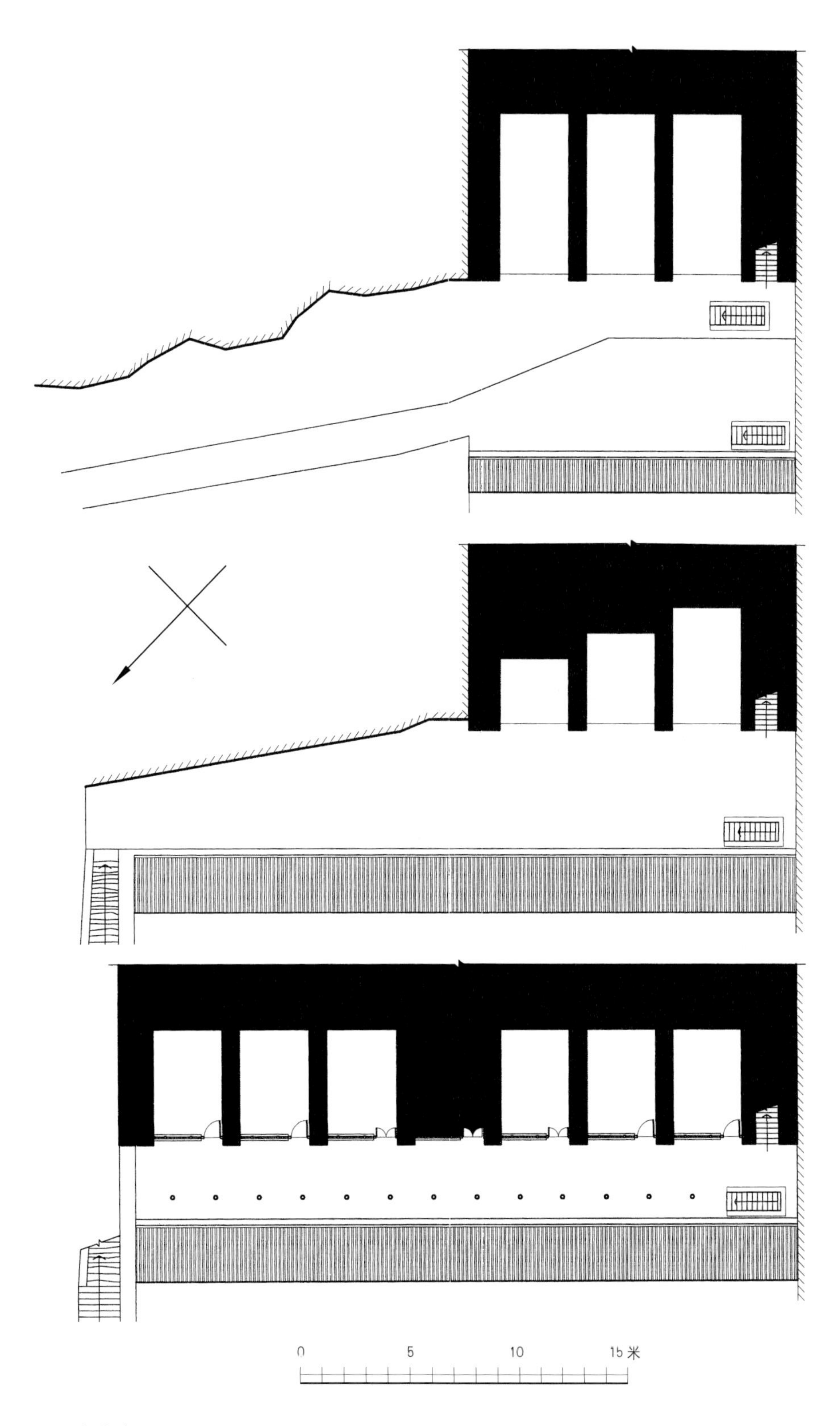

永光店三、四、五层平面

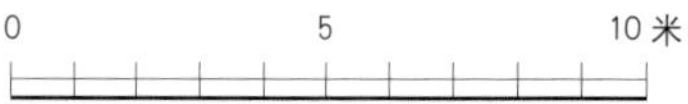

永光店外立面

永光店内立面

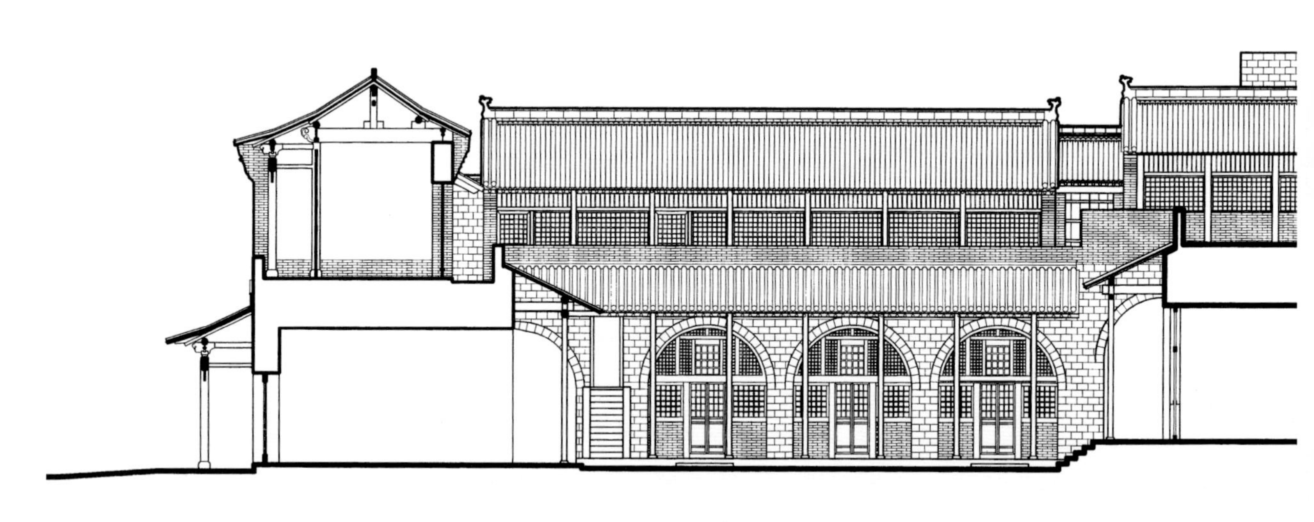

永光店纵剖面

二、货栈与中介

货栈的经营主要有两种方式。一种是“坐庄”，买下一批批的货，通常是赊购的，然后再待价批发出去，这叫“赚回头钱”，货栈老板不必备下本钱。不过赊销有时限，而且老板要自负盈亏，有风险，所以吃货需要眼光，懂得市场行情。另一种叫

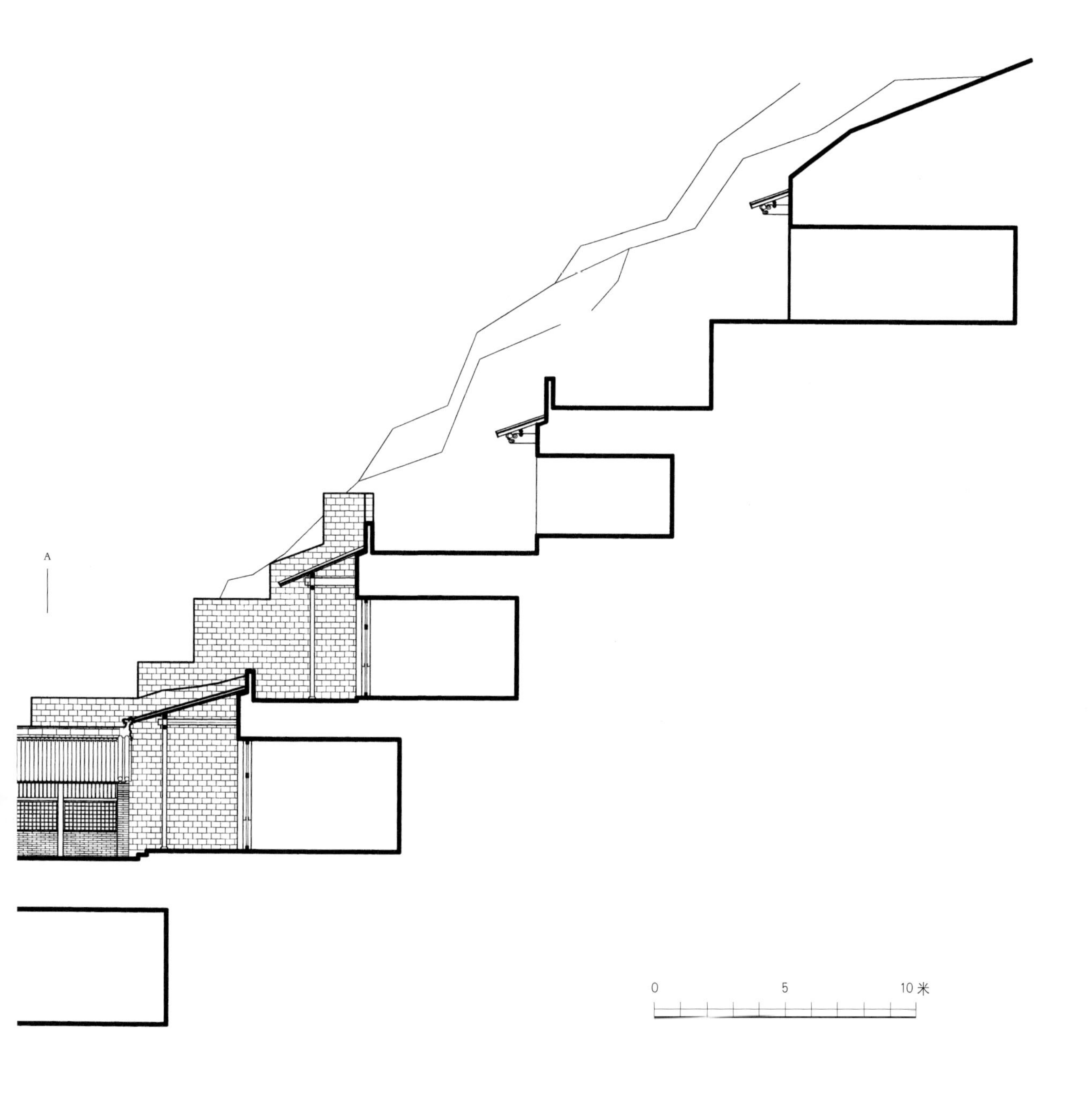

“吃过水面”，就是在货主和买主之间做中介，过过手便收手续费，叫作“过载”生意。不过栈行老板要负责保管好货物，货物受损老板要全额赔偿。“吃过水面”的过载店也看准机会“赚回头钱”，二者之间的界限并不十分明确。

在碛口之外，侯台镇也有几家货栈。

当年的骆驼院之一，至今还保存完好　林安权摄

从货栈出来的货物，不论是批发的还是中介的，一般都走旱路向东运输，“东货西运”是少数。运输多靠畜力，便是骆驼和骡马。山西人把骡、马、驴、骆驼统叫“高脚”，这话很古老了，汉代《古诗十九首》里就有“何不策高足，先据要路津”这样的句子，“高足”岂不就是“高脚”。驴子比较贱，但力气小，只能驮几十斤，所以很少用，只用来驮南沟镇出的煤。骡子能驮一百多斤，但脾气大，不驯服，一个人只能管一两头，成本太高，多用在走近路，专门跑碛口到招贤，运输缸、盆、生熟铁器。长途运输主要靠骆驼，它们力气大，可以驮三百多斤，而且母驼和阉驼老老实实，一个驼工管得了五六头，一天能走六十到八十里，可以连续多少天地走，特别适合于长途运输。骡子要多吃细粮，而骆驼只需吃少量细粮；骡子要有厩房料槽，而骆驼只在露天养，干草往地下一扔，它们自己就会叼着吃，这也是养骆驼比养骡子合算的优点。

骆驼都由碛口附近农村里的人畜养。一家喂养一二峰三五峰，镇上有经纪人接洽生意。有了一标生意，便组织若干峰，由主人赶着，成伙上路。

但碛口镇上和它东侧的西头村也有比较大的骆驼世家。从西云寺往西，前市街的北侧，一连排着七座大院，都是骆驼店，其中东头第三个院子，是陈家开的。大约在清道光年间，西头村的陈协中，在这里开了个天星店，起初是骡马骆驼队的宿店。这店占地六亩多，正面六眼窑，进深很大，在中腰分为前、后间，前间临街做买卖，后间面对院子做宿店。院子一直伸展到卧虎山脚，两侧造厩房拴骡马，够拴百八十头。院子露天地能卧上二百多峰骆驼。就地用木棍拦一拦，放些干草，骆驼跪着吃草、反刍、睡觉。天星店草料充足，服务周到，诚实可靠，脚夫们有话：“住店要住天星店，伙计殷勤吃喝贱，货物堆下多半院，丢不了你的一根线。”陈协中的五个孙子中，老大陈逢时，老二陈新时开始自己养骆驼，最多曾养了上百峰。陈逢时的“立”字辈十个儿子都养骆驼，这就是远近闻名的“十个儿家”。十兄弟和他们的堂兄弟一共二十八个人，养骆驼一千峰左右，占碛口镇及周围地区骆驼总数的一半。从这一辈起，不办宿店了，专跑运输，天星店先后改名为大星店和三星店。天星店以东，西云寺往西第一家，也是个大骆驼店，占地四亩三分三，叫义和店，店主姓薛，同样是西头村人，自养七十多峰骆驼。沿街的房子和天星店的相似，院子两侧也造了骡马厩。不同的是大院子深处还接一座四合院，十分宽敞，两层的房子，既当货栈，也当宿店。它同时经营过载生意。这些大驼户得雇很多脚夫，但年轻子弟也都要参加赶脚。

黄河边和街上的货栈要发货了，便雇来骆驼或骡子。骆驼到了货栈，在院子里跪下，脚夫往它们背上先垫驼毛填充的驮鞍，再放木头做的驮架，再往架上装驮子，就是装货。装妥了，一拉缰绳，骆驼便立起来上路。骆驼还得背着路上的一部分精饲料，每天五斤黑豆一斤盐。干草之类的粗饲料通常在沿路的宿店里买。

骆驼队上路，一般都有几十峰一起走。每五或六峰为一链，一名脚夫拉着第一峰头驼，后面的骆驼一峰接一峰把缰绳拴在前面一峰的驮架上。最后一峰的驮架子上吊一只一尺来长的铃铎，走一步一声响，走在前面的脚夫不用回头便知道这一链骆驼是不是走得正常。铎声喑哑，像木头相击。

从碛口走旱路赶牲口到太原和晋中，出西头村东口之后五里，先经过侯台镇，再五里到樊家沟村，进沟，顺沟到南沟村，又三十里到梁家岔，然后走上海拔一千五百米的王老婆岭，过岭便是离石，从离石走七十里到吴城，向东出吕梁山不远，一马平川直抵汾阳。骆驼队一天走六七十里，从碛口到吴城镇要走整整三天，晓行夜宿，一路上经过些村子，每个村子都有供牲口过夜的宿店，大门口挂一把干草做标志。脚夫们不识字，看见这把干草就知道是宿店。店里有块空地给骆驼跪下，脚夫卸掉驮架子，让骆驼吃草料。为了保持体力，要给骆驼每天吃些精料，就是黑豆，还要吃些盐。黑豆和盐装在布口袋里，套在骆驼嘴上，让它慢慢地嚼。脚夫们自己吃点干粮，过后进屋上炕。炕上都只铺着一块席子，丢着几张羊皮，脚夫们累极了，躺下，拉一张羊皮胡乱盖一盖便过一夜到鸡叫。小村小店连院子都没有，骆驼就跪在屋门外，驮架子用根木棍支着靠在墙上，都平安无事。脚夫们一路非常辛苦，俗话说，“拉骆驼的赶脚的，裹搂锅（guǒ lōu guō）的打铁的”都是最苦的人。但他们收入还比种地的好得多，养一头骆驼便可以养活四口人的一家子，勤快能干的，几年之后有可能攒下钱自己买几峰骆驼。

从碛口来的驼队，大多在吴城和汾阳过载给当地的驼户后就驮着东边的货物回去了。“东货西运”远远少于“西货东运”，所以回程的骆驼有无货可驮的，于是脚夫便可以骑上赶路。把缰绳往下一拉，骆驼便垂下长长的脖子，脚夫一手扶住驮架子，踏着它的脖子，它把脖子一扬，脚夫顺势跨上背去。骆驼是双峰的，端坐在双峰之间，后有靠背，前有扶手，很稳当，可以一路打瞌睡。走熟路，骆驼自己认得怎么走。

过去旱路上很平安，只有运鸦片和银钱的时候才要镖师保护。镖师属于镖局，碛口街上有十义镖局，镖师们个个武艺高强，从来没有失过手。这一带男子汉都练得一身好武功，赶脚的自己会儿下子拳脚，能舞棍弄棒，一般响马并不敢下手。

碛口镇商业繁华，远途或贵重的货物都需要镖局来保镖。碛口很早就成立了十义镖局，顾名思义是由十位武艺高超的汉子组成。这幢建筑为十义镖局。 林安权摄

三、骆驼与赶驼人

骆驼怕热天，一过立夏全身开始脱毛，直到只剩下脖子上和腿上有毛，还得人工剪掉。夏季骆驼极易得病，死亡率很高，每年从夏至到白露都要“下场”避暑大约三个月。这时养驼人合伙把它们赶到山上凉快的草场放牧，给它们身上涂满一层用柏树皮、柏树籽熬的黑油，防灰蝇叮咬。灰蝇咬了会溃烂。养驼人自己分为三拨儿，一拨儿照料牲口，一拨儿负责饮食，一拨儿用脱下的驼毛捻成粗线，缝补运货的毛线口袋和驮鞍，日子过得很轻松。骆驼“下场”的季节正逢黄河上的船筏“歇伏”，碛口街上人说的“杏黄麦熟买卖稀”，就是这个时候。一年有几个月“买卖稀”，店家的管账先生便忙着结账，伙计们跑外了解商情，掌柜的策划下一阶段经营，并不坐吃。

不过，对于赶骆驼的人家来说，夏季的休闲期倒还有点儿意思。不知是偶合还是经过有意的调适，夏历六月二十三是马王爷的神诞日。人在很长一个时期里要依靠动物才能生存发展，不但“茹毛饮血”，且要它们提供劳务，要它们忠诚，甚至是牺牲。在各种动物中，最全面地服务于人的是马。出于对人本身生存和发展的关怀，产生了对和马有关的神道的崇拜。早在周代，中国人就有春季祭马祖的制度，并且以天驷星代表马；接着就崇拜驯化马匹和教人驭马之术的先牧神，祭祀在夏季举行；秋季祭马厩；冬季祭保佑马匹无病无灾的马步神。夏历六月全国各地所祭祀的马王爷，显然就是先牧神，正是他使马为人服务，奠定人与马之间最重要的关系。另一种意思相近而细节有差异的说法是，马王爷是司马之神，叫“水草马明王”，本是汉代匈奴休屠王太子金日磾，降汉之后，武帝封他为马监，忌日在农历六月二十三。后来，民间渐渐把马王爷的影响扩大到各种使役的“高脚”牲畜，包括骆驼。

碛口镇附近村子的养驼户，每年从农历六月二十三起，各家依次轮流请盲艺人说书三天，一说就说到白露节气，“下场”结束。不过这时候最辛苦的驼工却在山场上，并不能享受到这种娱乐，能享受的倒是也在休闲状态的农业户。这或许是养驼户对农业户的报谢，谢他们在驼队运行时期对家属的关照，很有人情味。

四、旱路运输

旱路运输全靠牲口，但牲口要有路可走，修筑和水路配套的旱路是必不可少的大事。首先当然是修筑碛口通往离石，然后到吴城再到汾阳（即汾州）、太原的道路，其次是修筑从碛口沿黄河东岸到索达干、高家塌、丛罗峪、孟门、军渡这些到陕西去的渡口的道路。临县在吕梁山区，山高沟深，地形破碎，人少兽多，村落贫寒，这两个方向的道路都很艰险。

明人黄素屏《宿吴城驿》诗有句：

层层鸟道乱山多，
白草黄芦遍石坡。
绝壁倚空临积雪，
飞流直下激回波。

清人顾嵘《离石行》有句：

村落八九长荆杞，
鸡狗无声鸟雀死。
黄狐直立官道旁，
白狼跳梁入城市。

在这样的环境里修建道路，工程之难，所费之巨，都要求极高极强的献身精神。而工程竟大多依靠“乡贤”们作为“义行”来捐助，志书里多有记载。光绪七年《永宁州志·孝义》载：“陈秉谦，三锡之子，恩贡生，有父风。郡守徐公令秉谦修黄芦岭官道，秉谦慨然独任。除捐己赀外，竭力经营，逾年而工竣。”黄芦岭在吴城东北，是吕梁山区赴太原的主要孔道之一。这位陈秉谦是乾隆朝人，他的父亲陈三锡，就是最早开发碛口的人。陈三锡开辟了碛口的水路，陈秉谦开辟了碛口的陆路。修黄芦岭官道，显然也是朝廷以口北粮食接济晋中的措施，和刘于义以“牛皮混沌”运粮到碛口的措施相应配套。又如民国六年《临县志·乡贤》里有薛兴魁，西堈村人，“见善勇为，尝修招贤瓷窑沟十余里之路，又修石梯子山往来离石之孔道，裹糇粮，携器械，汗流浃背，戴星往还。越三年而工始竣”。又有高守荣，垴头村人，“尝修南沟通离石故道”。南沟村产煤又产铁，正是从碛口去离石必经之地，在湫水一条三十余里长的支流切割而成的山沟里。这条沟在樊家沟村外注入湫水。樊家沟在碛口东北八里，距侯台镇只有三里。

从碛口沿黄河向北走十里鸟道（很窄的道）可抵索达干。民国《临县志·山川》描述这条路“东依千仞石壁，西临黄河，车不方轨，为近碛口之隘道”。过索达干北去十里外的高家塌的中途，一个急转弯处矗立着三块石碑，三块碑都是高家塌人立的，两块在路边，叫《新修高家塌东三重崖石路碑》，一块嵌在石壁上，高于路面大约三四米，叫《公赠高氏三重崖修路碑》。高家塌是秦晋大峡谷里的一个重要渡口，对岸是陕西省吴堡县北端的岔上镇，去葭县的螅蜊峪只有十里。从螅蜊峪可经米脂到绥德或榆林，然后一条路从神木出关到包头，另一条路可经靖边沿长城西去安边、定边抵达宁夏的银川。高家塌渡口对秦晋两省和内蒙古都有重要的经济意义。

三块碑都立于清乾隆四十年（1775年），记述乾隆三十九年（1774年）起修路的经过并颂扬捐助人的功德。碑面已经剥蚀，但主要内容仍可以读出。崖壁上的碑文比较短，先说到修路的重要性：“三重崖当大河之滨，左达晋之汾郡，右至陕之葭、绥等处，亦通衢也。”然后讲述修路的危险和这次修建的经过，最后说，修成之后，“一旦变为坦途，熙熙攘攘，来往……（残缺）者孰不食其福而歌其功”。路边的碑很长，主要说：“高家塌境接西秦……（残缺）之东有路曰三重崖，傍山临河，险隘迫……（残缺）多沟壑，沟壑中之径尤极陡峻迂折，洼邃岈嵯，遇暴雨……（残缺）往往有坠河而葬鱼腹者。”下面说村人合议并捐助情况，接着说：“公（名已缺）乃指示方略，其迫狭不可为者则实傍空以广之，其迂……（残缺）者则削危崖以直之，其沟壑中上下陡峻不能相……（残缺）一桥曰通津，以其通山陕之津……”截弯取直，去高填低，加宽路面，遇沟建桥，看来工程既大，而设计又巧。

从碛口渡湫水沿黄河东岸往南赴孟门、军渡，也有一条从山崖边上过的险路。险路便是纤道。下游上来的船虽少，来则必须拉纤，拉纤的人就是船工。多半年里，船工拉纤的时候都一丝不挂，赤身露体，双脚暴起粗粗的青筋，脚趾像铁钩一样嵌进石板里，上身背着纤，深深地弯下腰去，挣扎着前进。纤道外侧，有些岩石竟被纤绳勒出了一道道沟，沟多而深，这纤道的年头也不短了。中途小垣则（子）村附近有一块碑，字迹已不可辨，隐约可见“道光”二字。还有一块小垣则村和小垣则后村合立的民国七年《新修长虹桥碑》，碑记说：“开工于清明节前，告竣于大暑节后……而卒能臻此美善者，虽属主事诸同人跋山涉水任怨任劳所□□，实赖好善诸君子仗义疏财，同心同德所共成也。”

造就碛口兴旺的固然是两水一山的自然条件和商家的苦心经营，但垦荒塞外，复冒风浪于洪波之上，辟鸟道于丛山之间，没有先人开创之功，哪有碛口的辉煌历史！现在，在黄河震耳的浪涛声中，看到这些遗迹，遥想当年，不能不肃然起敬，感念不已。苍莽大地，河声岳色，何处不洒满汗和血！

第七章　精明而诚信的经营者

一、码头上的六大行业

碛口镇是个水旱转运码头，它的经济围绕着这个轴心发展。街上商号几百家，最重要的是栈行、过载店和骡马骆驼店。经营规模最大的是六大行业，即粮食、麻油、盐、碱、皮毛和药材，这些物品多半是经黄河从甘肃、宁夏和内蒙古运来的。那些商号经营着坐庄收购、仓储、批发、中介、托运等业务，是碛口街经济活动的主干[①]。

有一曲“伞头秧歌”唱：

黄河上天天来货船，店铺里生意做得远，碛口街撒着一层钱，没人肯弯腰把它捡。

给大商号的经营配套的行业有钱庄、当铺和分金炉，这些都是晋商拿手的老行业。民国年间中央银行、山西省银行和天津的一家私营银行曾经在碛口开设分行。当铺都放高利贷，俗话

① 2000年夏季根据现存184家原有老店面上推过去的营业，计有经营北路和西路货的粮油行27家、皮毛批发店5家。经营东路货和洋货的原铁器、粗瓷器、绸缎、煤油、西药、染料等商店集中在中街和二道街，已于20世纪40~70年代陆续被洪水冲毁，遗址无从探寻。

说：“富人出本、穷人出利。”钱庄也有“对本利”，就是借钱十个月之后就本利相等。还有一种借贷“在家倒扣利，出门见风长”，即借一笔钱，拿到手的时候就已经扣去了一定期限的利息，而余下的利息还要随行情，看涨不看落，常常是“刮一阵风，长一回利”。

碛口的大钱庄叫世恒昌票行，它发的“钱帖子”，上面印了个“昌”字，在兰州、银川和西安等地可以当作货币流通，它还在天津、汉口、汕头等地设了分号。镇上有些资本雄厚的大商行，也可以自己印些类似钱币的东西在镇上使用，发行量由商会审定，根据不同情况，不超过资本的百分之五到百分之十。

分金炉的行当是把散碎银两，甚至银屑，归拢来熔化之后重新铸成一定重量的银锭，便于使用，也便于储存和携带。碛口至少曾有三家分金炉。日本侵略军进攻碛口时，碛口商会会长陈敬梓（晋之）外逃陕西，日军在寨子山他家挖出过三十两和五十两的银锭。1947年土地改革运动中，又挖出了六十两一锭的。

由于交通方便，资金和原料充足，碛口也渐渐有了些手工业。民国三年（1914年），义盛泉、两盛泉和复盛泉三家兄弟糟房（用粮食制酒）生产的白酒驰名全县。临县从民国九年（1920年）才开始种棉花，各村子兴起了土纺土织，棉布产量很大，于是催发出了染布行业，比较早的有义成染。民国初年，曾在临县南部推广蚕桑，到20世纪30年代，街上建立了丝织作坊。几乎同时开设了皮革作坊。被称为“晋西第一富”的“陈百万”陈敬梓，曾在碛口开设糟房、粉房（用绿豆和马铃薯制粉丝、粉皮）、醋房和酱房。糟房和粉房就设在四十眼窑院里。用糟房制酒剩下的糟喂猪，是他发家的途径之一。

碛口本镇的坐商和四面八方涌来的行商、手艺人、店伙、船工、搬运工、赶脚人等等，天

碛口镇曾经的分金炉就在这院里　李秋香摄

天都有好几千人在碛口生活。为了满足这些不同社会地位、不同经济阶层、不同生活方式和不同教养的人以及附近村子里的人的不同需要，镇上开设了许多商业和服务业店铺，有旅店、饭馆、黍作店、食品店、熟食店、剃头店、澡堂、花纸店、文具店、药店、成衣铺、鞋帽店、烤饼店、京广杂品店，等等；还有一种香纸店，卖香烛、黄表纸、鞭炮等拜神礼佛、婚丧喜庆的用品，过年的时节也卖门联、年画之类；为拉骆驼的和赶骡马的投宿，开设了骡马骆驼店，附近还有专门钉马掌的店铺。外来的客商可以住在有业务往来的货栈、批发行等场所，也付一定的费用，年节、端阳节和中秋节三大节前后几天可以免费。

碛口商业街的烧饼铺很多，供给往来跑生意的人 李秋香摄

碛口最有名的烧饼是三角饼，很适合长途携带，十天半月坏不了。有甜的、椒盐的 李秋香摄

据1994年《临县志》，临县的烧饼质量很好，清道光二十一年（1841年），江苏进士黄廷范来临县任知县，带来袁枚的《随园食谱》，把其中的“烧饼法”介绍给临县烧饼师傅。经过多年加工改造，品种有油旋、酥饼、糖饼、油丝饼、起面饼、油锄片、糖火烧等。碛口街上的这些烧饼质量都属上乘。一则“伞头秧歌”唱：

> 碛口街上好吃食，臊子碗饦刀刀划，红印印饼子撒芝麻，牛蹄蹄馍馍热油茶。

晋商的传统，不论坐商还是行商，一律不得带家眷，所以起初市面还比较朴素。清代末年，规矩破了，街上有了些住家，妇女多了一点，于是，又有了金银首饰店、绸布店、丝线店、铜器店、搪瓷玻璃店、瓷器店，等等，还有一家专门从天津进海货的水产品店。

刚出锅的烧饼香飘满条街　李秋香摄

染坊使用的压布石　李秋香摄

受到“五口通商”的影响，从光绪朝起，碛口街上开了一批洋货店，专卖被称为“洋板货”的舶来品。“洋板货”中有洋皂、洋袜、洋火、洋布，还有美利坚煤油（洋油），德国染料，法国的法兰绒，英国的华达呢和直贡呢，日本的仁丹、眼药，等等。光绪十八年（1892年）甚至有了卷烟厂。因为当地人吸惯了水烟和旱烟，卷烟产出初时，没有销路，卷烟厂不得不赔本推销，在街上大量免费赠送才打开了市场。民国时期开了照相馆。作坊里也引进了一些洋织布机。

作为一个人烟杂沓的水旱码头，当然少不了大烟馆，出售烟土，店里设烟床、烟灯，主顾多是船工、脚夫等外出卖苦力的人。据说抽大烟能使人解乏、兴奋，提高短期内的劳动能力。由于鸦片战争失败，英国的鸦片进口失禁，大量充斥于市场，所以鸦片被称为“洋烟”。洋烟价廉，抽鸦片的多了起来，被叫作“洋烟鬼”。

和所有繁华的水旱码头一样，碛口也少不了烟花店，便是暗娼[①]。她们都是外地人，被逼、被卖或者在当时环境下没有别的活路的。街上的坐商规矩很严，绝不许店里的人去嫖娼，但

① 据20世纪40年代曾任临县七区（前临县三区和离石四区合并而成）区长的陈玉凡统计，当年曾有暗娼67名，都是“单干户”。

商行的窑洞墙上有小龛供奉财神和土地，求得财运兴旺，求得一方平安　李秋香摄

后来也有人为了做买卖而招待客商去逛的。去的人大多是外地来的客商或坐庄的，只身一人，没有拘束。更多的是河路上的艄公，他们收入比较多，惯于拿生命冲险犯难，所以性格比较放纵一点。

零售商业和服务业大都是附近村落的人做，如西头村、樊家沟、冯家会、塌头、塬上等村的人，他们都算本地人了。也有外地人做的，如药业为邯郸人，照相馆为河南人，烟丝店为兰州人，等等。大商号的伙计和学徒也多是本地人，但东家、掌柜、管账先生则大多是外地人。道光二十七年《黑龙庙碑》上“芳名录”中的碛口镇六十多家坐商里，有平遥的十九家，汾阳的三家，柳林的八家，孝义的三家，双池的二家，大麦郊和吴城各一家，占全部的百分之五十五。民国五年（1916年）登记的二百零四家坐商里，店东为外地人的有八十多家，大约占百分之三十九，本地人开设的大商号则有德盛泰和广生源两家百货行。更早，一百多年前，清代中叶，李家山的东财主李登祥在碛口开的德合店、万盛永，西财主李带芬开的三和厚，也都是相当大的商号，可以和西湾陈氏在碛口开的店比美。更晚一些，到20世纪30年代，寨子山的陈懋勇、陈敬梓兄弟在碛口开的商号

寨子山村的商人陈三锡在碛口经商，老板和伙计在碛口照相的留影　侯克杰提供

和作坊就更多了。本地人终于渐渐学会了贸易之道。一曲“伞头秧歌”唱：

陈家的生意做得远，榆林包头和三边，大洋元宝铺满街，垒墙用的是金砖。

二、规模经营的商号

有相当规模的商号，从店东到学徒，人数能达到几十人，它们内部有制度化的组织和分工，有严格的行为规范。

一座商号，东家（财东）是第一号人物，他出资开店，拿“银股子”，但东家不一定实际管理店务。管理日常业务的是大掌柜，东家可兼当这个角色，也可以委托别人来当。大掌柜的身份很高，他要为人正派，名声好，精通业务，有领导能力。往往东家计划开店的时候便把大掌柜请来一起出谋划策，包括给商号起名字，定经营方向等。东家请大掌柜是关系到生意成败的大事，十分隆重。街上传说，碛口最大的转运粮、油、盐、碱的大字号之一“串心店”，有四个掌柜，六十多个伙计，大掌柜是高家坪人成丕胜。成丕胜睡在热炕上，被褥松软，却天天晚上不能入眠。这情况引起了误会，东家把他辞了。二掌柜升了正，接连三年都赔生意，三掌柜接上也不行，东家不得不去找成丕胜。成丕胜正在田间休息，躺在土疙瘩堆上睡着了。东家怪他为什么在店里睡不着觉，他说一心扑在字号生意上，几十号人该干什么，怎么才赚钱，思来想去，怎么睡得踏实。

大掌柜之下有二掌柜，有些店还有三掌柜，大店最多到四掌柜。他们是大掌柜的副手，各自分担着一个方面的工作，负有责任。中层管理人员主要的是管账先生，一般有两位，分别保管钱财和保管什库，他们精通业务，勤奋而忠实可靠。管账先生不可以是东家或掌柜的家里人或亲戚，必须从外面请来。两位先生也不能是一家子。聘请好的管账先生是大掌柜第一件要费心的事。掌柜和管账先生可得“身股子”，就是在议定的工资之外，还有议定的“股份”，参与经营利润的分红。他们收入的多少和店号的经营成绩直接发生关系。不过，如果掌柜和管账先生离开店号，身股子自动失效。一般情况是，大掌柜身股子为一分利，二掌柜八厘，三掌柜六厘，四掌柜四厘。管账先生的身股子要个别商议，没有定例。

管账先生下面是伙计。在栈行业的商号里，伙计分两大类。一类是营业员，站柜台接待顾客，要热情、精细、礼貌周到。客商进门，先请坐、斟茶，然后才能问客人来意。另一类是推销员，跑外的，街面上熟，有人缘，有时要到外地出差接洽买卖，还可能在外地定点坐庄，就是代表本商号驻外地收购或批发商品，他们要精通市场情况和经营之道。外派坐庄的，不得带家眷，三年能回家一次，给假三十天至五十天。老资格的伙计有的可得身股子，到了这一步，便也被笼统称呼为掌柜，或者“二把刀”。

伙计之下是学徒，叫作“劳金的”。学徒专司提水送茶、打扫卫生、倒夜壶等杂役，由管账先生不时给他们讲讲有关业务各方面的知识。学徒工作一年至三年以后，表现好的，会提升为伙计。为了争取提升，学徒必须勤快、乖巧，会讨好伙计。是不是善于交接人、善于学习，是伙计“表现”好不好的一个考核指标。年底腊月二十七放假回家休息的时候，管账先生会告诉他年后还要不要他回来继续工作。如果要，就说明年正月初六按时到店；如果不要了，就说明年“请到别处喝茶”。万一被解雇，这个年轻人在碛口街上就很难再找到工作了。不过解雇的事极少发生，因为当初录用的时候，一要街上头面人物举荐，二要经过掌柜的“相面”，即面试。录用既严，不中意的便很少了。

伙计和学徒都是附近村子的人。20世纪40年代，伙计的工资大概是每月九到十五元，学徒只管饭吃，没有工资，给客人端茶水，可能得些小费。过年的时候，回家之前，掌柜的给学徒一包年货带回家，一般是烧肉、炸豆腐、粉条、面粉等，并给六到八元白洋。如果学徒被辞退了，另加二十元左右的安家费。有些店号，学徒从第二年起便有一厘的身子股，这个份额不小，所以学徒都得老实卖力，力求不到别处去“喝茶”。出差做推销工作的伙计，不报销旅差费用，由掌柜的根据他的业绩给钱，一般总是比实际用的多一些。

上起掌柜和管账先生，下到伙计、学徒，一律住在店里，不得带家眷。东家和掌柜的住在院子正房里，管账先生住在账房里，有两个伙计陪着，以防万一有宵小侵入。别的伙计和学徒在店堂里搭铺睡觉。伙计和学徒每年春节回一次家，腊月二十七走，正月初六回来。初七叫“人齐日”，这一天大家都到了，店东要说说话，交代些情况，中午大吃一顿，便正式上班开张了。外地来的掌柜、管账先生和出外坐庄的，三年才回一次家，一次五十天假期。以致有民谣：“嫁女不嫁买卖人，一辈子夫妻二年半。”

经营商号，第一要讲究的是诚信。发货保质保量，手续一清二楚，托运找最可靠的脚夫。店里来了客户，要保证他们生命和财产的安全。“好店不漏针”，客户的财物一丝也不能少。财务往来，结算货款一定要提前，欠人的不能拖，即使遇到战乱，也必须竭尽所能去偿还。所谓“账不过夜，债不过年”。20世纪30

碛口街上旧时用过的商号印章　*薛荣茂提供*

碛口镇上有些人家还保留着过去年代的铜板银圆。20 世纪 20 ~ 30 年代，镇商会发行过仅供碛口镇使用的代价卷　*薛荣茂提供*

年代某年年底，在全盛栈坐庄的太谷广升誉的客人回去了，栈里结账，发现欠广升誉一大笔钱。为了不留隔年债，二掌柜薛步琛昼夜步行赶到太谷，在除夕把款交清。1938年，日寇侵占碛口，全盛栈被迫关闭，薛步琛带三千元大洋到了陕北的岔上镇，在那里把欠顺德府（河北省邯郸市）某店的钱寄去。兵荒马乱仍不失信誉。

不论是掌柜的、管账的，还是伙计学徒，衣着打扮、言行举止，都要讲究正派大方，有礼貌，有风度。伙房的大师傅也得精打细算，不但要看人头数下锅，还要了解各人当天的工作，估准了他们的胃口好坏，不可以浪费一口粮食。

掌柜的和管账先生，身上从不带银钱。银钱账和货物账天天晚上结清。伙计和学徒工回家过年，临走之前主动打开小包袱给管账先生过目。所有人的家属都不得进店。分给掌柜和管账先生的日用品等，由伙计送到家里去，家属不可到店里来取，也不可由掌柜和管账先生自己取。

商家普遍立有店规，一般都有几条如：不抽大烟，不赌钱，不串窑子，不泄露生意机密，不搞个人小生意。不过，店堂里有烟榻、烟灯，顾客可以随意享用。店家不可得罪顾客，也不可要求他们遵守本店店规，所以大掌柜难免要陪顾客抽一口烟，但二掌柜以下不许抽。

店家行为要端正，树立良好的声誉，晚上如有必要出去，必由小伙计提一盏油纸灯笼，灯笼上用朱红的大字印着店号，表示来去都受街上人监督，光明磊落。一交二更，全镇宵禁，大家熄灯睡觉，只有账房先生那里才会有灯光和算盘响。

三、碛口街上的特殊职业

碛口街上还有一种特殊的职业者，便是邮差。由于碛口对外地的贸易比较发达，所以很早便有了邮递和电信，甚至远远早于临县县城。清末光绪三十年（1904年），碛口设了邮柜，叫“大清邮政代办所”，由商号代办，只办信件，不办包裹和汇兑。外来的信件，放在代办商号的柜上，不投递，而是托人通知收信人来取。光绪三十二年（1906年），汾阳到碛口专设邮驿路，有专人传递。民国六年（1917年），碛口镇正式成立中华邮政局，由西安邮政管理局代管，比县城早了整整二十年。据1994年《临县志》，当时邮差规定负重一千两（合37公斤），月薪十六元七角五分（银圆），发给绳子一条，扁担一条，油布一块。邮差身穿绿背心，前印“中华邮政”四字，后印“邮差”二字。过河过桥，邮差先行，行人让路。每日一班，风雨无阻。

民国十一年（1922年），离石至碛口开设马步邮路。民国二十三年（1934年），碛口邮局又开设碛口、临县、兴县、岚县邮路和碛口、孟门、军渡、绥德邮路。而临县县城到民国二十六年（1937年）才设立中华邮政局。

1946年时，碛口邮局为三等，设邮务佐一人，邮工七人，昼夜兼程。邮工负重五十市斤，每日步行行程六十至八十华里，自行车行程一百二十至一百六十华里，不论有没有邮件，都按期发班，不得停止。有急件送一百里外的离石（永宁州），一昼夜就得往返。

全盛栈的二掌柜薛步琛年轻时当过邮差，他身穿邮字护心马甲，肩挑长扁担，扁担梢上挂个麻油灯笼。走在路上，饿了，随便敲开一户住家的门，说声“邮差讨碗饭吃”，一定会受到盛情接待。晚上需要给灯笼添油，不管向谁家讨，都会立即端出油瓶来。有句民谣说，邮差“大水不冲狼不吃，遇上强盗不抢劫”。原因很简单，那便是邮差都是受苦的人，真是“盗亦有道”。

第八章　自己管理自己

碛口镇本来属临县，但因其经济繁荣，行政管理又很特别，所以，各级政府都争着要到碛口插手收税。永宁州在临县有几块飞地，在碛口也有一块[①]，这块飞地不大，康熙五十七年《临县志》的地图上只注了几个字，民国六年的《临县志》所附的地图，把这飞地画成月牙儿形，月牙儿的上半截弯弯地切进碛口街。永宁州撤销之后，几块飞地就归离石县，被叫作离石四区。临县则在碛口设三区，区公所先驻黑龙庙上庙，即关帝庙，离石四区区公所本来驻在黑龙庙下方当铺巷的一家钱庄里，后来搬进了黑龙庙，即下庙。又后来，位于碛口的离石四区的区公所搬走了，临县三区的区公所便搬进了下庙。街上人把临县地面叫“县地”，永宁州地面叫“州地”，但这两块地并不像县志图上那样简明，其实是乱插花的，好像当初是把原籍永宁州的人所开的店铺商号都归为“州地”，而不管它们所在的位置。

清咸丰三年（1853年），离石和临县共同的上级衙门汾州府

① 晋陕一带从汉代开始即有“跨河而治”和“隔境而治”的情况。隔境或跨河而治即成飞地。传说碛口的飞地大约起于金、元时期。

（即汾阳）派通判驻碛口，分掌粮运、督捕等事，并派千总一名，士兵九十名，驻镇治安。因为清代官制，州府设四品的知州（府）、六品的同知和通判三职，通判为“第三把手”，所以镇上人把通判衙门叫作“三府衙门”。这三府衙门就设在碛口东街尽端，西云寺后面的高地上，这地方土名为“高圪台”。清光绪三十三年（1907年），汾州通判移衙，改设巡检衙门在碛口。民国年间撤巡检，设县佐，并设榷运局，厘金局仍旧。

临县、离石和汾州，三方无事争利，有事推诿，于是镇上流传一则故事：有一家食品店叫天元居，房子正好跨在县、州二地的分界线上，一天，店里出了血案，酒后斗殴，一位外地客商被打死在炕上。炕上属于临县地界。临县的仵作去验尸，不慎把尸体翻到了炕下，边上有人喊，翻进“州地”里了，于是仵作便不敢再动，只好撤走，把案子交给了永宁州。故事或许并非实事，但反映出镇上人对这种多头混乱的管理局面很不满意。

州地和县地的税法也不一样。州地厘金局只收印花税，就是营业税，20世纪初，大字号年收一二百元，小字号年收三五十元，杀猪要打蓝印，收铃费，船只靠码头要收河漕税，税不重，全镇全年也不过十几二十万元。县地只交人丁税、地亩税（即农业税）和糟房税，都由商会承包。人丁税每人每年三毛钱，地亩税每亩每年八合至一升二合，按小米时价折价缴纳，范围北起丛罗峪，南到孟门。

由于政府部门只对税收有兴趣，不管地面和市场的事，所以，商人们不得不自己组织商会，早期叫商务会。据1994年《临县志》，临县城里的商会是民国四年（1915年）成立的，黑龙庙里民国五年的重修碑记上，捐款人里有了碛口商务会，可见碛口商会的成立至迟在民国四、五年。由于碛口经济远远比县城发达，许多事业都早于县城，所以碛口的商会很可能也早于县城里的。

但是，一个像碛口这样的繁华镇店，不可能无序地存在和发展，所以，其实在民国四、五年之前，碛口早已经有了一个类似商会的组织。例如，咸丰、同治年间，陕西先后闹过捻军和回乱，商会就组织过武装的“商团”，几十个人，都十分彪悍，参加了河防。商团就是商会的武装力量。

商会的职责一是代表商户利益，一方面要和政府办各种交涉，另一方面要调解商户之间的矛盾纠纷；二是主持镇子建设和管理，修路造桥，维护公共卫生；三是整顿商务，维持行规行风，每年经过考核颁发商户的营业执照；四是举办公益事业，赈灾济困，支持学校教育和公共文化活动，商会曾协办过离临两级小学校，商会会长陈敬梓自己担任学校的董事长。县地商会的经费主要来自承包地亩税等，从中提取差额；也从黄河船运的河漕税中提取一部分，还可以根据需要向大商号募捐。商会有正副会长，五六个工作人员，还有十几个团丁。镇中的重要事务都由商会出面，商会的权力很大，几乎相当于镇上的自治政府，所以会长的人选非常重要，不但要有能力而且要有财力，为的是必要时候能够自掏腰包办点公事。因此会长很有威信，临县三区区长和离石四区区长上任都需要来拜会他们。会长先后有刘蕴山（西坡村人，今属柳林县）、陈懋勇和陈敬梓兄弟（寨子山人）、李文兴（蛤蟆塌人）、刘开瑞（西头村人）、王善功（西王家沟人），都算得上镇上的首富。

在碛口镇作为水旱码头发展的早期，这里的土地和山坡都属西湾村、高家坪、寨子山等村的财主所有，清代乾隆年间建镇的时候，外地本地都有人涌来投资，买下一块地，建造货栈和店铺。为了把镇子建设得合理，避免混乱，一个类似商会的机构便出面协调和管理。凡买地造房子都必须经过商会的同意，按照大致的规划来建造，各类商店有明显的分区；考虑到交通和排水等问题，大货号栈房之间要留出公共的巷子，要保持街道的宽度、走向和排水坡度等；商会还负责主持一些公共工程，如用石块铺装街道路面，定期清挖和维护排洪沟，砌筑沿黄河的堤岸，并且在堤岸边修建了一对上下坡道。在商会主持下，经过协商，湫水河上造了两道木板桥，一道位置比较靠近河口，由碛口镇和河南坪负责，一道由寨子山和西头村负责，位置在西头村靠上一点。板桥到夏季水肥时拆掉，用船摆渡，秋季水瘦了再搭建起来。

商会在碛口的发展建设中起了很好的作用，不仅操办大事，小事也管得周到。前临县七区的区长陈玉凡（1940年，临县三区和离石四区合并为临县七区）说，那时商会管得可严了，镇子上很讲究卫生，家家铺子都要干干净净，门前的街道早一遍晚一遍地扫。春夏季怕起浮土，还要在门前街上洒水。谁家破坏了公共卫生，要罚扫街，一直扫到黑龙庙，很丢面子，谁都不敢怠慢马虎。骡马骆驼多，运货多，加上街巷又是泄洪道，雨季山水下来冲进街巷里，会留下淤泥，商会便组织人及时清理，叫“抢街”。20世纪50年代商会解散之后，镇上公益性的事务没有人管理，泥淤在街上积了几寸厚，每逢雨天，泥泞难行，晴天，牲口一过便卷起阵阵黄土。日子久了，碛口街的路面抬高了很多，东市街边现在就有几家沿街的“地坑房”店铺，路面比店内地面高出百十厘米，买烧饼要弯下腰去付钱拿饼。

以前街两边没有厕所，商号的厕所都造在自己的窑院里。往来的买卖人和脚夫需要方便，骡马店和小巷内隐蔽处都有茅厕可用。那时候粪肥很值钱，造茅厕是为了趁过路人多积一些肥。但茅厕主人必须把卫生搞好，勤打扫，勤撒土，商会常有人来检查，搞不好的要挨批评甚至罚

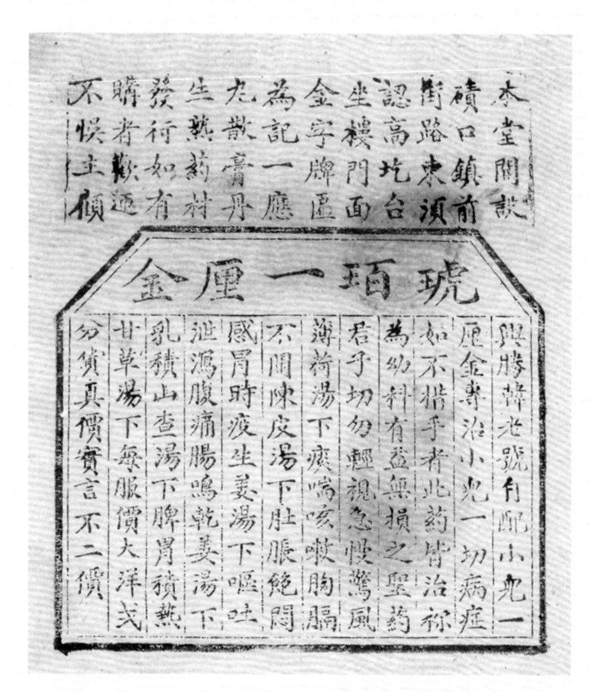

"琥珀一厘金"是碛口镇商会发行的代价券，仅限碛口商业街使用　李秋香摄

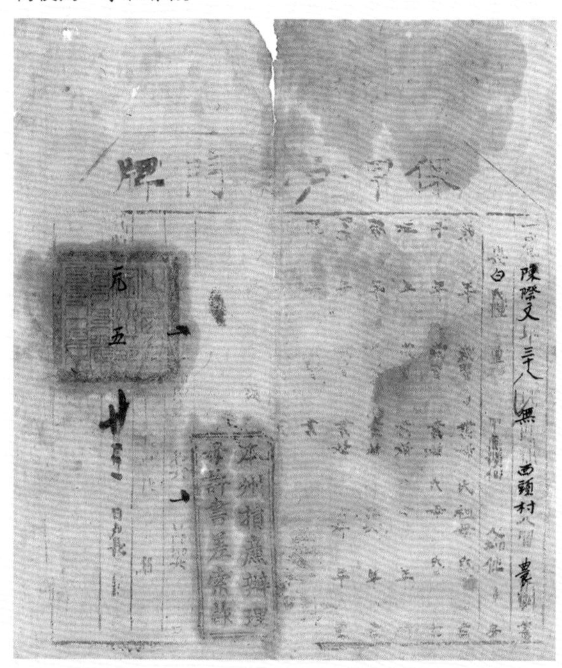

民国年间碛口镇户口门牌的编制证　李秋香摄

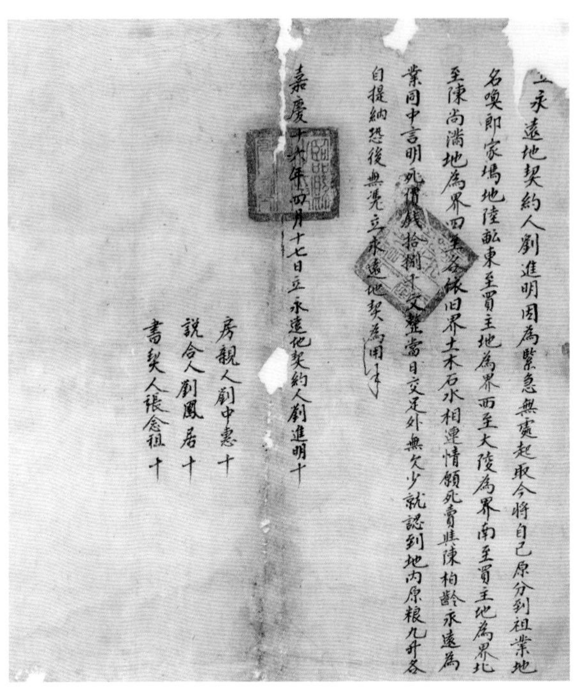

立永遠地契約人劉進明因為緊急無處起取今將自己原分到祖業地名喚郎家墕地陸畝東至買主地為界西至大陵為界南至買主地為界北至陳尚湍地為界四至各依旧界土木石水相連情願死賣與陳柏齡永遠為業同中言明死價錢拾捌千文整當日交足外無欠少就認到地內原粮九升各自提納恐後無凭立永遠地契為用

嘉慶十六年四月十七日立永遠地契約人劉進明十

房親人劉中惠十

說合人劉鳳居十

書契人張念祖十

碛口镇的生意竞争激烈，每天有倒闭的，又有开张的，商铺租赁买卖十分频繁，图为当年保留的地契　李秋香摄

款，还要张榜公开。现在街上茅厕乱搭，多少日子也不清理，一下雨就粪便外溢，满街横流。镇上的老人编了一段“伞头秧歌”：“碛口街上好风光，稀泥半磕膝，又是拉来又是尿，早上还要把屎盆往里倒。”

*

碛口镇上经济繁荣，流动人口多而且杂，难免会有毛贼和响马光顾，地方上也有些“黑皮”（地痞流氓）捣乱，甚至闹出命案。为维护治安，保证商人的利益，商会雇用了一些更夫，从二更宵禁到五更天明，巡逻全镇并打更。更夫都来自十余里外山上的麻墕村。麻墕村人都练就一身搏击功夫，世代传承，远近闻名，被称为“麻墕家”。街上流传着不少关于他们的传奇式故事。例如有一夜，一个不谙事的

商人们赚了钱，在碛口办寿宴，排场很大　王洪廷提供

远来响马被更夫撞到了，为了避免结仇，更夫抱拳当胸，劝他离开。他居然逼上来跟更夫较劲，更夫躲了他三拳，第四拳过来，更夫伸手把他手腕往上一托，那响马大吃一惊，连声叫“是麻墕家”，赶忙逃走，从此不敢再打碛口的主意。更夫也负责防火，巡夜的时候不断喊叫“小心火烛”。商会还组织一些“麻墕家”在街上、黄河码头街外巡逻，维持市场秩序，制止欺行霸市的行为，调解口舌的和暴力的冲突。特殊时期，商会组织武装的商团，给大商号看家护院，谁家被盗被抢，商团承担责任。[①]

① 民国二十六年（1937年），陕西红军派代表改组了碛口商团，使商团成为共产党领导下的六十余人的地方武装。同年10月，碛口商团与碛口抗日游击队合并，一共一百余人，以后编入山西新军（即牺牲救国同盟会领导下的决死队）三十五团。

有信用的大商号在外地的兰州、银川、吴忠、包头、榆林、三边（靖边、安边、定边）等西北地区或天津、太原、晋中和河北等东路地区进行贸易，通常不用现金往来，而是赊票，每到年底结一次账，那时需要运送大量银两。于是碛口镇设立了镖局，以保护一路上人财安全。贩运大烟土的也要雇请保镖。20世纪30年代，碛口的十义镖局赫赫有名，它有十位武艺高强的镖师，其中也有麻墕村人，从来没有失过手。平时，商会给他们一些报酬，镖师们和他们的徒弟们参与镇上的治安，压得住黑皮们，使他们不敢在镇上撒野。

*

碛口街上，市面热闹，整天人来人往，十分拥挤。一到赶集的日子，买的卖的，挤都挤不动。黄河水路上来的北路货物，和陕北、宁夏来的西路货，大宗的都囤在河边西市街（即后街）的货栈里。这些货物都要起早往东路运输，骆驼和骡马必须穿过整个镇子到西头去装货，装了货又要穿过整个镇子再向东去。“东货西运”，骆驼队也要穿过碛口到高家塌、下咀头几处渡口过黄河。每天一千多头牲口来回穿行，镇子便混乱不堪而且极不卫生。因此，商会制定了一条规矩，白天骆驼不得进街，黄昏之后才允许行动。骡马不受限制。这个规矩出台之后，街上秩序好多了，效率大增，而且镇上市面也发生了变化，以前只在白天营业的铺子，有许多在夜间也营业了。到了晚上铺子门前挂起灯笼，敞开大门，把本来漆黑一团的街道照得亮通通，市面更兴旺了。

黄河水运繁忙，来船来筏多的时候，靠码头河滩排成几排，有待卸货的，有待卖空船空筏木料的，也有些船只正在改造，由大改小，准备冒险下大同碛。一二百只船筏挤成一团，空船筏出不去，重载船筏又进不来。于是，商会专门成立了“船排司”，管理船只和筏子的出入。

在黄河上游距离碛口西市街北头大约一公里半的地方，过去有一座石质的节孝牌坊。船筏最繁忙的时候，有船排司的人在那里指挥，如果碛口码头边已经停满了还没有卸完货的船，就不让来船继续前进，而是停在石牌坊处等待。码头边腾出了空位，便向石牌坊那边吹牛角号，管理人才放几条船过去。在这样的调度下，碛口码头河滩才忙而不乱。

在商会主持下，码头上的搬运工人组织成队、组，领号牌依次干活，有规有矩。

*

碛口镇虽然以水旱转运、仓储批发为主要经济活动，而且转运业已经使它成了一个相当大的地区的商贸中心，人流集中，零售业发达，但它的周围还是古老而封闭的农业地区。于是，按照农村传统，便在东市街和中市街上办起了定时的集市，作为地区性物资交流的场所。每逢五逢十为赶集日，不但有临县境内附近的商贩和农民前来，还有外县的，甚至黄河对岸陕西吴堡、葭县（旧称葭芦堡）一带的人来赶集。[①]集市上，有的商品，如布匹绸缎，会搭个摊子卖，一般商品都放在店铺门前的高圪台上卖，下面垫一块布。街面上做买卖，来来往往，买进卖出，十分拥挤，所以每逢集日，商会便组织人员上街维持秩序。

市集大大拓宽了商品交流的渠道，活跃了地方经济。

招贤的铁器和缸盆，武家沟的铜制烟具和炊具，兰州的烟丝，三边的皮毛，农妇的手织布（俗称老布）、褡裢，村里来的萝卜白菜，各种农副土特产品，琳琅满目。据民国二十九年（1940年）中国共产党晋西区党委调查，临县境内每个集日平均上市约三千人，营业额十万“西农币”，盈利一万六千“西农

① 反之，碛口及附近村落的人也过河去吴堡的岔上和葭县的螅蜊峪赶集。到螅蜊峪不过三十里，但逆水行舟，运货去集市上出售，要在前一天出发才行。

币”（西农币为抗日民主政府发行的地方性货币）。

但是，1947年的土地改革、1952年的私营工商业社会主义改造，1958年“大跃进”的“割资本主义尾巴”，1966年开始的十年“文化大革命”，一次又一次对碛口的经济发展施行了严重的打击，集市贸易被反复取缔了几次，损失巨大。直到1978年9月以后，集市才全部恢复。

比集市贸易规模更大、盛况更红火的是由各镇商会主持的“古会”。起初全县有九处集镇举办古会，现在还有六处。古会的举办方式比较特殊，每次在一个集镇上延续几天，然后转移到别的集镇，如此轮流下去，会期可达到一个月。因此每年也只能举行两次。

最热闹隆重的是七月会，农历七月初一从碛口起会，三天之后相继迁到三交、城关、白文、兔坂、刘家会，一直持续到月底。其次是正月会，正月十三也从碛口起会，而后到三交、招贤、城关、白文。这两个古会都以牛、驴、骡、马等大牲口的交易为主，但其他各类商品也极其丰富。七月会还有大量的瓜果上市，所以也叫“瓜果会”。

六镇古会，以在三交举行的几天为最盛。那是山西牲畜交易的最大市场，内蒙古伊克昭盟，河西的米脂、定边、神木、榆林和关中各地都有牲口赶来，河南、河北、晋东南的牲口贩子纷纷来到，大批购买。古会期间，三交周围十几二十里的村子里都住满了来赶会的人。

十月十三，碛口也有一次牲口交易大会，地点在东市街南边湫水的一大片河滩沙地上，规模和七月份三交镇的那次不相上下。

此外，清代末年到民国初年，临县境内有六百多处庙会，其中也有碛口的好几个。

*

碛口的商家从早忙到晚，生活紧张而枯燥，没有家眷在身边，三年才能回一次家，平日为了维护商业形象，不能去大烟馆和烟花店，而且镇上有大量外地来的客商，所以，商会要举办各种娱乐活动，调剂商人们的身心。

新年有闹正月、闹元宵，主要节目都是舞龙灯，这本是农村的传统活动，不过在碛口街上，大家都是外来户，这些事也只能由商会来张罗。

碛口镇上最经常的文化娱乐是演戏。主要的戏台在黑龙庙、关帝庙、西云寺、湫水河口对岸河南坪的财神庙兼河神庙，西头村有一座独立的天官会戏台，那块场地就叫作戏楼坪。这些庙，凡庙会期间必定演戏，西云寺是三月初三，财神庙是七月初七。七月初一办古会的时候，就在关帝庙演戏。其实是一年七十二台戏，一台演三天，通常从正月初二到十月初一，几乎天天演戏。戏演得最多的是河南坪财神庙，每个月至少有三天戏。碛口镇是商人的天下，来来往往的莫非商人，所以财神庙香火旺而酬神的戏多，是理所当然的事。财神庙又祀河神，所以也叫河神庙，黄河上的船工、艄公、船主、货主都得敬拜河神，以求保佑水运平安，这庙因此就有演不完的戏。

东头到西头、山上到河边，从正月初二起，处处有戏。十月初一那天闭神门，就是说，演戏本是给神看的，神闭了门，戏就不能演了。这神叫“老郎神”，便是唐玄宗，他在宫中的梨园里调教过戏班子，后世戏剧界奉他为祖师爷，戏剧之神。其实是十月份天气已经很冷，看戏都在露天，人们自己早就冻得受不住了。

山西人喜欢听地方戏“梆子”，说唱加表演。常演的剧目有《陈州放粮》《明公断》《黄鹤楼》《杜十娘》等。乐器以高音胡琴为主，配以管子、三弦、渔鼓、板鼓、小锣、简板、铙钹、小镲和大镲，合在一起叫“十响”乐器。演唱高亢嘹亮，十分激昂。

戏班子大多是从外地请来，

碛口黑龙庙，每逢年节或庙会都在此演大戏，十里八乡的人都会聚集到此　李秋香摄

有远从汾阳来的。大商人为祈求远途运输平安顺利，常要在黑龙庙、关帝庙、财神庙许愿，买卖成功之后，便要还愿，通常除供香火之外多是演戏。还愿戏有两大类：一类是正式的大戏，连唱几天，大多由大商号为些大事而举办；另一类不过是极短的过场，这一类是货主和船主为求河神保障每次航行的平安而照例许下的。过场戏在正式大戏结束之后才唱，一个演员出台道白："节节高，节节高，节节高上盖金桥，有人来把金桥过，不知金桥牢不牢。"这算一出。另一个演员再出来念："远远望见一青天，一块石板盖得圆，有人从这石板过，不是佛来便是仙。"这又算一出。念第三出的演员有逗乐的，如"远远望见一道沟，沟沟里面尽石头，不是老子跑得快，差点碰了脚趾头。"然后唢呐"呜哇哇"一吹，"三出还愿戏"就唱完了。有些河路大商家乘船下来，会带一个戏班子，一方面好消磨船上几天的寂寞，一方面为了到黑龙庙还愿唱戏。戏班子乘在有篷的小船里，由大船拖带着，常常会在波涛声中飘扬出或激越或哀婉的乐声，配着整套的锣鼓丝弦。

西头村、西山上、索达干和李家山村都很小，但都有戏班子，专在碛口演出谋生。戏班里的学徒叫作"打娃子"，第一次正式登台都要在黑龙庙。西头村戏班有名角冀美莲、狮子黑，在整个山西省都数一数二。其他还有二七生、沙垣红、二奴奴、连海子、巧英子等都是演艺好手。

声高传远，碛口演戏，锣鼓铙钹，响彻云天，连黄河西岸吴堡县的村子里都能听到，吸引了那里的村民摆渡过来看戏，更加热热闹闹。

看戏不用花钱，因为一部分演出是还愿戏，自有商人出钱，一部分是商会的安排，商会会向商号摊派费用。

*

商会还在"闹正月""闹

元宵”等节日欢庆活动中起一些组织和赞助作用，如舞龙灯、闹伞头秧歌等。伞头秧歌是从秧歌发展出来的，秧歌又叫“闹大会子”“闹红火”，是新年时期群众性的自娱活动，多从正月初二闹到十五。

秧歌大约源自清代，原来是祭风、雨、山、河、瘟等神的游行仪式。秧歌队从各村赶来，领前的是由人扮演的“打道神”，随后是号招、号灯。号招上写着秧歌队所属的村社名称，号灯上写会名。“会”是举办这个秧歌队的民间组织，如索达干村的“三官会”，西头村的“天官会”，等等。紧跟着的是各色执事，有代表金、木、水、火、土的五色幡旗，有日月扇、星位牌和金瓜、斧、钺等武器，再后是乐队，以大唢呐为主。乐队后面跟着一柄黄罗伞盖，伞盖后是一名唱祭歌的歌手。歌手唱祈求诸神保佑风调雨顺、四季平安一类的歌。歌手身后跟着几组演员，演出小小的故事，叫“闹小会子”。小会子有文有武。文的有传统节目，也有应时新编的节目，多是些逗乐取笑、谈情说爱的情节，要有喜气。武的大多是戏剧里的折子，也有单纯的武术。大刀、长矛、火头钩、流星锤、三节棍等各村武术世家的绝技一齐上场，十分火爆。一支秧歌队能有二三百人。

现代的伞头秧歌没有了祈神的内容，跟在伞盖后面唱祭歌的成了全队的总指挥，叫“伞头”。他唱的歌都是走到什么地方，遇到什么人物，看到什么事情时顺口编出来的。每首歌一概是四句，要句句押韵（地方口音）。伞头的歌不在乎旋律和音色如何优美，而在乎歌词是否应时适题、幽默风趣，还要编得快。

例如：游行到了后街，伞头（高万清）唱：

天下黄河十八弯，宁夏起身到潼关；

沿河风景说不完，还数碛口卧虎山。

黑龙庙里演戏，大量戏迷从山西葭县而来。　陈宝生摄

李家山著名业余演员继莲、陈三媚 1947 年演出《王贵与李香香》

到了黑龙庙，（陈来大）唱：

卧虎灵山地势好，霞光普照瑞气绕；

东西看台两面窑，三滴水看台节节高。

走过义成染坊，（成仲诚）唱：

义成染师傅把式大，功夫就在那拉板上；

竿子一挑分红黄，生意越做越兴旺。

有一首歌唱碛口的繁华：

碛口街上闹生意，十八路财神进银钱；

斗大的元宝把沟填，看它一眼懒得捡。

第九章　长街小巷

碛口的形势是两水夹一山。卧虎山从北向南走，由于山体高昂，脉长而起伏奔腾，矫健异常，卧虎山又叫黑龙峁。在它的尽头，山岬上，明朝时候造起了一座黑龙庙，坐东朝西，正对着黄河和湫水的汇合之处，虎踞龙盘，气势壮阔。从黄河，从湫水，远远见到黑龙庙，就知道碛口到了，它是碛口镇的地标。

卧虎山脚有一块牛轭形地段，在黑龙庙山岬下方转了个直角急弯。西北一窄条紧邻黄河，东南稍宽的一条傍着湫水。碛口镇就坐落在这牛轭形的急弯里，背山面水，前低后高，形势很好。

碛口镇那面临黄河的地段南北大约长六百米，北部比较窄，从山根到河岸只有五十多米，向南快到牛轭形转弯处，地段放宽到一百二十米左右，这地段近似一个狭长的三角形，北高南低，相差大约有三米。河岸经千万年冲刷，十分陡峭，高于河滩约六七米。6、7、8三个月雨季，河滩随黄河水的肥瘦而变化宽窄，其余季节河水流量稳定，河滩宽度有十几二十米。上游下来的船和筏子都泊在这段河滩边卸货，先经小船驳运，再搭跳板上

黑龙庙是碛口镇的地标，它雄踞最高处，审视着黄河与湫水相汇奔流而去　李秋香摄

碛口西市街上的商铺　林安权摄

滩，经由石砌的斜坡[1]到达岸堤之上。上面是一条街，街东侧密集着一大批货栈，经营仓储、过载或者坐庄收购带批发。主要的货物是河路上来的口外的粮食、盐、油、药材、皮毛和碱。碛口镇的大型货栈多数在这里，如锦荣店、永光店、大顺店、永裕店、四十眼窑院、天聚永、万全店、万盛成等等。[2]这条街叫西市街，镇上人简称它为后街，书面上叫西繁市，宽度大约三四米。街东侧的大货栈都是大四合院，上下两层，有的是前后两进，临街还有店面。更大的如永光店和四十眼窑院，后部都层层爬上山坡去了。

① 石砌斜坡在1952年砌筑石堤岸时改为台阶。

② 2000年还可能确认的，计有粮油大商号十三家，布匹杂货批发的小商号十几家，还有些经营盐、碱、药材的商号。

西市街从北端的税厅子和锦荣店南下大约四百米，遇到一条横过街面的泄洪沟而止。这条沟的上段叫驴市巷。

碛口镇那面临湫水的地段，东西长四百米左右，西高东低，高差大约四米。这块地段比较平坦，从山根到河边宽约一百二十多米，往东渐渐宽阔，最宽处可达二百多米，也有一条街顺湫水走。湫水发源于兴县，流短且急，雨后洪水暴涨，很快便退去而可以徒涉，所以不能行船，也就没有码头，没有大型货栈。但这里是东去汾阳、太原和晋中富庶地区的旱路的起点，所以这里多骡马骆驼店，大大小小有十七八家，镇上最大的七家骡马骆驼店并肩排列在街的北侧，如三星店、义和店等。生意红火的时候，一天有一千多头牲口来往，有二三百头要留宿。街的南侧都是些单层的小店面，由于靠在骡马骆驼店近旁，所以一是多钉马掌的铁匠铺，足有十几家，二是多饼子店、馍馍店，给赶牲口的脚夫带干粮，大约也有十几家。街南还有一座耶稣堂，建于1916年前后。这条街叫“东市街”，镇上人简单地叫它“前街”，书面上叫“东繁市”；它又叫“食店巷”，因为有几个饭馆和许多小吃挑子，卖地方小吃，如臊子碗饦、荞面灌肠、莜面“其其”（qíqí）、枣儿糕，还有粜粮食的小摊贩，专供穷人们一升一合地买当天的口粮。东市街多零售业和服务业，主要供应比较穷困的人，虽然远比西市街热闹，但沿街建筑大多简陋。因为地势低，曾多次被洪水侵入，所以这里街面房子都造高台基，叫“高圪台”。每逢碛口集日，市面大部在东市街，圪台是展陈货物的好处所，因此渐渐加宽，成为街上特殊的建筑景观。但留下的街面仍旧有三到五米左右，为的是给大牲口通行。

东市街的东端是西云寺西侧的义学巷，[①]寺后面有个高地

① 义学巷往东是西头村属地，直到“号头起”，即门牌号的起点，都是东市街的延长。这一段有邮政局、电报局，但主要的仍是骡马店、饼子干粮店和打马掌的铁匠炉。

碛口镇中市街商铺，由于台阶高，人称高圪台铺子　林安权摄

就叫“高圪台”，每逢庙会和集市，那里搭上许多帐篷，闲人们在帐篷里聚赌。三月三西云寺庙会最热闹，聚赌的帐篷有二三十个，以至那里又叫“三月三圪台”。高地后面有一小块地方叫“定心台”，是暗娼集中地之一。“定心”的意思，就是教常年在外奔波的男子汉们到这里玩玩，可免思家之苦，把心安定下来。西云寺以东过去是二百米的农地，农地以东便是西头村。这一段以南有一大片湫水的冲积地，西头村人在上面种菜，因为怕雨季被河水冲毁而不敢种粮。

东市街的西端在黑龙庙下小山岬尖子的北侧，拐角巷的口上，这里叫“拐角上”。从拐角巷口到北面的驴市巷口（泄洪沟）是黄河岸南段比较宽的地方，有一段街叫“中市街”，又叫“中繁市”，长约一百六十米，宽只有三米上下，两侧店铺密集，档次高于东市街。

中市街在碛口镇的中央，连接西市街和东市街，自然是极好的商业地段。因此在它西面大约三十米处，又建成一条商业街，呈弧形而与中市街平行，一端是驴市巷口，一端是拐角巷口，也和中市街一样。这一条街叫“二道街”，长度约略和中市街相同。后来，在二道街外侧又建了一条只有几十米长的“三道街”。二道街和三道街上也都是店铺，街面很窄，只有三米来宽，在街西店面里可以看清街东店面里的货。中市街东侧山脚下有几家大的皮毛商行和药材商行，如世恒昌皮毛店、永生瑞皮毛店、恒瑞泰药材店。从中市街东有一条“当铺巷”通向黑龙庙，巷子里有钱庄、广泰当局和一个铸元宝、银锭的分金炉。当铺巷下口有更房，是更夫们的居住场所。中市街的临街商店则主要卖东路来的洋板货，如绸缎、直贡呢、华达呢等等的纺织品，还有洋油、洋袜、洋染料、洋线、洋皂、面霜、搪瓷器、玻璃器之类，所以这段街俗称“洋板街”。二道街的北段专卖招贤货，主要是招贤产的各种缸、盆、粗碗等窑货和锅、壶、刀、农具等生熟铁器，还有南沟运来的上等烟煤，当地人叫“炭”。陕北的无烟煤不能烧红炉打铁，一定要从碛口买去南沟的烟煤才行。二道街的南段，以服务性行业为主，如剃头店、成衣店、小吃铺等，也有几家鞋帽店和食品店，到民国年间有了照相馆和大烟馆。

因为二道街上有几家给外来人投宿的客店，所以和拐角巷一起是又一个暗娼聚集处。大白天，她们坐在街边晾小脚，晚上敲过二更，全镇宵禁，她们便“开业”了。人们把这里叫作“烟花巷”[①]。

三道街很短，初时只有一家澡堂、一家熟皮子作坊和一家毡坊，所以得名“三家街”，后来有了几家小铺面，经营些日用百货，主要的顾客是脚夫和“闹包子的”，档次不高。中街、二道街和三道街都在黄河一侧的南段。

西市街、东市街和中市街统称主街，总长两里多一点。人们习惯地说，碛口有五里长街，很夸张，其实即使包括二道街和三道街也不到三里。

和主街直交的，还有十三条小巷，都在靠山的一侧，通向街后面的腹地。小巷的主要段落与等高线垂直，西市街所在地段比较狭窄，所以几条小巷很陡地上坡而去，这些小巷因此得名为“山巷”。巷口大多有

① 1940年被抗日民主政府取缔。

巷门，有的是木构的，有的是石质拱券而在上面造一个木构小轩。在街上，巷口看进去既幽深又有点儿雄壮，还带点儿神秘。西市街和中市街分界处的驴市巷是牲口交易的集中地，巷内两侧墙上嵌着一长排拴牲口用的石环，叫“拴马扣”[①]。从驴市巷向南，中市街的第二条巷子正在黑龙庙下方，有几家店铺专卖去庙里敬香礼佛用的香烛、黄表等，兼卖些色纸、文具，还扩大到卖木版刻印的灶王爷、牛王爷、土地爷等等的神像。年底到了，这些店铺便卖历书、年画、窗花、纸马、春联等等，还卖些美人图之类供店铺作装饰之用，因此这巷子就叫“画市巷”。再向南，略向东弯一点点，东市街上山的第一条小巷有个很不雅的名字叫“稀屎巷”。这巷里有大粪行，是买卖粪肥的地方，巷子边沿顺墙根整整齐齐排着一溜儿粪桶，臭气熏天。

碛口镇百川巷　李秋香摄

① “文化大革命”时全部被砸断，无一幸免。

碛口镇东市街小巷通向黄河码头　李秋香摄

街巷之间大多可以借助曲折的小路穿通，有时穿过某家货栈、商号就可以到达另一条街巷。中市街、二道街、三道街之间，可以借助一些商店店堂而往来，有一家大商号甚至就因此得名为“穿心店”。西市街的大栈行之间也是互相走得通的。街道、小巷和商号形成十分方便又十分复杂的交通网。

由于街面上地段的功能分区明确，各类店铺相对集中，进货方便，经营时可以在人力、物力上互相支援。同时也会有比较、有竞争，优胜劣汰，有利于提高业务水平。对客商来说，这样的商业布局也便于在很短的时间里和多家商号洽谈业务，比较货物的品质和价钱，不必东奔西跑被满街的招牌幌子搞得昏头涨脑而找不到散布在各处的货栈、商号和店铺。

碛口黄河岸边　李秋香摄

碛口街上的送葬队伍　林安权摄

*

碛口街背后紧贴着很陡峭的山坡，每年7、8月间多大雨、暴雨，容易有凶猛的山洪冲下来，因此镇子规划建设的头等大事之一就是防洪、泄洪。垂直于等高线的小巷子不但是腹地的交通要道，而且负担着导引山上冲下来的径流水的功能，所以它们不但多达十三条，分布均匀，而且走向和山形相呼应。它们把山洪引到主街，主街成了集洪沟。因此主街分段设坡度，有上有下，把山水分别送进两条排洪沟和一个排洪口。一条排洪沟在西市街北口之外大约二百米处，这里地势北高南低，山上冲下来的水一部分直接流进黄河，还有一部分则会顺地势向南流。为了防止这些洪水流进西市街，就把西市街口外的一条天然冲沟修成排洪沟，把山水拦向黄河。另一条排洪沟在西市街和中市街交界处，这里往南是整个镇子零售业和服务业的中心地带，店铺密集，巷子多，一旦洪水冲来，损失会很大。于是，在这里把顺驴市巷下来的冲沟开挖修整，用石块衬砌，成为四米多宽、三米来深的全镇最大的排洪沟。还有一处排洪口位于东市街的西头，中市街南头，对着拐角巷口。由于中市街和东市街西头之间有两米的高差，一遇山水下来，就可能冲进东市街，因此在这位置上朝湫水一面修了一个四米多宽的豁口，以减轻东市街的水患。但东市街是全镇地势最低的地方，洪水下来仍然不免于被淹，因此街边店铺都把房子台基修得高高的，成了“高圪

西市街沿黄河岸排洪水道　李秋香摄

台”，后来又发展成集市贸易时的商品展陈台。山水冲过之后，东市街会淤下一层泥沙，所以商会要定期组织店家一齐来“抢街”，把这层淤泥铲掉。

全镇的街巷都用石灰石块铺路面，当初唯有东市街没有，据说是因为骆驼店有铁木轮子的牛车往来，太容易碾伤路面，所以干脆不铺。

碛口镇挨着两条河，但居民吃水却很困难。过去全镇没有一口水井，靠湫水的吃湫水的水，靠黄河的吃黄河的水。黄河河床大大低于西市街，担水是很累的活。街上的人有句俗谚：“黄河水，教看不教吃。”而且黄河水含沙量大，店铺商号里都得备下好多大缸盛水，轮换着待河水沉淀澄清之后再吃再喝。住在街后面山根的人，下去担水尤其困难，于是在崇和店后面山坡上掏了个岩穴，吃渗出来的泉水。民国年间，开始在东市街打井，那里的骆驼店里牲口多，脚夫多，用水量大。打了井之后方便多了。1949年以后，人们继续在黄河岸边和湫水河边打井，先后一共打了十六口井，不过，有几口井水质不好，含矿物质太多，封掉了。

*

碛口街上大一点的商号大门口上都有石板匾额，上面刻着店名，可惜在“文化大革命”时期被砸毁了不少，而且仅存的部分中又有一些风化剥蚀得很厉害，不大容易辨认了。

但是，在还可能辨认的石

板匾额中，至少还有五块是清代乾隆年间的。其中西市街有三块：一块是乾隆壬寅（1782年）的“永隆店”，卖杂货，在西市街近南头的位置；一块是乾隆已酉（1789年）的“永顺店”，在西市街的中部沿街；还有一块是乾隆甲寅（1794年）的“永裕店”，在西市街北部，不临街。后两家都是粮油货栈，照市街建设的惯例，总是先建临街市房，然后再向外侧发展，则永裕店前临街的店号，可能早于永裕店。另外的两块在东市街，一块是街中部北侧的“筮泰店”，乾隆已酉（1789年），现在开着照相馆，另一块是“祥光店”，乾隆壬子（1792年），在街南侧，已经到了西云寺边上，也就是碛口镇的东端，是骆驼店。从这四家店号的位置来看，碛口镇主街的格局早在乾隆朝中叶就已经基本定型了。镇上人传说，西市街南半段上的四十眼窑院是陈三锡在清康熙年间造的，可是没有证据。

碛口镇环境　李秋香摄

但黄河和湫水经常暴涨，不断冲蚀卧虎山下这块狭窄的台地。到了20世纪的三四十年代，两河的水开始侵蚀到了街边。大约是1942年、1945年和1951年，湫水先后三次连台地一起冲毁了中市街西面的三道街和二道街的外侧，并且冲毁了东市街西头从拐角巷口到稀屎巷口这一段，大约有一百七十多米长。这正是牛轭形转弯的一段。因为河床下已经露出了基岩（俗称羊肝石），所以现在稳定了下来。由于多次遭洪水浸泡，冲塌，现在东市街的街面房子有许多是新建的，不过大都保持了传统的做法和式样。

除了天灾①，碛口街上的建筑也遭到人为的破坏。1947年土地改革，把工商业户当地主斗，街上有些房子分给了“翻身户”；因为那些贫下中农大多是附近农村的人，并不在镇上生活，所以他们把一部分房子拆掉卖了木料。经过1952年的私营工商业“社会主义改造”，镇上已经没有了转运业、仓储业等大商号。到了20世纪50年代末和60年代初，三年困难时期，有一些居民把原来大商号的二层木构房子拆掉卖了木料，甚至把巷子口上小过街楼上层木构部分也拆掉了。到“文化大革命”时期，巷口过街楼券洞上的匾额被认为是“封资修的四旧”，以至连券门一起统统拆光，只有西市街上相邻的要冲巷口和百川巷口的巷门，虽然上面的木构建筑也被拆了，却还剩下石质的券门和匾额。谁也说不清它们为什么能逃过那场疯狂而又野蛮的劫难。

① 上述的河水冲坍，其实也是人祸，是因为错误地造水堤，企图把水逼向河南坪一边，因此破坏了河水的天然流势，堤坝基础太浅，堤身质量又差，反而被河水掏空了堤基，以致街市被大面积冲塌。

第十章 货栈、骆驼店与商铺

碛口的兴起由于很纯粹的水旱中转业，住着的人和来往的人都从外地或外村来，只和商贸有关。按照晋商的行规，他们一概不带眷属，没有眷属就没有家，没有家就没有住宅。掌柜的和伙计都住在商号里、店铺里，脚夫住客店、骡马店。扛包子的搬运工人则多是附近山村人，回家住宿。外地来做生意的客商大多住在有关系的商号里，商号一般都有客房为他们准备着。所以，整个碛口镇，主要的只有商贸建筑、仓储建筑和骡马店、骆驼店之类的运输业建筑，还有些手工业作坊和各种商业和服务业店铺。

碛口全镇，现在还有四百多座大小院落，都是商行或者店铺。各行各业有不同的特点和要求，它们的建筑采取了不同的类型格局。这其中，以仓储兼营转运批发的粮油货栈最有特色，规模大，质量也高，大多集中在西市街东侧，是最有经济实力的商人们开办的，它们是碛口镇建筑的代表。

粮食和油（大麻油、胡麻油）从河套和归化平原走河路运来。粮食用船装，商家一次进货有两三船，多的时候会进十来船。运粮大多用七板长船，一船可载四万斤。油也有用船运的，但早年更多的是用筏子运。船运的大多装在柳条篓子里，筏子运的装在红胴里。红胴就是羊皮筒。一篓或一筒都在五十斤至七八十斤上下，商号一次进货也要几百件，这样大的进货量需要相当大的库房储存；而且做生意要看行情，并非即进即出，加上河路和旱路各有自己的忙季淡季，并不一致，所以仓储量就更大了。

不论多大，货栈的基本形制还是从住宅发展出来的四合院或三合院。贴在街边的，多在正面开门，位置在后面的，依仗小巷通达，有些就不得不在侧面开门了。少数货栈有前后两进院子。由于碛口街道临河的外侧有洪水冲蚀的危险，倚山面河的内侧比较安全，资本雄厚的大型货栈都在内侧，所以，前后两进的院子，后进的房基往往比前进高出很多，如四十眼窑院、天顺店、天聚永和永光店。

因为常常要进骆驼骡马等"高脚"牲口，在院子里装卸驮子，院子一般很大，通常正房和厢房都是五间、七间，最大的四十眼窑院的正房有九开间。

所有的房屋，底层全部是用砖砌成的"箍窑"，就是砖拱。每孔窑的跨度大致为三米。窑腿，也就是两孔窑之间的砖墙，厚度在五十至六十厘米左右。这样，一个院子的面积大约二十三米见方，相当宽敞。不论正房、厢房，窑洞前一般有明柱厦檐，就是一排木构柱廊。因为不产木材，黄土高原的窑洞一般不在前面造柱廊，明柱厦檐是碛口和它附近几个村子特有的。这种做法形成的原因是油筏子卸了油之后，木框架便要拆掉卖木料，当地人以低价买了这种木料来做柱廊。由于柱廊的木料是拆了油筏子而得的，大小不一，偏细，所以柱廊开间大小不齐，一般小于窑洞开间，而且并不和窑洞对应。稍微简单一些的只用没根插檐，就是从窑腿顶部伸出的石头

碛口望河楼四合院　李秋香摄

挑檐枋，上置挑檐檩，承住一溜儿一米来宽的木质披檐，没有柱子。挑檐枋头刻成耍头形，又在窑洞前檐墙头砌一米左右高的十字花砖墙，压住挑檐枋后尾。窑洞顶上是要上人的，花砖墙也能起个保护作用。

二层大多是木构的房子，硬山顶，花格门窗，透着轻快。二层的进深比底层小，门前留出一条底层窑顶屋面作为过道。少数的大院，二层也是窑，进深还是要小一些。有些大院，后面就靠着山脚了，正房二层就做“接口窑”，便是在山体上凿石窑，深度不凿够，前面再接上一段砖拱或石拱。这种做法，底层正房窑顶上就形成一个大平台。西市街北端第二家栈行永光店，背后紧紧靠着山崖，一层又一层往上凿石崖造接口窑，一共五层，非常壮观。

大商号虽然有钱，但仍然没有摆脱小农的传统，多数都把钱带回老家去造家宅了，老家才

碛口位于东市街上建有一座望河楼，坐在楼上即可观赏到黄河一年四季的风物变化　李秋香摄

是永久的，那里有祖宗的基业和坟墓。碛口镇附近的李家山、西湾、高家坪、寨子山、孙家沟等一批原来很偏僻的小小的山村里，都有很精致的房子，甚至砖雕、木雕一样也不缺。镇子街面上，在他们看来不过是一个经营点，没有他们的“根”，只要能满足营业的需要就可以了，因此商行的大院虽然宽敞高大，大都很简单，不加装饰。只有少数几座，如锦荣店、永光店和世恒昌皮毛店，精工细作，倒座也有两层，上层中央建一座木构楼台，大门前有双柱厦檐，显得既庄严又有点儿华丽。永光店甚至给三开间的楼台挂上“望河楼”的匾。从望河楼远眺，黄河奔流，一泻万里，对岸悬崖层叠，壁立如屏，而缝隙间又零落散布着一些穷寒的窑洞，那气象又雄浑又苍凉。

多数商行，大门并不气派，一般是一个砖门脸，开“天圆地方”的门洞，上面镶一方石门匾，刻着店号和建造年月。有一些，在砖门脸前立一对柱子，支起半个硬山顶的厦檐。还有一种大门用全木构的门屋，也是硬山顶，门口上方的走马板浅刻店号。现在全镇只剩下十一块这样的木匾了，五块清代乾隆年间的店号匾有三块是木匾，其他的还是砖门脸石门匾比较多，大概可以说，木门头早于石门头。木门头风格轻快亲切一点儿，与住宅比较接近，砖门头风格比较硬而冷。商行门头做法的演化就是逐渐摆脱住宅的样式，这个过程和商行经济力量增大的过程一致。

货栈前院正房的底层通常住东家和掌柜。外地来的客商，大多也住到正房里去。管账先生住在临街倒座的账房里，有两个伙计陪着，其余的伙计和学徒有晚上搭铺住在店堂里的，也有住在院内厢房里的。一旦各层仓库都储存了货物，伙计和学徒就要分头住到各层去看守，防盗也防火，夏季要防雨漏，并且及时处理紧急情况。

二层及二层以上的房子，

不论窑洞式的还是木构的，都用作仓库。上楼去，在院内有石楼梯。但在运输货物的时候，可以从侧墙外陡峭的上山小巷直接进二层的旁门。如果巷子在平地上，则巷子里另设长长的坡道直通二层的旁门，如中市街义生成皮毛行北侧的小巷。这种做法都是为了方便大牲口进出二层。

储存粮食必须防潮，仓库的地面先用三合土夯实，上面铺一层砖，再垫上木杠，粮食口袋垛在木杠上，以保持下面通风。油大多是装在羊皮红胴里用筏子运来的，从碛口运到汾阳、太原和晋中去，走旱路要用“高脚”驮，就得改装进油篓里。油篓口子不大，羊皮红胴很软，如果从红胴直接灌进油篓去，效率低而且容易泼洒。因此，在油库中央造了油池，先把红胴装的油倒进油池，再用勺和漏斗把油从油池灌进油篓，操作方便多了。油池的底和侧帮全用大石板砌，为防渗漏，所有缝隙都用三合土充填严实。

*

碛口镇的运输业建筑主要是骡马店、骆驼店。这类建筑多是前后两进院落，牲口安置在前院，脚夫们住在后院。前院很大，比粮油行的还要大出一两倍。20世纪30年代薛步琛经营的义和店，在东市街中段，是一家骆驼店，占地四亩三分三厘，可以露天卧下两百多峰骆驼。这样规模的骆驼店，全镇至少有四五家。义和店西边的福顺德骡马店，前进院子左右两侧各有两排牲口棚，最外侧的每排有十四间，每间面阔二米，单面安料槽，可以拴两头牲口，内侧的每排有七间，进深比较大，两面都安料槽，每间可以拴四头牲口。内、外两排牲口棚之间有一条小过道，两头有门，一头门进牲口，一头门出去，井然有序，互不干扰。这四排牲口棚一共可以拴一百一十多头骡马，院子中央露天里还可以安置两排骆驼。骆驼休息的时候跪着，两排骆驼面对面，中间用椽子随意拦一拦，

中市街上的碾子　李秋香摄

丢些草料，骆驼就跪着吃草、反刍；吃精料和盐要放在布口袋里，套在嘴上，慢慢地嚼。装货卸货时，骆驼也都跪着。西云寺西侧不远是过去最大的陈家骡马店，先后叫大星店、天星店和三星店，同时容得下三百头牲口，可惜已经被供销社拆掉，新造了大楼房。

后院比前院小一些，正房五间至七间，厢房通常三间，底层都是砖砌的箍窑。福顺德的后院，正房和厢房上都有楼房，都是箍窑，进深小于底层，有前檐廊，前面留出一条屋面走路。后院底层主要给脚夫住，有厨房，脚夫们可以自己起火做饭。楼层可以当作货仓，店主人也会经营些收购、批发生意。货仓在楼上，可以防潮。后院倒座五开间，明间前后敞开，是前、后院之间的通道，两边的次间给守夜的伙计住，他们要日夜照料前院的牲口和它们驮来的货物。货物卸下来就放在院子里，店家要负责它们的安全。其余各间窑洞里存放草料和杂物。

民国年间，碛口打了些井，大一点儿的骡马骆驼店的院子里大多有井，供饮牲口之用。

为方便牲口往来进出，骡马骆驼店都门临主街。以后街面上生意红火了，有些骡马骆驼店把临街一面的房子改成店面，租给别人，收取租金。因此，牲口走的门就安置到一边，甚或开到旁边的小巷里去了。

*

零售商店和服务业大多在东市街、中街、二道街和三道街，多为小本经营。

商店建筑大体有两种。一种是租用货栈或骡马骆驼店前院临街的倒座房。这种房子大多是三间或五间箍窑，开店的拆掉窑洞的后墙，把它们的朝向掉转过来，在街面一侧加建一间通长的店堂。这间店堂是木构的，前有檐柱、上有单坡硬山屋顶，像加宽的明柱厦檐。也有两层的店堂，做小跨度的双坡卷棚硬山屋顶，只覆盖店堂，后檐滴水略高于几间箍窑的平顶。经过这样的改造，市街的宽度就比原来的小多了。自建的店铺也有采用这种箍窑和木构店堂组合式的，叫“店窑”。另一种业主自建的店铺是临街一座纯粹木结构的店面，三开间，卷棚硬山顶。在店面屋之后，造个狭窄的小院子，有正房，有厢房，都是箍窑，除了用作厨房、杂物房和仓库外，有些租给外地来的客商暂住或者开个小客栈。不论有没有内院，店主和伙计大多仍然在店堂里搭铺过夜。

上述两种店面都很开放，在这北方地区黄土高原的腹地，竟采用南方式的排板门面。晚间歇业时，店家将门板一块块地装上，早上开业再一块块卸下，全面敞开。店堂里的商品充分展示出来，五颜六色，十分醒目。在山西，商铺仿南方排板式店面的不少，这是因为到清代，晋商一方面为收购茶叶供应蒙古甚至新疆各牧业区而到福建、江西、浙江去的很多，另一方面大规模进入淮扬的盐业，所以很熟悉南方店面的这种做法。排板式店面，白天营业时，店里的商品得到最充分的展示，利于促销。这种店面也使街道五光十色，富有生气。

为招徕顾客，店面前多挂幌子，有板幌，有布幌，上面写着店名和经营种类，也有些图画加强它们的说明性。更有特色的是实物幌子，例如，鞋帽店挂一只很大的鞋子，药房挂一只葫芦或一串特大的膏药，文具店挂一支又长又大的毛笔，骆驼店挂一把干草。镇上涌动的人群中有很多文盲，这种实物幌子对他们很方便。

由于街巷兼作排洪之用，为避免雨季山洪下来淹了店铺，所以它们的台基都造得比较高，尤其是东市街上，那里的地势最低。这些高圪台，同时适应集市贸易的需要，大多向前展宽，集市日店家可以把一部分商品从店堂里搬出来在圪台上陈列，方便顾客，也可以提供一部分台面给专门赶集的流动小贩使用，街道因此狭窄了不少。

钱庄、当局、银楼、分金炉之类顾客不多，不需要展陈商品，又要保护钱财安全，所以店堂是不开敞的，大多是个严实的小院子，高墙厚门，完全内向。黑龙庙前山坡上的当铺巷里有一家钱庄，内院檐前挂着一圈水平展开的两米多宽的网，用一根一根细铁条连锁而成，格眼大约十五厘米见方，网上零落挂着些铃铛，一旦有宵小之徒跨墙越房进来，无法下到院子里，碰上这张铁网，铃声报警，就很难逃跑。这种装置叫作“天罗地网”。除了钱庄，现在碛口镇上还有恒瑞泰等三家商行大院保留着这种装置。

碛口的当铺院，地下有陷阱暗门，房上有铁丝罗网，被称为"天罗地网" 李秋香摄

碛口街内有多家装着"天罗地网"的当铺、商铺等 李秋香摄

碛口当局院大门　林安权摄

有些当铺，只在山墙上开个小窗子，来典当的人根本不进院子，站在小窗子外就办了手续。当铺巷里一家广泰当局至今仍然保存着当年的面貌。

还有一些铺子，经营的商品比较贵重，如首饰店、铜器店，在晚上收市后，临街的铺面上了门板还要在里面密密插上一排竖杠。中市街上，还有两家商店，一家叫永丰店，卖铜器的，前后檐全部都安装着粗重的木栅，虽然歇业几十年了，至今还完好无损。

多种多样、各有特色的商号店铺建筑，也使碛口镇的历史面貌异常丰富。

第十一章　世俗化的庙宇

碛口镇上庙宇不多，只有卧虎山上的黑龙庙和关帝庙（一名华佗庙）两座。另外，东市街东端有一座西云寺，属于西头村。西头村东头还有一座观音庙。湫水河口南岸的河南坪村有河神庙（也叫财神庙），本是西湾村的水口庙。现在只剩下黑龙庙还在，其余的几座庙，都在1940至1942年间被拆毁，木料被拿去造手榴弹柄和枪托了。

碛口镇的繁华缘起于黄河的航运，但黄河和湫水常有灾害，人们自然想到要祈求龙王保佑了。龙王崇拜在中国极为普遍，凡有水的地方，大至江河湖海，小至泉池井穴，都有龙王，龙王能兴风致雨。清乾隆二十一年《重修黑龙庙碑记》里说：

> 盖风雨河水其为利恒于斯，其为害亦恒于斯。如无烈风淫雨，水不扬波，若越裳氏之所称，固利莫大矣！设或淫雨霏霏，连月不开，阴风怒号，浊浪排空，若范文正之所记，则害孰甚焉。然则欲有利而无害，讵不于龙王、风伯、河伯三神有嘉赖者?

龙王和风伯、河伯对黄河

的兴利除害有决定性的关系，所以早在明代，河水漂来木料，碛口人就捞上来造了这座黑龙庙。“正祀龙王，分祀风伯、河伯于左右，配以风、雨、水三者，其机相同，其势相重，并奉为兹土保障焉”。

最早的黑龙庙，不过“创庙三楹”而已。清雍正年间，“增修乐楼一座”，而“他如东西两廊以及斋房门墙诸规制”，则一直“阙如”，没有建造起来，庙还不算完成。但碛口镇是“商旅往来，舟楫上下之要津”，“当风雨骤至，波涛忽惊之顷，则人人怆惶，呼神欲应，夫是演歌舞、供牺牲，祈灵于兹庙者，踵几相接”。然而庙既未成且已“荆棘丛生于阶，瓦砾狼藉于庭”，很对不起神灵。于是，乾隆二十一年（1756年），庙前的正面得到了重修，补造了一排砖拱，正中辟为山门，左、右拱顶上造了钟楼和鼓楼。这样，也补齐了两厢和东、西耳

黑龙庙正面　林安权摄

仰望黑龙庙　李秋香摄

殿，黑龙庙的规制就完整了。据民国五年（1916年）的《重修黑龙庙碑记》说，到了民国三年（1914年），社首、绅商等又觉得乐楼比正殿高，于体制不合，于是，次年动工重修，把正殿“掀高四尺余，木石之朽者易之，坚者仍之”，并且把一些神像和乐楼重新装彩，焕然一新。此后一直到1990年，东耳殿落架才得到一次大修，而且在正殿的左、右中槅大梁上各塑了一条飞腾的巨龙，左为青龙，右为白龙。

黑龙庙的选址极其成功。卧虎山从东北向西南奔腾，直逼湫水泻入黄河的口子，正合“脉遇水而止”“脉尽处为真穴”的风水教条。正巧在尽端，又向西伸出一个狭而短的小小山岬，三面陡峭，形局险峻，黑龙庙就伏在这山岬尖上。庙宇雄伟的山门和乐台像卧虎高昂的额头，造就了勇猛跃起的动势，而这动势正扑向两条万古奔流的河——一条“老河”，是中华民族的母亲河，一条“小河”，是临县的母亲河，小河在黑龙庙的颔下投进了老河的怀抱，两条河滋润着碛口，给它以生命。那小山岬和庙，确定了碛口镇的形态。牛轭形的碛口镇，一半在老河边，一半在小河边，在黑龙庙前转了个急弯，急弯之处正是它最繁华的段落。镇子好像伸出双臂紧紧拥抱住小山岬和庙，依恋地爱抚着它们。镇子和庙，和山，和水，就这样浑然一体。从附近的河上，山上，从任何一个可以见到碛口镇的位置上，无论仰看还是俯看，都能领略到这样一幅由自然和人工造成的充满了感情的图画。

到黑龙庙去有三条路。一是从中市街的画市巷走“之”字形曲折的山路由庙的东侧来到山门前；一是从西市街的要冲巷上山，在大商行背后顺山腰大致水平地由庙的西侧来到山门前。两条路上都可以俯视一半的镇上街市房舍，那里物阜民熙，一片繁华景象。而最

从碛口东侧望黑龙庙。此照片摄于 2000 年，当时只有黑龙庙一进庙宇。能看到山脚下的成排的老窑，以及碛口东市街　李秋香摄

主要的一条路则是由庙的前方经当铺巷艰难地攀登几层巉岩来到山门。到了山门前，回首遥望，两条河浩浩荡荡，湫水对岸是高耸达三百米的秃鹫山峭壁，黄河对岸则是层层叠叠的悬崖，大同碛闪着银光，激出来的波涛声隐隐可以听见。河声岳色，壮丽无比。

黑龙庙外廓不计小跨院，大约宽二十八点四米，长三十八米。小跨院里只有厕所和马厩。正殿是木结构的，三开间，硬山顶，有前檐廊。东、西耳殿也是

木结构的，三开间，硬山顶，也有前檐廊，进深小于正殿很多。据清道光二十七年（1847年）的《卧虎山黑龙庙碑》载，正殿中央是龙神像，“左风伯，右河伯，再左喜贵财神，再右金龙、仓官、白龙神，凡此皆辅佐龙神”。现在正殿只余龙神，右耳殿为财神，左耳殿为华佗。华佗像是上庙（即关帝庙）于1940年被拆后搬过来的。两厢底层都是砖窑，分前后两段，前段两孔半砖窑，进深较前段很小，后段三孔砖窑，进深几乎大一倍，且前

黑龙庙入口，红柱、灰瓦格外醒目　李秋香摄

面有要头插檐。倒座正中底层是三孔砖窑，作为庙的三座门道，窑上建乐楼，三开间的木构建筑，歇山顶。前台面宽约九米，深约四点四米。从“守旧”太师壁后的后台出侧门，可以走到左右的钟鼓楼去。钟鼓楼是方形的，四柱，用十字脊歇山顶，很精巧华丽。乐楼演戏时，两厢和院里是看戏的场所。

设计得独具匠心的是庙的正面。因为黑龙庙位于小山岬的山脊尽头，乐楼已经探出在山脊之外，楼下的门道有八米长，从外往里走是很陡的上坡路，以至庙宇正面的墙足足有八米高。极富创造性的匠师贴着这座高墙造了一座三开间的两层门脸，歇山顶，有腰檐，像半爿楼阁，高大壮观得很。这门脸加上钟楼、鼓楼的呼应和衬托，使黑龙庙的正面极为丰富多变，有层次而且活泼。它无疑是建筑艺术的杰作。

黑龙庙是碛口镇最壮丽的建筑。门脸、乐楼、正殿、耳殿和钟楼、鼓楼都有斗栱，门脸下檐用的是三踩单下昂，上檐用一斗二升加麻叶云，正殿用的也是三踩单下昂，斗口比较大。戏台和耳殿也用一斗二升加麻叶云。庙的建筑规格相当高。

乐台的音响很好，演戏的时候，不但山下镇上都能听见，夜深人静时，弦鼓歌吟远渡黄河，连对岸陕西吴堡县的几个乡村也能清晰地听到演员的唱词，以至有首竹枝词道：

卧虎笙歌天外声，山西唱戏陕西听，静夜一出联姻戏，百代千秋亦温馨。

“联姻戏”大概是演春秋时期秦国和晋国两国君主几代互通婚姻的历史。两千几百年之后，在秦晋大峡谷两岸共听这些戏文，人们心里产生的感情确实会十分温馨。

黑龙庙大门廊里有两副很著名的楹联，都是清代道光年间写的。一副是“物阜民熙小

黑龙庙钟楼　李秋香摄

黑龙庙正门入口　李秋香摄

都会，河声岳色大文章”，由崔炳文撰并书，时间是道光癸卯（1843年）；一副是“山河砺带人文聚，风雨祥甘物气和”，由王继贤撰写于道光乙巳（1845年）。崔炳文是永宁州（今离石）人，举人，曾任国子监学正、同考官、广西新宁州知州等官职，生平嗜学，精书法，著述尤多。王继贤，湖南人，曾任永宁州知州，勤于政务，以振兴文教为念，后诰授奉直大夫，书法名重京师，有“一字值千金”之誉。（均见光绪七年《永宁州志》）王继贤还为黑龙庙乐楼太师壁写了一块匾，题“鱼龙出听”四个字。

值得注意的是庙宇正门的楹联写的全是“物阜民熙”“河声岳色”和“人文聚”“物气和”，竟没有一字涉及神灵崇拜。这是中国文化现实性和世俗性的绝妙例证。

黑龙庙戏台　李秋香摄

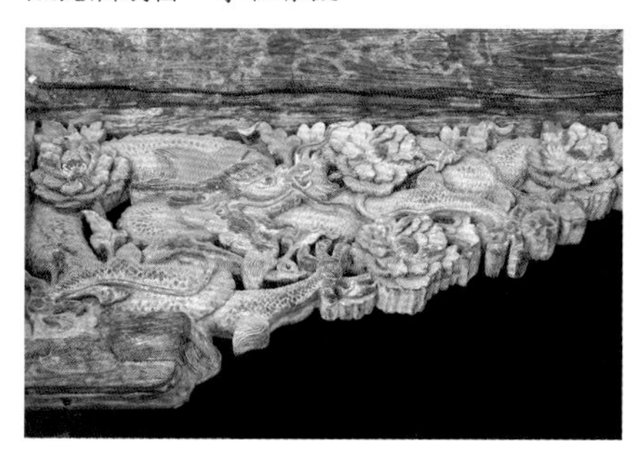

黑龙庙戏台雀替雕饰　李秋香摄

黑龙庙戏台雀替雕饰　李秋香摄

黑龙庙雕花方柱础　李秋香摄

黑龙庙雕花柱础　李秋香摄

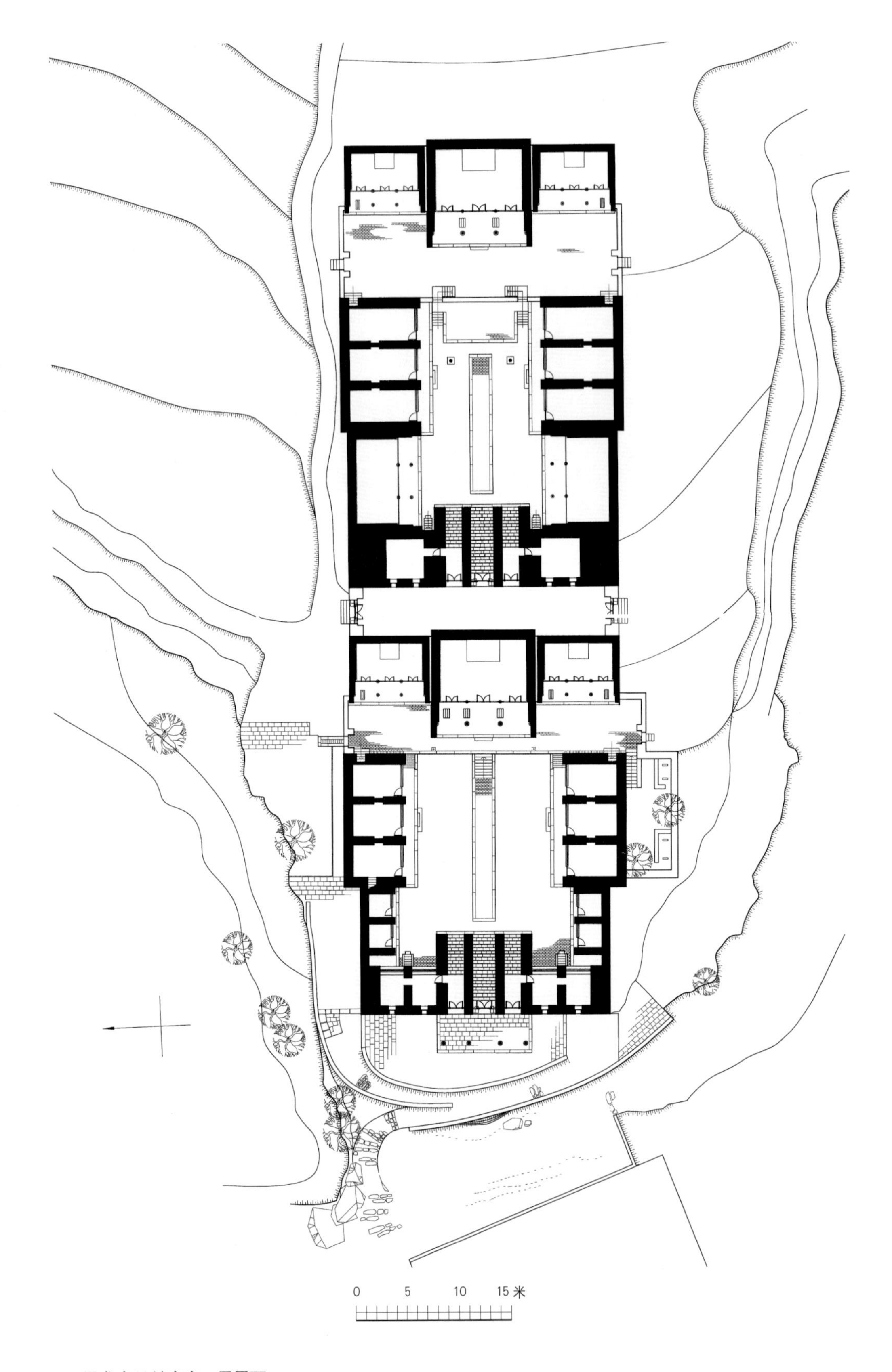

黑龙庙及关帝庙一层平面

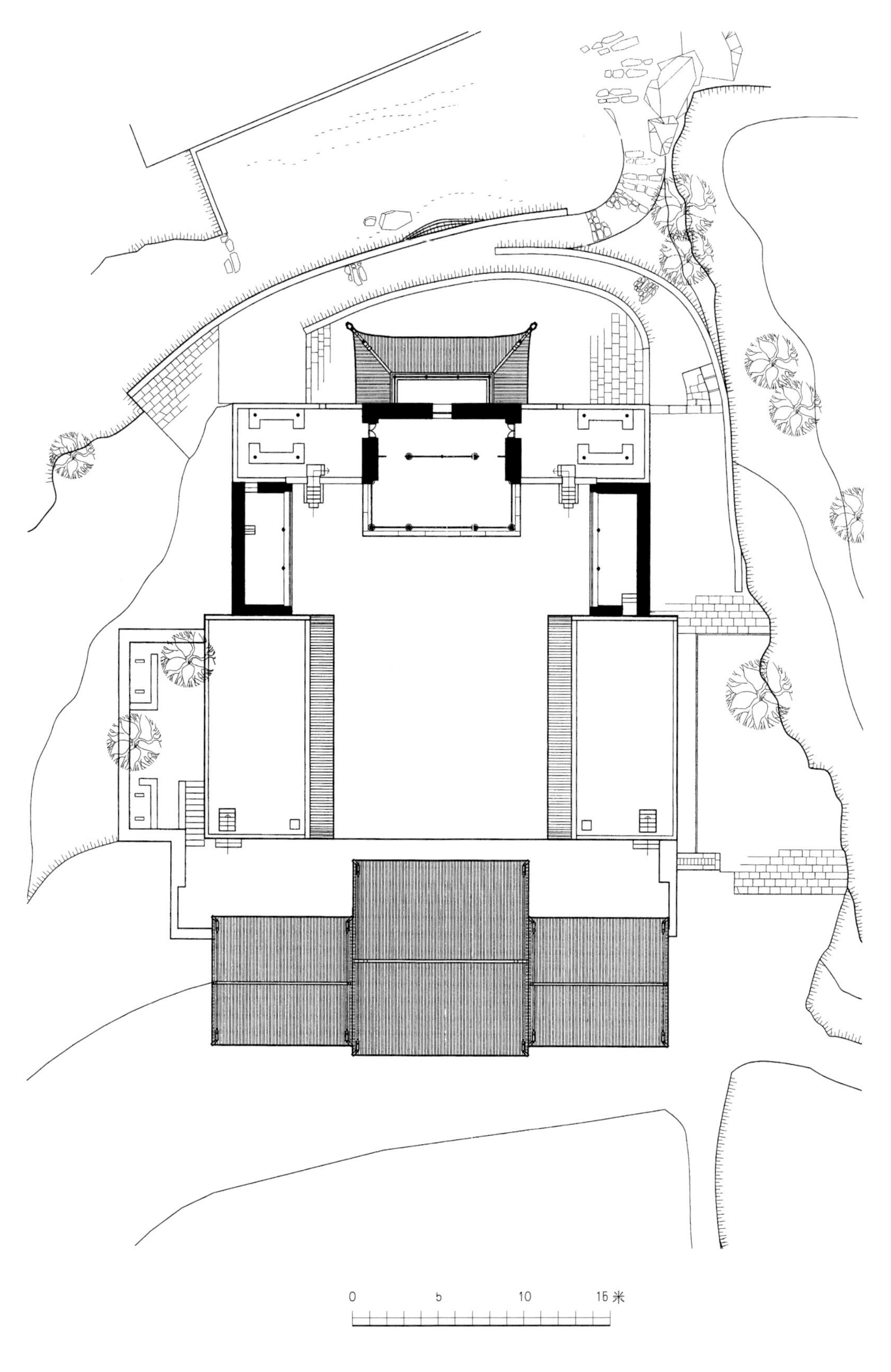

黑龙庙二层平面

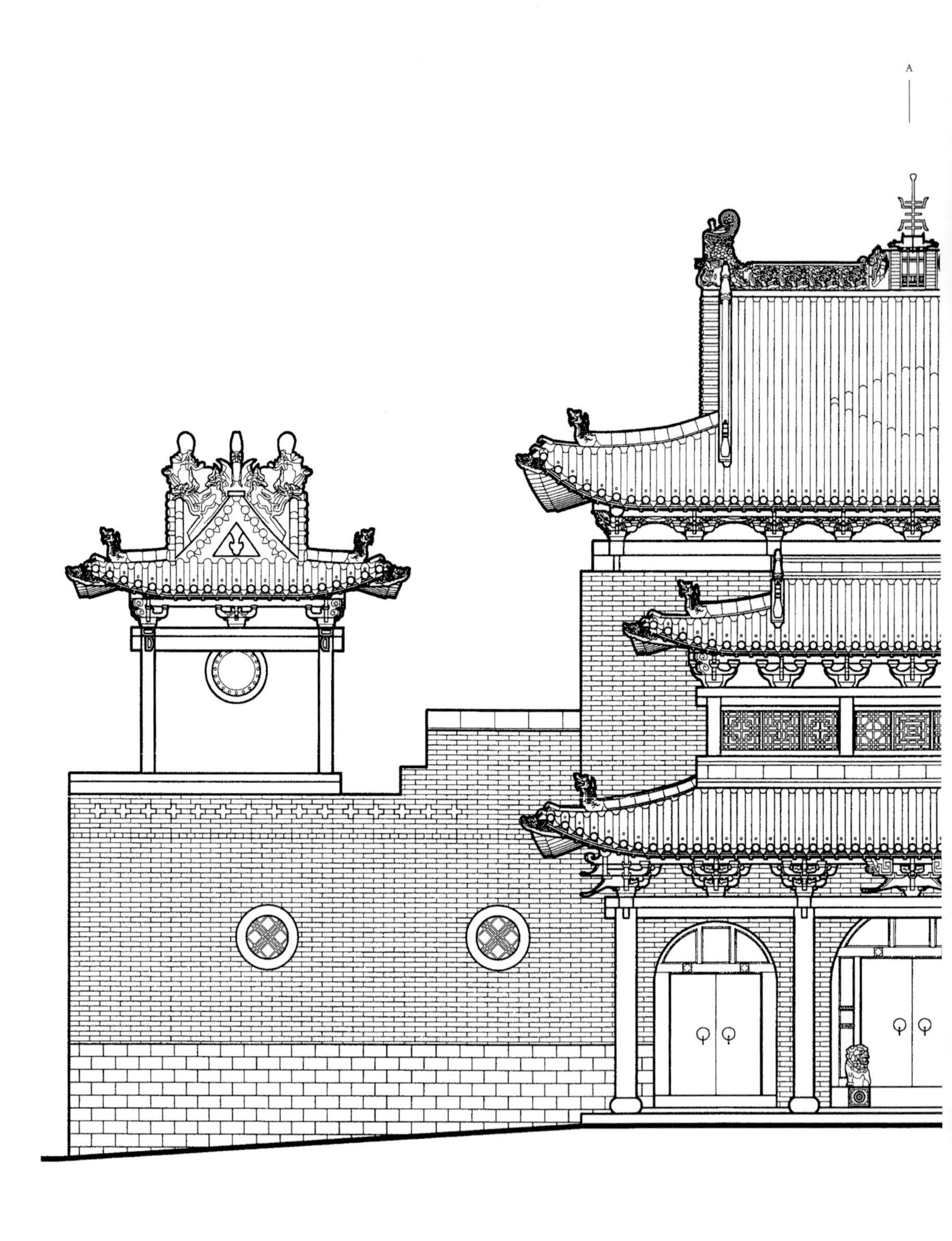

黑龙庙山门立面

A
0
4
8米

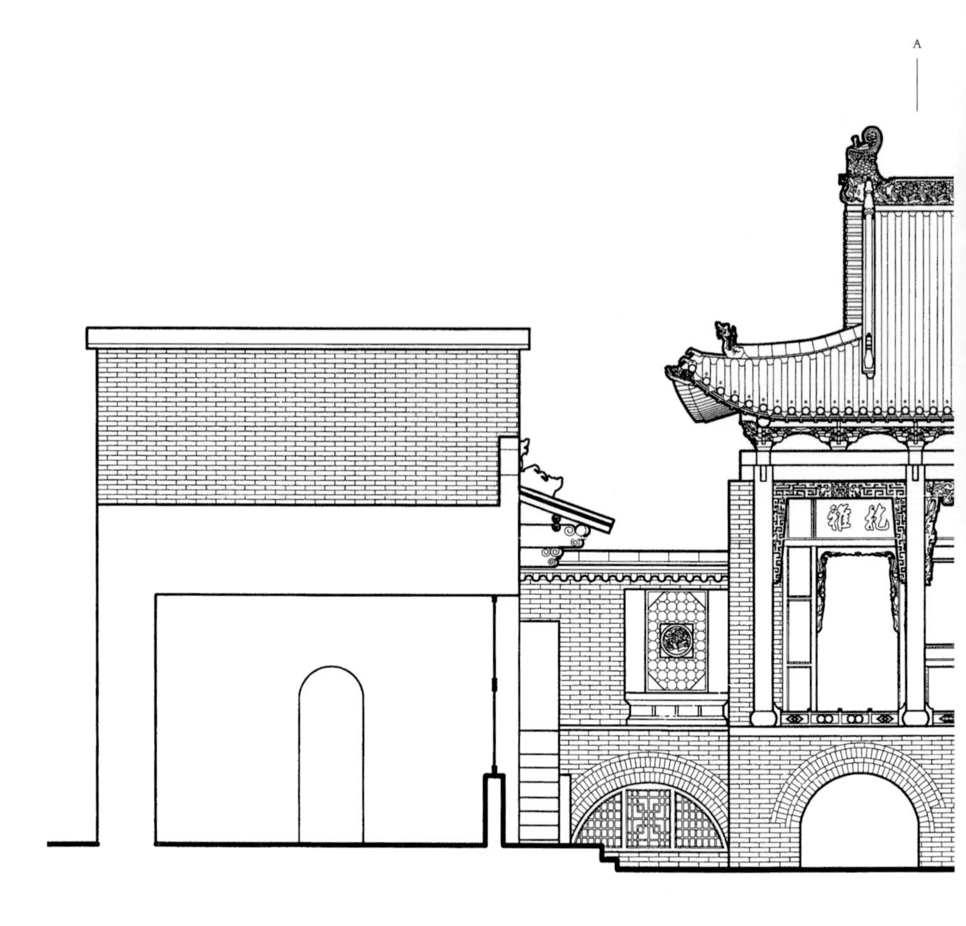

黑龙庙戏台立面

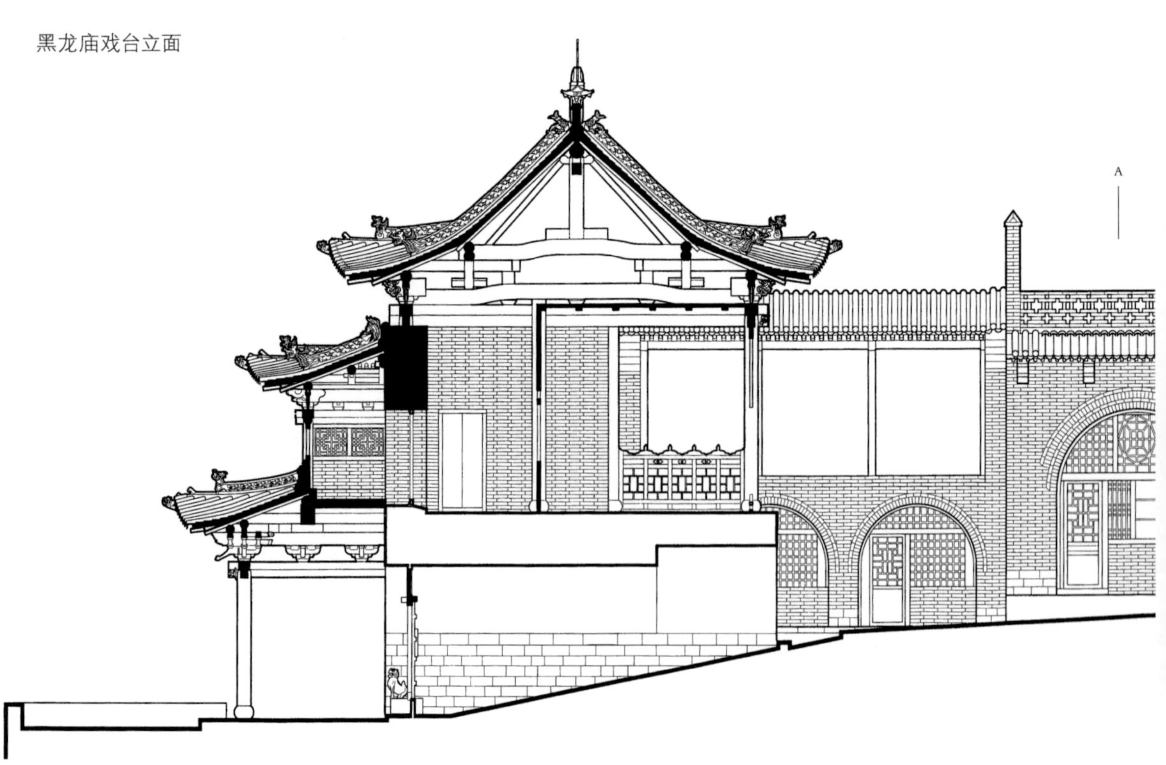

黑龙庙纵剖面

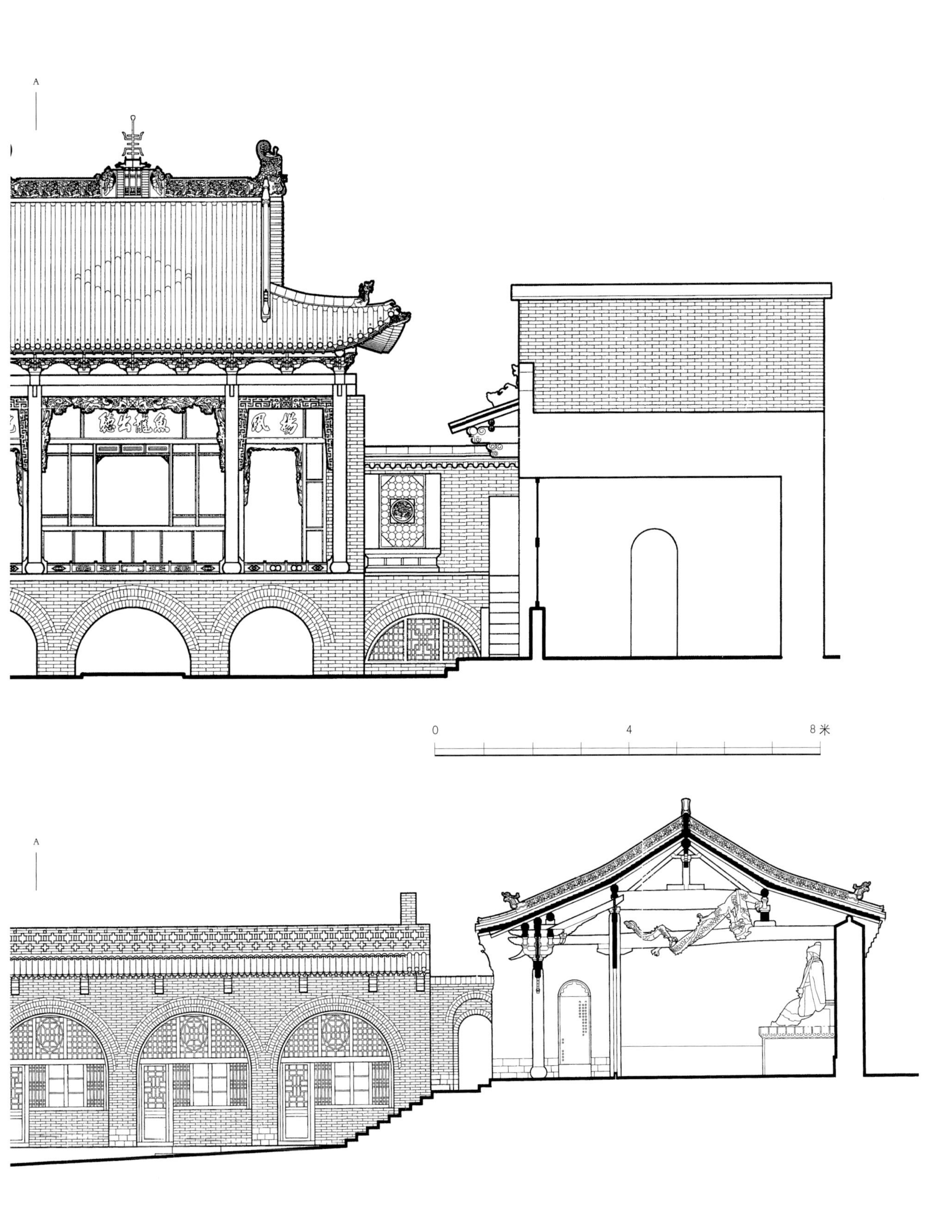
A
0
4
8米
A
0
4
8米

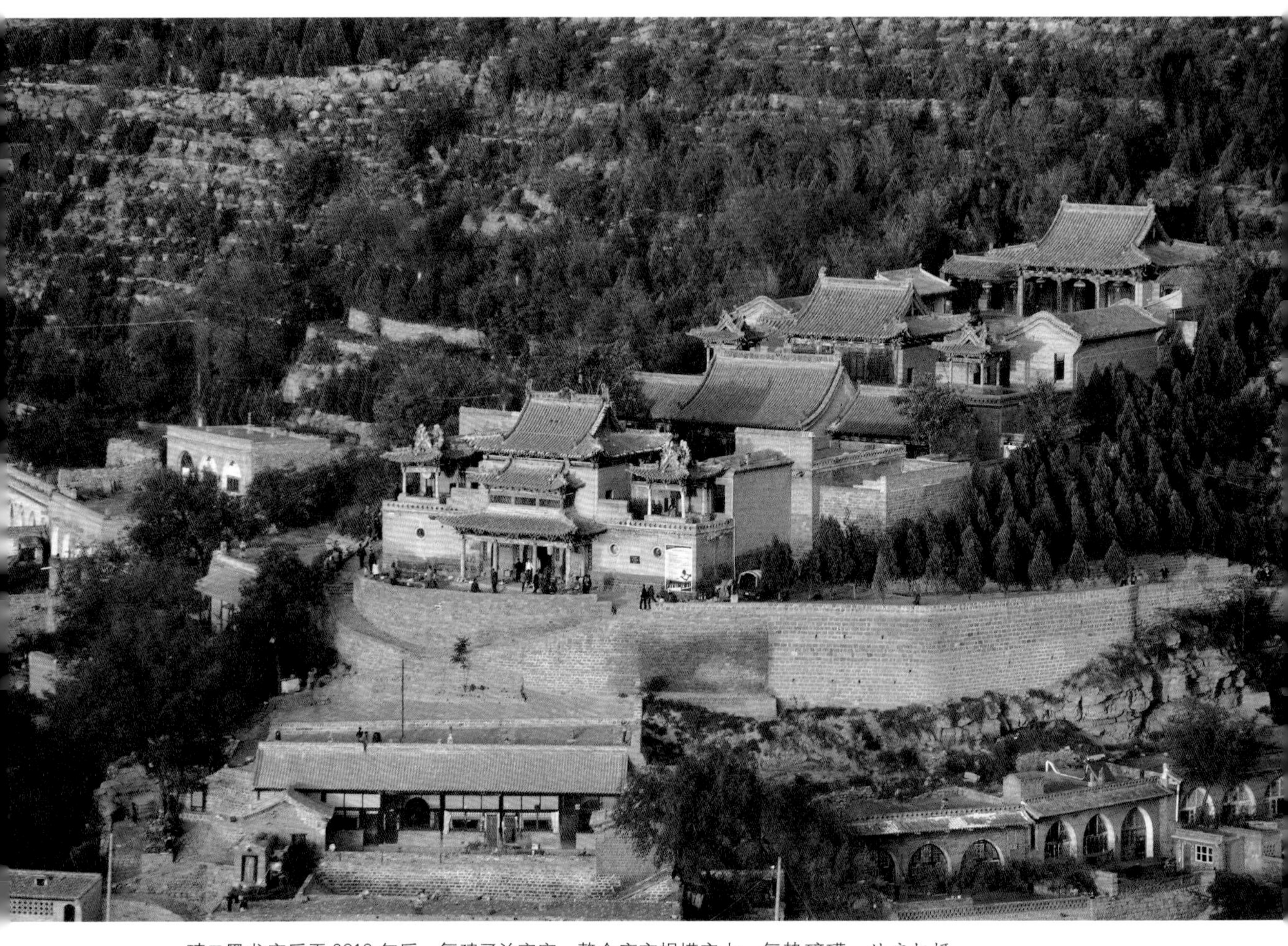

碛口黑龙庙后于 2010 年后，复建了关帝庙，整个庙宇规模宏大，气势磅礴　林安权摄

*

黑龙庙又叫“下庙”，因为它背后，紧靠着它，有一座“上庙”，便是关帝庙，也叫华佗庙。这上庙的历史不很清楚，只有一段传说：清代咸丰年间，汾州驻碛口的三府衙门老爷（通判）的太太病得不轻，师爷买了三只攒羊，请太太坐了架窝子[①]一同到离碛口三里路的西咀岔村华佗庙求神治病。他们进得庙去，把羊拉到华佗像前，按习俗

① 架窝子就是前后用骡子抬的轿子。

给每只羊从头到尾泼了一盆冷水，有两只羊打了个激灵，这表示华佗答应了请求，但有一只羊纹丝不动，太太怕了，赶紧向华佗额外许愿：如果病好了，在碛口给华佗造一座庙。后来，太太的病好了，三府衙门的通判老爷就利用职权，筹资造了这座上庙，每年从七月初一起唱三天大戏，敬供华佗老爷。不过，它的正殿中央供的却是关帝像，所以也有人叫它关帝庙。关羽在山西受尊崇有几个缘故：关羽是山西人，在山西省因乡谊而特别受到尊崇；关羽重信义，晋商买卖遍全国，不得不讲信义，又进一步尊崇关帝；关羽在许昌被曹操羁留，辞别时，“将累次所受金银，一一封置库中”，账目清楚，这是商人最敬重的品德，所以，晋商又奉关帝为财神。当地传说，关公是“副玉皇活财神”。关帝与华佗，一个掌管发财，一个掌管健康，碛口人分不清哪一位更重要，只好两位都供着，有求之时“带着问题”找主管的那一位烧香磕头。毕竟生病是偶然的事，所以请关帝坐了正位。上庙被拆之后，下庙正殿的右耳殿供了财神，左耳殿供了华佗，仍然是希望既发财又健康。那华佗像是从上庙搬过来的。

上庙和下庙形制完全一样，轴线完全重合，外宽尺寸完全相同，只有通进深约比下庙长七米左右（不计下庙门脸楼）。两庙之间留宽约四米上下的一条小巷子，巷子两端各有一座砖门。

1940年5月，临县成立了抗日民主政府之后，成了陕甘宁边区的后方，陕甘宁边区矿务局与某部队供给部来拆掉了上庙，拿木料去造手榴弹柄和枪托。剩下厢房的砖窑和石料被街上居民陆续拆走私用，到1972年也拆光了。1942年，在陕西葭县胖牛沟的一二〇师兵工厂又派来一连兵借“破除迷信”之由要拆下庙，西头村村长兼碛口商会会长刘开瑞牵头，会同地方士绅，和“九社一镇”齐心力保下庙，甚至从街上和附近村里的民居拆来更多数量的木材给兵工厂。师后勤部长无奈，既然已经超额得到了木料，“破除迷信”之说便不值一提，只好答应保存了庄严雄伟的下庙。

“社”是民间的组织，有地方性的，如一村可为一社，有行业性的，如粮油业、绸布业均可立社，也有按活动项目组织的，如演戏、办庙会、闹龙灯、办伞头秧歌会等。下庙的“九社一镇”，是九个村子和碛口镇，它们平日管理黑龙庙，为供养住持、修庙、给神像重塑金身等出钱。上庙则由秦晋社出钱并管理。秦晋社是为祈保佑河上船筏安全而组成的，又叫“船筏社”，由碛口一侧黄河边上的一些村子和对岸陕西吴堡、葭县一些村子的养船户组织起来的，每年七月初一祭河神。上庙也有戏台，“山西唱戏陕西听”，所听的“联姻戏”里也有上庙演出的。两岸的村民，在黄河船筏运输上长期合作，在文化生活上同样也合作得很好。

从1940年以后，八路军的供给部兵工厂和后勤部等单位在临县、柳林、离石等地拆了大量的庙宇。当时战事频繁，军需物资如手榴弹把、步枪托，都需要木料制作，没办法只有拆庙，因为庙上的建筑比一般老百姓住的窑洞建筑木料多几倍。其中有些是很有价值的文物古迹，例如临县的正觉寺。据民国六年《临县志·古迹》，“正觉寺，县治西九十里小塌则（子）村，金太和三年（1203年）建，或云汉时建。古柏参差，亦胜境也”。清光绪七年《永宁州志·诗》刊清道光间人崔炳文的《游灵泉寺作二首》有句：

> 峭菁危峰蹲虎迹，
> 崎岖仄径走羊肠。
> 一声清磬开前路，
> 数点寒灯认上方。

又如柳林县孟门镇的南山寺，据光绪七年《永宁州志·寺观》，“南山寺在州治西南一百二十里，唐贞观中敕建，有泉，飞瀑山椒，旱祷辄应。金大定中敕赐灵泉寺额”。同《志》“诗”，崔相《嘉庆丁卯三月游南山寺即景口占》三首之一：

淼淼黄河势，
层楼望转迷。
乾坤浮日夜，
秦晋隔东西。
筏转移山脚，
波飞撼寺堤。
斜阳看渐下，
野渡白云低。

枣圪垯村的元代义居寺则拆去了两厢。

*

属于碛口镇小范围里的庙宇，被拆的有侯台镇的香炉寺，寨子坪的娘娘庙和山神庙，河南坪的河神庙（财神庙），还有西头村的观音庙和西云寺。

西云寺其实就在碛口东市街的东端街北，坐北面南。庙的大门是砖牌楼式的，三个券洞，上有三段瓦檐，中央高，左右低。正殿为木结构，三间，歇山顶。两厢为箍窑，各五间，平顶，可以上人。正殿后又有一个大院子，后楼三间，两层，底层为箍窑，上建木结构，硬山顶，左、右厢也是木结构，瓦顶起脊。庙门前街上左右对称有两座双券洞的过街楼，偏南的券洞上立钟楼和鼓楼，都是十字脊歇山顶。

两座过街楼之间，街南有一道墙，墙里有个大院子，院子南边是座戏台，坐南朝北，轴线和北面的庙一致。看戏的人就站在院子里，不受街上过人过牲口的干扰。

西云寺正殿供奉关公老爷，一侧立周仓，一侧立关平。两侧山墙前还有些兵士的塑像，手持着长矛大刀。后殿楼下叫三清殿，所供的三座神，中央是元始天尊，左侧是灵宝天尊，右侧是道德天尊。道德天尊就是太上老君老子。东耳殿供十殿阎王，叫“十和殿”，里面布置成十八层地狱，牛头马面和凶卒们在施毒刑，十分可怖。西耳殿供真武大帝。楼上叫玉皇楼，可以从东边和西边的楼梯上去。也是三开间，中央供玉皇大帝，左右各有一个女神道，不知是什么娘娘之类的神，两侧的山墙前列着二十八宿。

西云寺东侧还造过一座观音庙，只有三孔窑，是另一位三府老爷因妻子得病向观音菩萨许下重愿而造的，有过一位住持和尚。

西云寺每年唱四次大戏，一季一次，一次三天。三月三还有一次大庙会。说是三天戏，其实要唱半个月。因为一唱戏，四乡八村的穷人都来搭棚子卖零食，还有二十几个棚子赌钱，所以不能唱三天戏就都拆掉，总得让这些搭棚子的多赚些钱。碛口周围有十几座庙，十几个庙会，西头、寨子坪、西湾等村子的穷人们，就靠赶这十几个庙会赚一家子的生活费。

河南坪的河神庙唱戏最多，每月唱三天例戏，外加六月初七的财神会和三、四月间的圈神会，都唱戏。圈神就是“高脚”牲口的守护神。河南坪除了这座庙之外，直到20世纪50年代，还只有几户人家，两家姓陈，一家姓崔，一家姓任，都是“营窟而居”，住在几孔接口窑里。但这座庙不小，而且很能代表民间信仰的实用主义性质。它供奉河神，这是保佑碛口的黄河水运的；它又供奉圈神，保佑旱路上运输；此外，它还供奉仓官爷，是保佑货栈仓储业的。还有一些杂神也都和碛口的各行各业有关，例如梅葛仙翁，是染坊的神。所有这些行业的活动，熙熙而来，攘攘而往，莫非为利，所以这座庙的主神是喜、贵、福三路财神，当地人既叫它河神庙，也叫它财神庙。这座庙把碛口作为水旱码头转运站的特点表现得非常明确。

但临县毕竟在吕梁山的腹地，碛口四周都是高山，它附近曾有一个小地名叫狼嚎口，所以它周边小村多有山神庙，山神就是狼。最近的一座山神庙在寨子坪，离碛口不过六七里远。村民传说，清代道光年间某日，西湾村财主陈辉章拉了一头牲口从碛口回家，中途遇到一只狼挡道。辉章吓得魂不附体，祈求狼饶他一死。狼把他带到西湾村湫水东岸，寨子坪山脚下，就地打了几个滚便疾奔而去。辉章道：“原来它没有地方住。”便出钱造了这座山神庙。遇到狼的那天是三月二十八，以后这座庙便在这一天举办庙会。

碛口由于特殊的地理条件成为一方的商贸中心，但它孤独地被包围在广阔的农业地带之中。在农业文明时代，农业的保护神是三官大帝，就是掌赐福的天官、掌消灾的地官和掌解厄的水官。所以除了碛口镇之外，村村都有三官庙。天官赐福的重要内容之一是促进作为农业劳动力的人口的繁衍，而这关系到农民最切身的利害，所以三官庙大多举办天官会。碛口镇上都是商家和苦力，没有三官庙，但西头村有农业，虽没有庙却在每年正月十五上元日，即天官生日，举办天官会，要演戏，戏台就搭在离西云寺不远的路南，观音庙边，那块地方就叫戏台坪。其实在平日也常常演戏，并非一年只演一次。

和求子女相关的活动，还有碛口镇北面五华里处，黄河岸边索达干村的“灯油会”，每年二月初二举办，由“纠首”（即公推的头目）和“急公好义者”出资，在全村到处挂上油灯，附近各村的人都哄着去“偷”，叫“偷儿女”，偷到了便能生育——当然都能偷到，皆大欢喜嘛！

附：碛口市街及部分店铺测绘图

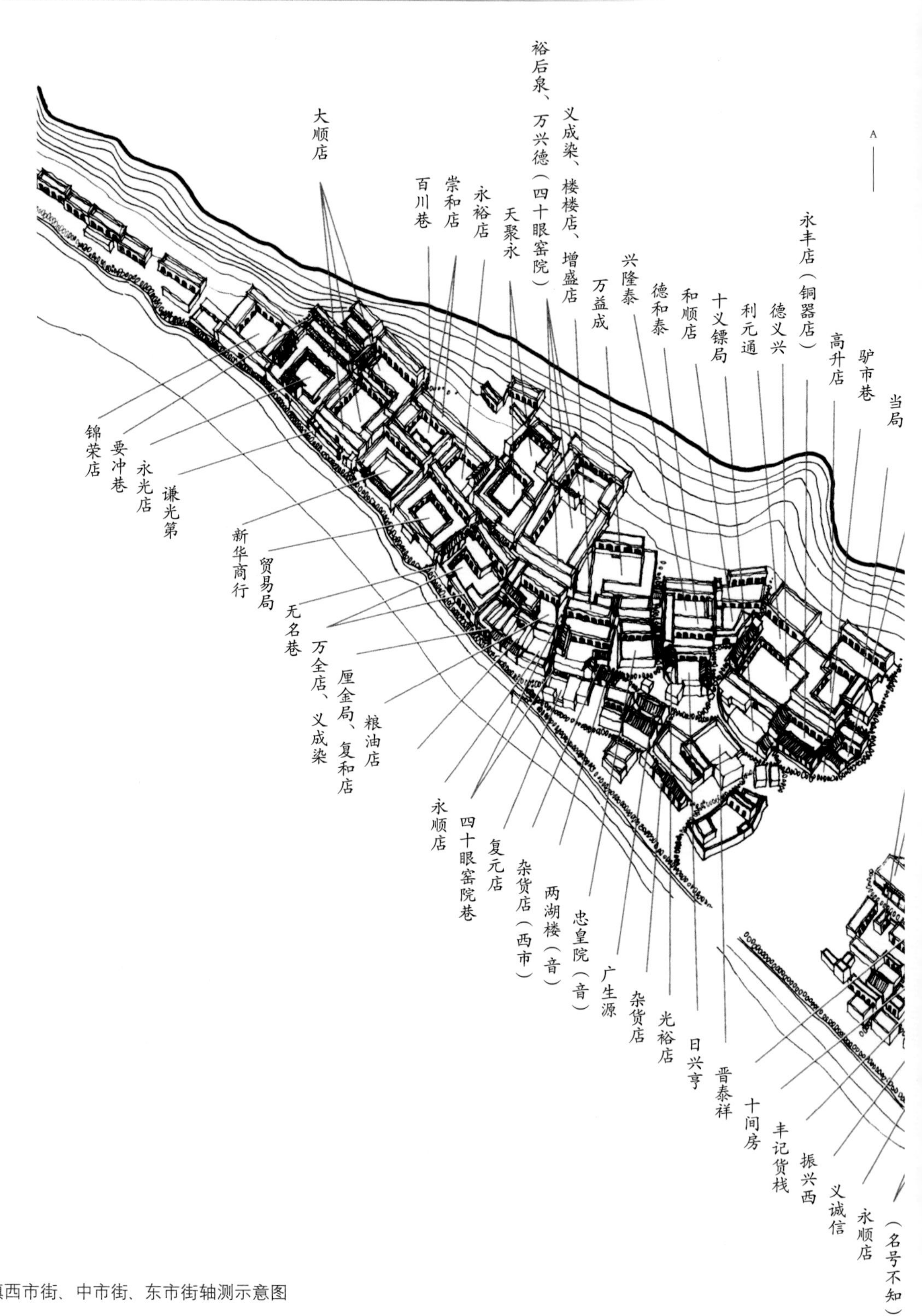

碛口镇西市街、中市街、东市街轴测示意图

三星店
洪发店
长顺店
福顺德
丰盛店
万兴店
兴隆烟店
世恒昌
（门额）春泰店
进聚堂
耶稣堂
祥光店
镶牙铺
（匾）筮泰店
杂货店
骡马店
万顺德
福顺德
三益店
四盛永
兴盛韩
稀屎巷
驴市巷
当局
永裕店
兴盛店
福太恒
鸿盛厚
杂货店
永生瑞
协图店
画市巷
复合店
万盛店
义生成
永顺店
（名号不知）
兴盛韩
祥记烟草
天成店
长星店
大德通钱庄
洋火店、义记美孚
恒久店
拐角巷
当铺巷
商会
广泰当局

碛口镇西市街、中市街、东市街店铺分布一

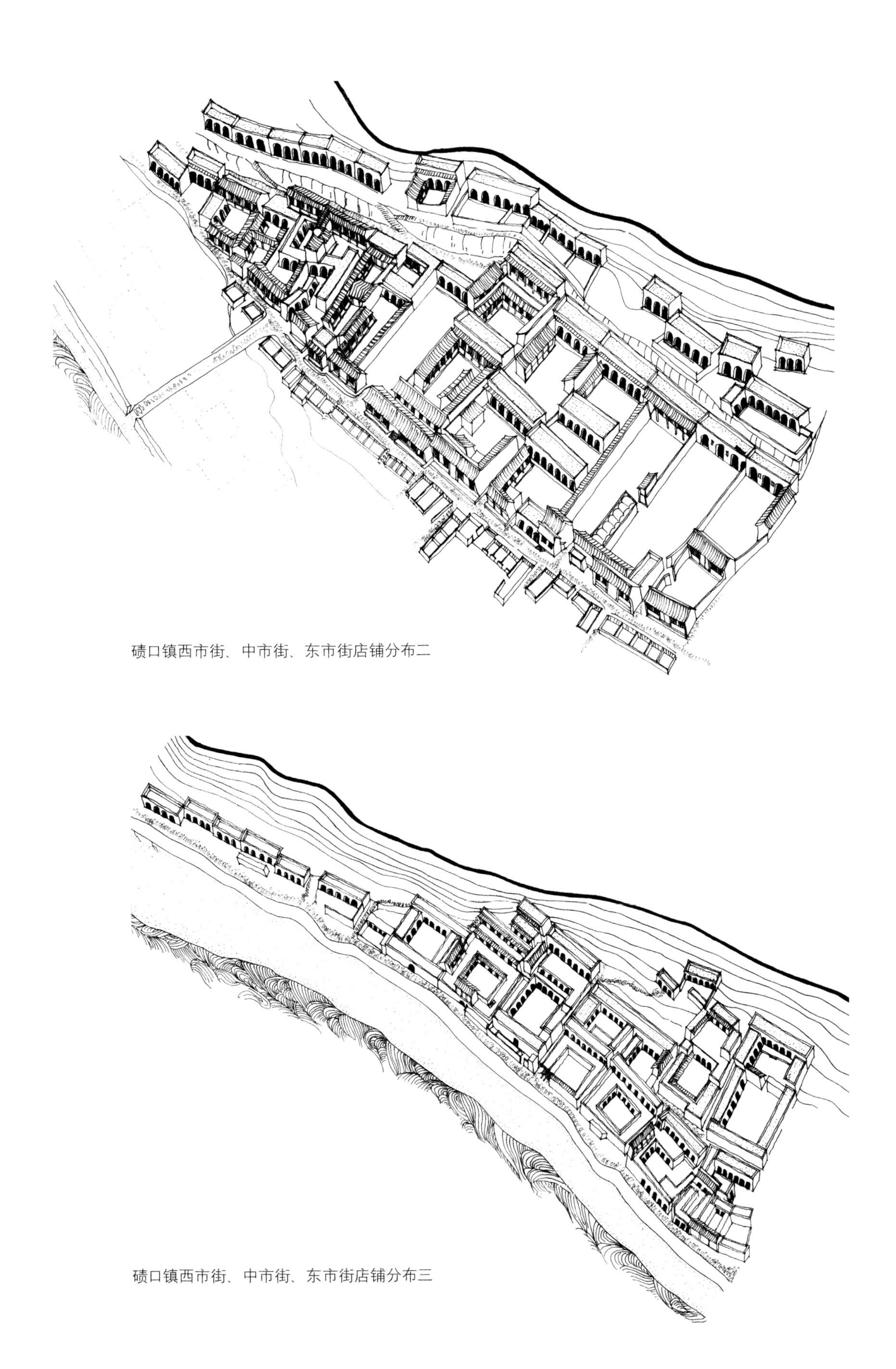

碛口镇西市街、中市街、东市街店铺分布二

碛口镇西市街、中市街、东市街店铺分布三

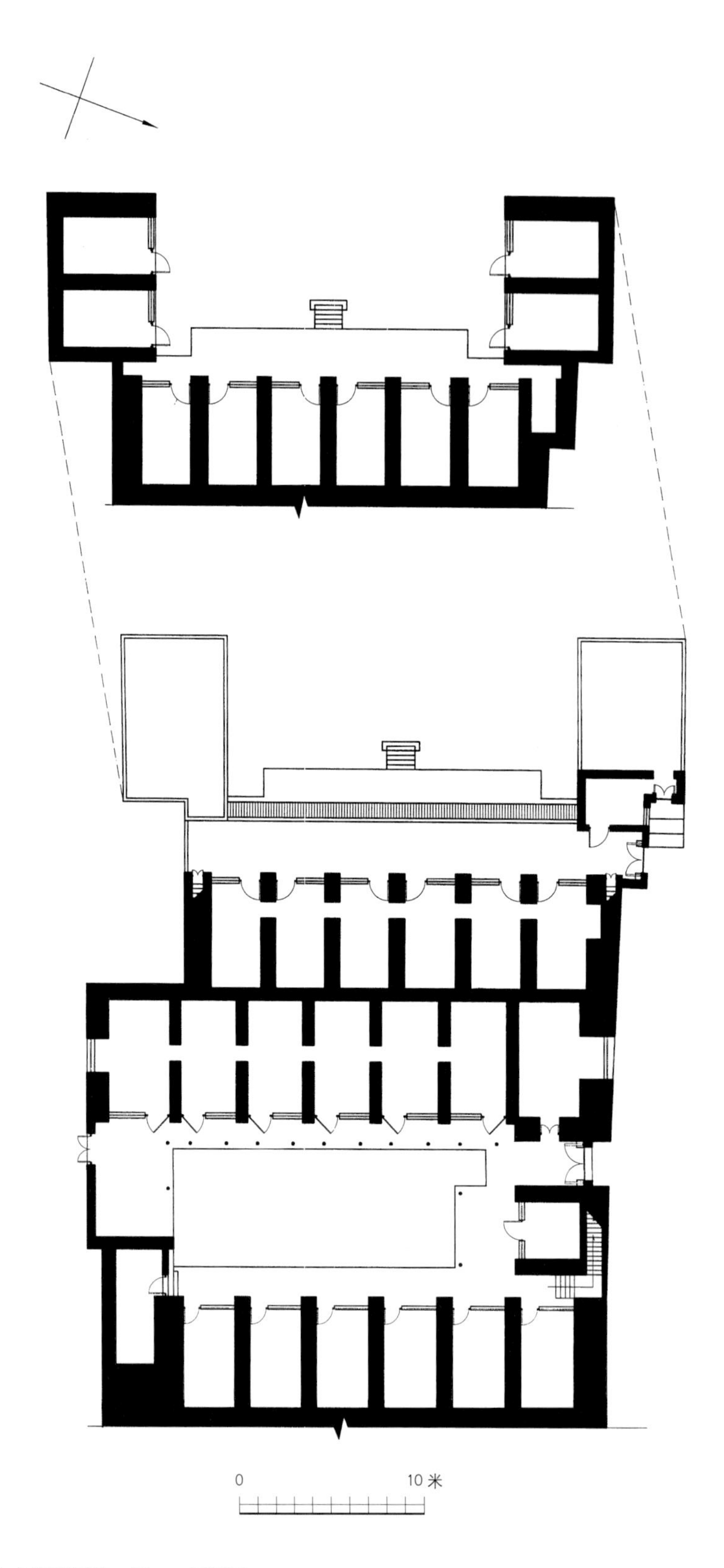

中市街当局院一层、二层平面

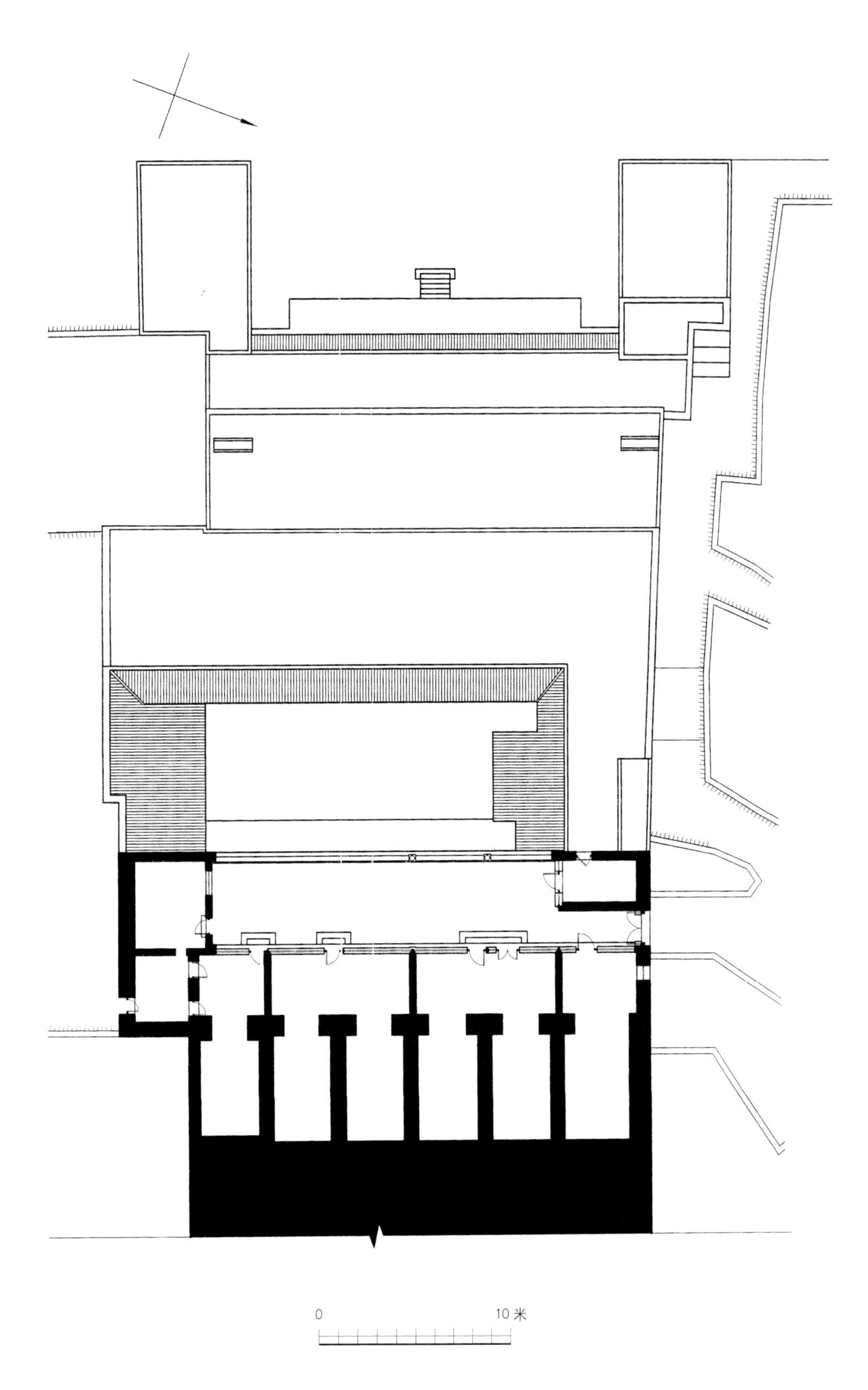

中市街当局院三层平面

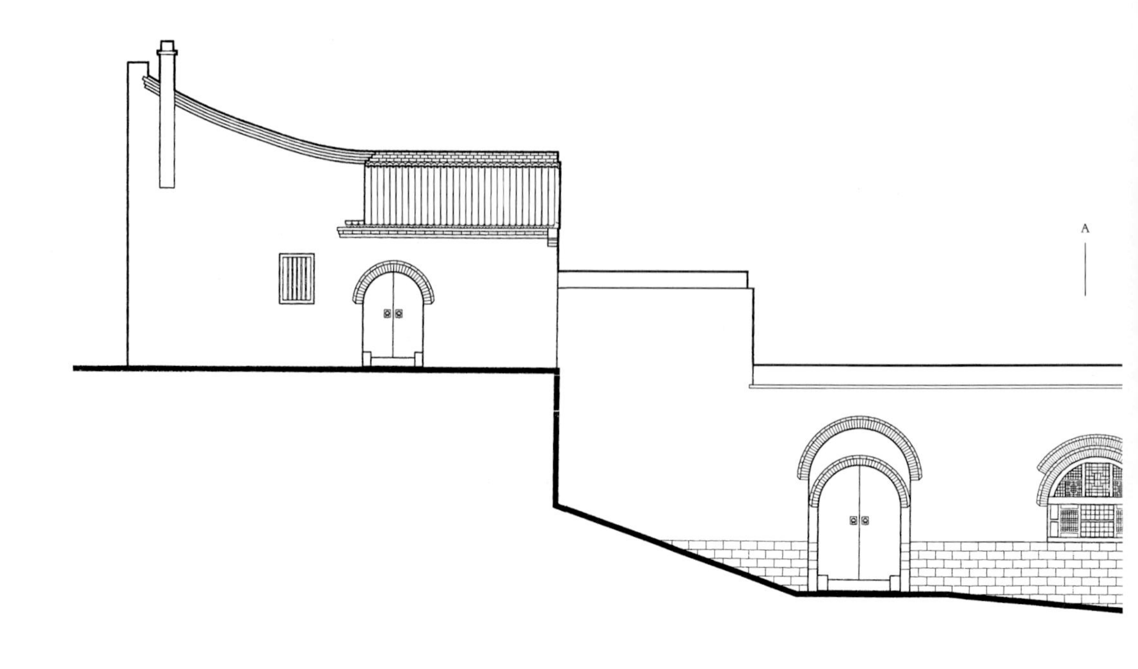

中市街当局院侧立面

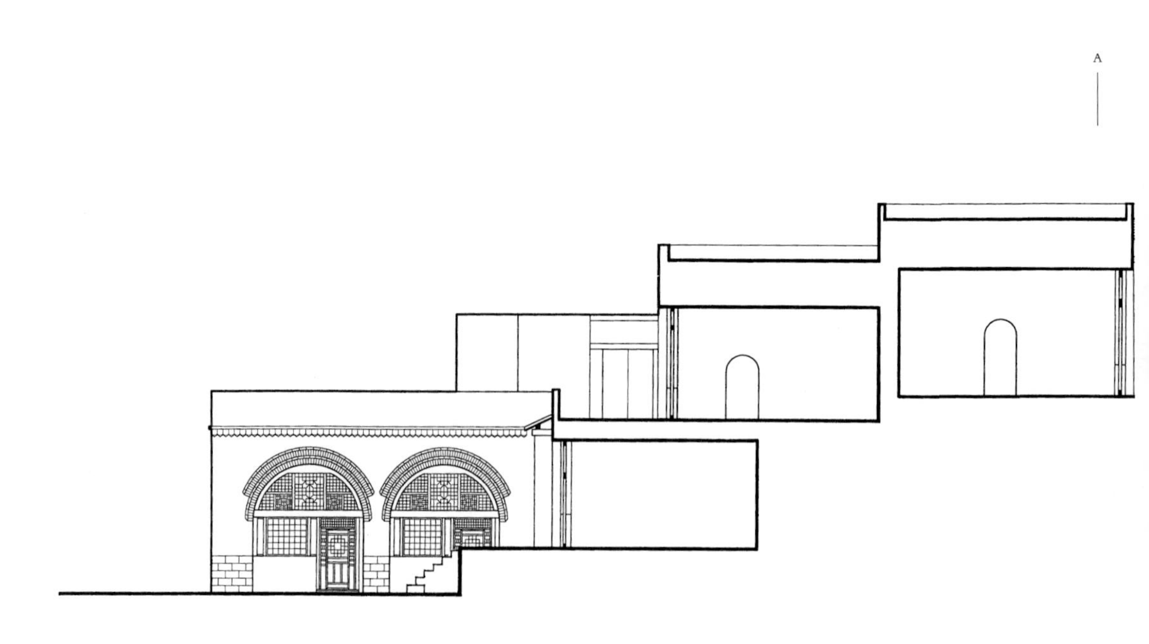

中市街当局院纵剖面

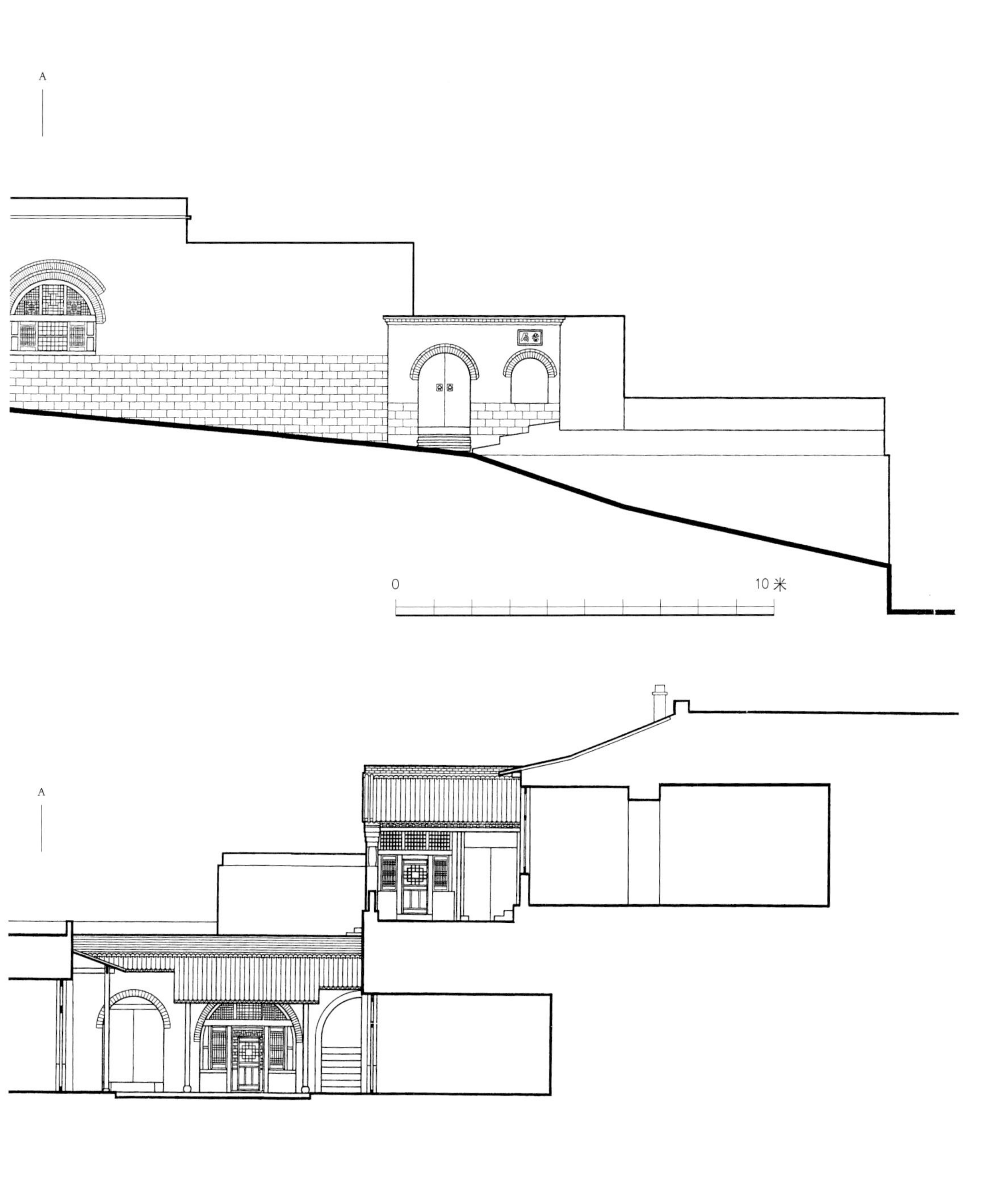
A
0
10 米
A

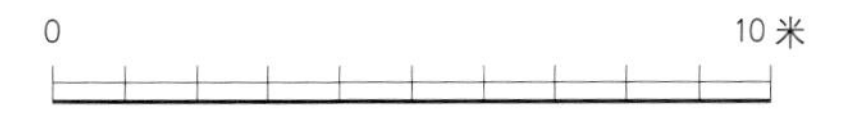
0
10 米

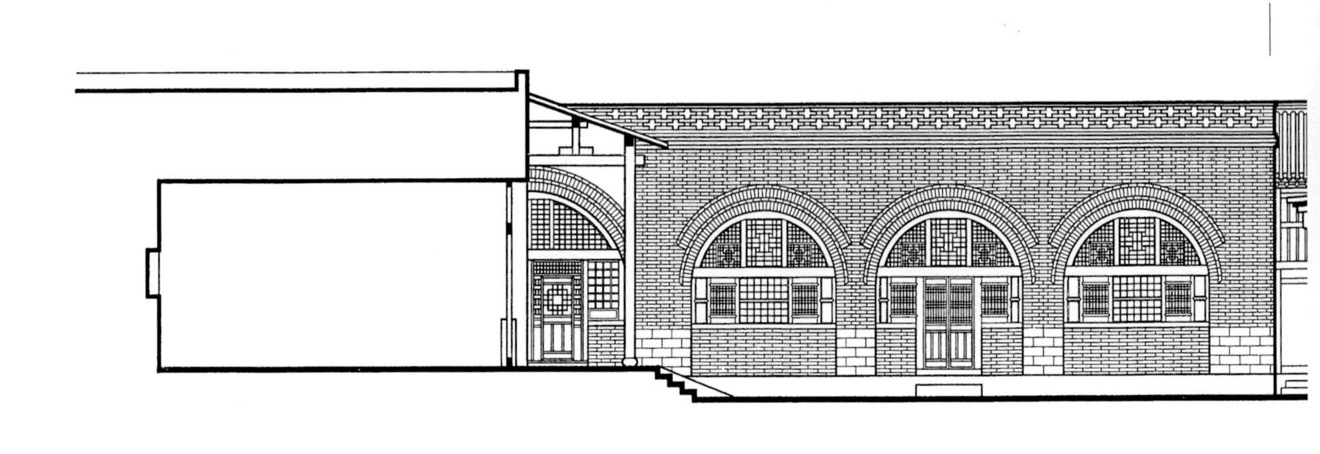

东市街洪发店纵剖面

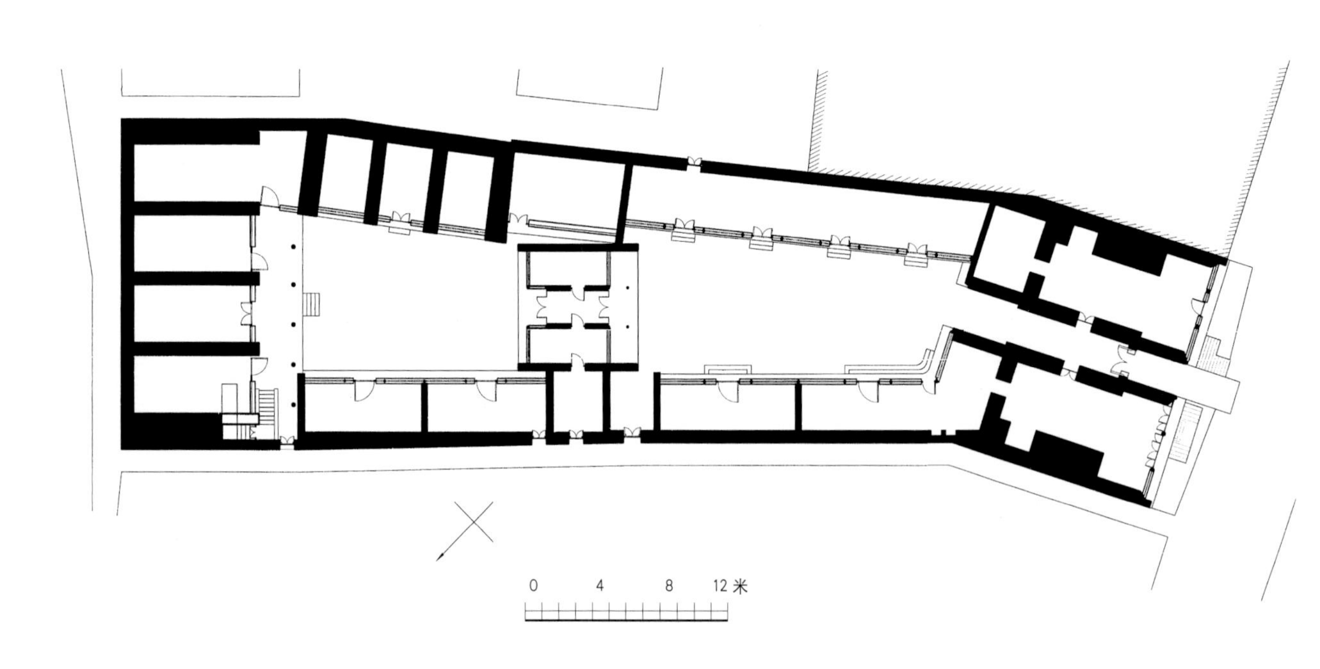

东市街洪发店平面

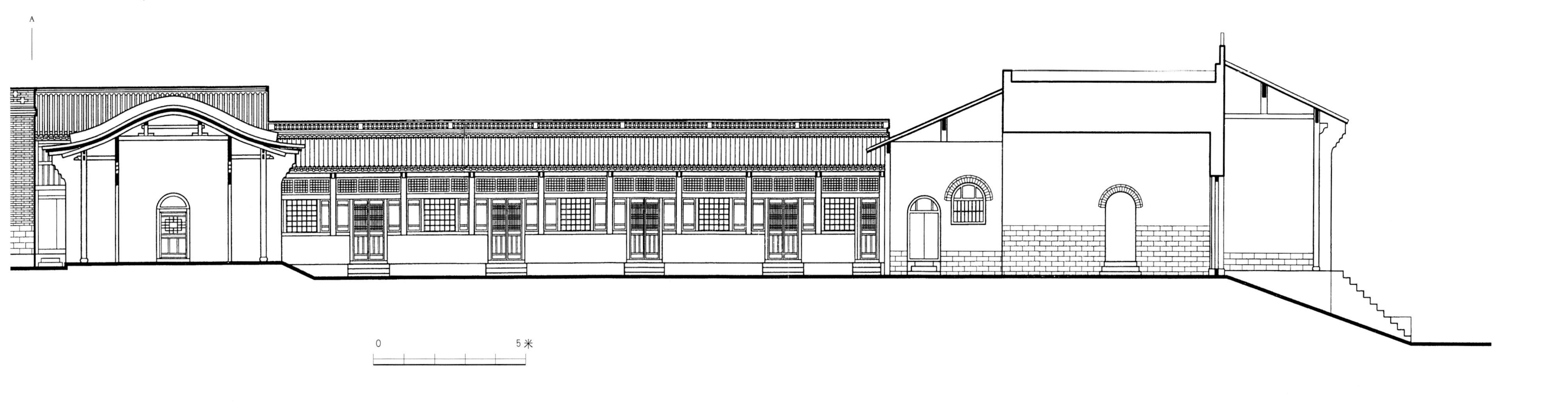

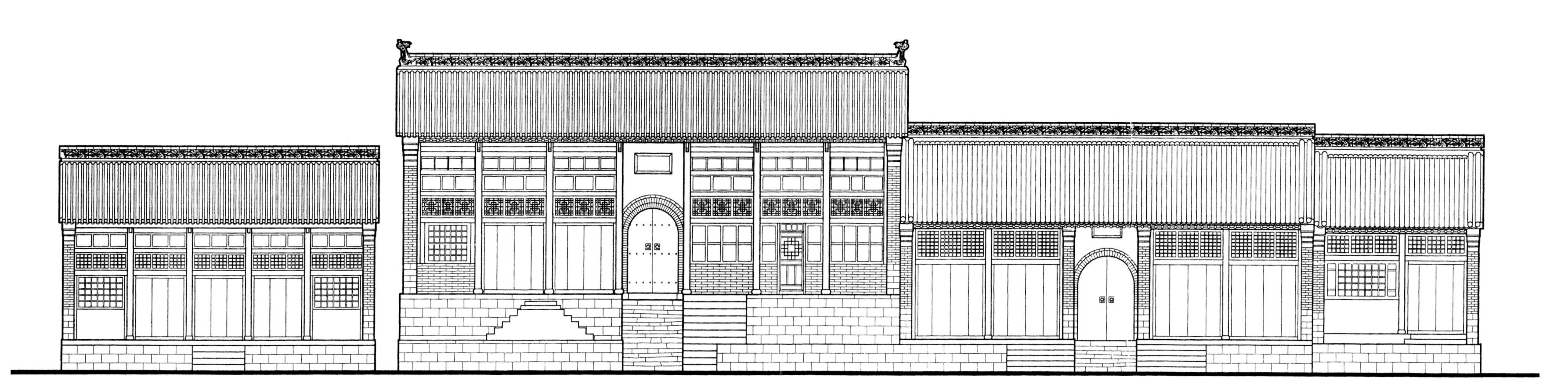

东市街洪发店街立面

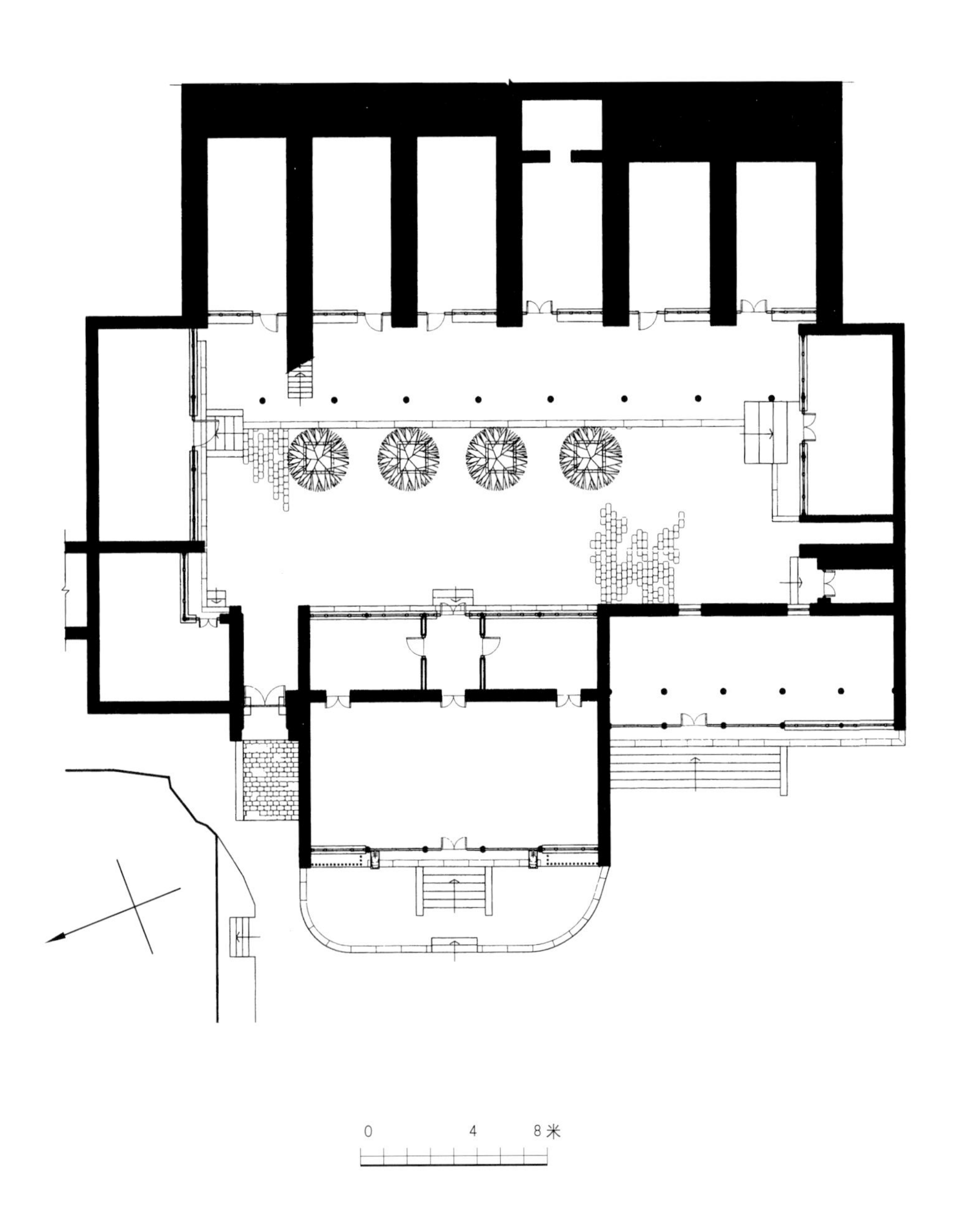

东市街永丰店平面（铜器店）

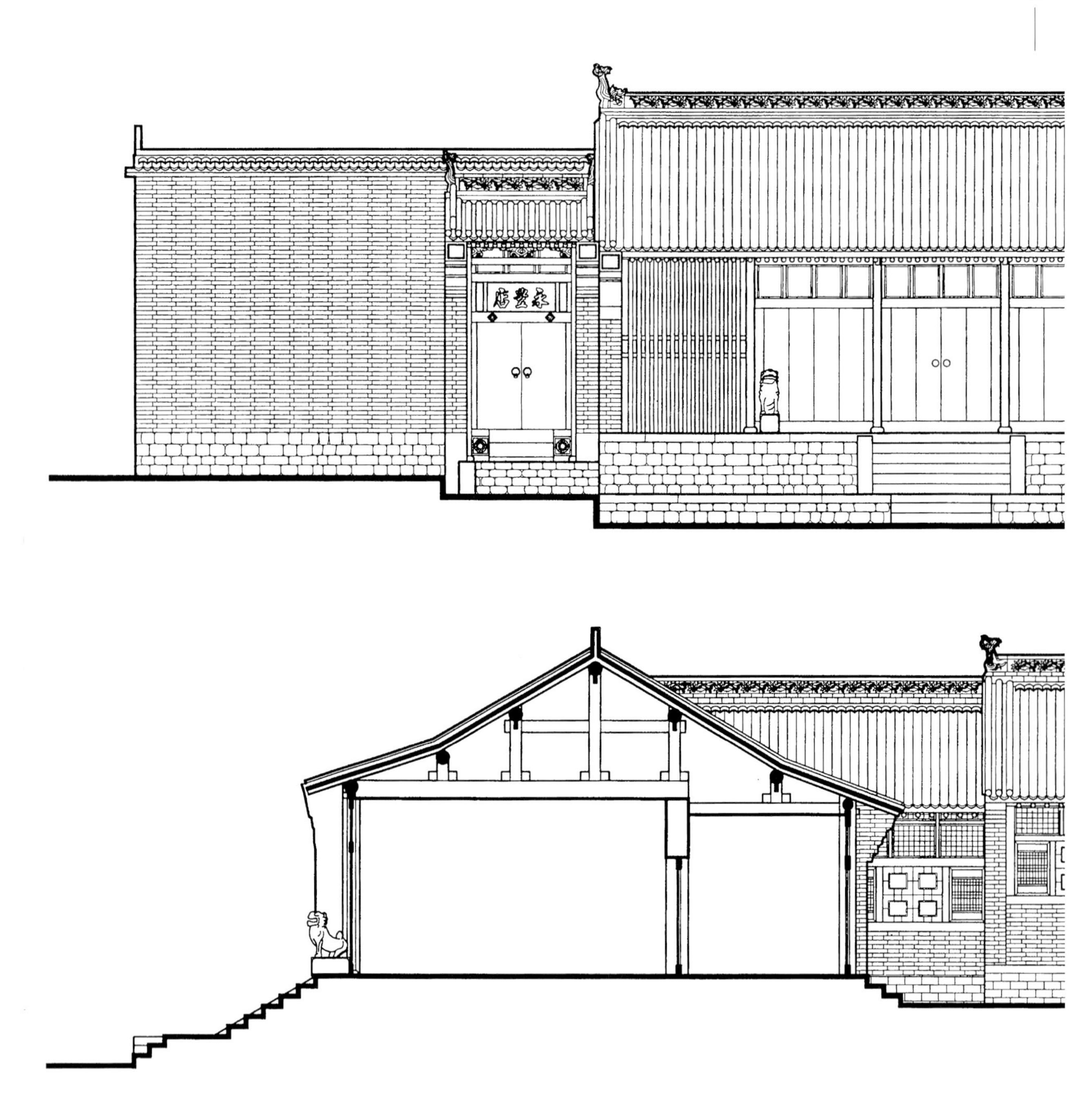

东市街永丰店正立面及纵剖面（铜器店）

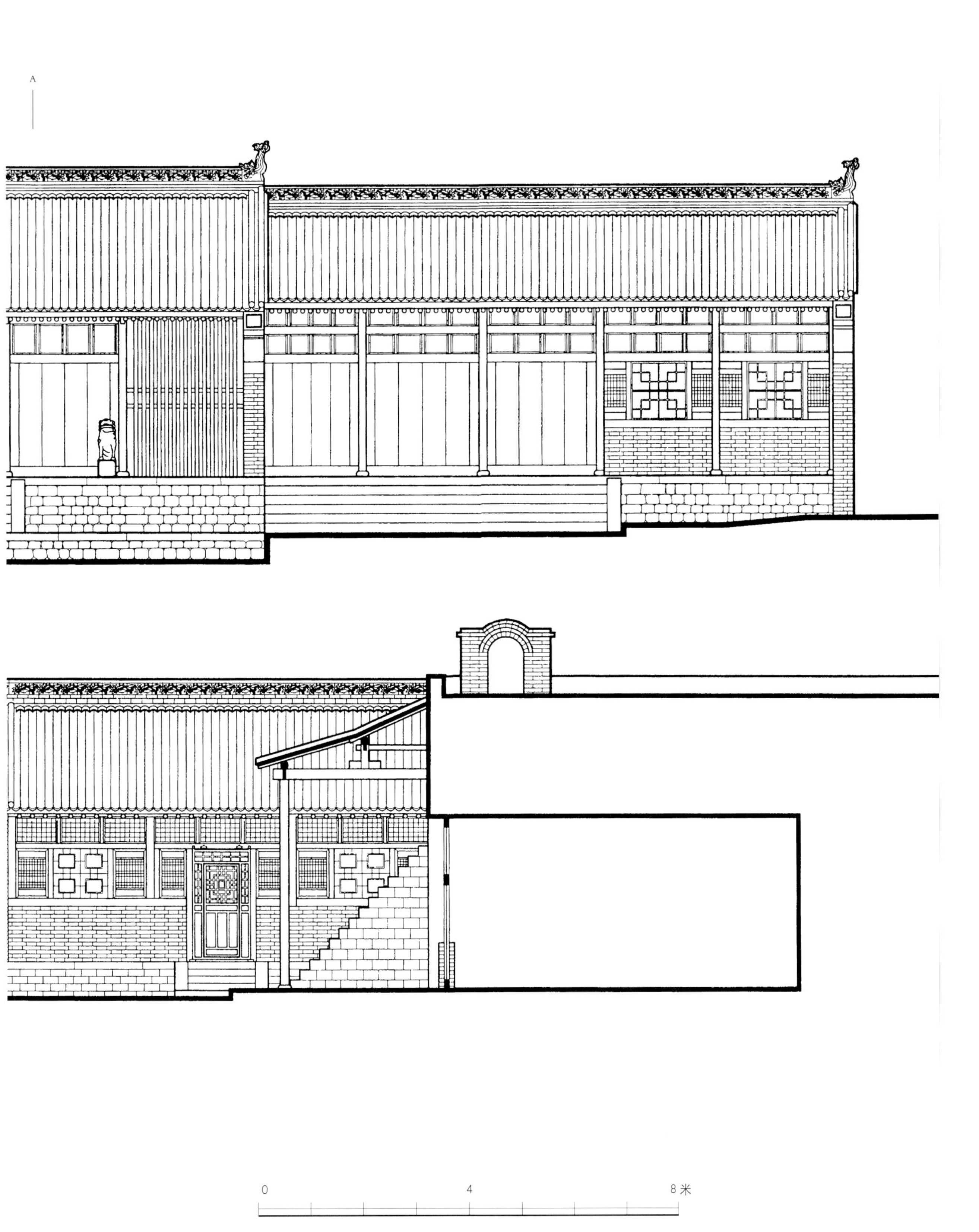
A
0
4
8米

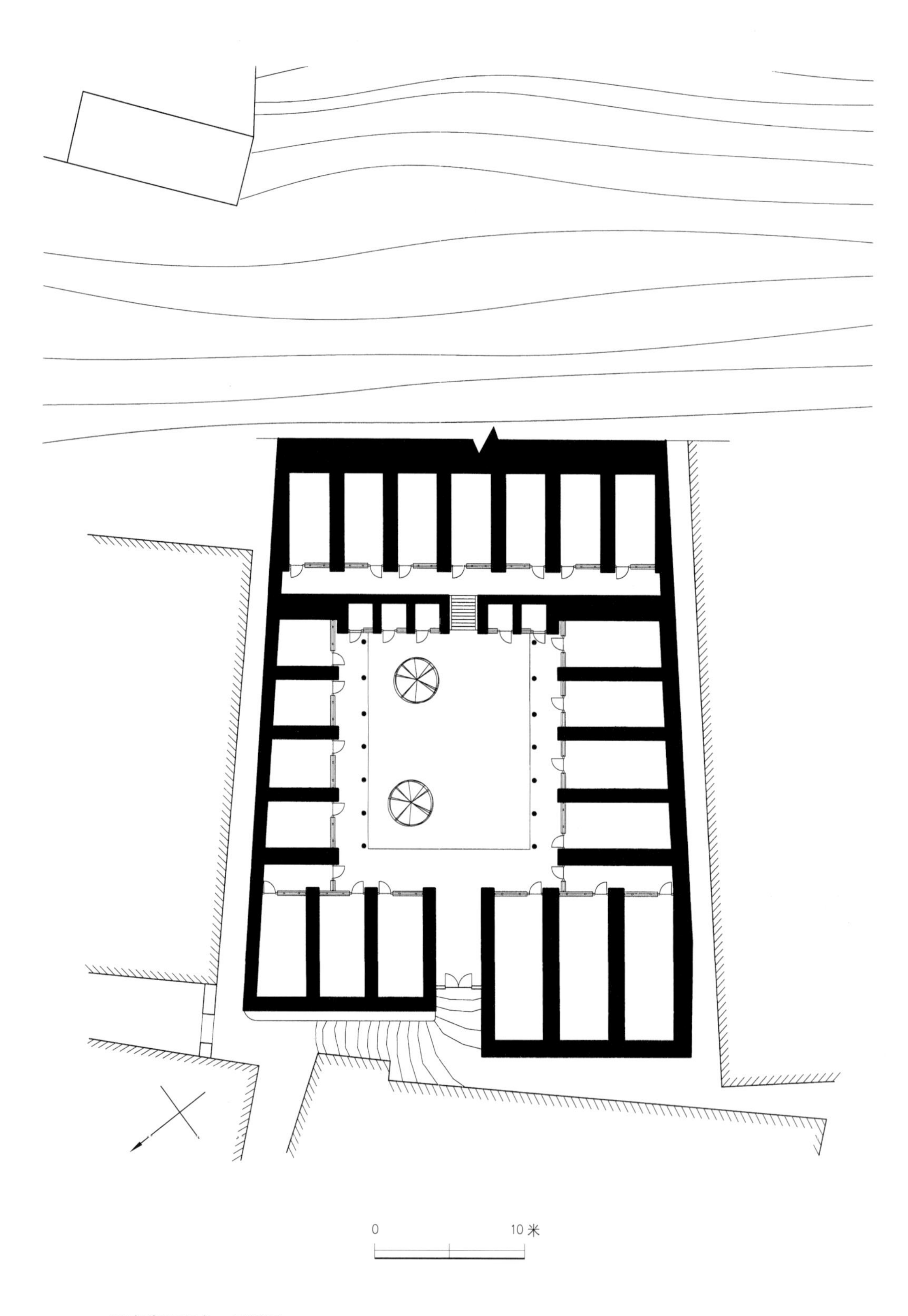

西市街天聚永一层平面

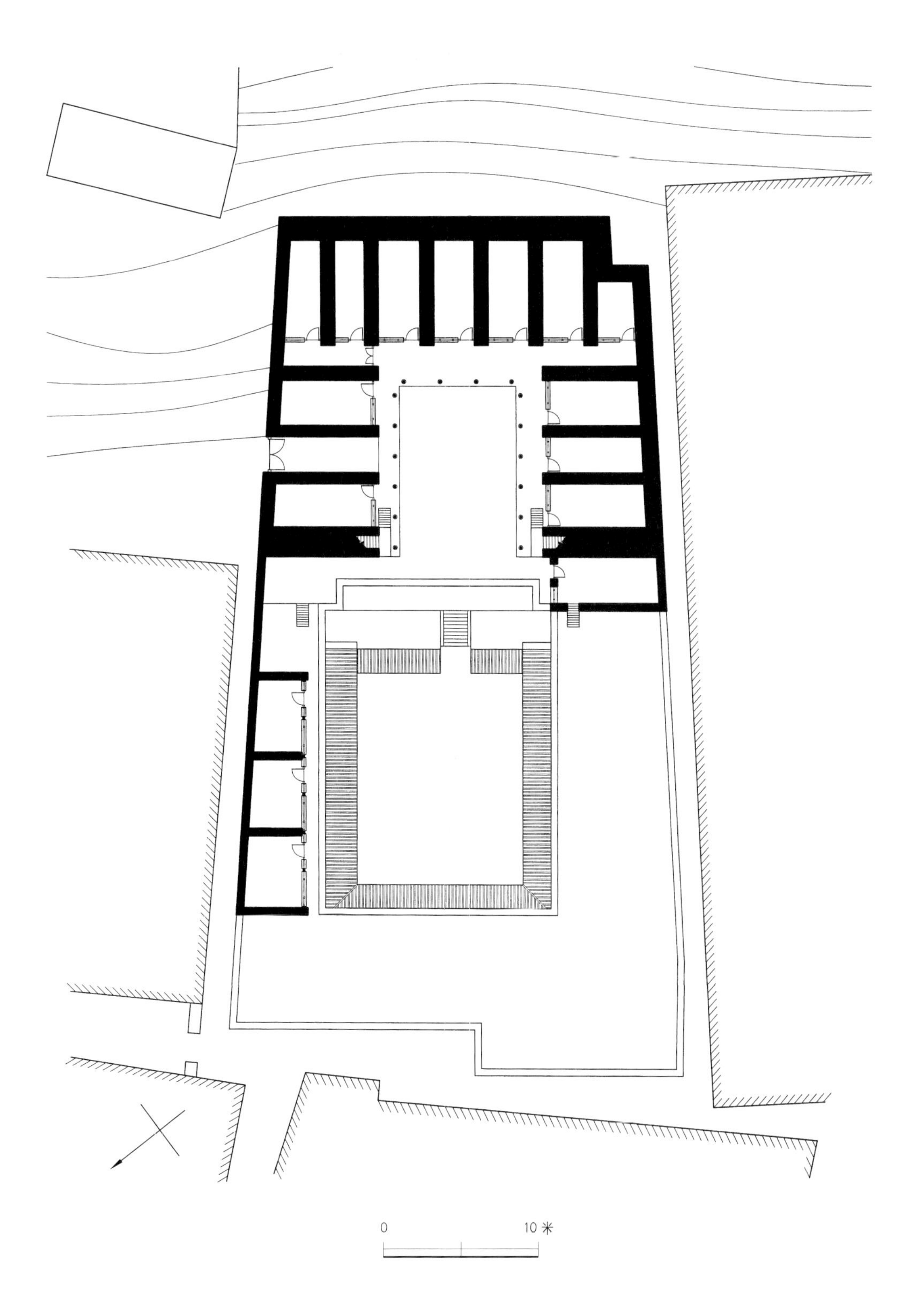

西市街天聚永二层平面

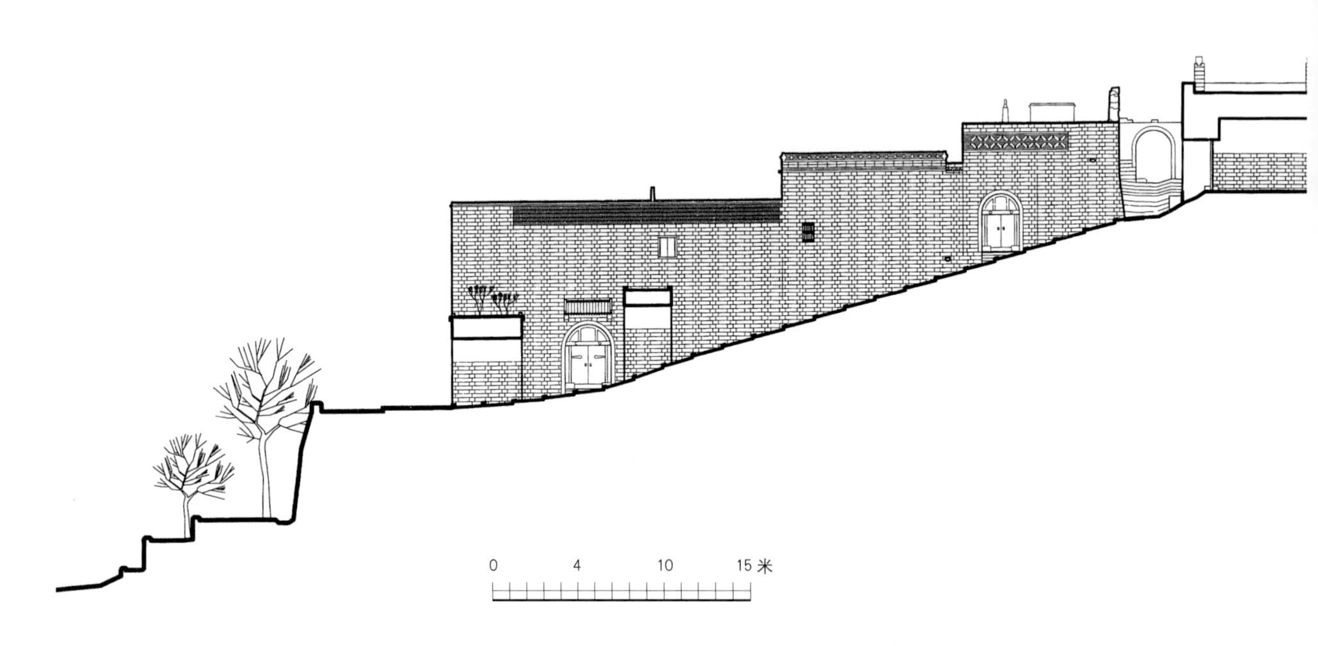

西市街小巷侧立面及天聚永纵剖面

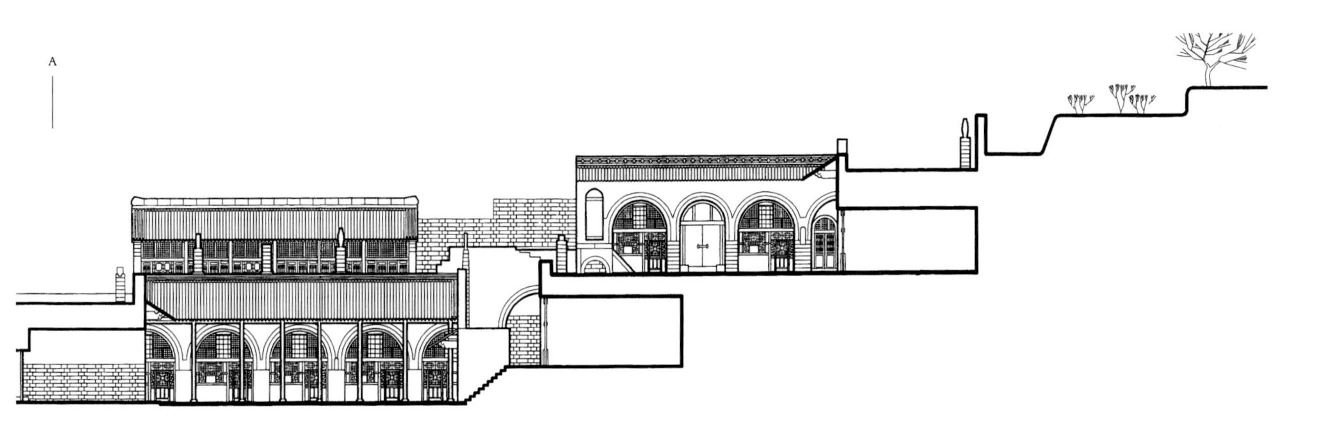

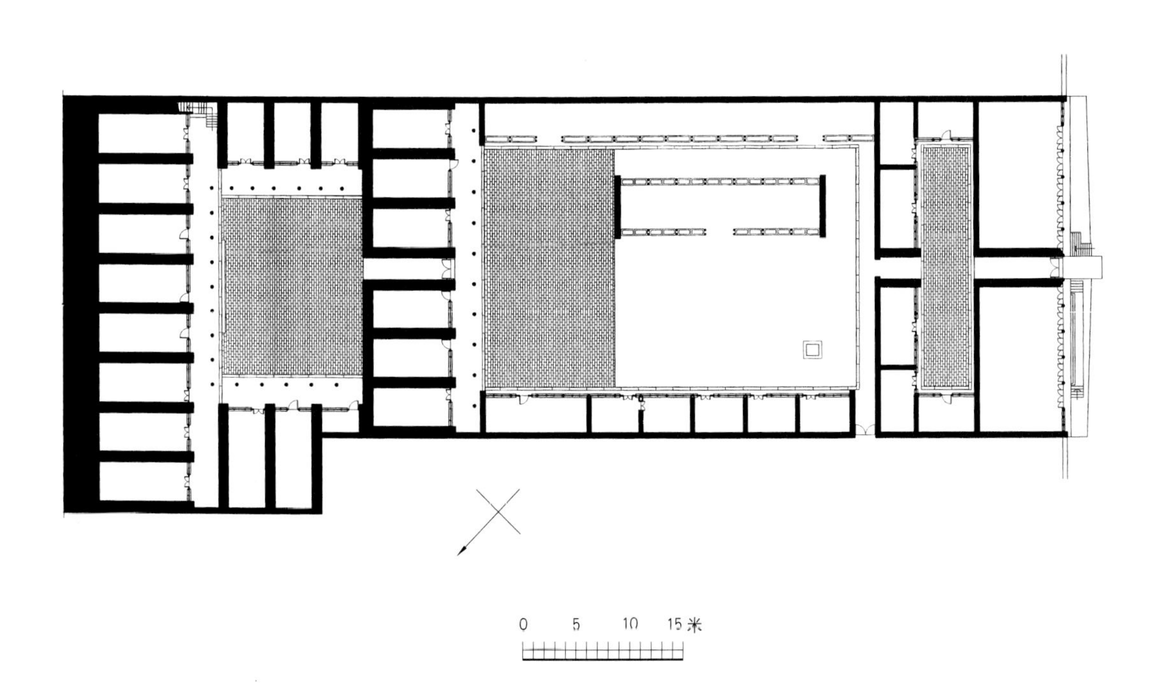

东市街骡马店平面

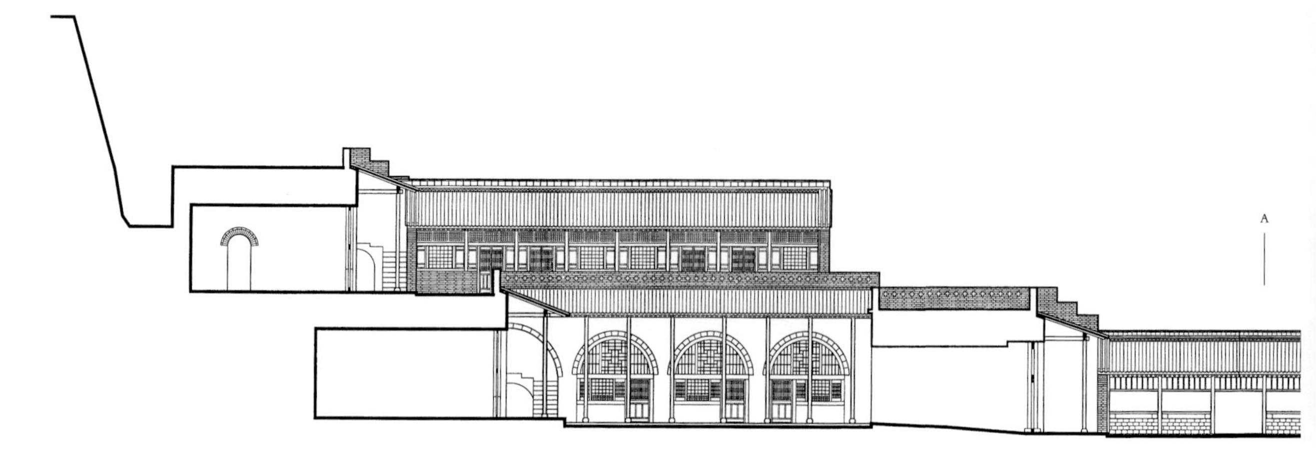

东市街骡马店纵剖面

中市街长星店立面

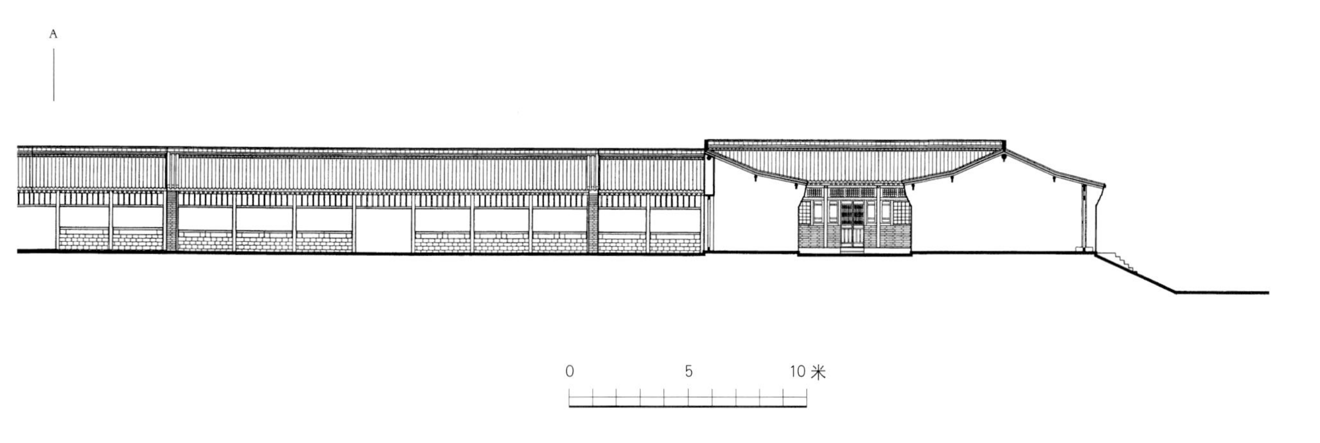
A
0
5
10 米

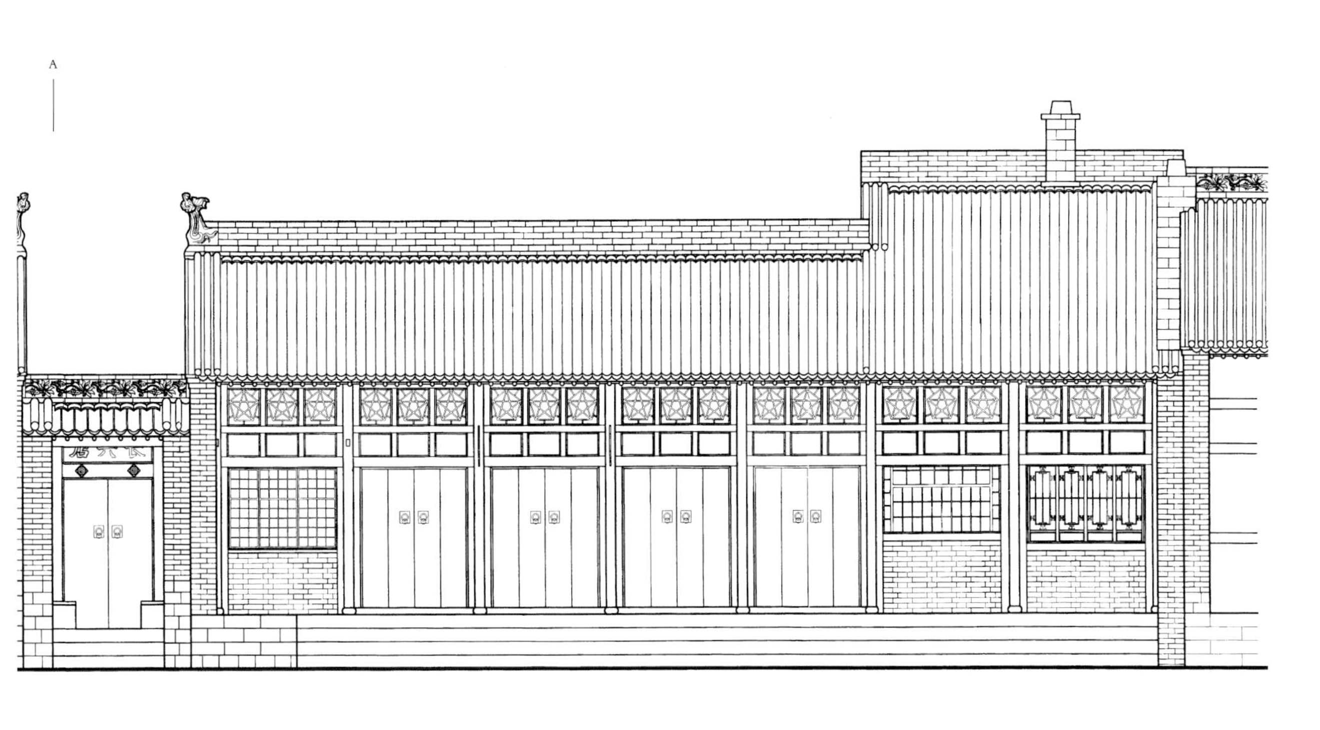
A
0
3
6 米

西市街区域平面

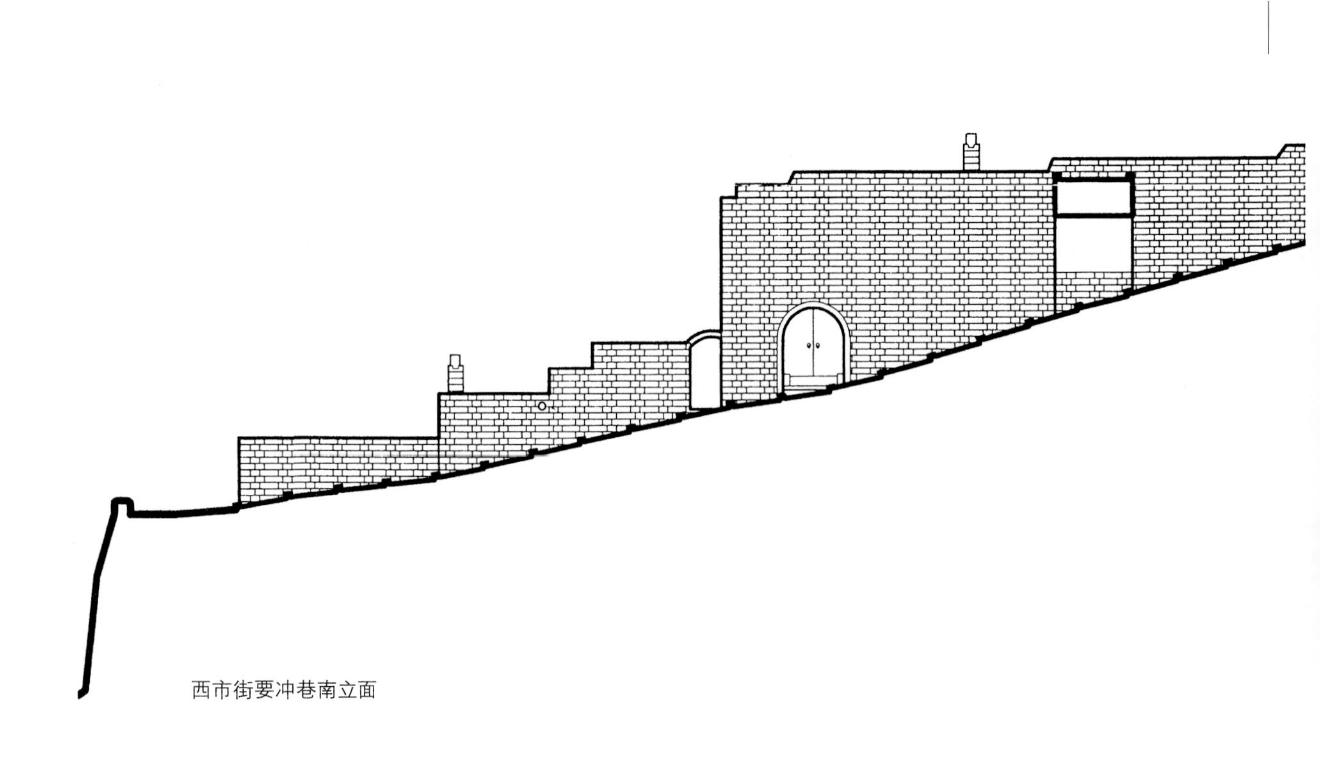

西市街要冲巷南立面

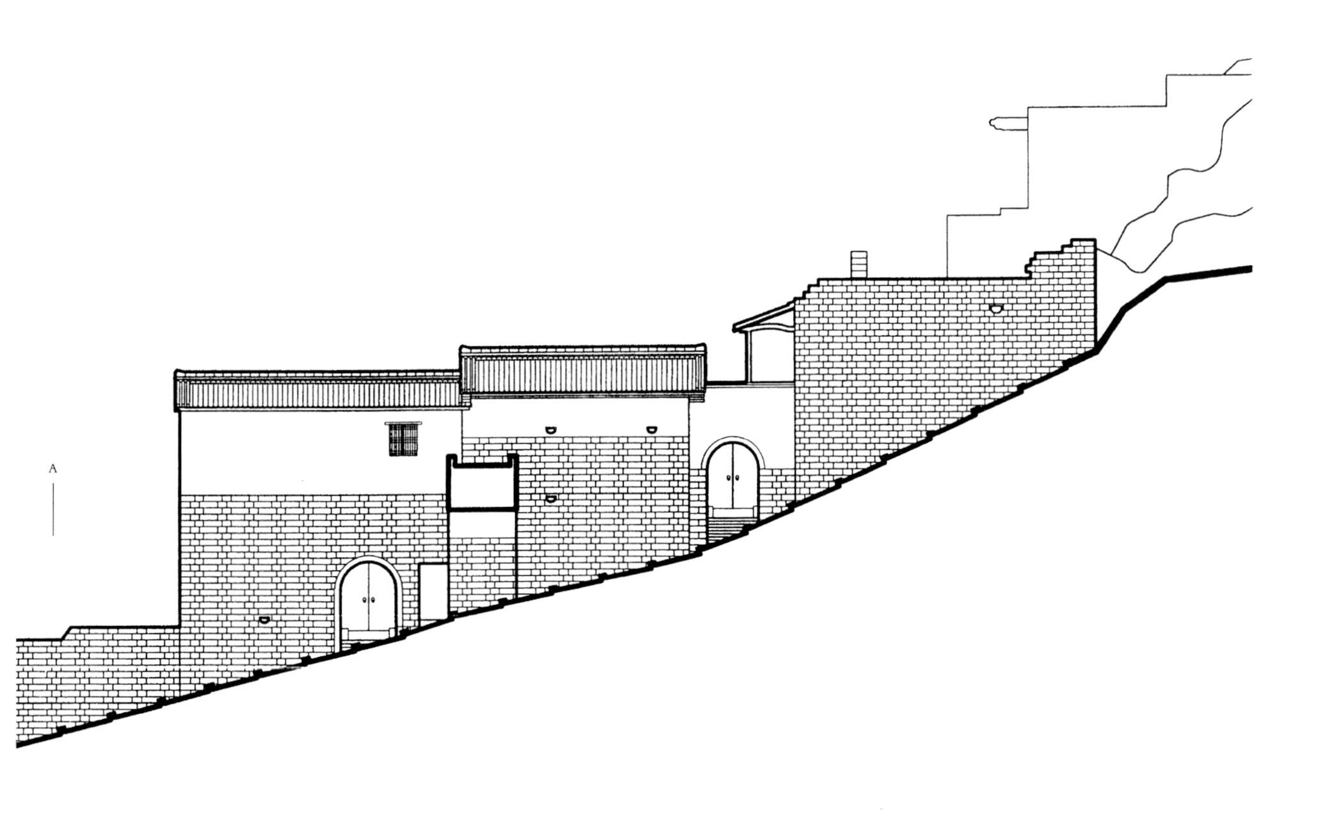
A

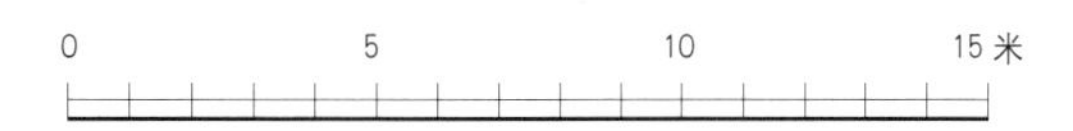
0
5
10
15 米

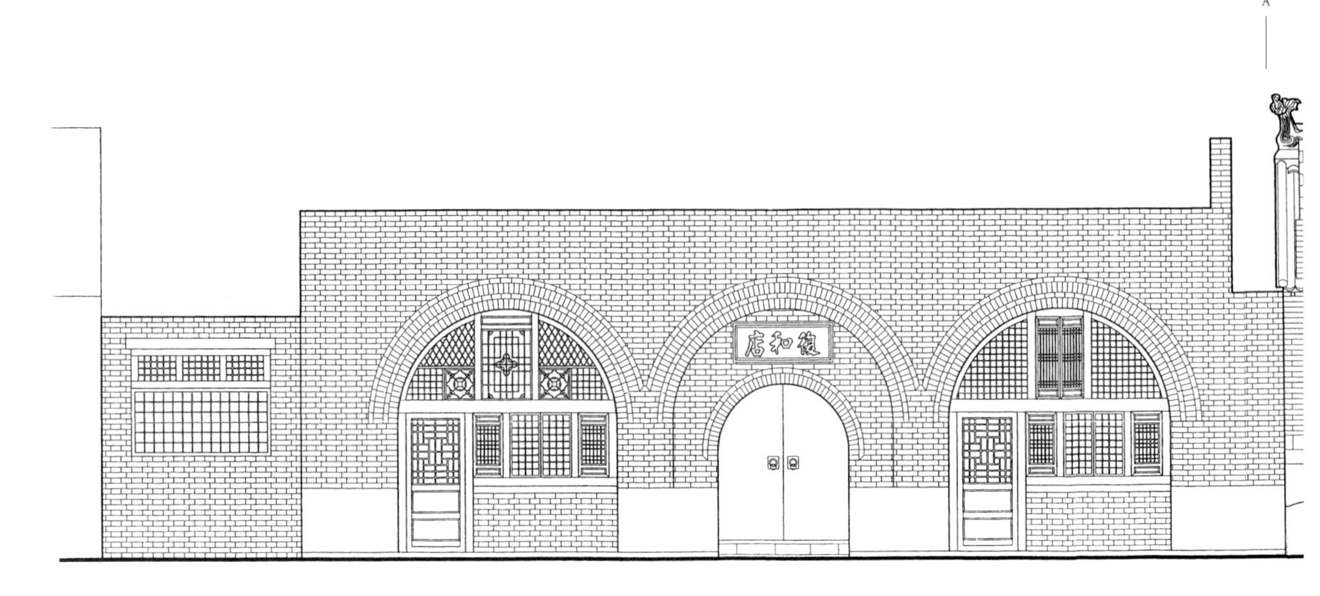

中市街店铺立面（永顺店、复和店）

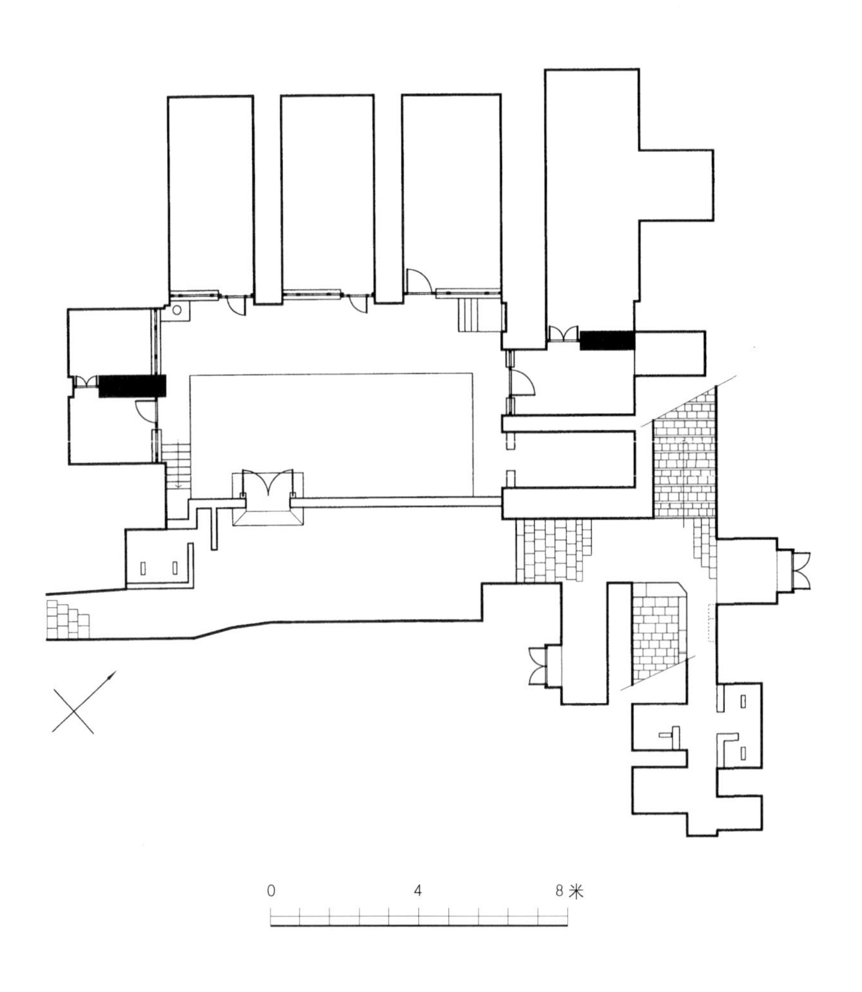

中市街万盛店（三合院）平面

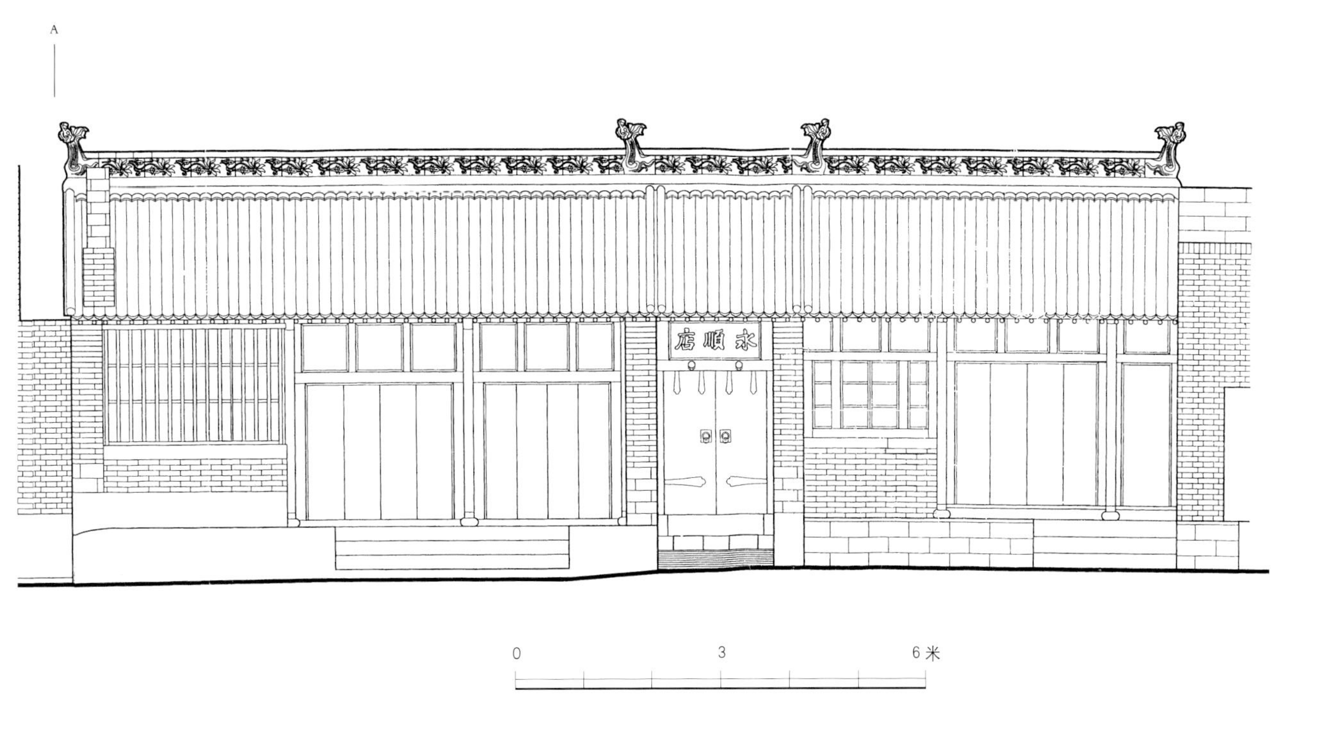

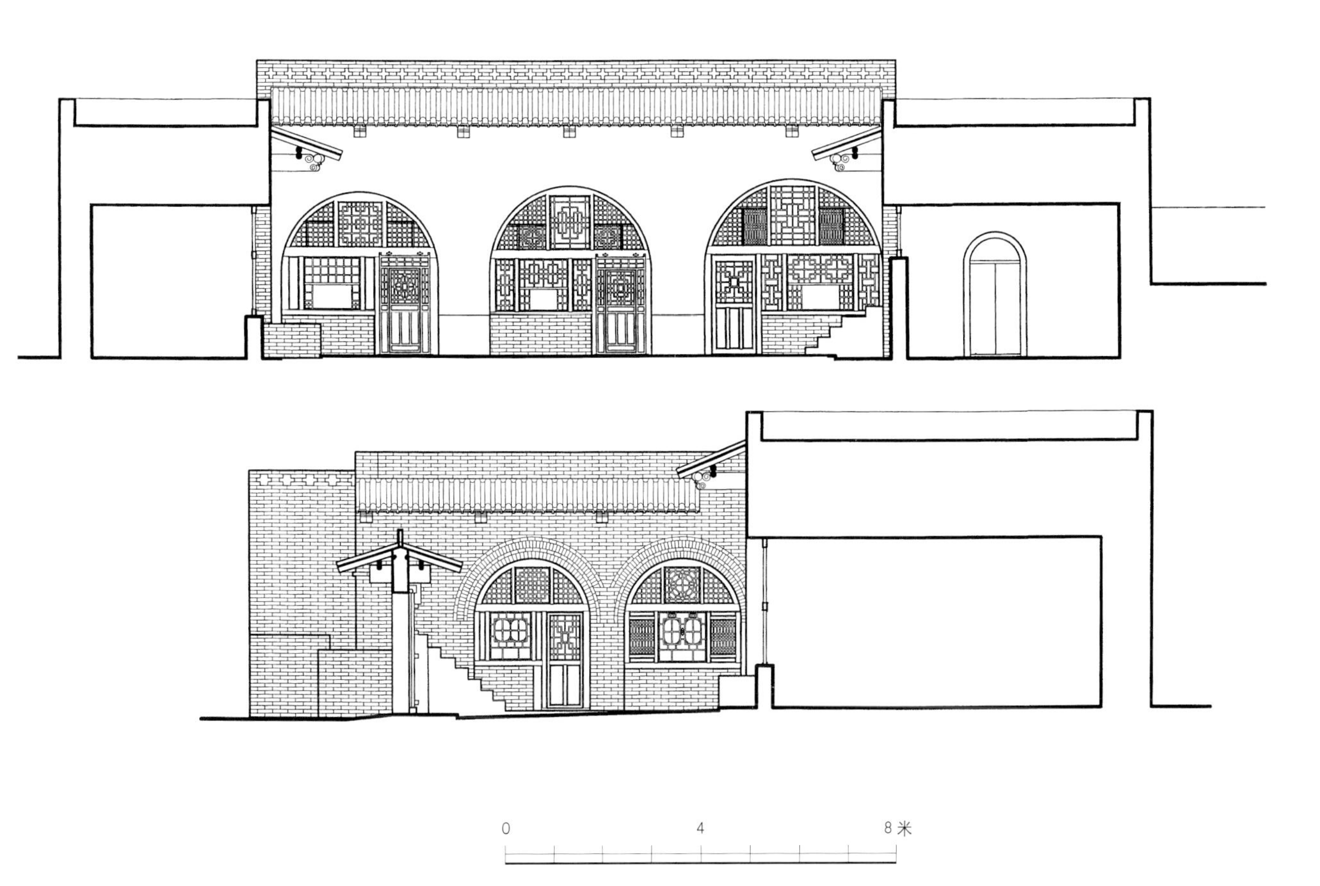

中市街万盛店（三合院）内立面及纵剖面

神龛大样

周边辐射村落

第一章　西湾村
小附：窑洞建筑的名称解释
第二章　高家坪村
第三章　李家山村
第四章　孙家沟村
第五章　招贤沟
第六章　彩家庄村
第七章　吴城镇老街概况

第一章　西湾村

距碛口水旱码头东北两公里，湫水河的西岸边有一个小村，它因处于侯台镇（侯台镇曾是临县县治所在地，周围村落常常以它为地标来起名）西侧的山湾里被称为“西湾村”。这个村落不大，但比起周边以土窑为主的村子，格局整齐，建筑精致，紧凑有序地与环境结合在一起。村子背靠着一座不太高的眼眼山，屋宇以青砖箍窑和砖木结构建筑的形式，沿山湾的坡坎错错落落地

西湾村沿河村口　李玉祥摄

西湾村落图

临县西湾村青砖窑房　李秋香摄

爬上了山腰，从河滩远望，窑院层叠，好不壮观。循巷而上，放眼俯瞰湫水河及大片河滩枣林，景观开阔舒展，正符合了“背山面水，明堂开阔”的好风水。

西湾虽是个小村，却与碛口镇密切相关。民间有两句广为流传的话：一句是“先有侯台镇，后有碛口镇”；再一句是“没得西湾陈三锡，就没之后碛口镇”。那么西湾村、侯台镇与碛口镇到底是什么关系，为什么村落规划得如此有序，建筑又如此整齐精致有品位呢？这还要从西湾的历史说起。

一、西湾村陈氏的来历

西湾村是个陈姓血缘村落。西湾《陈氏家谱》载，明代，先祖陈儒从方山县岱坡山迁至西湾村附近。当时侯台镇已是繁华的商贸集镇，从陕北运来过黄河到晋中，或从黄河上游运下来到晋中的货物都要经侯台镇转运，那时碛口还只是一个装卸货物的河滩。

儒公利用侯台镇的商贸条件，做起担工，经营起河滩棚铺小店，后来结识了一个宁武商人，俩人相处很好，便合伙做起了从黄河上游的甘肃、宁夏、内蒙古等地向下游贩运木材和粮食的买卖。几年下来，儒公赚了一大笔钱，当了财东，买下现碛口镇及河南坪一带的山地和湫水河边的水地。至清乾隆年间仅仅四五代的繁衍，陈家子孙已分布于寨子坪、霍家沟、圪垛村、西山上、西头村、王家山、岐河、西湾等八个村落。《陈氏家谱》又载："余一支则居西湾村……此谱者，惟余始祖（先谟公）一派耳。"[①]西湾村的始迁祖叫陈先谟，自明代末年定居迄今三百余年，已传十一代，现有八十多户，三百多口人。

先谟公分得祖产碛口卧虎山脚下的土地，是黄河岸边的一片乱石冈，根本无法耕种，常年闲置。清初时，黄河上游的来船增多，且开始大量运输粮食。因有大同碛之阻，船筏不能顺流而下，只能停于碛口岸边，把所载的货物靠人力扛运卸到河滩上，再通过牲畜驮运到侯台镇，或储存批发，或分装转运。从碛口黄河岸到侯台镇有两公里多，附近村民在河岸和路边搭了些临时棚铺子、小店子，备水和简单饭食，卖给搬运工和脚夫。陈先谟就在卧虎山下营造房舍，经营起生意。尽管这些房舍只是些简陋的窑房，但这一举措，却为后代子孙的商贸经营奠定了良好的基础。清咸丰八年（1858年）陈氏《思孝堂碑》载："先祖陈师范（按：即先谟）艰难创业，历代子孙经商有方，持家有道，家业经久不衰……"说的便是这段创业史。

① 清乾隆三十五年庚寅（1770年）编修。

二、陈三锡碛口创业

先谟公曾孙陈三锡生于清康熙二十四年（1685年）七月初三，卒于乾隆二十三年（1758年）四月十八。他从小读书，博闻强记，后因乡试不第，便与父兄一起，利用黄河水路交通，往来于包头至河南之间，进行通商贸易。康熙末年，碛口周边闹大灾荒，三锡公从包头买回大量莜麦、小米等粮食，在碛口薄利卖给穷苦老百姓。看到很多人无钱购粮，三锡公便从招贤买了两口大锅，在碛口河滩上设灶熬稀粥赈济民众。山西巡抚知道三锡公的事绩，奏请皇上钦赐三锡公为“汾州府候选通判”。

陈三锡看到了碛口巨大的商业潜力，便在先谟公小商铺的基础上“出已赀于碛口招商设肆，由是舟楫胥至，粮果云集，居民得就市。……至今碛口遂为巨镇，秦晋之要津焉”[1]。乾隆年间，湫水河涨水，冲毁了侯台镇，侯台商家纷纷迁至碛口，碛口有了相当的商业规模，便替代了侯台镇成为新的市场码头，很快兴盛起来，成为黄河中段重要的水旱码头，繁华的“小都会”，也使陈氏家族商贸的发展达到了最辉煌的阶段。

碛口镇商业初步形成规模后，水上航运常有不测，为求神保护商旅往来的安全，也为碛口镇商业未来的发展，清乾隆丙子年（1756年），陈三锡率子孙捐资重修了位于碛口镇黑龙峁上的黑龙庙。《重修黑龙庙碑记》上“功德主”一栏刻有：“永宁州候铨州判陈三锡，子秉温、秉恭、秉敬、秉谦，孙满瑜、满琰，施银壹佰两。”此时陈三锡年已七十一岁。清道光二十七年（1847年）再次修缮黑龙庙并立碑，此次的督工总领陈辉章，为陈三锡的曾孙。碑文中写道：“此庙创始于乾隆初陈三锡公。”

① 清道光七年《永宁州志》。

清乾隆年间，河南之饥，三锡公及山西商人运粮救助。由于部分商人押地售粮、加息赊账，河南农户便奏晋商重利盘剥，因此上谕将晋商驱逐出河南境，晋商大受赔累。三锡公尽管做了许多善事，也受牵连，返乡后愤而成疾，不久离开人世，时年七十三岁。以后其子陈秉谦（恩贡生）继承父业，与弟兄们继续在碛口大展宏图，开店铺多处，家业昌盛。传说那时碛口镇之窑房店铺产业，大半为西湾村陈姓所有。据村中老年人回忆，清末至民国初年，西湾陈姓虽已败落，但在碛口的房产还有六十多处。[①]

三、西湾陈氏家族的发展

始祖陈先谟首先在西湾建房定居，西湾村位于碛口与侯台镇之间。

先谟公生二子，长子元昌称为大门，次子元选称为二门。元昌生一子惟公，元选生一子惟宏，惟宏之三子即三锡。第四世“三”字辈时，随着碛口镇的繁荣昌盛，陈家已十分富足。大门长房在西湾村东部靠近湫水河岸不远的山坡，建起几座质量较高的窑院和青砖楼房，村人就称长房子孙为东财主。不久，二房在东财主住宅的西侧也建起大宅，就称为西财主。以后长房和二房的住宅虽插花建造，但东财主和西财主之分，已作为房派的划分被族人认同了。

“三”字辈时家族不过二十几口人，几座窑院也就满足了整个家族的需求。这些建筑十分讲究而且宏大，采用价格很贵的青砖做底层箍窑，窑顶上又建木结构的瓦房，一院又一院，一层又一层。从湫水河东往来的古道上看过去，建筑十分壮观，西湾陈家的名气也随之增大。于是当地有了“穷西头，富西湾，好女出在李家山”的谚语。

① 陈法增先生提供。陈法增，西湾人，1924年出生。

西湾村西财主院远望　李玉祥摄

西湾村西财主院景观　李玉祥摄

三锡公虽然经商富有了，但士农工商，商为四民之末，“万般皆下品，唯有读书高”的传统观念仍深深地影响着他，要光宗耀祖，就一定要子孙读书入仕才行。因此，三锡公十分重视本房派子弟的教育，很早就在家中办起私塾，聘请饱学之士任教，其中就有乾隆时临邑儒学增生白长源。白长源在《陈氏家谱·序》中写道：“余侨居西湾，叨以西席。陈氏佩珩与余交最深。”在三锡公的倡导和督促下，子孙几乎代代有人入庠，并出明经进士六名。

西湾村住宅院落大多十分开敞　李玉祥摄

在读书之外，为强身健体保卫乡里，西湾陈氏家族子弟还从小习练武功，出了不少有军功的人，最值得骄傲的是八世祖陈辉章。村人传说，同治年间宁夏回人造反入陕，碛口河防紧急，清廷派刘山到碛口办理军机要事，操练民团，当时军饷不足，陈辉章曾慷慨捐银。《陈氏家谱》载："（辉章）公与本邑总兵李能臣、临邑状元张从龙等共事守御，功劳卓著，钦加都司衔，蓝翎五品军功，敕授昭武大夫。"陈辉章按例领轿子一顶，灯笼一对，人们称陈辉章是"蓝翎老爷"。

为了"上以妥先人之灵，下以绵子孙之泽"，清乾隆二十五年（1760年）年初，陈三锡创修了西湾《陈氏家谱》，后由第五代陈满瑜在清乾隆三十五年（1770年）续修完善，保留至今。于是族人中传下了话："东财主有了钱吃喝玩乐全败光，西财主有了钱读书入仕修家谱。"

但东财主也有一位书呆子。据王洪廷《岳父笔下的碛口逸闻》[①]载，东财主七世有保元公，兄弟四人，三弟四弟早夭，保元公苦读诗书，一心仕途，碛口商号由二弟养元公经营，然保元公屡试不中，晚年游学北京，求师访友。乃弟养元公汇银二十两，嘱购珍奇古玩，以资家藏。然保元公京师归来，仅携古书数驮而已。保元公于长子婚后，离开老宅，上山至石板沟村邻佃户而居。乃弟大兴土木，为保元公在山上修建了一座很讲究的窑院，有角楼、书斋、客舍。后来保元翁于咸丰丙辰（1856年）中了明经进士，授汉口巡检。当时他已六旬，年老体弱，尚未到任就弃世了。

今西湾村西山之巅，距村三公里，就是石板沟小村。村里的建筑多为最简陋的"一炷香"式的土窑洞[②]，唯有一座青砖灰瓦的大宅，由两个一模一样的院子

① 见2002年《古镇碛口》

② "一炷香"，即窑"垌"仅一门一窗，窗在门顶之上。

并列建成。住宅底层都是砖石箍窑，上层是木结构的青砖楼房，梁架整齐，用料讲究，精雕细刻，这就是保元公的二弟为他建造的那栋大宅。

至民国年间，西湾陈氏已分支众多，仅碛口附近就有西头、西山上、寨子坪、寨子山、石板沟、圪凹、木瓜墕、陈家垣、霍家沟、圪垛、王家山、岐河等村。

四、西湾村的传说与建设

西湾村因地形得名，而这“湾”是一处风水宝地。传说明代时，湫水河绕一个弯，从西湾村东南约两公里处，沿寨子坪村的娘娘庙小山包东侧流淌，然后向北在碛口汇入黄河。小山包与西湾的卧龙冈连为一体，犹如龙头。卧龙冈之下有个深潭，潭里住着一条黑龙，年久成精，常常兴风作浪，危害乡里，每年都有人溺水身亡，西湾村里人十分害怕，不敢让孩子们到那里去玩。有一个叫“猴猴”的小伙儿，从小父母双亡，只靠砍柴过日子，一次他路过深潭，见一只遍体鳞伤的青蛙蹲在潭边一动不动，眼睛忽闪忽闪的，好像在与他打招呼。猴猴顿时起了恻隐之心，将青蛙带回家中，精心呵护。不几日，青蛙便能欢蹦乱跳，时时跟着猴猴转，猴猴更加喜欢。

一天晚上，青蛙突然变成了少女，身材苗条，面如桃花，原来姑娘叫侯花，本是农家女子，某日路过深潭，突然黑龙的儿子从潭中飞出，把她扯进潭中，逼她成亲。姑娘死不应允，急难中一位白胡子老人忽然出现，给姑娘身上披了一件蛙皮，姑娘立即变成了一只青蛙，黑龙的儿子只好放了青蛙。青蛙被猴猴哥搭救，日久变回人身，后来与猴猴结为百年之好，生活十分幸福。

有一天突然狂风大作，黑云滚滚，空中霹雳阵阵，倾盆大雨久下不停，湫水河暴涨，将卧龙冈拦腰冲断，截弯取直，改道从西湾村东侧近处流过。娘娘庙小山包遂成孤山一座，原有的深潭被淤平，从此再也没有怪物了。老百姓相信一定是天神为惩治黑龙和龙子发起的洪水。[1]孤山东边湫水河旧河道淤积成数百亩平展的农地，叫作“后湾”，现在是一片繁茂的枣林。

山洪过后，西湾村后山顶上出现了两个大岩柱，岩柱上各有一个圆圆的深窝，犹如两只猴眼圆睁，这座山就被人们称为“眼眼山”。也有人说是猴猴和侯花的化身，他们在守卫着西湾村。“风吹双猴子，水打卧龙冈”的故事就一直流传下来。

西湾村就建在眼眼山下，坐北朝南，远处十几里外的南山是朝山。左侧是湫水河，右侧是卧虎山（黑龙峁），河与山都直奔碛口而去。碛口和河南坪夹峙着湫水河口，那里是西湾村的水口，河南坪的财神庙是西湾村的水口庙。为了纪念陈氏远祖从洪洞县大槐树下迁来，就在靠近村子东南角的村口、湫水岸边种下一棵槐树，入村的这条街就称“槐树街”。不知什么时候，在大槐树北侧又建起一座方形四面窑券的钟楼，大铜钟就挂在里面。楼与大槐树一起成为西湾村入口的标志。槐树街是西湾村重要的公共活动场所，面积约有一百来平方米。每逢年节，人们在这里耍龙灯、闹社火、踩高跷，还在这里搭台演戏。

阴阳家说：“山主人丁水主财。”西湾村人在被湫水河冲开的卧龙冈原龙头处的小山包上，建起一座送子娘娘庙，每年三月十八，西湾全村都去祭祀；还在山下建一座魁星楼，祈望子孙文运昌通。

村落外围环境建设不断完善。为确保全村人的安全，村民在村落外围修起高大的堡墙。

五、西湾村落格局与建筑

西湾一带山多地少，而且

① 《古镇碛口》，王洪廷主编，2002年。

土地贫瘠，粮食产量很低，民国六年《临县志》载：“江南四十步为亩，山西千步为亩，而田之岁入不及江南什一。……岁丰，亩不满斗。”要保护有限的可耕地，惜土如金，村落的窑洞房舍只能建在石山的斜坡上，有三十几座宅院。为顺应周围的地势，整个村落有五条南北方向的竖巷，北高南低，坡度很陡。这样的格局具有很大的优点。其一，节省有限的田地。其二，石山建房基础牢固。其三，避免雨季湫水泛滥冲毁房屋。其四，五条巷子可以迅速排出山坡下来的地表水。村人说，每年夏季有暴雨时，屋面水流到院子，院子水又都流到小巷，小巷顿时汇成一条河。村人在堡墙南侧用石块砌了一条两米多宽的排洪沟，接纳从五条竖巷中泻下的洪水，再将水一直排进湫水河。其五，靠山建村还有利于防御。五条巷子，有人说代表金、木、水、火、土五行，村子“五行俱全”，大吉，也有人说曾是五个小房派区域的

西湾村街巷　李玉祥摄

划分；由于没有任何文字记载，现在的村民已没人能说清楚了。

巷子的地面用石块铺砌，结实耐用。两侧是住宅的石砌墙基。每条竖巷内都有一二个券洞，横跨巷子，上面可以走人，连接巷子两侧的住宅。每一座院落既可以向上向下通入前后相邻院落，也可以通过小巷上部的通道向左向右串遍全村，在有突发事件时便于藏匿躲避。院落间虽可穿行，但每座宅院都是独立的单元，周围用高墙围护，有的还在高墙之上建有雉堞和供巡视的走道。走在石头的街巷里，忽而弯转曲折，忽而陡峭而上，忽

西湾村有五条主要的巷子，可从山下到山上，五条巷子间横向又有小巷，将整个村落交织成网，交通十分便利　李秋香摄

西湾村基本上都是青砖箍窑及瓦房，建筑质量很好，雕饰很多。这是住宅大门，庄重且雕饰华丽　李秋香摄

而又穿街过洞。抬眼一望，则可看到高耸的门楼上“耕读传家”“明经第”“恩进士”“岁进士”等具有浓郁文化气息的门额，也可看到“居仁由义”“福履长新”“竹苞松茂”“福修三多”等反映美好和睦愿望的门额，还有作为座右铭的“忠信笃敬”的门额。

在整个村落的最外围有一圈堡墙，村南有三座拱形堡门：东边一座正对着东财主院；当中一座紧靠陈氏宗祠的右侧，对着村落正中一条巷子；在中间堡门的西侧约三米左右，又是一座堡门，它为青砖牌坊式，正中的石门额上镌有“欲绍先谟”四个大字，落款为“咸丰辛亥”，门额两侧有砖花窗，十分精致，门内侧做一开间单坡厦子。也有人说，这最西侧的不是堡门，是六世祖陈满槐在获得“岁进士”后建造的牌楼，表示将始祖先谟的家业继承下去。牌楼现已部分塌毁。村落的东侧和北侧还各有一小堡门，均为券洞式，上圆下方。

村内街巷空间十分丰富　李秋香摄

西湾住宅类型有三合院、四合院，三合院最多。大型住宅为并列建造的两个前后两进院，特大的为并列的四进院落。院落靠山而建，前低后高，背实面虚。

四合院大多建造年代较晚，村落发展最盛期曾有十几座四合院。正房为两层，下层为砖石箍窑，上层均为纯木构架，风格轻巧，雕梁画栋，格外秀美。可恨1938年日寇侵占了离石后，对碛口及附近村落进行了八次“扫荡”和轰炸，西湾村多处建筑在战火中焚毁，以后无力修复，现完整院落只剩下九座。

三合院通常较为宽敞，正房常建成五间、七间，少数为三间，多为两层，底层为箍窑，楼上为木结构瓦房。正房为单层时，窑顶则为平台，可晾晒谷物。如果是上下两层，一层顶上即是二层的前庭，当地称“垴畔”。“垴畔”前沿砌有高一米上下的护墙，有实墙，也有镂空的花砖墙。年代较早的箍窑，多采用石块建造，窑脸前常做一个披檐，前面有木柱支撑的，称为“明柱厦檐”，或用石条做出悬挑构件来承接檐子，没有柱子的，叫作“没根厦檐”。出挑的石条头上刻出曲线和花纹，做耍头形。厢房通常为单层木结构砖瓦房，有两间也有三间，比正房进深略小，采用前后两坡或单坡顶。也有上下两层的，也是底层为箍窑，上层是木结构砖房。底层多居住着晚辈，上层用来储藏。厢房遮住正房的左、右次间，因此正房三间时有做成一明两暗的形式，明间开门；如果是五间或七间，当中三间均为明间，两侧各做成一明一暗。明间称“堂窑”或“堂屋”，左右是灶台，靠后墙置条案，供祖先的牌位。进入里间，顺窗是一条通炕，光线充足，可在炕上做针线、哄孩子及招待来家的客人。

正房楼上的木结构砖瓦房，与下层的开间对应五间或七间，多为两坡顶硬山，正脊两端有高翘的龙头脊饰，屋面铺板瓦。楼梯位置通常设在底层的梢间外侧，各做一个小窑券，从楼梯可上到二层；也有少数将楼梯设在厢房的山墙位置，先从厢房底层外侧上到厢房二层，再从厢房二层上到正房的二层。

楼上的房子多作为“厅”使用，如家中操办红白喜事，平日招待客人都在楼上大厅里。厅房通常三间通敞，有的在两次间内搭有小炕，有的只放些木器家具。夏天为了凉爽，或家中临时来客人，也可住到楼上。厢房大多单层，少数有二层，楼上主要做储藏用，那时存粮食、腌菜都放在大瓮中，再将大瓮一个挨一

窑洞室内　李玉祥摄

个放满一屋。村人说过去有提亲的都要先来家里看，就是看家里的粮食瓮有多少，看瓮里是不是满的。

西湾的住宅很重视风水方位，为寻个吉向，宅门常与院落错成一定的角度。有的还设两道门，门前再建影壁，在街巷内不能直接窥视到院子里。住宅院落为干净和有利排水都用青砖铺地，做出泛水，在宅子的西南角上有通向小巷的排水口。

西湾村窑洞宽大　李秋香摄

秋天晾晒大枣，满院子一片灿烂　李玉祥摄

六、东财主院

西湾村现存最完好的一片窑院为东财主院。它位于村东部，坐北朝南，由东西两组并列的建筑群组成，东西总宽约三十余米，南北总长约六十余米，每组都有四进院落，每进随山势升高一层，院内有楼梯上下。在两组建筑群的东侧和西侧还各有一条很陡的巷子，上下各层院落可直接自巷子出入，每层窑院可以相对独立。东西两院的同一地平位置的窑院之间有小腰门相互连通。这组建筑群面积大，保存完好，形成西湾村落重要景观。

东财主院早期为三四代人共同居住，除了供居住的院落外，还有厅房（也称花厅）、练武厅、碾房院和客房院等。

东侧建筑群最下一层为四合院，正房为三眼砖箍窑，中间堂窑，左右供居住。在东次间窑侧有一楼梯道通向二层的院落。倒座为三间木构砖瓦房，单层，采用单坡顶，作储藏和厨房之用。东厢房是木构砖瓦房一间。西侧没有厢房，只建一道矮墙，有腰门通向西侧一组建筑群的一层窑院。院落进出是木结构的门楼，为取风水吉向，建在宅院的东南角朝东开。门额外侧有“福履长新”四个大字，门额内侧题“忠信笃敬”。有石门枕，门柱上做雀替，上有门簪，花卉雕刻均饰以彩绘。为结实美观，木制门扇还镶有门钉五层，上下包云头铁皮。大门两侧青砖墙的墀头上还有华丽而细致的砖雕。

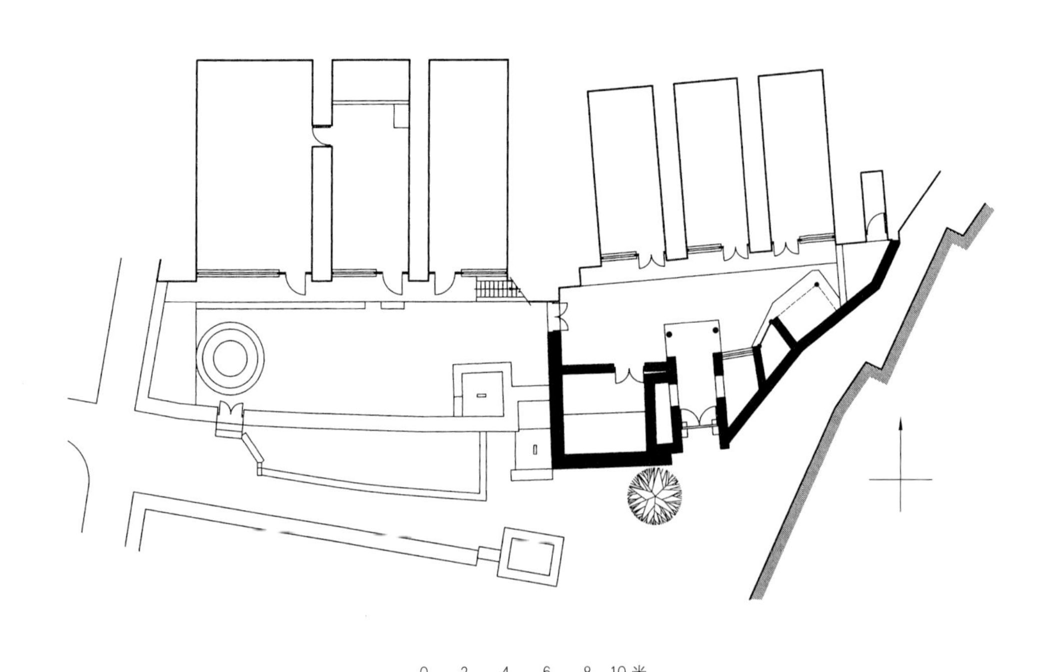

西湾村东财主院一层平面

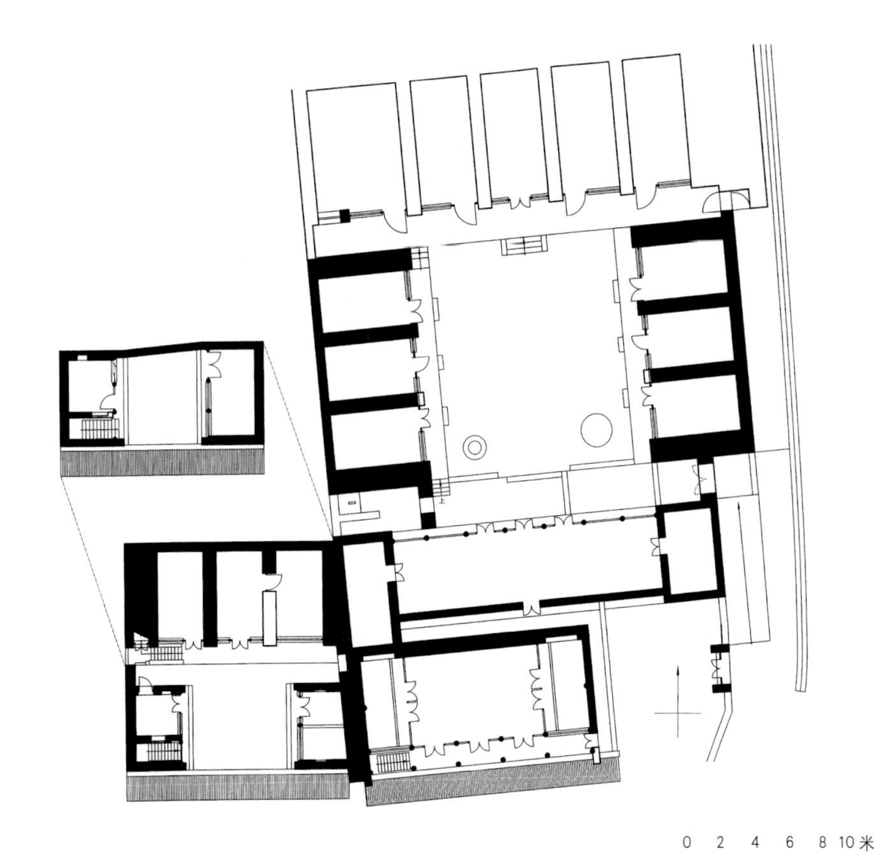

西湾村东财主院三层平面

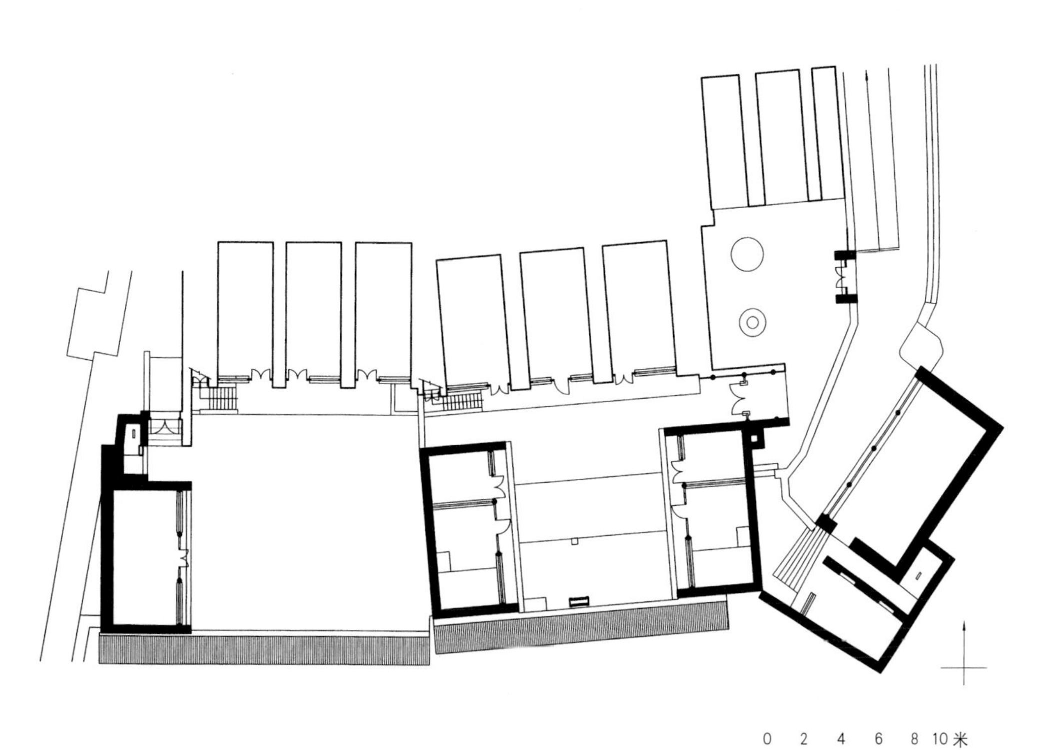

西湾村东财主院二层平面

西湾村东财主院总立面

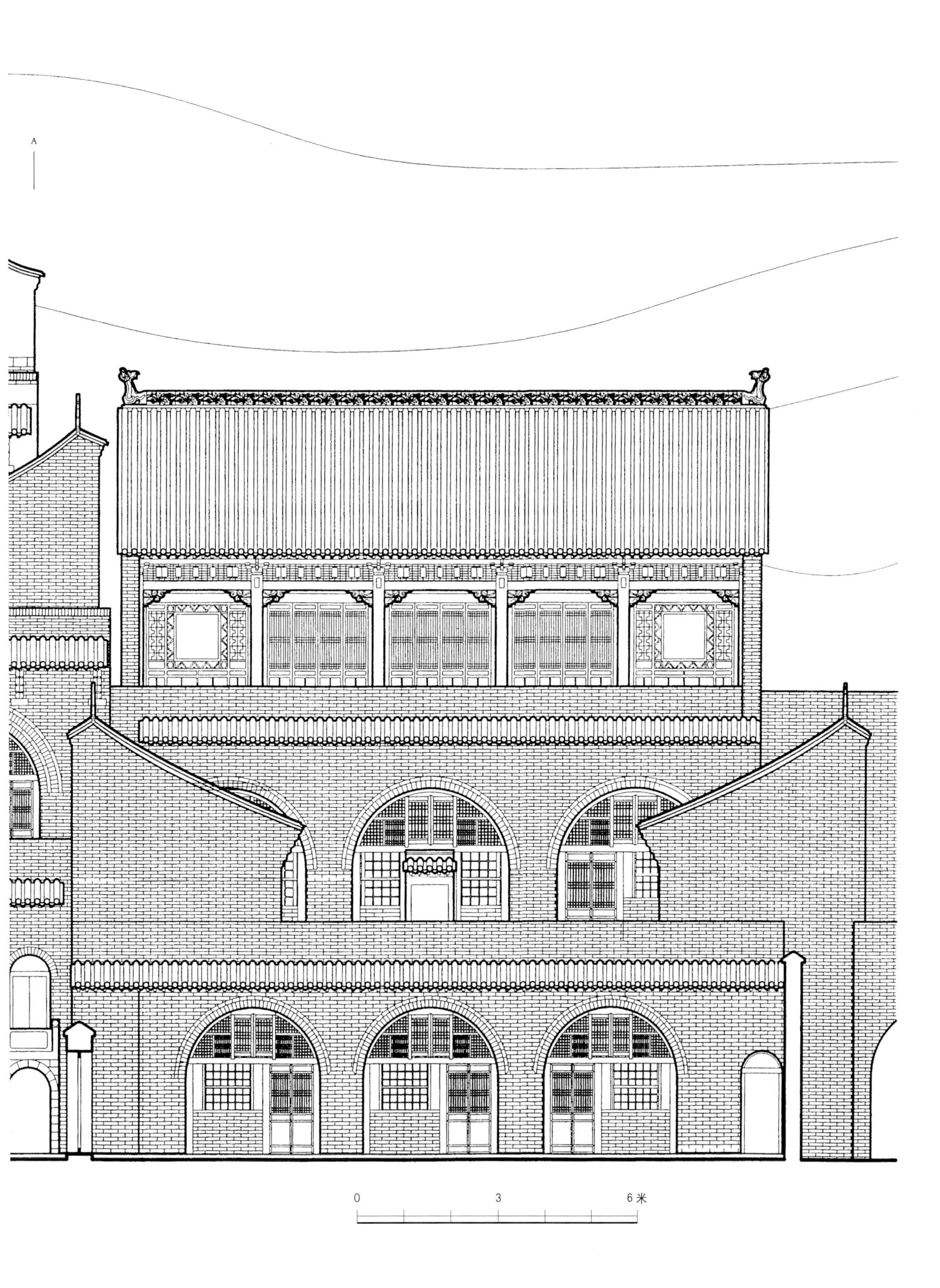
A
0
3
6米

西湾村西财主院三进院，顺山势而建，十分壮观　李玉祥摄

从第一层窑院出来，沿小巷向上进入第二层院落。它分为内、外两院。外院既是宅子的大门入口，又是宅子兼日常生产生活院的杂物院。外院内原有一碾、一磨。人在这里碾米、磨面，所用的筐、篮、笸箩、扫帚等就存放在院门右侧的两孔小窑里。小窑的左侧有一个楼梯道，可以上到第三层院。外院向西即进入二层院的二道门，二道门建造得十分讲究。门楼为木结构两坡顶，门枕石上做一对憨态可掬的小石狮子，木门之上有雕花门簪，门额之上还有彩绘。尤其是雕饰精致的墀头，在层层线脚花饰中间是一块手拿笏板的文官砖雕。

二层内院正房为箍窑三眼，做没根厦檐，是东财主长辈居住的窑，也是建筑群中地段最好的地方。为家族管理的便利，东财主在正房三孔窑之上建起一座木结构的砖瓦房作厅房，有人说是当年东财主为祝寿而建的厅堂，以后凡家族重大事情都聚在此厅商议讨论。也有人说是花厅，专门接待客人的。正房次间侧有通向厅房的楼梯。

二层内院左、右厢房各两间，为木构瓦房，没有倒座房。二层窑院的院落即为一层箍窑的顶上，当地人称“垴畔”，垴畔前沿砌有约一米高的矮墙，在墙的中间与堂窑相对的位置，矮墙加高，形成一座影壁墙。正房与厢房之间有与西侧建筑群相通的腰门。二层院十分宽大，又位于高处，居住舒适。

在二层院的二道门处还有一个巷道，它通过横跨巷子上空的拱券过道，可到院落东侧的一个两开间木结构的厅堂。当年，这里是专门为孩子们强身健体而建的练武厅，西湾村历史上曾出了不少获军功的人，如陈中槐——“岁进士，诰封昭武都尉”，陈中根——“军功蓝翎五品太学生”，陈学海——“军功六品”，陈辉章——“军功五品”，也许都与这座练武厅有直接的关系。

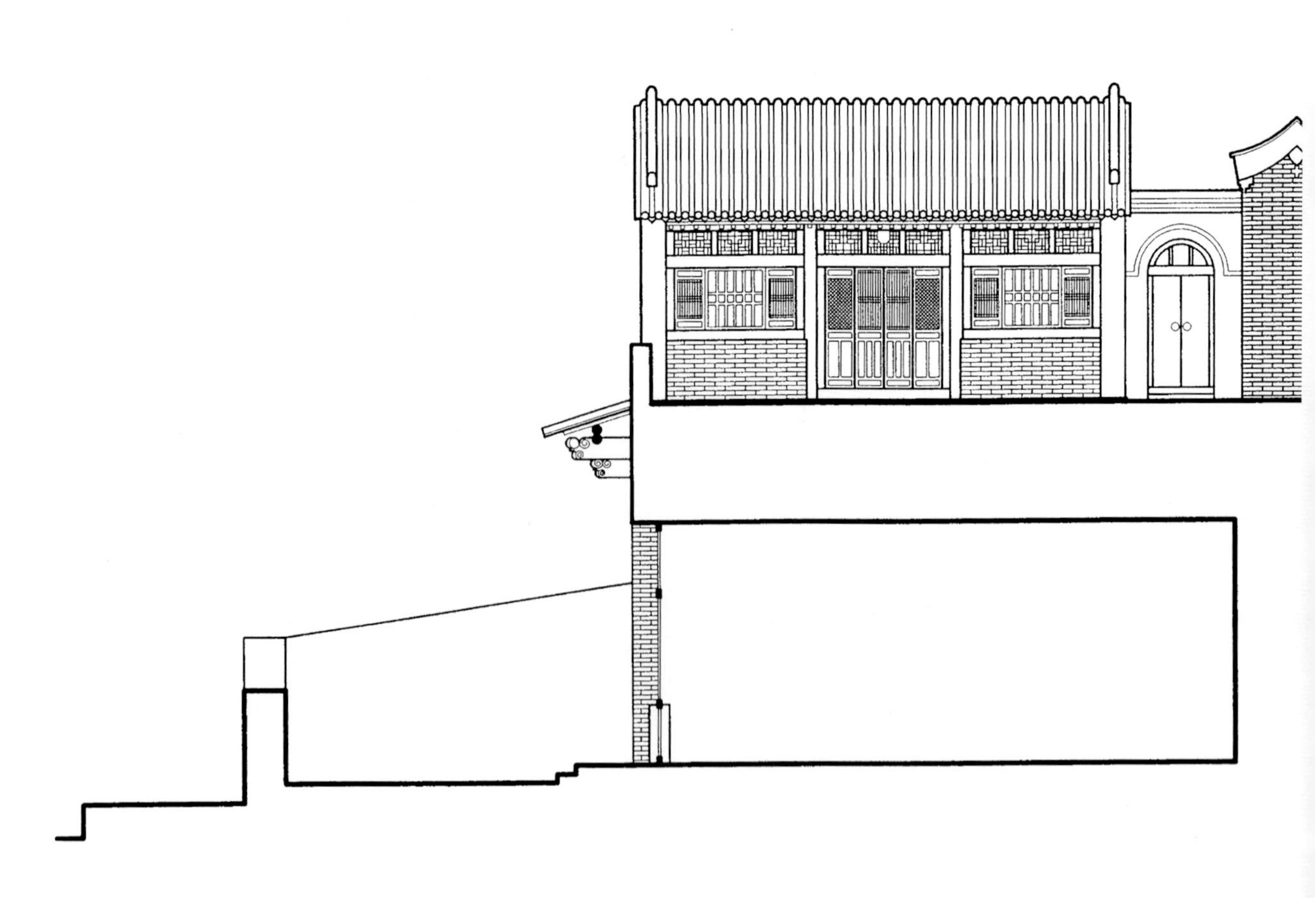

西湾村东财主院纵剖面

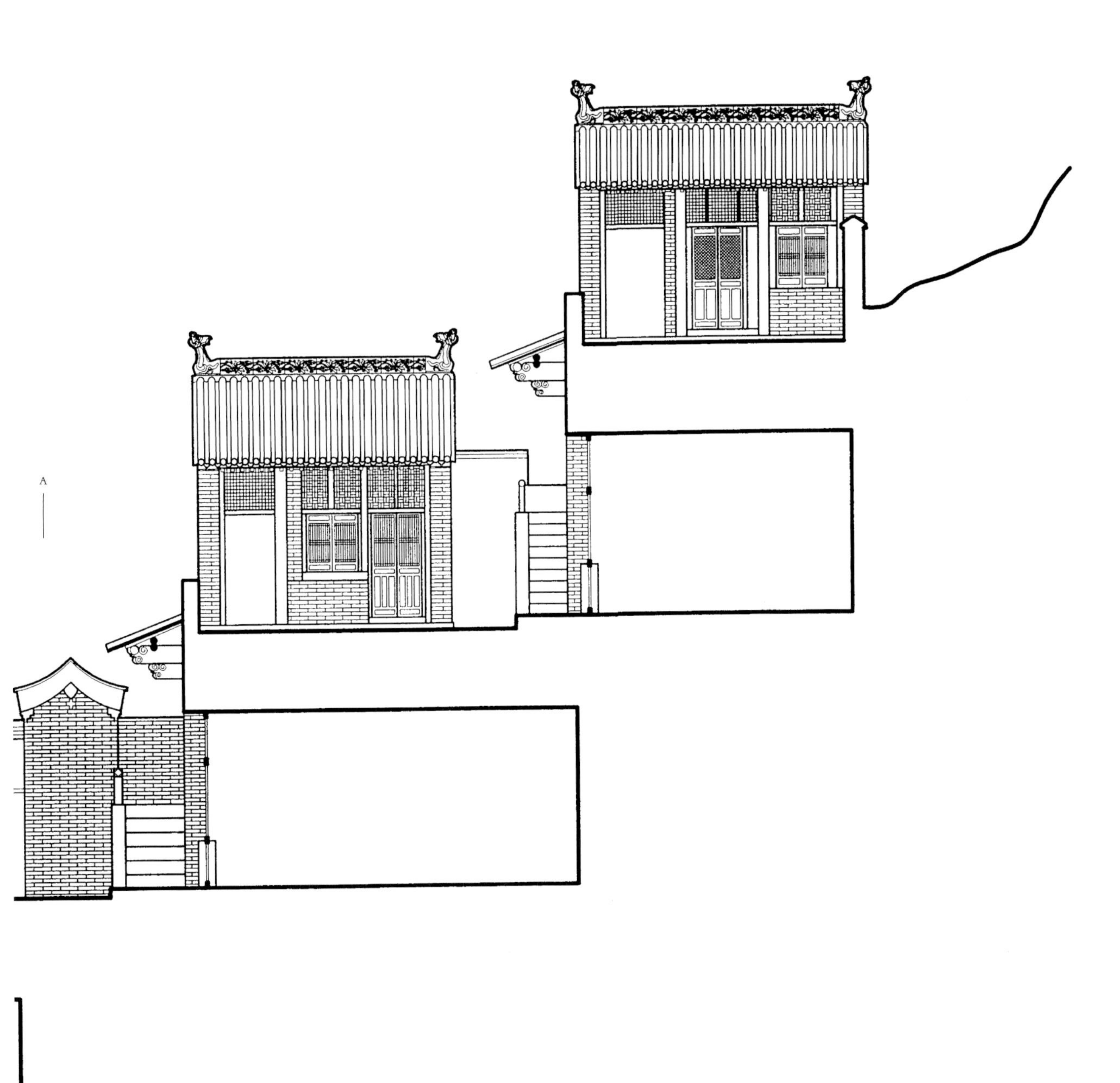
A

0
3
6米

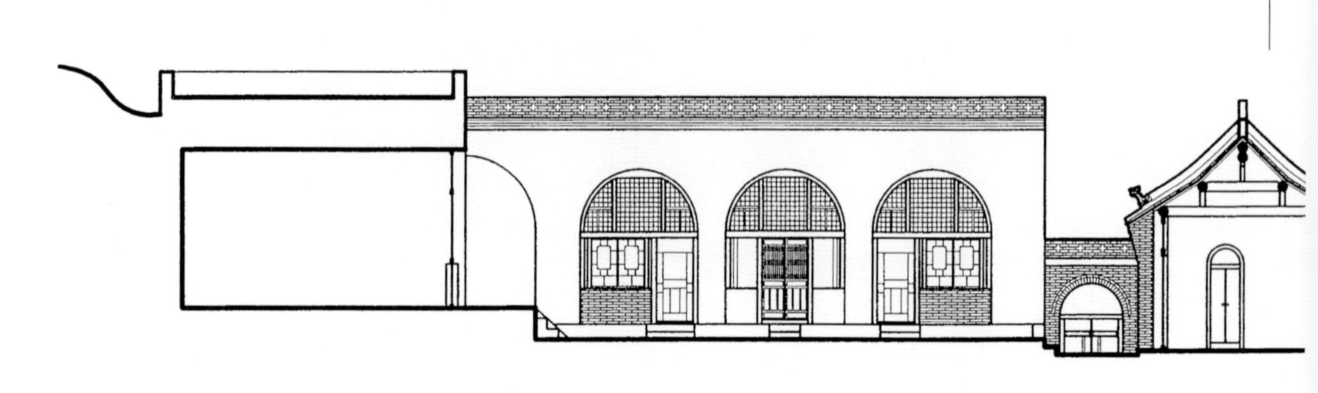

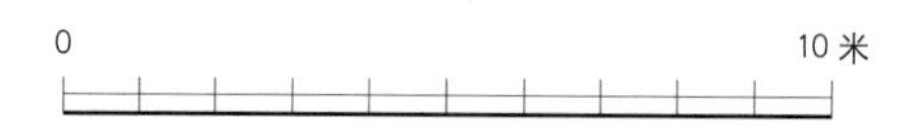

西湾村东财主院东院纵部面

上下两层的住宅，上层是花厅　李秋香摄

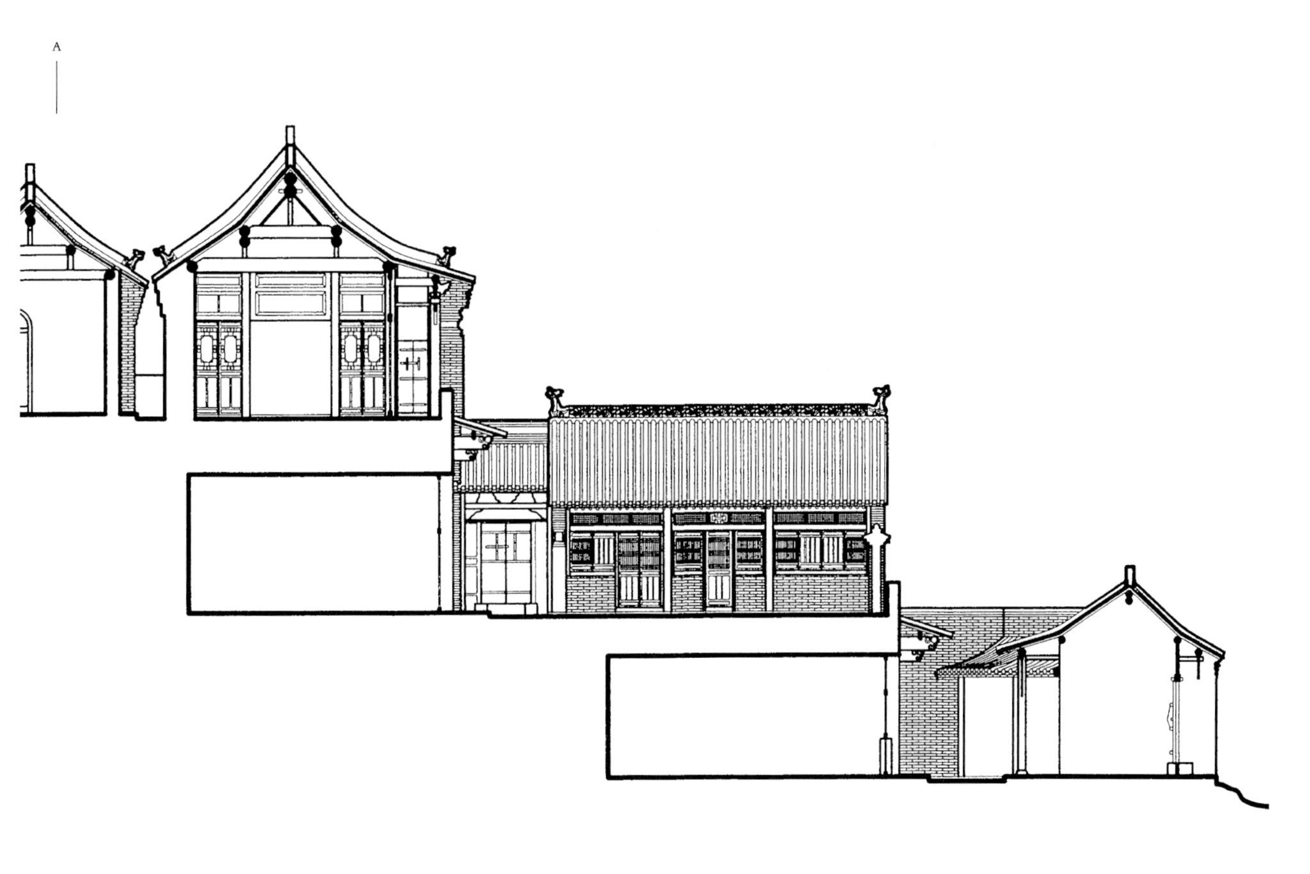

多进的院落之间有互通的边门和小门　李秋香摄

厅房在第三层院落，有自己独立的大门，也可以从二层院的楼梯上下。厅房为三开间带前廊，前檐柱前是砖砌的矮墙，前金柱位置做门窗装修。明间为槅扇门，两次间在砖墙上做六角形花格窗。厅房内，明间与两个次间之间安有挂落，次间沿进深方向做通长火炕。每逢家族议事，人们便坐在两边的炕上，冬天暖和，夏天凉爽。如有婚庆、寿诞等大事，客人多，每个炕上还可以容十个人睡卧。挂落以花格子为主，饰有简单的木雕花卉，正中上方还镶一块匾额，东面的书“福如东海”，西面的为“寿比南山”。厅堂内，正面原有一个长条案，上有桃枝梅花等雕饰，还有八仙桌等，墙上还挂中堂、条幅。坐在厅堂上放眼望去，可一直看到寨子山、寨子坪及陈家的老坟地，视野十分开阔。厅堂前檐的雀替、花楣子、花芽子的雕饰十分细致。檐下木构件上还绘有山水、花鸟、博古、人物等彩饰。最精彩的还是山墙的墀头，层层雕饰中间是和合二仙，形象生动，寓意家族和美。人们说，这栋厅房是西湾村建造得最好的一栋大厅房。

第四层大院正房为箍窑五眼，两厢为箍窑各三眼，倒座房五间木结构砖房，明间用作第四层院大门。这个院落主要作为居住部分，十分宽大，为此在院落中间又建一堵墙，形成内、外两院。外院有碾子，有磨，还有牲口棚、杂物棚等。可惜抗日战争时期第四进窑院被日寇焚毁。

西侧一组建筑群的第一层院，原与东侧建筑群第一层院的规模完全一样，后遭日寇烧毁，现仅存正房砖箍窑三眼。

西侧二层院，大门朝西侧巷子开。正房为箍窑三眼，单层，是当时东财主的主要住房。左、右厢房各两间，为木结构卷棚顶单层瓦房，门窗为木槅扇。院落即第一层正房的“垴畔”，前沿上砌有矮墙。东侧正房与厢房之间有腰门与东侧窑院相通。

第三层院，正房为三眼砖箍窑，两厢各为三间木结构单坡顶瓦房，厢房的山墙上有小窗，装

西湾村建筑整体建造质量很高，大多建筑都有精致的木雕、砖雕和石雕　李秋香摄

大门墀头雕饰　李秋香摄

秋天宅院成了晾晒场，带给人们的是丰收的喜悦　李玉祥摄

住宅内砖雕天官赐福　李秋香摄

丰收的季节色彩缤纷　李玉祥摄

饰得十分别致。西厢房一侧建有可通二层至三层院落的楼梯。

在西侧建筑群的第四层，也就是最高一层，占地面积很小，没有建正房，只有单坡顶的厢房，东西各两小间。传说是当年东财主家的闺女居住，村人称它为“绣楼”。正房位置则是一道高墙，墙外就是眼眼山。厢房两间通敞，一边是火炕，原有炕围画，内容有花鸟、山水，还有琴、棋、书、画等。

由于东财主的这组大宅占地面积大，建造质量高，又有雕镂细巧的厅廊等木构建筑，因此住宅外观并不封闭，体形层次变化很多，错错落落，画面极其丰富。

七、西湾村的宗祠

西湾陈氏到陈三锡一辈时，人丁兴旺，但家族宗亲关系却因没有族谱而日益疏远混乱。清乾隆初年三锡公创修了家谱，乾隆三十五年（1770年）三锡公之孙陈满瑜又续修并完善了家谱，增添了《家谱凡例》。凡例中规定祖先“祭日期，除生理远出他乡，不能递归，以及老幼疾病不能动履而外，务要长幼同赴祖茔，排班祭拜。或有公事急务未经言明在前擅不与祭者，罚钱壹佰文”[1]。同时，家族集资建起了陈氏家庙。为此，陈满瑜在《家谱凡例》最后郑重地向族人宣布：“今后每遇岁时伏腊，必集族中之父老子弟，家庙拜祭毕，将谱从头至尾申诰一遍，务要一体遵行，万勿视为陈言。”

陈氏宗祠建在村落的南端中部，“欲绍先谟”牌楼的东南，坐北朝南。享堂为三开间的砖箍窑，有前廊，为明柱厦檐式。正中堂窑内供有历代先祖牌位，左、右窑房存放祭祖所用的各种器物、香烛等。正屋前围合一个

① 清乾隆西湾《陈氏家谱》。

西湾村陈氏宗祠　李秋香摄

院落，与堂窑相对的是大门，有砖门楼。大门外侧门额上题“承先启后”四个大字，左、右砖门联是“俎豆一堂昭祖德，箕裘千载振家声”。每年冬至的祭祖活动就聚集在陈氏家庙内，清明依旧到坟上祭扫。

第八代时家族房派增多，一些房派族众涣散，每年的祭日总有“擅不与祭者”。为加强家族的凝聚力，清咸丰年间族人合议，在村南“欲绍先谟”牌楼西边，又建起一个祠堂——“思孝堂”。《思孝堂碑》载：“盖闻万物本乎天，人本乎祖，此报本返始，古人所为奉先思孝也。余家本士庶，祀其先于寝。今年春爰卜筑於宅之西南隅始构堂而祀之，自始祖师范公而下，历二世以三、秉、满、□□□世之祖祀于一堂，广孝思焉，因额其堂曰‘思孝堂’。”

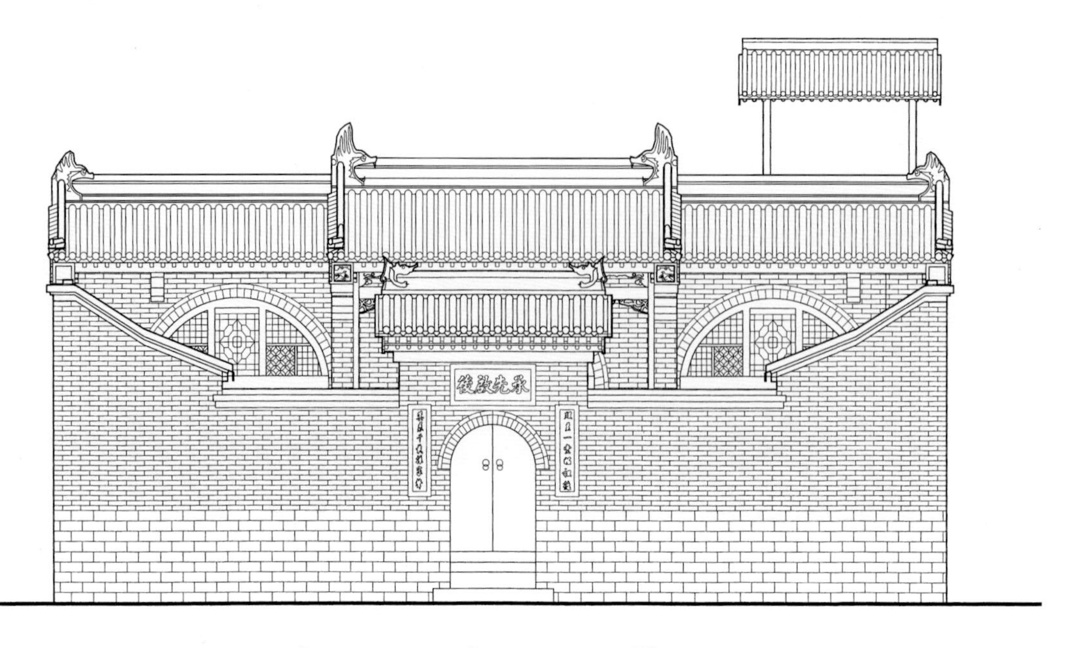

西湾村张氏宗祠正立面

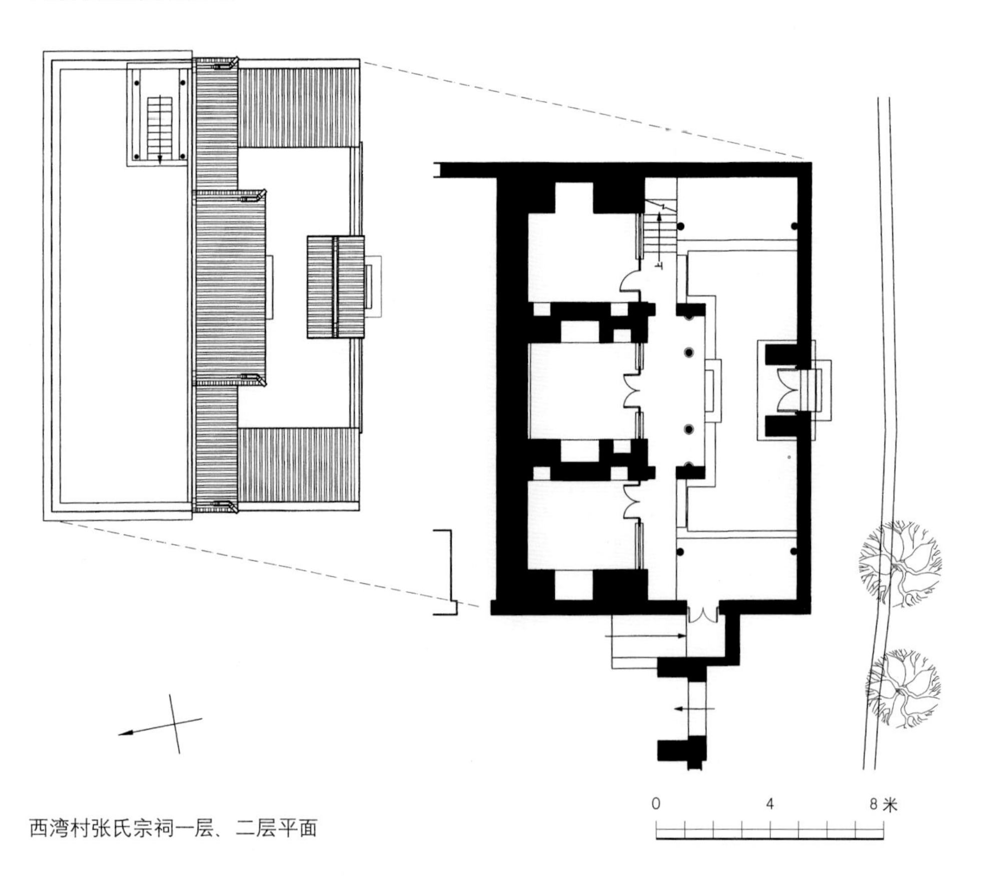

西湾村张氏宗祠一层、二层平面

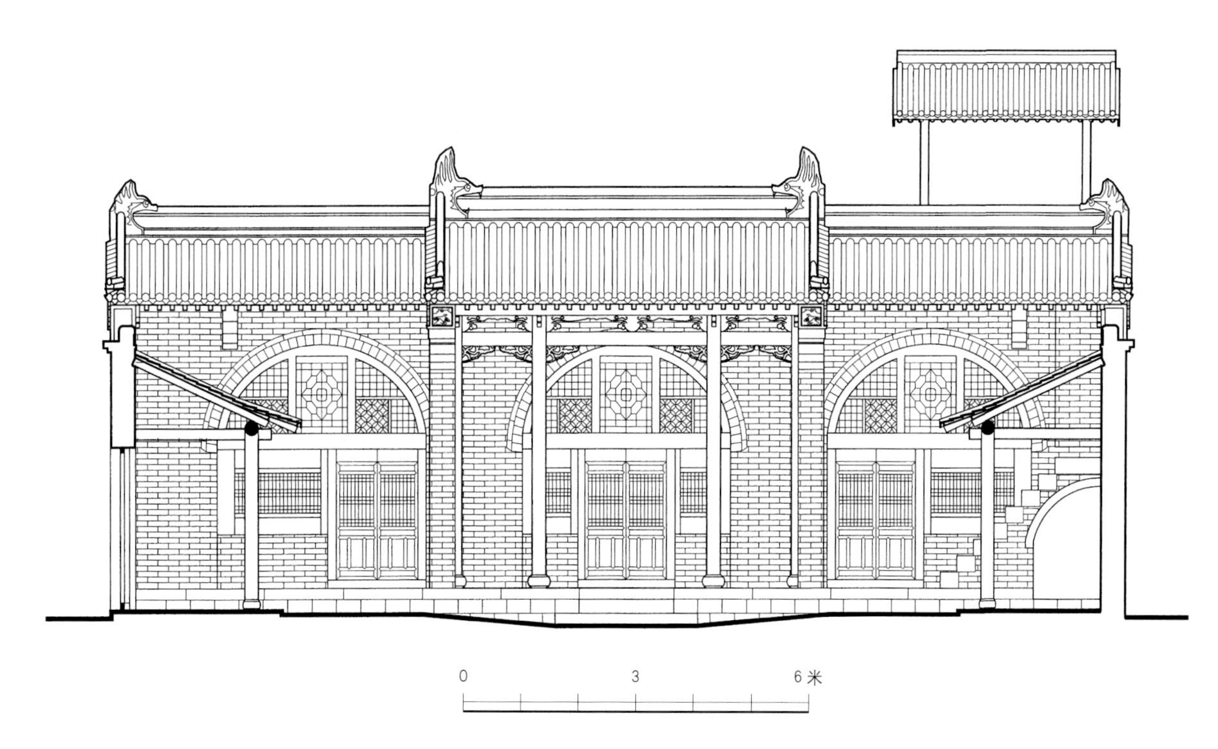

西湾村张氏宗祠内立面

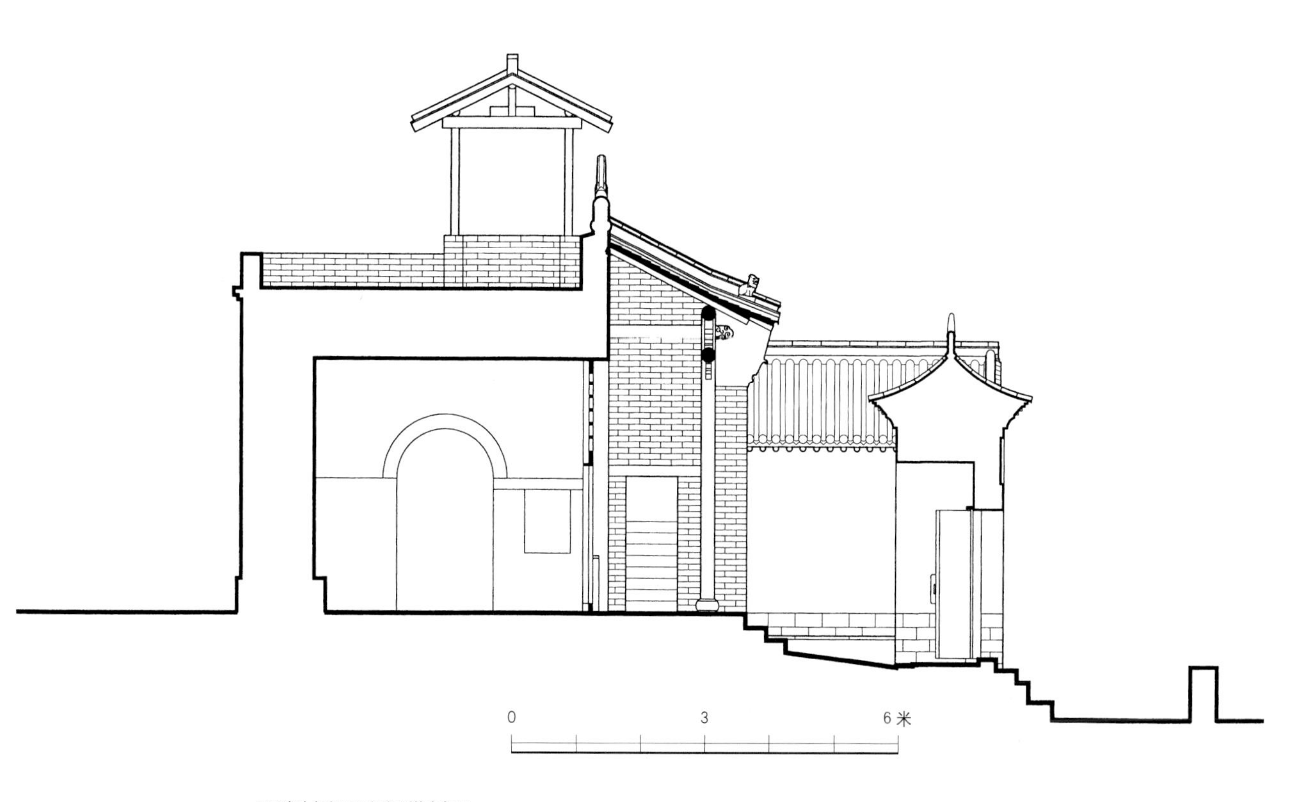

西湾村张氏宗祠纵剖面

思孝堂坐西朝东，只有一孔砖箍窑，窑内后墙上有三个小龛供奉先祖牌位。大门为上圆下方，门额上题“思孝堂”三个大字。门的左右各有一小窗户，也做成上圆下方形式。在窑的正面，左、右墙面上各镶有一块石碑，记载了建祠的缘由。其中右侧《思孝堂碑记·创修陈氏祠堂序》中载：

古人将营宫室，先立祠堂于正寝之东以奉先世神主，盖以神灵未安，则子孙不敢宴处，况一族之中支分派别，聚散无常，不有始祖一祠以联之，□数传而后代渐远，尊卑失序，有不知其□□氏之子孙者矣，此宗祠之不可不建也。□□□祖父虑先泽之久湮，子孙之失序，曾修谱□□之而有志建祠，特未逮耳。余于咸丰元年承先志，因聚族而谋之，佥有同心，爰将族中遗赀积数年始获钱五十余缗，因择于宅之西南隅创修一祠，俾后世子孙陈笾豆，荐时食，继继承承以相守于勿替。虽规模狭隘，而报本睦族抑庶于先志不相谬耳。至于崇尚虚名，侈谈世□，将一本九族之谊略焉弗讲，虽炫耀耳目，震惊遐迩，而本实已拔，曷取乎枝叶之未有害也。正值祠成，聊序其大略，以志不朽云。

八世孙庠生炤纶沐手敬撰
同宗孙增生渭祥熏沐敬书
大清咸丰八年岁次戊午三月上浣
合族敬立”

从这段文字看，思孝堂应是西湾村陈氏大宗祠，但村民却说思孝堂是个小房祠，没有祭祀活动，每年族人都是在现陈氏祠堂中祭祖。《陈氏家谱》中也没有对思孝堂的记载。那么，思孝堂与陈氏祠堂到底是一种什么关系？陈氏祠堂是不是陈满瑜所说的陈氏“家庙”呢？现已很难弄清楚了。（可以做一种推测，即思孝堂的兴建在先，因太过狭小，后来又建今所谓陈氏宗祠，故陈氏宗祠无堂名。）

但自从有了《陈氏家谱》，建起这两座祠堂，家族的凝聚力逐渐增强。目前，陈氏祠堂保存较好，思孝堂却因年久失修已多处破损，镶嵌在思孝堂墙壁上的石碑也多处风化，字迹模糊了。

八、陈氏家族的坟地

西湾村陈氏家族十分重视祖坟的建设，自陈氏始迁祖定居西湾，便选湫水河东约二百米的一个高冈为家族公共坟地，称为“茔塌”。从西湾村可以看到茔塌，从茔塌也可一眼望到村子。村人说，选定这种格局是为了让先人时时庇佑后人的发展，使后代子孙永远不忘先祖的恩德。

陈家的坟地坐巽面乾，长约二百米，宽约一百米，坟墓顺坡层层排列着，是碛口一带规模最大、最气派的家族墓地。早期的坟墓没有建筑物，只是个土坟包，以后人们在土坟包前立一块石制的、约三十厘米见方的石头或砖砌的小墓碑，上面写着死者的生卒年月。稍讲究一点的石碑约高一米上下，碑头为圆形，刻些花纹。清乾隆以后，家族明确规定：“凡祖宗墓场必立碑碣以志不朽，其生年卒月，某山某向必书碑碣中。为子孙者须素习地理卜葬，即不求佳山水亦必择温暖片壤，慎毋蹈弃尸之咎。”[1]自此以后，坟上立碑者日渐增多，碑为石质，并用青砖砌一碑龛，如简单的门楼，没有装饰。从清道光年起，碑龛改用石块砌筑，雕饰也日益华丽起来，终至十分繁复。碑龛前面还有石条做成的香案、香炉，甚至还曾有石象生，再向前有小空场，供祭祀活动用。

① 西湾《陈氏家谱·家谱凡例》。

最壮观的一座碑龛是在清同治年间所建的抡元公的墓前。他的墓前并排着三座碑龛，中间一座最高，为抡元公的碑龛，完全用石料建筑，如同一座宅子的华丽的门楼。碑龛下部为石基座，基座上立石柱，下有柱础，上架额枋，额枋之上有斗栱，出一跳单下昂。正面有雀替，式如回纹图案，两柱之间下部有类似门槛的石挡板，雕饰着花纹。碑龛的屋顶为前后两出的悬山式，屋面上雕出筒瓦样。正脊及垂脊的脊身上满雕花卉，正吻与垂兽做成高大昂扬的龙头。由于石料是暖色的红砂岩，碑龛显得格外富丽辉煌。

抡元公碑龛的正面前檐上镶一块匾，上镌“孝思”，左、右楹联为“卜地牛眠旧，安窀马鬣新”。墓碑就镶嵌在这个碑龛里，正文为“皇清显考庠生陈公讳抡元字选初号子标之墓”，左侧附“妣孺人母王太君”，上款为“大清同治三年八月十五日”，下款为“男：钜质，伟质。孙：全义敬立”。碑文背面写有抡元公的生平：

庠生例封修职佐郎选初陈公碑志。公讳抡元，字选初，姓陈氏，世居永之西湾村，祖以上即称素封，好善乐施，远近推德门焉。同产五人，公居长。少颖异，博学能文，年二十余以冠军入郡庠，复肄业晋阳书院，课聘高等，诸名士咸敬重之。嗣以历科不遂，退休于家。性嗜书，日临砚不少倦，兴会所至，宛得古法外意，以故求字者恒踵接于门，公亦乐不为疲，从不一吝挥毫。今公虽殁，而笔迹传流，犹令人称道不置云。公生于乾隆五十五年六月初一日巳时，终于道光十九年四月二十一日巳时，享年五十岁，寄葬后湾。同治七年二月十八日始合葬於巽山乾向之祖茔茔塌上，铭曰：伊古儒行，才学艺珍，风流博洽；先生为人，文坛树□，家声以振；书法秀娟，遐迩流布，没世而称；□是之故，纳铭碑中，以誌公墓。

愚侄优廪生员刘远新顿首拜撰

族侄廪膳生员陈渭祥顿首拜书

同治三年八月十五日敬立

抡元公碑龛两侧各有一碑龛，略低，做法与抡元公碑龛相同，只是没有斗栱，屋顶采用卷棚悬山形式。左边的碑龛是抡元公继室夫人孺人郭太君的，正面碑文为“皇清显妣例封孺人陈母郭太君之墓”，上款为“同治三年八月十五日”，下款为“男：钜质，伟质，孙：全义敬立”。碑龛的楹联为“吉星临吉地，佳气郁佳城”，匾额为“介景福”。

西湾村陈氏家族坟地建造规模大，质量高，规制讲究　　李秋香摄

右边的碑龛是抡元公之又一继室孺人孙太君的，正面碑文为“皇清显妣例封孺人陈母孙太君之墓”，上款为“同治三年八月十五日”，下款为“男：钜质，伟质。孙：全义敬立”。碑龛的对联为“春露思言孝，秋霜食荐时”，匾额为“妥神灵”。

在三座碑龛前设置有石香案，《陈氏家谱·凡例》载，每岁“所备祭馔，或猪或羊，视年岁之丰歉，人力之厚薄，因时增减，不限定额”。香案很大，正是为了放下各种祭品。《陈氏家谱·凡例》还载：“到坟地时，礼取其恭，情取其和，共话家常，不记夙怨，倘有乘酒发怒，喧哗闹嚷者，罚钱壹佰文。甚至恶言骂辱，斗殴相争，罚银壹两。”

在抡元公一组碑龛的东侧十米处是梦元公的一组碑龛，前面除了有石香案，还竖起四根方形望柱，约一点四米高，望柱上端各有一尊石雕，中间两根柱子上雕的是猴子，有人说是为了对应西湾“风吹双猴子”的风水，也有人说是为了取其封“侯”的谐音，庇荫后代多封“侯”登相。梦元公碑龛楹联上刻的是“典型垂百世，俎豆永千秋”。两边望柱头上雕的是狮子，它既表现出死者的气度，更显示着家族的威严。为了守护这片茔塌，陈氏家族在坟地内建起一座小石龛，内供着“后土之神位”，每年祭祖的同时，也祭奠后土神，以求神灵的护佑。

陈氏家族坟地　李秋香摄

这样的大型集中且建造质量较高的民间家族墓地，目前甚至在全国都已十分少见，它的文物价值与西湾古村落一样高。

小附：窑洞建筑的名称解释

1.明柱厦檐

碛口一带把窑洞的前披檐叫“厦子”或“夏檐”。明柱就是独立的柱子。山西许多地区房子的砖墙很厚，把柱子包在墙体内，是暗柱，所以给独立露明的柱子特别起名为“明柱”。明柱厦檐，就是一排几个窑洞前设一条木构的前檐廊，上用披檐，单坡，前用明柱。黄土高原上，木料很缺，所以普遍不用木构的前檐廊。但碛口及其周边村落，可以在黄河码头买到不回上游去的筏子和船，所以木料很多而廉价，以致大兴明柱厦檐。厦檐宽可达两米余，除作为阖家起居之用外，还多在其内设灶台，在不取暖的季节用作厨房。如今成了存放摩托车的好地方。

2.没根厦檐

“根”就指明柱。没根夏檐，说的是没有明柱的厦檐。披檐用挑檐木承托而不用柱子。挑檐檩挑出一米上下，只起防屋面雨水下流弄污窑脸的作用。窑脸就是窑洞房正面的墙。没根厦檐节约木料，比明柱厦檐廉价，但得不到一个宽敞有用的前檐廊。不过，明柱厦檐挡住窑洞的光照，使洞内过于暗晦。所以，近年有些人家宁愿拆掉明柱厦檐而改为没根厦檐。

3.箍窑

窑洞本是最原始的居住空间，和天然洞穴相差无几，无非是从黄土崖壁上挖个横穴而已。黄土高原上最通用的窑洞大多如此。

箍窑则进了一步，用砖或石块砌成拱顶，内部空间和黄土崖窑一样。一般宽、高都在三米左右，侧面墙的下部有一段大约一米半高的垂直部分，不碍家具布置。窑洞深大约五六米，也有很深的，但因深处潮湿，阴暗，所以很少用。箍窑的做法因地形地势而有差别。如在平地上，则先用木料箍一个胎模，胎模的外廓一如窑洞内部空间的外廓。在胎模上用砖或石砌拱。拱顶砌成后，便可拆除胎模，拱下就有一个窑洞形的使用空间，这就是箍窑。如在黄土沟沿边坡上，可以选择一处有坎的地段，修理整齐后，将土坎铲、挖成一排几个土胎模，每个土胎模形状和尺寸都和窑洞使用空间相同，它们之间相距一米左右。然后在土胎模外砌筑砖或石的拱，拱成之后，挖去土胎模，便得到了一排可以使用的箍窑。

黄土高原上，木料和平地都很珍贵，所以箍窑仍旧大多造在沟沿边坡上，以致即使造箍窑较多的村落，布局仍和挖崖窑而成的村落相似，为觅得适宜地形而比较散乱，并层层随坡上下。

4.接口窑

原始的窑洞是从崖壁上平挖进去的横穴。如果是黄土崖壁，可以挖到足够的深度。如果崖壁有基岩，很硬，开挖太费工，便常常挖几米深之后，在洞口前接一段箍窑，便成了接口窑。碛口一带土薄而基岩裸露，所以多为接口窑。接口窑有一个优点就是可以避免从崖壁上流下的雨水直接流到窑脸上，所以渐渐流行起来。有些接口不过几十厘米，就是为了有一个体面的窑脸。窑脸即窑洞的前壁。窑洞口上的门、窗、窗台等形成的屏障叫“窑睑子”。

5.一炷香式窑洞

一炷香式窑洞是最狭小简陋的窑洞。它挖在崖壁上，宽只有一米左右，深只有二米多一点。窑底（即窑的深处）砌一台炕，则外侧只有打开门扇的余地。而窑睑子的宽度也只安得下一扇门，于是，采光用的小窗只能放在门的上方。上窗下门，上下一线，所以这种窑洞叫“一炷香”。住“一炷香”的都是最贫穷的人家。

6.高圪台

圪台就是台基。高圪台，就是说碛口及其周边村落的房屋，惯用比较高的台基；尤其碛口东市街的店铺，因那里地势低，下雨满街淌水，所以台基比较高，有高达一米有余的。高圪台一词并不限用于建筑，地面上不大的小高地也叫高圪台。

第二章　高家坪村

高家坪是隐秘在湫水河东岸山坳间的一个小村。它距碛口镇七八公里，距侯台镇约四公里。传说唐代这个山坳间就已有人居住，兴盛时山峁上曾建有庙宇，民国时人们在山上掘土耕地，还挖出过一些年代很老的陶器。最早高姓人居住在这里，因此被称为“高家坪”。

一、杂姓村落的形成

高家坪是个杂姓聚集的村落，1949年前已有十几个姓氏，现村内共有三百二十五户，一千四百多人口，其中人口较多的有成、陈、高、郭、冯等姓氏。成姓现占全村人口的百分之四十，陈姓占百分之三十，高、郭、冯三姓共占百分之十，其他姓氏占全村人口的百分之二十，一些小姓一姓只有一户。在这十几个姓氏中仅成姓有简单的家谱，据《成氏家谱》载，成氏先祖原居离石县压山坪村，明“万历十四年（1586年），成世根带子汝飞来高家坪村定居”[①]。起初，成家先人给人种

① 《成氏家谱》为成氏第十世成鸿英于民国年间的手抄本。

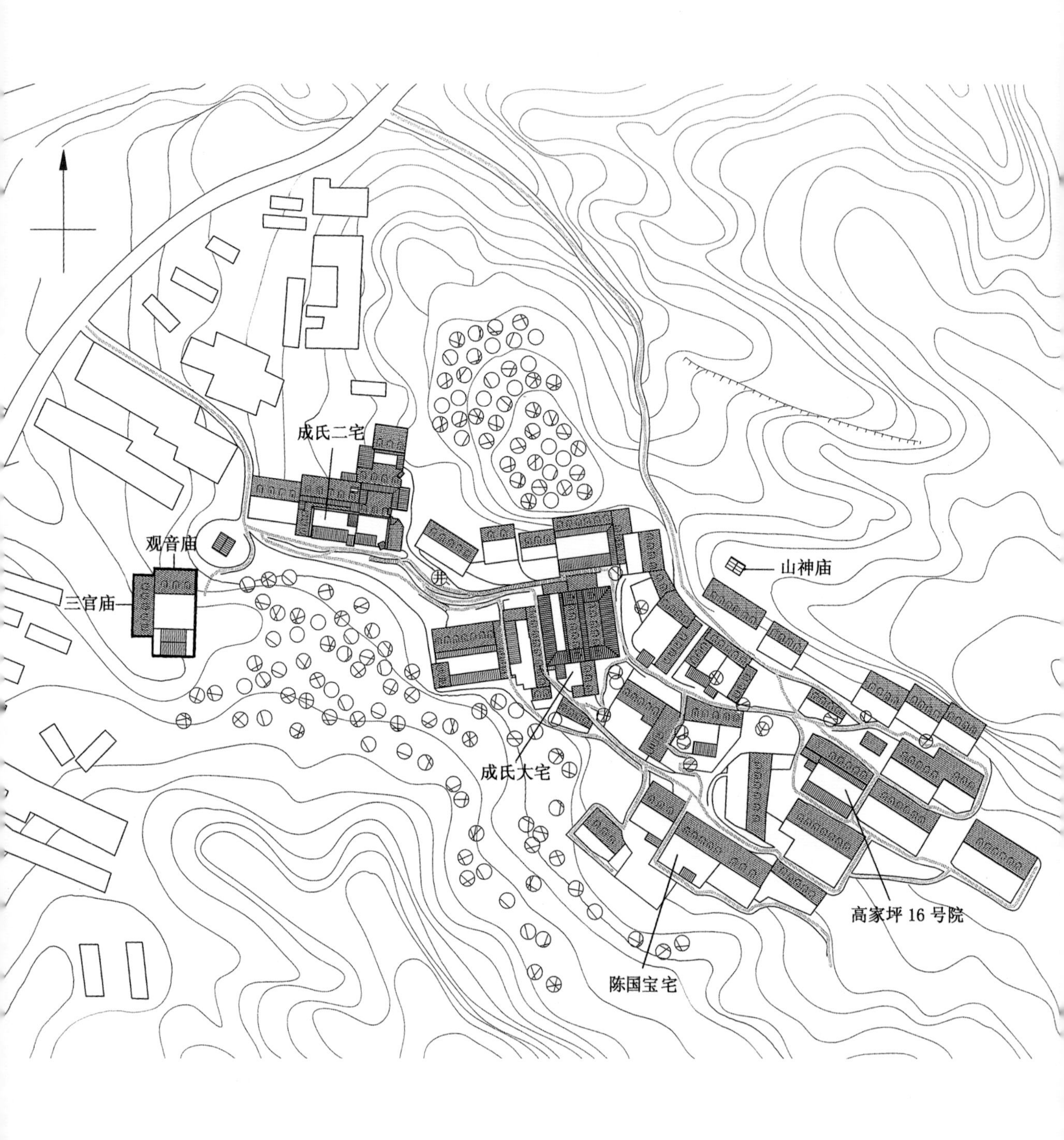
成氏二宅
观音庙
三官庙
井
山神庙
成氏大宅
高家坪 16 号院
陈国宝宅

高家坪村落图

高家坪村成家二宅大院远望　李秋香摄

地，被称为伙计，即吃住在人家，替人家种地及做家中各种活计，一年签一次约，后买了块坟地，才长住下来，迄今约四百多年，传十四代。

其他姓氏均无家谱，只听村人传说，冯、陈、郭三姓的祖先为明代迁入这里，张、王、李等姓氏为清代迁来，其他小姓如陈、秦、杜、刘、杨、胡、吕、郝、薛、齐、白、马等均为民国以后才到高家坪。

临县属吕梁山脉，山上植被稀少，土壤贫瘠，自然环境十分恶劣。高家坪虽靠着湫水河，却因地势较高常年干旱缺水，粮食“岁丰，亩不满斗”[1]，因此几百年间，高家坪始终没有发展起来。明代时，侯台镇依靠转运从陕、甘、宁运往晋中的货物，

① 民国六年《临县志》。

成为临县繁华的商贸集镇，周边的人为了生活，纷纷来到侯台镇扛包子、打零工、拉骆驼，挣钱养家糊口，当中的一些人便住到侯台镇周边的小村里，一边做苦力挣些活钱，一边替人家种地做佣工。高家坪在侯台镇东北，距离仅四公里，正好在那些人的选择范围内。清乾隆时，由于黄河水运开发，碛口替代了侯台镇成为重要的水旱码头，更多的人从四面八方来到这里，又有不少姓氏定居在高家坪。这时期，高家坪的成、高、冯等姓已开始在碛口镇经营起小买卖，并且趁早买下了碛口的大批土地，以后靠地价飞涨及租赁铺子发财，如碛口画市巷内一座称永生瑞的上下两进窑院，就是成姓租赁给寨子山陈姓做粮行的。清光绪至民国年间，是碛口镇最繁华的时期，高家坪的成中科在碛口开设了义生成杂货店，高占魁兄弟俩开了两和炉银器店，成贤亲与三交人合开了鸿泰银号等；另有不少在他人的商号中做掌柜、管账或伙计，如成恩荣在玉顺通做二掌柜，成鸿基在万业成为二掌柜，

高家坪村成家大院窑居建筑　李秋香摄

成中秀、成中德、成恩德等均在他人店中做记账先生；村里还有的养牲口，与人合伙跑运输。青壮年大都在外跑生意，家里的土地无人料理，于是他们招雇小姓帮助耕种土地，并定居。这种情况一直持续二百年，如祖籍陕西米脂的杜一魁，民国十八年（1929年）因旱灾逃荒来到高家坪，先后给高廷保、陈国宝、成贤亲等做长工十四年后，才买了一眼窑定居下来。

二、盘龙卧虎之地

湫水河是贯穿临县境内的最大一条河，它从发源地到碛口镇汇入黄河，始终穿流在高山沟谷之间，为此湫水两岸山湾很多，高家坪就在湫水河的东岸，距湫水河一公里的一处十分隐秘的小山沟里。小山沟曲曲折折，因为弯多被称为“九曲沟”。它东西长约一千五百米，沟底南北宽约一百来米，沟口仅有四五十米宽，还有起伏的冈坡遮挡，即使走在湫水边的古道上，也无法看到沟内的村落。小山沟内，南山顶称“神天梁”，山高而层叠，与东山“高家梁”连在一起，北山低而长，山体十分完整，靠东端稍稍升高与东山相连，村人俗称“墕场圪垯”，西端低而平缓称“大墕畔”，高家坪的村落就建在这段平缓向阳的北山南坡上。

高家坪的九曲沟是个干沟，没有水源。湫水河虽近，但村落所在位置的地平要比河岸高出近十米，不好利用。如果没有水，这里人就无法居住。但北山腰的岩石间有一股清泉，水不大，却十分甘甜，基本能满足高家坪人的食用。当年先祖们选择这个山坡定居，显然是因为有这个水泉。人们都说这是上天赐予的，非常珍惜，专门用大石块砌筑了三孔井窑，井窑的窑腿上有石龛，里面供着井神的牌位，每年除夕人们都要祭井神。龛上面还雕刻着龙头的图案，村民说这是明代的风格。有了这口井，人们就有了稳定的居住地，但土地干旱打不下多少粮食，当地人只好到碛口去做生意，跑买卖了。

北山的山体在接近西端处，猛然向南转了一下，在沟口上形成了一个突出的台地。因此，村人说高家坪的地形是一条盘龙，沟口凸立的台地就是龙头，在垴场圪埃与大垴畔之间低下去的山坎是龙脖子，龙身自然是相连的北山、东山和南山了，南山下有一片缓坡农地，据说那就是龙尾巴。南山层峦起伏，远看犹如一只卧虎，高家坪就成了一处盘龙卧虎之地。清末有个南方地理先生看过后说，这个盘龙卧虎之地，必定人才兴旺，会有财发，会有进士和县令。果然，从清光绪以后至民国的近五十年里，高家坪真的兴旺发达起来。

据成子权先生[①]讲，清代光绪至民国年间，高家坪共有四五百人口，在碛口镇及山西各地经商的，最多时曾有六七十人，有开铺子做掌柜的，也有在商铺里做伙计的。他们当中有了钱的，纷纷回来买地修窑，富足的还兴建起宽大的宅院。于是，村里按照贫富分出了“四大家八小家”，成为高家坪此时兴盛的重要标志。

20世纪30年代，碛口一带常有土匪侵扰，附近村落，当时有段秧歌词唱道：“初三、十三、二十三，土匪住在大肚山，匣子枪、轻机枪，打得死下一卜滩[②]。”为防军队从村西侧来，防临县大肚山一带的土匪从村东面来，村人商议在北山大垴畔西侧高土坎上修个寨子，就是瞭望台，站岗放哨，一旦有敌情，利用山体进行阻击。为了修寨子，全村人聚在一起决定按各家财产多少出资，钱多的多出，钱少的少出，不出钱的出劳力，以役代资。成中科、成中相、成贤亲、成中宽等四家出资较多，总计约占整笔费用的一半，被称为“四大家”。成贤荣、成中光、成中泰、高占魁、

① 成子权，高家坪人，1930年生。

② 一卜滩，当地方言，指一大片。

窑房可以根据地势建成两三层，下为窑，上可建青砖瓦房　李秋香摄

高廷保、陈国宝、成恩荣和成鸿基等八家则被称为“八小家”。“四大家八小家”的形成，确定了他们在村中的地位，由于成姓在这十二家中就占九户，威望大增，以后高家坪的许多事情都理所当然地落在了成姓家族的身上。据《成氏家谱》载，民国二年（1913年），改都甲制为区所制，临县设五个区，三十六个村公所。高家坪属三区（碛口区）冯家会村公所，成贤亲担任村富兼闾长，闾下每五户设一邻长。在每年的祭神活动中，成姓多担任“经领人”来主持。

从清末到民国初年，高家坪成氏家族还第一次出了几个人物，如：成登魁清咸丰年间入庠，很有名气，曾为西湾陈氏宗祠思孝堂题写匾额；成贤辅清光绪年间中秀才，后补廪贡生，岁进士；成鸿猷，生于1921年，卒于1941年，民国二十八年（1939年）担任中共临县县委民运部长，民国二十九年（1940年），任临南县委宣传部长；民国年间高家坪的陈国宝曾任山西灵石县县长及山西十三县的实查委员。

高家坪村成氏大宅总立面

A
0
8米

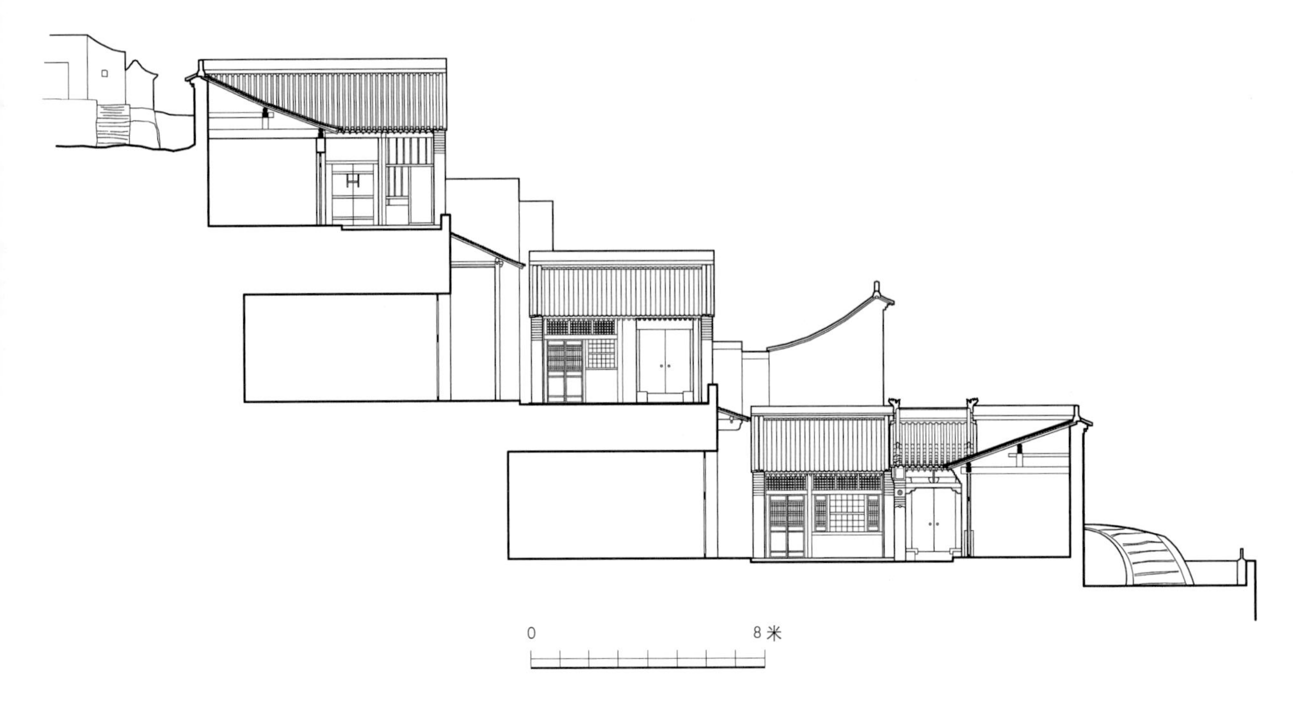

高家坪村成氏大宅纵剖面

层叠的窑院依靠“之”字形小路连接，十分便利　李秋香摄

三、村落格局与景观

高家坪村落建在北山的南坡上，坐北朝南。村落东部即垴场圪埏，有石砌接口窑。西部龙脖子，即大垴畔，是村子的主体部分，有箍窑的窑院及木结构的瓦房。对面的南山因背阴，仅在半山腰有几孔接口窑。东山因坡陡没有建窑。

高家坪进村的路　李秋香摄

村子三面环山，本来只有村西龙头处一个入村口，清代住在靠近龙脖子位置的几户人家，开垦了山上部分旱地，为上山种地及下湫水河滩耕种方便，就在北山龙脖子的南面开出了一条土路，路从龙脖子处转向北山的北坡一直可下到湫水河边的古道，这样村子在龙头位置的南北就有了两个入村口。民国时，作为村落防御的瞭望台就修在大垴畔西侧靠近龙头的高坎上，站在瞭望台里居高临下，既可望见西村口，又可看到东村口。据说，民国年间就曾有土匪从村东口过来，准备掠抢村子，岗哨发现后，鸣锣示警，村人便在土匪入村必经的地方，从高坎处扔下事先准备好的石块木料，土匪无法进村，只好转向其他地方。

村西主要入口，虽有高坎遮挡，但一到冬季，西南方的冷风顺着沟口一直钻到沟里，煞气很重。于是，村人在突出的龙头台地上建起一座观音庙，又在沟的底部龙头台地下面的沟口处建起一座三官庙，遮挡煞气，也作为镇守村西口的标志。明末清初时村人又在北山龙脖子位置建起一座山神庙，保佑村民。

村落建在山腰上，占了一片山坡，层层叠叠地向上排着，约有六层，村子里的几条“之”字形的小路就在这几层窑面上穿来穿去。早期的村路都是人自然踩出来的土路，又窄又陡，而且山坡破碎，一遇暴雨就会溜坡、崩坎，严重时还会塌方，埋掉或压毁下层的箍窑。清代末年，成姓、高姓几家大户发了财，为保护陡坎上下的窑和路，就捐钱将村里上山的主要道路，及村内部分公共地带，如井窑、碾子、磨盘的周围，都用石块铺砌，并砌上了台阶。为防止山体滑坡，村民还在北山几个主要陡坎转折处，修建起四条砖石结构的排洪水沟，其中最长的排洪沟曲曲折折约四十多米，最陡的排洪沟落差十多米，它们把雨水汇集到九曲沟内，再由九曲沟排到沟外湫水河里。修建排洪沟，对当时的高家坪来说，可谓一项重大的建设工程，人们从开石料，运石料，到一条一条沟地砌筑完工，前后花了几年时间，至今这些排洪沟依旧起着重要的作用。

高家坪村内地段窄逼，村落中公共空间地带很少，较宽敞的地方也仅能放下一盘碾、一盘磨。坡上的树木稀拉，偶尔有几棵树，也是树根扎在山上，树冠斜向山谷，唯恐多占一点空间。由于山坡陡，坡上很难有块宽敞的空地，而层层箍窑的修建如同在山坡上建起了一层层的平台，缓解了山坡少平地空场、空间窄逼的问题。高家坪的土窑多在最高处，下面几层稍平缓的地带多建单层石箍窑。下层的窑顶就是上层窑的场坪（当地称为垴畔），有的人家不愿意让人在上

高家坪村的水井窑，这里缺水，人们对水井格外珍视　李秋香摄

讲究的窑房，在前檐做有厦廊，称为厦子房　李秋香摄

面建窑，垴畔上就空在那里，成为村民的公共活动地。住在山上的人家，日常活动就在窑顶的空场上进行，如晾晒谷物、吃饭、唠嗑、夏季纳凉等。初次进入村落，只见村人都在屋顶上走来走去，煞是奇怪，当爬上窑顶才知道这其中的奥妙。箍窑解决了居住，窑顶则扩大了整个村落的空间，一举两得。尤其是村中有办红白喜事，或有个货郎、小担进村时，一声唢呐，一声吆喝之后，就会陆续有高的矮的红的绿的男女老少站满窑顶，此时整个村落真是别有一番景象。

九曲沟不能种庄稼，人们就利用它栽种成片的枣树。一到夏季，沟里一片绿树茵茵，凉爽舒适。秋季枣子熟的时候，家家门前、空地上、窑院里，甚至“之”字形的村道上都晾上枣子，整个村子是红色、黄色、绿色，加上蓝蓝的天，高家坪色彩丰富极了。

厦子房宽敞舒适　李秋香摄

四、建筑特色

高家坪成氏祖先于明万历年间定居高家坪，到第七代丕字辈时才发达起来。成璋丕幼时家境贫困，家里人口多，仅有两孔土窑，十来亩薄地。他从小随父兄务农，给人做伙计种地为生，由于好强，抽空还读了三年书。清咸丰年间，成璋丕十三岁时，为了生计到碛口镇上去当雇工，给小吃铺提篮到碛口河滩卖饼子，不久就在碛口商铺做了学徒。成璋丕有经营头脑，人又本分，被碛口三和厚商号的东家看中，请他做了三和厚商号的掌柜。由于生意兴隆，赚了钱，成璋丕开始在高家坪附近买地修窑。兄弟成家分爨后，他又买下百余亩土地，在村里修建窑房六十余孔。到成璋丕孙子辈时，成家在碛口已有几家店面，如义生成、两和炉、鸿泰银号等，由儿孙们分头经营，家里的土地也有四百余亩，建窑房一百来间。目前村中保存完好的三组大窑院均是成璋丕及其儿孙们共同兴建的。

在三组窑院中，首先建的是位于北山龙脖子下面一块相对平缓的坡地上的窑院，是当年成璋丕与长子贤辅、孙子中科共同居住的。这组窑院共三进，一进比一进高出一层，坐北朝南，是目前高家坪村保存最好的一组窑院。底层窑院正房为七孔单层没根厦檐式箍窑，倒座为三间单层木结构瓦房，右厢房为木结构瓦房一间，左厢房位置是窑院的大门楼，在正房的东侧梢间窑腿边上有楼梯道可直接通到第二进窑院。

第二进窑院可从东侧村路进入，也可从一层窑院内的楼梯到二层上来。二进窑院东侧有一个小前院，大门朝南。进入大门，正对的是一孔单层箍窑，大门左侧是一间牲口棚，右侧是院墙，以前家里来了客人，骑来的牲口不能进大院，就拴在小前院里，下人就在前院的窑里休息等候。窑院的二门朝东，与大门方向转了九十度，一方面可使窑院具有一定的私密性，另一方面在发生突发事件时有利于防御。

进入二进窑院的正院，正房为七开间单层明柱厦檐式砖箍窑，左、右厢房为单层木结构瓦房各两间，倒座房是卷棚式两开间的木结构厅房，院落敞亮宽大。窑院正房南侧窑边上还有一孔小窑作为楼梯道，通向第三进窑院。

第三进窑院既有对外独立的大门，对着陡坡的村道，也可通过窑院内的楼梯上下往来。三进窑院正房为单层木结构单坡顶瓦房，共七间，两厢房左右均为单层木结构单坡顶瓦房各一间，但左侧厢房作为窑院的大门使用。

成璋丕所建第二组窑院，在村口观音庙东北侧高坡上，比北山龙脖子下面的窑院地平要高出三四米。它在北山的西端，坐西北朝东南，由并列的两座窑院组成，东侧窑院三进，一进比一进高出一层，西侧窑院为一进，后面是山体。这组宅院的底层距九曲沟底约有十来米的高差，西南是出村口，右侧一百米是龙脖子位置，向下一层约三米高差就是全村的井窑，建筑所在的位置十分优越。一层分大、小两个窑院，东院正房为单层三开间箍窑，左厢房为上下两层，底层是三开间砖箍窑，右侧一间做楼梯，上层为两间木结构瓦房。右侧没有厢房，有一通向西侧窑院的腰门。倒座两间单层木结构瓦房，由于风水原因，东院门楼与窑院成一定的角度，朝向正东。门楼做工讲究，正脊上有龙头吻兽，墀头上有卷草花卉。

窑院的东侧是一条巷子通向坡上，二、三进院可从巷子直接出入。二进窑院正房为三间单层箍窑，左侧两间单层木结构厢房，右侧厢房上下两层，下层为两间箍窑，上层为木结构卷棚式瓦房，山墙位置做小圆窗。这层窑院大门朝东侧巷子。第三进窑院正房为三孔单层明柱厦檐式箍窑，右侧厢房为单层两间箍窑，大门朝东侧巷子。

西侧一组建筑，一进窑院正房五间单层箍窑，左侧是一间木结构的瓦房，右侧是两间单层箍窑，倒座两间单层木结构砖房，院门位于院子的右侧，朝向西南。二进窑院正房为单层五开间明柱厦檐式箍窑，只有右侧有一间木结构的厢房，作为上、下院的楼梯。从东侧一组院落的二层也可进到西侧一组窑院的二层。这组宅院由成璋丕[①]的次子成贤栋及其孙中雍居住。

第三组窑院建成于民国年间，这时成璋丕已过世，是由他的三子贤亲完成并居住。这组窑院位于北山冈下九曲沟畔，距九曲沟底约有三四米高差，坐西朝东，背对井窑，是一座标准的四合院式窑院。窑院正房为七间单层箍窑，由于这座院落位置较低，特将正房地基抬高六十厘米，称为"圪台"，因此窑房被称为"明柱厦檐高圪台"。圪台的台明较宽，伸出檐柱外一百二十厘米左右，并沿圪台边筑有一道约六十厘米的矮墙。窑房当心间位置有台阶上下。在正窑左右的窑腿、高约一百四十厘米的位置上各嵌有一个小龛，左龛内供祭天地神，右龛内供祭土神。村民说，土神是保一宅平安的，天地神则保一村平安。各家各户都在正房当心间窑内供有三代内的祖先牌位,每年祭扫过后就在窑房内进香供祭，当心间窑房就相当于香火堂。

成贤亲所建的窑院很讲究，窑内土炕多做油漆彩饰的炕围画，内容丰富，有鸳鸯戏水、丹凤朝阳、喜鹊登梅、红莲出萍等，使窑房内鲜亮华美。两厢各有三孔单层箍窑，左、右窑腿上也各有一龛，左侧龛内供奉圈神，右侧龛内供奉门神。倒座为八间单层木结构的砖房。当心间为院子的大门，朝向东。门两边山墙的墀头上有犀牛望月和骏马奔腾的雕饰，十分生动。两扇木制大门，镶有长方形花纹铁叶和三排泡钉，格外气派。

① 成璋丕生有三子二女。长子贤辅，次子贤栋，三子贤亲。

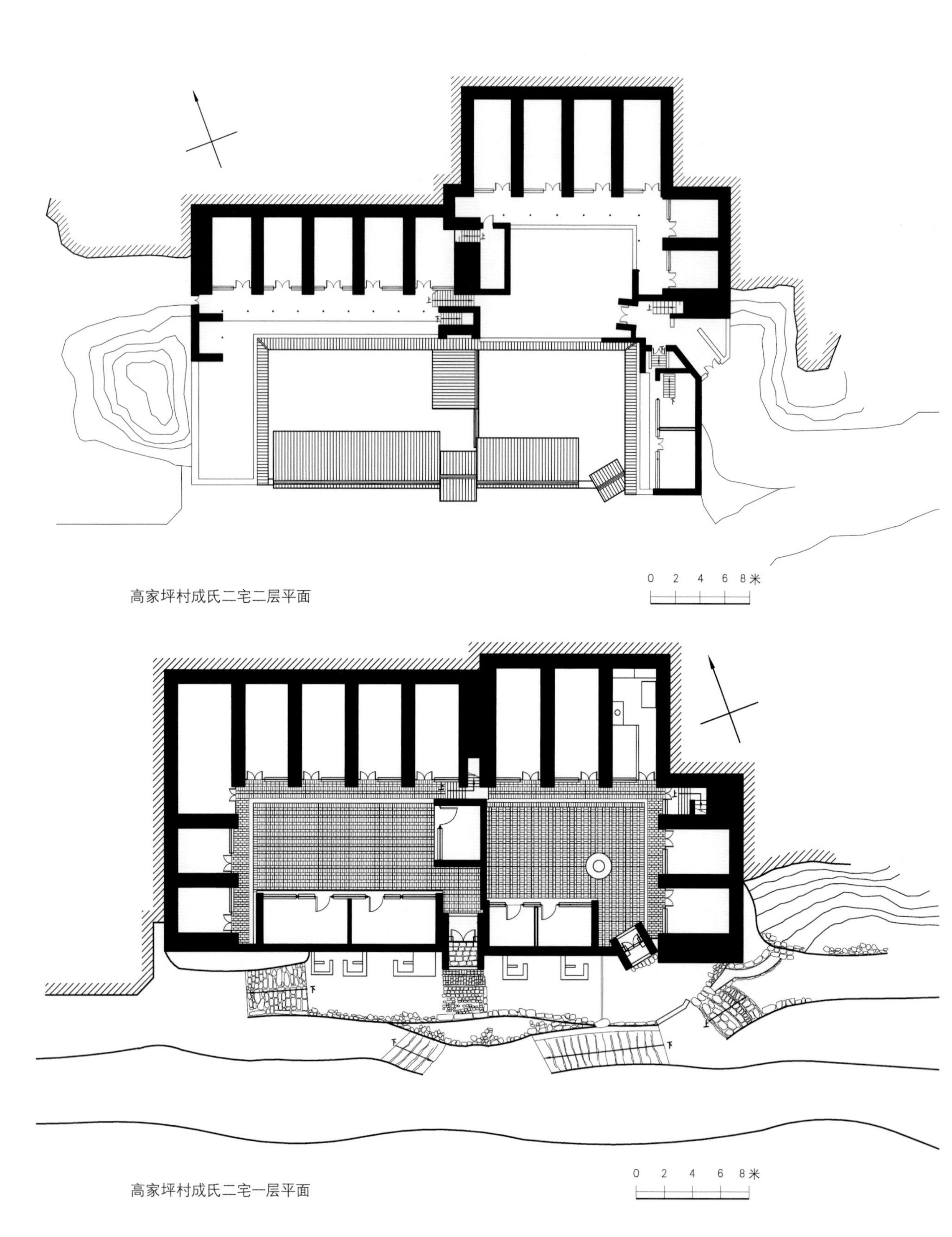

高家坪村成氏二宅二层平面

高家坪村成氏二宅一层平面

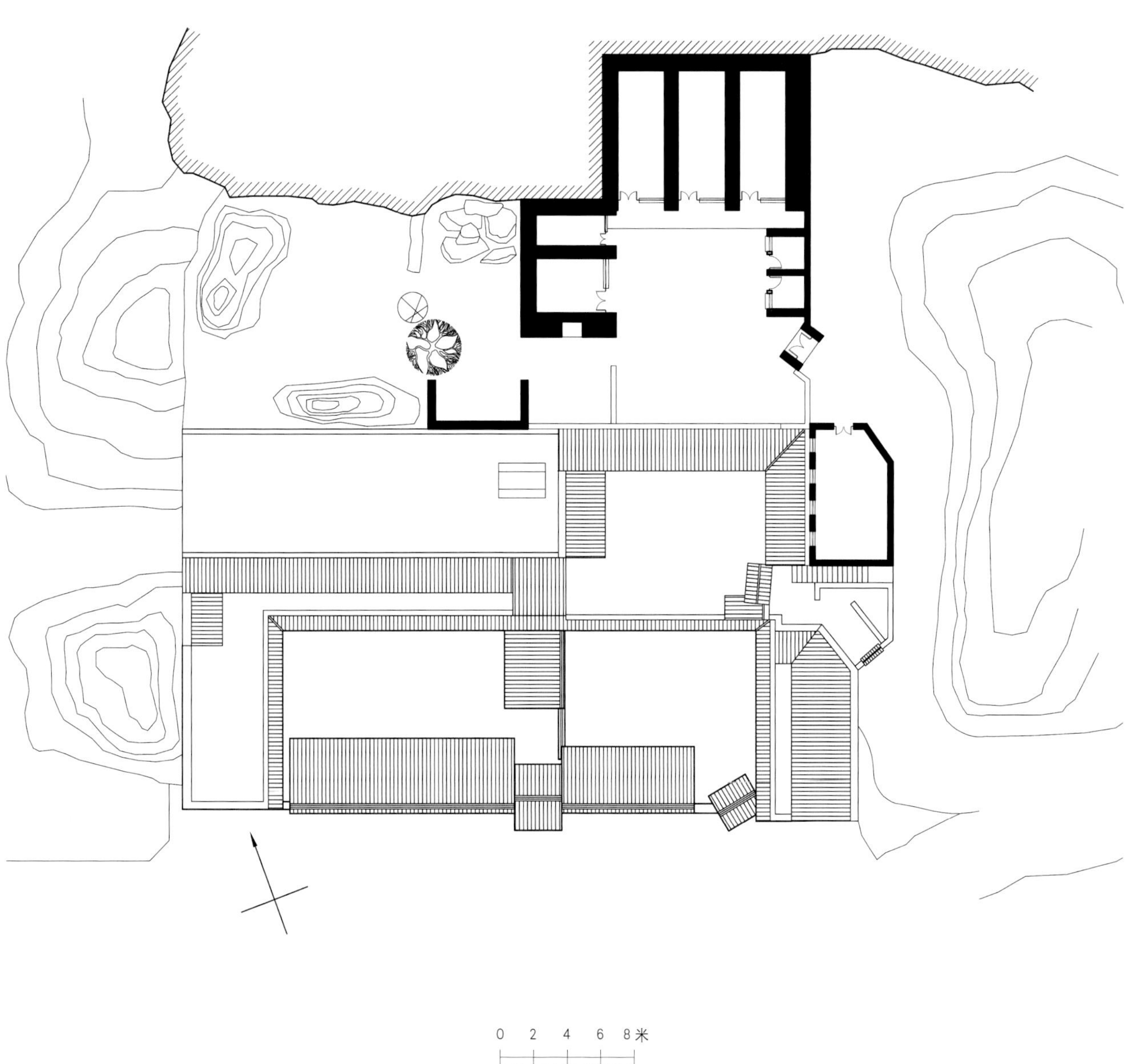

高家坪村成氏二宅三层平面

高家坪村成氏二宅外立面

A
0
10 米

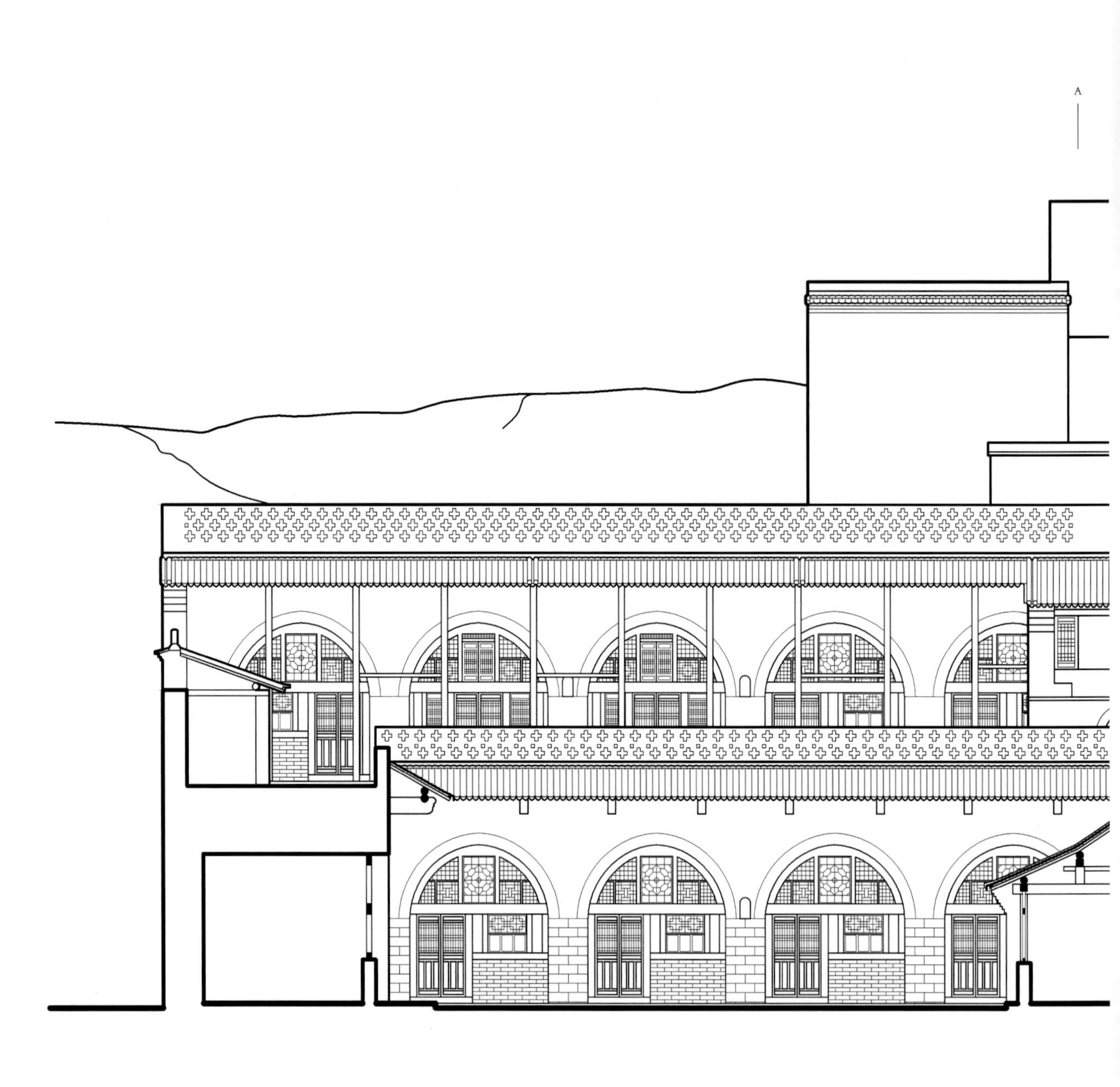

高家坪村成氏二宅内立面

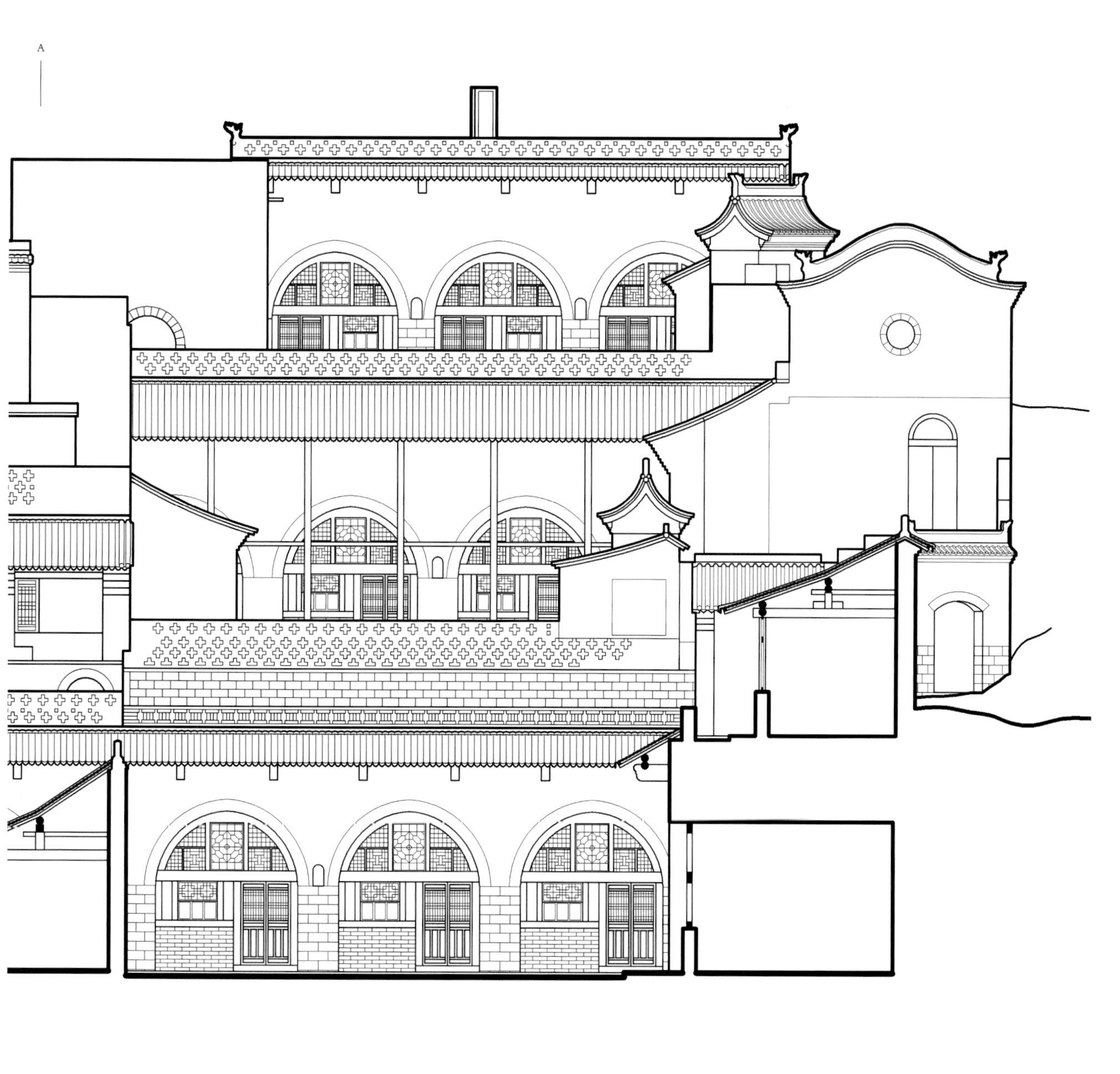
A
0
10 米

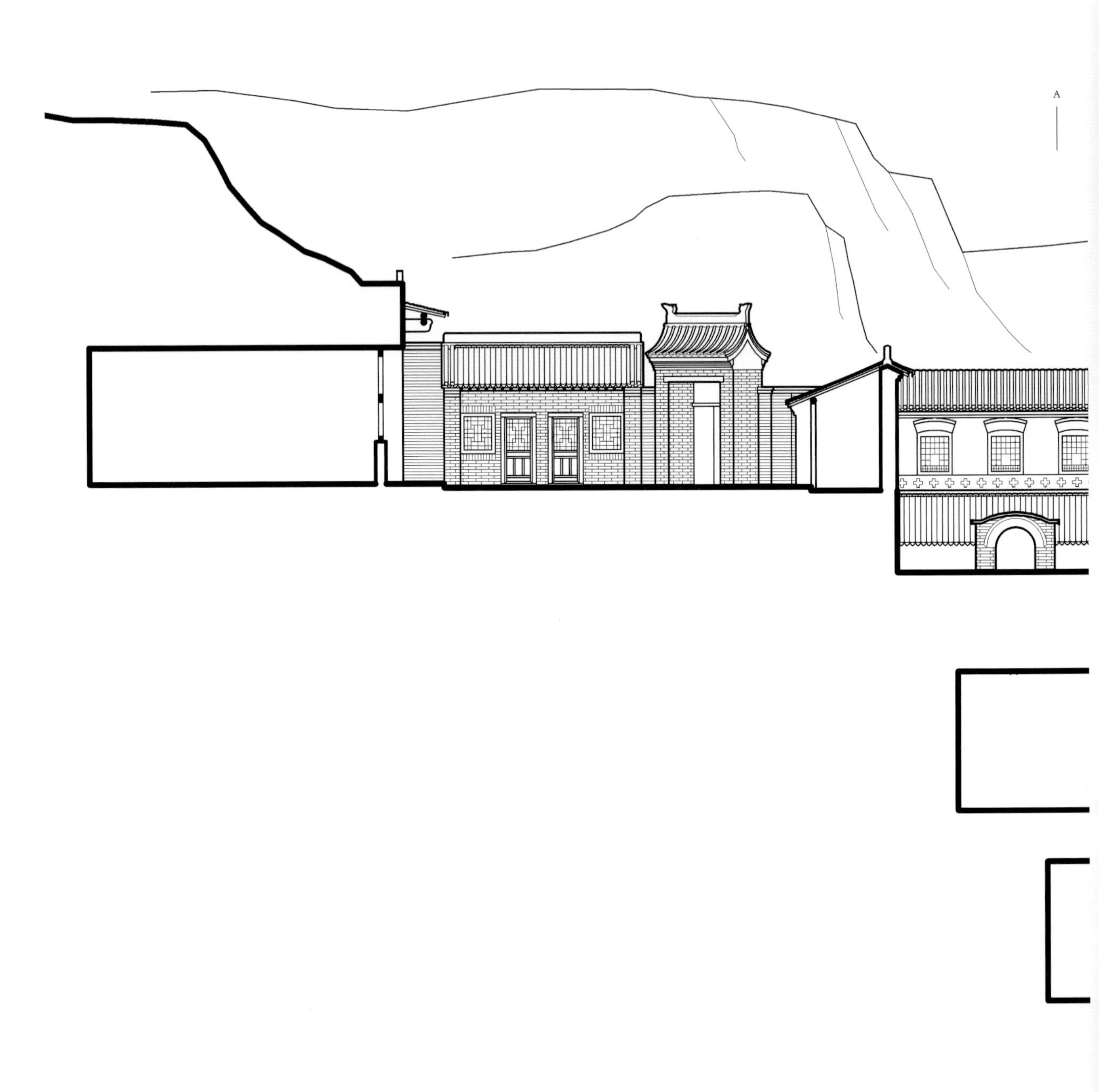

高家坪村成氏二宅纵剖面

A
0
10 米

村里的窑房有土窑、接口窑、青砖箍窑及青砖瓦房　李秋香摄

在村子里除了这三组宅院，还有两座四合院式的青砖单层窑院，都建于民国年间，分别为高姓和陈姓建造，窑院规整，坐北朝南，门楼十分讲究。

高家坪姓氏多，但每姓人口并不多，人数最多的成姓在1949年前也只有四十多人，加上经济上的原因，村里没有祠堂。每年逢清明，村里各姓家家上坟扫墓，为祖坟培土除草，在坟顶压上白纸，还要在坟前烧香化纸，磕头礼拜，有出门在外的子孙这时也都赶回来参加清明祭扫活动。

五、窑房的建造

由于各姓之间经济条件的差异，高家坪村内的建筑质量差别大，建筑类型因此十分丰富。现村内有最原始的土窑，有石头接口窑、砖石箍窑和木结构砖瓦房。

高家坪周围是砂石山，砂石体十分不稳固，挖土窑，窑脸很容易剥落或局部坍塌，因此村里纯土窑极少，只有南山坡上有几孔。为了安全，人们多在土窑外接以石口窑，或干脆用石块建石箍窑。有钱的为了排场美观，多

村里的接口窑省地，建造也经济　李秋香摄

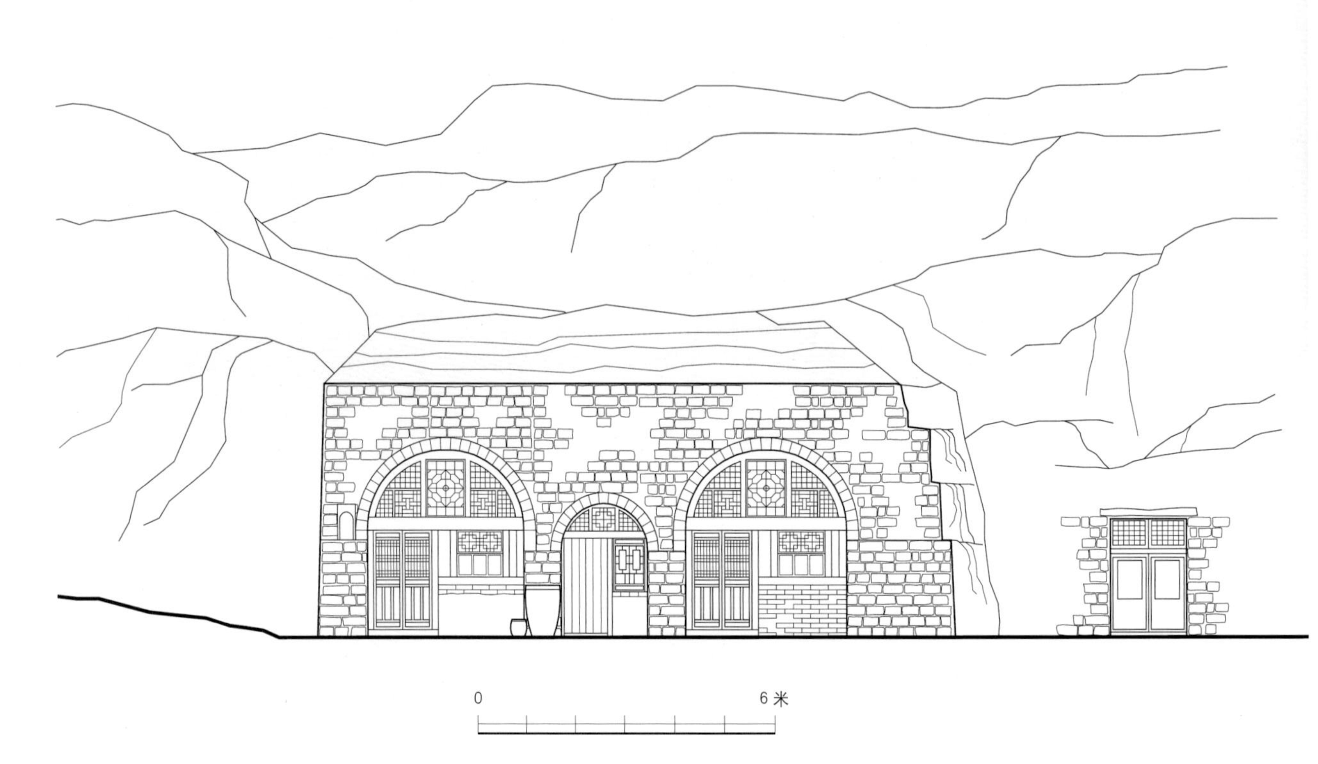

高家坪村石箍窑立面

在石箍窑上再建木结构的瓦房。高家坪最多的还是石箍窑。

旧时建窑是一件大事，有了地段后，要先请风水先生，当地称“封界先生”，看方位吉向。讲究的人家有时要请几个风水先生来看，最后才定下窑的方向，以及大门、茅厕的位置，当地有句俗话：“子孙出在坟上，银钱出在门上。”又说：“大门开关系人和财。”指的就是门的朝向。方位定好后，根据主家的生辰八字择日开工修窑。通常一座窑院建三孔至五孔窑，要修四至五年才能完成，规模大的窑院甚至要修上一两辈人。

在动工前，主家要将修窑的石料和砖备好。过去，高家坪一带修窑，都是从距村南一公里的石崖巷，或从距村西三里路的后沟开采石料。开凿石料是一件很花时间的事，要把石头凿成大

从高家坪村山上俯瞰村落　刘敏摄

小均匀的块。为了好看，将用在窑脸上的石块再进行细加工，即挑选部分整齐好看的石块，在一面按一寸三条錾道或一寸五条錾道，称为“面子石”。石头打好后暂放在山上，待冬闲时再将石块担回准备砌窑的地方。有时买的地块不平整，还要事先将地段用石块垫实平整。因此，准备石料需要大量的时间、人力及费用，仅备料一项有时就需要两三年时间。

料备齐之后，即可举行动土开工的仪式。开工当日，主家及工匠们一起到窑基处，摆上鲁班牌位，焚香祭酒，磕头祷告。礼毕之后，主家先用铁镐在窑基处刨几下，接着工人便开始动工。

成家大宅二三进窑院　李秋香摄

高家坪村的新一代　梁多林摄

住宅的大门，多数人家都装有铁门环，既结实又起装饰作用　李秋香摄

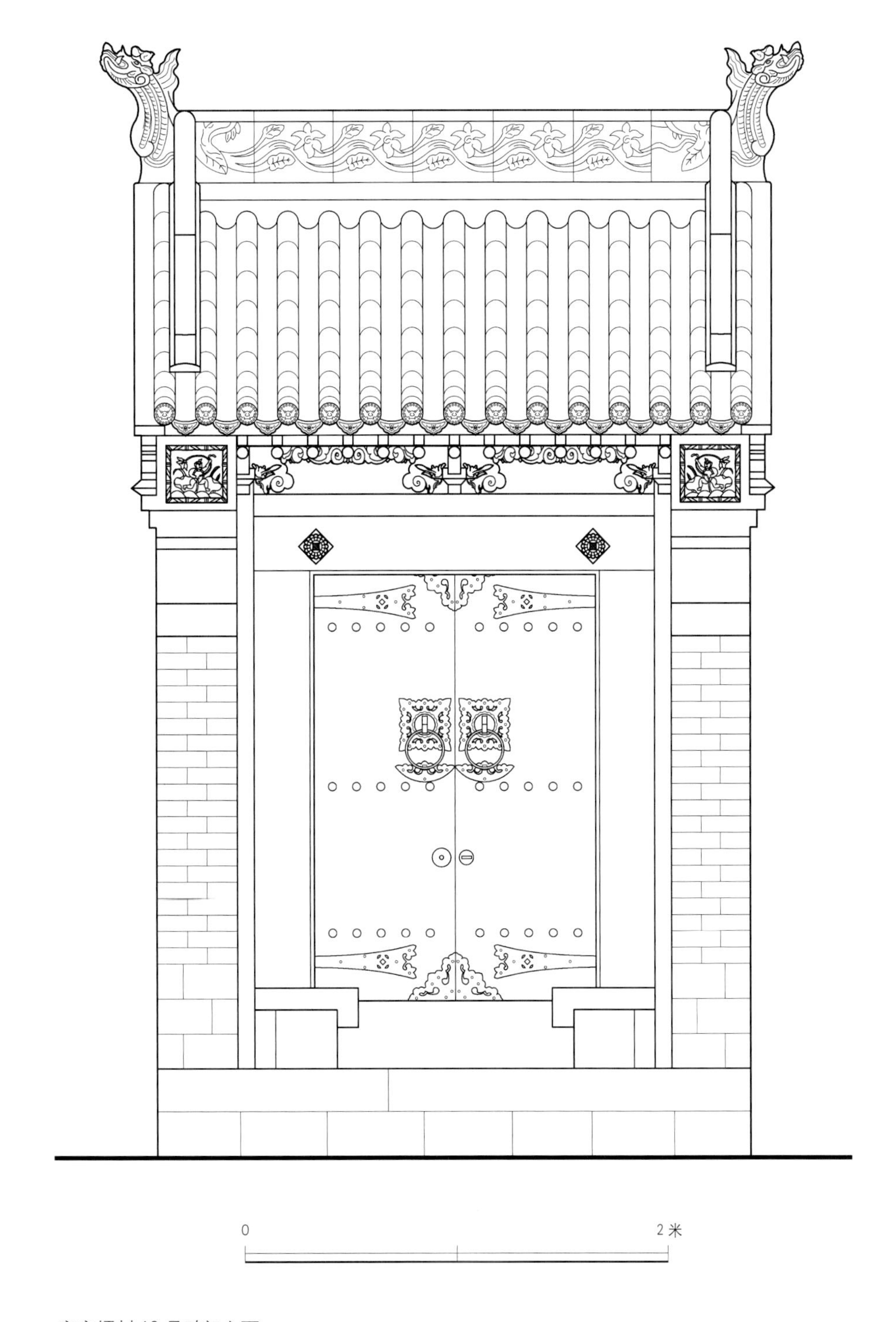

高家坪村 16 号砖门立面

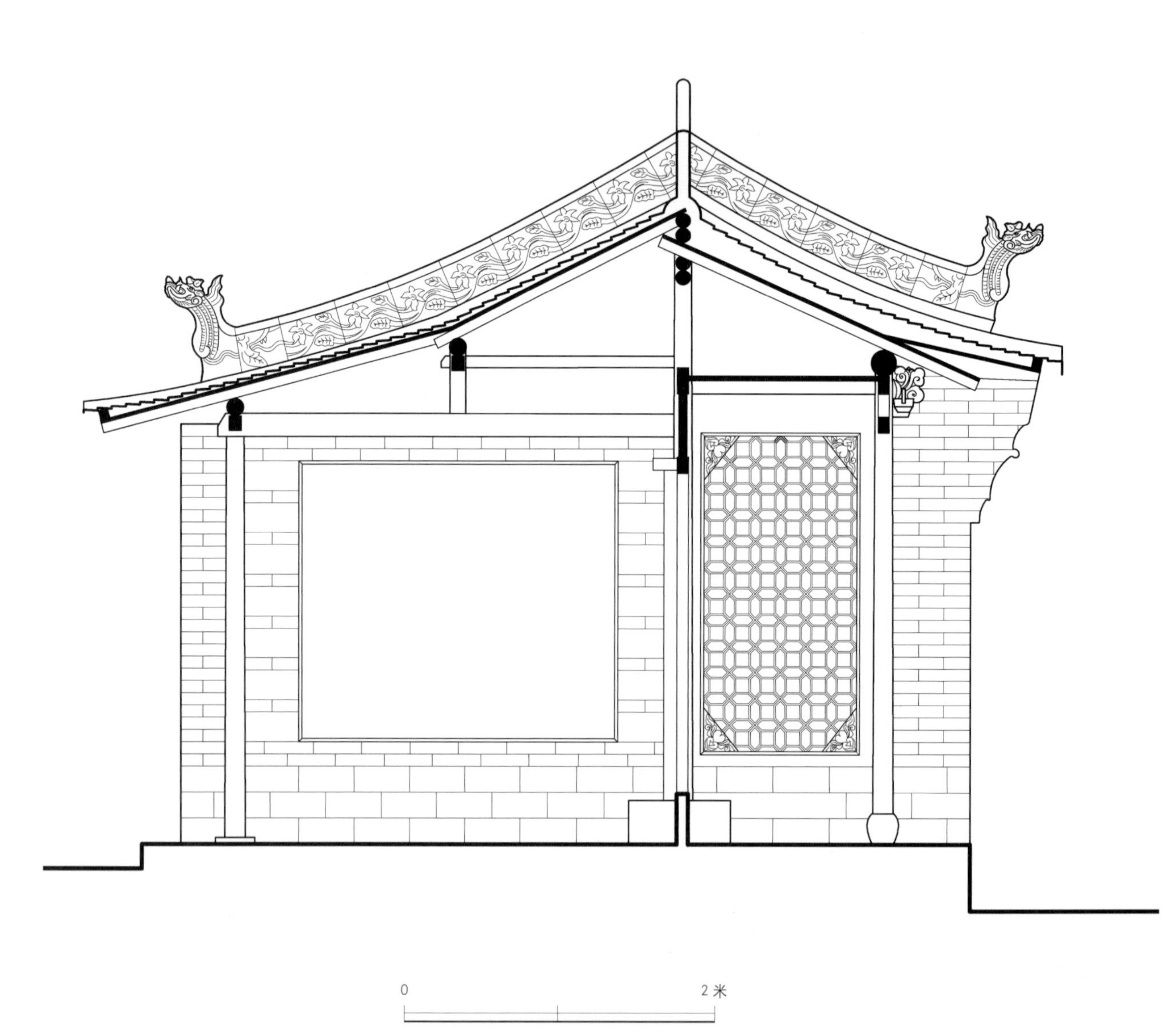

高家坪村 16 号砖门剖面

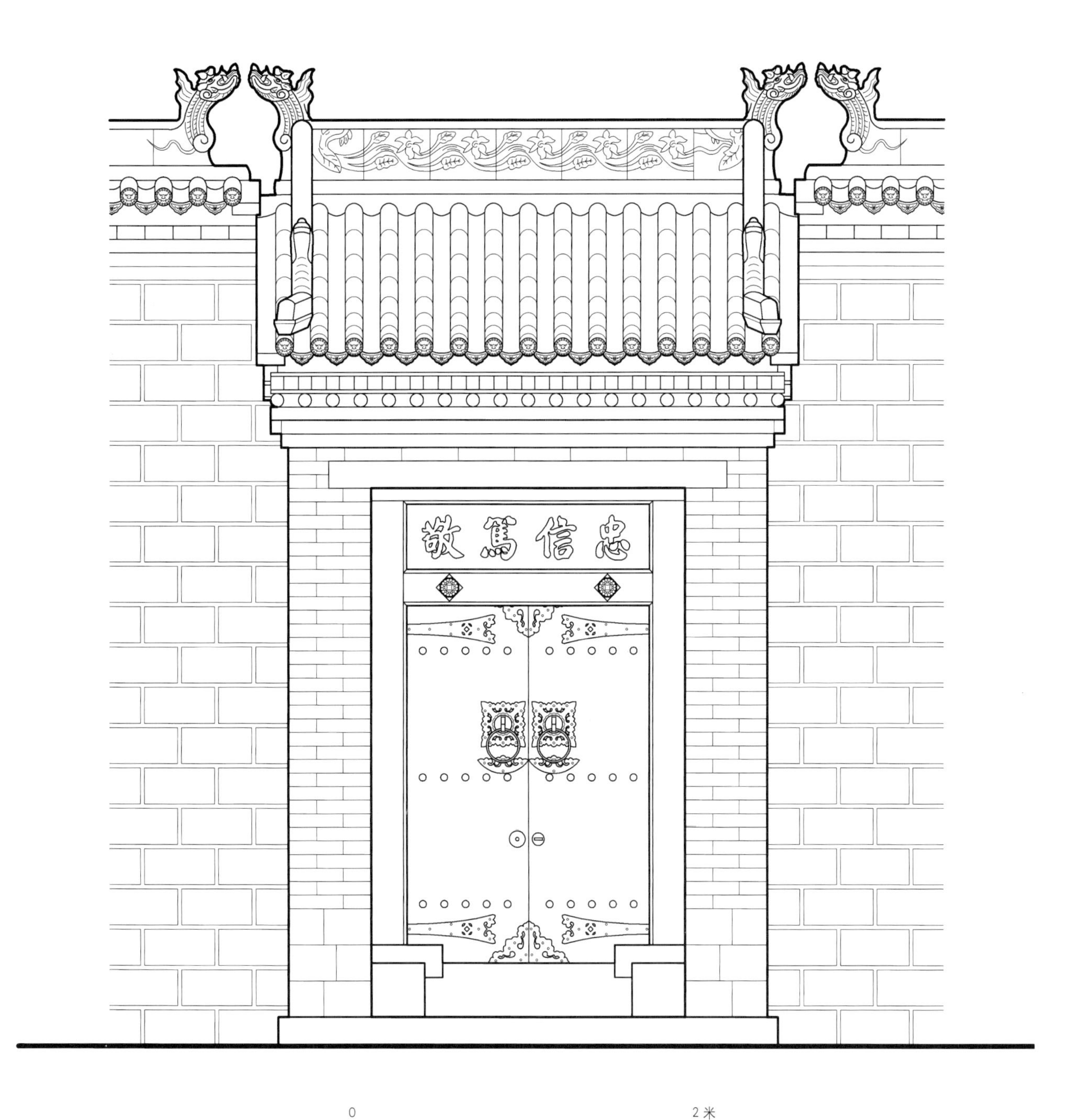

高家坪村陈国宝宅"忠信笃敬"大门立面

高家坪村陈国宝宅大门影壁立面

高家坪村陈国宝宅影壁及砖门雕饰细部大样

修窑匠是砖石泥水匠的头儿，既会砌窑，又会设计，人称他为“督主”，又称“掌尺”。大的工程，如在建较大的窑楼房时，通常需要二三十名工人，都由他来指挥。修窑的主家对掌尺非常尊重，通常三日一请，五日一宴，不敢有半点怠慢。掌尺掌管着窑房的质量和风水，一旦掌尺做些手脚，就会破了原有的好风水，使得主家破财倒霉，因此民间有谚语形容：“匠为掌尺，官为相。”把掌尺与相相比，足见掌尺地位的重要。清末至民国年间，掌尺最有名的是距碛口十五里沟底村的工匠。

窑房石土部分造完后[①]，一般还做个厦檐，讲究的做明柱厦檐，这些都由木匠来完成。黄土地带窑洞前一般没有厦檐，碛口上游下来的筏子多不能回去，人们买来筏子的木架子做檐柱和椽子，因此木厦檐的做法是碛口一带窑房的一大特色。清末至民国年间，碛口附近最著名的是霍家沟的木匠，他们会做门窗、木檐、家具，甚至还会做木雕。

① 箍窑即拱顶，垒拱顶要胎模。胎模一般为木架，有的利用地形，用原土挖成形，成窑后挖去土胎。

窑房竣工之日，当地称“合龙口”[1]，是整个工程最隆重的一天。主家的亲朋好友都来恭贺，并在建好的新窑或窑楼的门上贴起红对联，鸣锣放鞭炮。有钱人家此时还要请一班响工，就是小乐队，来吹唱助兴。主家则在鼓乐声中带领全家老少焚香叩头，举行酬谢鲁班神的仪式，之后开始宴请全体工匠及亲朋好友。宴请结束，工人们临走时，主家为表示感谢，还要送给每个工人一对白面蒸的四角面馍，称“花花”。对于掌尺，主家还要另外赠送红布一丈。

六、庙宇与风俗

高家坪自然环境恶劣，面对各种灾异，人们毫无办法，只好求助超自然的力量，便建造起庙宇来。村里共有三座庙宇，即山神庙、观音庙和三官庙。

1．山神庙位于村北山龙脖子位置，是村落最高点，坐东朝西，是一间单层青砖接口窑，面宽约一点五米，进深不足二米，窑前有厦檐，窑前围一院落。据说山神庙始建于明末清初，初时山神、土地同在一座庙里受香火，平起平坐，共同保佑着小村。后来山神、土地不团结闹起纠纷，没有心思管理人间的事，并经常托梦给村人要求分开。由于神不再灵验了，村人们商议后将山神迁到山上，土地老爷就留在了原庙里，但仍叫山神庙。山神、土地分开后，庙又开始灵验了。每年大年除夕人们都要来山神庙祭祀许愿，祈求来年风调雨顺，五谷丰登；同时还愿，酬谢土地爷对本年的护佑。

现在的山神庙是2000年重新修复的，庙内供奉着的还是土地老爷，窑内挂满了人们的祈愿条幅，如：“一炉红香敬土神；二十八宿保合村；三星高照人才旺；四季平安喜盈门；五福临门

[1] “合龙口”即砌上窑拱圈顶上预留的、需要砌筑的最后一块石头，这块石头砌上之后，整个窑房的拱顶即封合完成。

长富贵；六丁斩妖降吉祥；七星宝剑除灾难；八面威风显神通”。山神庙虽小，但它对土地瘠薄的高家坪却显得格外重要，有了它，村人似乎有了指望，有了依托和靠山。

2. 观音庙建在村沟口圪台龙头顶上，建造年代不详，它坐西朝东，小三开间木结构砖瓦房，带前廊，两坡顶，庙内靠后墙原有龛台，上塑观音像，龛台前有香案。前檐做成木栅门，梁枋上饰有彩绘，可惜现已毁坏。村里很早就在这个显要位置建起了观音庙，供奉观音娘娘，同时兼作镇守村口之用，因此它又成为村落的标志。村人说，以前观音庙常有人祈福求子，香火十分旺盛。每年农历二月十九村人还要在村富[①]的组织下祭祀观音，有时还要演戏酬谢观音菩萨，一演就是三天，隆重热闹。

3. 三官庙建在北山下，村落九曲沟的沟口，是村中最大的，也是所供各路神仙最多的庙。它坐北朝南，正殿为三间单层石箍窑，窑前有一米多宽的乐台。当心间窑房的后墙上有三个小龛，正中间供天官，左边供地官，右侧供水官。左次间窑内供奉着龙王神，右次间窑内供奉蚂蛾神。正殿右侧有厢房五间单层石箍窑，存放每年用于祭祀的器物及供守庙人居住，左侧是院墙和大门楼。与正殿相对的是戏台，上下两层，底层是半地下的箍窑，演戏时作化装室，上层三开间是木结构两坡顶，为戏台。民国年间这里曾开办学堂，供村中子弟读书识字，厢窑的当心间住教书先生，左、右次窑为学生教室。

过去，每年从正月初一至十五，全村人共同出资唱三天山西梆子，大户人家一般多出一些，称为唱人口戏，主要是为酬谢三官和蚂蛾神；五月唱芒种戏，也唱三天，是为酬谢龙王神。演戏前村民先要到庙里敬香

① 杂姓村落中由富有者组织起来，共同管理村落的组织，为首者称村富。

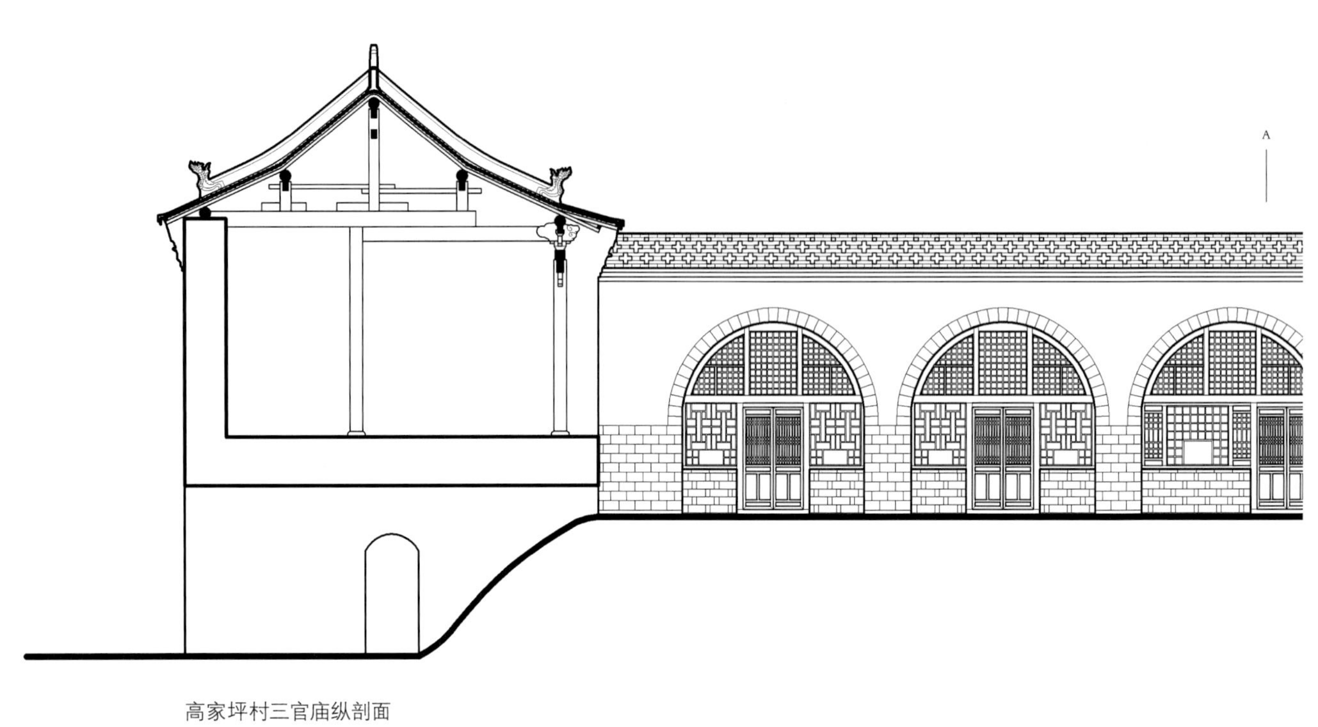

高家坪村三官庙纵剖面

0 10米

高家坪村三官庙平面

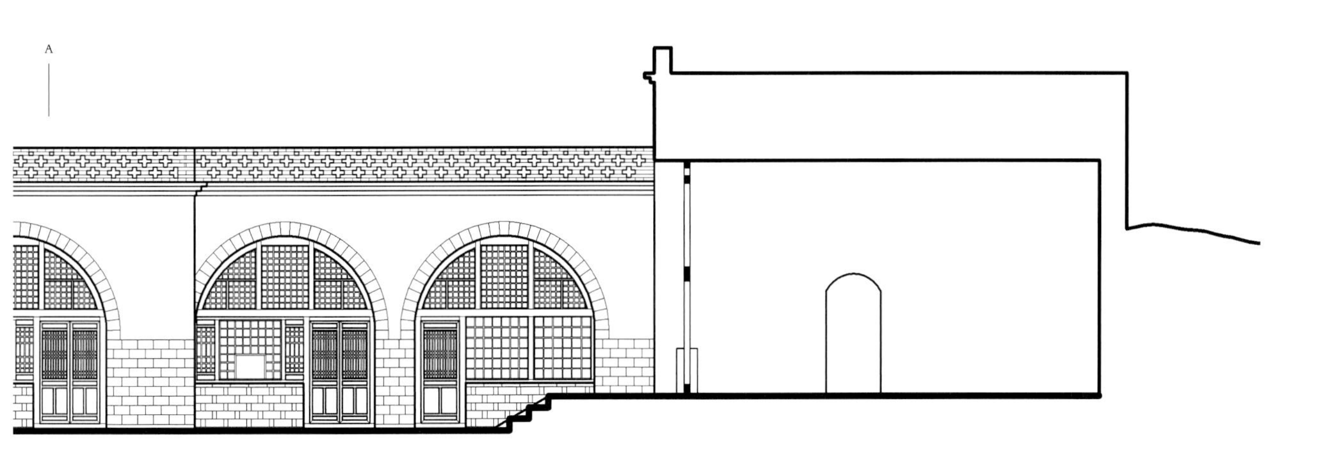

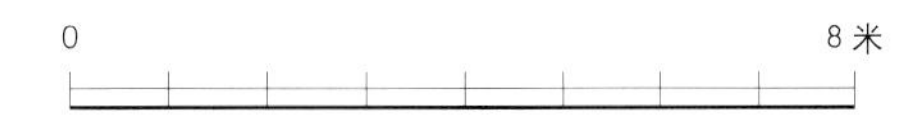

烧纸，祭拜各位神灵，供上“三牲”祭品。演戏时为“男女授受不亲”，规定男人们在厢房、院内看戏，女人只能在大殿的乐台和厢窑、正殿窑的窑顶上看。戏的曲目有《长坂坡》《明公断》《反徐州》《金沙滩》等。

碛口一带，气候干燥，十年九旱，尤其是五月芒种、夏至是耕种播种时节，常常土地干裂，四处生烟，为了求雨，全村各姓中一年选八个纠首组成村社班子，选出经领人，全村每户一人，一起到三官庙里祭祀，向龙王爷祈祷，唱祈祷歌：“龙王佛，龙王佛，真心上庙请龙王。请上天，早铺云，下普雨，早下普雨救万民。龙、龙、龙王佛，龙、龙、龙王佛。”这样连续祈祷七天，烟火不断，如果下雨了，祈祷结束，如果仍无雨，就要到白草村去请灵神八龙爷。

传说，八龙爷弟兄九人结义，他们扶危济困，除霸救贫，死后被天宫封为九位龙王。请来八龙爷，村人要三日食素，焚香祷告，口唱祈雨歌。三天之后还无雨，则要抬着八龙爷游村，到田间让八龙爷亲眼看看旱情，还要到湫水的深潭处或黄河边去“踩旱，接雨”，游村三天之后，送八龙爷回府，然后慢慢等待下雨，如果六天内有雨，这就是龙王爷显了灵。

现在三官庙已毁坏严重，也不再有香火，但传统建筑的保留，依然能使人们感受到传统文化的存在，和它过去曾有过的兴盛。

第三章　李家山村[1]

一、地理历史

“李家山的婆姨，白家山的汉”。阳春三月里的一个晌午，当我们从碛口出发，经黄河东岸的麒麟滩[2]前往李家山时，不禁想起了这句流传于山西临县地区的民谣。作为参与碛口黑龙庙管理的“九社一镇”中九社之一的李家山村，距离碛口镇不过五公里的路程，是碛口经济辐射圈内很重要的村子，村里有不少人在碛口经商、学徒或打工，清代中晚期在碛口的经济生活中颇有地位。而李家山天官庙同治五年《重修庙宇碑记》的施主名单中，竟有碛口本镇商号一百三十二家，也可见李家山与碛口关系之密切。从碛口镇到李家山，可从河南坪，沿大同碛，取道黄河东岸，然后沿凤凰山南麓山径缓缓上行，也可从河南坪上山，走陡险的路，翻过凤凰山而进村。为了更充分地体验入村

① 现在的李家山包括主村、河南坪、甜水沟等地，其中主村位于凤凰山南麓，是我们的考察目标。

② 即大同碛，位于湫水河与黄河交汇处的南面，是大滩、前滩、中滩和后滩的总称。

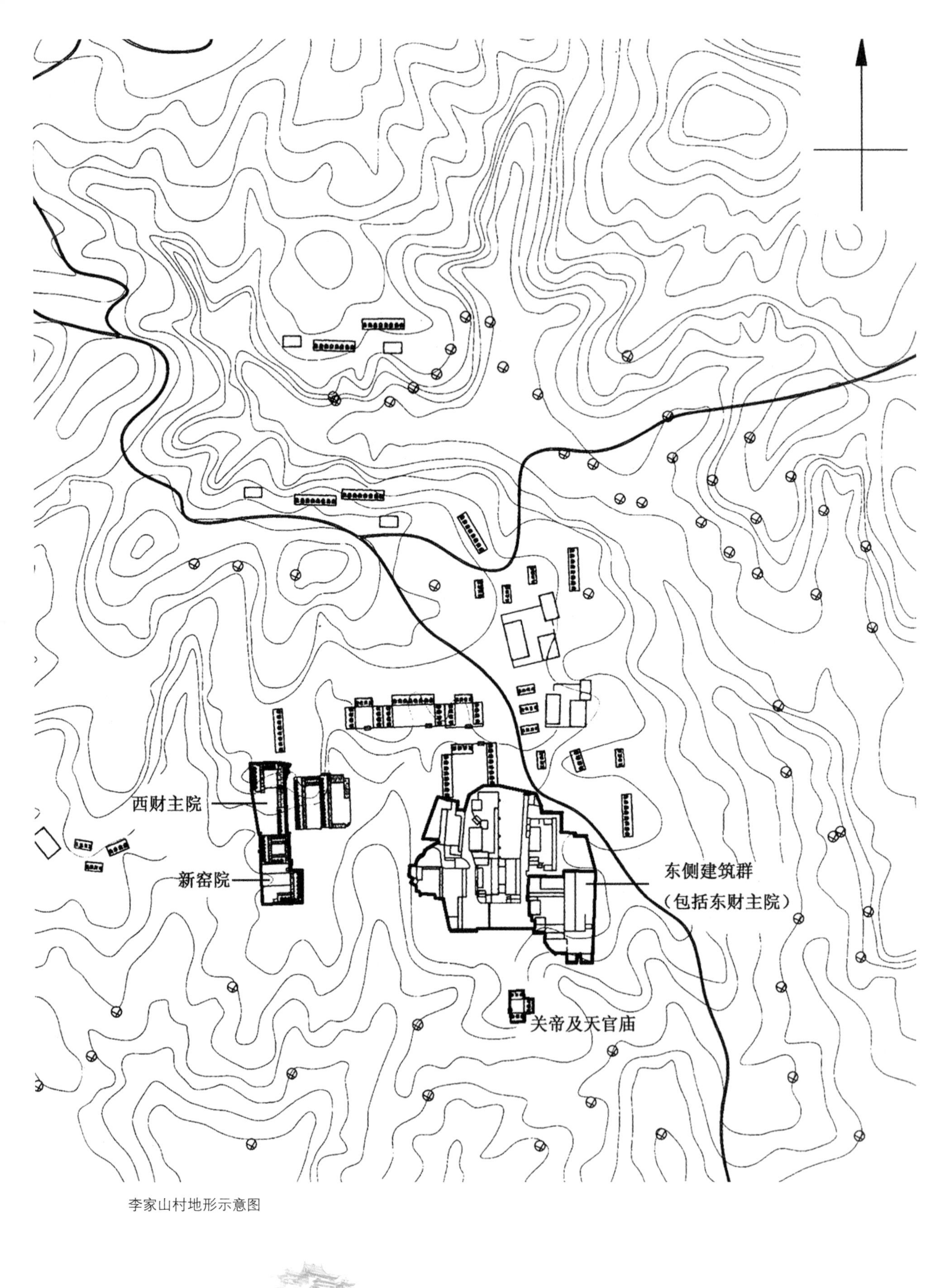
西财主院
新窑院
东侧建筑群
（包括东财主院）
关帝及天官庙
李家山村地形示意图

李家山村的窑洞建在一处山坳上，村人说这地形如凤凰展翅，村子的窑居就建在如凤凰翅膀的两面山坡上　李秋香摄

的过程，我们选择了前一条路。走在这条山路上，左边是由缓变陡的山坡，右边是由浅变深的山沟。沟里常年湿润，但水味发咸，遂名曰“咸沟”。咸沟呈东西走向，蜿蜒伸展，沟里种着十几米高的钻天杨，三五成组，郁郁葱葱。咸沟南面的山上，一级级黄土梯田，层层叠落。其间点缀的一棵棵桃树，正烂漫地开着或白或粉的花儿。“艳若桃花”，是经常被古人用来形容美丽的姑娘的。“李家山的婆姨”在桃花盛开、绿树成荫的地方出生、成长，难怪她们的美丽扬名于碛口的黄河两岸了。

村民说，李家山村的形状像一只凤凰。北面依靠的山顶是凤凰的头，从这里向南偏东和南偏西的方向分别延伸出一道山沟，直通最低处的咸沟。两道山沟的东西两坡上，都密布着依山就势而建造的窑洞住宅。围绕东面山沟的窑洞，组成了“小村”[①]；围绕西面山沟的窑洞，组成了“大村”。大村和小村，就是凤凰的

① 小村还包括居住在后沟（位于东侧山沟以东）的几户崔姓人家。

两个翅膀。夹在两道山沟中间的山坡，向南凸出，成为凤凰的身体。它由北面的一段缓坡（其名曰“庙梁上”）和南面的一段陡坡组成。陡坡的尽端处有一座天官庙，坐北朝南，其南面又靠近悬崖，这就是凤凰的尾巴了。和凤凰山南面相对的山叫“卧虎山”，又称“元家坡”。元家坡东北面的山头叫“大圪垯”，是李家山南面几个山头中最高的。

李家山风景之好，已引得全国各地美术院校的师生们纷纷来写生。但村委主任李探锁（生于1947年）说，“文化大革命”以前李家山的风景比现在还好，因为那时候咸沟里的杨树要密得多，沿咸沟进村的路边还有三座庙宇，“文化大革命”时被拆毁。这三座庙宇的规模都不大，由西至东分别是财神庙、观音庙和五道庙。财神庙在沟南侧，观

李家山村的山脚下就是涛涛黄河，站在村子高处就可俯瞰波涛汹涌的黄河　李秋香摄

音庙[1]和五道庙在沟北侧。庙南北两侧的山坡互相靠近，形成夹岸之势。从风水上说，这正是村子的“水口”。在水口上修建庙宇，种植大树，是村落布局的常规，既有守住村落财源的意义，也有美化景观的作用。进村的人在到达水口之前，远远地便可望见掩映在杨树丛里的三座小庙；三座小庙的后面，隔着大村所环抱的山沟，是临崖而立的天官庙；天官庙所在的山坡上，矗立着村里最豪华的窑院之一——东财主院。进入水口后，大村东面山坡上的建筑马上映入眼帘：层叠的窑洞，错落的山墙，密实的砖垣，深深的檐廊。这些建筑再配合以翠绿的榆树和草坡，实在是适合美术家写生的好景致。

咸沟延伸至小村的东南角处，有三口井。因为咸沟里只在雨季有水，而且味咸质苦，不能饮用，所以这三口井的水就是李家山村民唯一的生活水源。三口井的内壁均为石头砌筑，其水面距离地面只有一米左右。西侧的两口井还分别用石砌的窑洞覆盖，只留南面开敞，供村民们取水。东侧的一口井上没有任何围护，只在井面四周各铺一块条石，作为村民打水时的落脚之处。

如今居住在李家山的八九百人，大部分都姓李。但李姓所集中分布的大村以及小村西侧山坡，却是村里距离井水较远的地方，反倒是人数较少的陈姓和崔姓人家，分别居住在距离井水较近的小村东侧山坡和后沟。其中原因，据一些年纪较长的村民说，是因为李姓到此之前，陈姓已经居住在小村的东侧山坡上了[2]。当时的村名，也不叫“李家山”，而是“陈家湾”。根据民国二十八年编的《李氏宗谱·序》，李氏于明代成化年间由临县下西坡村迁来。从现在三个姓氏所分布的位置来看，李姓在初到本村时，可能居住在如今

① 内供观音和关公塑像，是二者的合庙。

② 崔姓何时到李家山，村民已不知晓。

李家山村东坡建筑　李秋香摄

李家山西坡窑院群　李秋香摄

小村的西侧山坡，陈姓则在东侧山坡。后来李姓支脉繁衍，人丁兴旺，又出过不少财主，在整个碛口镇都有影响，他们的房子也盖到大村的山坡上来，而陈姓和崔姓却仍然集中在原来的范围。村名因此也改叫“李家山”了。

李姓人丁之旺，有“四支四衍”之说。据《李氏宗谱》载，李家山的李姓始祖是李端，李端生李孝、李有，李孝生士美，李有生士宾、士朋、士少。这第三代的四兄弟，分别是四个房派的始祖，《李氏宗谱》也由此“分簿四本，由始祖至五世祖下，分支录之”。四个房派的后代所居住之处，也相对集中。“大门”李士美的后代主要分布在小村的西侧山坡上，可能是继承了李氏在陈家湾最早的地盘。李士宾的后代主要分布在大村东侧和西侧山坡上，其中西侧有一条名为“前街”的道路将西侧各个窑院联系起来，“前街”因此成为这一房派的代称。李士宾生有四子，其后代也分别以“前街大门”、“前街二门”、“前街三门”和“前街四门”相称。李士朋的后代主要分布在大村靠近咸沟的较低处，此处有“下街”将各院联系，“下街”就成为该房派的代称。“下街”的后代也有四门。李士少的后代主要分布在大村和小村相接的较高处，由一条名为“上街”的“L”形道路作为联系。“上街”是该房派的代称，其后代亦有四门。

李氏家族之所以能够兴旺发达并盖过陈、崔二姓，最重要的原因是抓住了晚清至民国年间碛口作为水陆码头的商业机遇。李家山所在的黄土丘陵地带，山坡陡峻，耕地稀少，依靠农业显然难以获得大发展。不过，与李家山仅一山之隔的碛口镇，却是黄河岸边的一个繁华码头，是联系晋中与陕西、宁夏、内蒙古等地的重要纽结。清初以后，碛口的商业逐渐发展至鼎盛。至今仍有谚语云：“河南坪修了财神庙，碛口街上把生意闹；斗大的元宝街上撂，踢来踢去没人要。”碛口周边的村落，居民到碛口卖劳力，做小买卖，跑旱路赶牲口，也借此诞生了或大或小、数量众多的财主。李家山村里就有不少养骆驼的，专门跑旱路运输。财主们大都在碛口镇上开有店铺，依靠经商攒下丰厚的家产。按照晋商的规矩，外出经商的人不能携带家眷，有了钱就带回家盖房。所以许多在碛口经商的财主，家仍在山村里，他们的财富也被带回去用于建造质量上乘的窑院。

李家山的财主为数不少。据2004年新编的《李氏族谱》所载，晚清至民国年间李家山人在碛口经营的店铺有钱庄、银铺、丝绸布匹店、盐碱行、杂货行、麻绳铺、医药铺、饭铺、皮店、粮行、过载店等。[①]他们中的"东财主"和"西财主"，堪称两个代表。东财主名叫李登祥，生卒年不详，按辈份算是李氏在本村的第八世，在碛口开有德合店和万盛永两家商号。在李家山天官庙内同治五年的《施钱人名碑》中，有"总经理乡饮耆宾李登祥……施银贰佰两"的记载，由此推测其主要生活年代当在清同治末年以前。李登祥留给后人最大的财富是"东财主院"——一座两层的窑院，位于大村东侧山坡上，坐东朝西，硬山起脊的院门是整个李家山村里建造水平最高、装饰最豪华的。据李登祥的曾孙李玉珍（出生于1933年）说，这座窑院建于清同治五年（1866年），和天官庙的重修是同一年。院门上的匾额则有"壬戌年（1862年）孟秋月"的落款。

西财主名叫李带芬，又名荣锦，字香亭，论辈份属第十一世。根据《李氏宗谱》上的记载，他生于清咸丰五年（1855年），卒于民国十九年（1930年）。香亭的年纪比登祥要小上几十岁，村里流传的谚语——"西房住的人熄火，东房住的人

① 李世耀主编，《李氏族谱》，2004，03：20。

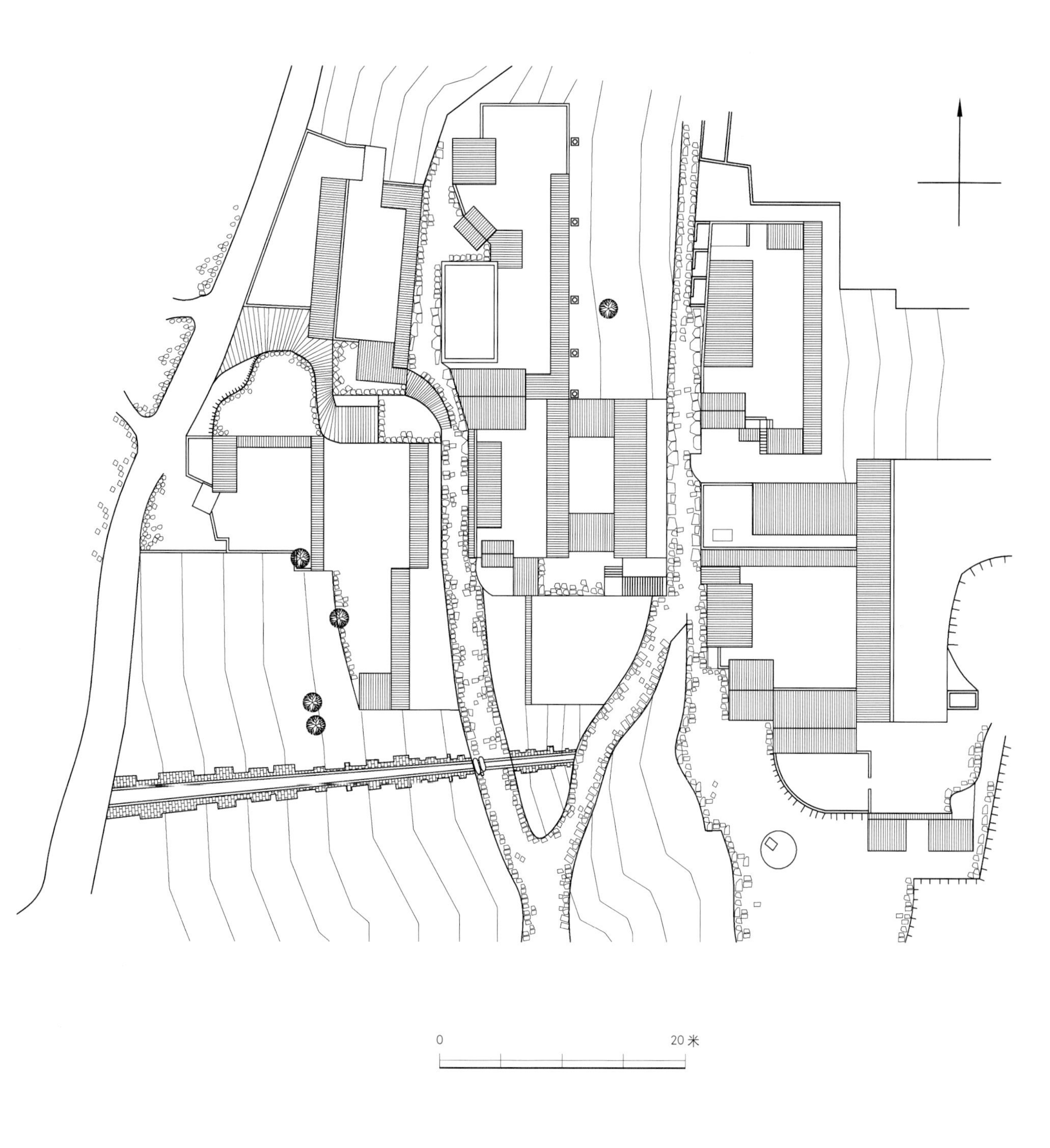

李家山村东侧建筑群屋顶平面

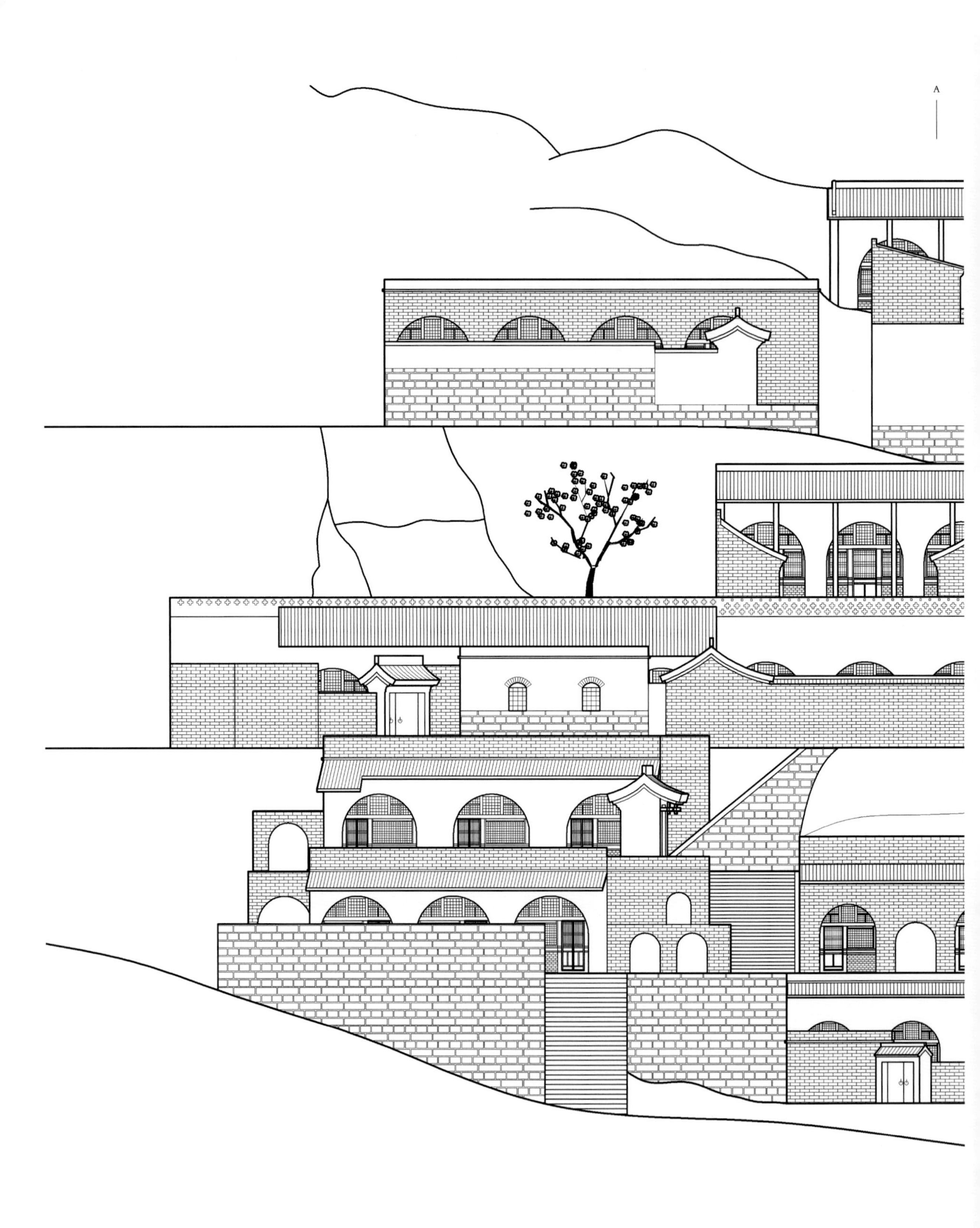

李家山村东侧建筑群立面

A

0
20 米

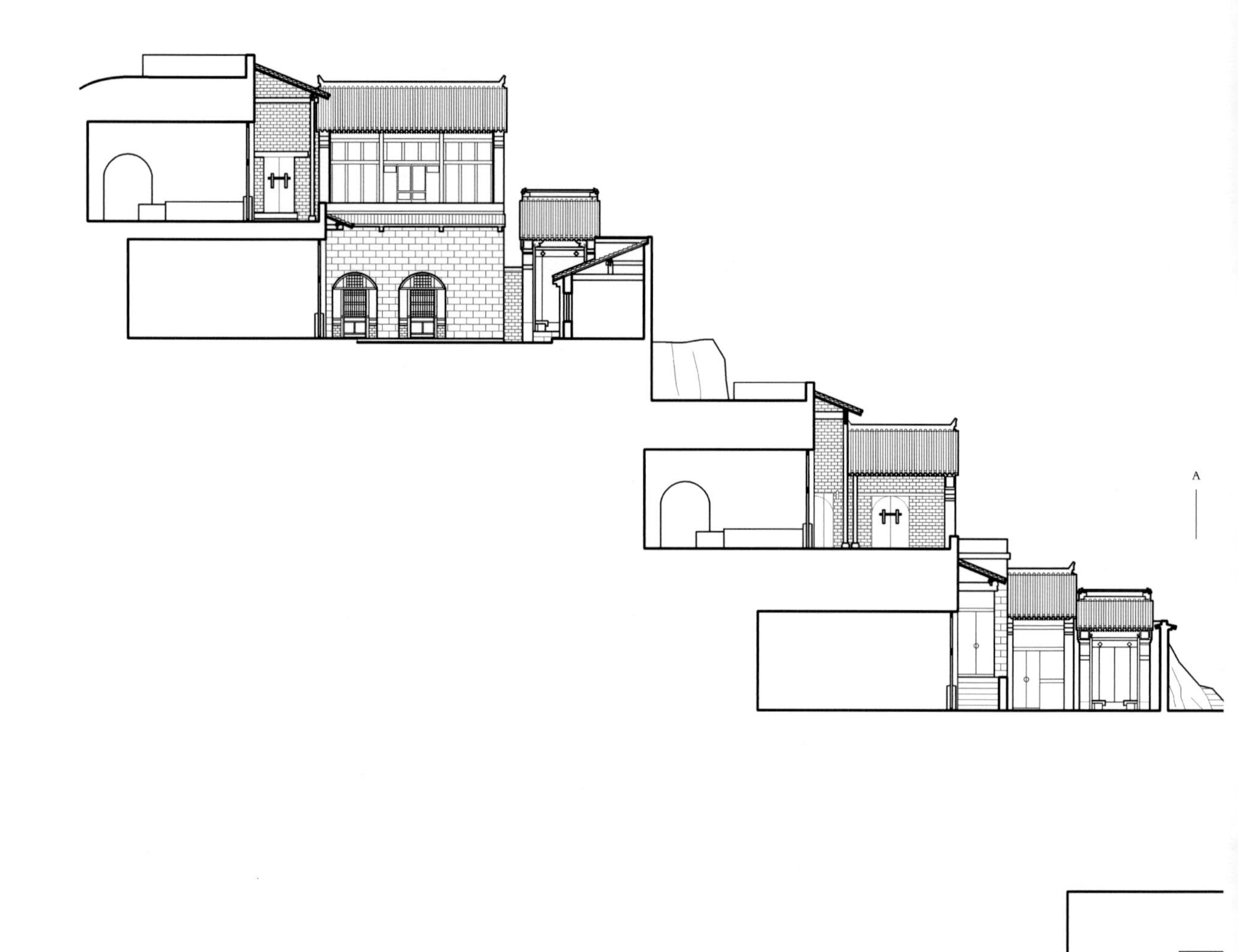

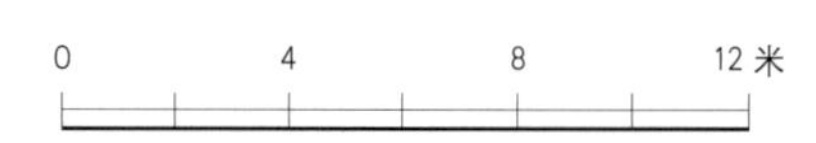

李家山村大村东侧建筑群剖面

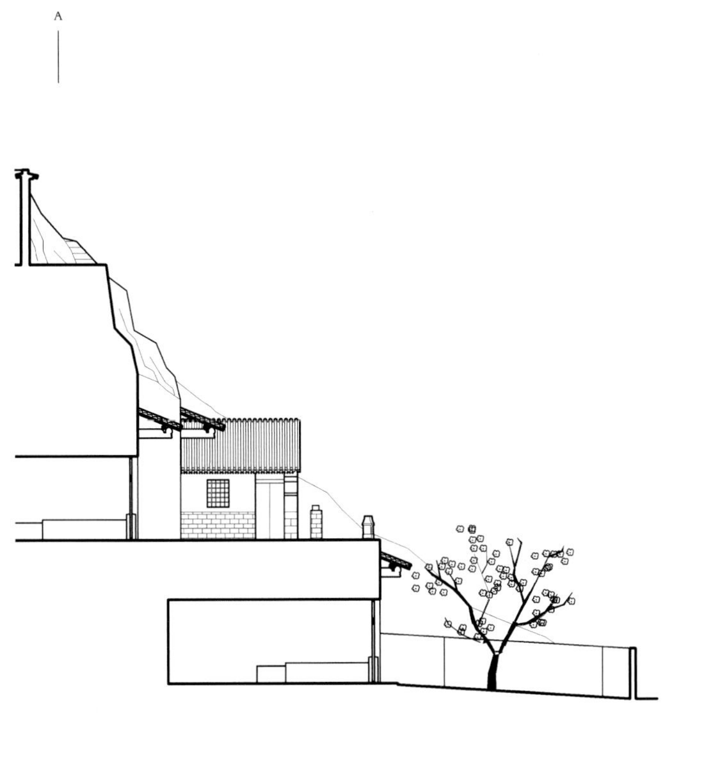

发财”[1]，常被村民们用来述说东财主家没落之后，西财主家继之而起。香亭在碛口开有三和厚商号，他给后人留下了“香亭楼”，俗称“后地院”，位于大村西侧山坡较高处，也是一座两层的窑院，但规模比东财主院更大。村民们还说香亭后来又出资帮助他的侄子李子寿[2]在民国五年（1916年）修建了“子寿楼”。“子寿楼”位于“香亭楼”的南面不远处，俗称“新窑院”，是一个完整的窑洞四合院，其大门据李玉珍说是仿东财主院的大门而造。

登祥、带芬和子寿都属于“四支四衍”中的“前街大门（李发）”。这一房派在李家山的势力最为强大。我们的房东是“前街大门”一系，房东太太马荣华说：“别人家做丧事来不了几个（人），我们家做丧事的时候整个院子里都是满满的（人）。”除

① 东房指朝东的房，西房指朝西的房。

② 李子寿，名耀坤，又名炽昌，是李带芬的弟弟李荣林的次子。子寿也是李家山历史上有名的财主之一。

层层叠叠的窑居　李秋香摄

了修建有几处豪宅外，大村内的石排水沟也颇能说明该房派的实力。山西黄土地的土层结构是垂直肌理，易崩塌，因雨水冲刷而导致的山体滑坡是常有的事故。防止山体滑坡的必要措施就在于合理安排排水。排水措施可利用原有的土坡，也可修筑石排水沟。显然后者的作用更为持久和可靠。李家山村修有大小石排水沟共五处，其中三处在大村内，一处在小村内。剩下的一处，正好是大村和小村的分界线，从庙梁上一直延伸至天官庙的西北侧，落差足有三四十米。小村内的一条石排水沟，位于小村所在山沟的低处，高度只有三米左右。大村内的三条石排水沟，分别位于东侧山坡的南侧、东侧山坡的北侧和西侧山坡的北侧，落差分别约有十米、五米和二十米。

李氏家族也是村里三个姓

氏中唯一有家祠的。家祠设在天官庙东厢房南侧的一孔窑洞内。天官庙内同治五年《重修庙宇碑记》说："（东厢房）向南修石窑一眼，乃李氏独施钱六拾六千文，以祀先祖，不与公社相干，是家庙也。"

二、庙宇建筑

李家山村原有庙宇四座，保存至今的只有天官庙。它位于大村和小村之间山坡的南端，面朝咸沟南侧的元家坡，由正房、厢房、戏台和院坪组成。庙的南面是宽约三米的道路，再南面即是六七米高的悬崖。正房前廊下同治五年《重修庙宇碑记》，对该庙的重修有较为详细的记载：

> ……余李家山栖神虽有庙宇，献戏实无亭台。因而庙则坡前有余李氏宗亲之地一处，情愿施舍，爰为后修乐楼计也。至咸丰五年（1855年），村人共议，筮日动工，先修正面石窑三眼，又修下面石窑，亦三眼。同治五年（1866年），两廊竖石窑三眼，向北盖乐楼一座，重建关帝、观音之堂构，补葺喜、贵、福财神之宇。则神安人庆，永享其福矣……

李氏家族捐的地，庙内还设有李氏家庙，可见天官庙虽以三姓"公社"的名义修建，实际上却是完全掌控在李姓一族手中的。天官庙的重修分两个阶段，咸丰五年（1855年）修的是北面正房和南面戏台的台基，同治五年（1866年）修的是东西两侧厢房和南面戏台。

天官庙的现状：正房为三孔石窑，其石砌台基高约二米，有宽约三米的前廊，廊内设明柱六根，廊的东西两端各有一通同治五年的石碑。中间一孔窑洞内供奉天官塑像，东侧窑洞内供奉观音菩萨塑像，西侧窑洞内供奉关公坐像和关平、周仓

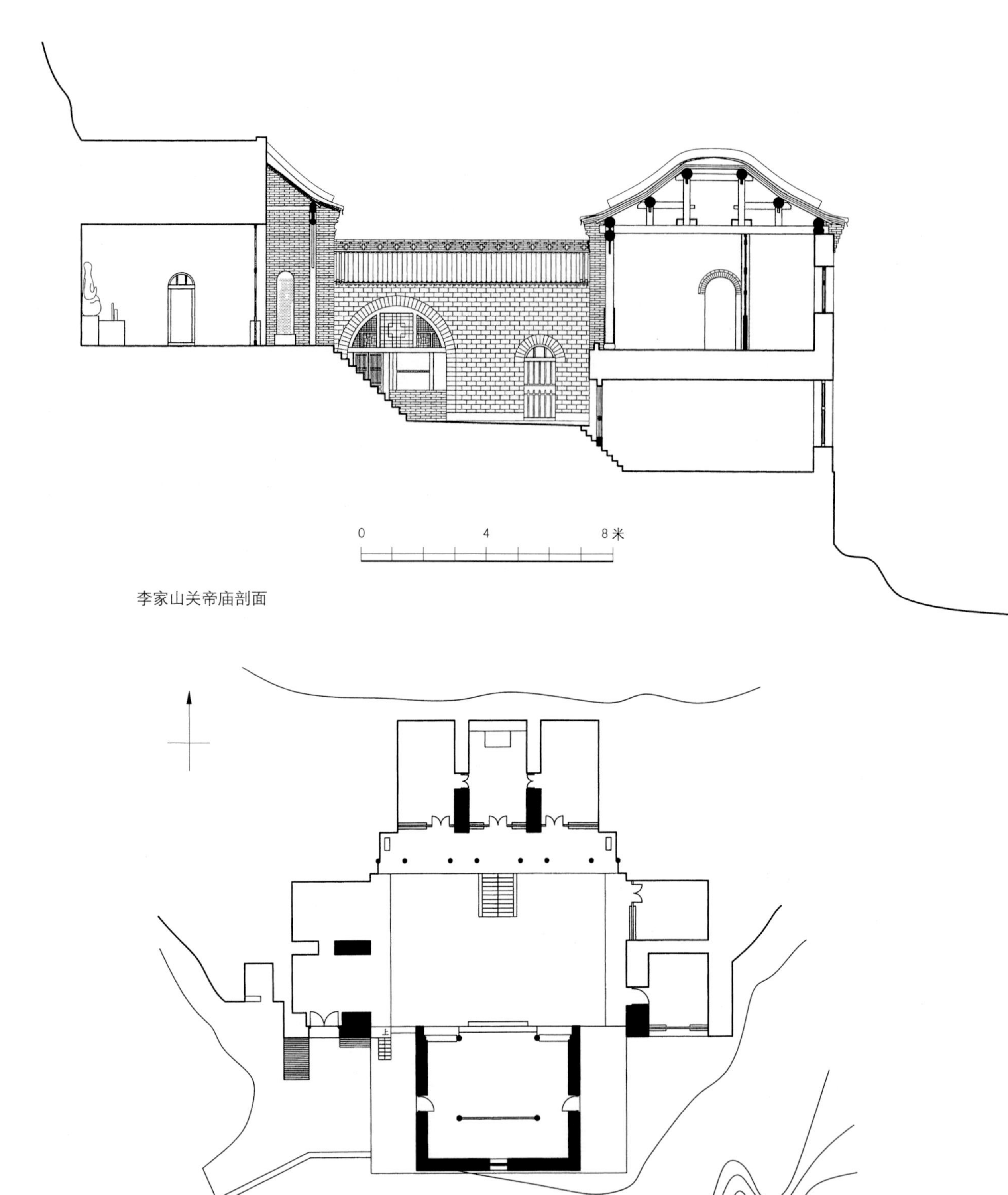

李家山关帝庙剖面

0 4 8米

李家山关帝庙平面

关帝庙的正殿　李玉祥摄

的侍立像。廊前设十一步石台阶下至院坪。院坪宽约十五米，进深约十米。院坪东厢房有两孔窑洞，北侧是一孔石窑，内有灶台，作厨房用；南侧亦为一孔石窑，但其西面外墙上只开有宽仅一米的小门洞，内部则是李氏家族的祠堂，祠堂内设有石供桌，北墙上还挂着“家谱图”（原物已毁，现物为近年新作）。西厢房也是两孔石窑，其中南侧一孔对南面设入口大门。院坪南侧是戏台，其台基为三孔石窑，高约两米。戏台为硬山卷棚，面阔三间，约八米，其中明间约四米。戏台内分前、后台，太师壁上方匾额正面书“鱼龙出听”四个大字，和碛口黑龙庙戏台上的那一块匾一模一样，是复制过来的。上场门上方书“挹雅”，其右侧有下款“黔阳王福国题”，下场门上方书“扬风”两个大字，其左侧有上款，字迹已模糊不清。

关帝庙的背面　李玉祥摄

李探锁说，旧时天官庙在每年正月初一和十五之间要唱三天山西梆子，现在“村里穷，花不起钱请戏班，不唱了”，但每年正月初一村民还要到庙里给各位神灵敬香烧纸，摆上“三牲”[①]供品。此外，平时也会有人到庙里烧香，但不是有组织的了，而是根据各家需要而定。

旧时李家山村有一个戏班，专以在碛口演“（山西）梆子”谋生。戏班的学徒叫“打娃子”，意思就是要挨打才学得会唱戏。他们的第一次正式登台演出，都必在碛口的黑龙庙。

三、居住建筑

李家山村的住宅均为窑洞式建筑。因为大村和小村都围绕南北走向的山沟，住宅除了“上街”的少数几幢窑院坐北朝南外，大部分修建在东侧或西侧的山坡上，方向坐西朝东或坐东朝

① “三牲”在本村指的是白面做的猪、羊、鱼。

西。小村西侧山坡上的陈姓和“后沟”的崔姓，因为经济实力不济，修建的窑洞质量也比较低，大多只有正房，无厢房或倒座房，形不成完整的院落，更有少数是未用砖石砌筑的最原始的靠山土窑，其中有些是宽不过两米的“一炷香”的土窑，十分贫寒。而李姓所建造的窑洞，均为砖或石材砌筑的箍窑，除正房外还有厢房和倒座房，可围合成完整的院落。

李家山窑院的正房多用于住人，厢房则可住人，也可存放粮食。倒座房一般用作牲口棚和柴草房。正房和厢房大多不带前廊，外墙顶部只设出挑约一米的没根厦檐，起遮雨护墙的作用。因为厦檐出挑距离较短，檐下无法容纳灶台，灶台便安置在正房尽端与厢房之间的空地上，在这里架设一个坡顶，就成为夏天使用的厨房。正房或厢房窑洞内的炕床大多安排在靠窗的位置，炕床内侧为灶台，在冬天可取暖和做饭。窑院的大门大多位于左前方，入口方向或垂直于正房，或平行于正房，又或偏转约四十五度。院坪内挖有地窖，储存土豆、白薯、萝卜之类。其洞口直径约半米，深度二至四米。有钱人家的地窖，内壁用砖或石材砌筑，穷人家的地窖只在地上挖土洞而成。窑院内还有磨和碾。有村民说，“左青龙，右白虎”，碾是龙，磨是虎，所以碾和磨分别在院坪的左侧和右侧。但这一“规律”在很多窑院内并不适用。另外，很多碾还被搁在院外地坪上，其原因一方面是碾的尺寸较大（直径通常将近两米），很多面积不大的院坪无法容纳，另一方面则是为了方便大家公用，此为山西一带的常规。

正房和厢房窑洞的顶面称为“垴畔”。窑院为两层时，一层窑洞的垴畔就是二层窑洞的屋前坪地。一层窑院的窑洞的垴畔，和两层窑院的二层窑洞的垴畔，也常修有围墙，不允许别人随便进入。和孙家沟等村落的垴畔常用作晾晒粮食的晒场不同，李家山窑院的垴畔大多不用作晒场，晒场多在各家窑院附近，利用天然坪地稍加改造而成。

李姓在李家山修建的高质量住宅有“东财主院”“后地院”“新窑院”“桂兰轩”等。

东财主院是两层窑院，位于大村东侧山坡上，坐东朝西，为“东财主”李登祥建造。一层窑院内，正房五孔石窑，三明两暗（梢间的窑洞通过厢房东侧窑洞进入）。南厢房为两孔石窑，其西侧为硬山起脊的大门。大门朝南开，其上匾额正面书“堂构增辉”四个大字，上款为“壬戌年孟秋月”，下款为“任应龙书”。大门的正脊、墀头、门簪、雀替、侧壁上均有考究的雕饰。尤其是墀头上的麒麟献瑞，雕刻十分细腻。北厢房为三孔石窑，其西侧为通往上层的楼梯。院坪西侧的倒座为两间草棚。一层窑院的正房和厢房均无前廊。窑院的二层，正房为五孔砖窑，其前廊宽约三米，设明柱八棵，廊南端设小门，直通院外。南侧厢房为三间木构砖房，其门窗槅扇质量较高，保存较好。北侧厢房原先与南侧厢房一样，有三间木构砖房，但后来因为一层的北侧厢房墙体出现裂缝，遂将二层的厢房拆除。窑院大门南面是一块面积约七百平方米的坪地，是东财主家的晒场。晒场上正对院门外约三米处放有一台碾。晒场靠近窑院南厢房处又修有三孔石窑，据现在居住于该窑洞内的李玉珍说，是他的父亲李占彪于大约七十年前修的。

后地院，位于大村西侧山坡上，坐西朝东，是“西财主”李带芬所建。带芬字香亭，所以该院又称“香亭楼”。该窑院由南侧主院和北侧跨院组成。北侧窑院为两层。底层窑洞的正房为七孔石窑，五明两暗（尽间的窑洞通过厢房西侧窑洞进入）。院坪南、北侧的厢房各为三孔石窑，其东侧各有通往二层窑院的楼梯。南侧楼梯间的东侧是院门，硬山起脊，大门朝南开，造型较为简单，且破损严重。院坪东侧的倒座为五间牲口棚，另一入口的东侧还有一间进深较浅的草棚。牲口棚的数量较多，以一棚两头骡、马或驴计，五间牲口棚可养十头，李家山是碛口旱路运输的骆驼的主要饲养地之一。一层窑院的正房和厢房均无前廊。院坪内北面放一盘磨，中间的位置放一台碾，西北角屋檐下挖有一个地窖。窑院的二层，正房为七孔砖窑，南侧四孔窑和北侧三孔窑之间，自外墙至一层窑洞垴畔上的女儿墙设砖墙，划分成两家。正房前的檐廊宽约三米，南、北部分分别设明柱六棵和五棵，廊南端设小门，直通院外。北侧厢房为五间木构砖房，有宽约三米的前廊，门、窗、槅扇与雀替的质量较高，保存较好。南侧厢房的形制原与北侧厢房同，但后来因为其下方的房屋墙体出现裂缝，遂将此二层的厢房拆除。正房前廊的南端开小门，直通院外的小坪地。小门外与正房并列的位置有一孔小窑洞，是牲口棚。牲口棚前放有一台碾。南侧跨院，据李带芬的后代李全生（出生于1961年）说，原为学堂，1947年土地改革后分给村民当住房了。院内正房为三孔石窑，无厢房和倒座房，以石墙围合成院落，东南角朝东面开院门。后地院的西南方有一块面积约六百平方米的场地，是“西财主”家的晒场。

新窑院，又称“子寿楼”，据说是李带芬出资帮助其侄李子寿于民国五年（1916年）修建的，位于后地院的南面，二者相距约四十米。该院只有一层，但占地宽敞，修建水平较高，保存状况也较为完好。正房为七孔砖窑，五明两暗（尽间的窑洞通过厢房西侧窑洞进入），前廊宽约两米，设明柱八棵。院坪南、北侧的厢房各为三孔砖窑，前廊亦宽约两米，各设明柱六棵。院坪东侧的牲口棚和后地院一样，也是五间。院门设于东北角，朝向东北方，硬山起脊，形式与东财主院的大门类似，但建筑规模和装饰水平都略差于后者。门洞上方的匾额正面书“钦旌节孝”四个大字。大门的两扇门板上各钉有五横三竖十五个铁门钉，门板的边缘也包着铁皮。院坪内北面放一盘磨，中间挖有一个地窖。与一般人家的地窖是垂直挖入地下不同，新窑院的地窖是阶梯状挖入地下的。倒座房的东墙外约一米三的高处设有四个石质拴马扣。正房窑洞的硷畔，在南、北、西三面有砖墙，西面墙的中间开门，现此门南侧部分的围墙已损毁。

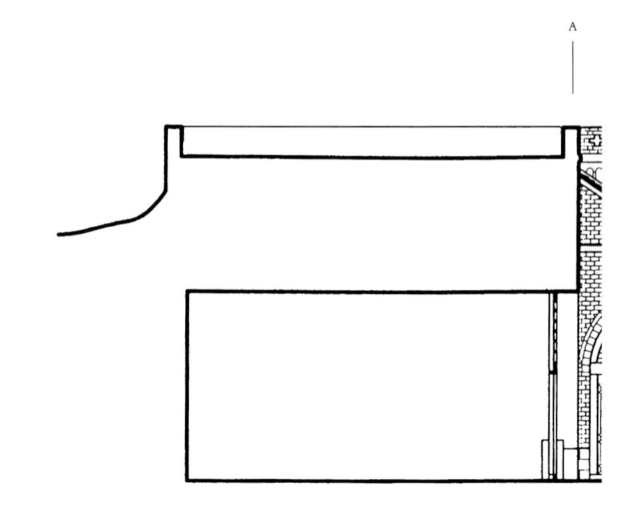

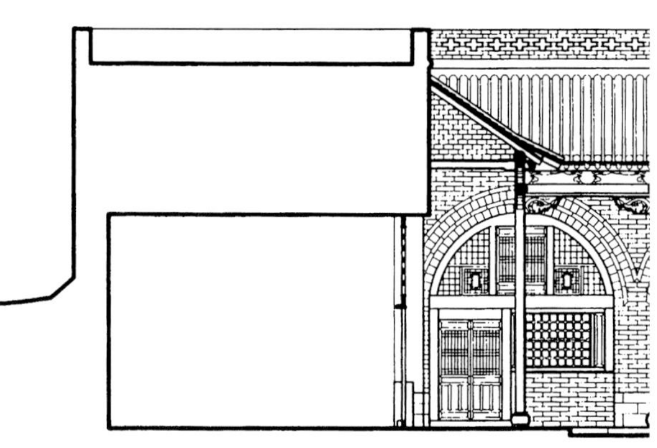

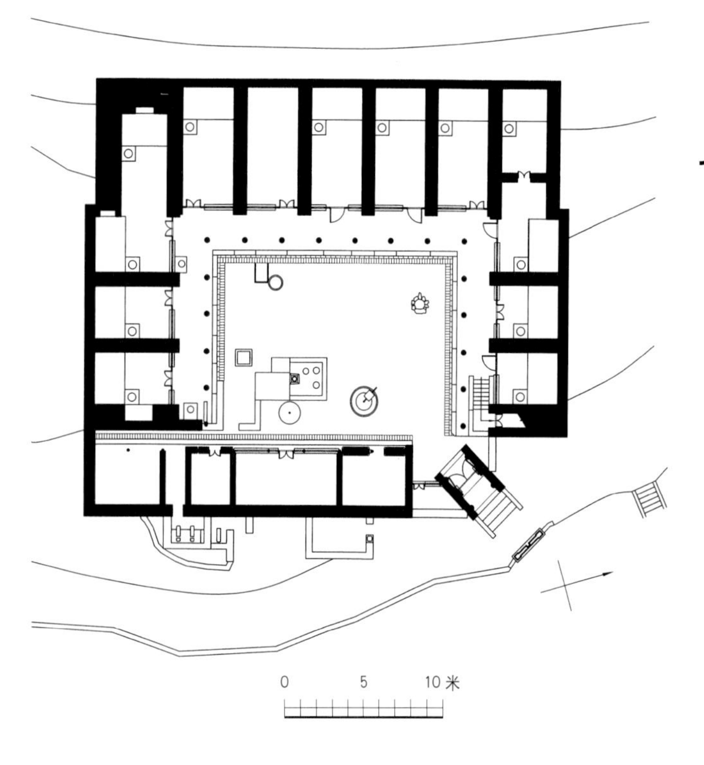

李家山新窑院平面

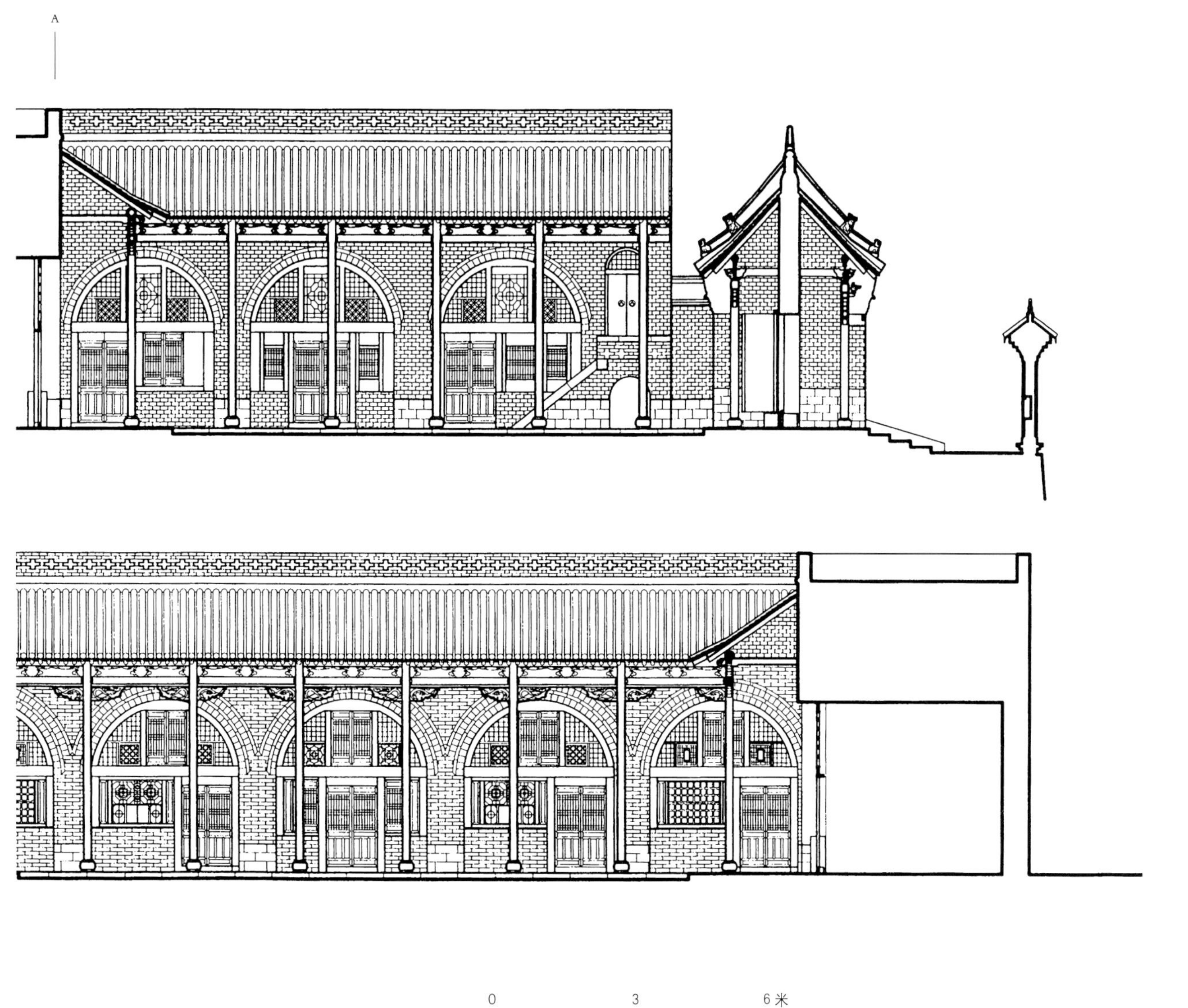

李家山新窑院横剖面

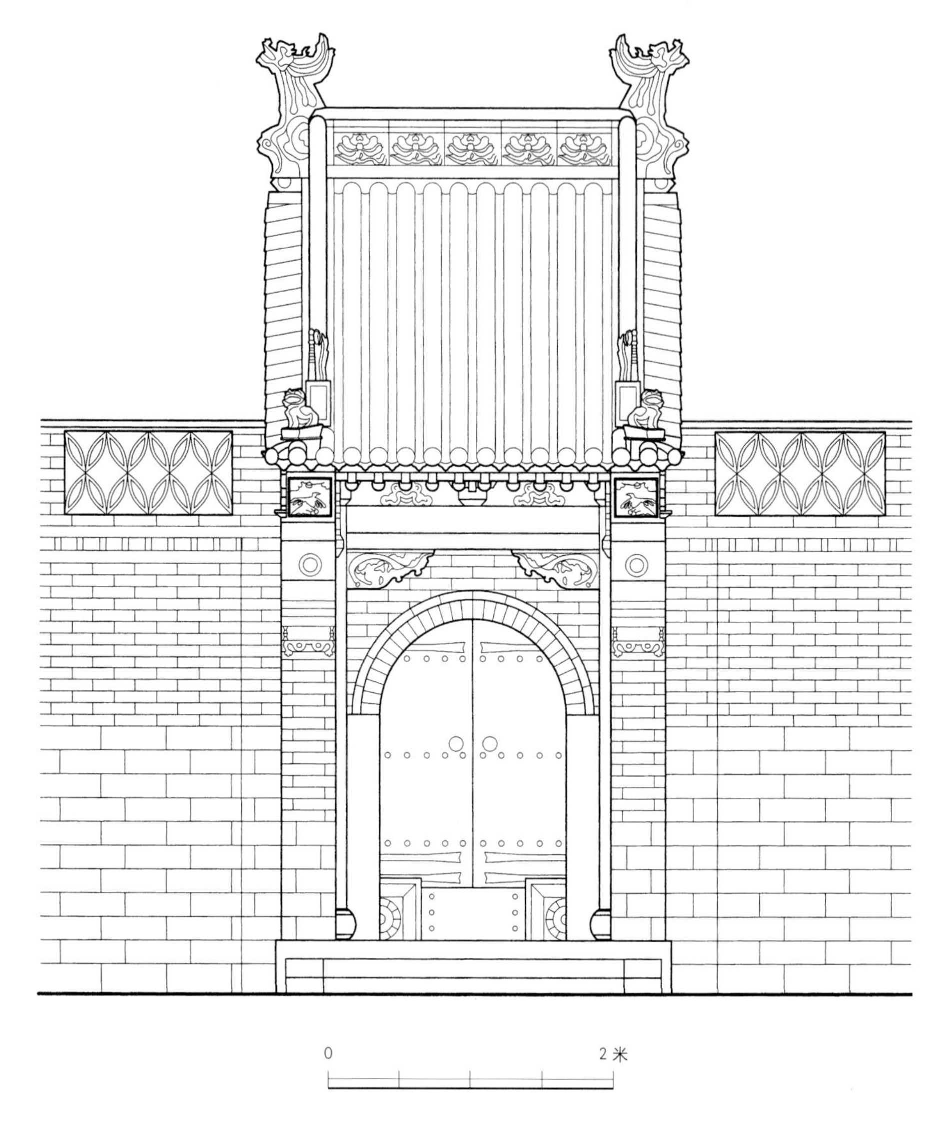

李家山新窑院院门大样

桂兰轩，位于上街东面一段，坐西朝东，由一个两层的主院和一个跨院组成，据现屋主之一李荣厚（出生于1930年）说，是他的“老祖爷爷”李生香建造的，传到他手里“已有五代人”。根据2004年新编的《李氏族谱》，李荣厚是“上街二门（李璋）”之后，其高祖是李生香，曾祖是李登锦，与东财主李登祥同辈。如此算来，桂兰轩的建造年代可能和东财主院大致

巧用地形建造窑房　李玉祥摄

窑居空间　李玉祥摄

相当，甚至更早。主院的一层，正房为五孔石窑，南厢房已毁，北厢房只有一孔石窑，其东侧有楼梯通往二层。倒座房为两间木构房，是牲口棚。院门位于东北角，朝向东北方，硬山起脊，形式较为简单。二层窑洞的正房为五孔砖窑，前廊宽约两米，设明柱八棵，廊前坪地宽约四米，东面正对正房明间设一照壁。二层正房的南面有一小院，小院的南面开一小拱券门，门上南面有匾额，书“桂兰轩”三个大字。跨院位于主院的北面，其正房为七孔石窑，无前廊，无南厢房，北厢房为两间木构房。东侧倒座房三间，亦为木构，是牲口棚。院门设在东北角，朝向东北方，硬山起脊，形式亦较为简单。

李家山村质量较好的窑院远不止上面介绍的几个实例。尤其在大村山沟的两侧，陡峭的山坡上，石砌或砖砌的窑洞或紧邻悬崖，或层层叠落，远望去山坡表面的大部分都已经为窑洞建筑的石材、砖材和拱券门所覆盖——这已经是一幅“立体村落”的景象。不需要爬到山顶，不需要飞到天上，就能够欣赏到每家每户的面貌。

第四章　孙家沟村

一、地理历史

从碛口以北二十公里的三交镇出发去孙家沟时，天色已渐黑。从三碛公路[1]上向南拐进山间小路后，没有路边小店，也没有路灯，黑夜里除了汽车灯照射出的光柱外，眼前几乎是伸手不见五指。这段路只有两公里多，先是不停地上坡，然后是不停地下坡。坡度很陡，汽车便迂回前进。绕来绕去，也数不清一共绕了几十个弯，最后终于到了。发动机声一落，耳边立刻传来了潺潺的流水声——果如其名，孙家沟真有一条小溪。它是湫水河的一条小支流[2]，虽然流量不大，却常年有水，这在“沟壑纵横，地表支离破碎”而且是“全国水土流失最严重的县份之一”[3]的临县，无疑是难能可贵。

循着这溪流之声，在村支书王荣桂手中的电筒指引下，我们下榻于溪边的一家窑院。整个晚上，村里都处于停电的状态。孙家沟是个什么模样呢？我们不得

① 三交镇至碛口镇的公路，属县级公路。

② 沿途经过羊峪沟、塌头沟、王家沟、孙家沟和武家沟后汇入黄河的支流——湫水河。

③ 《临县志》，海潮出版社，1994，03：1。

孙家沟村平面图

不带着这个疑问进入了梦乡。

次日清晨，走出院坪，孙家沟的全貌一下就映入了眼帘。两面山坡，夹着一条“S”形的小溪，阳坡在东侧向前伸出，背坡在西侧向前伸出。阳坡最南面的一块小平地叫“芝麻坪”，上面只有一座窑院，就是我们借住的那家。阳坡上的房子大多坐北朝南，背坡的房子则全部坐落在坡的东面，坐西朝东。我们头天晚上下车的地方，就是老村口。此处以东主要是老窑洞，大多建于1947年土地改革以前，或是在“土改”以前的建筑上加以改造或重修，少数建于20世纪六七十年代，还有少数建于1978年农村大改革之后（主要分布在地势较高之处）；以西的窑洞全部建于“土改”之后，其中大部分又是1978年之后新建的红砖窑住宅。村口东侧有一个五六米高的小高台，台上建有一座观音庙。观音庙坐西朝东，其东面是坐北朝南的学堂，有两层窑洞。观音庙和学堂的南面紧邻一片四五米高的悬崖，悬崖下面是一米多宽的小路，路南面又有一片悬崖，高度有七八米，其下即为溪流。溪流中满布大小不等的石头，对着学堂南面还形成了一个小瀑布，落差有三米左右。瀑布往西约十五米，溪上架一石拱桥，其名曰“锁龟桥”，据王支书说，是因为桥架设在一块形似乌龟的大石头上的缘故，而且“老辈子传说，有几次在大水之后还真见过大乌龟爬上岸来晒太阳”。锁龟桥位于村口偏西的位置，并不是联系南北两坡的最近路线。村民们对它的使用频率也不高，因为水沟里的水很浅，完全可以踩着石头过河，冬天更是可以踏冰面而过。不过，水沟有时候还是会发大水的。现年六十四岁的王呈祥说，1964年沟里发大水时，水曾涨起六七米高，直漫到王长生宅（孙家沟村1～2号，背坡最低处的一家）的院门口，当时幸好院门前设有石栏板将水挡住，才没有侵到院里面。四棵矮石柱至今仍在。

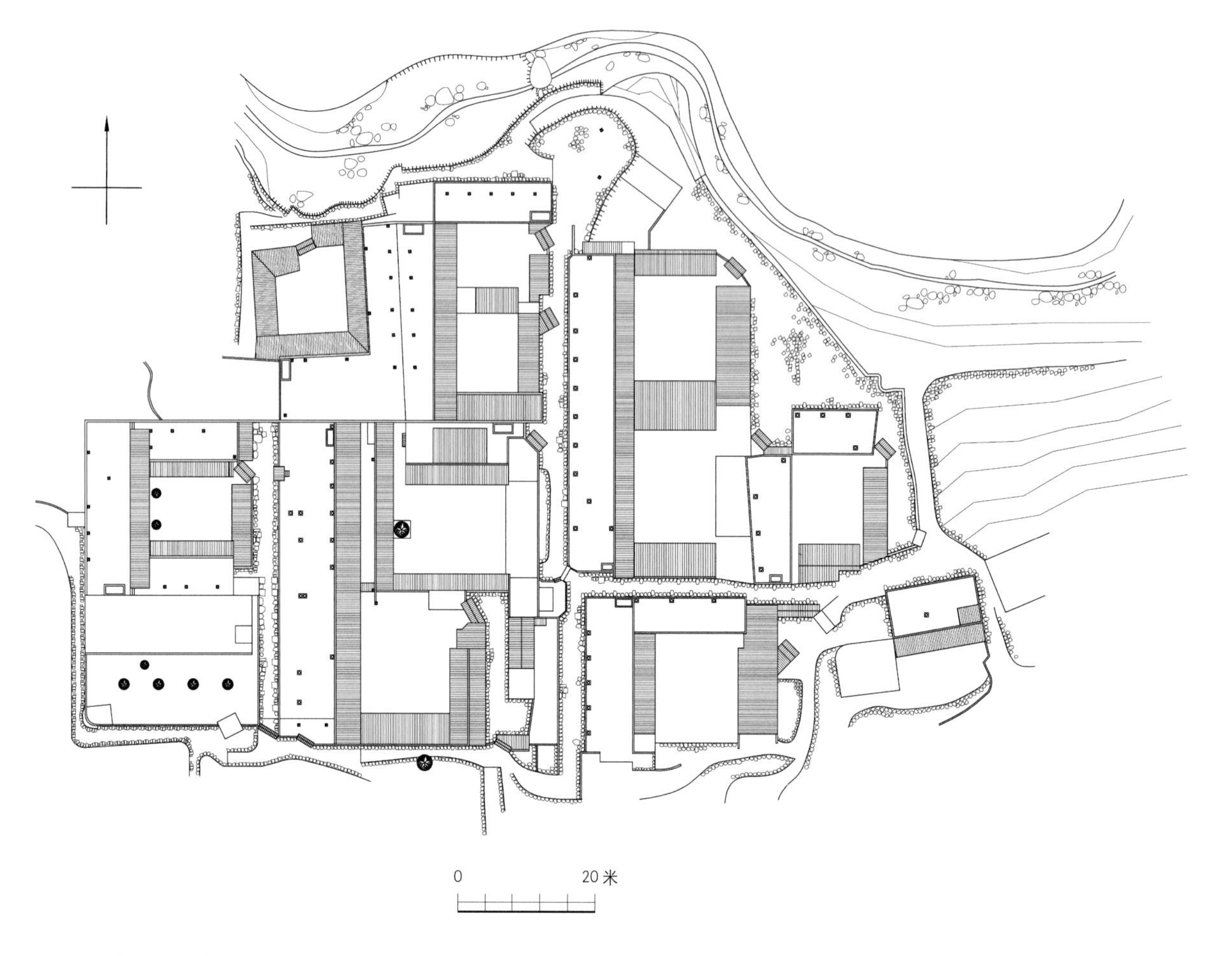

孙家沟村南坡建筑群屋顶平面

背坡朝西一面无建筑，朝东一面共修建有十四座质量较高的窑院，其中最高处南面的一座已经大部分拆毁。此外，一座名为“眼乍庙”的小庙矗立于山坡较高处的一块平地上，与观音庙隔岸遥相呼应。

背坡脚下临水沟与芝麻坪隔岸相望之处有一口井，上覆石窑，西面开口，有台阶通往水面。此井不知建于何时，村里好些七十岁以上的老人都说小时候就已经有了。井水来源于山泉，一直是村民的饮用水源，但是自从四五年前南山上开了煤矿后水就被污染了。2001年，政府从石塔子沟水库引水过来供村民饮用，村民们已不再取井里的水饮用。

孙家沟村俯瞰　李秋香摄

孙家沟集中住宅群　李秋香摄

孙家沟之所以姓孙，据王支书说，是由于在明末清初之际最早到此地的两人一个姓孙，一个姓王，而孙姓者更为年长之故。不过，实际上现在村里二百五十三户人中，王姓人口已占到百分之七十到百分之八十，孙姓只占到百分之十左右。[1]和中国北方地区大多数村落以杂姓构成不同，孙家沟的人口构成显然与南方地区常见的血缘村落更为接近。背坡上王支书家所在的窑院（孙家沟村12～15号），院坪上原有一座三间的“月厅”（“文化大革命”期间拆毁），其室内供奉有王家祖先的牌位。这座月厅，实际上就相当于王氏的家祠。

孙姓和王姓到达此地的传说已难以考证，但王姓在孙家沟的发展却是有家谱和墓碑为证的。据1992年王贻方撰《王氏家谱》引《阳坡老茔康熙四十一年墓碑》及光绪三年《恩润公立碑》，[2]王姓在康熙初年从今柳林县东王家沟[3]迁来孙家沟之后，可能一度人丁并不兴旺：开基祖云飞生有四子，其中环、琰、珣三人各生一子，其后子孙不详，长子瑜生子承世，承世生子铎，铎生子秉文，正所谓“数世单传，累世贫乏”[4]。在康熙初年至道光年间的约一百零五年里，王家的生活一直处于“贫寒度日，茕茕孑立，举目无亲”的状态[5]，王承世甚至沦落到“寄居三交”[6]，“正坡街（卖）烧饼为生”[7]的地步。不过，这也

① 余下的各姓：樊姓1户，6-7口人；段姓1户，目前只剩一个老太太；刘姓2户，12-13口人；胡姓2户，6-7口人；郭姓1户，1口人；张姓12户，约30口人。——数据得自对村支书王桂荣的采访。

② 此二碑均已不存。

③ 于孙家沟东侧的一个村庄，距离约两公里。

④ 阳巷坟地同治十一年（1872年）立之王秉文墓碑。

⑤ 阳巷坟地同治十一年（1872年）立之王铎墓碑。

⑥ 阳巷坟地同治十一年（1872年）立之王秉文墓碑。

⑦ 根据1992年王贻方撰《王氏家谱》。

印证了“树挪死，人挪活”的老话——正是由于王承世出走三交并以卖烧饼为生，王家从此才走上了经商之路，到第五代王秉文的晚年和第六代自福、自禄和自全三兄弟时，“家业渐兴，由三交旋归故里”[①]，其后王姓在孙家沟人丁兴旺，一代胜过一代，最终成为孙家沟村的主姓。自福、自禄、自全三兄弟也分别成为大门、二门、三门三个房派的始祖。

王氏家族将其兴旺的原因归于祖坟的好风水。这祖坟原先位于阳坡上，王秉文“旋归故里”后，“营建新坟，以移祖考”[②]，将祖坟迁至背坡一处名为“阳巷”的地方。此处坐南朝北，且地势较高，可俯瞰孙家沟的民宅，的确是一块“风水宝地”。关于这一点，孙家沟的村民还有一个更通俗但却更富诗意的说法：孙家沟所在的黄土丘陵，形状好似一个个莲花瓣，沟的南、北各有五个莲花瓣坡向山谷的水沟，老祖坟所在的“阳巷”正好就在这十个莲花瓣的中心，是“莲花的花蕊”。有了这样的好坟地，王家果然从此“人财两旺，誉闻百里矣”[③]。

王家的兴旺在其修建的住宅上尤其能得到体现。根据孙家沟93号（原王恩润宅的一部分）房主王文彬（现年三十五岁）收藏的民国庚午年（1930年）照片，孙家沟背坡上除最高处的一个院落（孙家沟30～33号）外，其他十三处院落和沟北岸芝麻坪上的一处院落都已完工，而且与现状几乎完全一致。而这一处尚未竣工的院落，当年也只是缺少东面的倒座房和大门而已，同时根据现在大门上仍保存的匾额题记（见后文），其竣工日期应该就是1930年这一年。

① 阳巷坟地同治十一年（1872年）立之王秉文墓碑。

② 同上。

③ 同上。

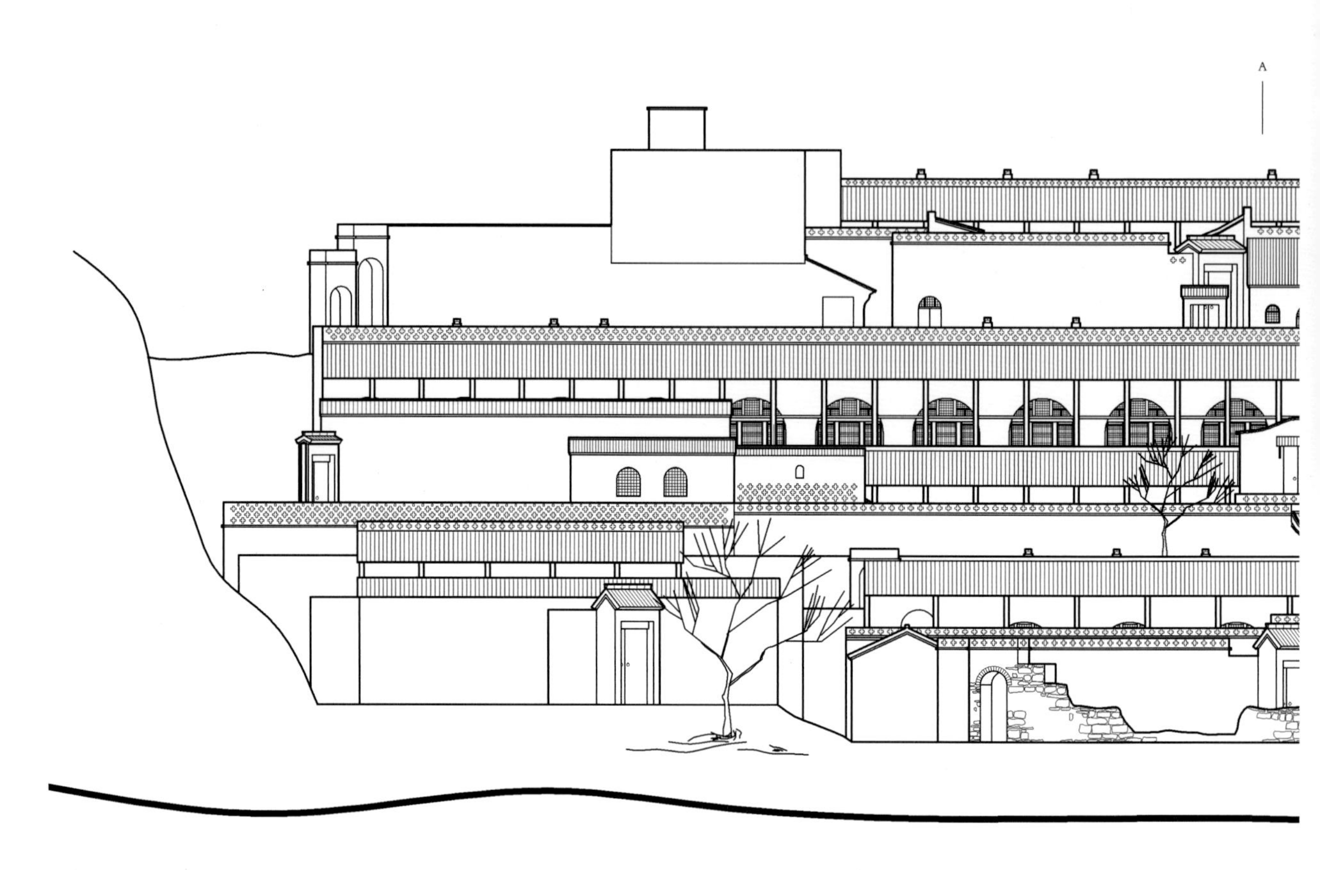

孙家沟村南坡建筑群立面

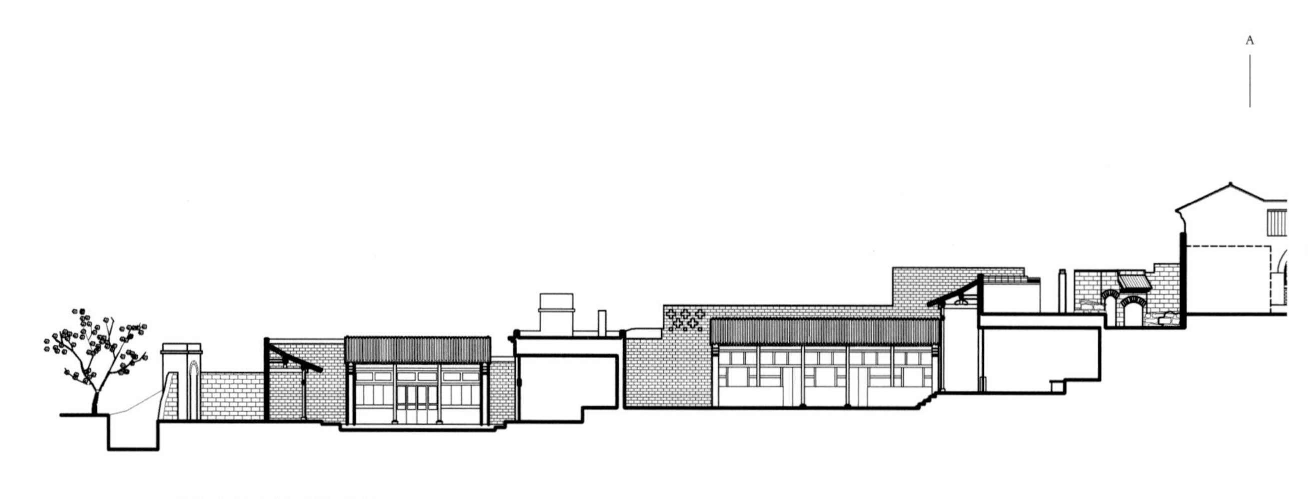

孙家沟村南坡建筑群剖面

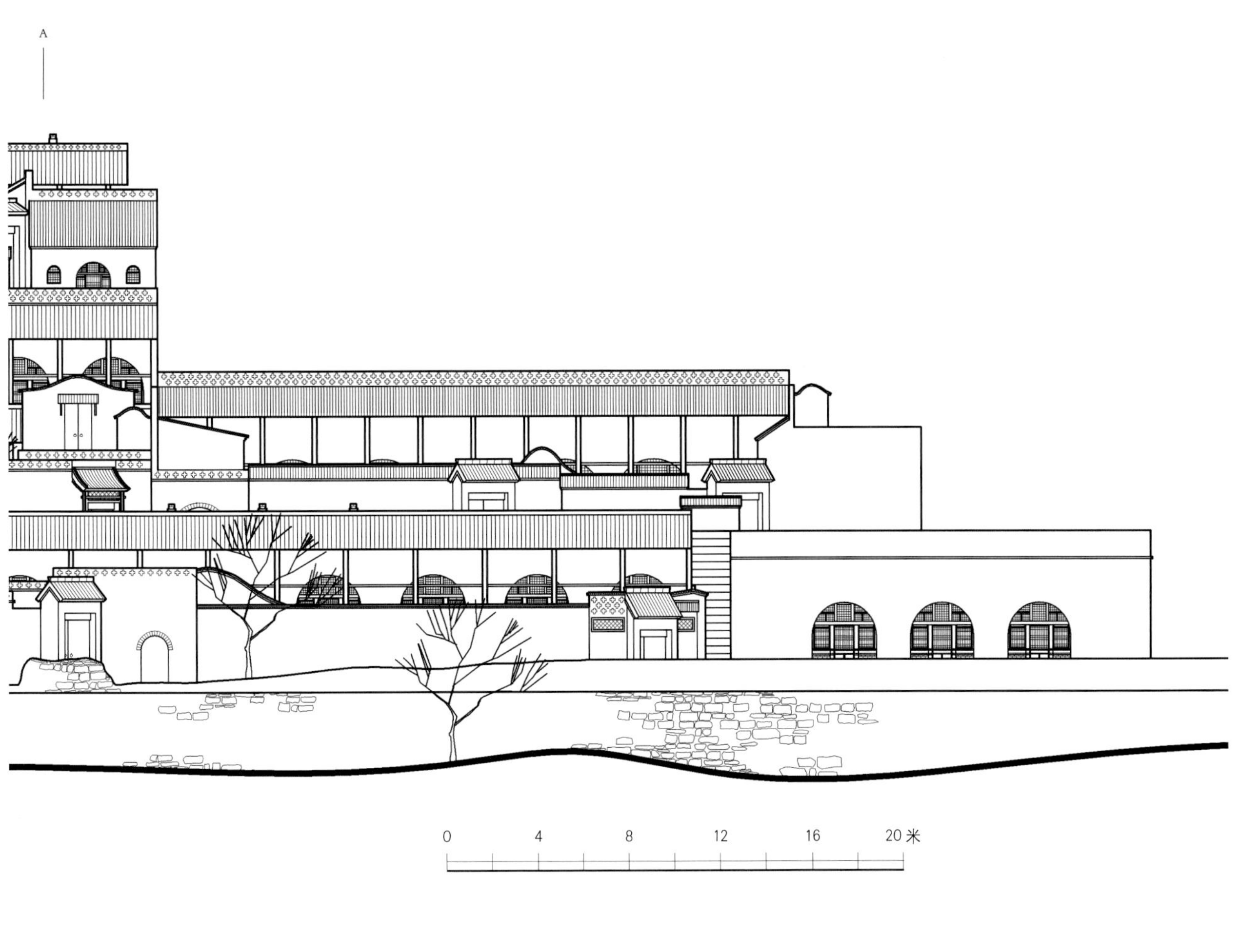
A
0
4
8
12
16
20 米

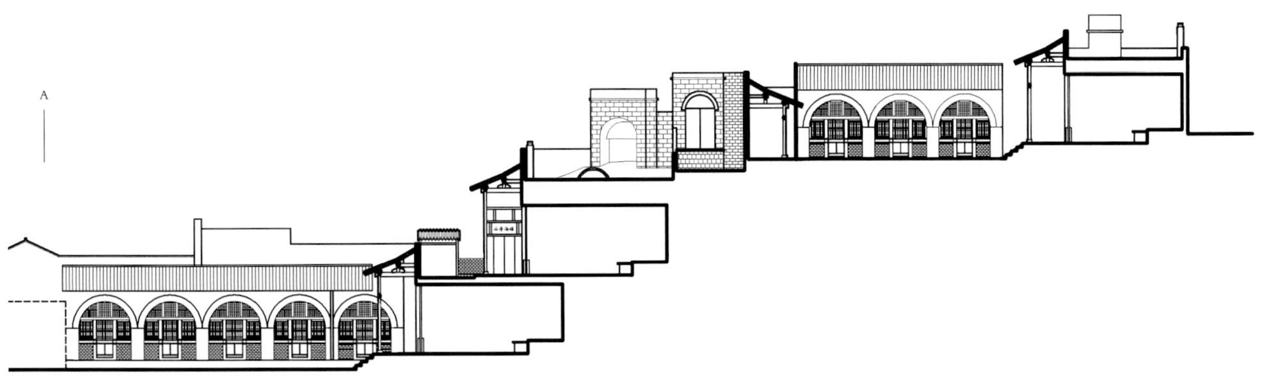
A

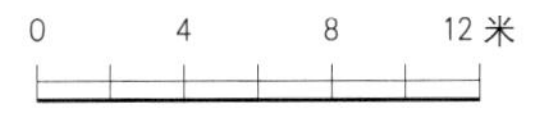
0
4
8
12 米

顺应地势建造的窑、箍窑及瓦房　罗德胤摄

王家的兴旺一直延续到民国年间。1930年大约可算是王氏家族史和孙家沟村史中的一道分水岭。这一年，王家完成了1946年“土改”以前最后一处高质量住宅的建造（即背坡上地势最高的一处，今孙家沟村30～33号），此后由于战乱频仍和鸦片盛行等原因，王家和孙家沟村的经济迅速衰退。一直到1958年“农业学大寨”时，孙家沟村民才修建了阳坡上观音庙东侧的八眼砖窑（即“大队部”）。

二、庙宇建筑

孙家沟现存的老庙宇建筑只有观音庙一座。它位于村口一块面积约一百五十平方米的高台上，和学堂的上层分别占据台面西半和东半。观音庙坐西朝东，由三间平地窑（箍窑）和一个院落组成。建筑采用硬山顶，两面山墙和后檐墙用石材砌筑，窑洞前为三间檐廊（明柱厦檐），廊前是长宽各五六米的庭院。院内种植一棵大槐树。和其他地方的众多民间庙宇一样，孙家沟的观音庙也供奉着多位神灵。主神观音的塑像被供奉在堂内，前檐墙的窗台和院墙上的龛则供奉着其他神灵的牌位：前廊北侧窗台上供奉的是“眼乍”[①]和河神；南侧窗台上供奉的是天地；庭院北侧围墙上的龛内供奉的是山神；南侧围墙的龛内供奉的是土地；东侧院墙（亦即学堂山墙）上并列三个龛，中间供奉着关公，其左为由蚜蛾（吃棉花、谷子的虫类），其右为“蜡”[②]、关公。

檐廊下北侧还竖立着一通清光绪七年（1881年）王恩诏撰写的石碑，其名为《重修观音庙碑记》。碑文称：

……我孙家沟村旧建观音庙一座，庙貌佚（狭）隘，虽非古刹名□之胜境，然而神亦无不显其圣也，所以物阜民熙，家家得洽圣泽。而损殁剥落，人人欲举神功，由是于正月十五日少长咸而同谋重修。功始于三月初旬，告竣于七月既望。正面大窑一眼，两旁小洞二□，前□水檐，左□献殿。因兹观音得庇荫，山神赖安……前之庙貌狭隘者，今则廓然而广矣……

由碑文可知，观音庙早在光绪七年（1881年）以前就已存在了，光绪七年是将其重修，并扩大规模。观音庙的重建，显然和王氏家族的经济实力是不可分开的。碑文中提到的“献殿”，可能是现在院落东南角的一间小屋。

观音庙对于孙家沟村民的重要性还体现在每年农历二月十九

① “眼乍”为当地方言，可能是指治眼病的眼光娘娘。

② 即虫神刘猛。

的观音神诞会上。王支书说，一直到几年以前，每逢观音神诞村里都要请戏班来唱梆子戏，从二月十七开始，“连唱三天”，此外还有“二人抬”、扭秧歌等节目。近几年这样的活动少了，比如2004年就只放了一部电影。唱戏的活动还会在秋收后的某三天举行，此外再无其他时间要唱戏了。村民们并不为其他神灵的神诞组织“专场”，因为“都在二月十九唱过了”。

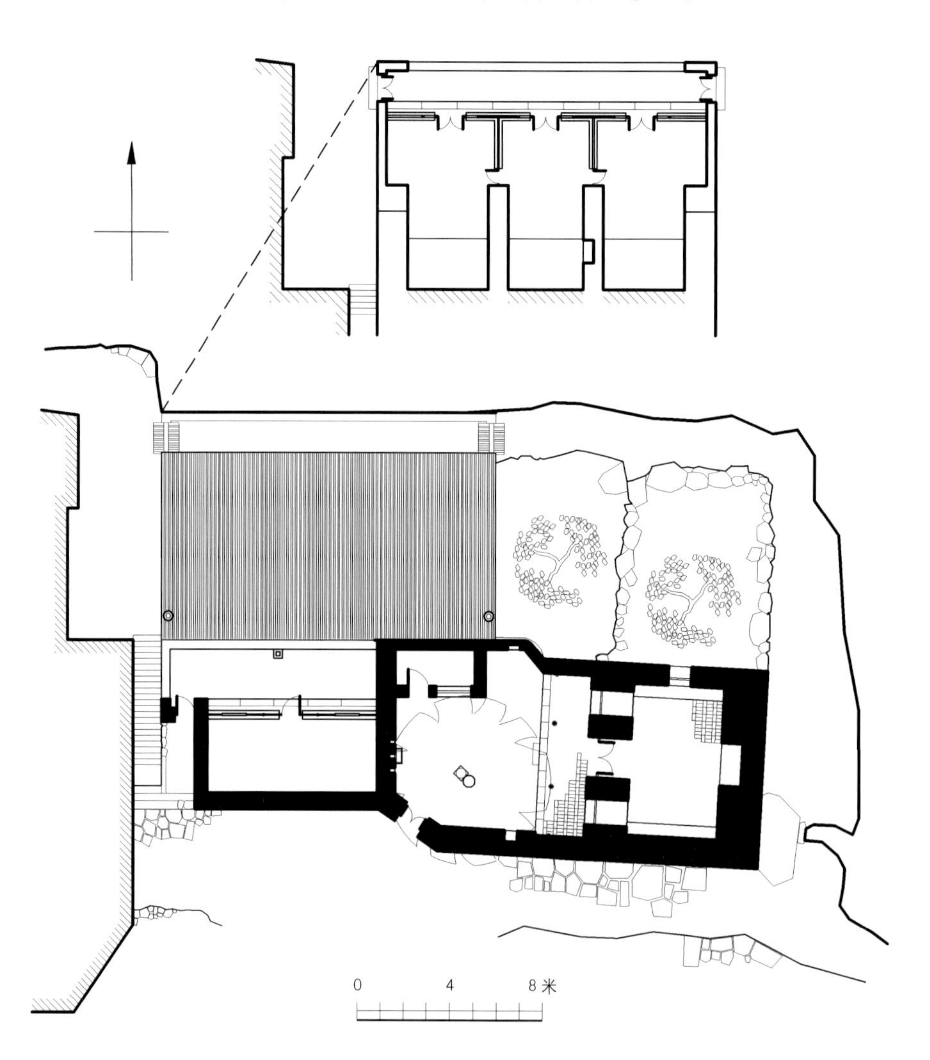

孙家沟村观音庙及学堂平面

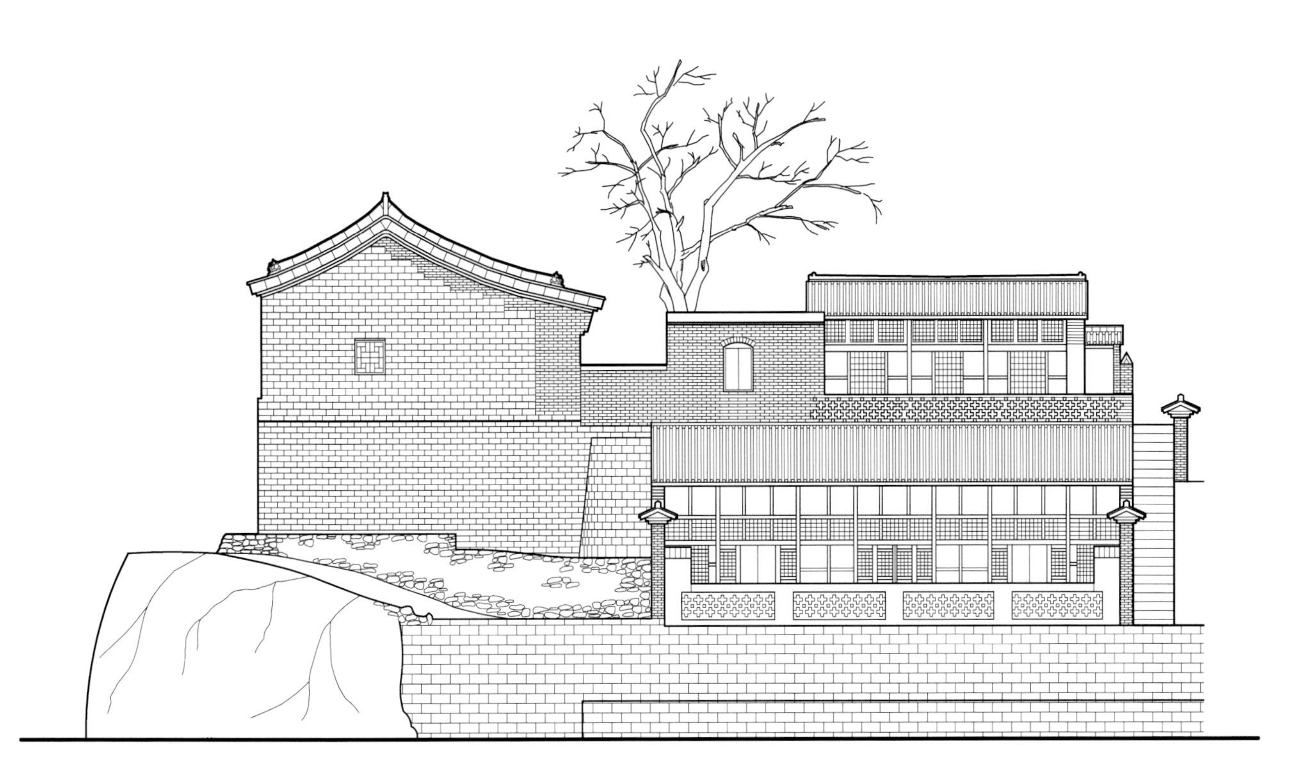

孙家沟村观音庙及学堂沿河立面

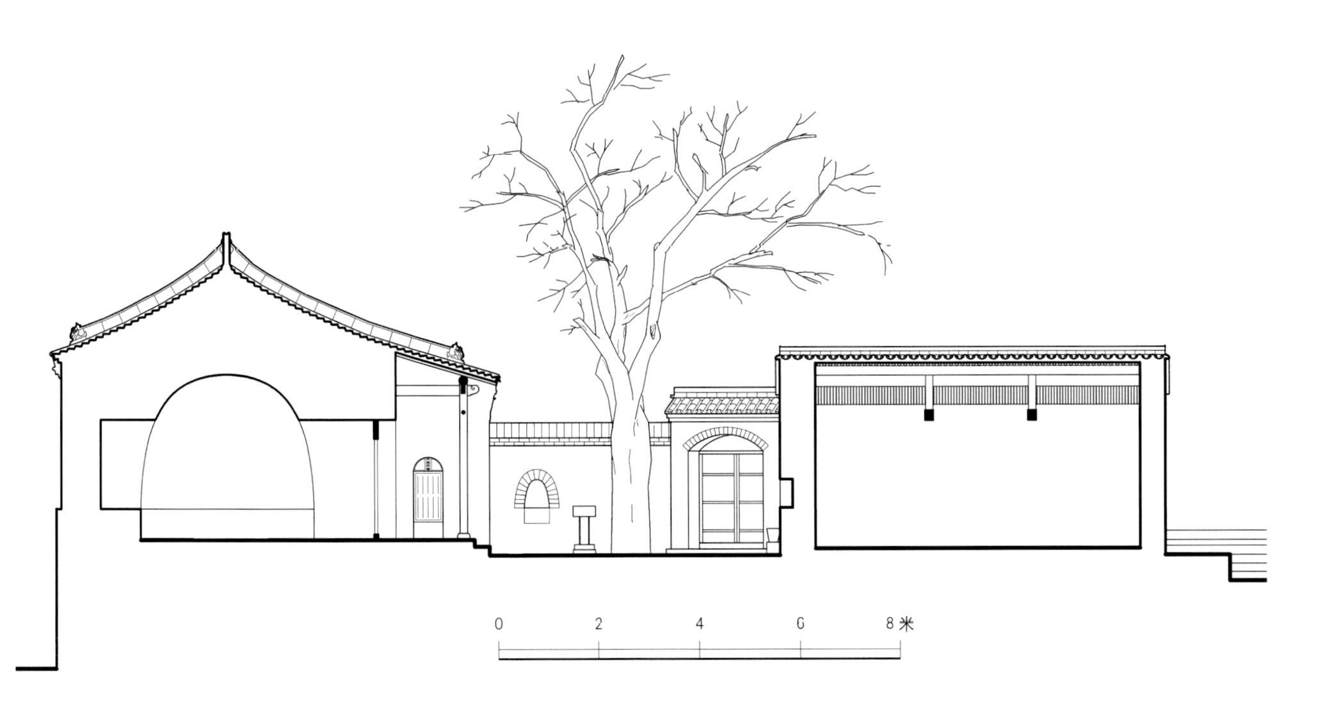

孙家沟村观音庙及学堂剖面

村人崇文重教，这组建筑是观音庙和私塾　李秋香摄

学堂位于观音庙东侧，坐北朝南，由上下两排窑洞组成。上排窑洞有两孔，下排有三孔，各带有一个窄长的前院。窑洞的前廊都安装木槅扇和木门窗，正面看去并无拱形门洞。学堂不知建于何年，根据建筑的现状来看它有可能是和观音庙同时建造的，但光绪七年的《重修观音庙碑记》里却只字未提。村里的会计王乃祥（六十二岁）说，小时候曾在此学堂上过学，“土改”以后的一段时间还将其作为农民扫盲的课堂。

与观音庙隔岸相望的背坡高处有另一座庙宇——“眼乍庙”。和观音庙相比，眼乍庙的规模要小得多，只有一间，而且原物也已毁于“文化大革命”期间，现在的建筑是近年重建的。此外，根据村民们的回忆，旧时村里还有河神庙、山神庙、龙王庙和老爷庙。河神庙在靠近水口的地势较低处，即观音庙的西侧；山神庙位于入村路的西侧，不在老的村民聚居地之内。龙王庙和老爷庙则在南山上较远处，是和王家沟村合建的。这几处庙宇和它们内部的神像在“文化大革命”期间都被破坏。

三、居住建筑

孙家沟村的老住宅均为窑洞式建筑。从建筑形式上分，这些窑洞可分为单纯的“靠山窑”、“接口窑”与“箍窑”三种。而从建筑材料上分，则有土、石、砖三种。靠山窑沿山坡横向掘土而成，建造起来比较简单，成本也比较低，所以单纯的靠山窑是“没钱人家住的”。此类窑洞主要分布在阳坡，据村民们说，原先阳坡上的窑洞“都是土的”，后来有了钱才在前面接上一段砖石拱，成了接口窑。箍窑是在平地上起砖拱，又叫“平地窑”。

现在常见的住宅形式是接口窑、箍窑和木构瓦房组合成的院落。正房是接口窑，厢房是箍窑，倒座房则为木构瓦房。正房和厢房一般用作住房，屋内设一张炕和一个灶台，炕紧靠窑底，灶紧靠侧墙和炕[①]。倒座房一般作为牲口房和厕所。有的正房和厢房还带有三四米宽的前廊，廊下可设灶台，夏天作厨房用。少数质量较高的窑院，如阳坡高处的王恩润宅和背坡的王荣桂宅[②]，其正房或厢房上有木结构瓦房的二层楼，据说是财主的家眷们住的。在没有楼房的窑洞屋顶上（当地称“垴畔”），多数铺上地砖，开辟为可晾晒粮食的晒场，同时在正房或厢房的端头设置楼梯，供人上下。另外，凡有炕和灶的窑洞的屋面上都安有烟囱，以便排烟。沿坡一层层往上建房，前面房屋的垴畔往往成为后面房屋的前院。

① 如正房坐北朝南，则灶台紧靠西墙；如正房坐西朝东，则灶台紧靠南墙。

② 即孙家沟村12～15号，原有月厅。

孙家沟村的老窑院　蔡楠摄

孙家沟村许多老建筑都保存完好　路旭摄

窑腿多处挖有小龛。正房窑腿上的龛，高三十到四十厘米，宽约十五厘米，其内摆小香炉一个，用来敬天地，龛两侧常贴对联（如灶神前贴“上天言好事，下界保平安”），龛上面常贴横批（如“天清地宁”）。厢房窑腿上的龛高二十五到三十厘米，宽约十五厘米，可用于敬天地，也可以放油灯。倒座房外墙上的龛，大小与厢房窑腿上的龛同，用来敬马王爷；倒座房临院门一侧山墙上的龛，大小也与厢房墙上的龛同，用来敬土地（有的人家也在正房外窑腿根的位置放香炉敬土地）；院门内侧两边墙上有龛，不是敬神灵的，而是放油灯的，称“灯龛”。

晒场并不止于窑洞的垴畔，村里有几处或自然形成或人工垒筑而成的面积较大的坪地作为晒场，比如“大门场”和“二门场”。

大门场位于背坡王尔光宅（孙家沟村19～20号）前巷子的北端，其东侧部分是王长生宅（孙家沟村1～2号）北侧跨院窑洞的垴畔，西侧部分则是坪地，下面的陡壁用石头砌的护墙加固。因为邻近的两处住宅都是大门的后代所修，所以场地名为“大门场”。大门场的面积有二百多平方米，是村里少有的几块户外大坪地之一，除了用于晾晒粮食之外，还经常作为村里的公共活动场所。比如举办葬礼过程中的“出祭”[①]，乐队会在此停留，进行“锣鼓舞”的表演。大门场还是背坡十四座住宅的南面“公共入口”。因为，从阳坡到背坡只有两条路径，一是走芝麻坪的河对岸，另一就是经过大门场。而大门场因为更靠近村口和阳坡，使用频率要明显高于芝麻坪的河对岸。大门场的西端有两条路，一条往西向下，通往石拱桥，另一条绕大门场的北面往东向下，通往溪流南岸。这两条路在靠近大门场时各设一座石拱门（西面的一座已经拆毁）。

① “出祭”就是死者家属在乐队的伴奏下，抬着死者遗像和各种供品绕村中主要道路一圈，分“午祭”和“晚祭”两次。

孙家大院院门　余猛摄

二门场位于背坡南面较高处，是用石头垒筑护墙将原有的坪地扩大而成，因为靠近孙家沟村27号和孙家沟村94号这两座二门的后代所修的窑院而得名。二门场的面积比大门场小得多，只有不到一百平方米。

村里质量最好的窑院，是王家建造的十六处住宅（其中在背坡位置最高的一处已毁）。这些住宅有一个共同特征，即院门都朝房子的左前方斜向开（坐北朝南者院门朝东南，坐西朝东者院门朝东北）。大门位于东南角是中国许多地方民居的共有特征，因为从风水上说东南方为巽位，是个好朝向。但如孙家沟村的窑洞院落除大门位于东南角之外还要偏转一个角度的，却是并不多见，这恐怕与其面对的朝山——背坡最高处的南梁山山头——位于南方偏东的位置有关。而背坡朝东的十四处院落，布局上与阳坡两处也属雷同，只是整个院落的朝向改为向东而已。

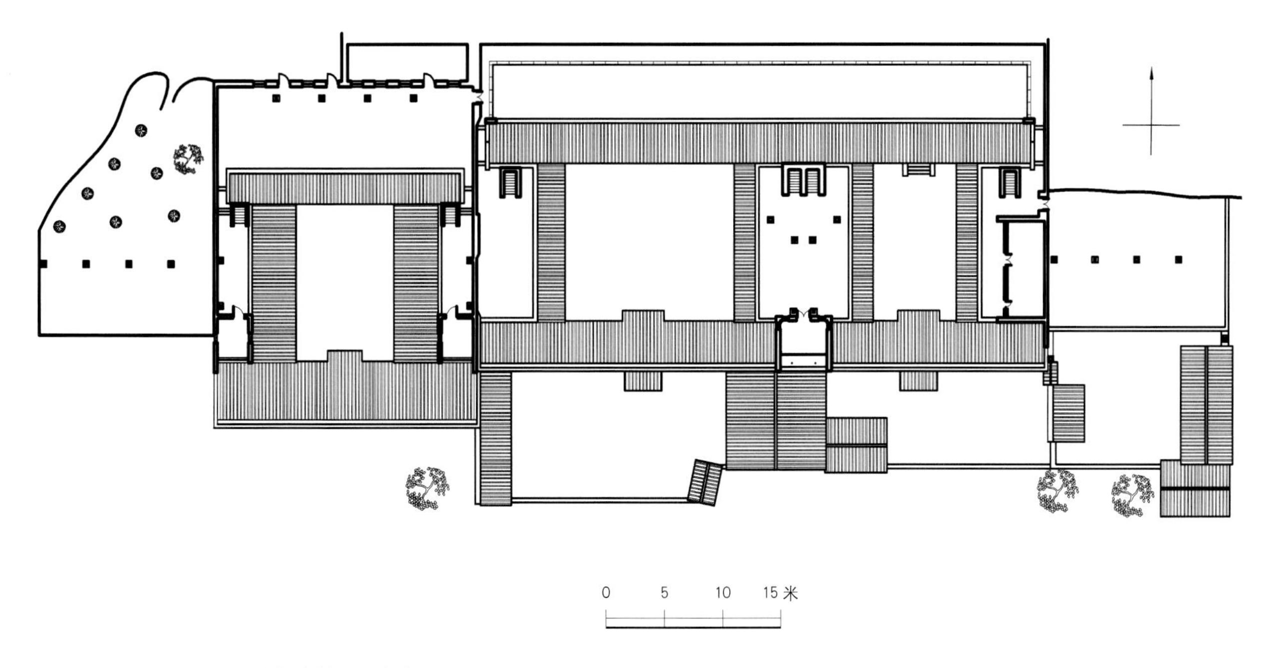

孙家沟村王恩润宅二层平面

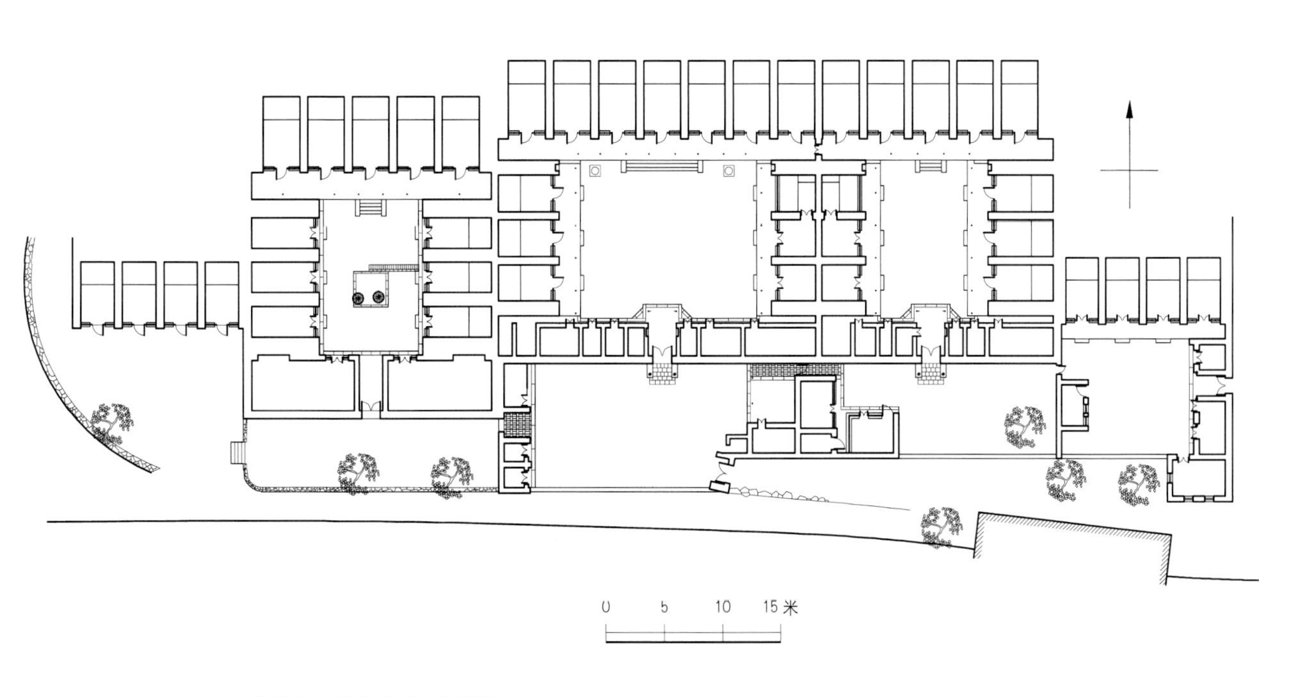

孙家沟村王恩润宅一层平面

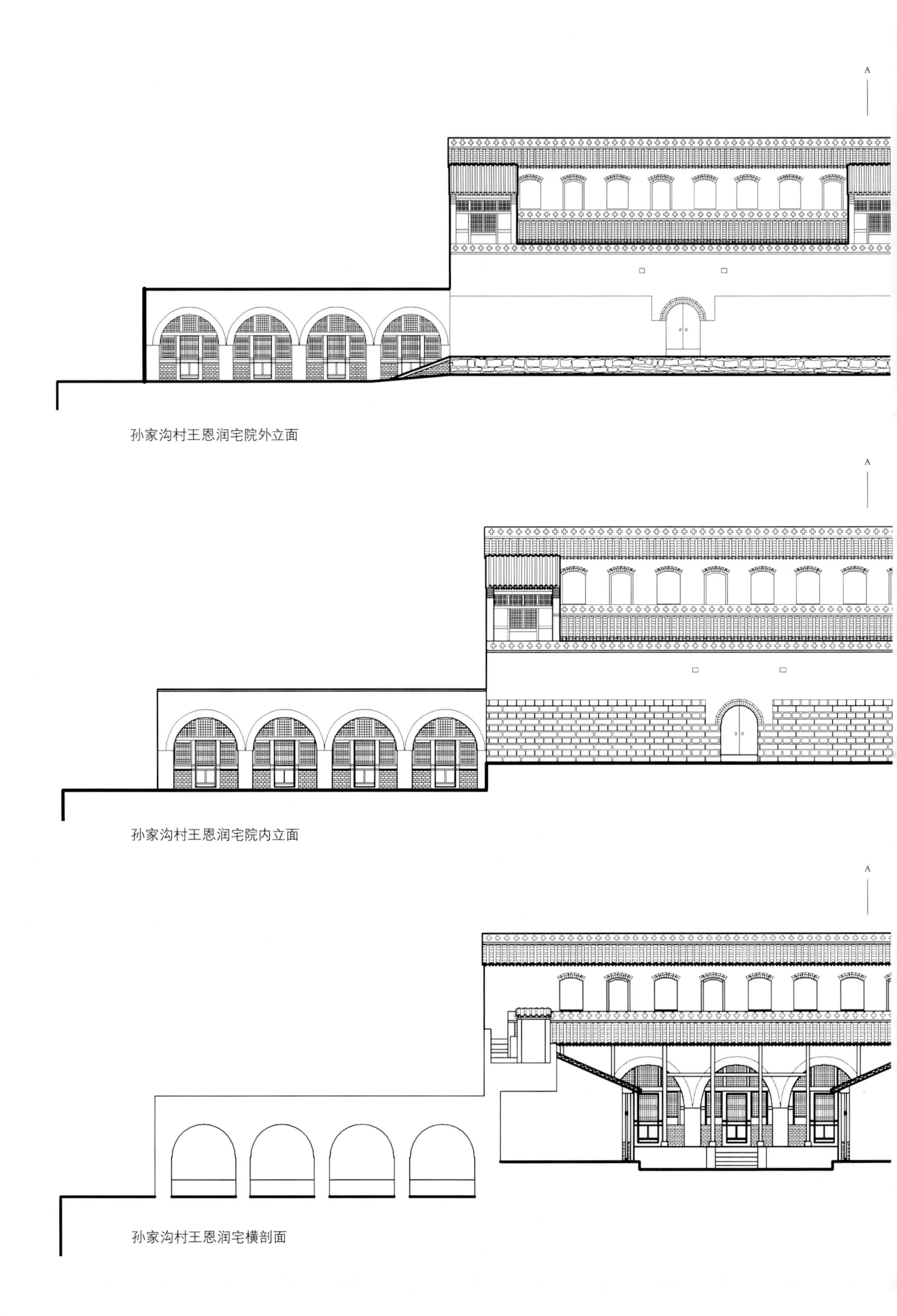

孙家沟村王恩润宅院外立面

孙家沟村王恩润宅院内立面

孙家沟村王恩润宅横剖面

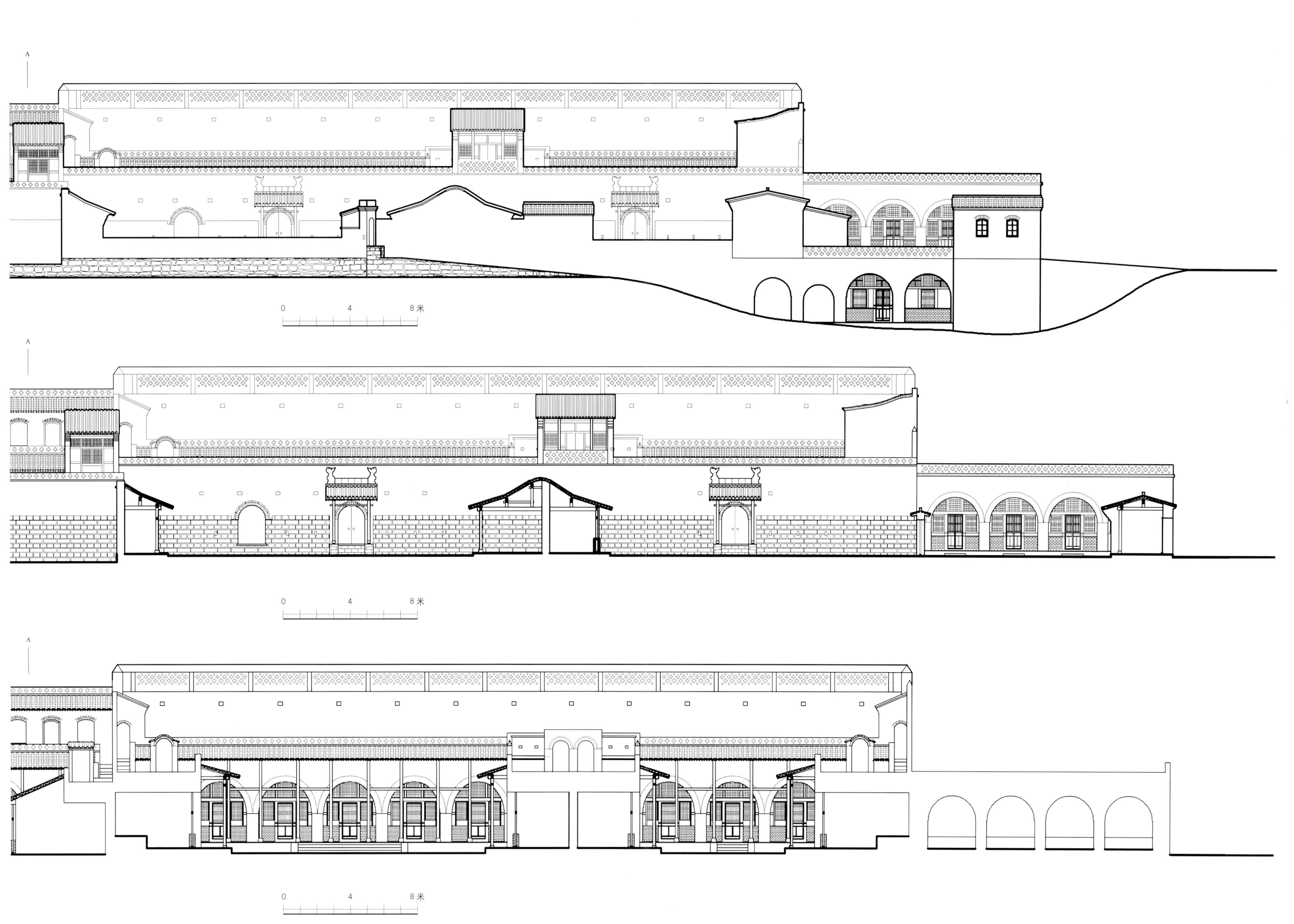

A
0 4 8 米
A
0 4 8 米
A
0 4 8 米

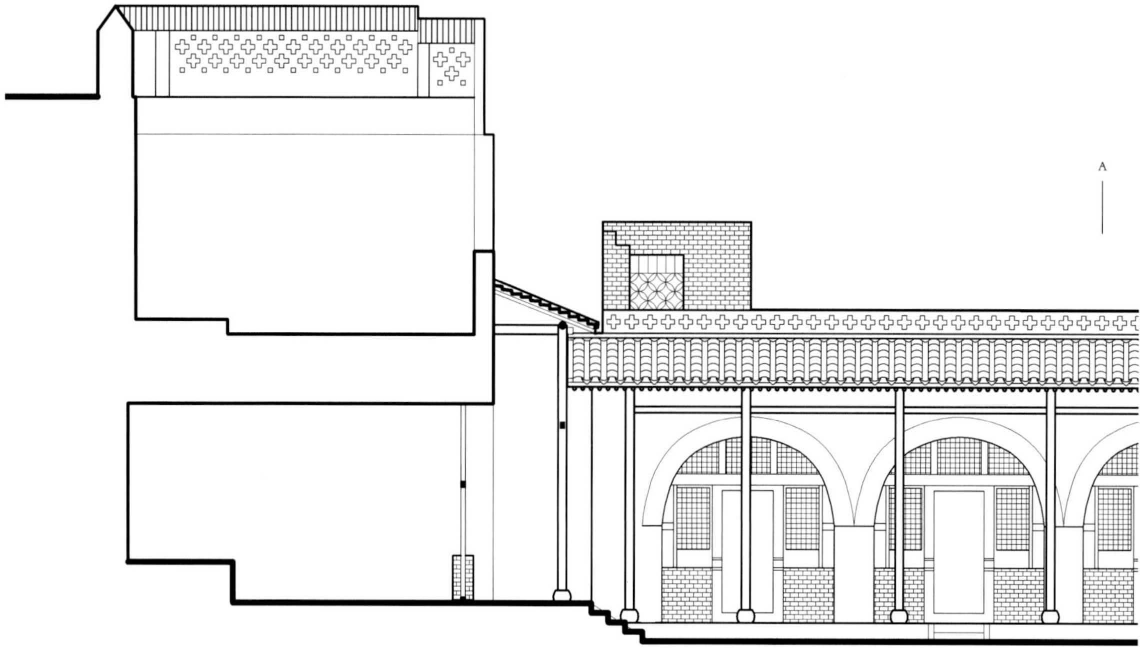

孙家沟村王恩润宅纵剖面

十六处住宅中规模最大的是阳坡高处的王恩润宅（现屋主王文彬等）。此住宅坐北朝南，并列院子三个，中间院子的正房有七孔窑，两侧院子的正房为五孔窑，厢房分别在东西两侧，均为三孔窑。左右还各有一个跨院，是“长工们住的”。主院正房均带前廊，厢房则部分带前廊。主院前还有前院，其厢房为牲口房和草房，大门在东南角，朝东偏南。前院北墙上有六个圆环状石拴马扣，其造型浑厚饱满，线条流畅。西侧院子两层有小楼三座，其中两座小的平面只有约两米见方，分别位于西侧院子二楼两排厢房的南端，大的约四米见方，位于中间院子和东侧院子连接处的倒座房上方。村民们说小楼是财主家小姐们住的“绣楼”，也许是附会于戏文故事的缘故，其实更为可能的是起防御和瞭望作用的“敌楼”，里面住的是时刻警惕的家丁，而非备受管护的小姐。中间院子和东侧院子的正房、中间院子的西厢房和东侧院子的东厢房上分别建有楼房，而中间院子的东厢房和东侧

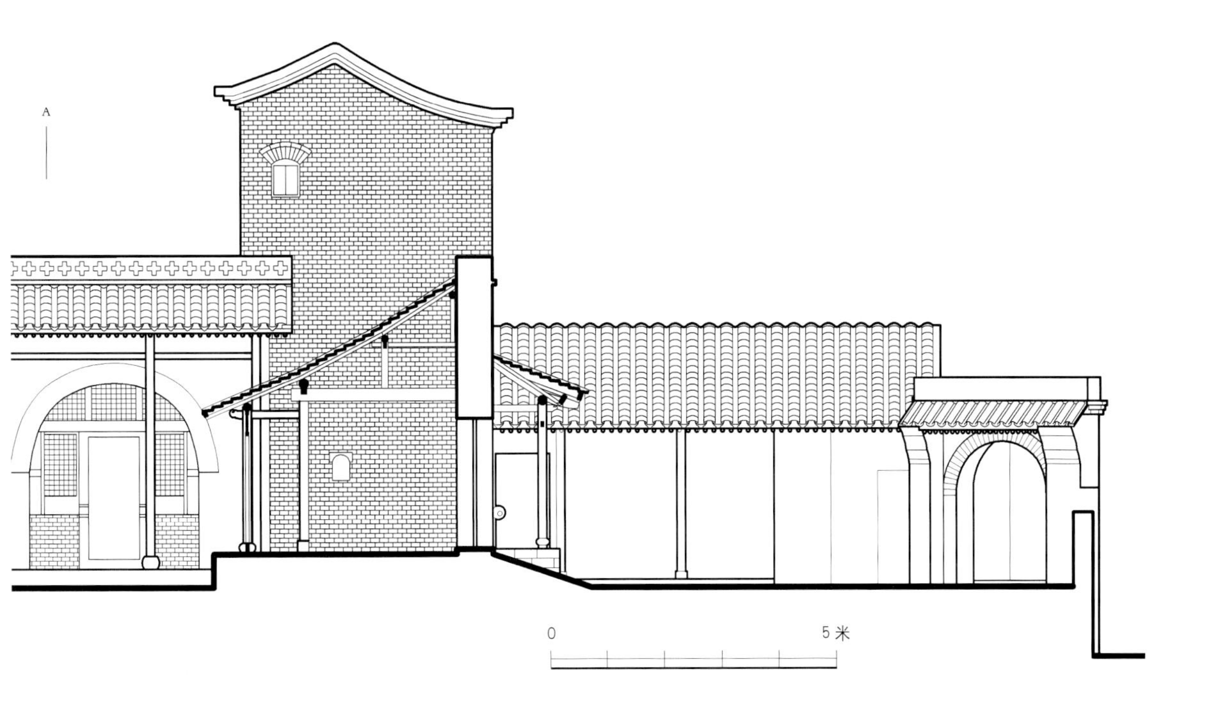

院子的西厢房上则无楼房，只有四个烟囱，同时此处楼面也不与其他部分的楼房地面相通，而是与面阔三间的敌楼相接。同样，西侧院子的正房和厢房上也无楼房，却有六个烟囱，其地坪与两个面阔一间的小敌楼相通。如此设计，可能是为了将家丁和家眷们的活动空间划分开。没有楼房的正房和厢房屋顶上都铺上地砖，作为晒场。

院内共存匾额三块。中间的院子（孙家沟村93号），院门匾额正面书“严中蹈和”，上款为“民国丙辰（1916年）阳春”，下款为“临川曹承郰”；背面书“修竹吾庐”，上款“民国丙辰冬”，下款“凤领□者”。东侧院子（孙家沟村89～92号），院门匾额正面书“忠厚传家”，上款“民国丙辰阳春”，下款“临川曹承郰”；背面书“勤能补拙”，上款“民国丙辰冬”，下款“湫滨散人”。东侧院子内东厢房二楼内藏有匾额一块，上书“慈惠流光”，上款“中华民国十三年岁次甲子二月吉日立”，下款“堂侄廷彰、廷乾、廷藩、廷选，堂孙贻瀫、贻昌、贻安”。前两块匾额显然是屋主以自己的身份请人书写的；后一块匾额则似乎是晚辈为纪念已去世的长辈所敬献，此宅当建成于1916年。

孙家沟23～25号（现屋主王贻让、王乃祥等）是背坡住宅中规模最大的一个，有“十连窑”之称，因为它的正房共有十孔窑之多。十连窑坐西朝东，由上往下数是背坡的第二层窑洞，有内、外两道院门。外院门朝南偏西，门上匾额书“源远流长”，上款“同治甲戌（1874年）季春”，下款“□□前溪樊映月”；内院门朝东北，门上匾额书“树德居”，余字不详。正房南面五窑和北面五窑之间设一道门，门上亦有匾额，南面书“福涵寿山”，上款“壬寅（1902年）季秋”。十连窑正房的北五孔窑前面只有窄窄的一道走廊，南五孔窑之前则是较为宽阔的庭院。此

住宅内院十分宽敞，秋收时，一些农活就在院子里进行，如：晾晒、扬谷等。逢年过节或婚丧等事，院落就是最好的活动场地　余猛摄

窑洞建筑中做有厦檐（前檐廊）的很多，木结构做法很有特点　李秋香摄

窑院里通常都安置碾子和磨，生活方便　李秋香摄

庭院南侧为厢房两间，东侧为倒座房三间，东北角为院门。据村支书王荣桂和会计王乃祥说，此宅是三门的后人所修。

另外十四处院落中还有八处可从其大门匾额或碑上推测出完工之年[①]。

1．孙家沟村16～17号，门上匾额大字为“淳厚家风”，右侧题记为“咸丰壬子”（1852年），左侧题记为“前溪樊映月书”。

2．孙家沟村1～2号，门上匾额大字为“承先启后”，右侧题记为“同治辛未”（1871年），左侧题记为“前溪樊映月书”；另北侧门上石碑刻《新修住宅小记》：“工始于大清同治三年（1864年）春，告成于十一年（1872年）冬”。

3．孙家沟村3号，门上匾额大字为“鸢飞鱼跃”，右侧题记为“光绪丁丑（1877年）中秋建”，左侧题记为“仿古氏”。

4．孙家沟村21～22号，门上匾额大字为“山川凝秀”，右侧题记为“丙申（1896年）孟夏”，左侧题记为“仿古氏书”。

① 中国古代有为建筑落成题大门匾额的传统，题字的时间一般是房屋即将落成之际，因此在无其他证据的情况下可大致将匾额题字的时间看作建筑的竣工之年。

5．孙家沟村27号，门上匾额大字为“福涵寿山”，右侧题记为“壬寅（1842年或1902年）季秋”，左侧题记已模糊不清。

6．孙家沟村5～7号，门上匾额大字为“笃庆锡光”，右侧题记为“民国壬戌年（1922年）榴月”，左侧题记为“□川崔作揖书”。

7．孙家沟村19～20号，门上匾额大字与左侧题记已模糊不清，右侧题记为“己巳（1869年或1929年）中秋”。

8．孙家沟村30～33号，门上匾额大字为“居安资深”，右侧题记为“民国十九年（1930年）”，左侧题记为“樊上建书”。

孙家沟村的窑洞建筑价值在于：质量高，分布集中，且损坏程度尚不严重，原真性保存较为完整。尤其是背坡上的十三处住宅，沿山坡逐级跌落，层层叠叠，蔚为壮观。而且在这些高质量的窑洞建筑中，大多数都能推测出准确的建成年代，尽管它们的年代并不算久远，只是在七十年前和一百五十年前之间，但重要的是，它们完整地记录了晚清至民国期间中国北方黄土丘陵地区一个农村的真实面貌，使我们直到今天还能够身临其境地感受到在发生重大变化以前的窑洞村落的社会生活环境。

第五章　招贤沟

一、招贤沟的工农庄

招贤镇又叫招贤沟，所辖区域内的黄土塬地形十分破碎，土层瘠薄，一条南北走向的主沟壑，两边又有一条条大致垂直于它的次沟壑，像一条鱼骨刺一样深深刻到塬面上，如同一枚阴刻的印章。人在沟中住，塬面不见人。相传隋唐时期，这条深沟里发现了煤、铁、瓷土等矿产资源，便张榜告知天下，招贤纳士来此采矿，于是这里有了人。煤、铁等矿分布在大大小小的沟里，为开采便利，人们就近利用崖壁掘窑洞居住。招贤主沟的中段是整个沟底最宽的地方，那里有一块小台地，略高出沟底的河床，并缓缓地伸向上塬面，与黄土塬的峭壁几近相连。夏季沟谷里微风习习，十分凉爽，冬季坡上阳光温暖，十分舒适，且台地相对平坦，视野开阔，是人们居住的理想之地，也是整个沟里进行商业、运输、交易等活动最方便理想的地段。清代初年，台地上已建满了土窑、石箍窑、砖石窑和用炼铁废弃的坩埚建造的箍窑房，这里人口密，手工业、农业、商业、运输业等的经营齐全，人们称它为“工农庄”。

清代初年，碛口水陆码头

招贤镇地图

的转运经济兴旺发达起来，招贤镇的矿业与手工业借势也兴旺起来。民国年间，碛口二道街上，售卖的全部是招贤生产的粗瓷、日用铁制品等，被统称为“招贤货”。相传，街上的祥光店专门从事各种大小缸、瓮的生意，每次招贤有大缸小罐的运来，一队骆驼要有五到十匹。运输煤炭等其他货物的，平均每天来回招贤与碛口之间的骡马，也有六七十匹。招贤货通过碛口过载店及零售批发的优势，将各种货物运销到陕西、内蒙古等地，促进了招贤手工业、矿业的发展，招贤靠着瓷、铁、煤的专项供应，成为供给碛口商业码头的重要手工业村镇。

招贤沟的台地向东南一条山路可到离石，向北一条山路，翻过山就到了碛口黄河码头；台地下招贤主沟的河岸小路可与次要沟连通，在这两条山路及沟底小路两侧，民国时期已建满住宅和店铺，有大车店、骡马店，以及各种杂货店、烧饼铺、打铁铺，还有缝纫铺、旅店、剃头铺等服务类铺面，工农庄的街巷和格局也就基本形成了。

招贤镇内，除了冶铁作坊、瓷窑、煤窑与铁矿外，有几家车马店，专门经营长途运输，每家都养着四五头至十来头的骆驼、骡马，年复一年地将招贤的煤、铁、瓷运到碛口，再将碛口的粮食、油、盐、碱及其他日用品等运回招贤镇，满足本地区及周边区域的生产、生活的需求。从清代中晚期开始，招贤镇丰富的物资使得墟场日益红火，除了临县、离石、陕西葭县等地，还有从内蒙古远道而来的客商，他们会提前将货物拉过来，带上大量的皮毛，赶着骡马到此交易，满载而来，换回日用商品，依旧满载而归，由此招贤镇名声在外，到此经营的人越发多起来，各行业齐全，有煤粮商行、运输专业户，也有养骆驼的、挖煤烧炭的、务农的等，形成了手工业村落。

由于沟壑纵横，地形破碎，煤、铁矿及烧窑均分散在小沟壑里，除招贤镇最集中居住的台地，周边还分散着许多小村。这些小村里的人主要依靠地下煤、铁、陶土等资源的开采、售卖维持一家的吃穿用度，在生产地附近挖孔窑居住，他们的人口都不多。工农庄则成为沟壑内的重要生活服务中心，逢年过节、赶场庙会，这里都是最热闹的地方。

工农庄的居民来自四面八方，几十个姓氏杂居共处，是典型的地缘兼业缘村，当地有句谚语："穷人饿不死，富人也没有。"的确，开发了上百年的招贤，大户不多，原因也很简单，就是自然环境太恶劣了，人们一旦挣到钱就会另寻更好的地方。但也有相对富足些的家族，如工农庄的杨姓，商业经营中较为顺畅，两三代人就打下了一定的经济基础。为了家族更好的发展，在满足温饱的情况下，家族收购一些房产和空基，建起两三处宅院，还建起一座杨家祠堂兼学堂的建筑，使杨氏族人在杂处的环境中，有了强烈的家族归属感和凝聚力。杨家不忘教育，孩子从小培养，学文习武，以备将来驰骋商场。杨家的几座院落及祠堂兼学堂，目前还保留完好，它见证着招贤的兴盛，以及人们对美好生活向往的积极的生活态度。

20世纪30年代末，随着东西同蒲铁路的开通，碛口镇失去了它作为东西物资交流枢纽的地位，周围许多与它共繁华的村落也随之衰落；恰恰是招贤镇，依然靠本地丰富的矿产资源，和长期积淀下的厚实的商贸基础，使本地、离石及陕西葭县、内蒙古等地的产品供销，一直延续至了20世纪后期，这正是工农庄商业体系完备所起的重要作用。

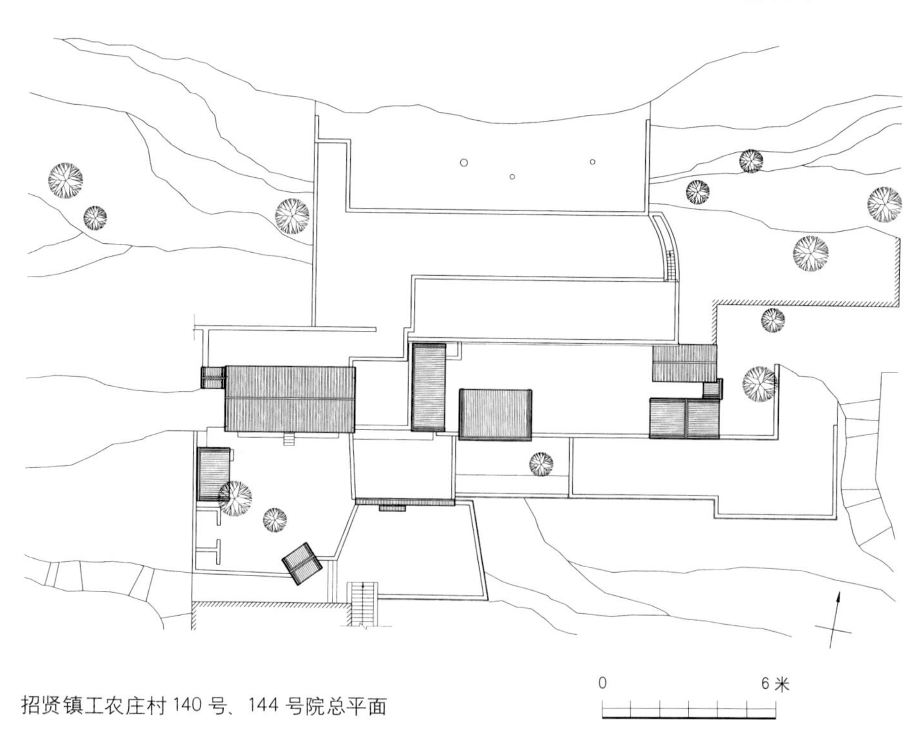

招贤镇工农庄村140号、144号院总平面

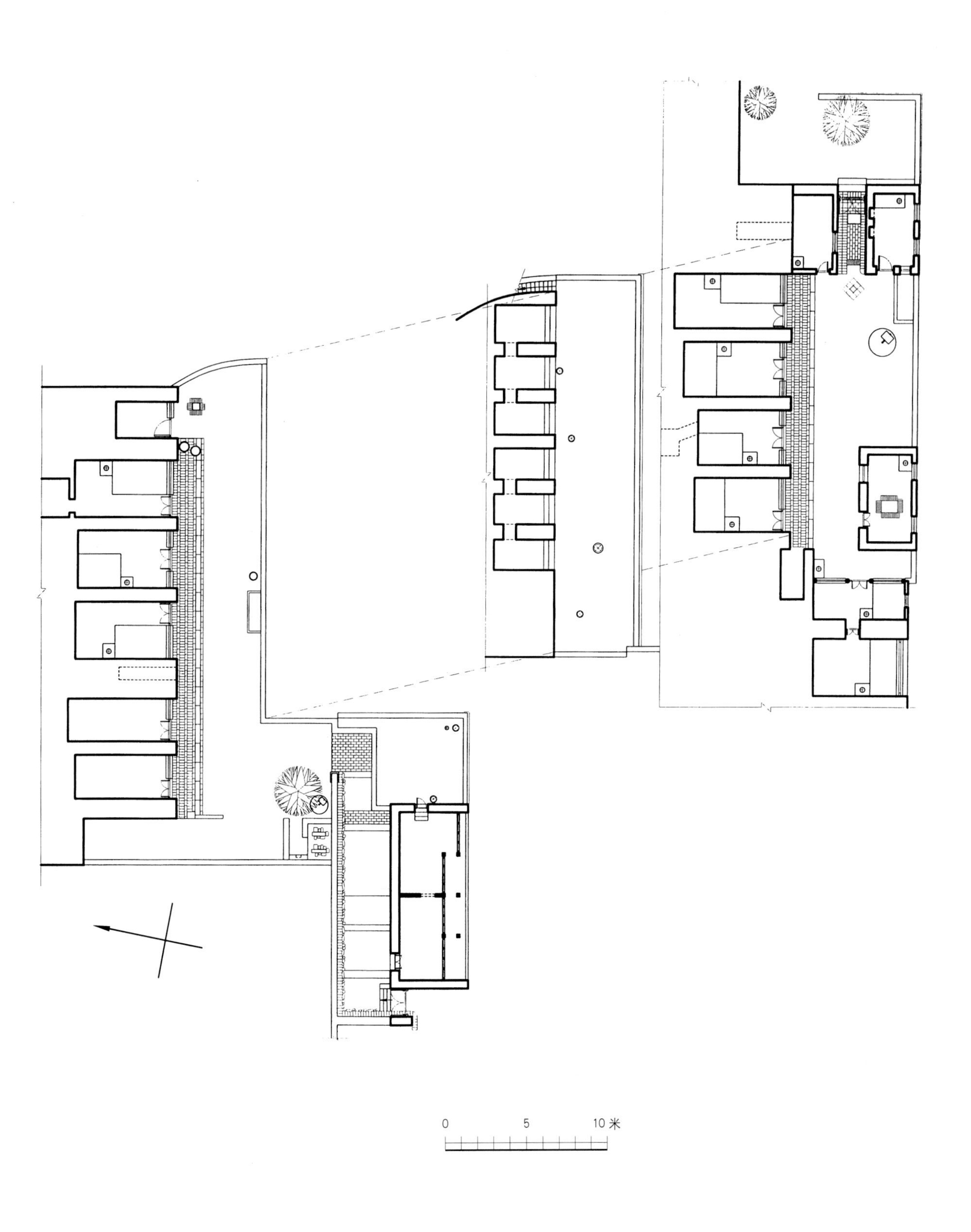

招贤镇工农庄村 140 号、144 号院一、二层平面

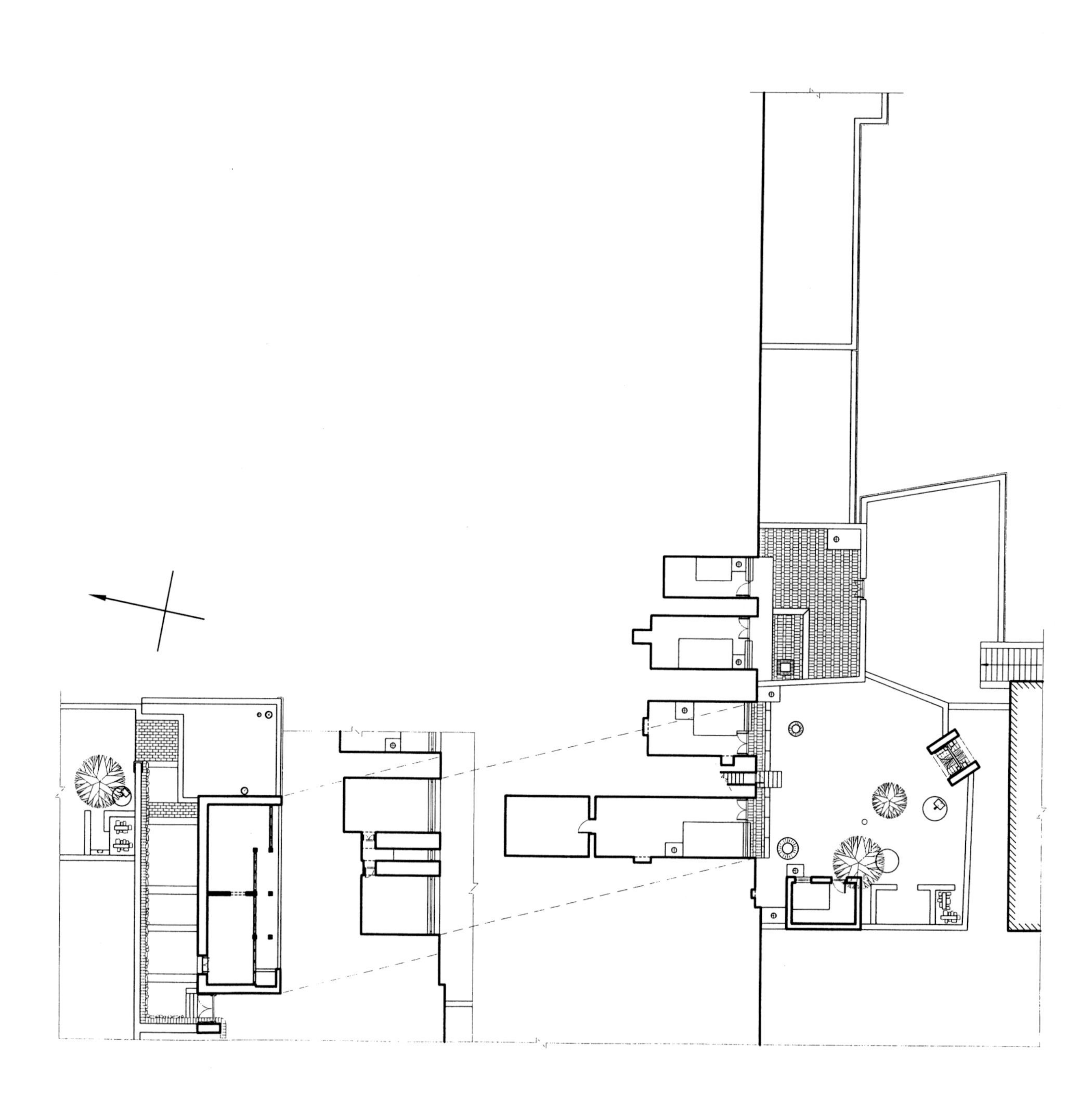

招贤镇工农庄村 140 号、144 号院三、四层平面

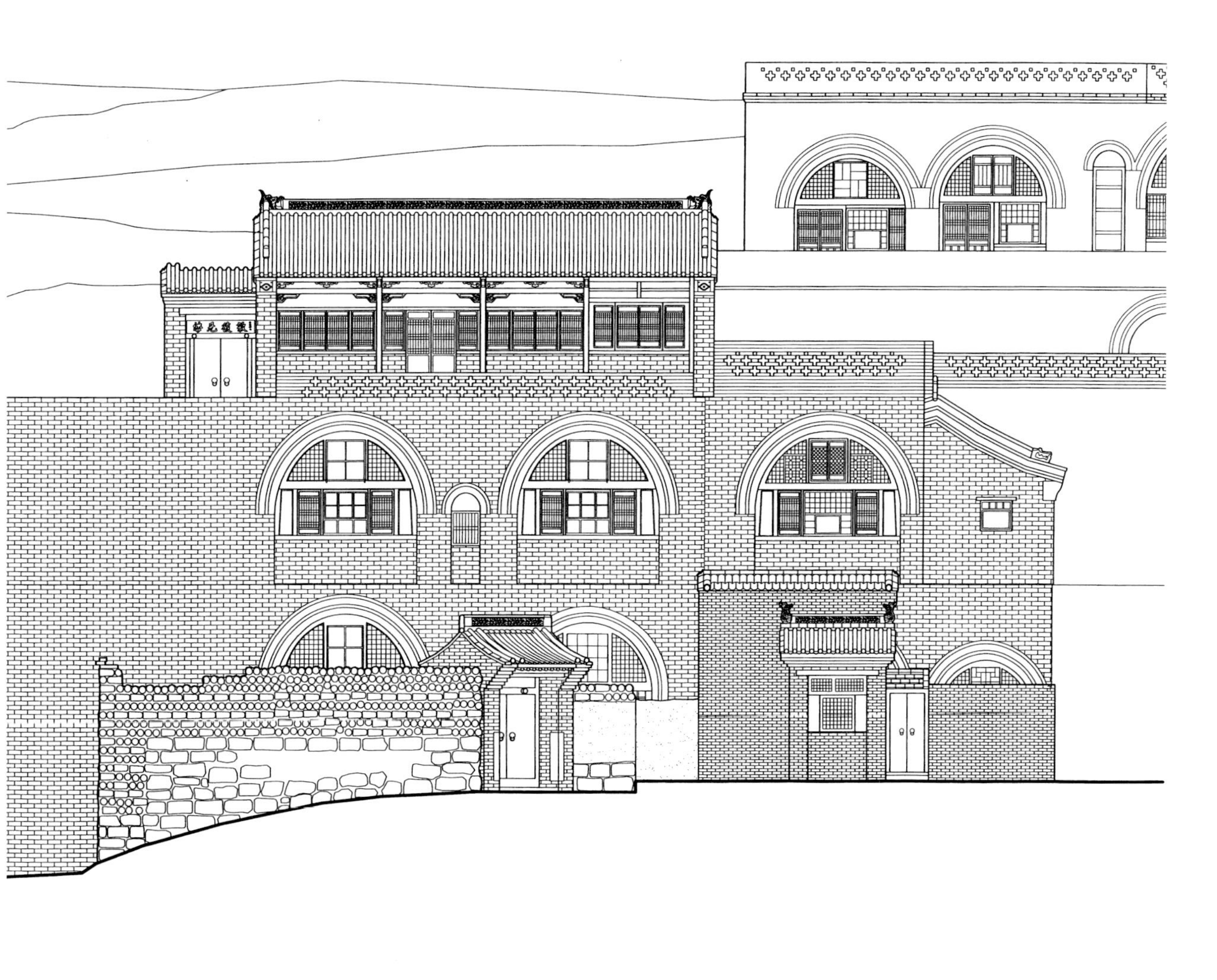

招贤镇工农庄村 140 号、144 号院外立面

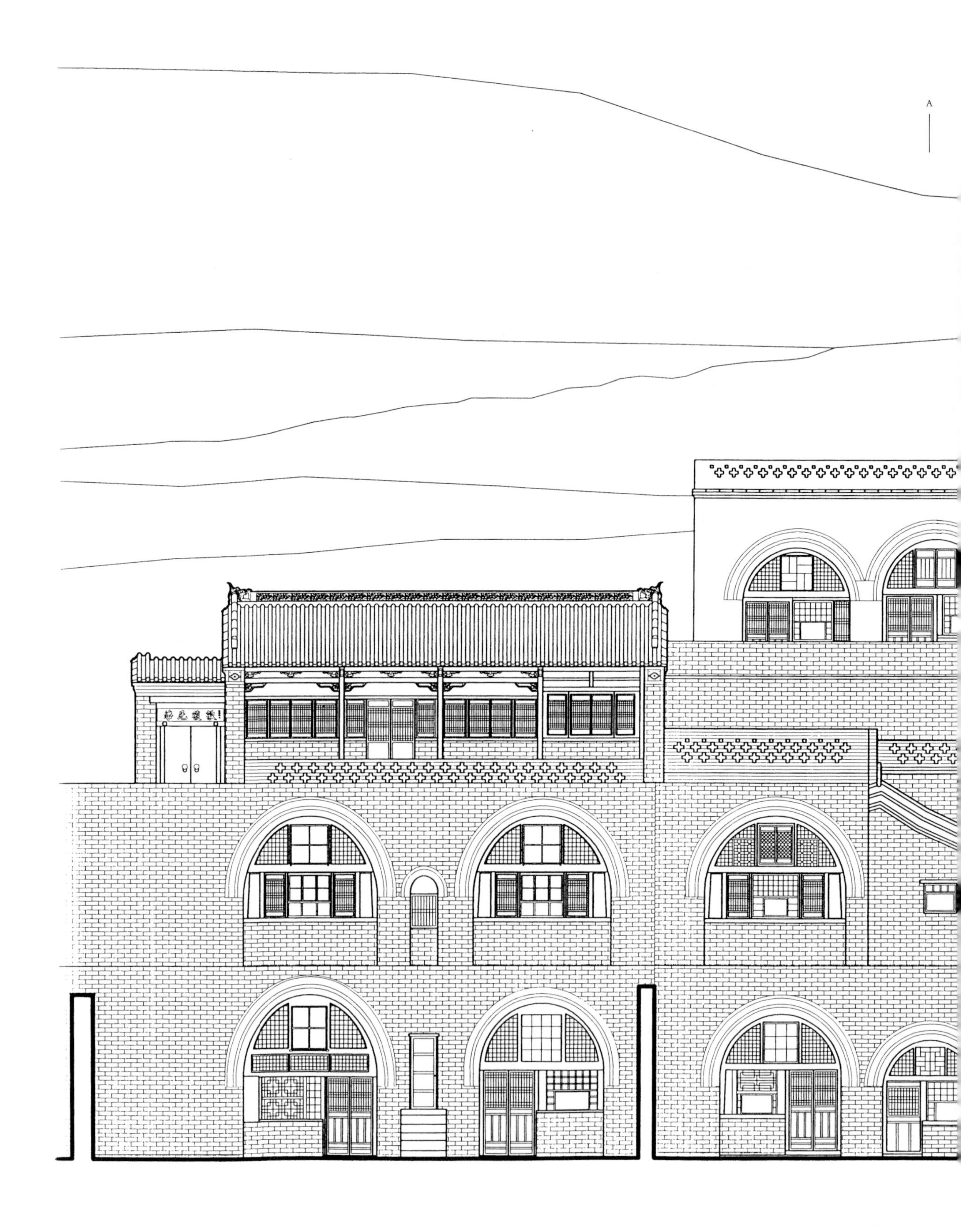

招贤镇工农庄村 140 号、144 号院内立面

A
0
8米

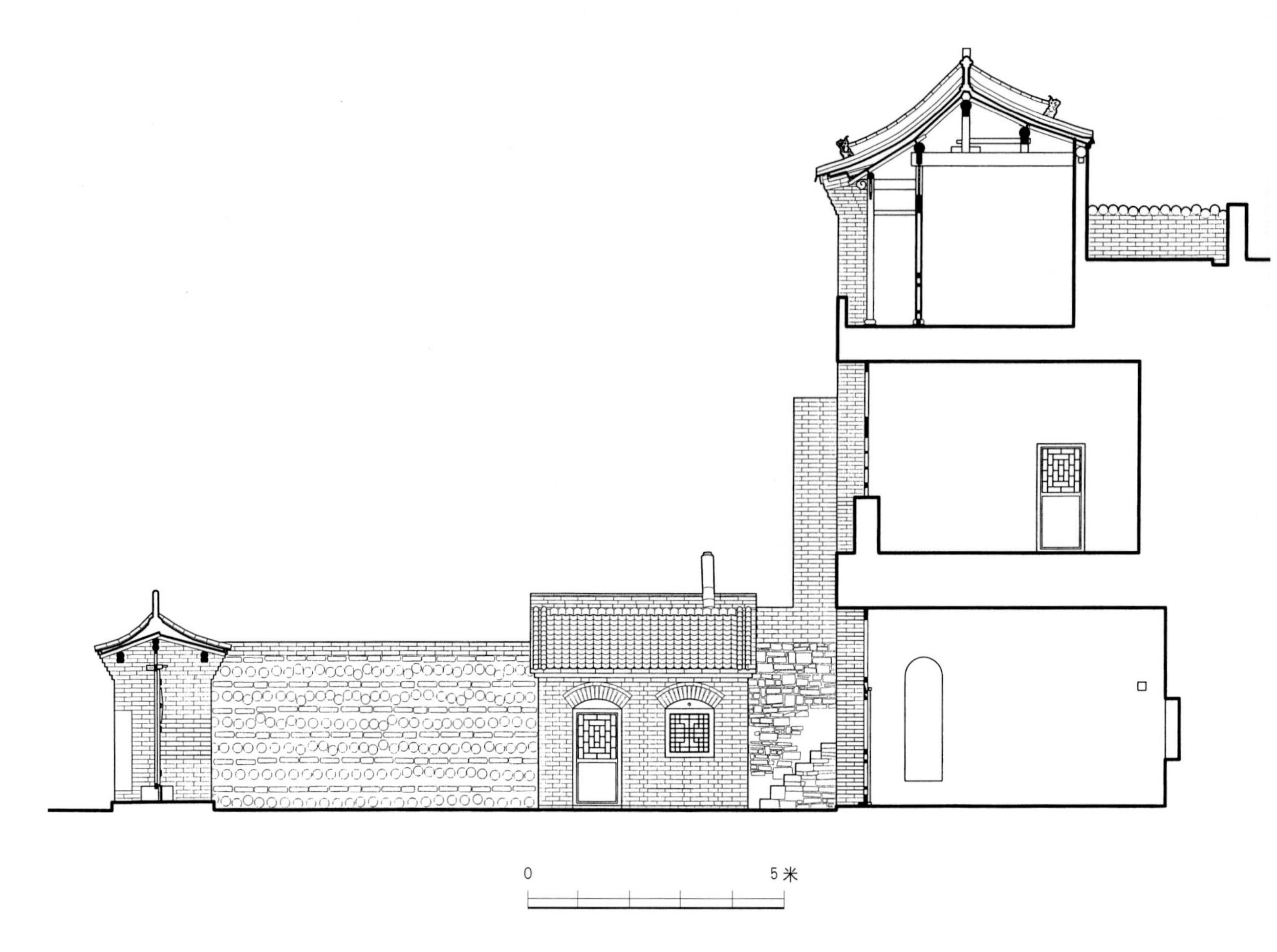

招贤镇工农庄村 140 号剖面—1

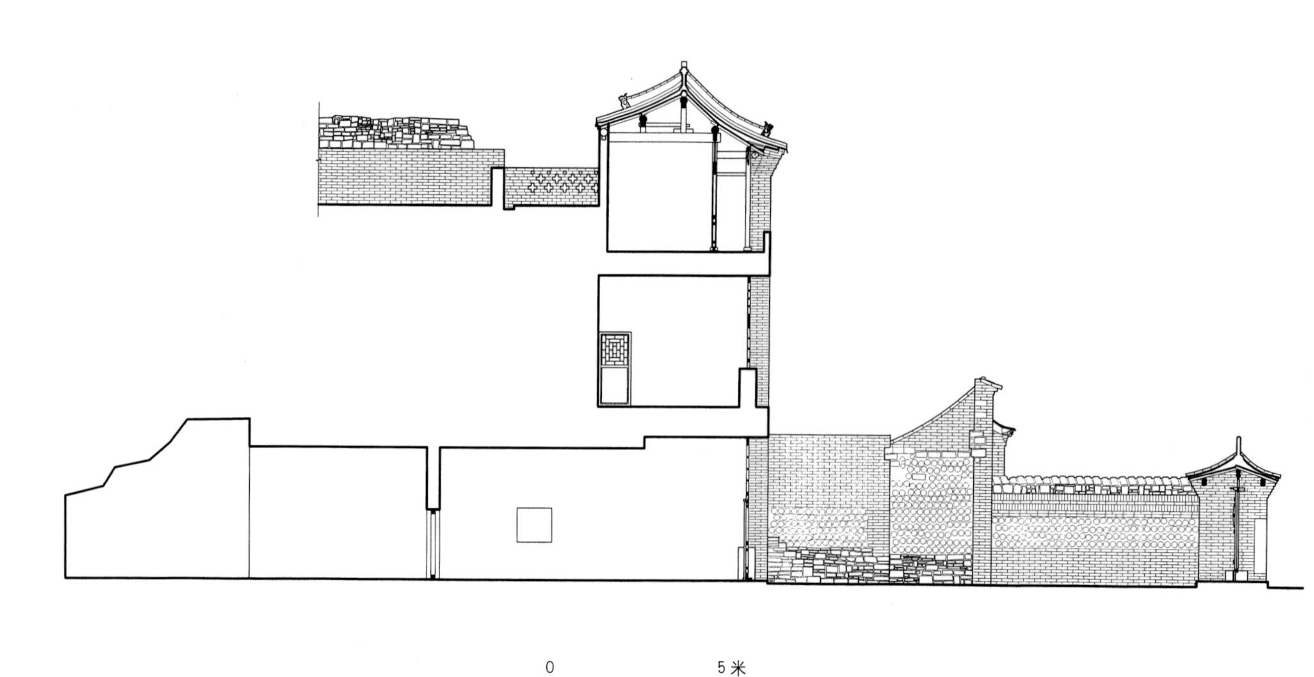

招贤镇工农庄村 140 号剖面—2

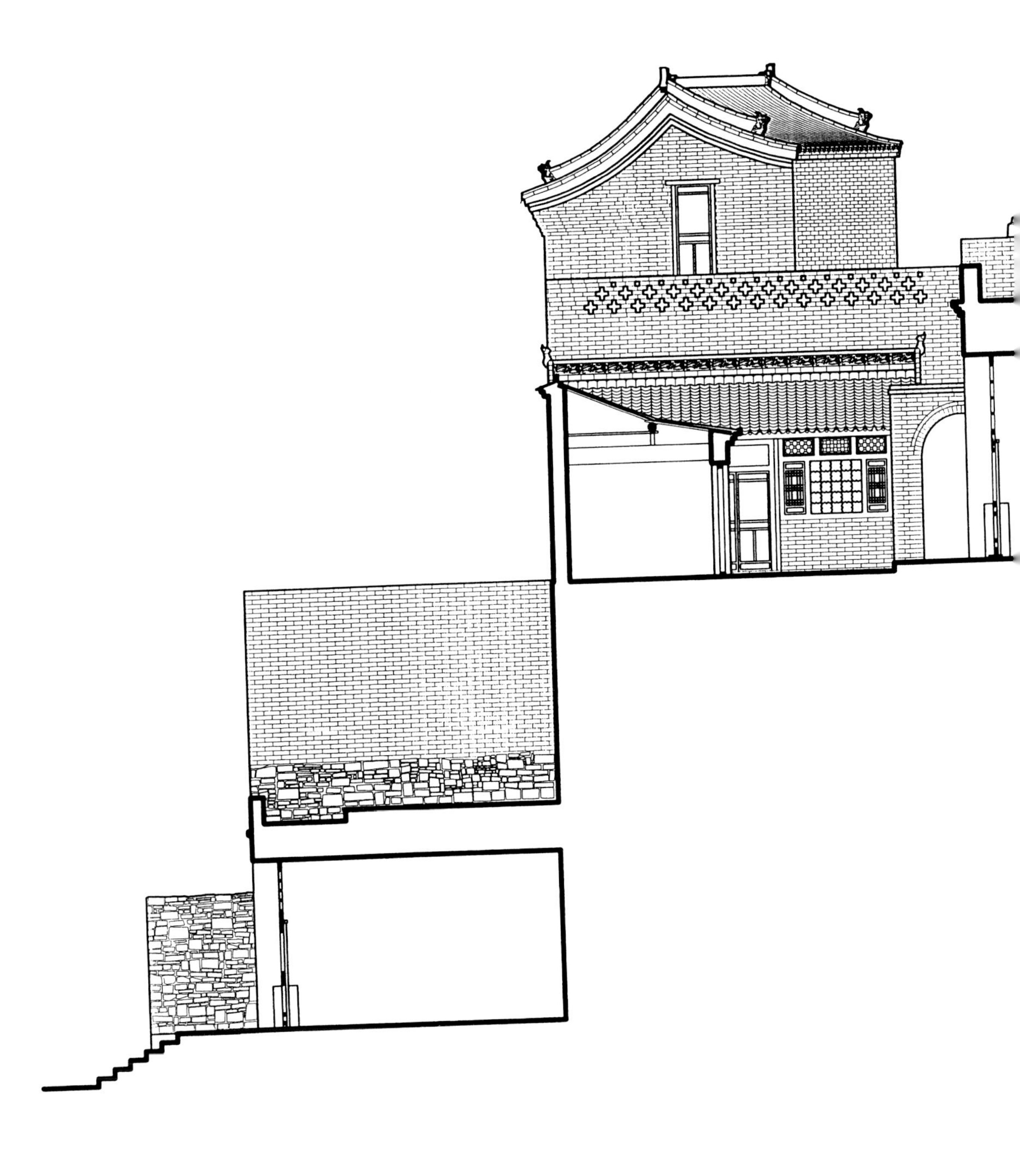

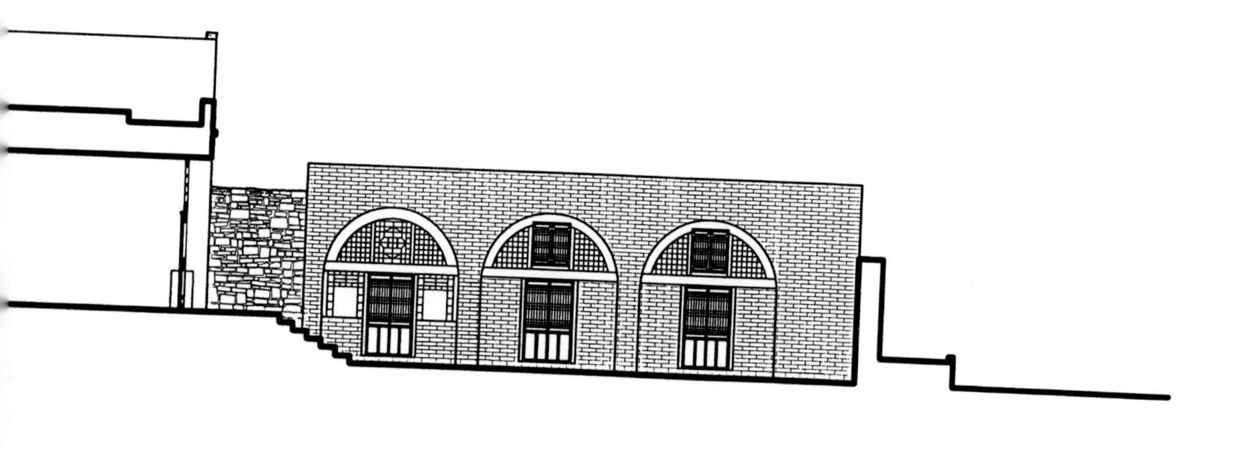

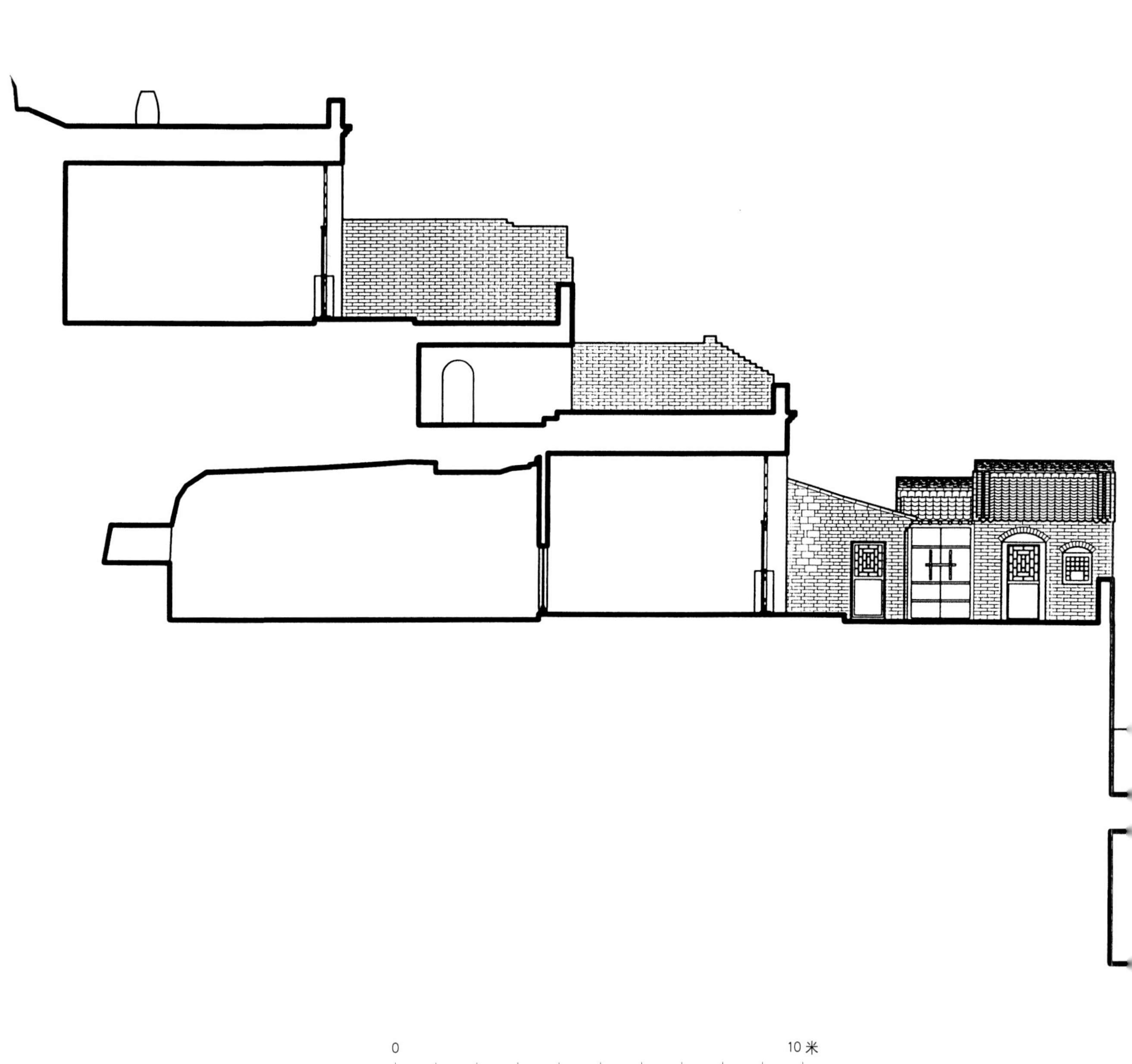

招贤镇工农庄村 144 号剖面—1

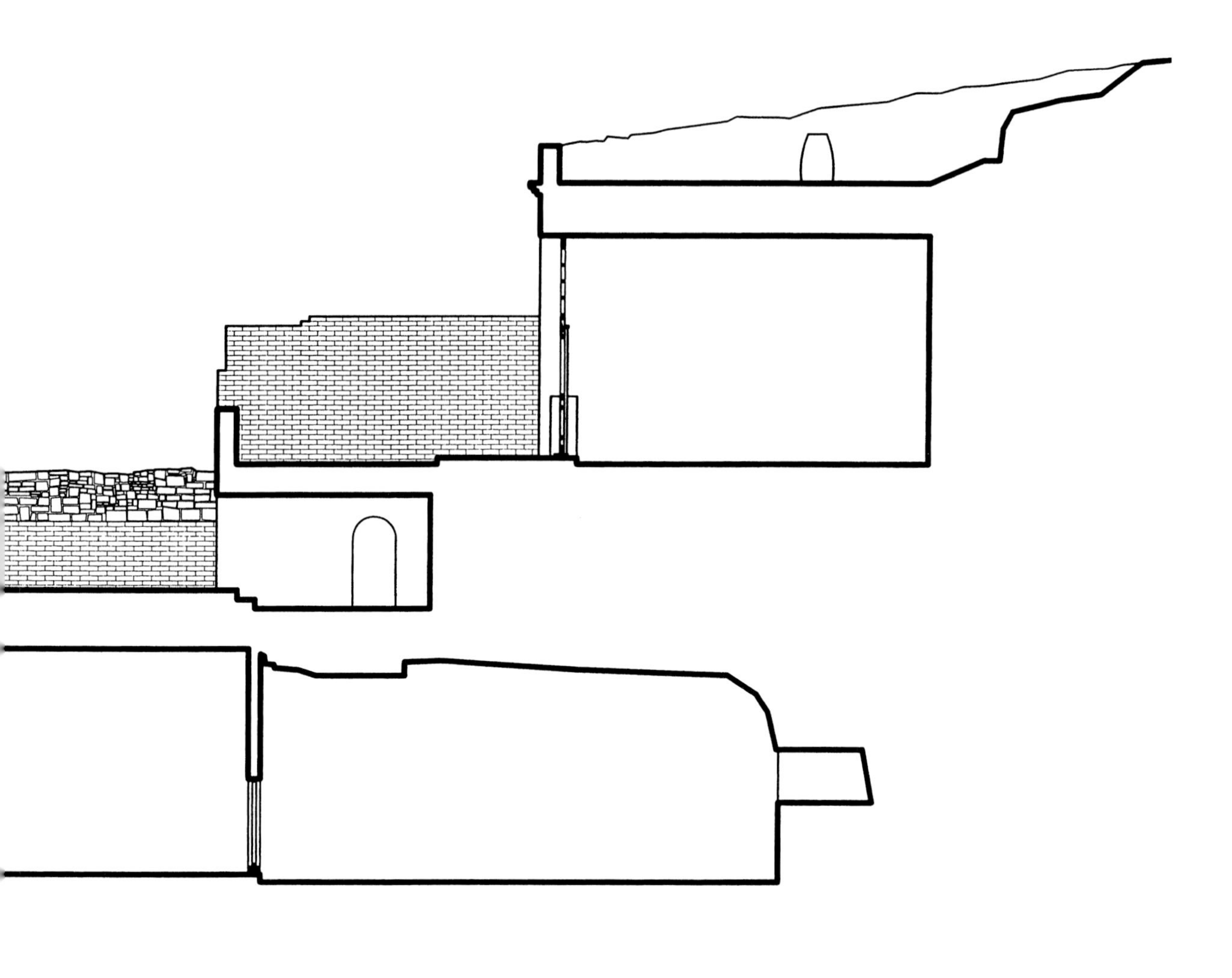

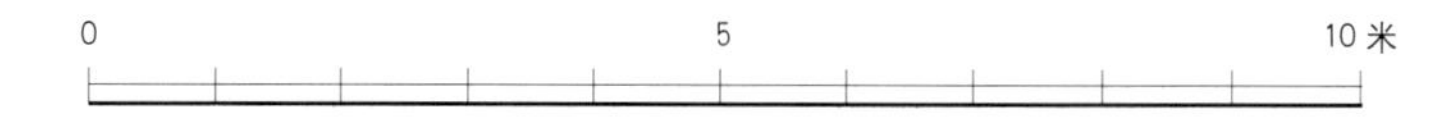

招贤镇工农庄村 144 号剖面—2

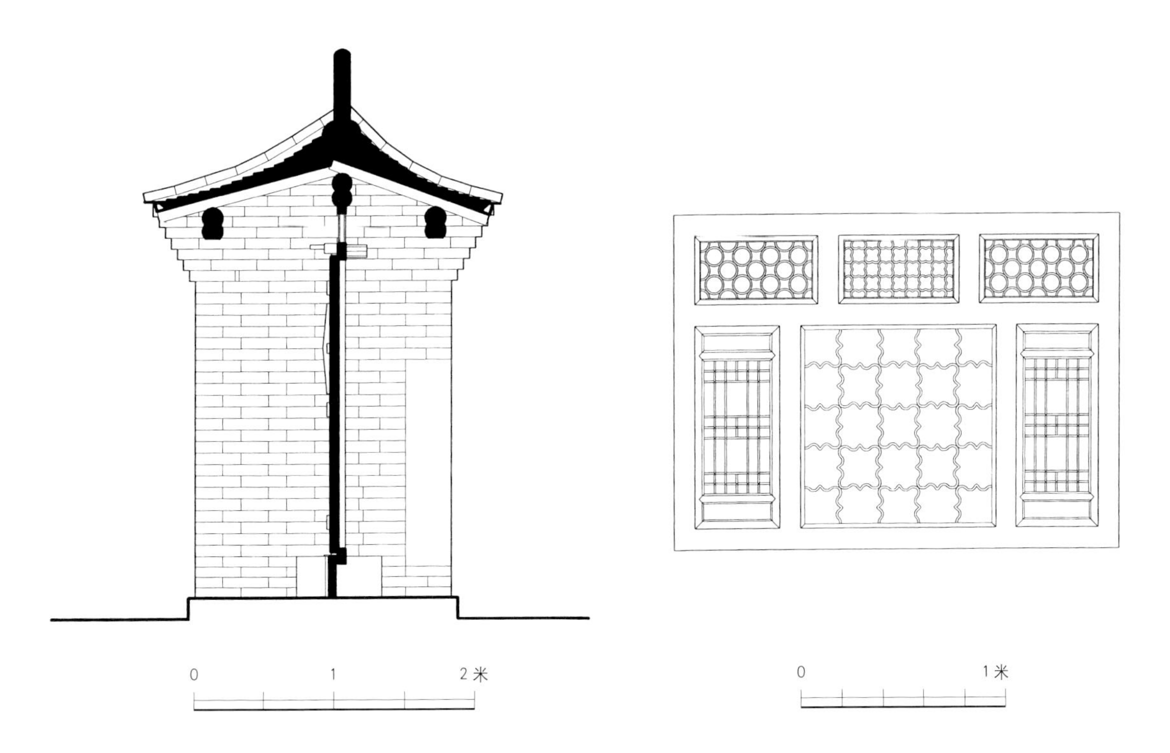

招贤镇工农庄村 140 号门楼及窗饰大样

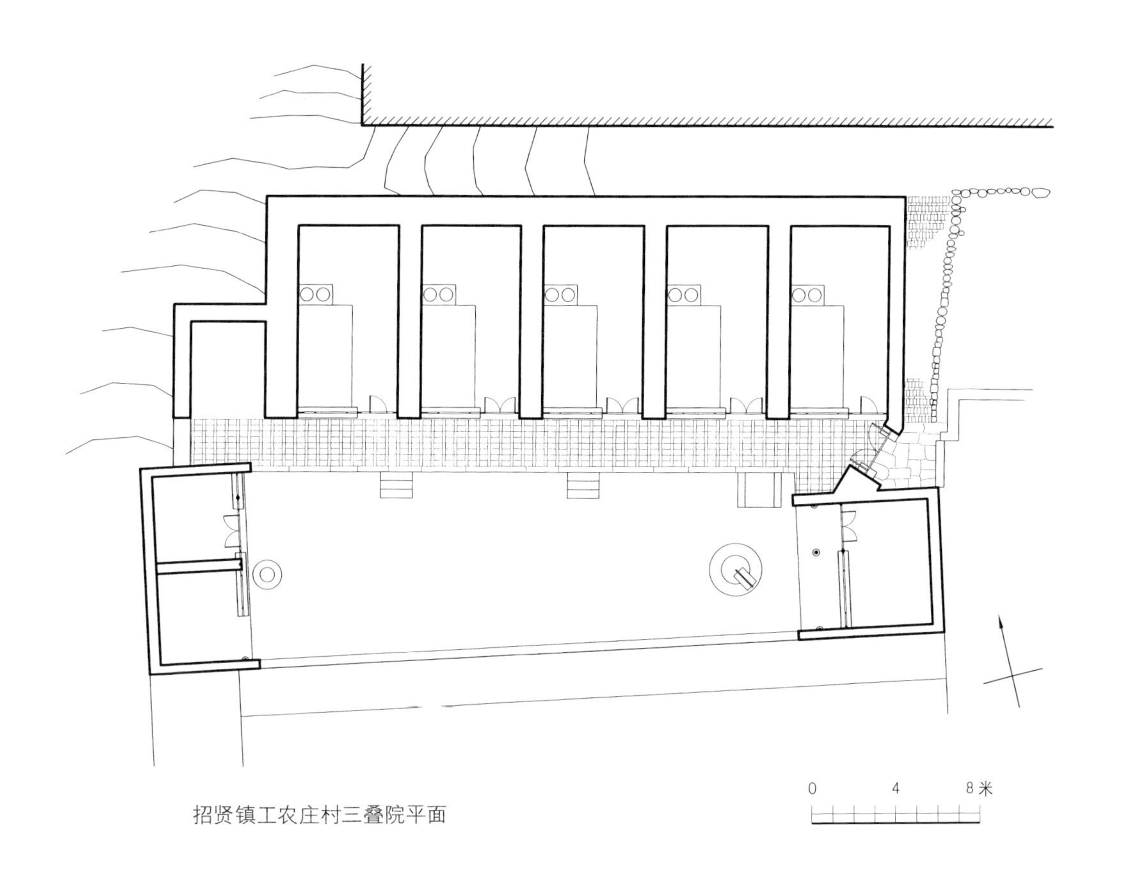

招贤镇工农庄村三叠院平面

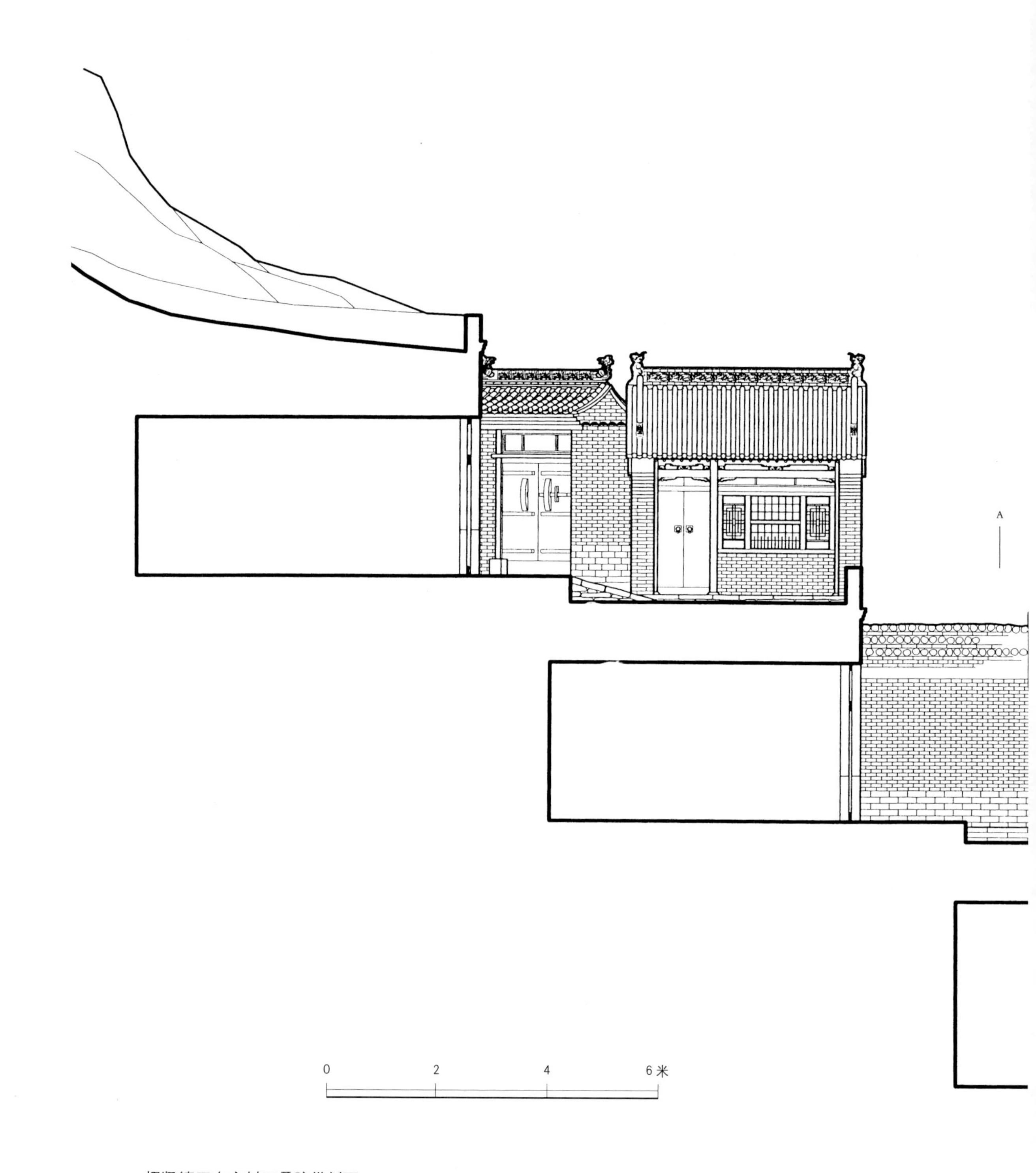

招贤镇工农庄村三叠院纵剖面

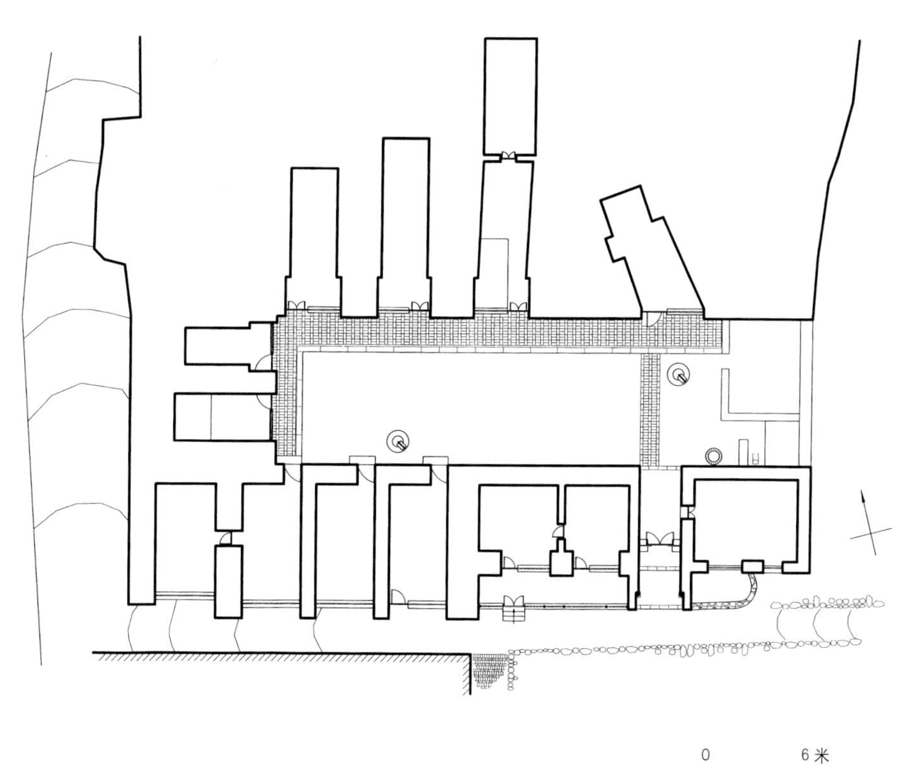

招贤镇工农庄村 197 号旗杆店平面

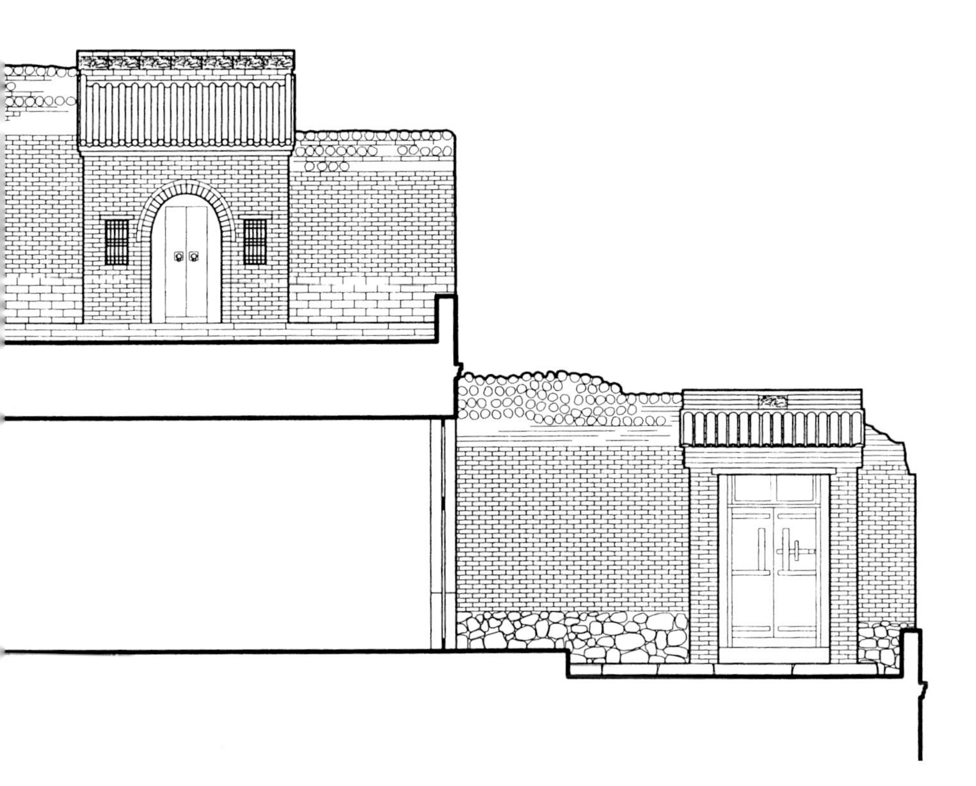

招贤镇工农庄村三叠院立面

A
0
4
8米

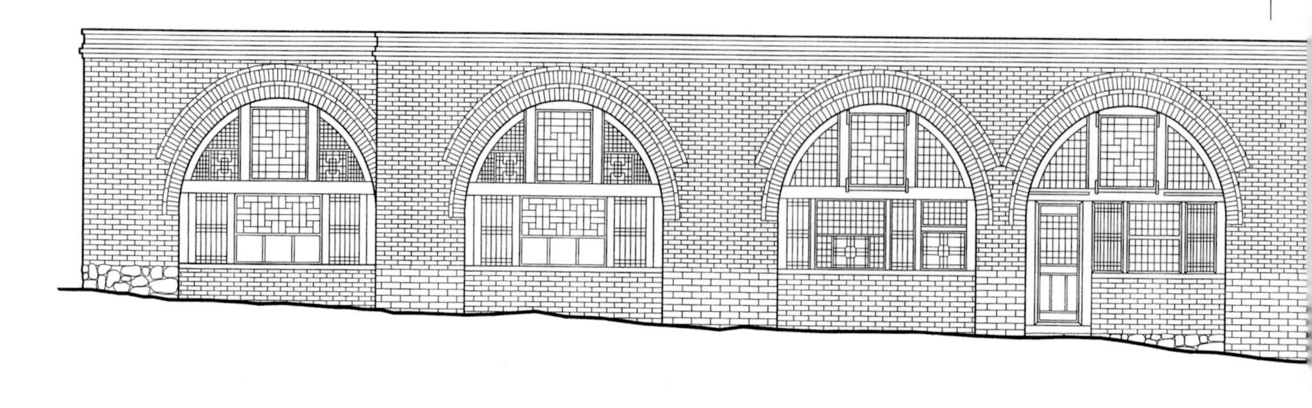

招贤镇工农庄村 197 号旗杆店外立面—1

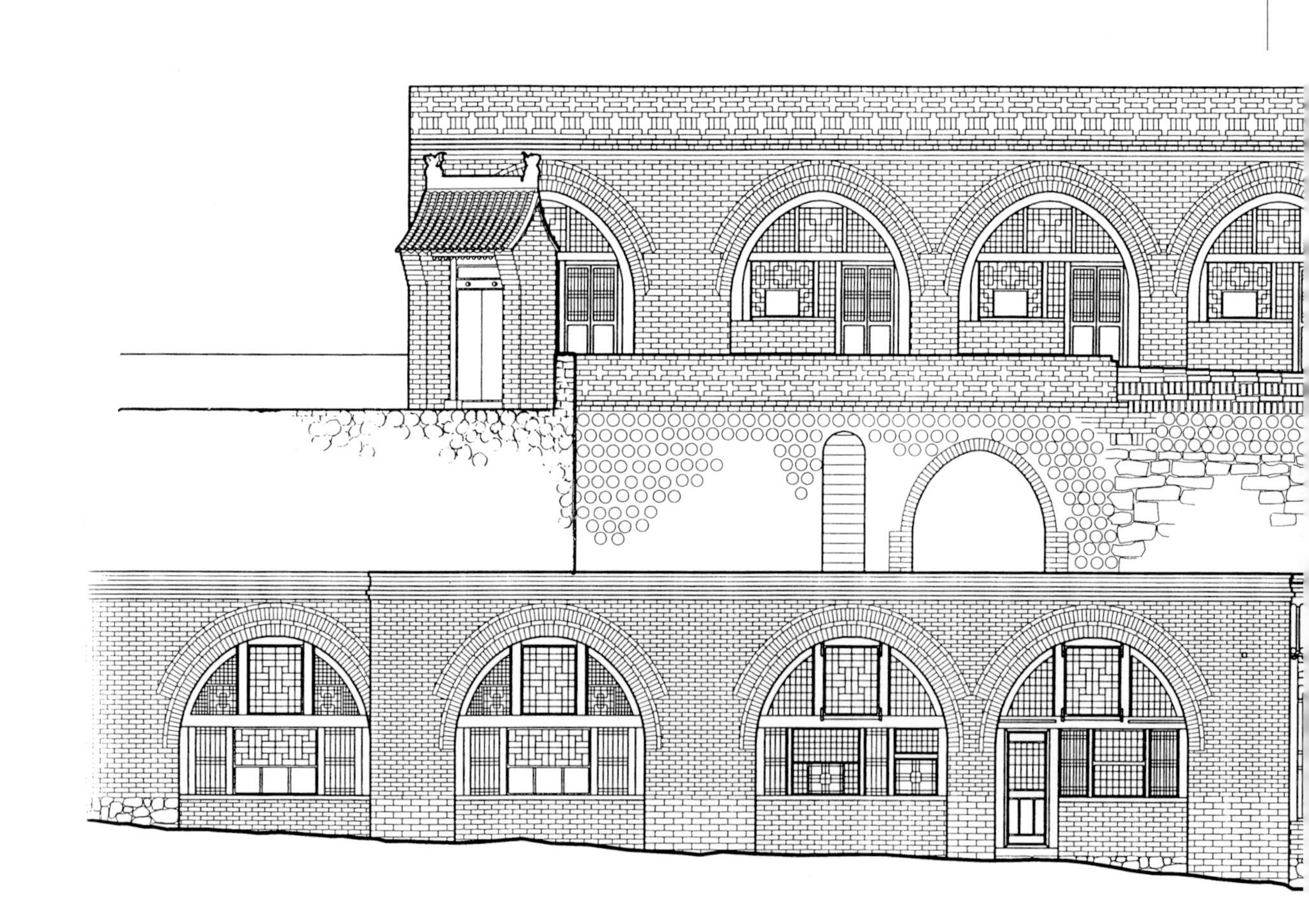

招贤镇工农庄村 197 号旗杆店外立面—2

A
0
2
4
6 米
A
0
4
8 米

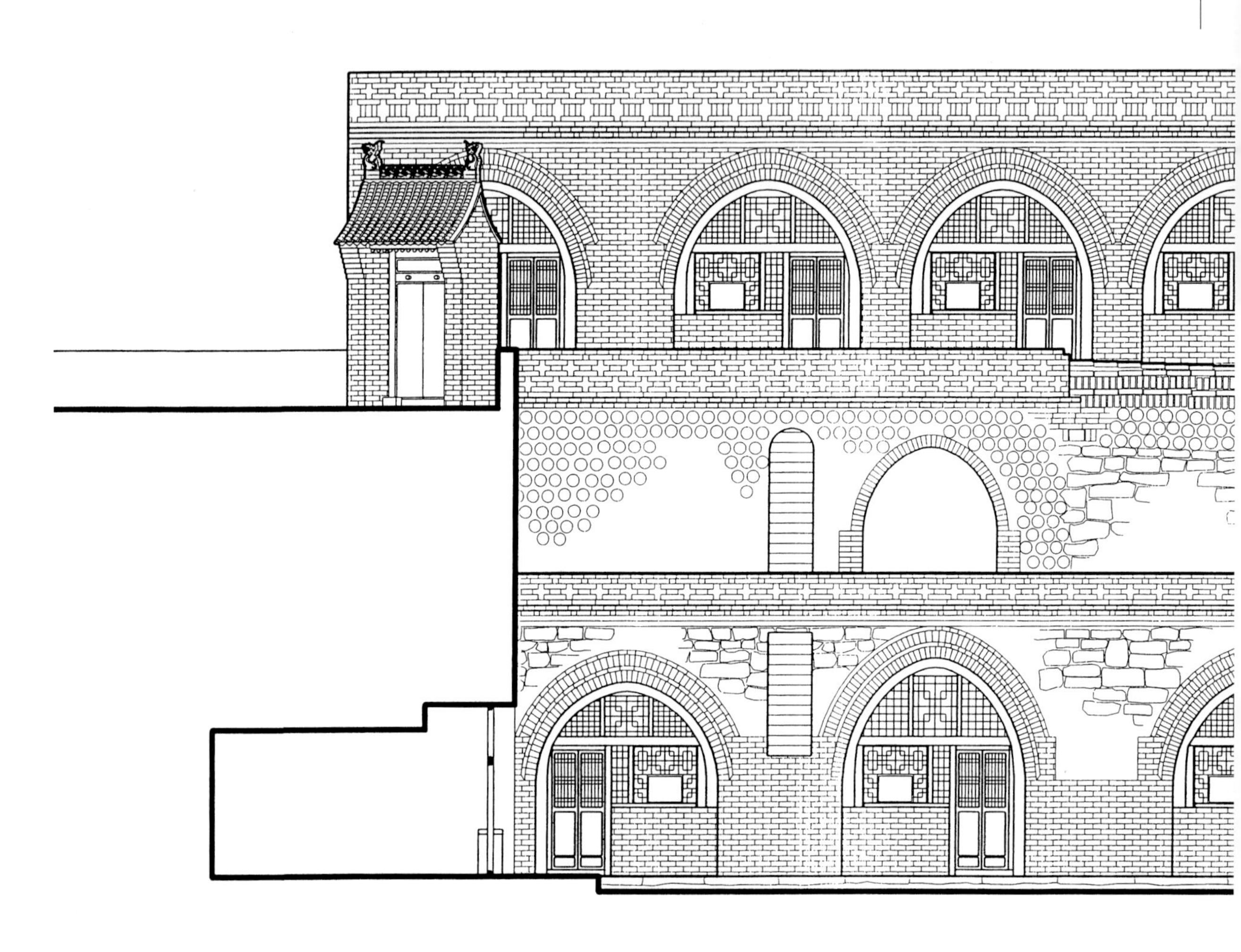

招贤镇工农庄村 197 号旗杆店内立面

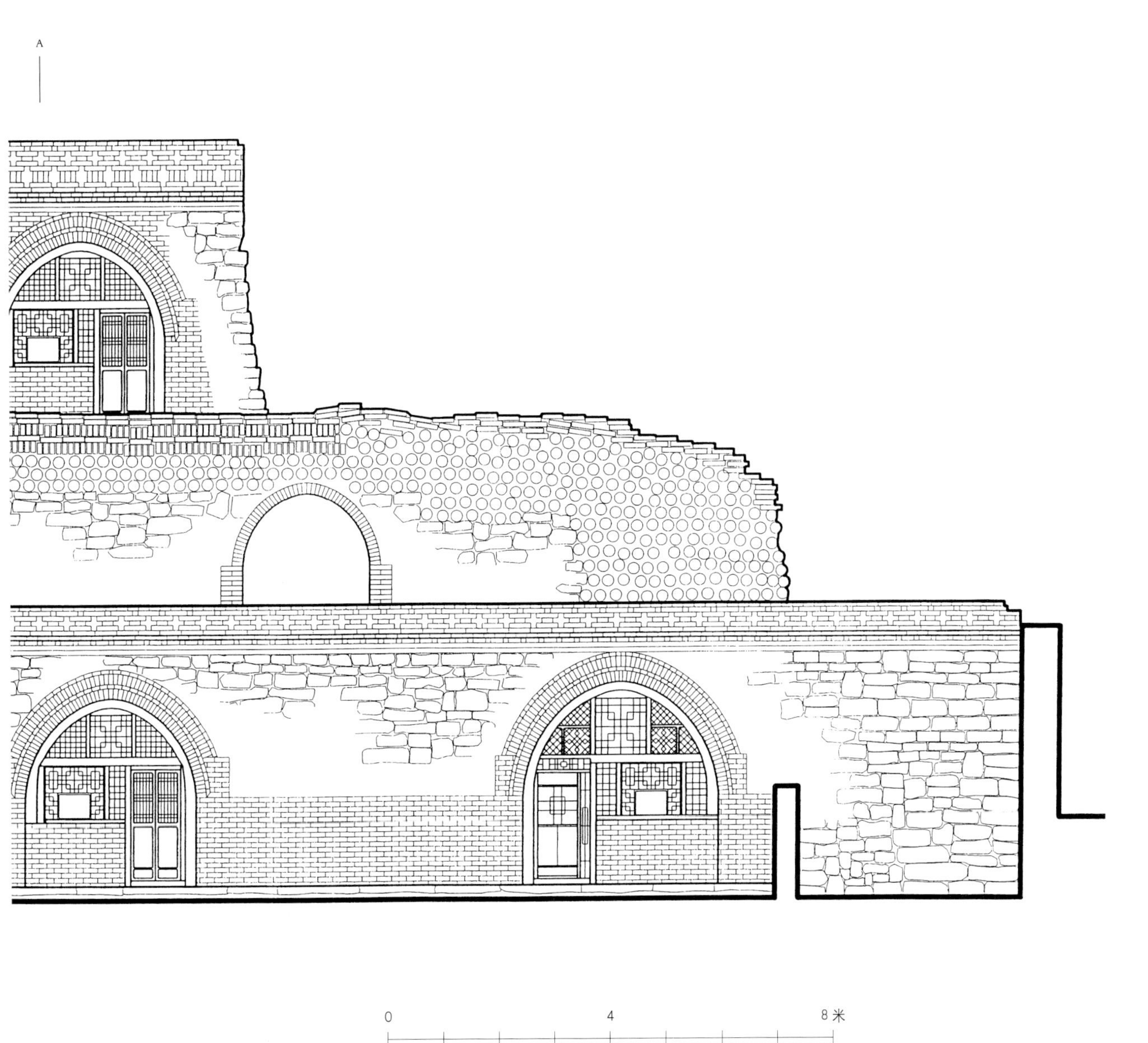
A
0
4
8米

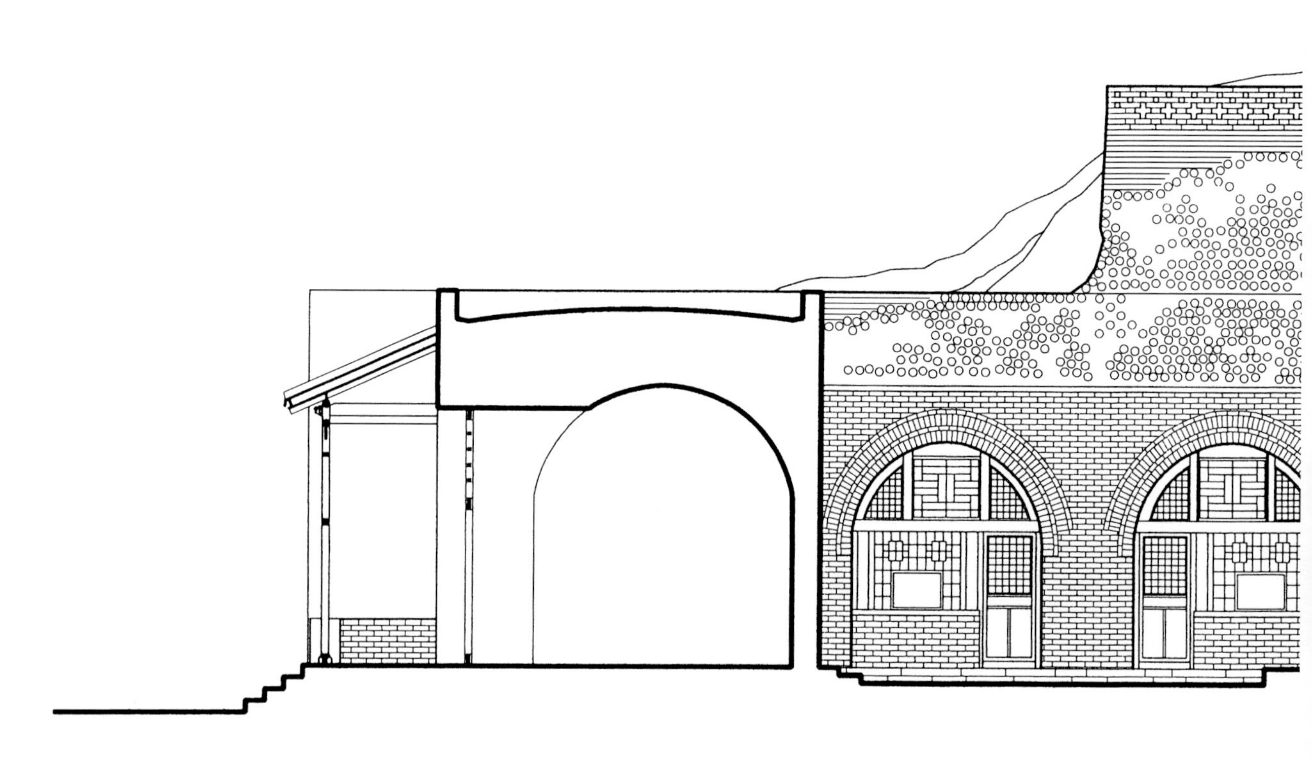

招贤镇工农庄村 197 号旗杆店纵剖面

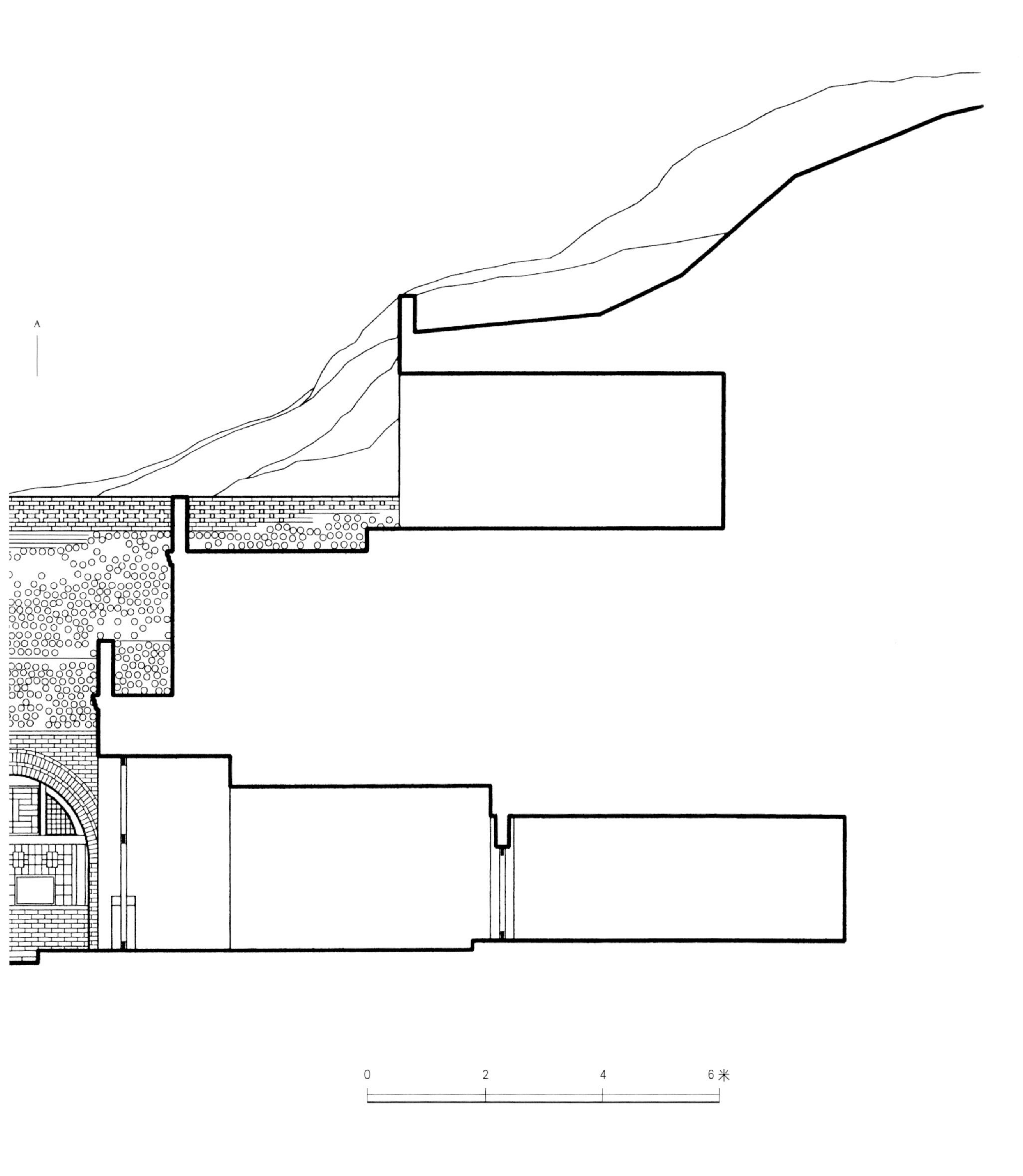
A
0
2
4
6 米

二、招贤小塌则村

历史地理

孟春时节，小塌则村的山沟里浓烟滚滚，黄沙漫天。浓烟，是从瓷窑的烟囱里冒出来的。黄沙，则是从山坡的地面上让风刮起来的。站在几乎寸草不生的陡坎上，眼前是自北向南蜿蜒的山沟，两侧黄色的土坡，黑色的岩石，依山的窑洞和瓷窑，还有一片片由大缸排列而成的院墙，构成了小塌则村特有的景致。

这是山西省靠近黄河的一个地方。自古以来，招贤就是远近闻名的瓷器生产地和煤、铁矿开采地。据《临县志》[①]载，在隋代初年这一带就发现了大量的煤炭、磁铁矿和陶土矿，这些资源加上还算充足的水源，已具备炼铁和烧制陶器的条件，于是官府四处张贴招贤榜，邀请各方人士前来开发。当时此处尚无地名，后人便称之为“招贤”，一直沿用到现在。和一般意义上的镇集不同，招贤镇只是一个地域范畴，并不指某一处固定的商业街市集中地。这一特点当与招贤镇以矿产和瓷窑为基础形成人口较为密集的聚居地相关。

招贤镇的瓷窑生产集中在南部的小塌则、前塌、后塌等村，其中小塌则村的老瓷窑最多。该村距离镇中心约四公里，位于一条狭窄的山沟里。山沟在小塌则村的一段名为“李家畔”，由此再往南即是前塌村和后塌村。李家畔北端西侧的山坡叫作“小长峁”。小长峁向南是一片地形陡峭的山坡，耕地少，能修建房屋的地也少，村里人称之为“烂山”。烂山南面的山头叫作“大峁梁”，是小塌则村与前塌村的分界处。烂山和大峁梁之间东西走向的山沟，叫作“石磨沟”。李家畔东侧的山坡，以老君庙和龙王庙为界，北面叫“平梁上”，南面叫“李家

① 《临县志》，海潮出版社，1994，03：29。

圪垯”。小塌则村的瓷窑大多分布在平梁上的山腰和靠近沟底处，以及李家圪垯的靠近沟底处。李家畔西面山坡上的窑洞住宅和瓷窑大多修建于1947年土地改革以后。

如今的小塌则村实际由三个小村子组成，总人口九百零六人，户数二百五十二户[①]。原小塌则村（文中涉及此小村时均用“原小塌则村”）位于东面的平梁上，它南面的村子以山命名，也叫“李家圪垯”。西面山坡上的村子名为“化塌”。三个村子中，原小塌则的人口最多，占到百分之五十以上，其次是李家圪垯，化塌的人数最少。原小塌则的村民大部分姓薛，李家圪垯的村民大多姓李。

平梁上也有一条东西走向的山沟，原小塌则村的窑院和老瓷窑大多分布在这条山沟的北面山坡上。这里除了朝阳之外，还有靠近村口的交通优势。因为旧时的运输工具主要是人力或畜力，烧制陶瓷的原料和燃料需用脚力运到瓷窑来加工，烧制出来的缸、盆、碗等产品也靠脚力运出，所以原小塌则的瓷窑分布并不限于靠近山沟的位置，而是沿坡而上，直至三四十米高的山腰上都有。

原小塌则村的瓷窑还与住宅紧密结合，它们或者设于住宅侧旁，又或者利用山坡地势设于住宅下方或上方。瓷窑与住宅靠近，便于窑主管理和经营业务，烧瓷的师傅或者伙计也多半是窑主的亲戚，所以这种结合实际上反映出小塌则村瓷窑的家族特性。根据小塌则村现在的窑主们所说，在土地改革以前，瓷窑都是祖祖辈辈流传下来的，当地有一句俗话叫“家有老产，辈辈能缓”，说的就是瓷窑作为祖产发挥的作用。土地改革以后，瓷窑连同窑洞住宅曾经一度被收归公有，1980年以后又将瓷窑归还原窑主或其后

① 根据招贤镇政府办公室的《基本情况表》。

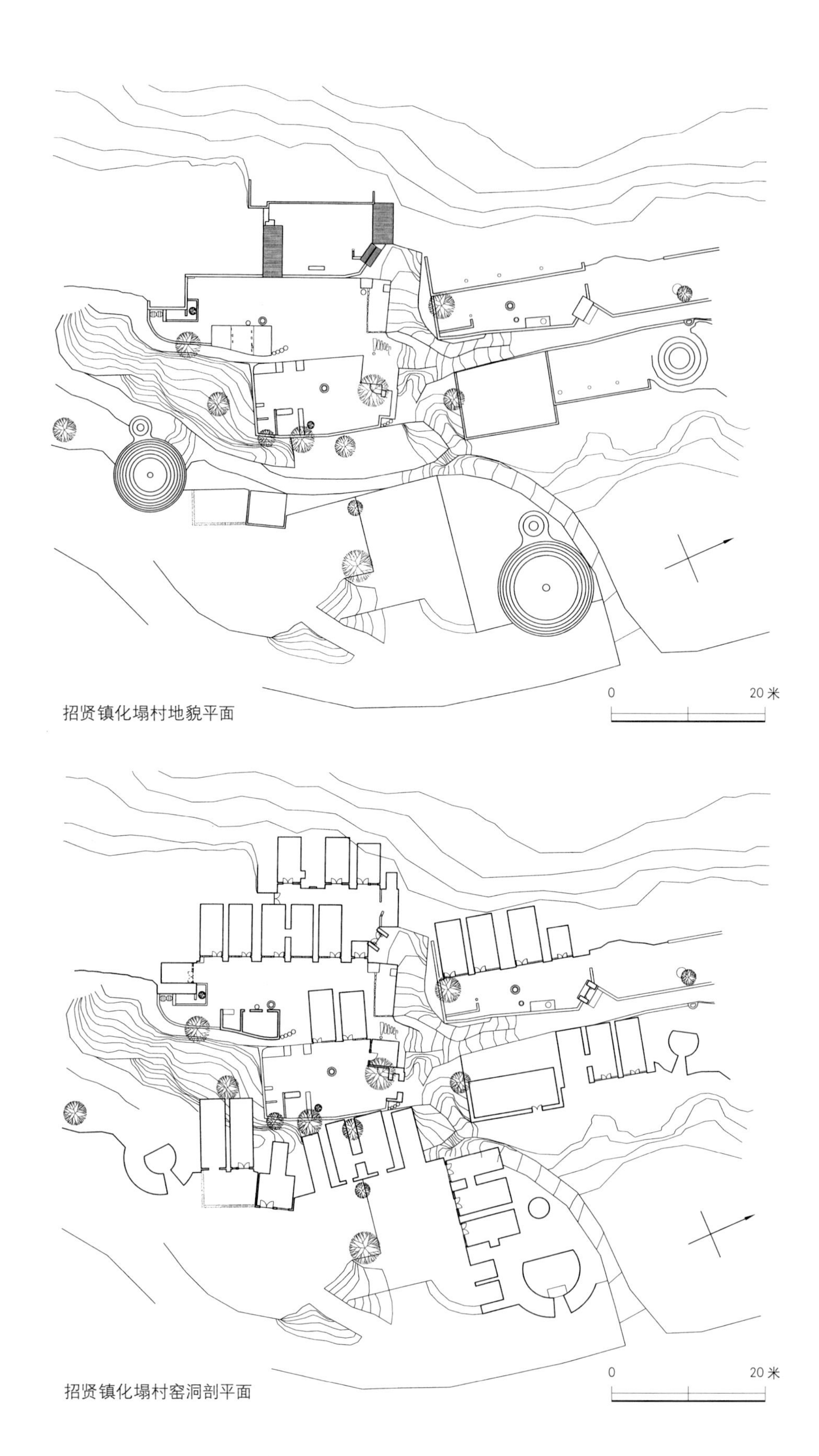

招贤镇化塌村地貌平面

招贤镇化塌村窑洞剖平面

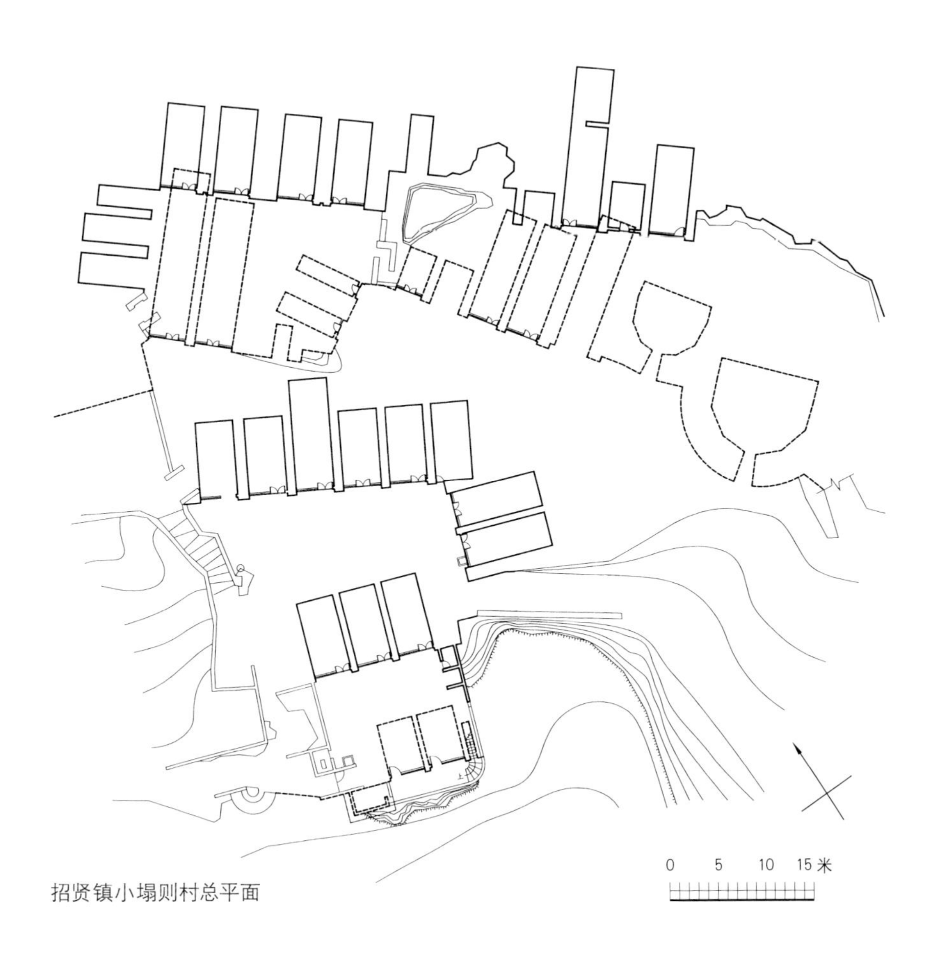

招贤镇小塌则村总平面

代。李家圪垯和化塌的瓷窑不和窑洞住宅靠近，而是沿山沟分布，住宅则在山坡上，位置或高或低，与瓷窑并无直接关系，有的窑主甚至不住本村，而是住在稍远处的前塌或后塌村。用家住李家圪垯的李玉顺老人（现年六十六岁）的话说，“山上的窑是住老婆和娃娃的，沟边的瓷厂是生产的”。

小塌则村生产的瓷器主要是黑釉粗瓷。元代时这里已有生产陶瓷的记载，古瓷多为釉下铁锈花[1]。清代和民国年间，碛口水旱码头的繁荣带动了小塌则村的瓷器市场，一批批骡队把瓷器从小塌则村运出招贤，送到碛口码头，然后借助船只和骆驼运输到陕西、宁夏、内蒙古等地销售。当时碛口的中街，还有多家专营招贤陶瓷的商铺（现已被冲毁）。

① 《临县志》，海潮出版社，1994，03：237。

招贤镇化塌村总立面

A
0
5
10
15米

A

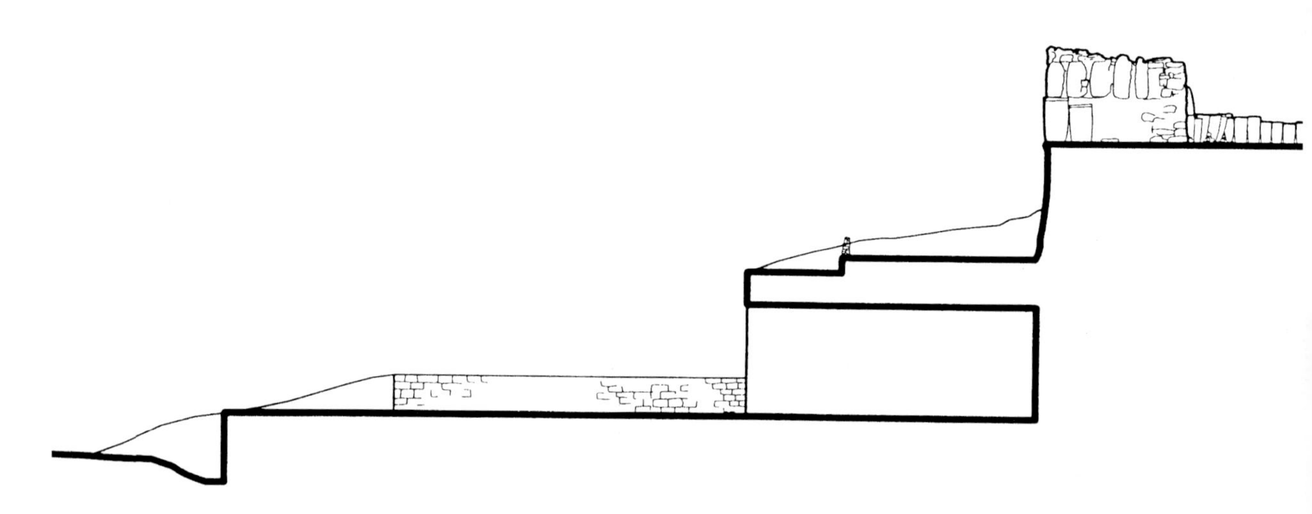

招贤镇化塌村纵剖面

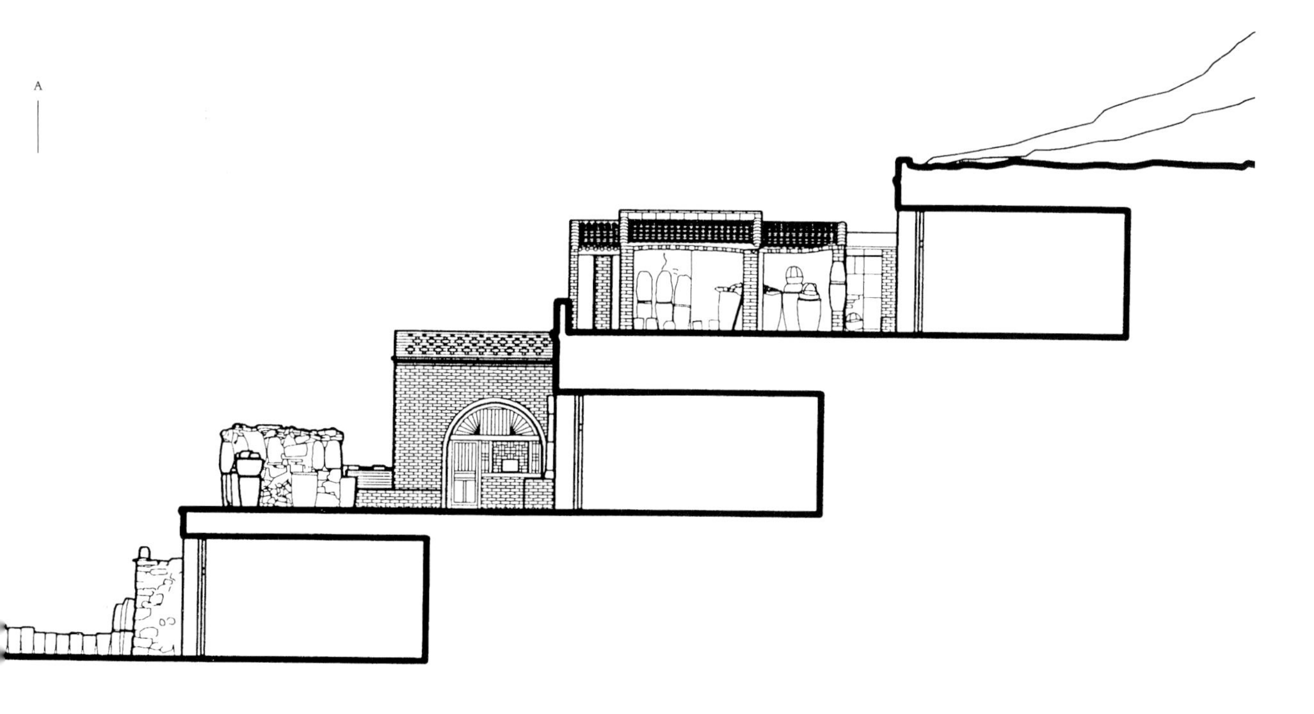
A

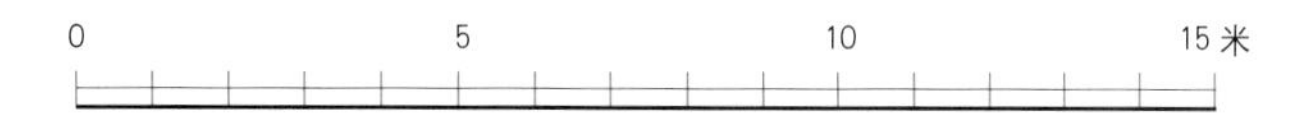
0
5
10
15 米

招贤镇化塌村全貌　李秋香摄

通过对原小塌则村部分窑主的采访，我们了解到，这里的八个老瓷窑大都有至少四到五代人的历史[1]，可见原小塌则村早就已经成为烧制陶瓷的“专业村”了，村民们的职业要么是瓷窑的掌柜，要么就是烧窑的师傅或者伙计，“没有一个人种田”。而李家圪垯和化塌以及再往南的前塌、后塌等村，早年只有部分村民从事烧制陶瓷的行业，其他村民还在务农。李玉顺回忆说，在1947年土地改革以前，李家圪垯的山坡上还有农田，后来“烧瓷的人越来越多，才没有人种田了”。据县志记载，到民国三十年（1941年）时，招贤已成为晋绥“边区的工业基地，有瓷窑45座，年产瓷器127.9万余件”。[2]

除了大缸外，小塌则村瓷窑的产品还有盆、瓮、坛、碗碟、拔火罐以及一些小的“灯瓜瓜”和撒野盆（尿盆）。缸的直径一般在二尺二左右（约0.7米），瓮分二斗瓮、四斗瓮和八斗瓮[3]，还有一种花纹瓮。坛主要用来放米，分成三斤坛和四斤坛。还有一种用来腌咸菜的“盔则”[4]。

1950年以后，瓷窑的生产方式由完全的手工业化发展为半机械化，石坂泥的粉碎和瓷器的成形都引入了电力设备，产品质量也有提高，市场由原来的黄河中上游扩展到东北、河北、河南等地。1958年，李家圪垯、小塌则、双坪上三个瓷业社合并为招贤瓷器厂，生产日用陶瓷和工业陶瓷。此后的十几年，招贤瓷器厂逐渐发展到拥有四百多名工人、三个车间的大厂。厂里还针对烧瓷技术进行了有组织的总结和研究。1974年，招贤瓷器厂生产出了雨点釉。雨点釉，又名“油滴釉”，是我国传统名釉之

---

① 窑主们回忆，他们的爷爷都是从上一辈人手里继承的瓷窑，但再往前就不得而知了。

② 《临县志》海潮出版社，1994，03：206。

③ “斗”是粮食的重量单位，“八斗瓮”指能盛放八斗谷子的瓮。

④ 当地方言，指坛口周边有凹槽盛水，坛盖放上后能防止内外空气流通的坛子。

一，其釉面漆黑油亮，不规则地散布着小星点。招贤生产出雨点釉是技术上的一大成功。孙守贵师傅总结了这一技术经验，使厂里能持续生产雨点釉。招贤生产的雨点釉，底部刻有“中国招贤”的字样，曾远销至日本。

1980年以后，招贤瓷器厂规模逐渐萎缩，到如今只剩下了几十名工人。从1997年开始，村里的瓷窑纷纷转产耐火砖。其中原因，一方面是塑料产品大量行销，农村对粗瓷的需求明显减少，另一方面是离石、临县等地涌现的焦炭厂对耐火砖有大量需求。不过，自从2003年政府对众多严重污染环境的焦炭厂进行整顿后，耐火砖的市场形势也是急转直下，面临和大缸同样的命运。

公共建筑

旧时小塌则村的公共建筑就是三座庙宇：老君庙、龙王庙和老爷庙。

老君庙位于小塌则和李家圪垯之间的山腰上。它的规模最大，等级也最高，因为太上老君善于用八卦炉炼丹，是“炉神”，是陶瓷业的行业神，对以烧制陶瓷为生的村民来说意义尤其重大。当地人给太上老君上香时祈祷：“装得圪溜[①]烧得正，裂裂缝缝都粘住”，盼望烧窑的时候即使毛坯装歪了也能给烧正了，毛坯上即使有裂缝也能给粘住。老君庙坐东朝西，由正殿、朵殿、配殿、戏台和院坪组成。正殿面阔三间，正面开三孔窑洞作为门窗，前接檐廊，进深约两米。屋顶用硬山顶，从黄色琉璃瓦和雕龙脊饰来看，当经近年重修。室内供奉三尊神像，中间是太上老君，其左为天官，右为火德星君。正殿两侧各有一孔窑洞朵殿，洞高二点二米，宽两米，无前廊，顶上设小披檐。南侧朵殿供奉华君（华佗）和药王（孙思邈），北侧朵殿

① 方言，“歪”的意思。

供奉财神和水图先生。正殿前的院坪分上下两层，北面比南面高十步台阶。上、下院坪的宽度约十五米宽，总长度约三十米。高处平台的北侧沿山坡又挖入一孔窑洞，其内供奉土地和文昌公。院坪西面是戏台，与正殿相对，但原物已在“文化大革命”期间拆毁，现在的戏台是作为小学的礼堂在大约十年前重建的[①]，台高约一点六米，采用钢筋混凝土结构。据生于1944年的李银有等村民说，看戏时妇女和儿童站在高处的平台上，男人则站在低处平地上。

关于老君庙的选址，村子里还有着一段传说。相传庙址最初并不在此处，是在化塌村南面山坡上的一个地方，而且在那里已经打了桩，准备开建了。可是打好的桩第二天早上居然不见了，找来找去，在现在这个地方找着了。村民们觉得是太上老君显灵，自己选了庙址，不可违抗，就把老君庙修建在此处了。这个传说说明，村民们打心底里相信老君庙的选址是正确的，虽然他们说不出更多理性而科学的道理。实际上，老君庙所占据的院坪，也正是小塌则村里坡度最缓而面积最大的一块地方，只有选在这里，才有可能容纳最多的香客，让最多的观众来看戏。村民们是将最大的一方平地当作公共活动场地了。

老君庙南侧是龙王庙，规模要小得多。建筑坐东朝西，面阔只有一间，约四点五米，连前廊进深三米。檐口高约三点五米。屋顶用硬山顶，陶瓦，正脊两端为龙头鸱尾。庙前是一个由两孔砖窑支撑着的小平台。

老爷庙位于李家圪垯与后塌之间，原物已经在“文化大革命”期间拆毁，现在的建筑是1998年前重修的。正殿坐西朝东，大小和形式与龙王庙相近。

① 小学的校舍就是一幢两层的教学楼，与戏台原址并排而立。

老爷庙的地基也是垒窑加高的，高度足有五米，横跨在东西两侧山坡上，底下的窑洞还有排水的作用。高高的地基南面又是陡峭的山崖，越发显得老爷庙地势险要。山西省各地的老爷庙供的多是狐仙，但这座老爷庙里供奉的却是关公，不知道是不是重修后的改变。

小塌则村每三年要推选出十五位经理人（又叫理事）负责打理这三座庙。除日常的保管和清洁外，理事的主要活动都围绕老君庙展开。每年的正月初一、正月十五、二月十五（传说中太上老君的寿诞）和八月十五要给老君上香。而最重要的，就是每年从农历二月十三开始到二月十六要连演四天戏。请戏班的钱大都由信徒们捐，如果不够的话村里每户也会摊派一点。现任理事之一的李银有等村民说，每次演戏都有许多人来看戏，连外村、外县市都有人赶来。龙王庙里的活动很少，除了每年六月十五龙王过寿诞要烧香外，只有在天旱的时候才会有求雨的活动。求雨时一般要宰杀一头猪作为牺牲，活动结束时猪肉会分给各户。老爷庙的活动也很少，只有在五月十三关老爷寿诞时才上香、烧纸，摆一些简单的供品。

山西招贤土窑　李秋香摄

对于“烧瓷专业村”的村民而言，无论身份贵贱，无论财产多寡，烧窑的成败都同样地至关重要，是他们赖以生存的经济命脉。而在旧时，烧窑又属于一个不能完全人为控制的过程，一些未知的因素总在发挥着难以预料的作用。村民们将这些无法把握的因素归之于“炉神”——太上老君。因此，供奉太上老君的老君庙在小塌则村也就有了至高无上的地位。

居住建筑

除了一两栋近年来新盖的房子外，村子里的住宅全部是窑洞，其中大部分又是窑院，由正房（接口窑）、厢房（箍窑）、倒座房和院门以及围墙组成。窑院外通常还附带有一两个烧瓷的瓷窑，以及与瓷窑相配套的“窑洞式厂房”（用于加工陶瓷的坯胎或存放成品）。窑院又主要分布在阳坡的小塌则和李家圪垯两个村内，其中小塌则村的窑院质量明显较高，年代亦较久远。

小塌则村的窑院大门多数偏于一侧，朝向西南方的大峁梁。窑洞内的土炕大都靠近外墙，沿侧墙纵向布置，这样可以更多地获得阳光，同时又留有通道通往内部。给土炕供暖的灶台有的在炕和外墙之间，有的则在土炕以里。有的窑洞在主体后面还接有一个小窑洞，用作储藏室（如吴兆有宅）。

小塌则村的窑院围墙常用高度一米多的大缸排列而成。这些缸大多数是烧制不成功的残次品，少数则是近年来销售不出去的积压货。当山坡上高高低低的几十户窑院都用黝黑而局部反着高光的大缸做院墙时，形成的景观效果就颇为别致。大缸还能用来做烟囱，把缸底敲破，倒扣在排烟口上就成了烟囱。烟囱大多是一口大缸倒置，少数由两口叠加的，另外也有三口甚至更多的叠加的，高度可达三四米。这也可谓小塌则村的一大奇观。

住宅和瓷窑的关系有两类：其一，瓷窑与住宅靠近；其二，瓷窑与住宅远离。

与住宅靠近的大多是老瓷窑。有的位于住宅的前方低处。如孙占鳌、吴兆有、薛云升等家。

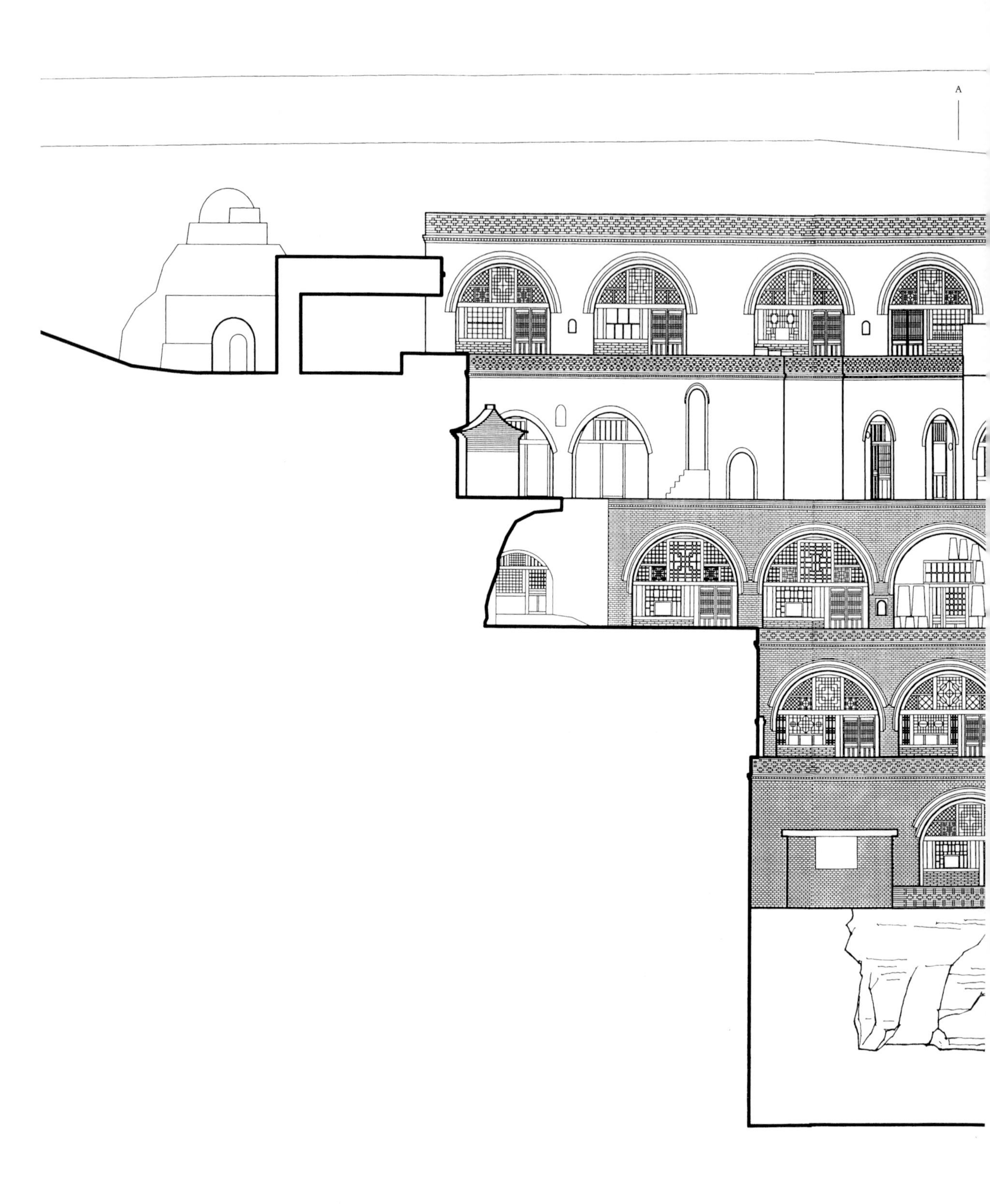

招贤镇小塌则村总立面

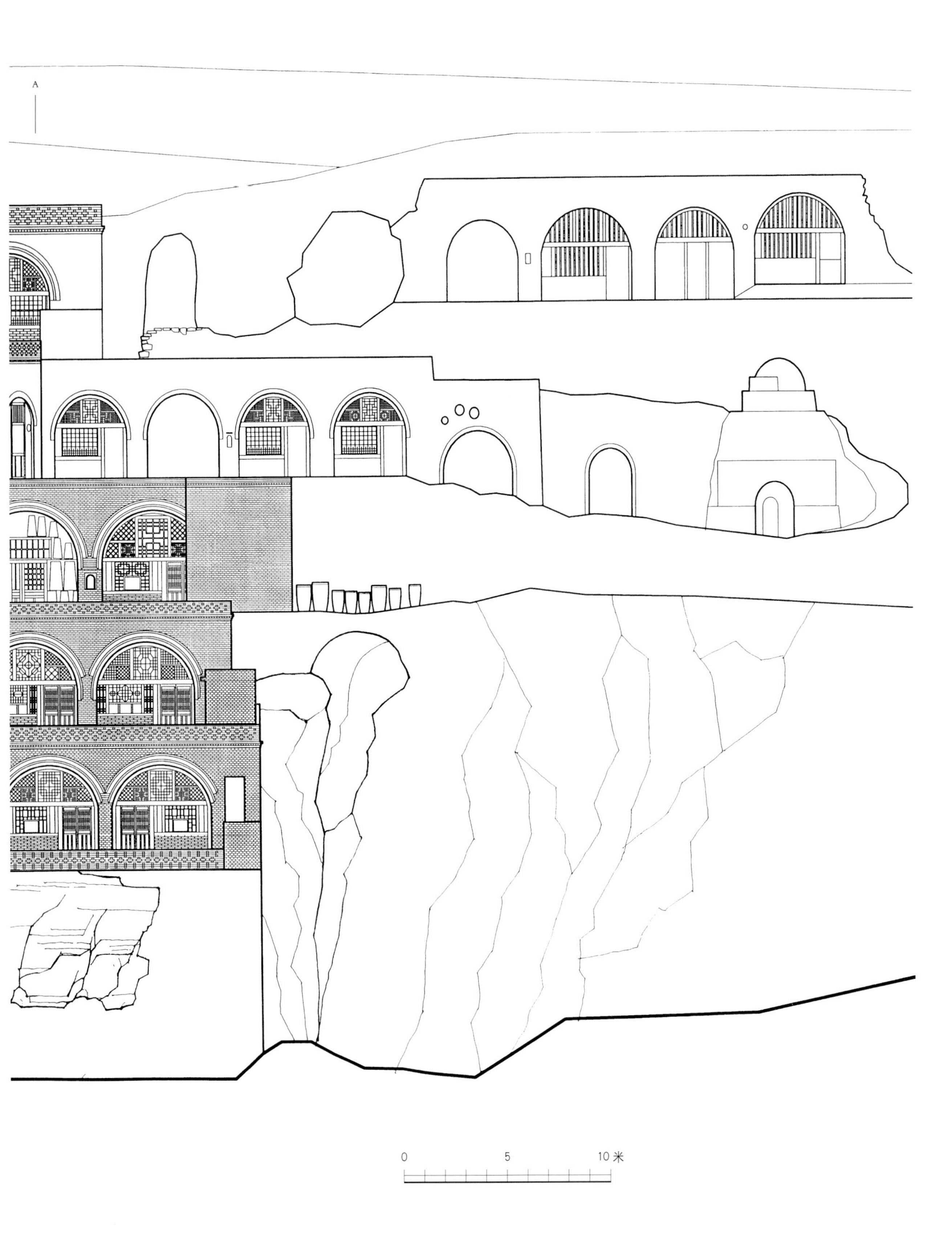
A
0
5
10 米

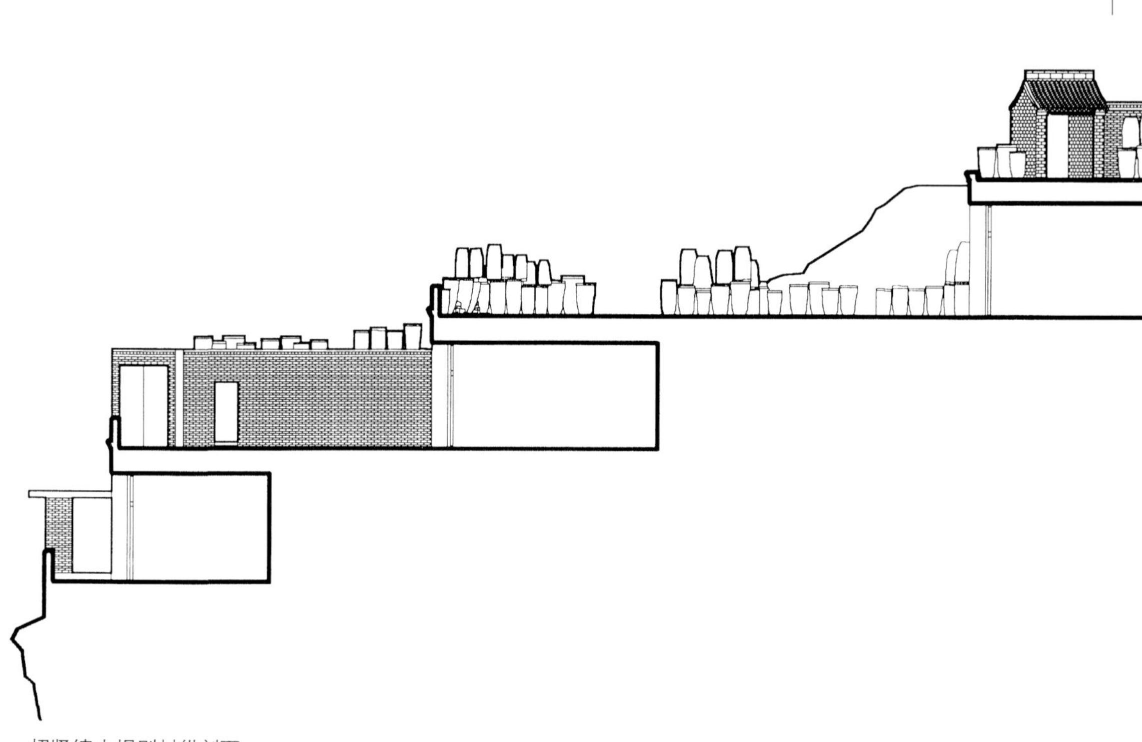

招贤镇小塌则村纵剖面

其中，薛云升宅可谓典型：掌柜家的窑院位于高处，坐北朝南，其正房有七孔窑，倒座房三间，大门位于东南角，朝东开门，拱门洞高度只有一点七米。窑院前低处有一排窑洞，亦为七孔，是“厂房”。厂房前低处有两个瓷窑。

有的瓷窑与住宅并排，如小塌则村10号，位于原小塌则村阳坡西侧较高处。作为住宅的窑院坐北朝南，正房有五孔窑洞，院门朝南，东西两侧分别有厢房一间和两间。据七十九岁的薛运起老人说，五连窑分两期建成，西边两孔窑是在他的兄弟薛运文手里修的；东边三孔窑洞和瓷窑的年代要更长一些，是在他爷爷和祖爷爷手里修的。窑院西侧有一座石砌的老瓷窑，现已停产。窑院内东边第二孔窑洞的正上方书

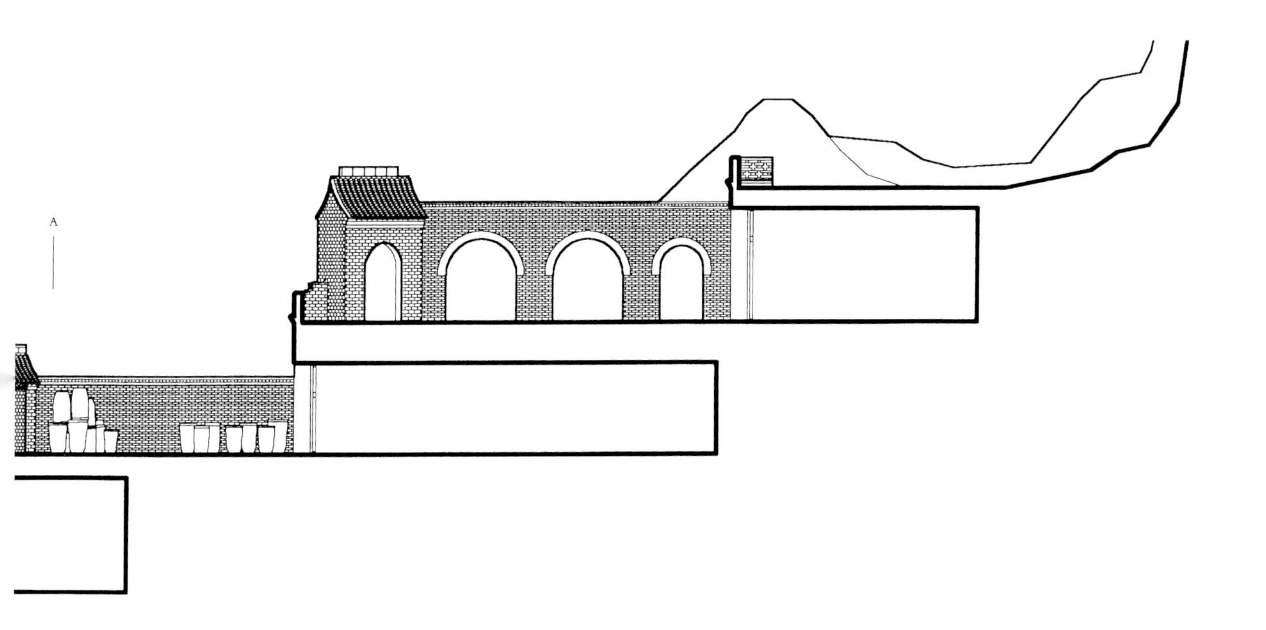

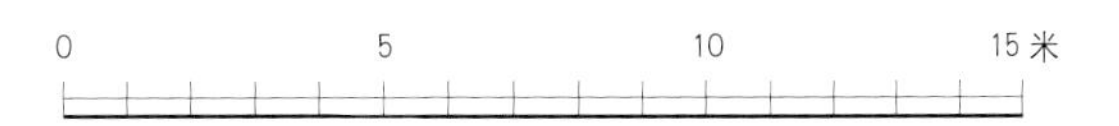

有繁体的“德盛厂”三个字，这是我们在小塌则村所见到的唯一留下厂名的瓷窑。

有的瓷窑位于住宅的上方，如薛抵顺宅，位于小塌则村北端东面山脚。薛抵顺现年七十一岁，瓷窑和住的窑洞都是他爷爷薛厚德留下的。薛厚德大约于四十年前去世，卒年八十岁。窑院位于下方，其正房为六孔窑洞。薛抵顺现在住着的三孔窑洞，在爷爷手里时是生产车间。

原小塌则村保存较好而质量较高的住宅还有几处。

孙振国宅（小塌则村38号），位于小塌则村山坡上较高处，是地势最高的窑院之一。屋主孙振国（现年六十五岁），窑院继承自其父孙占鳌（于20世纪70年代六十八岁时

招贤镇小塌则缸窑村　楼庆西摄

亡故），孙占鳌继承自其父孙茂德（大约在土地改革前后去世），孙茂德又继承自上一代，始建年代已不知是何时。正房为五孔窑，东西两侧的厢房分别为两孔窑和三孔窑，倒座房为七间木构。院门朝西，形式考究，硬山起脊，两端有龙形吻兽。门洞为圆拱形，高二点二三米。此宅有瓷窑两个。一个位于门前稍低处，与其并排有一座窑院，这个窑院的南面低处是另一个瓷窑。

孙占鳌宅的东边是吴兆有、吴兆魁兄弟的两个窑院。吴兆有宅靠近孙振国宅，东南朝向，其正房窑洞三孔，院门在东面一角，硬山起脊，拱门洞高度只有约一点八米。东面两个窑洞之间的外墙一人高处有一神龛，内有一匾，上书“天地三界十方灵真君”。窑院前方低处为三孔窑洞，作厂房之用。吴占魁宅与吴兆有宅并列，其朝向也是东南，正房窑洞亦三孔，院门也是硬山起脊，但拱门洞的高度达到二点五米左右。窑院的前方低处同样也有一排做厂房用的三孔窑洞。这排窑洞的东北侧有一个瓷窑，已经塌毁。

瓷窑

以建成年代及使用状况分，村里的瓷窑可分为三种：一是已经停产或破败的老瓷窑，建于1947年土地改革以前，是“老辈子”留下来的；二是经改造、扩大后仍继续使用的老瓷窑；三是1947年以后修的新瓷窑，其中又以1978年以后的占多数。

新、旧瓷窑的区别主要有两点。首先是建材。老瓷窑大都用石材叠涩砌筑，大石头在下，小石头在上，内壁用耐火泥均匀涂抹（防止石头在高温下熔化），耐火泥是由黄泥和石坂泥以1∶1混合而成。新瓷窑用石头和耐火砖，基座用石头砌成，穹顶用耐火砖叠涩而成。其次是尺寸。老瓷窑的尺寸较小，如吴兆魁家的瓷窑，据说是老瓷窑中最大的，内壁直径也不过八尺（2.6米），高度一丈三（约4.3米）。而新建的瓷窑大多宽一丈一至一丈二（约3.7～4米），高近两丈（约6.7米）。新瓷窑的每出一次炉的产量也大得多，比如同样是生产0.26米×0.12米×0.06米的耐火砖，新瓷窑一次可出四万至六万块，而老瓷窑每次只能出二万至三万块。

从外观看，瓷窑由马桩（基座）、“拉全”[①]（中段）、小顶和烟囱四部分构成，而其内部则是一个圆柱体加上一个上端开口的穹顶。以1978年以后新修的瓷窑为例，其基座平面为圆形，高度约一点五至二米，前方开拱券门，是货物、燃料和工作人员的出入口，拱券门上距离地面二十多厘米高的地方要开一个约十五厘米宽、二十五厘米高的小孔，用于添加燃料和观察火候；“拉全”约一米高，由四至六层石材或砖材垒砌而成，层层收分；小顶是一个锥台，高度约一米。瓷窑的总高度根据基座内壁直径而定，直径越大，高度越高。瓷窑的壁厚，顶部最薄，“一尺二三”（约0.40米），向下逐渐变厚，最底部有两米左右，有的达到三至四米。显然，厚度越大，越有利于烧窑时的保温，但同时也带来了自重增大的缺点。瓷窑由上至下不断加大的壁厚是在自重与保温这对矛盾之间求得平衡的结果。烟囱位于后面，与瓷窑内部相距约两米，两者通过马桩后方底下的烟道相连。烟囱分为两层，下面一层为圆柱体，直径较大，石头砌筑，上面一层是逐渐向上收分的圆柱体，砖或石头砌筑，也有的用敲碎底部的缸来代替。

---

① 当地土话的音译，根据对薛生顺的采访。

招贤镇的杨氏祠堂，为窑洞式建筑，下层居住，上层祭祖　李秋香摄

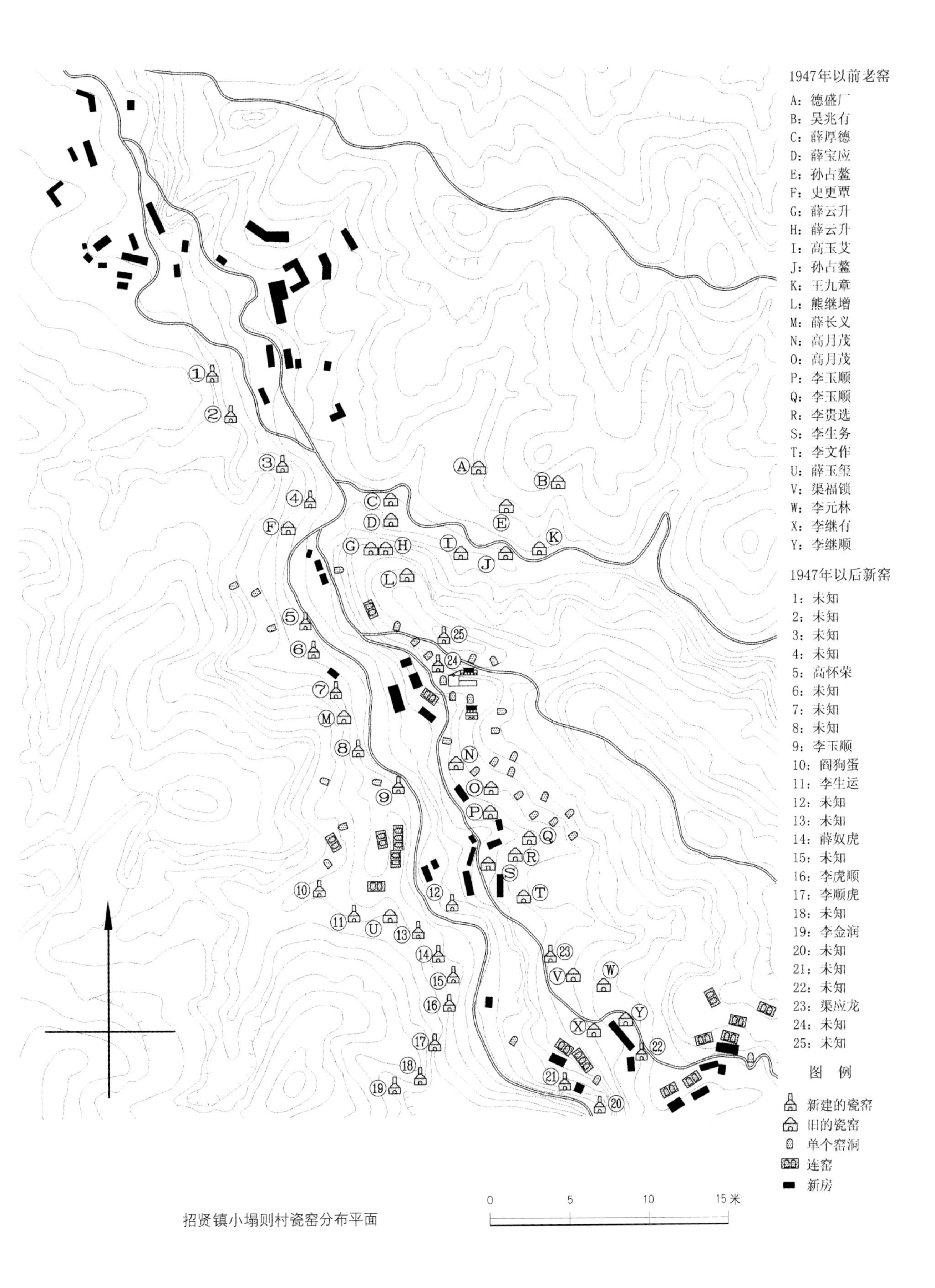
1947年以前老窑
A：德盛厂
B：吴兆有
C：薛厚德
D：薛宝应
E：孙占鳌
F：史更覃
G：薛云升
H：薛云升
I：高玉艾
J：孙占鳌
K：王九章
L：熊继增
M：薛长义
N：高月茂
O：高月茂
P：李玉顺
Q：李玉顺
R：李贵选
S：李生务
T：李文作
U：薛玉玺
V：渠福锁
W：李元林
X：李继有
Y：李继顺
1947年以后新窑
1：未知
2：未知
3：未知
4：未知
5：高怀荣
6：未知
7：未知
8：未知
9：李玉顺
10：阎狗蛋
11：李生运
12：未知
13：未知
14：薛奴虎
15：未知
16：李虎顺
17：李顺虎
18：未知
19：李金润
20：未知
21：未知
22：未知
23：渠应龙
24：未知
25：未知
图 例
新建的瓷窑
旧的瓷窑
单个窑洞
连窑
新房
0
5
10
15 米

招贤镇小塌则村瓷窑分布平面

马桩侧面和前面的底下各有一小通道，用于搬运燃烧后的废煤渣，前面的通道与盛放燃料的炉坑相连，在烧窑时可从门上的观察孔往里添加燃料（煤）。

瓷窑内部靠近入口处是装煤的炉坑，底部与煤渣孔道相连。穹顶正中央开口，直径从“一尺一二”（约0.35米）到“一尺八九”（约0.60米）不等。此开口有三个用途：一是采光；二是通风和冷却；三是排烟。此外，在新瓷窑刚建成时，要在壁底部留出一些小孔，以尽快释放水汽。

现在修建一个瓷窑大概要四十至五十天，花费三万至四万元。瓷窑通常借山坡地形半埋入地，这样可充分利用土层的保温作用，也能节省成本。也有在平地上建窑的，不过成本要高出一万至二万元。

修建瓷窑时，其平面用一根绳绕中心而确定，其高度则无严格规定，一般圆柱体部分高约二点五米，穹顶部分高约两米。瓷窑内壁只用一至二层耐火砖作为壁面，其余用石头砌筑。穹顶叠涩做法是每层耐火砖向内递进两根指头的宽度。砌砖时，外壁是顺砖错缝，内壁是丁砖错缝砌作。

大缸的制作流程

制作流程分采料、制坯、装窑、烧窑和冷却五个步骤。整个流程大约费时四十五天。

原料主要是石坂泥和黄泥。瓷土或高岭土是制作陶瓷的最主要原料，小塌则村的石坂泥含杂质较多，是“不纯的高岭土”[①]。石坂泥取自其东北方一公里多的渠家坡，采集时为当地页岩风化后的碎片，在与黄泥混合制作陶瓷坯体前须碾碎成粉末状。20世纪70年代以前，石坂泥的粉碎靠碾子——以厂房前的平土地面当作磨盘，驱使骡子或驴

① 根据北京矿冶研究总院吴峰先生的检测结果，黄泥含三氧化二铝的百分比是22. 22%，含铁的百分比是21. 27%；石坂泥含三氧化二铝的百分比是16. 11%，含铁的百分比是3. 85；成品陶瓷坯体含三氧化二铝的百分比是24. 10%，含铁的百分比是2. 85%。

拖动碾子将石料碾碎。碾子为圆柱状花岗石，直径约四十厘米，高度六十厘米，柱身满布深约五厘米、宽约五厘米的竖向槽。骡子拉着碾子围绕一个半径约一百五十厘米的圆不停地转，直至将原料压得粉碎。粉碎的石坂泥要经过筛子“过筛”，颗粒太大的就送回碾子下面继续碾。据李玉顺说，一头骡子一天大概只能生产十厘米厚的石坂泥（指在直径约3米的圆形地面上，约1.4立方米），而要获得一窑缸所费的石坂泥则需大约十天。后来引进了粉碎机，效率大大提高，只要一两天就完成这一步了。旧时石坂泥的运输靠人力或畜力，后来都改用拖拉机或卡车了（李玉顺说，现在石坂泥的费用是每吨9元，包括税钱2元和运输费7元）。

和料时，黄泥和石坂泥按照一定的比例并加入适量水搅拌均匀，做成泥团。黄泥多了，坯体偏软，烧出来的缸会弯曲变形；石坂泥多了，坯体太硬，容易把缸烧裂了。和泥时水量的掌握完全凭师傅的经验，以“黏稠合适”为准，太稀了坯子容易变形，太稠了坯子干得快，会开裂。显然，水也是不可或缺的。小塌则村离湫水河和黄河较远，没有地上水源，但村里老人们讲，早年在沟底挖地一尺多，土层就已经非常湿润，半米以后，就会有水涌出来，和泥用的水就是从沟底的井里挑来的。直到现在，小塌则村与前塌村交界处仍有一口古井，水井附近被称为“水源洞”。1980年以后，小塌则村开了小煤窑，“把水脉破坏了”，从此村民用水就靠村子南北两端政府修建的两个供水点了。

和好的混合料，要洒上水，堆成堆，盖上湿布，“闷”几天。闷透的泥还要经过一道类似于做面食时“揉面团”的工序：挖出一块高约十五厘米、直径约七十厘米的圆形泥团，先放在窑洞内的地面上用铁锹和，然后放到圆形石转盘上用木锤子砸，把泥团砸扁之后，堆起来再捶，反复进行，每块泥团费时约二十分钟。

第二步是制坯。拿一块砸过的泥团，搓成直径约十五厘米的长泥团，沿手臂一直搁到肩膀上，用两只手把泥团的下端捏成直径二至三厘米的圆条，再让圆条在由一只脚转动的圆形木板上盘成缸体的壁，就可以垒出圆柱形的大缸坯体来。为求平滑匀称，每用完一个大泥团，便用一只手在缸内、一只手在缸外拍打转动着的缸壁。缸壁的顶部要向内或向外弯曲成凹槽，以便烧好之后手端。

缸体做好之后要上釉，当地叫“刷泥糊糊”。“泥糊糊”由配料师傅专门配制，刷在缸的内表面与外表面上。但在缸口部位三至五厘米的位置不能刷，这是因为，缸在烧制过程中都是底层正放而上层倒放的，如果缸壁都上满釉，釉在高温下会融化成液体流下，会导致两口缸粘在一起。上完釉后，坯体仍要晾二十四小时以上才能送入瓷窑，因为水分多了会导致烧制过程中开裂。

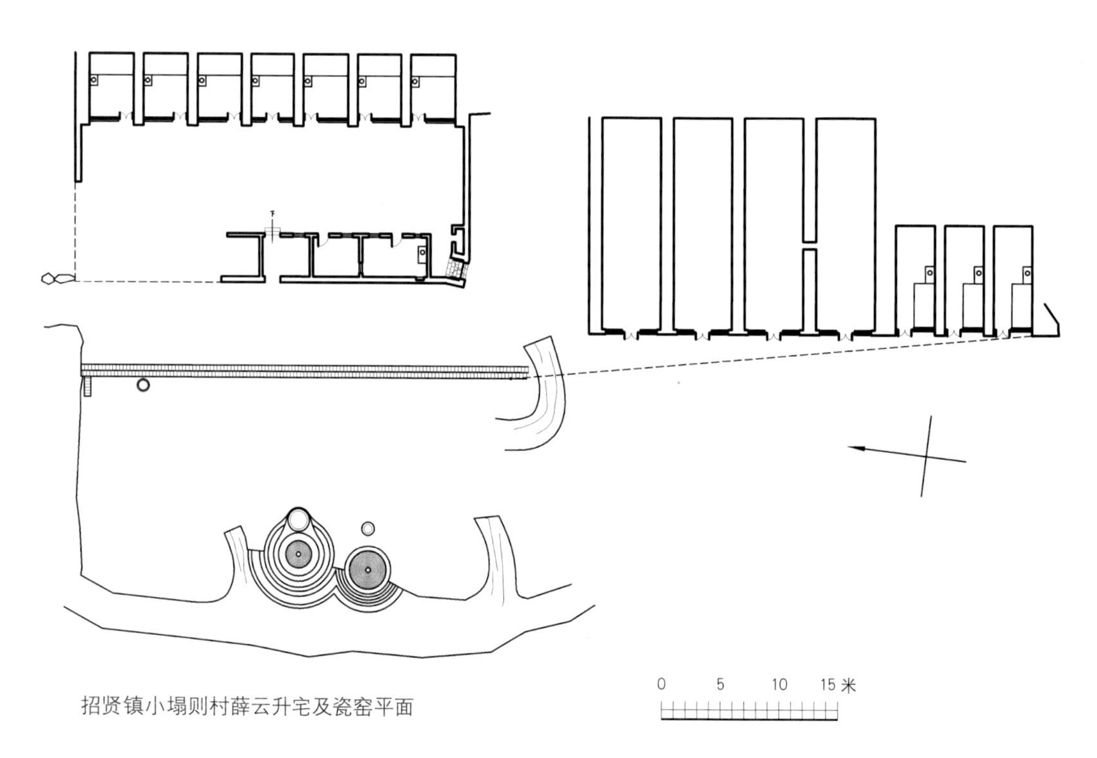

招贤镇小塌则村薛云升宅及瓷窑平面

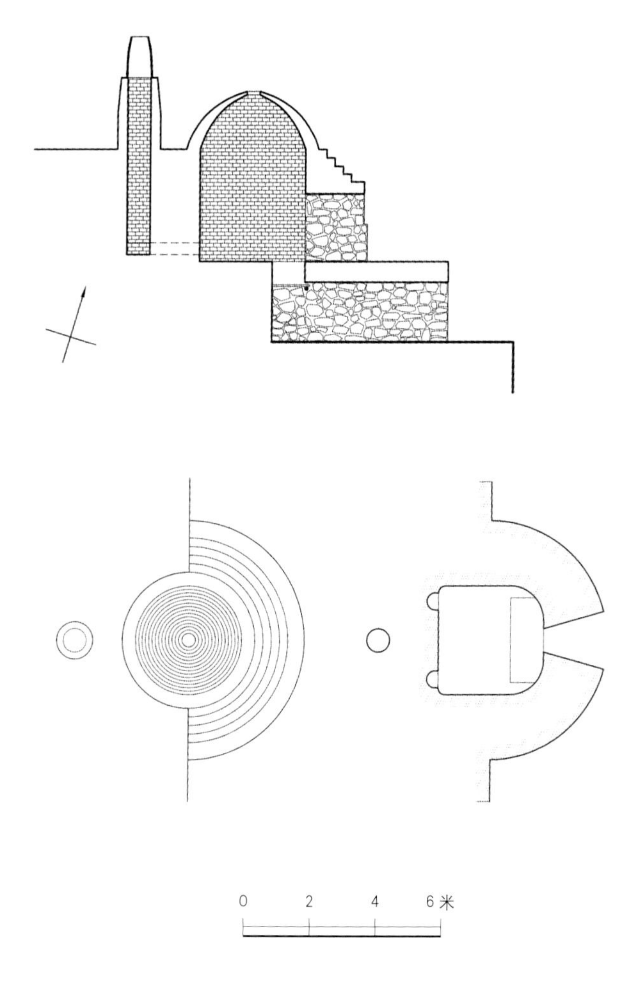

陶窑平面、剖面

第三步是装窑。一窑一般只能放大缸十余个，全部在下层，布置成三至四排，每排四个，最后一排只能放二至三个，所有大缸都要保持几厘米的间隙。大缸和门之间留的空间较大，因为入门之后有火膛。大缸的上面还能再放一层大盆，口朝下倒扣，口部对着四口大缸之间的空缺处，这样可保证烧制过程中热气流动均匀。旧时没有温度计，为了控制火候，会在底层缸中间放五个黄土捏的“手指”（村民们都说这是太上老君的手指），以“手指”的熔化作为烧制完成的信号，在这之后“再烧三天就好了”。第一次烧缸的新手在装完窑之后还要去老君庙上香，然后再烧窑。

燃料是煤。临县境内煤矿资源丰富，含煤面积占全县面积的百分之八十六，招贤属其中之一。距离招贤仅六十公里，且位于招贤与碛口往返路上的南沟，更是历史上闻名遐迩的产煤地。当地谚语称“招贤的瓷器，南沟的炭”，这两样东西是同样地出名。历史上招贤烧瓷曾部分用过南沟的煤，但据李玉顺说，从民国年间开始，小塌则村烧瓷用的烟煤就已经取自附近的留林庄和工农庄了（此三处距离小塌则均大约1公里）。1985年，小

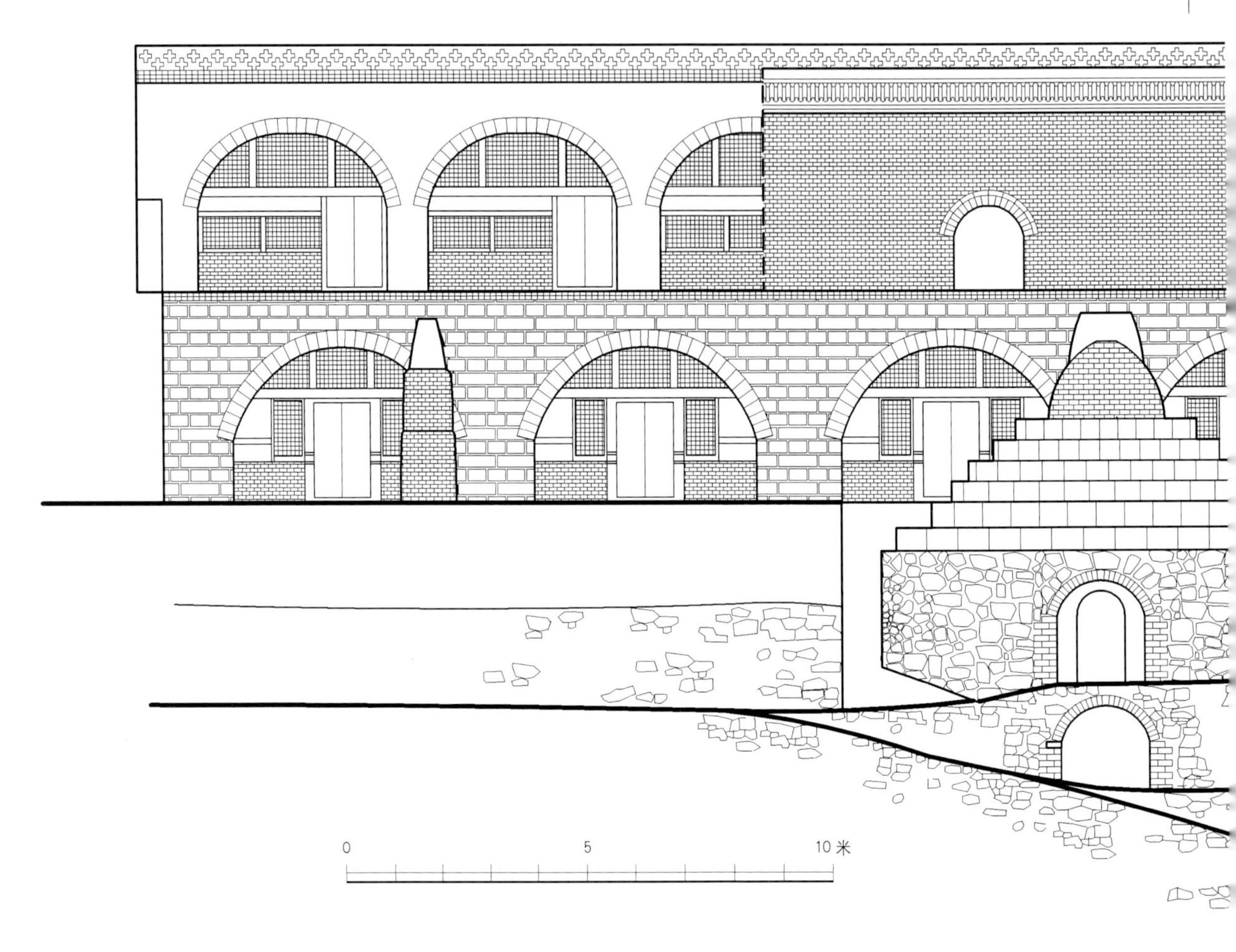

招贤镇小塌则村薛云升宅及瓷窑立面

塌则村曾开过小煤窑，现已关，招贤目前比较大的煤矿是胜利煤矿，也是小塌则原煤的主要供应源。煤的时价每吨约一百六十至一百七十元，烧一窑大概需三十至四十吨煤。

第四步是烧窑。烧缸的过程需要七至八天。头三天，温度只达到三百摄氏度左右，这段时间穹顶的开口不关闭，以便充分排除窑内的水分。之后，将穹顶开口封闭，隔十分钟左右就添加一次燃料，窑内温度可升至一千摄氏度以上。马桩的拱券门在烧窑时

也要封闭，但观察孔可不时打开，以便加煤或观察火候。煤在炉坑内燃烧，与炉坑相连的底部通道可提供氧气，燃烧产生的烟通过瓷窑后方的烟囱排出。烧的火候要掌握好，火候不够，烧出来的釉会有浓重的黑色块，火候过了，釉会局部偏红色。这两种情况都导致缸的外观色泽不够均匀。

第五步是冷却。烧制完成，停止加煤后，为防止温度骤然下降可能导致缸体破裂，一般要经过七八天才能将窑门打开，取货则仍需一天之后。

大缸的运输

一直到1978年以前，碛口和招贤之间运输大缸都主要依靠骆驼。碛口镇上的骆驼队（合作化之后成立了运输社）到招贤，正好是一天往返的路程。每峰骆驼能够运送两套缸（用绳子绑好，各一套挂在骆驼背的左右两侧），每套大、中、小各一件，其口径分别为二尺二（约0.73米）、一尺八（0.6米）、一尺四（0.47米），一只放在另一只里面。碛口镇一位名叫陈金祥（1971年生）的面包车司机说，他爷爷陈立汉就开有一家专门跑骆驼运输的祥光店，家里养有几十峰骆驼，每次来招贤运大缸的骆驼队有五到十峰。当时碛口和招贤之间的道路还是路况比较差的山路。1978年后，路况有所改善，骆驼队开始退出运输社，改用马车。大约到1981年之后，马车又被拖拉机取代。两三年之后，"东风"卡车在碛口和招贤的路上出现，拖拉机也用得少了。不过，这个时候招贤的大缸也很少生产了。

招贤镇化塌村是个生产烧制粗瓷的手工业村
李秋香摄

冶铁[1]

北宋建隆元年（960年），招贤南沟出现冶铁作坊。明、清

① 此节内容取自1994年《临县志》226～228页。

时期，招贤冶铁业有所发展，部分人从事专业生产，生产规模小，发展缓慢。《中国实业志·山西卷》记载，临县招贤铁矿为民国年间山西五个炼铁点之一。民国《临县志》载，民国二年（1913年），招贤一带有冶炼厂十八处，炼铁炉两处，化矿为铁，年产四百八十炉，出境三百炉，每炉售价二十千至三十千文。民国三十四年（1945年）7月8日《抗战日报》载文《边区工矿业概况》记载，以临南、招贤等三个地方为中心产区，尤以招贤为著，产铁量占全边区的百分之五十五，除供应兵工原料外，尚有三分之一售给贸易局出境。民国二十九年（1940年），招贤有炼铁厂二十四处，年产铁二十四万三千公斤。民国三十二年（1943年），年产铁量增长到三十六万二千五百公斤。民国三十三年（1944年），年产铁量增长到四十万四千九百公斤。冶炼技术沿用历史上坩埚泥筒装矿，大风箱吹火，后改用扇鞴（两片木板，并立于炉道前，上有连杆，两手做往复运动，将空气送入炉膛）。因设备简陋，技术陈旧，只能生产白生铁，冶铁生产时起时落，产量时高时低。

民国三十六年（1947年），晋绥军工厂在招贤水源村建起四点二二立方米小高炉，始炼高硅生铁，日产一吨。

新中国建立后，炼铁生产发展较快。1952年临县全县有炼铁厂十八处，年产生铁八百九十二吨。1953年组织铁业社一个，矿业社两个，资金一万一千四百五十万元（旧币值）。1954年采矿达到六百吨，1957年采矿达一千九百五十二吨，生铁产量逐渐增长。

1958年全民大炼钢铁，临县集中在招贤、湍水头、韩家山等地采矿炼铁。在湍水头建成第一座土高炉，年产生铁五百四十五吨，但质量低，废品多。三年调整时期，全县炼铁生产走上轨道，年产生铁达到一百六十九吨。1967年建成热风窑，开始生产灰生铁，1979年后，全县生铁年产量达到一千八百九十吨，1985年最高达到九千零一十六吨，1990年为二千六百四十七吨。

民国《临县志》记载，民国初年，招贤一带铸造铁锅、火炉、铁钟、香炉、犁铧等。民国二十九年（1940年），建立共产党领导的抗日民主政府，之后，招贤铸铁十二万公斤；民国三十二年（1943年）年铸铁量增加到三十一万五千公斤；民国三十三年（1944年）为三十万公斤。是时，经营铸造业者刘清荣创办的劳资合作社，主要从事地雷、手榴弹壳的生产，供应晋绥根据地的八路军。新中国建立后，个体手工业发展较快，全县有十四个铸造厂，年总产值二万一千五百万元（西农币）。1953年，根据中央关于“经过合作化道路，把私营手工业过渡为集体所有制企业”的政策，将十四个铸造企业合并组成三个联营企业。1970～1988年，全县又办了几个小型铸造企业。

1966年建立招贤桑坪铸造厂，不久停产。1970年以后，先后建立林家坪、桑坪、招贤工农铸造厂等企业，主要生产农机具配件、铸铁管和散热片等，到1990年全县共有乡镇办铸造企业七个，村办铸造企业三个，主要产品除大型的机器配件及散热片外，还有一些小型农具和生活用具。1980～1990年，累计总产值达二千七百五十九万四千万元，年平均二百五十万八千五百元。其中最高年（1985年）产值七百八十四万六千五百元。

至今，招贤镇和南沟镇还有许多用炼铁的坩埚做材料建造的房屋。坩埚也用来建挡土墙、排水沟等。

第六章　彩家庄村

距碛口水旱码头西约十公里的黄土沟壑间，有个叫作彩家庄的小村，也是因在碛口商贸活动中发家后建起的一座小村，虽是窑居却并非土窑，而是一水的青砖窑脸，抑或青砖建造的箍窑，它错落地挂在山崖上，层层叠叠，壮观而奇丽。

彩家庄是李姓血缘村落。村人相传，明代末年李自成起义失败后，清廷便在陕西米脂一带搜捕李氏的家族和亲属，许多李姓虽不是李自成一党，也不是同族，可为避嫌疑也就此纷纷逃离，另谋生路。李家的先祖李孟清、李兴兄弟二人避难过了黄河，从陕西一路逃到山西洪洞县，准备通过编户移民找到安居之所，由于洪洞一时聚集的人太多，又赶上清顺治年山西大旱，移民站无力安置众多难民，无奈之下兄弟俩便离开了洪洞一直向西来到了碛口。一天，兄弟俩走到距碛口码头十公里的地方，口渴难耐，四下望去干旱的黄土塬地裂土焦，突然看到不远的山坳间生长着大片彩树，一片绿色，生机勃勃，兄弟俩激动万分，有树就有水，有水就能生存，看来这是个吉祥之地。兄弟俩喝水休息之后，便决定在生长彩树的山坳间定居过生活，以彩树之地为家，就叫作彩家庄。

彩家庄建在沟壑间的山坡上，远远望去，村落犹如挂在山峁上　李秋香摄

彩家庄下街住宅　李秋香摄

俯瞰彩家庄下街窑居　李秋香摄

开个土窑定居后，李家兄弟便开荒耕地，沟里土质薄，虽有些水，但远远不足，辛苦一年收成很低，勉强度日。清乾隆年间碛口码头的生意兴起，兄弟俩便一边农耕，一边跑起拉脚的生意来，虽然很辛苦，日子却逐渐好起来，手头有了些积蓄，请来了堪舆师，筹划择地建窑。风水先生来到彩家庄所在的山梁最高处向下望去，连声称道好风水。原来李家兄弟所居的彩家庄由三条山峁相连，形如一只展翅飞翔的凤凰，中间山坎如凤凰的脊背，两侧山坎形如凤凰张开的翅膀，三条山峁的集结处有个圆形小山包如同凤凰的头。而李家兄弟暂住的地方在南面凤凰翅膀的位置上。风水先生告诉兄弟俩，从凤凰翅膀位置迁到凤脊位置，在那里建窑，李家会兴旺发达；临走还叮嘱一句，要想像凤凰一样飞得高飞得远，要兴文运，课读子孙，仕途宽广，顶子（官帽）如云。兄弟俩将风水先生的话奉若神谕，在凤脊利用南北走向的山坎南坡，建起一溜土排窑院。哥哥窑院在西，称“上街”，弟弟在东，称“下街”，彩家庄的雏形形成了。到了第三代，家族共同努力，儿孙懂事出息，村落的建设不断扩大，建起几座窑院，形成了现在村落的基本样态。

彩家庄的先祖姓李，这是他们移居此处最早居住的土窑，俗称"一炷香" 王洪廷提供

李星光是清乾隆年间的武魁，凡村中子弟科举有成，村人都会制成匾额悬挂在祠堂、住宅厅堂以及大门额上，共享荣誉，鼓励族中子弟　李秋香摄

李氏家族十分重视对子弟们的教育。子孙繁衍，家族昌盛就靠读书，李家子弟们牢记“人敦愿悫，户习诗书”的祖训，将读书放在第一位。三世祖李爱有三个儿子，长子秉江、次子秉濯、三子秉汉，从小就请塾师在家教授课读，知书达理。那时，李氏家族中大多已在碛口码头上做起生意，远到陕西、内蒙古等地跑买卖，家里青壮年少，为了安全，从小除读书识字之外，还习武健身，保卫乡里。李爱次子秉濯聪颖勤奋，文武双全，十五岁时中武秀才，后封为武略骑尉太学生。尽管是个小小的骑尉，李氏家族却第一次尝到了光宗耀祖的滋味。文风兴起，使彩家庄小小的村落里累代不断有子弟获取功名，先后出了武举一人、太学生三人，文武庠生四人，廪贡生三人，监生六人，增生二人，业儒文、武各一人，还出了一位名医。

说起名医，还有一段故事，那是清同治年间的事。相传一次皇舅在山西微服私访中，忽患重病，十多个郎中看过都不见好，病情日益加重，于是贴告示寻找医生。听说彩家庄有位医术不错的医生叫李树章，便将他请来为皇舅诊治，几服药下去，皇舅的病就好了起来。回到朝廷，皇舅将私访亲历向同治帝呈奏。同治皇帝下诏嘉奖彩家庄的李树章，特封他为潼溜知县，后又晋升他为潞安知府，小小彩家庄开始被人知晓。

李氏家族倡导读书第一位，但并不死读书。李家人一方面通过读书培养人才，入仕为官，另一方面积极拓展经商渠道，发家致富，建设家乡。三世祖李爱的次子秉濯中秀才后做了太学生，他不愿为官，却回到家乡在碛口做起生意。传说临县有个青塘护国员外，家有万贯，不幸得急症去世，留下孤儿寡母，无力理财，要将这笔钱贷出，但在青塘一直没有找到合适的人，就来到碛口大码头寻找。他们听说彩家庄的二先生秉濯知书达理，诚信经营，信誉很好，便找到秉濯将钱借贷给了他。有了这笔资金，秉濯如虎添翼，生意越做越大，从碛口到介休，每隔四十里就会有一个李家的客栈。民国年间，碛口二道街上，彩家庄人开的店面占了一多半，有仪诚厚、德太远等字号，参与经营者有五六十人，是村中总人口的三分之一。

经商成功之后，李家经济实力增强，秉濯将大量资财带回乡里，开始了彩家庄的大建设。秉濯常年在外跑买卖，见到陕西一些方正气派的大院很是喜欢，于是请来风水师相宅勘测，按照自己在陕西看到的大宅进行设计，并在西安专门定制了砖瓦，由当地有名的工匠修建。

彩家庄人在碛口经商，很有经济实力，村中所建窑房质量较高，这是卷棚院建筑，已有一百多年的历史　李秋香摄

因经商，村里也建起十分讲究的窑楼，下为窑洞形式，上为传统的双坡砖瓦房　李秋香摄

由于建窑院的沟畔地段狭窄，要取风水吉祥方位，同时利用崖坎，沟豁的地方只能采用人工填土夯实。彩家庄的沟豁有十几米深，工匠们硬是从沟底一点点地夯筑上来。为了保证质量，每天施工限量夯筑，完毕后，要用铁棒打入当天夯实的土层内，五六十厘米一个，再将铁棒抽出，洞中灌满水，如果第二天洞中水没有渗完，夯筑的质量就算达标了，反之还要拆掉重新夯筑。彩家庄建在半山腰，历来缺水，平日百姓靠沟底的小泉眼吃水，旱时主要靠旱井存的雨水过日子；而建窑夯筑灌水每日所需水量很大，小泉水不够用，家族男女老少一起上阵，从距彩家庄十公里的招贤水湾挑水。壮劳力担水一天最多两个来回，还要早出晚归，老人、妇女一天只能一趟，就是这样千辛万苦，历经二十多年才将这项浩大的工程完成。自此，山腰上有了相对平整的地段，建起二十几座窑院，彩

窑房正脊上的吻兽　李秋香摄

大门楼是一个家的门面，建造华丽
李秋香摄

窑洞内老人家在纺纱织布　李秋香摄

家庄的规划格局完成了，至今这个格局基本完好。这项浩大的村建到底花费多少已无人能够说清，但有一点，那就是所有建造的费用都是来自碛口的经营支出，足见碛口为周边村落经济的发展提供了多么重要的契机和平台。

在满足了基本生存需求之后，村人生活也丰富起来。青砖窑院中除居住用的乐善堂、卷棚院、下院、新院、小茔院，等等，还建起家庙，即李氏宗祠，祭祖连宗，建起供孩子们读书的家族书房院，供村人习武健身的弓房院，另为夭折的孩子建了弃尸的小坟茔。村里还有一家染布的染坊院，所染布匹除自用外，其他拿到碛口街上零售批发，村民的生活日渐富足多彩。

彩家庄建造最紧凑的窑院位于下街。建造者充分利用下街的地形，与原有老的土窑院相连，使院落有疏有密，大致形成高低三四层的建筑组群，每一层建筑有四五栋或六七幢。窑院上面是山峁和树木，窑院下面是沟壑崖壁和庄稼，远远望去，整个村庄十分神奇壮观，凡见过彩家庄的人没有不称赞叫绝的。民国年间就发生了这样一件事，一个临县的媳妇嫁到彩家庄，嫁来时盖着头盖没看到村子的全貌，三天后，新媳妇要回门到婆家，从西侧出了村，村子面朝东，也没有看到村子的全景。几天后婆家人接新媳妇从村东面回来，上午太阳光灿灿，正好看到了村子的全貌，新媳妇惊喜地叫了起来："这是哪个村子，咋这样好嘞！"

窑院内有石碾和石磨　李秋香摄

伙计听了笑得前仰后合，直到转了一过山弯进了村，新媳妇才恍然大悟。这件事后来越传越广，有人慕名前来彩家庄，都赞彩家庄在方圆二三十里没哪村可比，李氏家族为之自豪，彩家庄的名气越来越大。

彩家庄的窑院以四合院为主，有少数三合院，另有一些简易的土窑。窑院多坐西北朝东南。四合窑院靠土崖一面通常是三间，掏成窑洞，外面用青砖砌窑口，做窑脸，木槅扇门窗。有的在窑上建青砖房，带前廊，舒展外向，下窑住人，上房作花厅。两厢窑为箍窑形式，两间或三间，青砖砌筑，用作储藏。倒座通常为青砖大瓦房单层，木门窗槅扇十分漂亮，称为“厅房”，或“花厅”，用来招待客人，或作为家族孩子们的读书处。院内还建有牲口棚，就在院子的东南角或靠近大门边。以前搞运输、做农活或拉碾子主要靠牲口。牲口棚内有石槽，外面雕饰着花卉。窑院通常较宽敞，用青砖或石块铺地，干净整洁而豁亮，院内有一盘石碾和一盘石磨，碾子侧面也雕饰着盛开的花朵。由于风水的关系，彩家庄窑院的大门几乎都朝向东面的卧虎山。为了方便，窑院上下均有小门，可通上层和下层人家，左右相连的院落相互也有门互通，生活居住，下地干活，到山上或下沟里都十分方便。村路则沿这几条主要的等高线，形成弯弯曲曲的“之”字。夏季天，村民喜欢在崖畔绿茵茵的枣树下聊天乘凉，小村恬静而祥和。

村周边建有各类小庙。这是真武庙，内供各路神仙，保佑村人　李秋香摄

新建的真武庙内的龙王神位　李秋香摄

彩家庄村内外曾建有真武庙、龙王庙、观音庙、文昌阁和关帝庙五座庙宇，护佑着李氏家族的吉祥，可惜都毁了，但村落格局未变，建造精美的窑院大多保存完好，人们说是那只美丽的凤凰在暗中保佑的结果。

彩家庄村鸟瞰

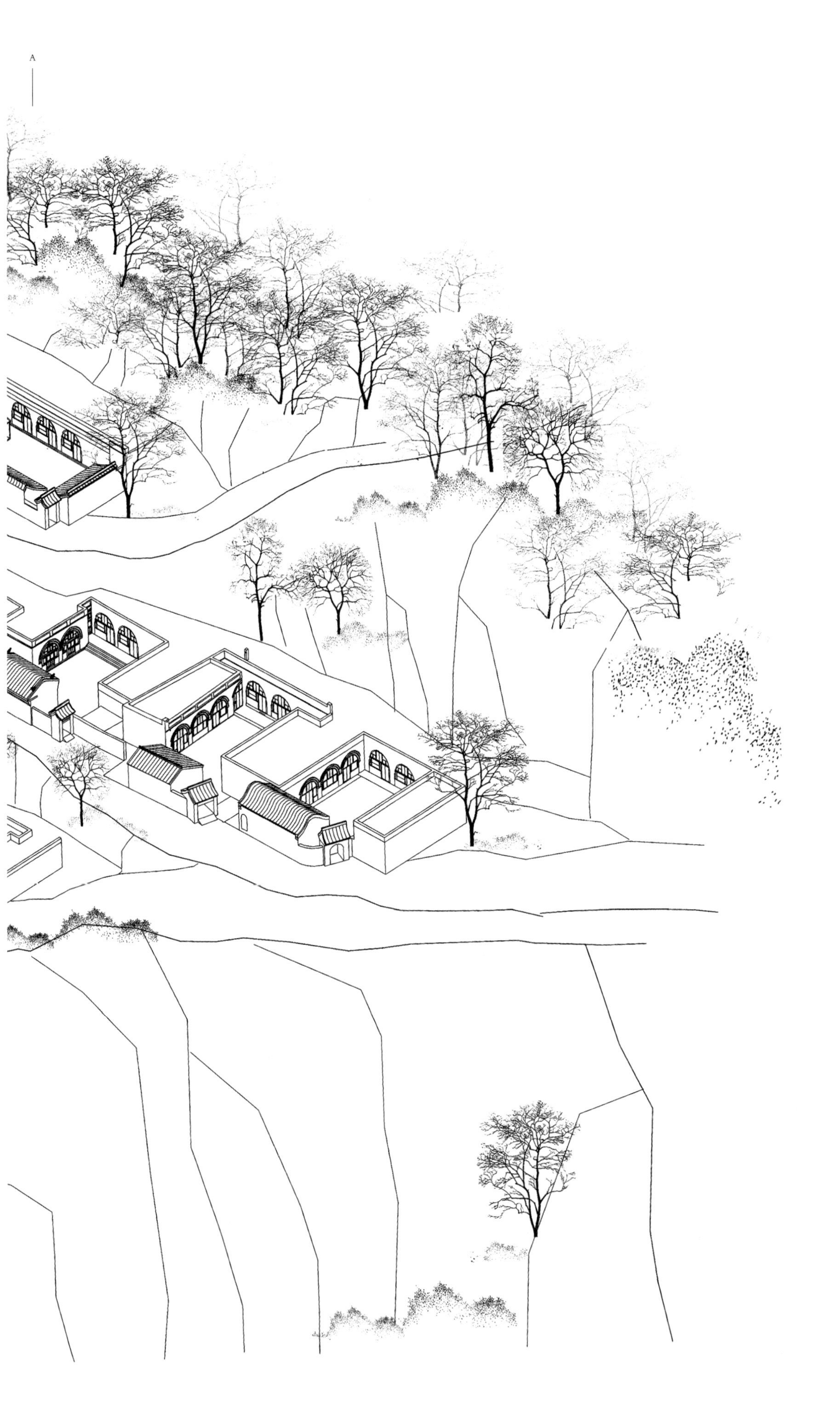
A

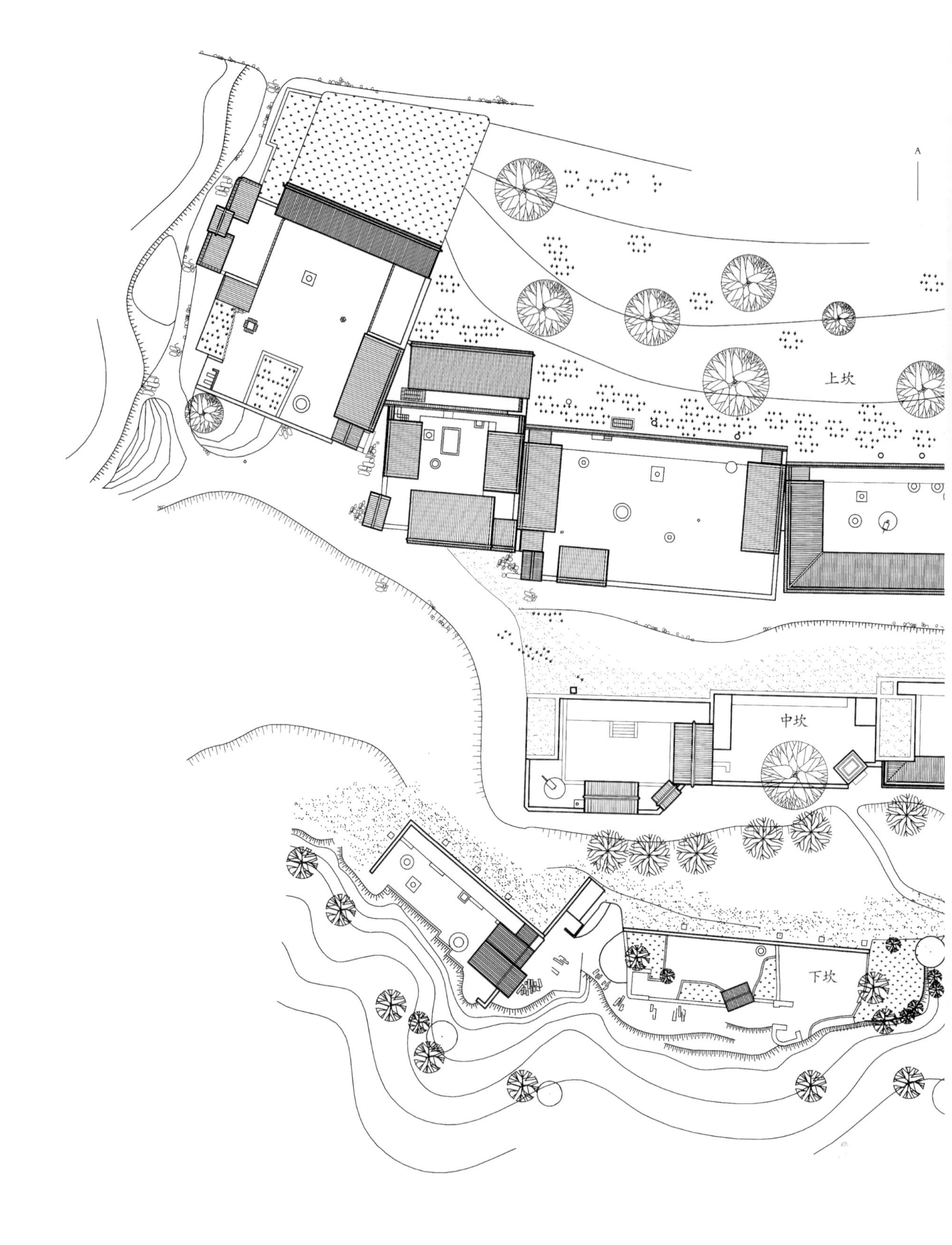

彩家庄下街上、中、下坎三层总平面

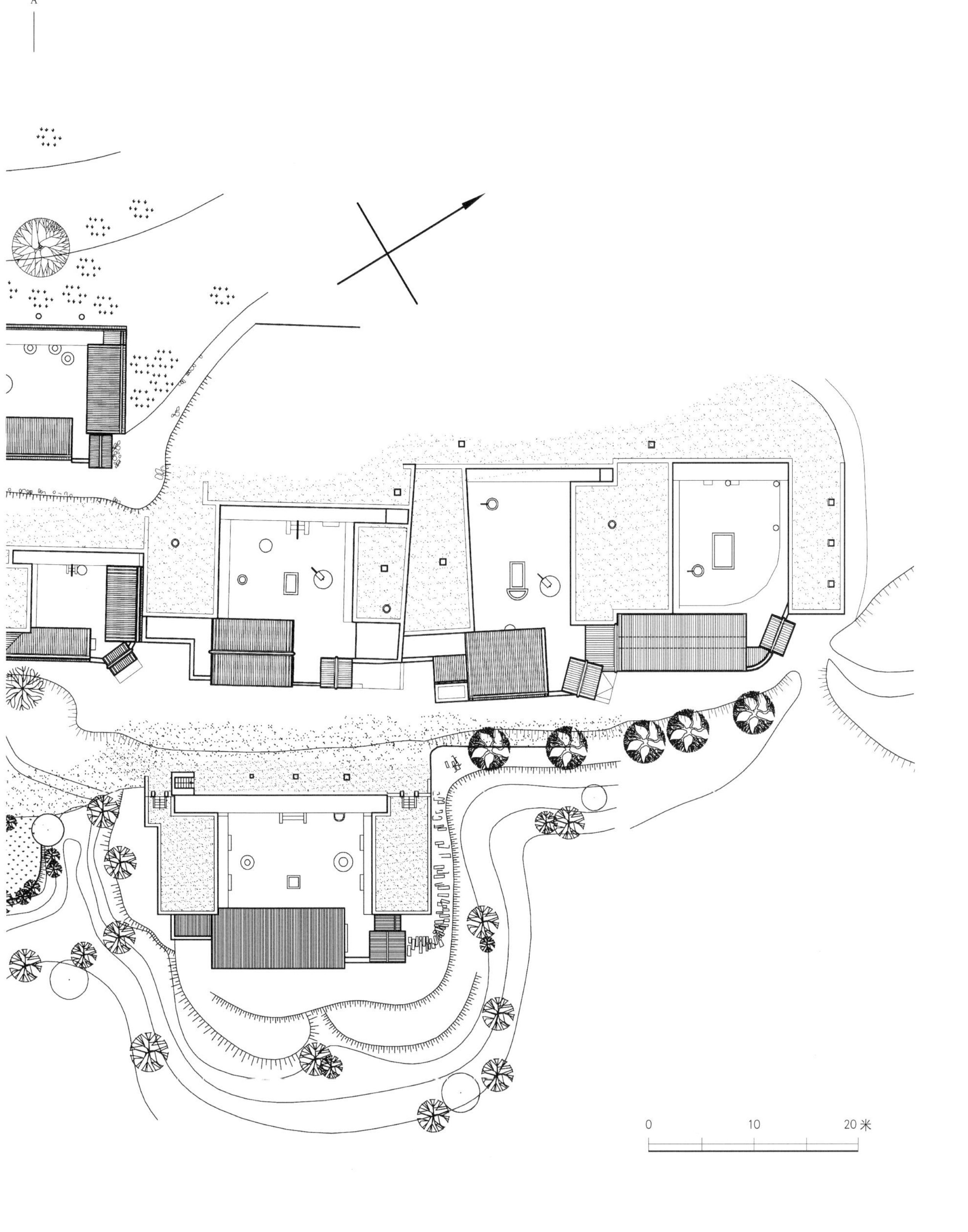
A
0
10
20 米

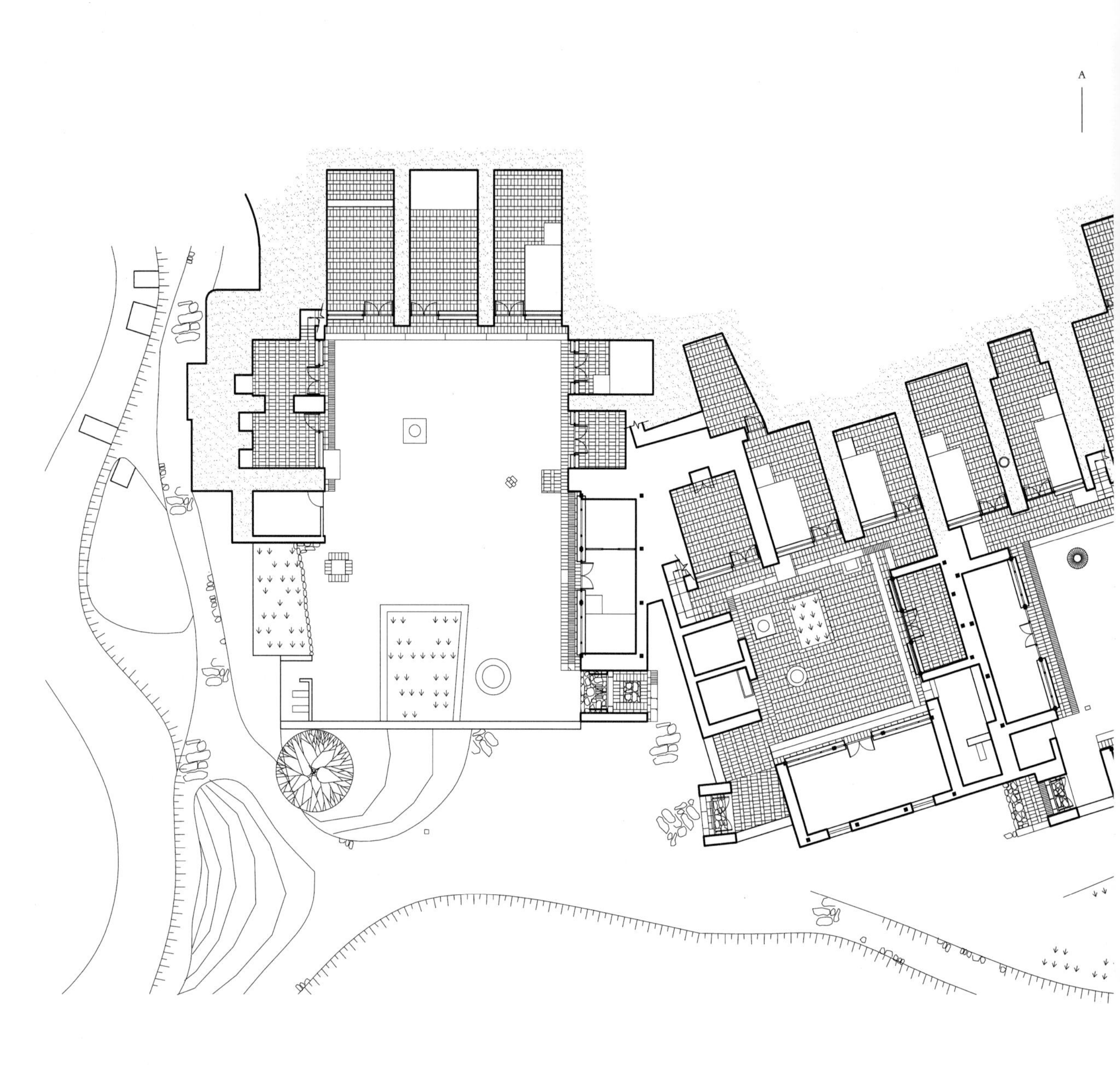

彩家庄下街上坎五院总平面

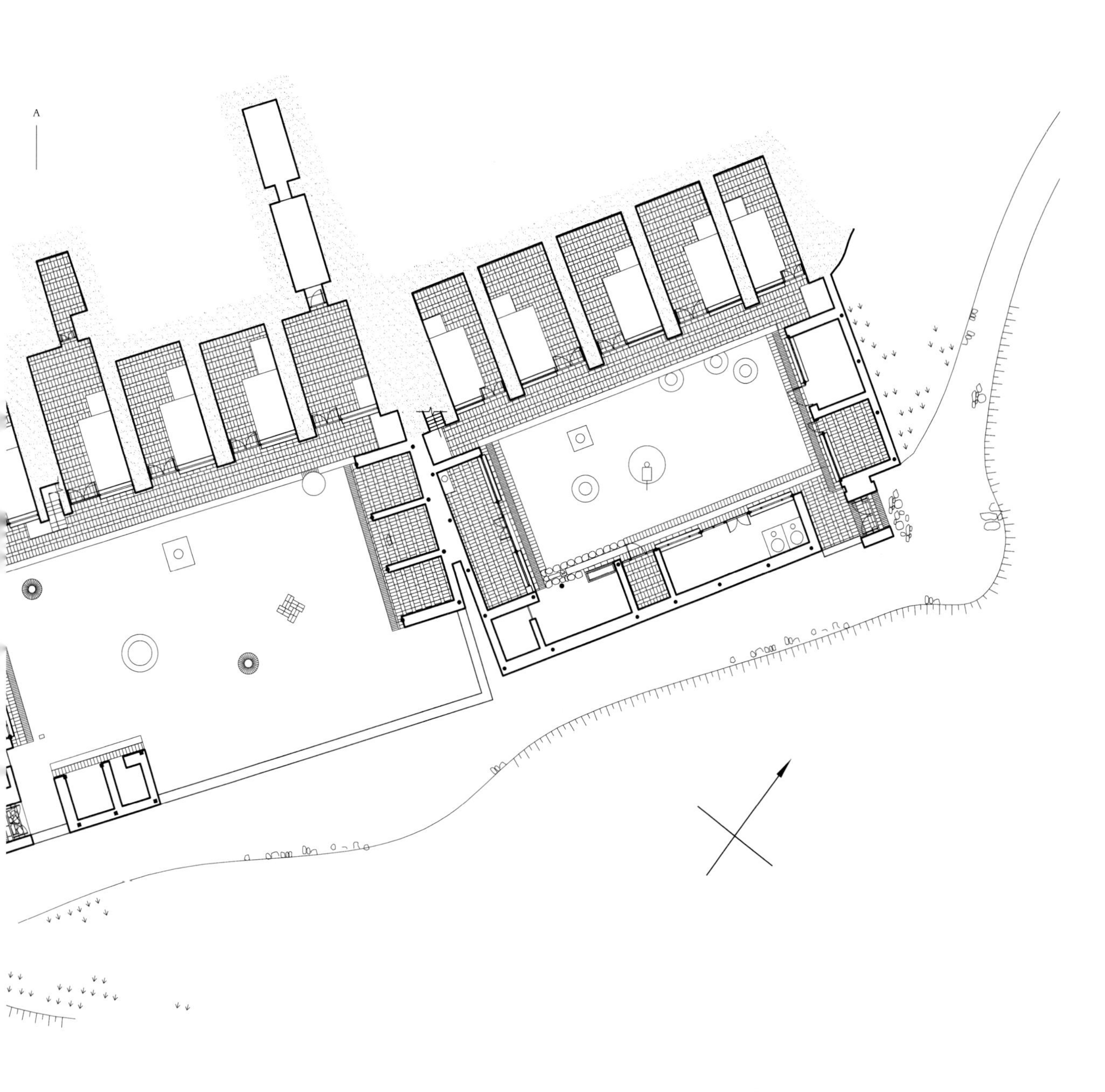
A

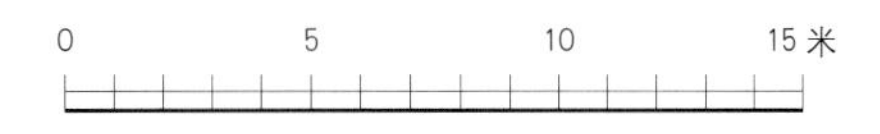
0
5
10
15 米

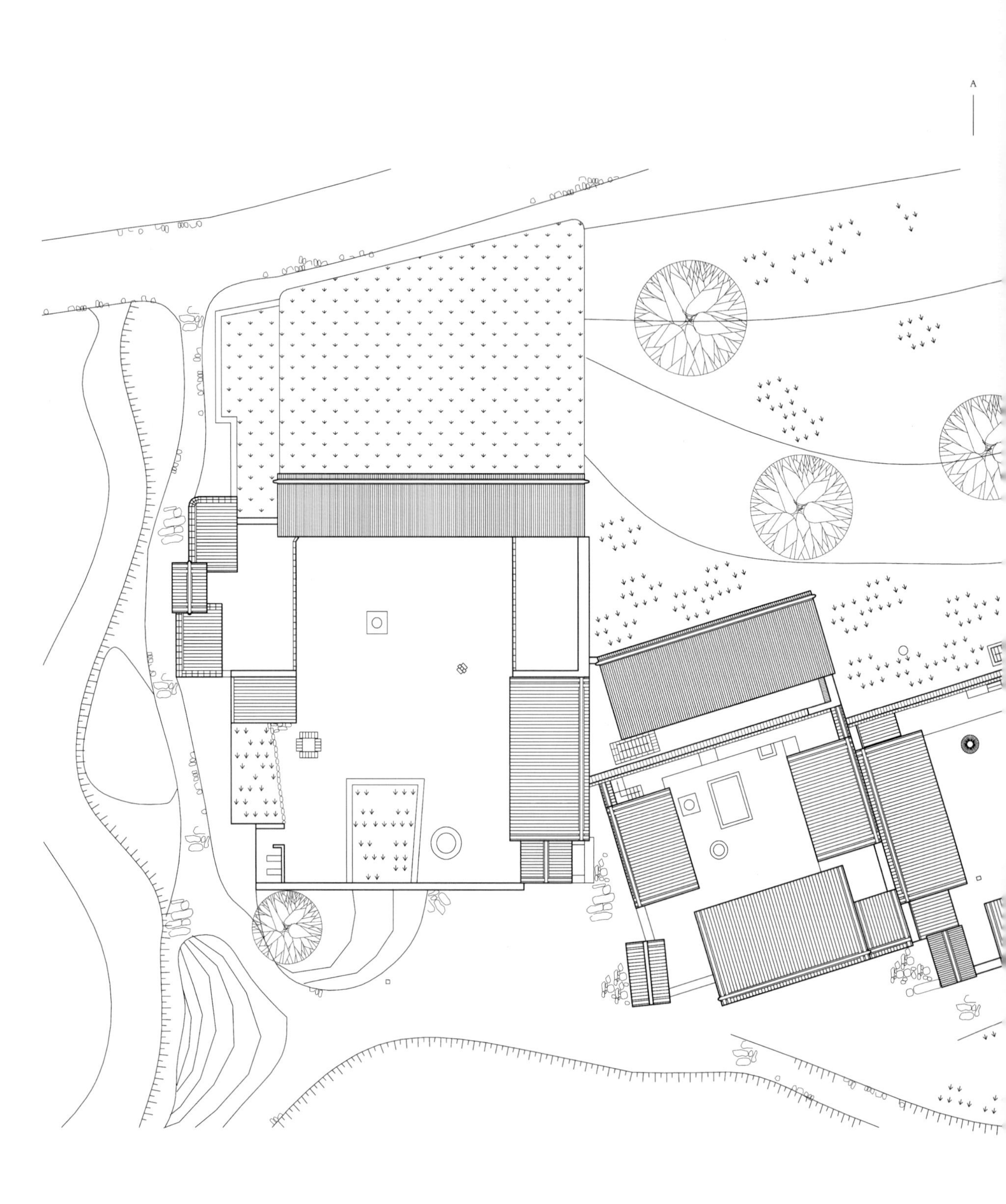

彩家庄下街上坎屋顶总平面

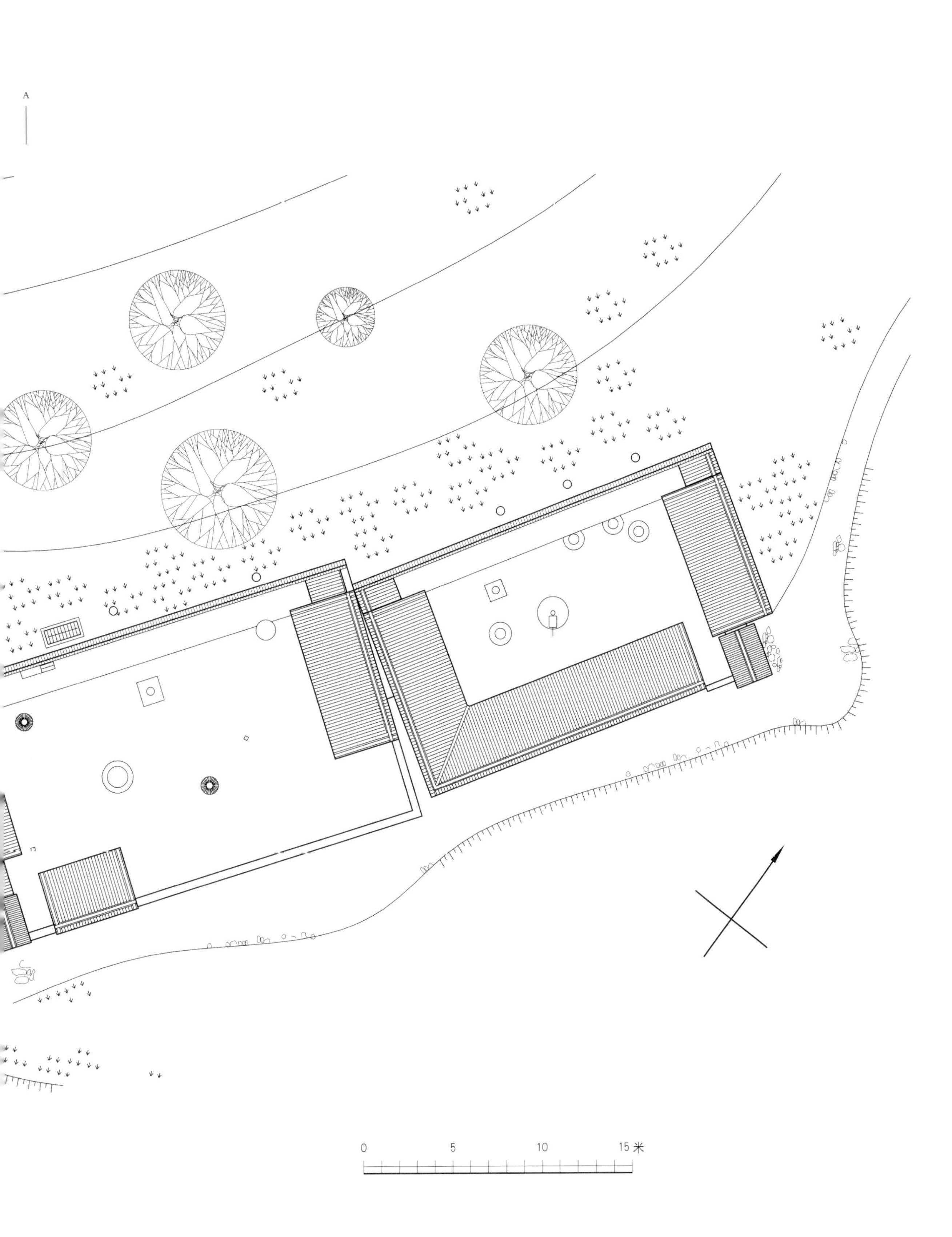
A
0
5
10
15米

彩家庄西侧总立面

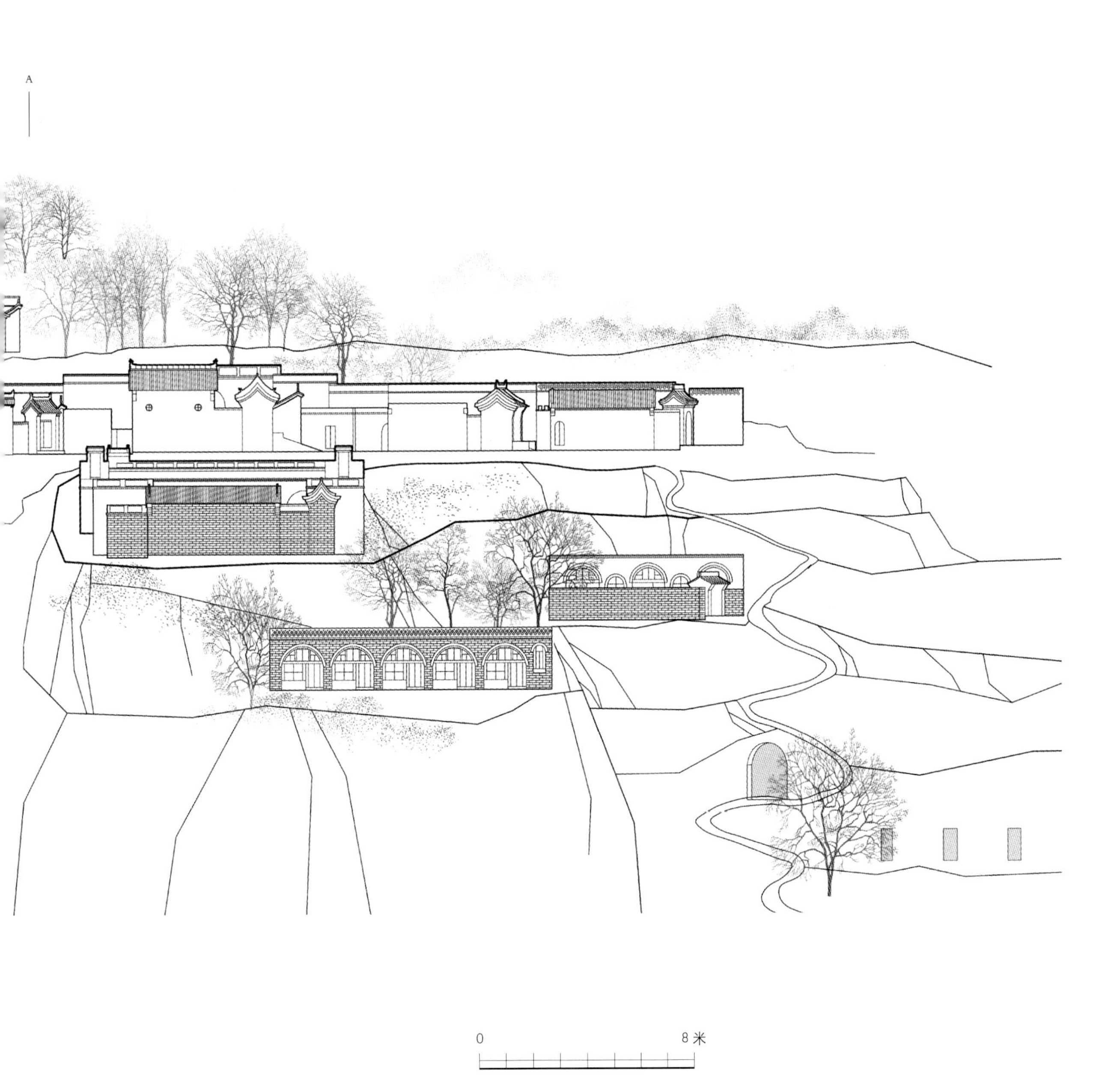
A
0
8米

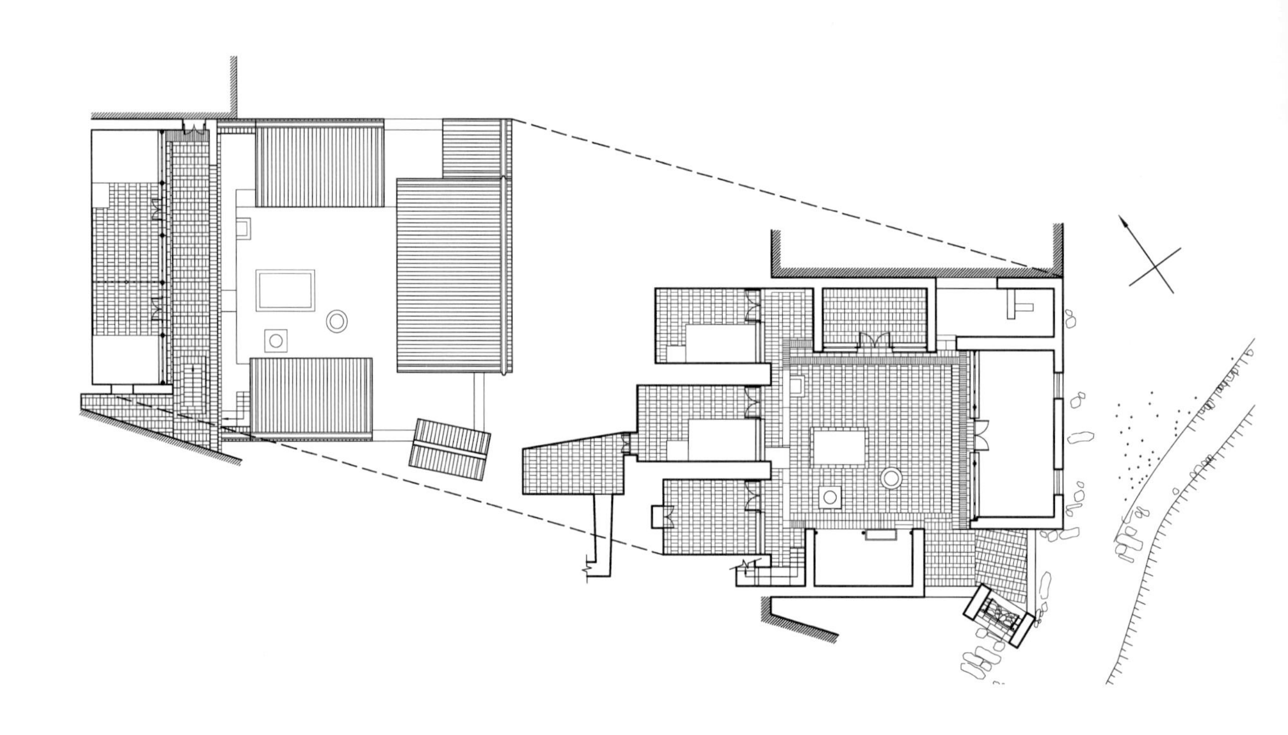

彩家庄下街卷棚院一层、二层平面

彩家庄下街卷棚院正房正立面

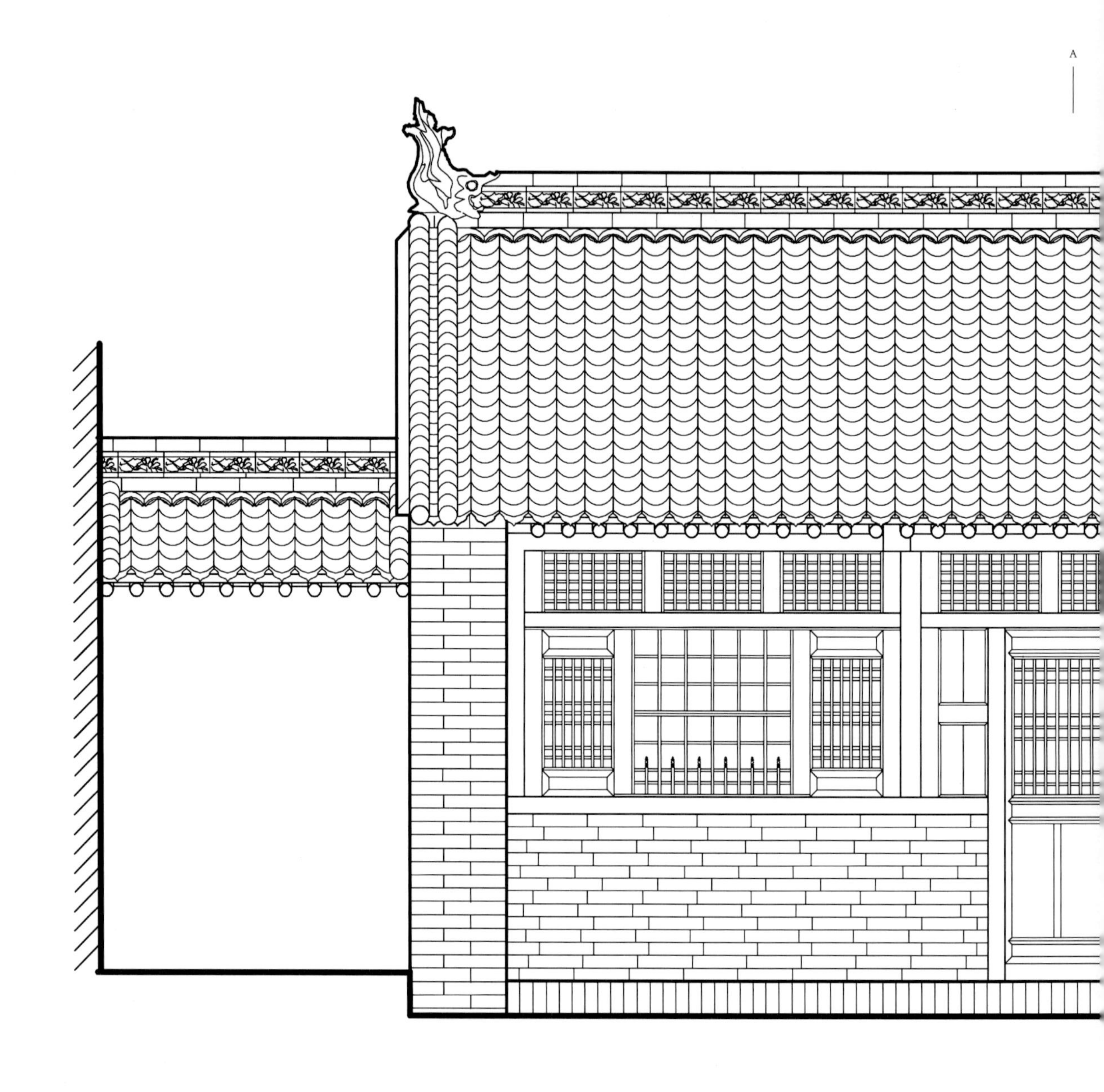

彩家庄下街卷棚院倒座正立面

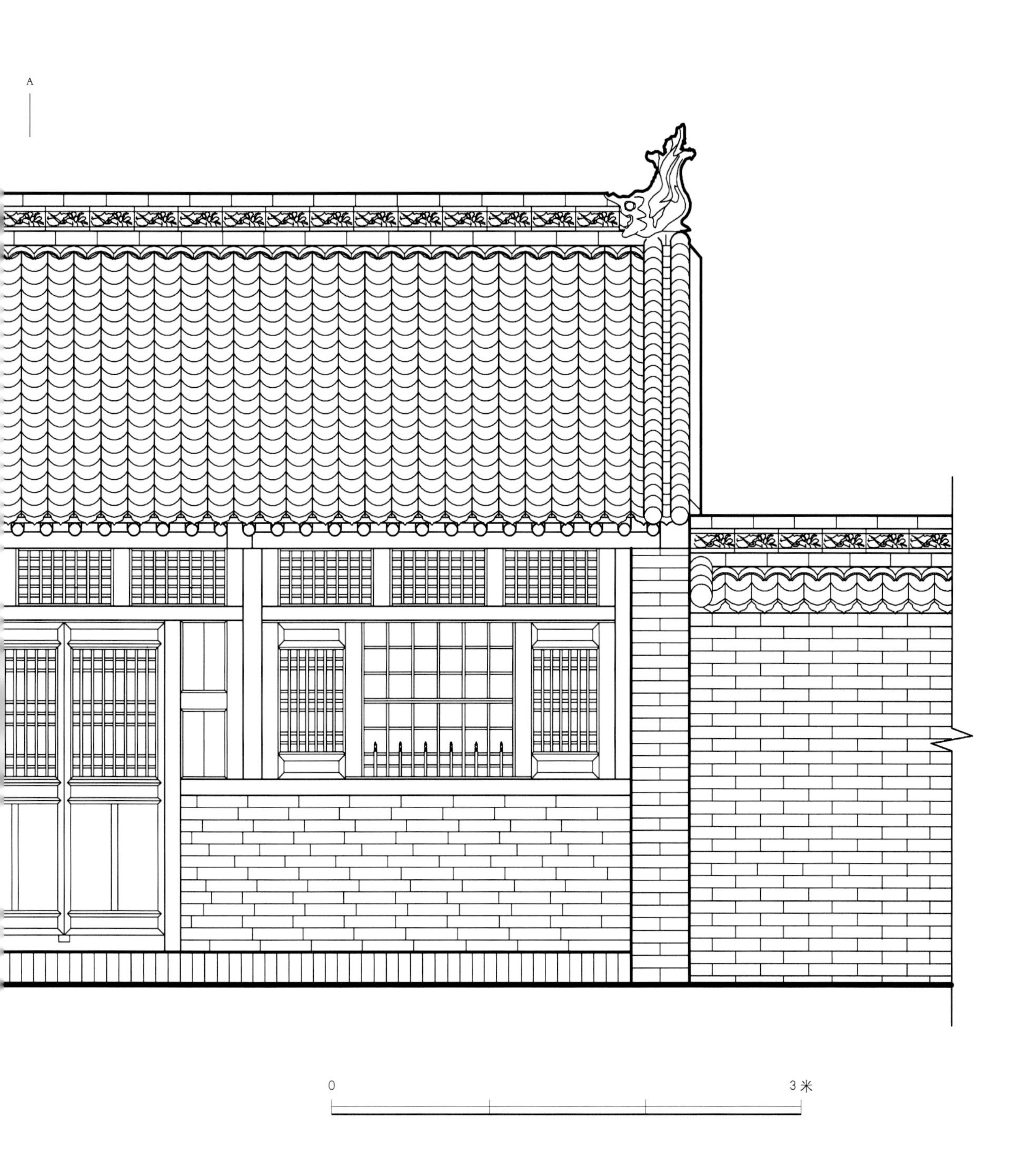
A
0
3米

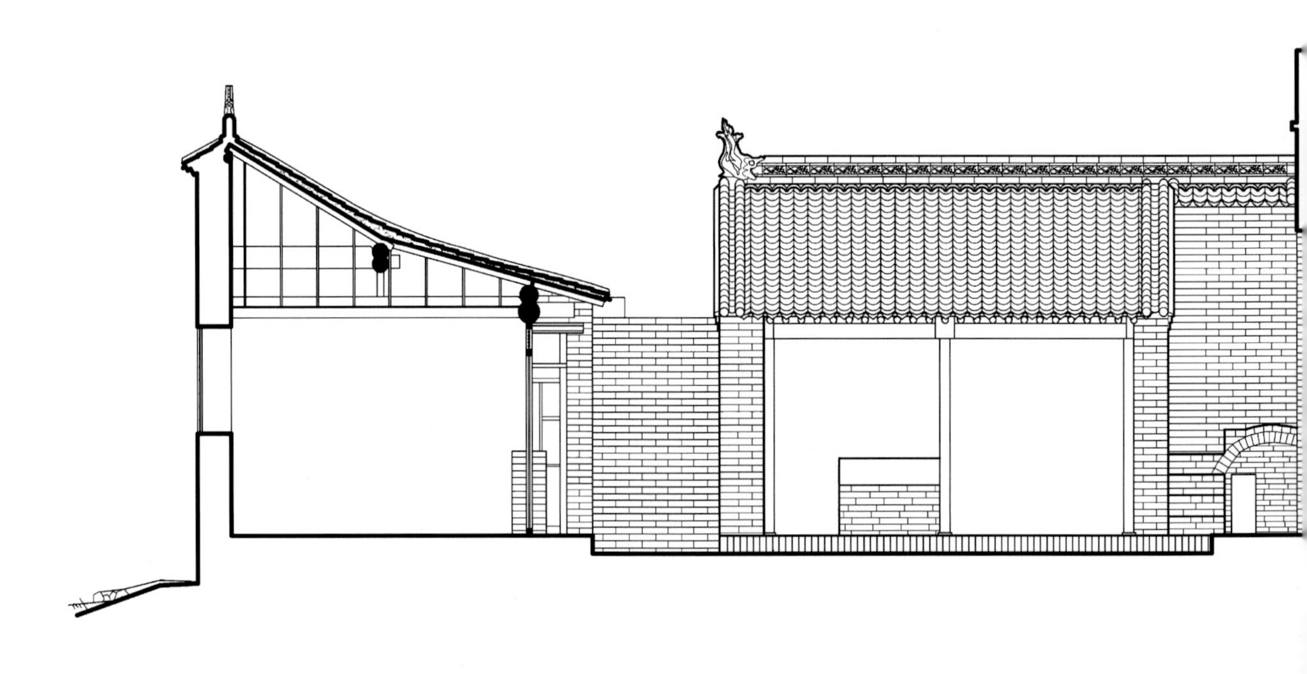

彩家庄下街卷棚院纵剖面

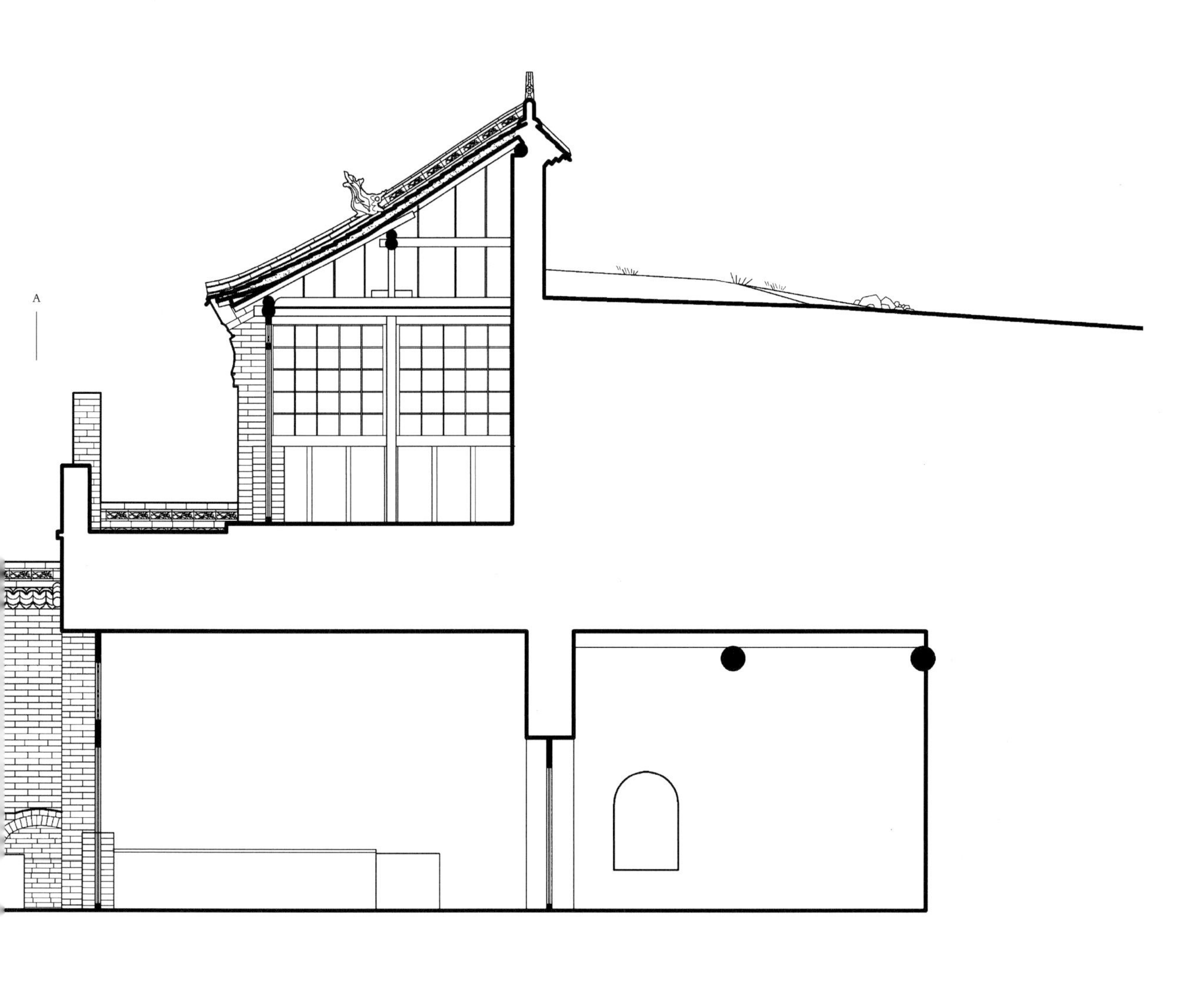
A

0
2
4米

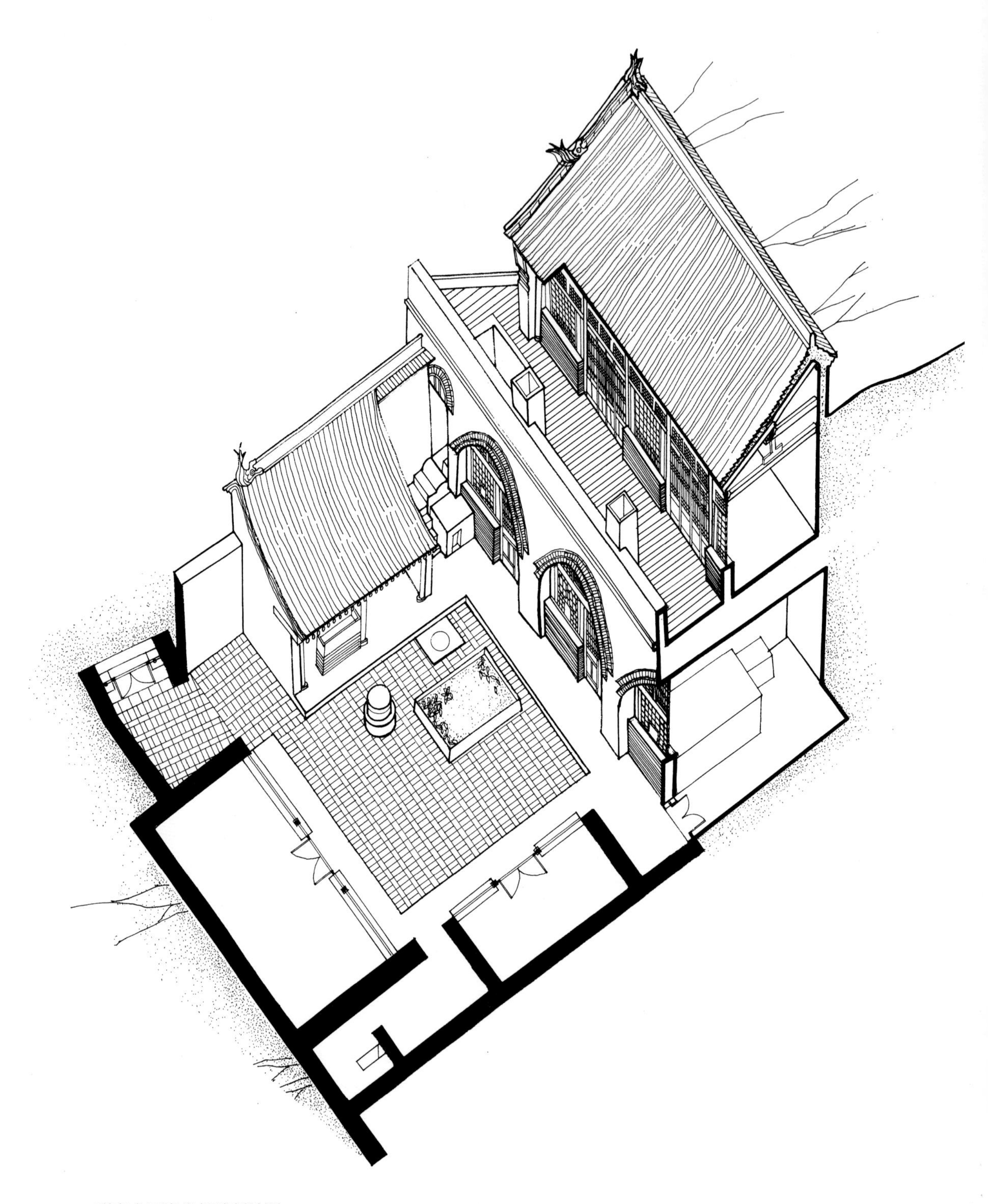

彩家庄下街卷棚院剖轴测

彩家庄下街卷棚院门头复原大样

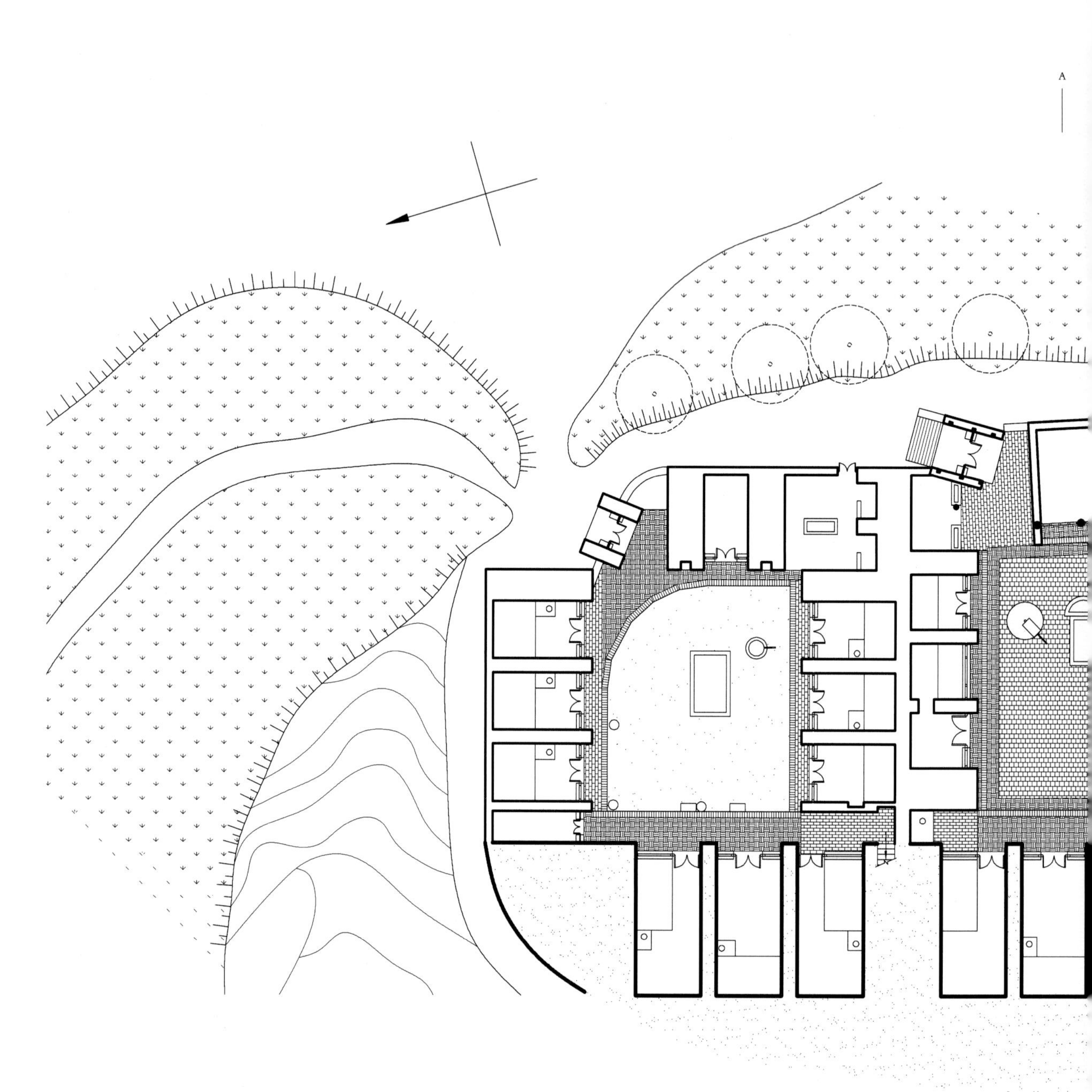

彩家庄下街中坎六院总平面

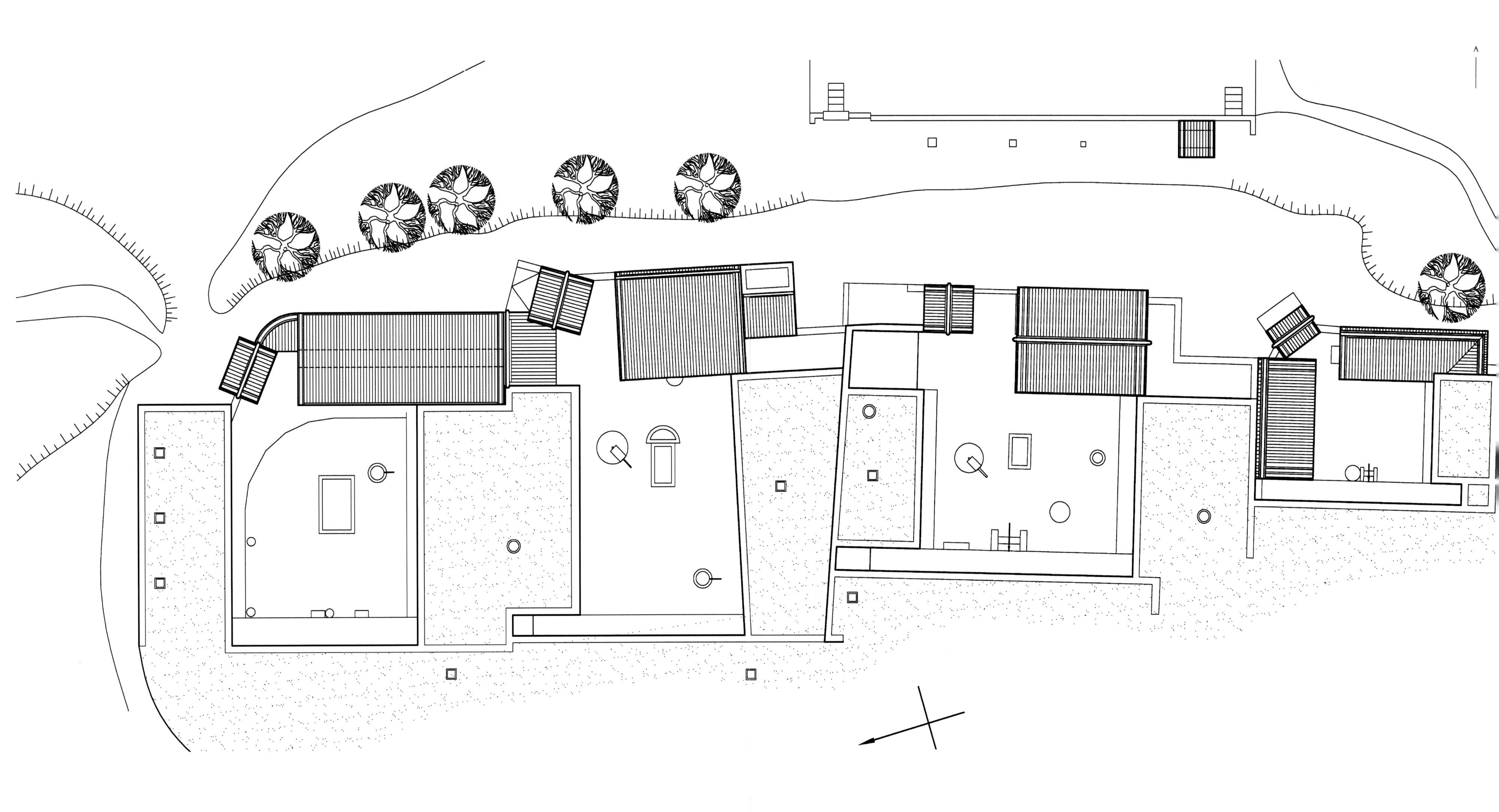

彩家庄下街中坎六院屋顶平面

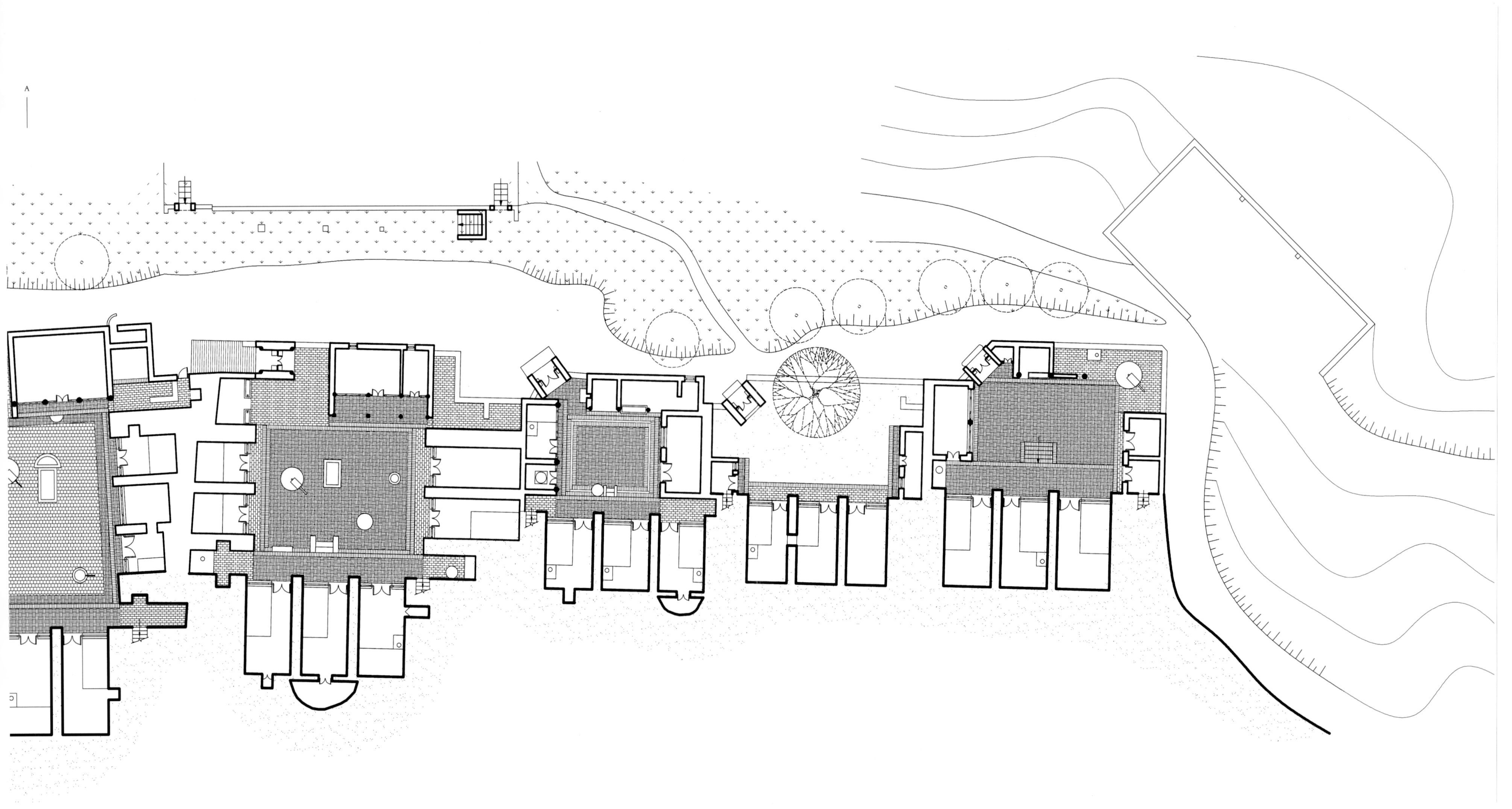
A
0
10
20米

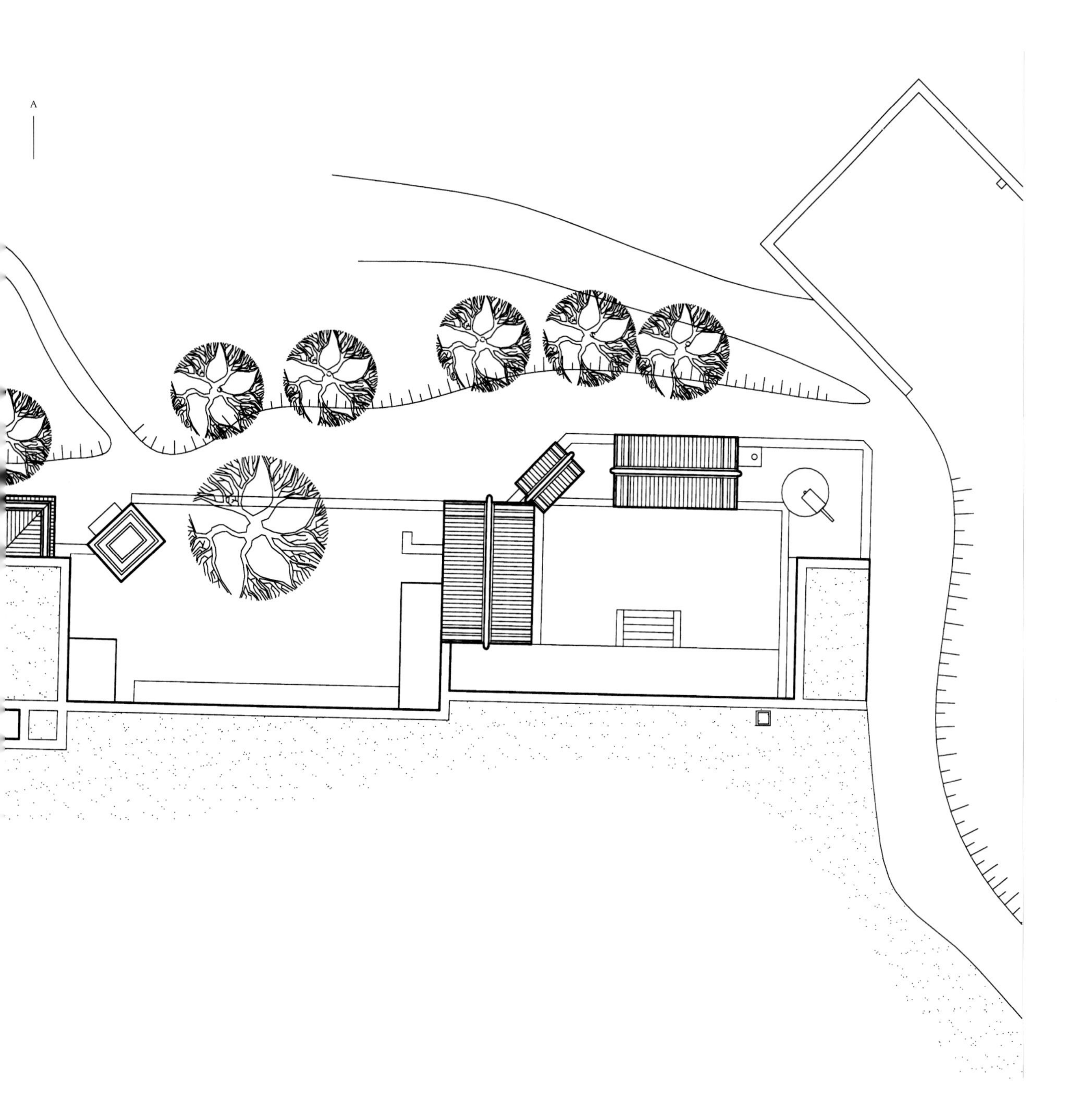
A

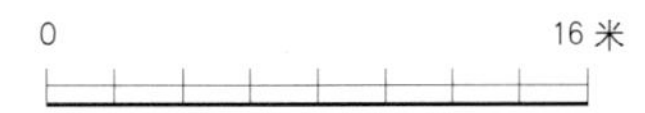
0
16 米

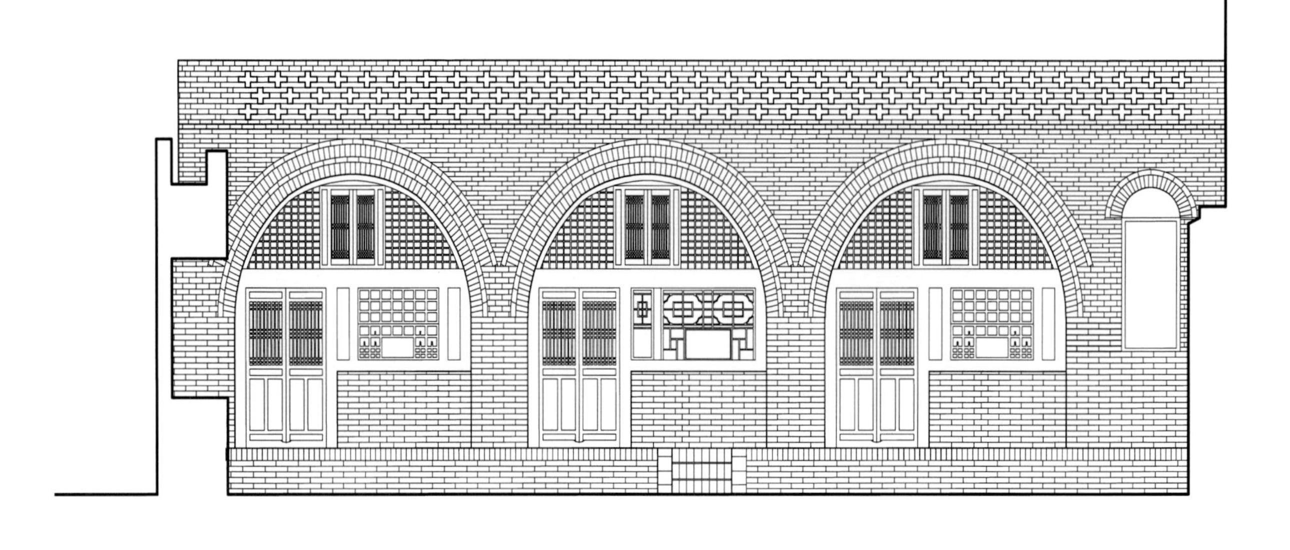

彩家庄下街中坎乐善堂正窑立面

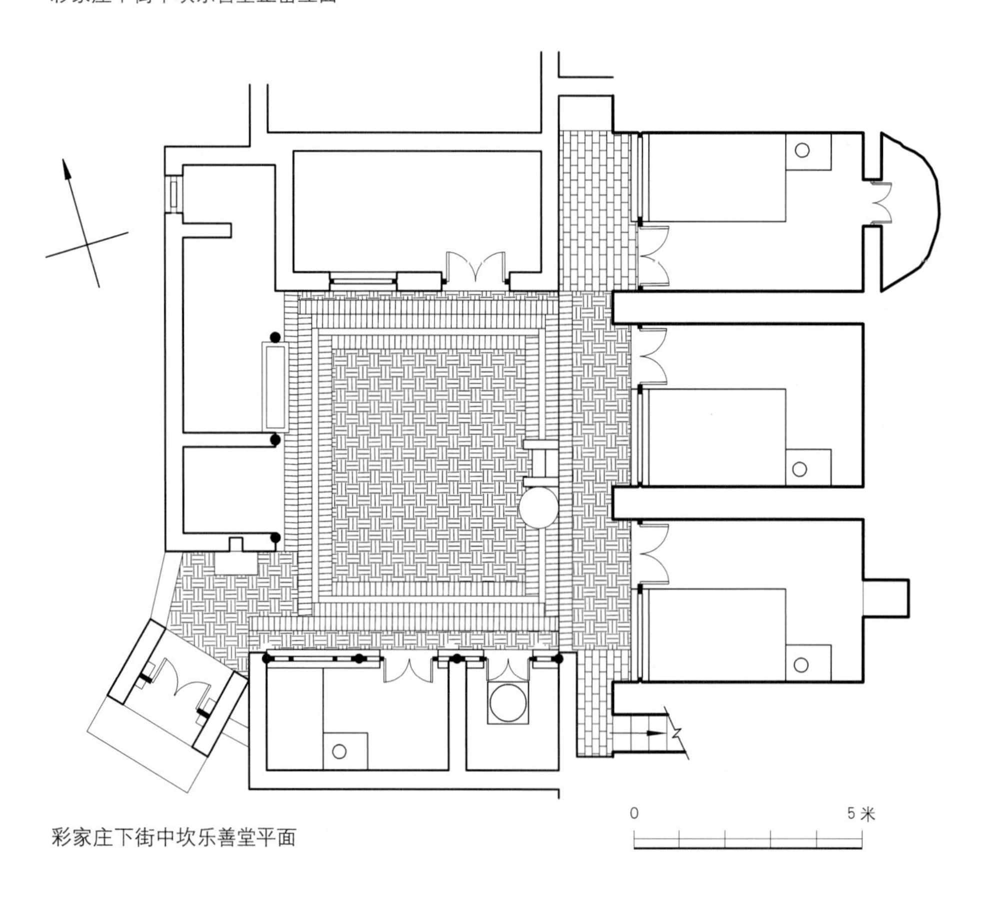

彩家庄下街中坎乐善堂平面

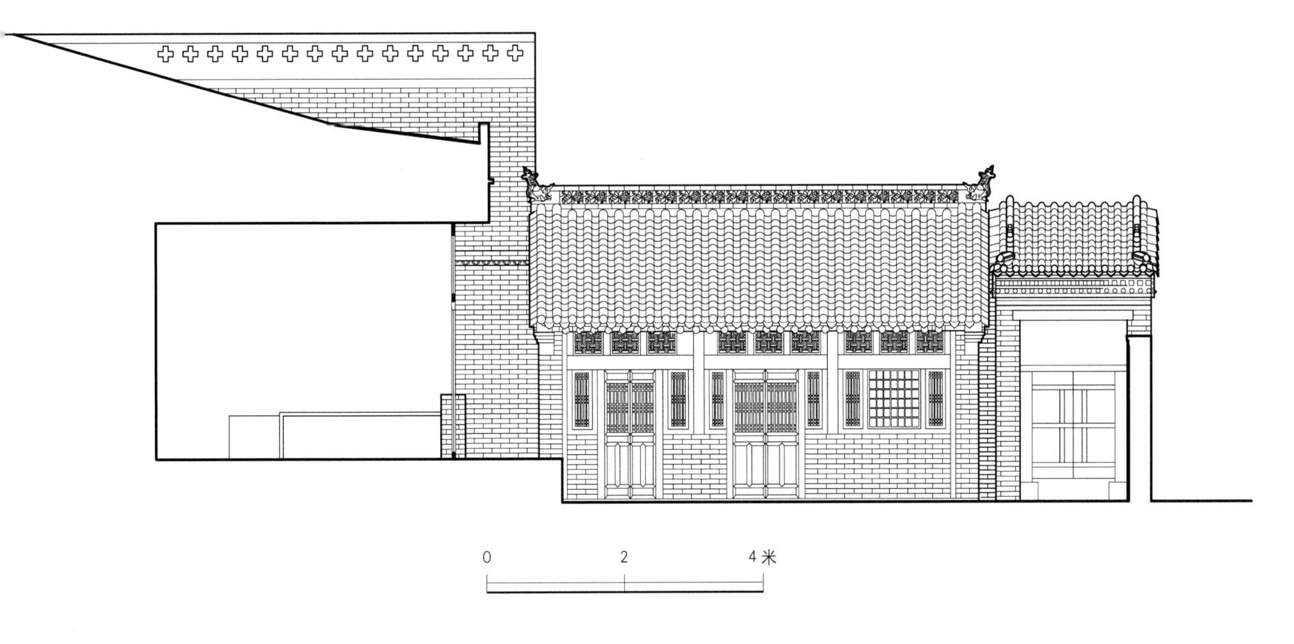

彩家庄下街中坎乐善堂花厅及大门立面

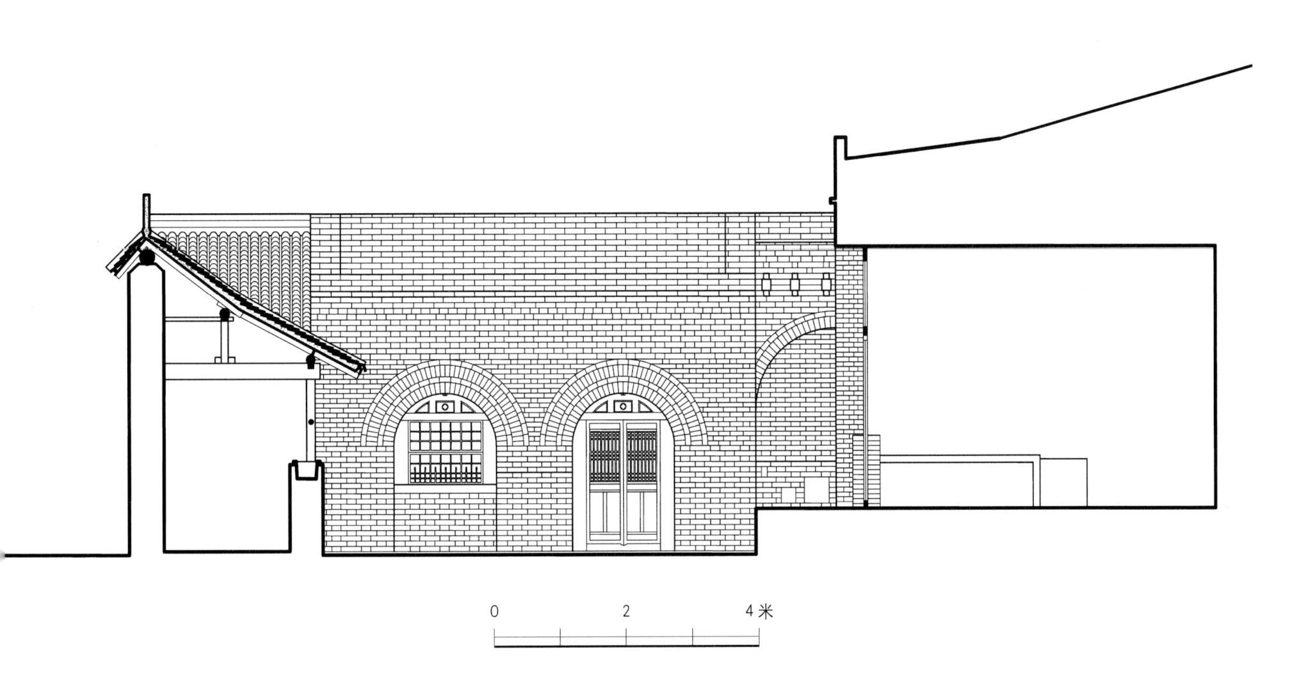

彩家庄下街中坎乐善堂偏窑立面及纵剖面

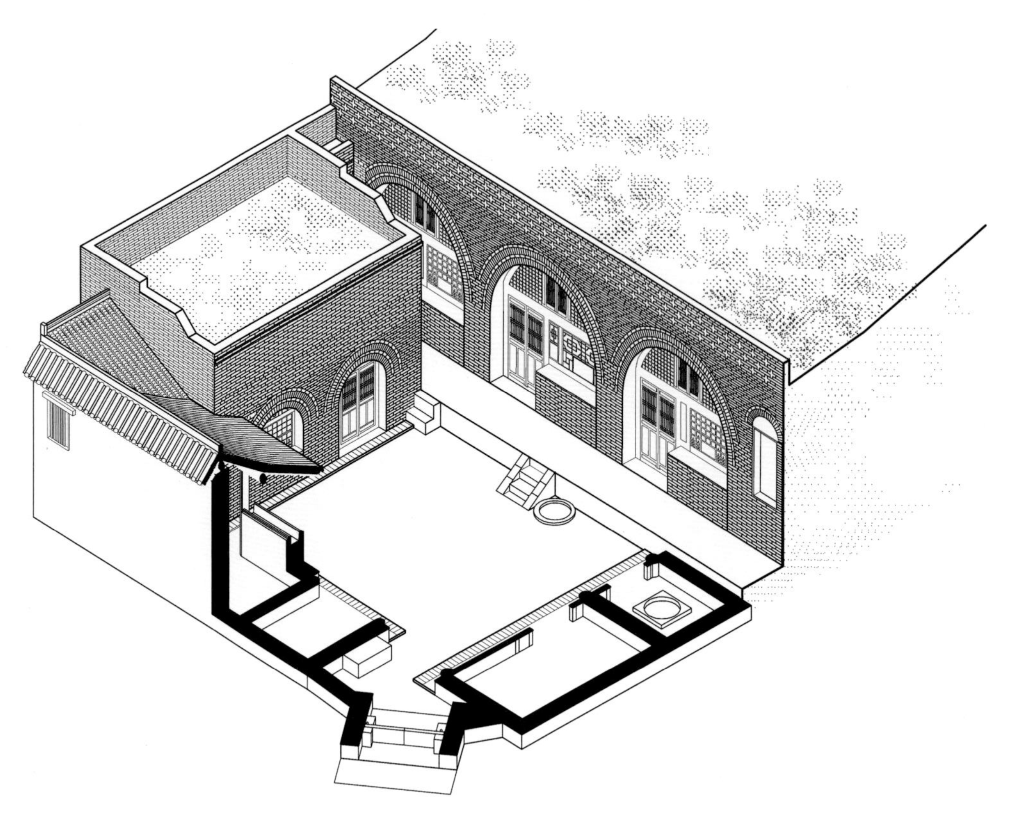

彩家庄下街中坎乐善堂剖轴测

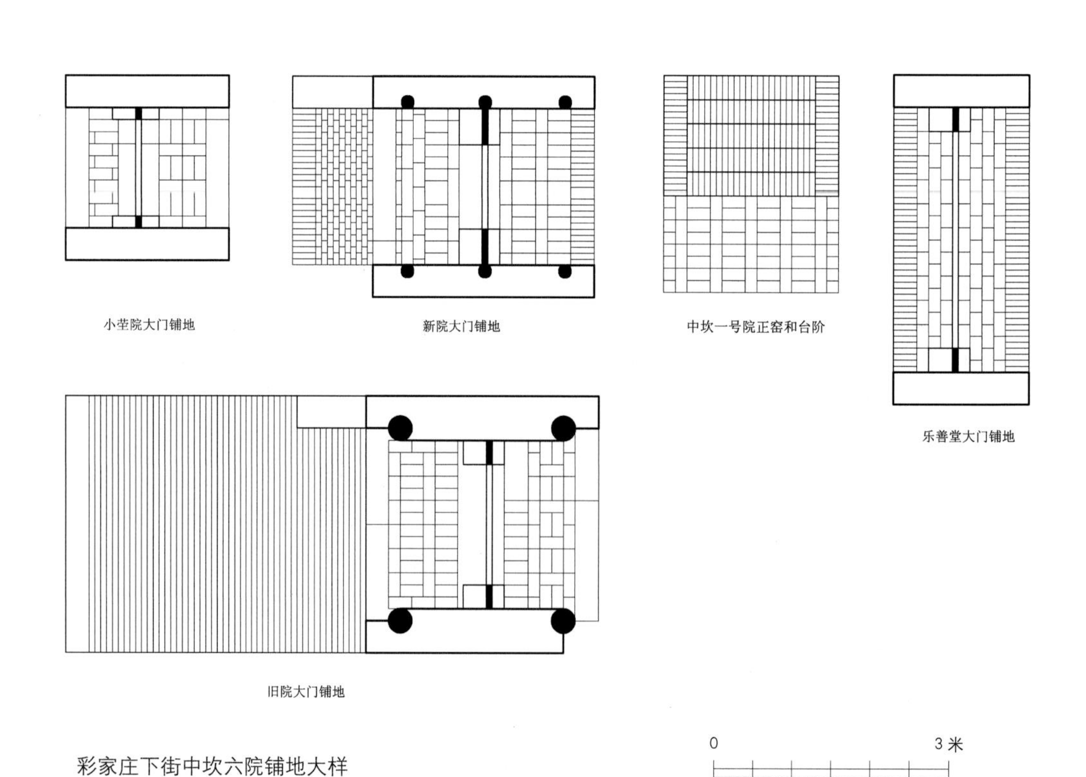

彩家庄下街中坎六院铺地大样

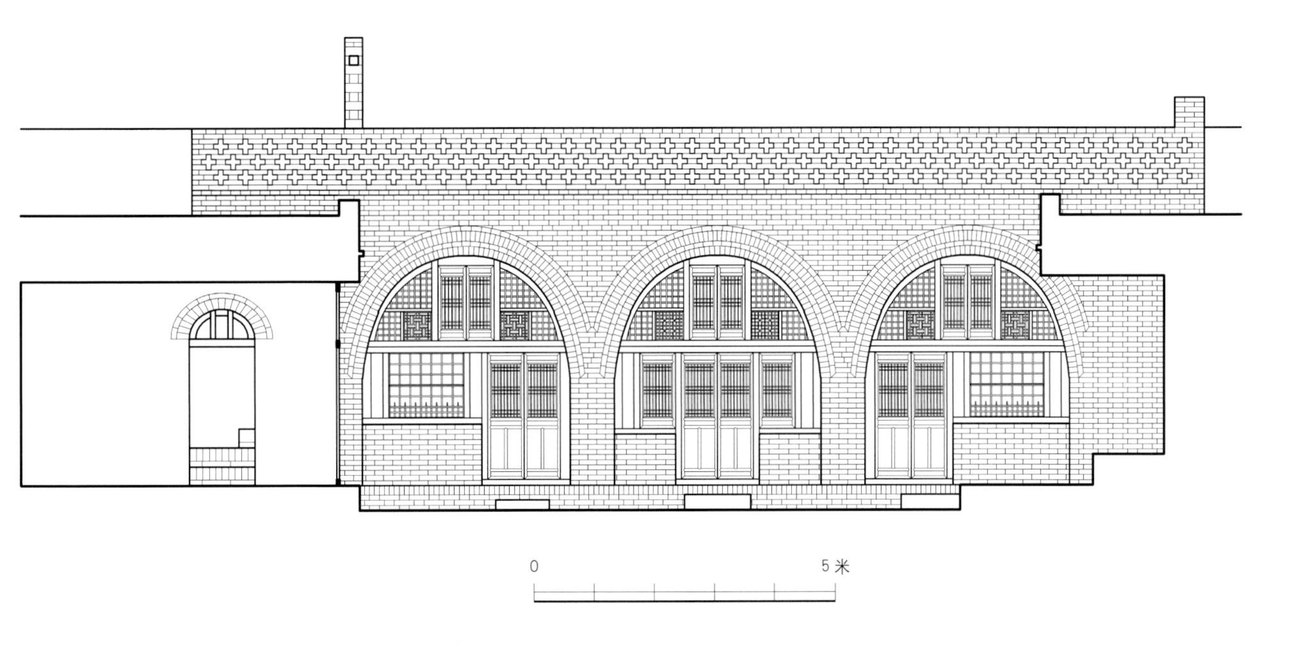

彩家庄下街中坎新院正窑立面

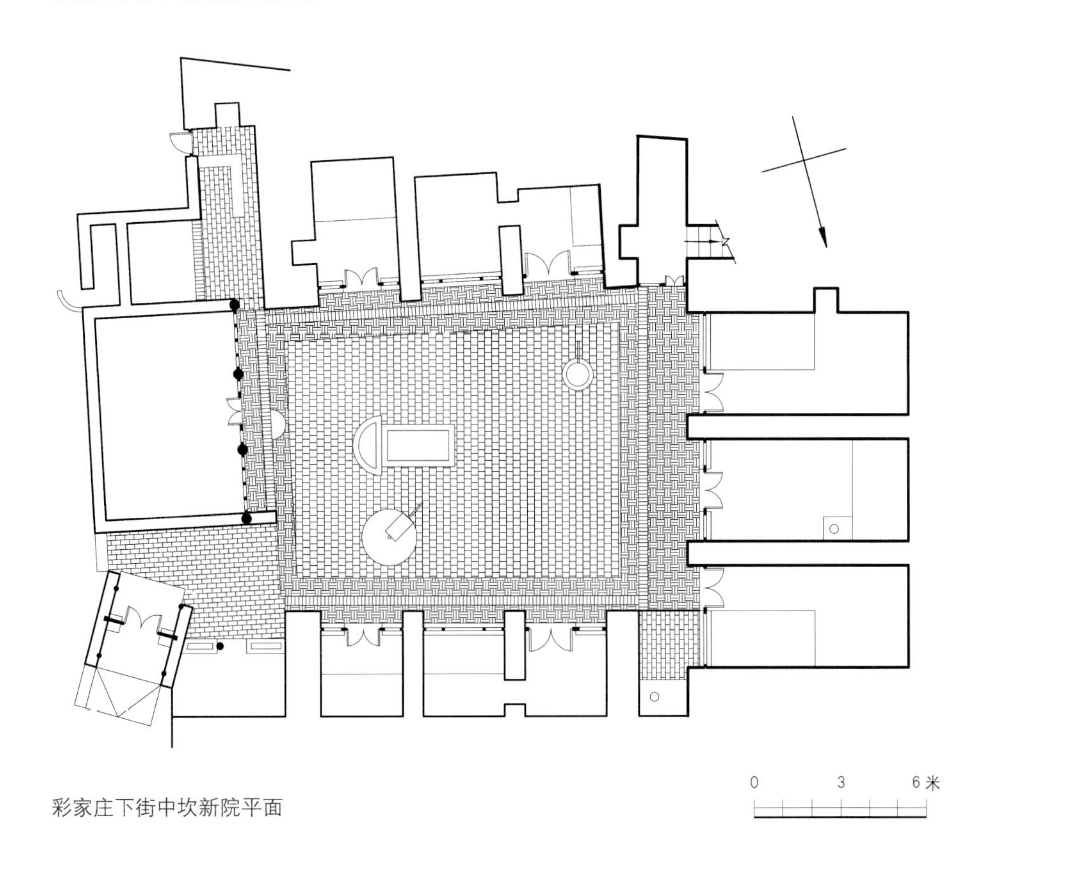

彩家庄下街中坎新院平面

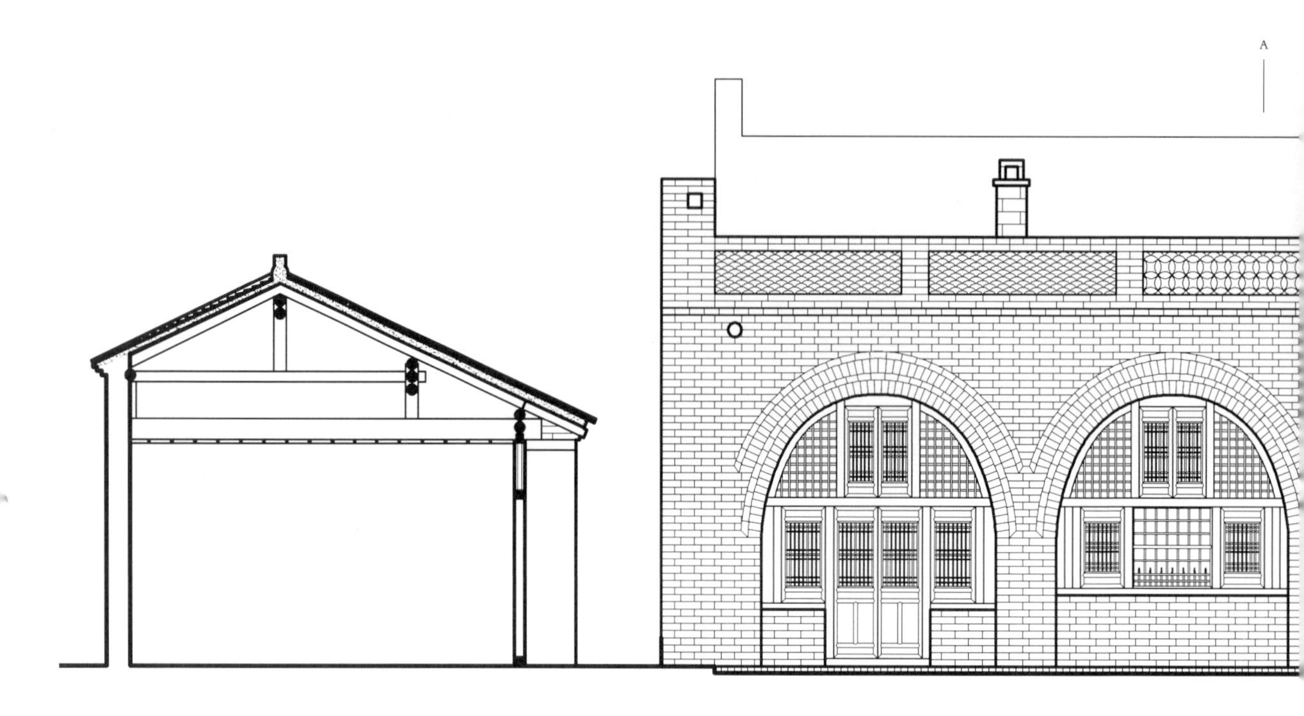

彩家庄下街中坎新院厢房立面

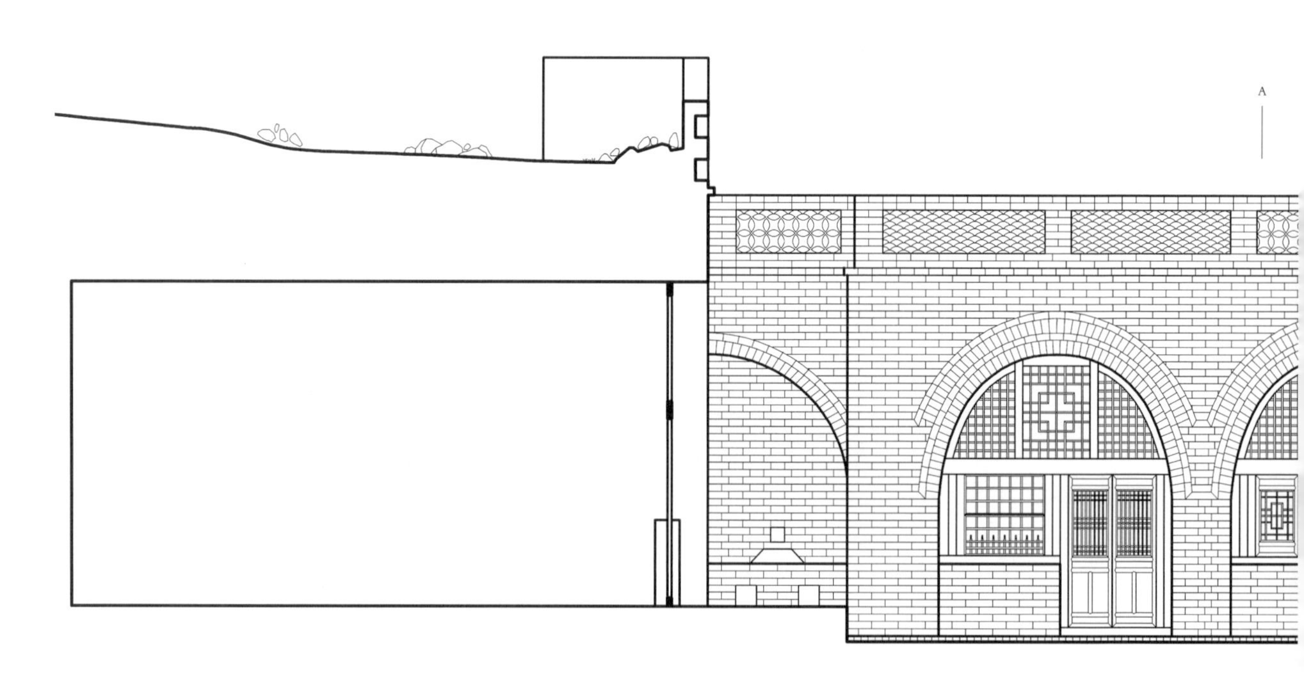

彩家庄下街中坎新院纵剖面

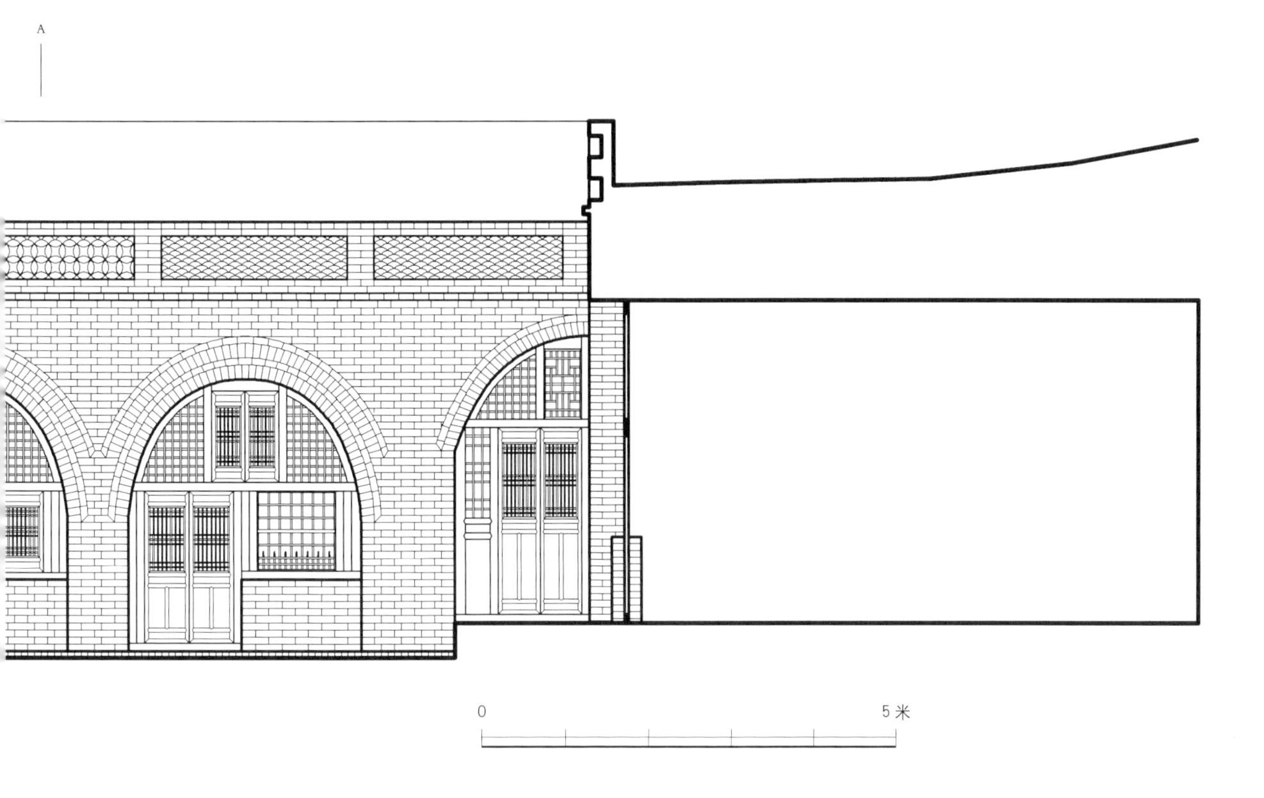
A
0
5 米

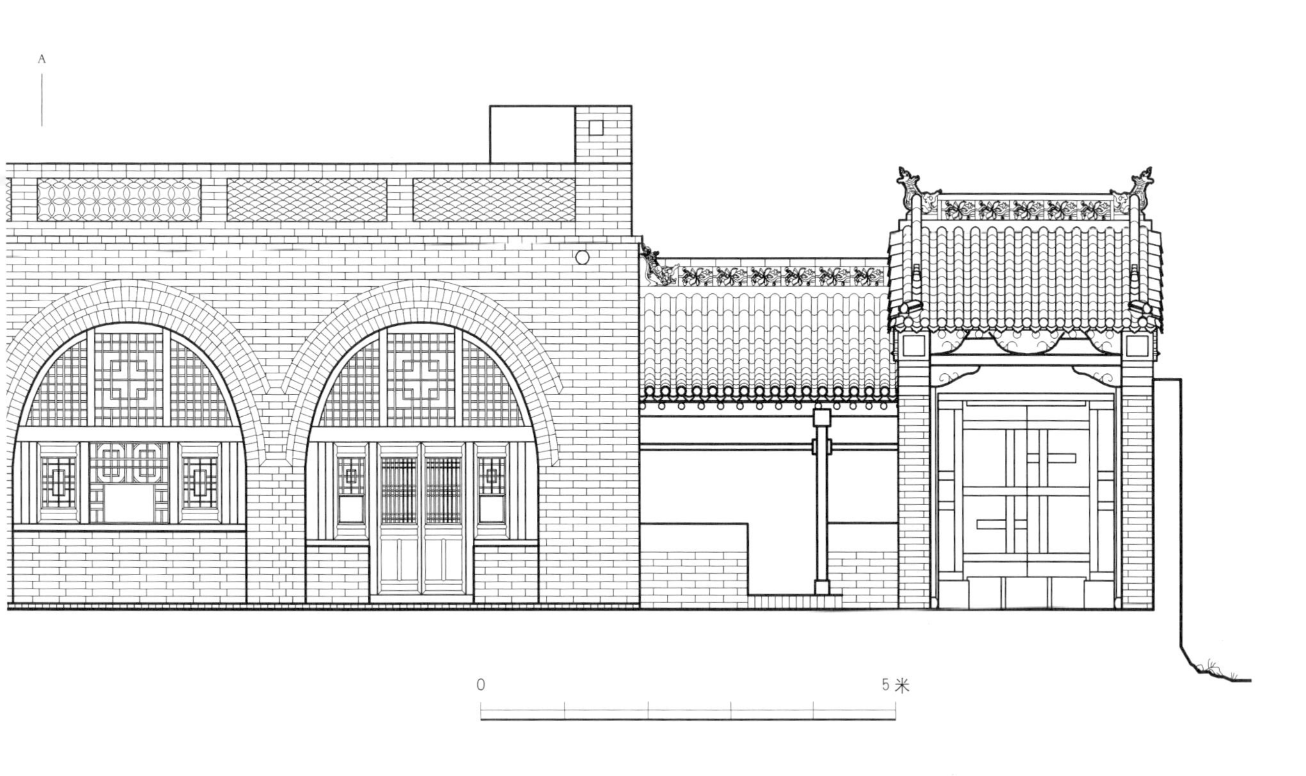
A
0
5 米

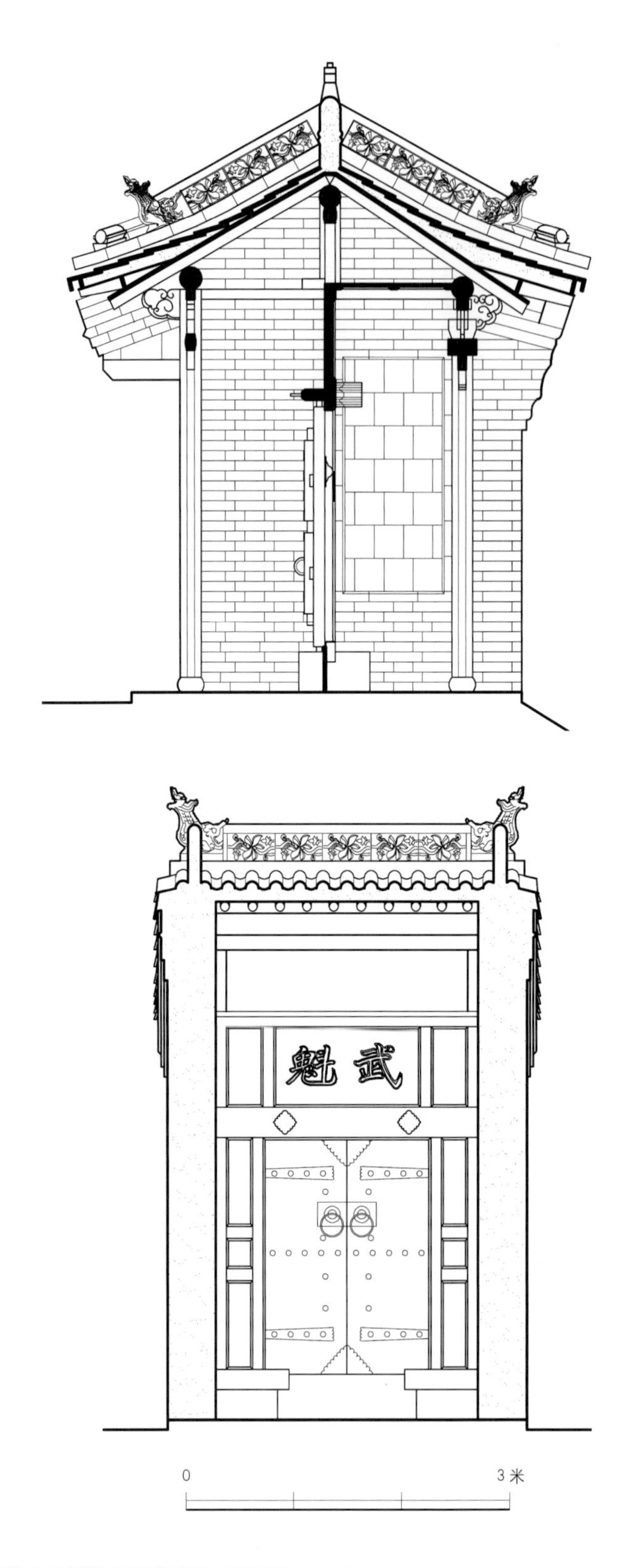

彩家庄下街中坎新院大门纵剖面、横剖面

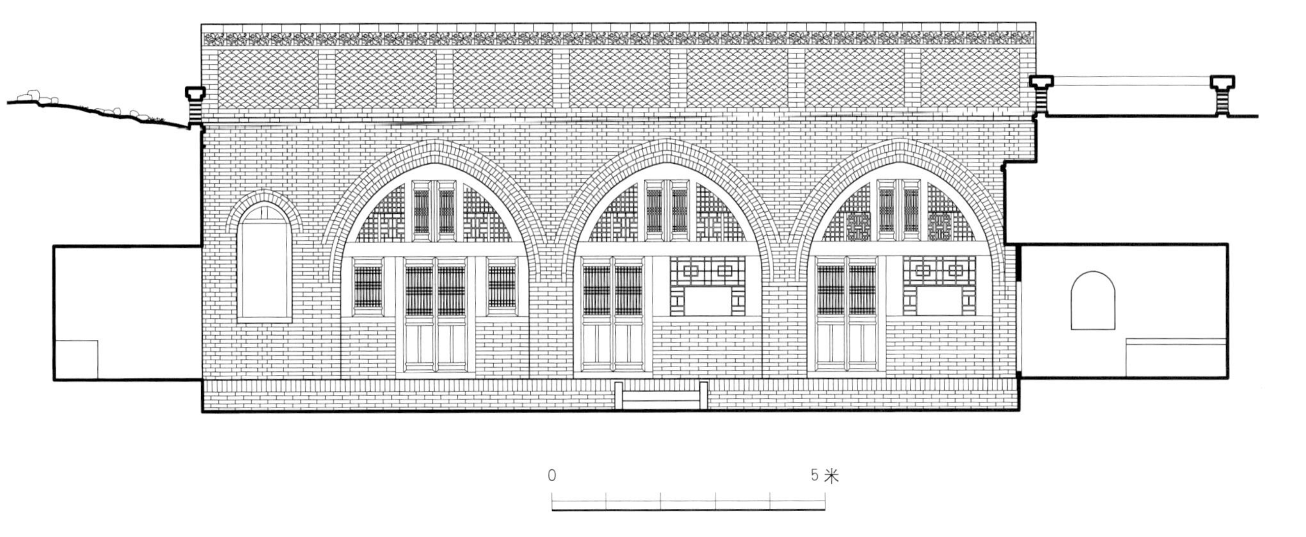

彩家庄下街中坎旧院正窑立面

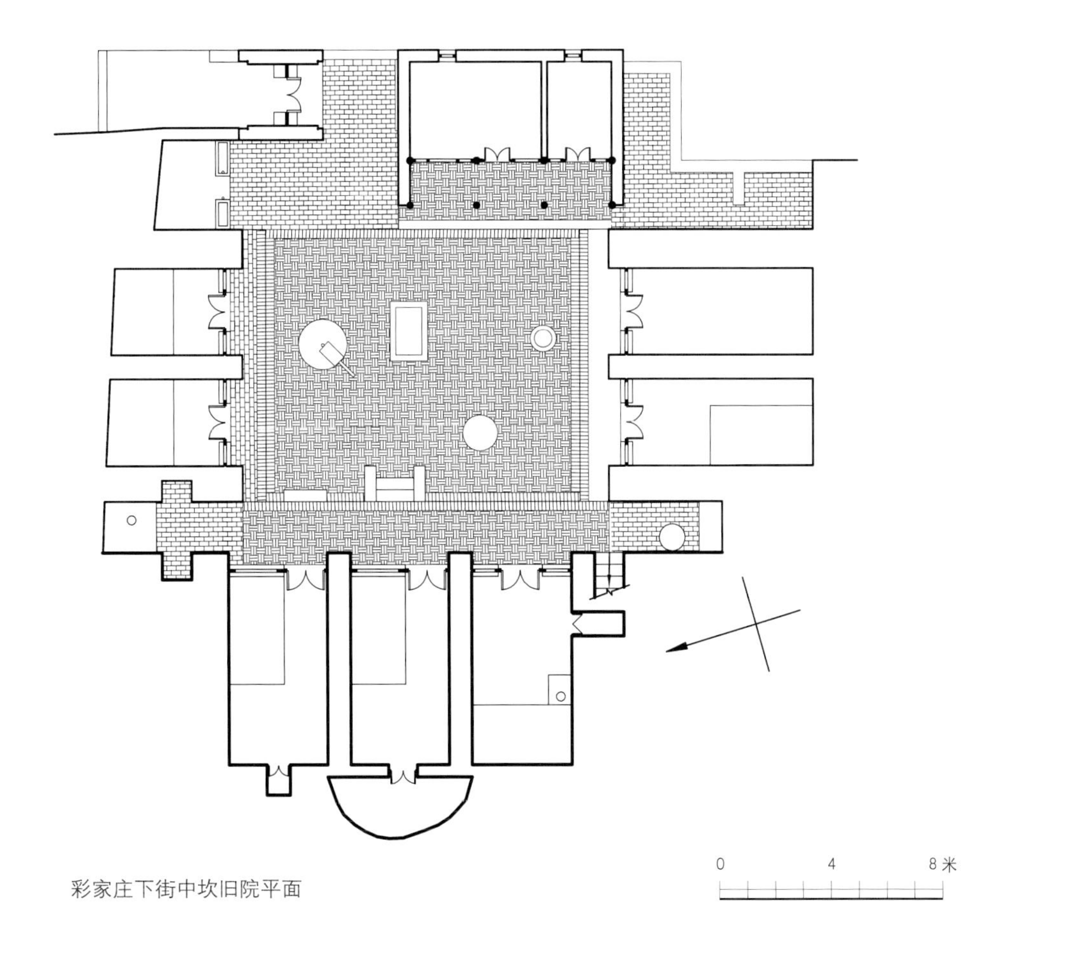

彩家庄下街中坎旧院平面

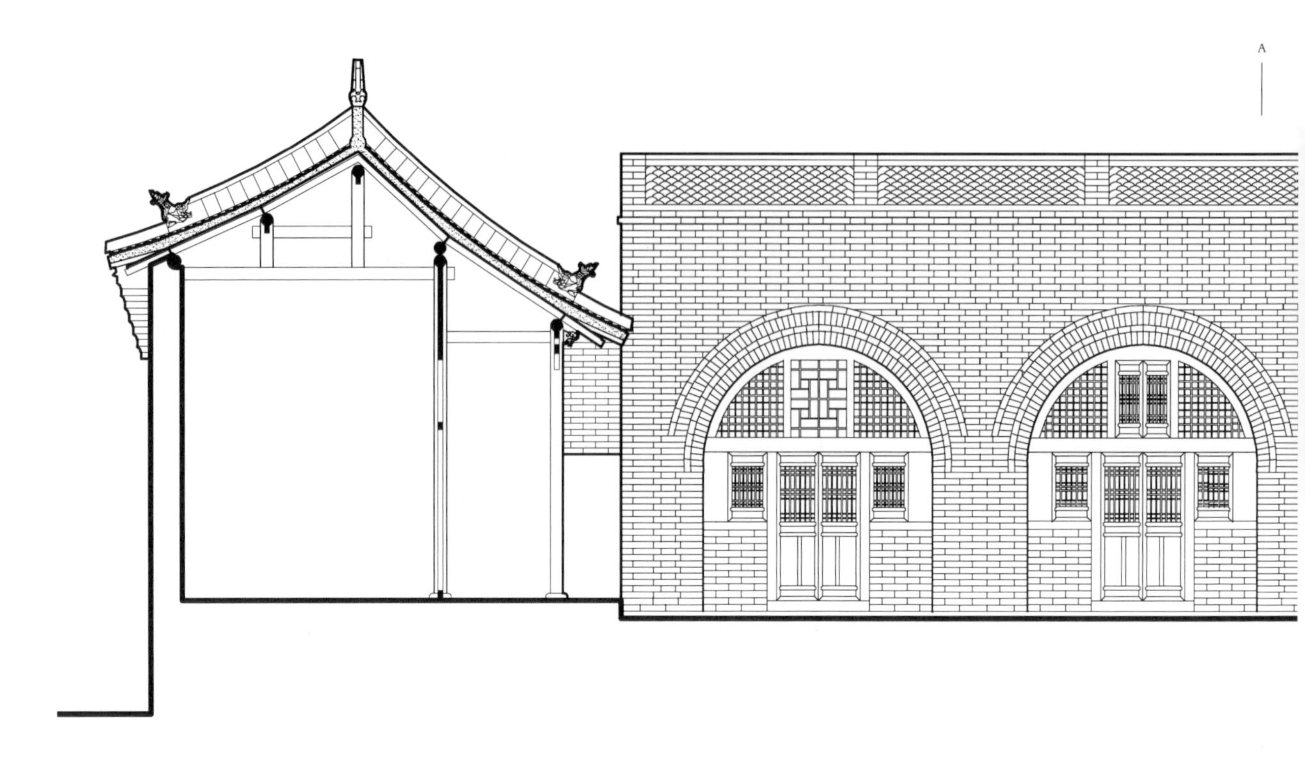

彩家庄下街中坎旧院侧窑立面

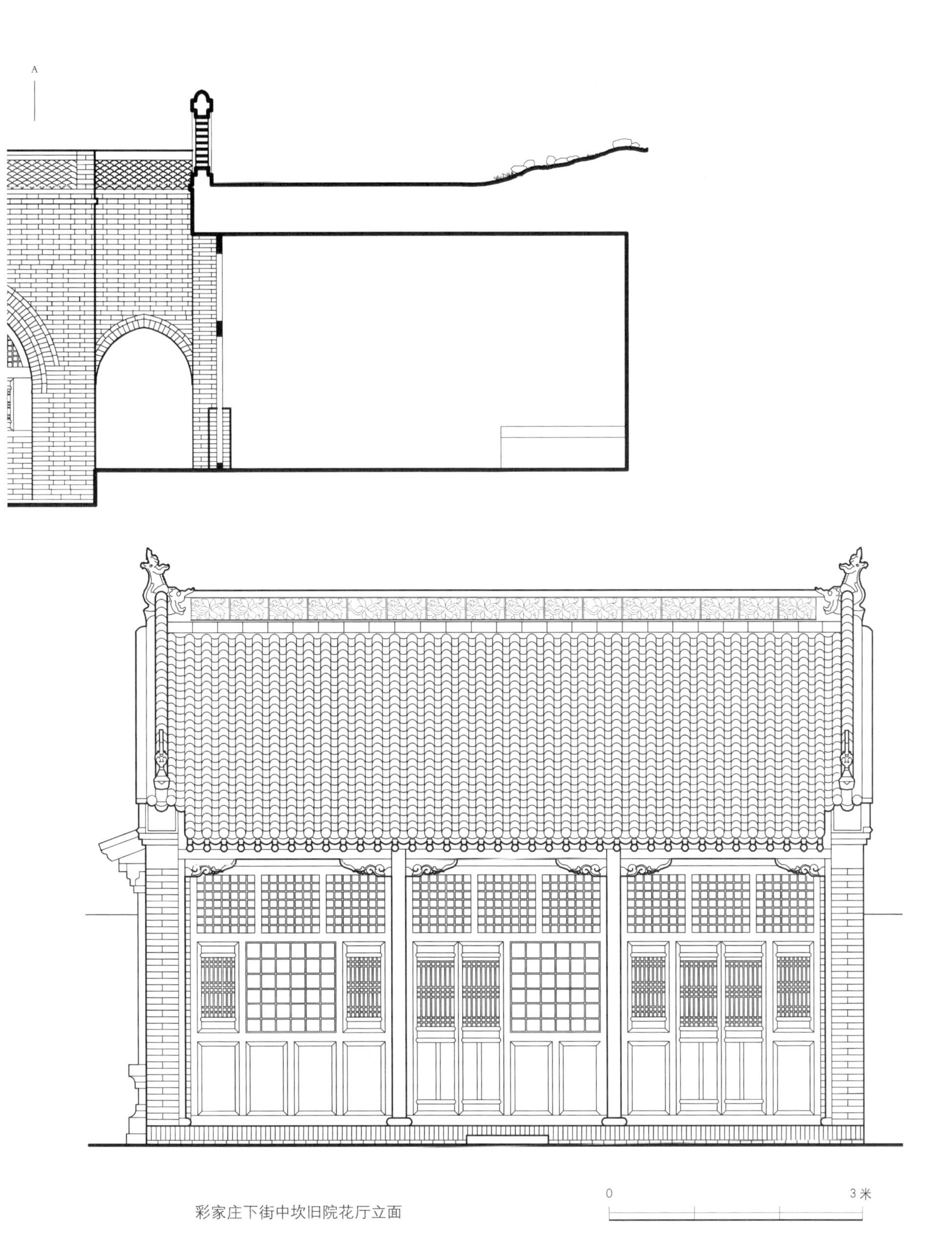

彩家庄下街中坎旧院花厅立面

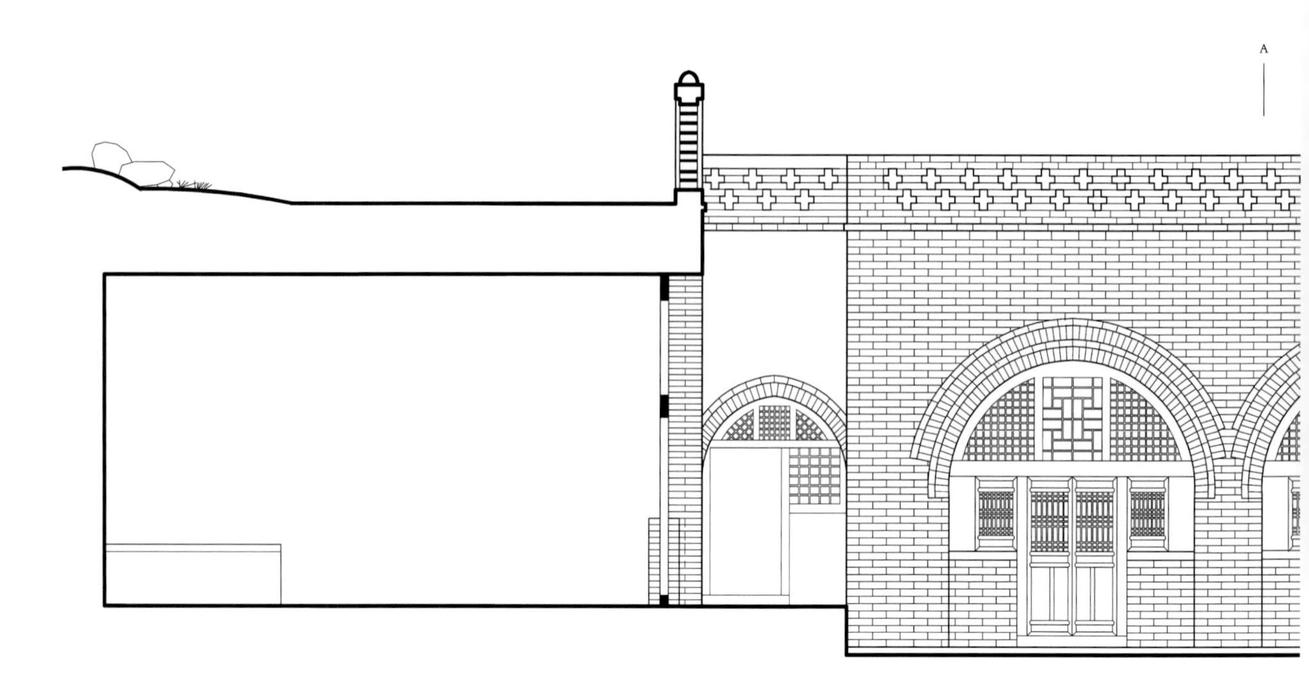

彩家庄下街中坎旧院纵剖面

彩家庄下街中坎旧院大门大样

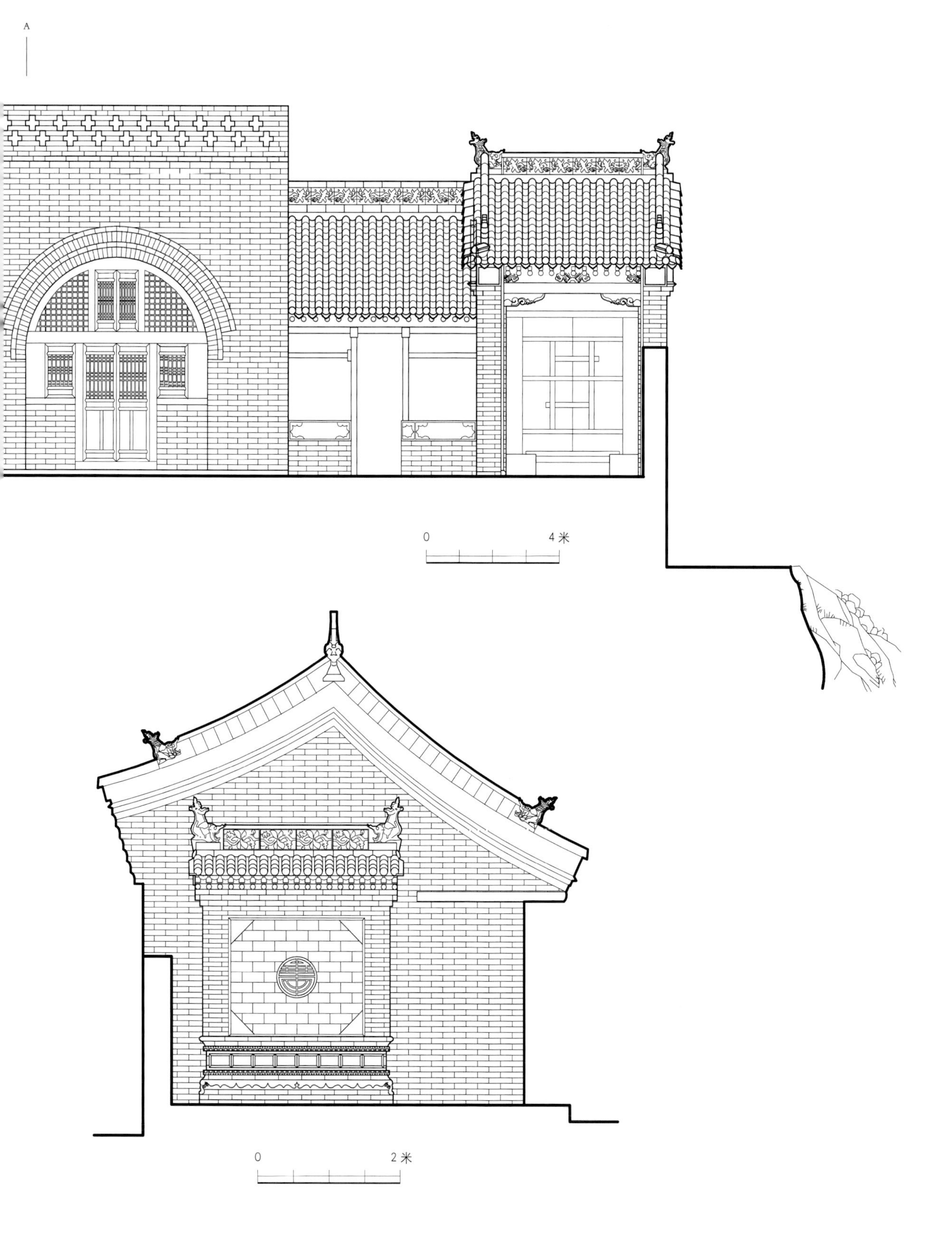
A
0
4米
0
2米

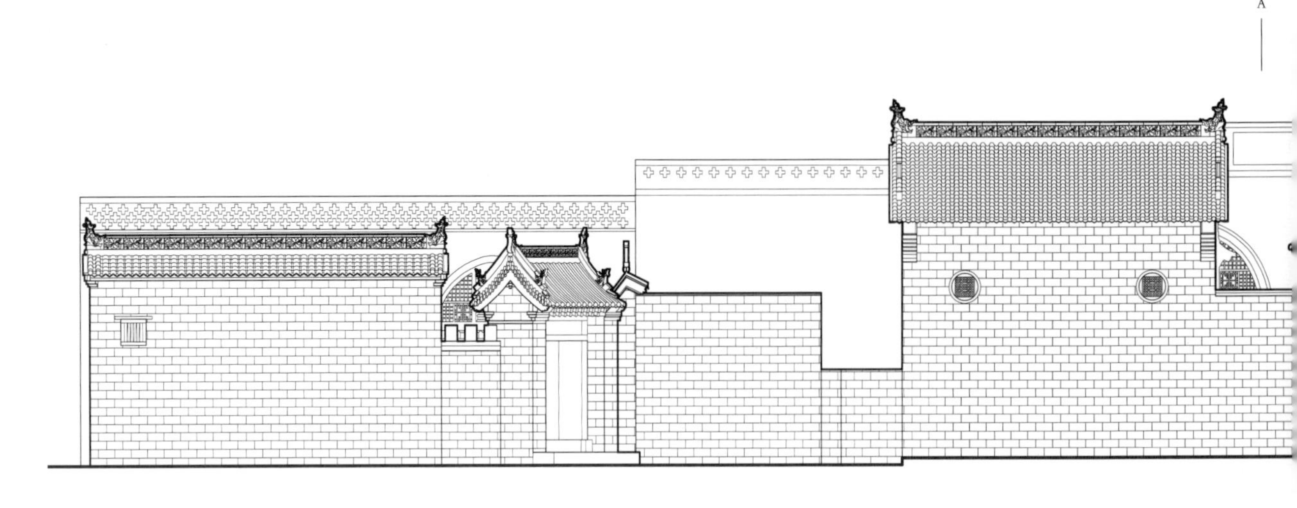

彩家庄下街乐善堂、旧院、新院外立面

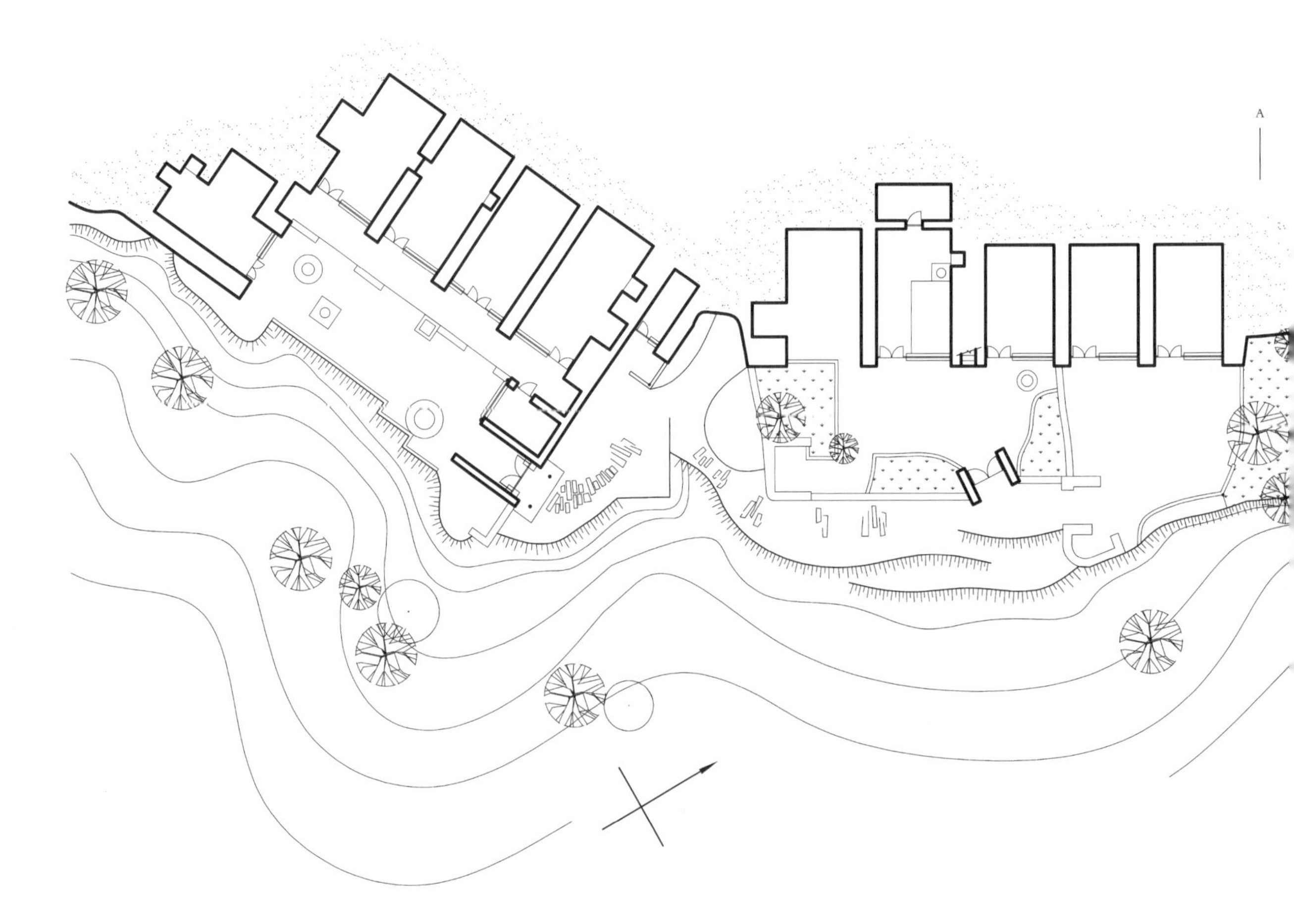

彩家庄下街地下院、土窑院、沟畔院总平面

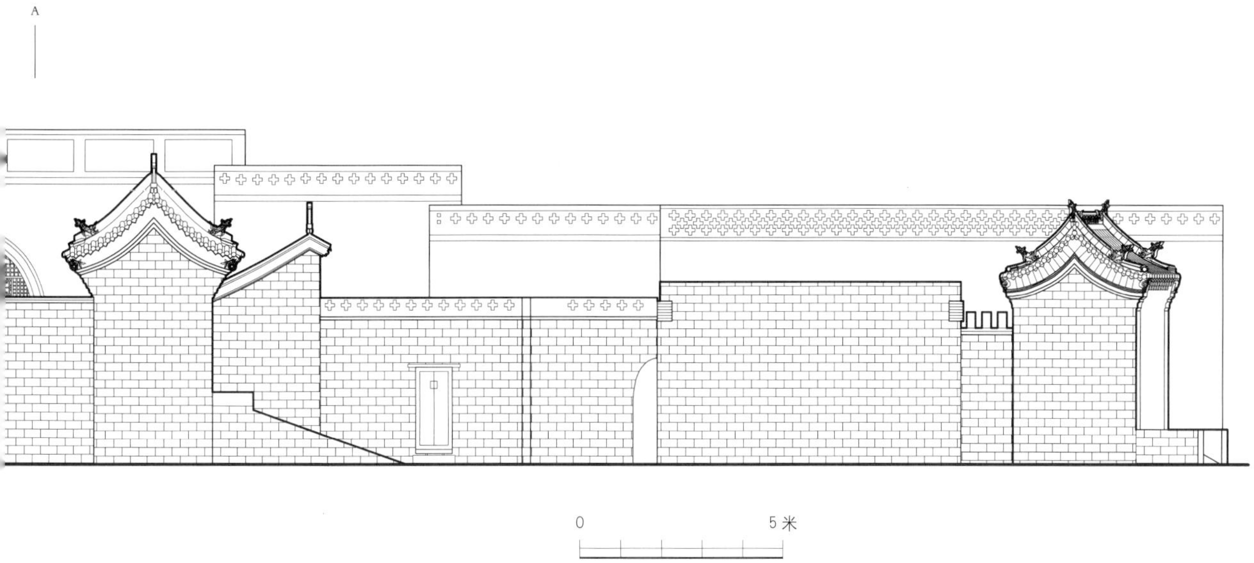

A

0 5米

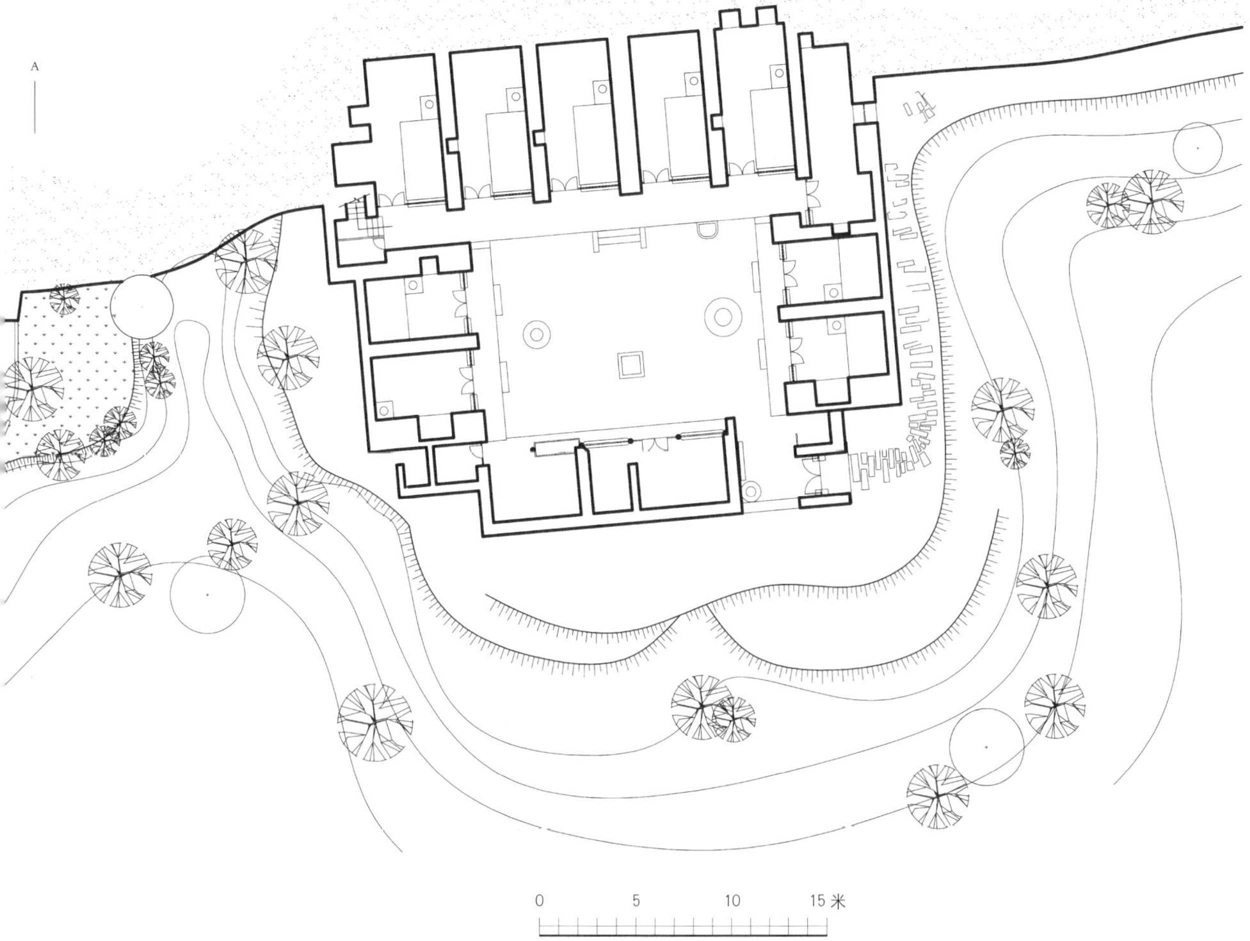

A

0 5 10 15米

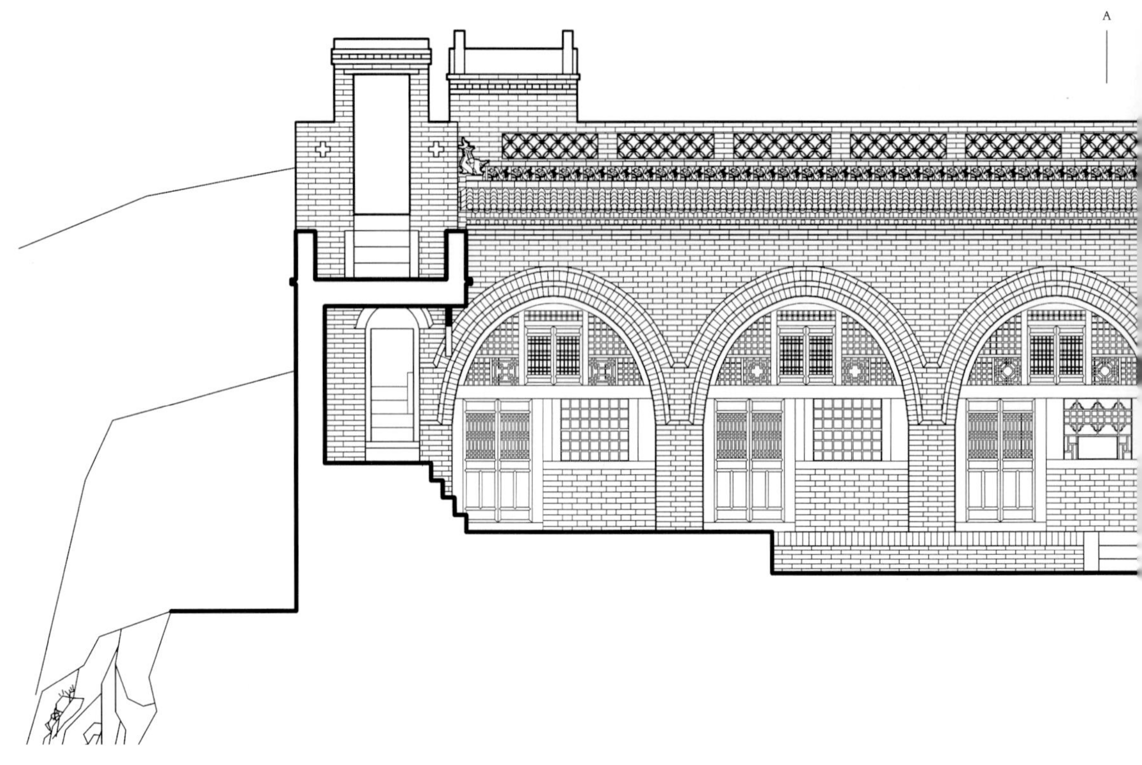

彩家庄下街地下院正窑立面

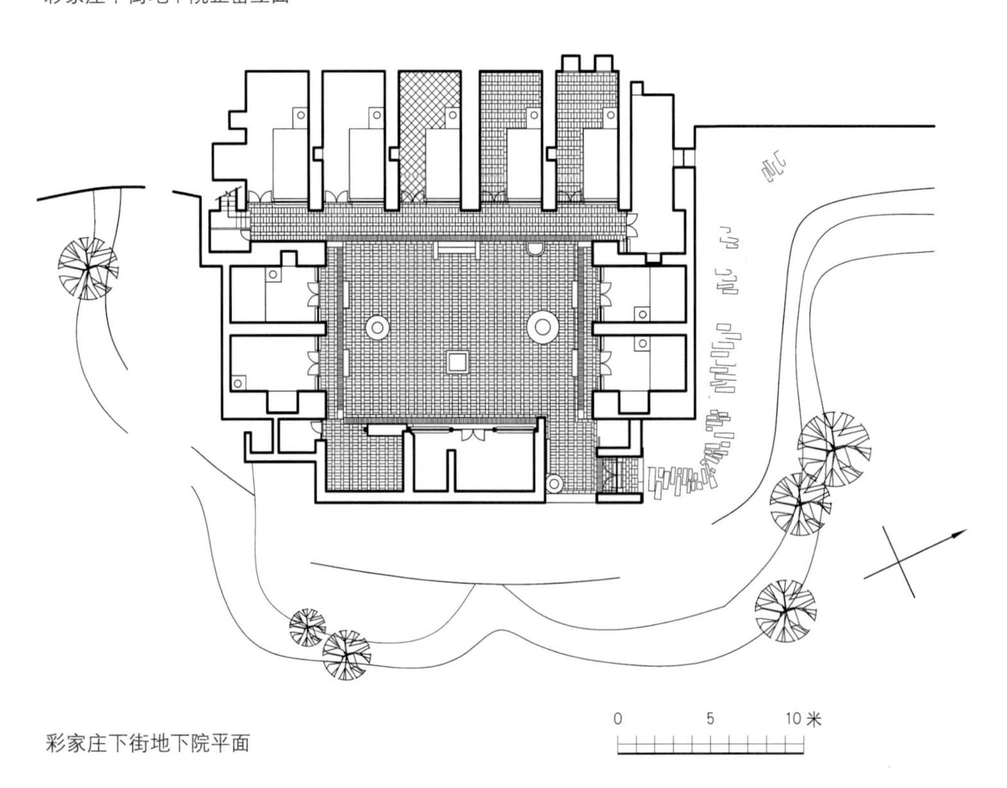

彩家庄下街地下院平面

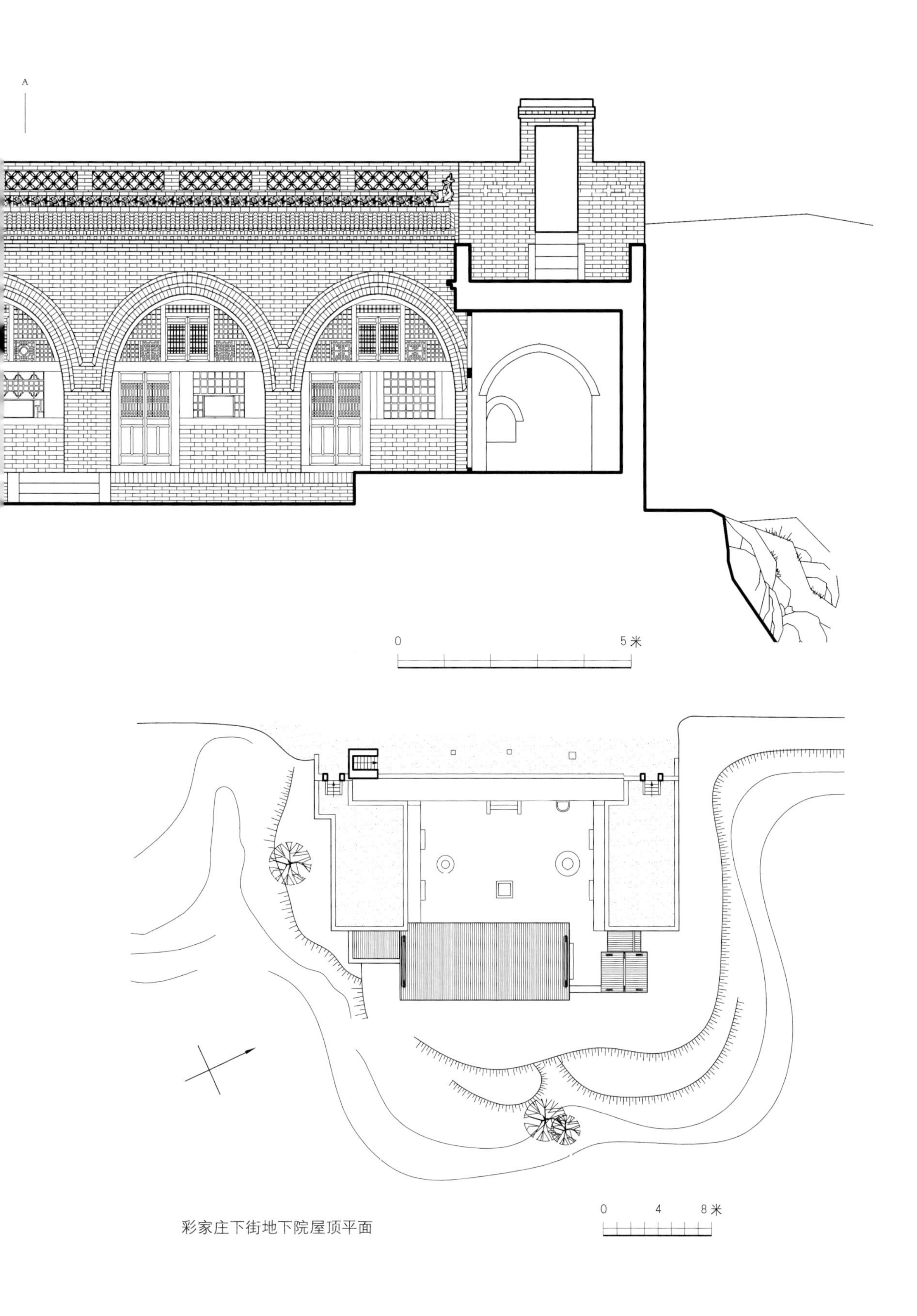

彩家庄下街地下院屋顶平面

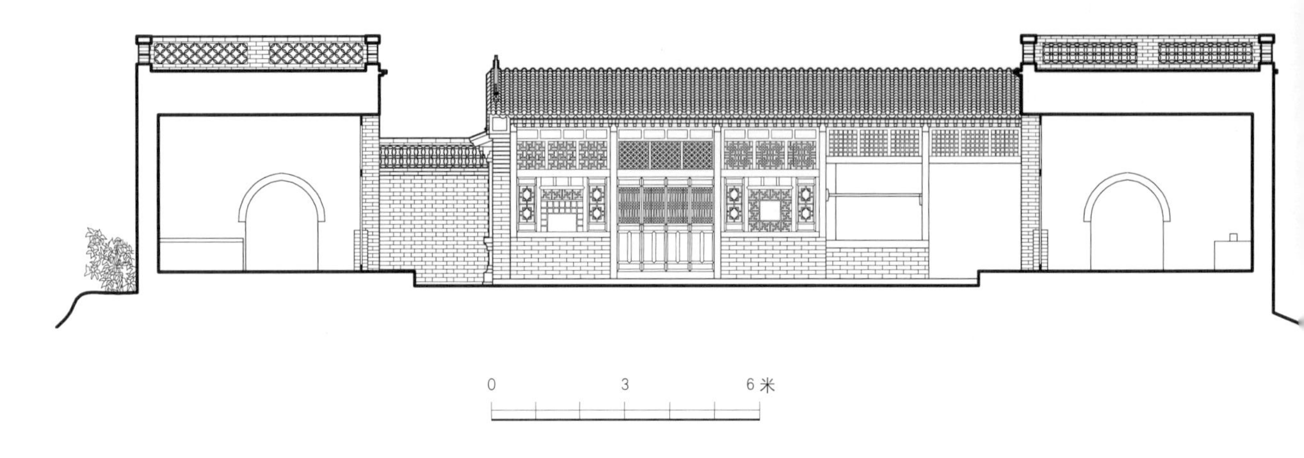

彩家庄下街地下院花厅立面

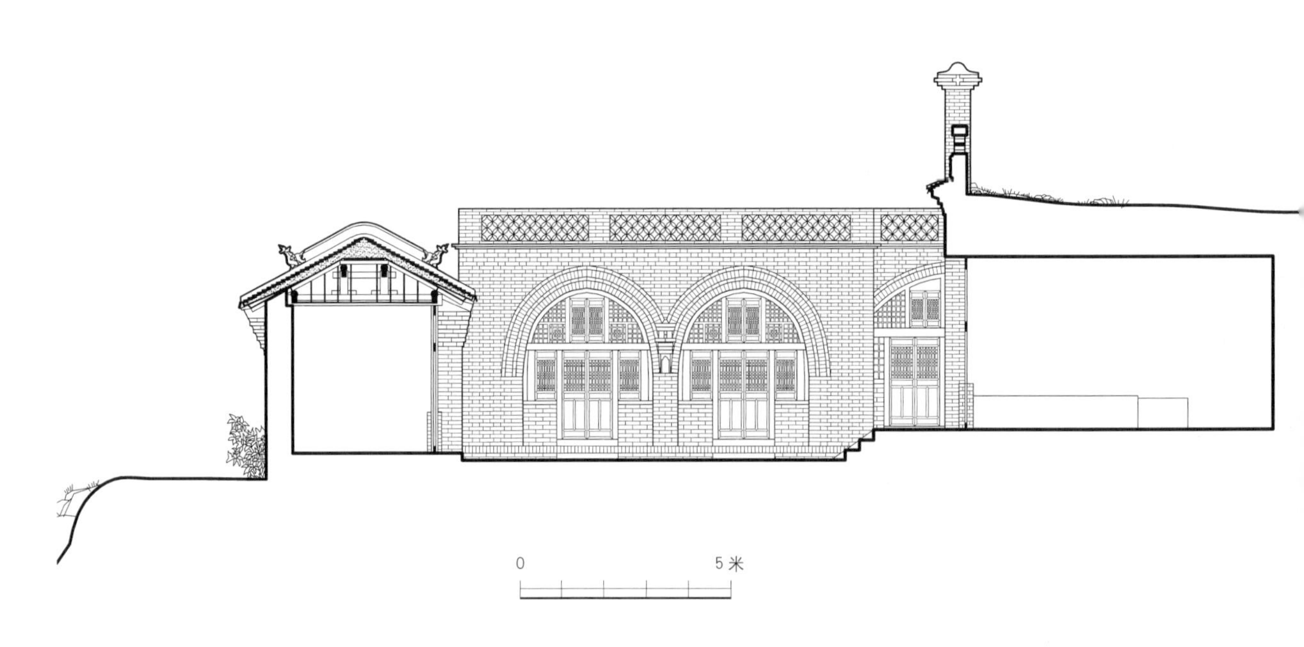

彩家庄下街地下院纵剖面

彩家庄下街地下院剖轴测

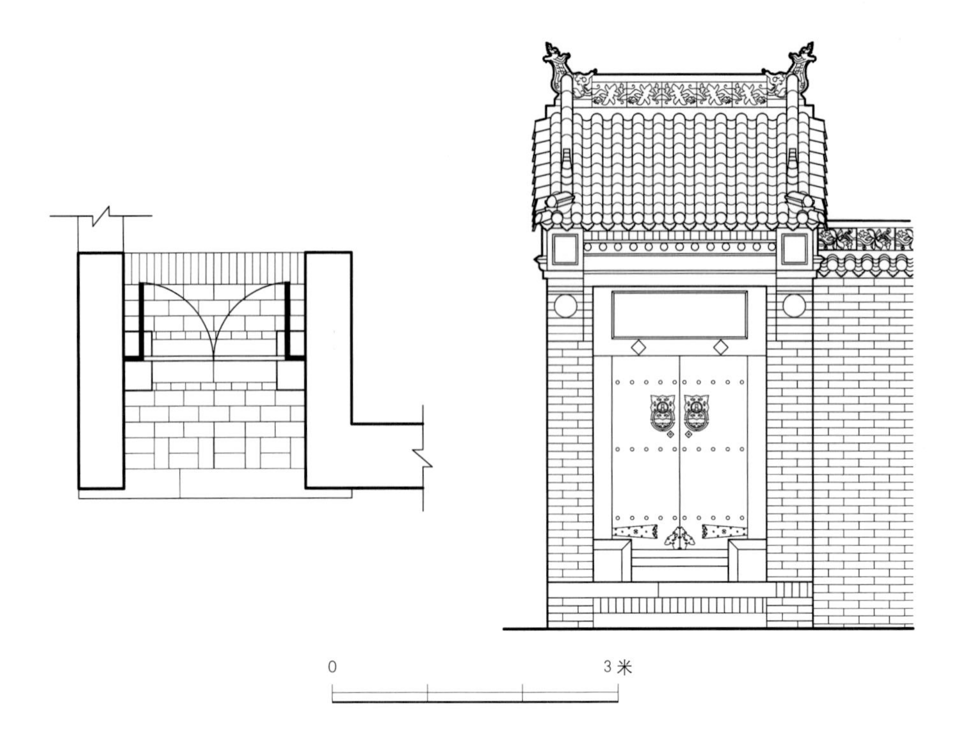

彩家庄下街地下院门楼平面、立面

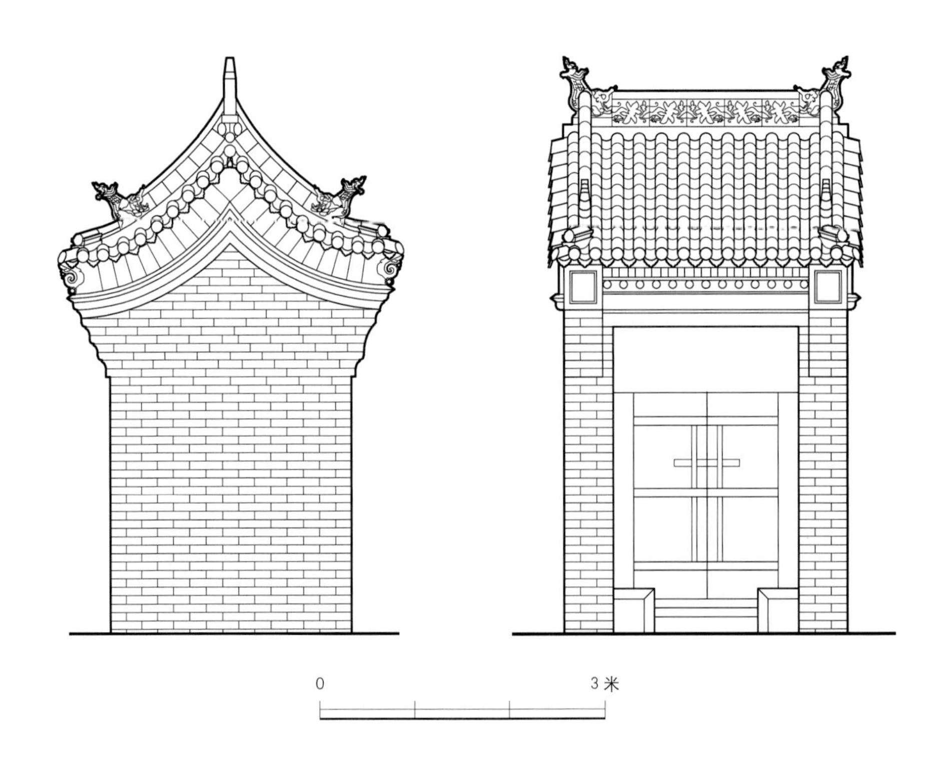

彩家庄下街地下院门楼侧立面、背立面

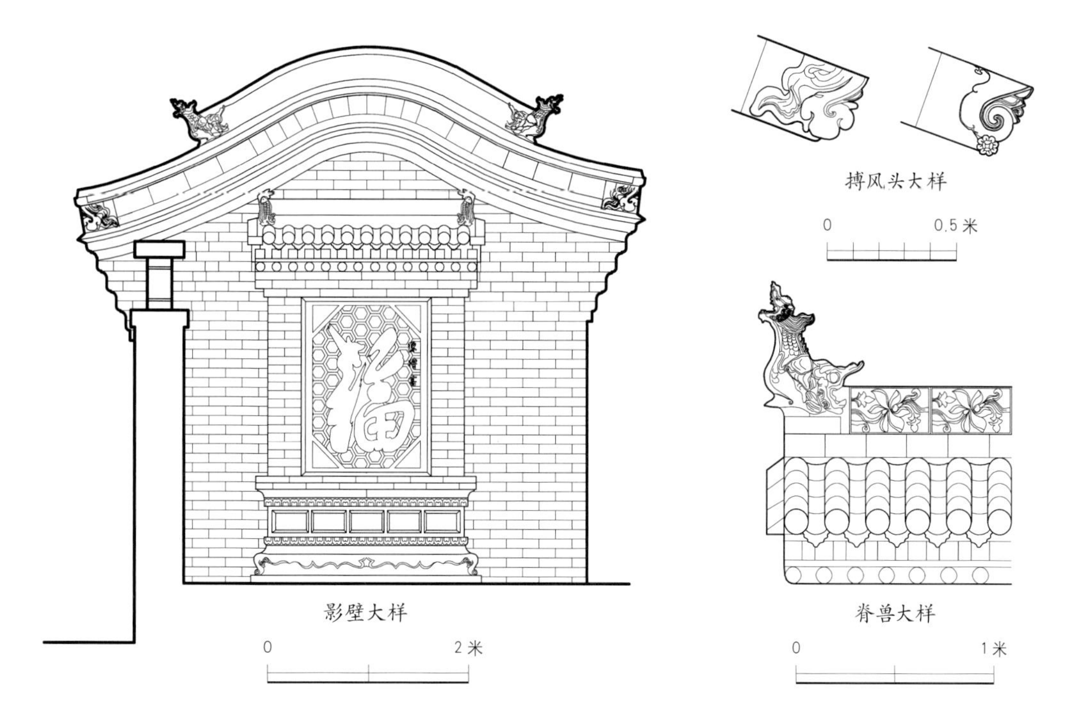

彩家庄下街地下院影壁及细部大样

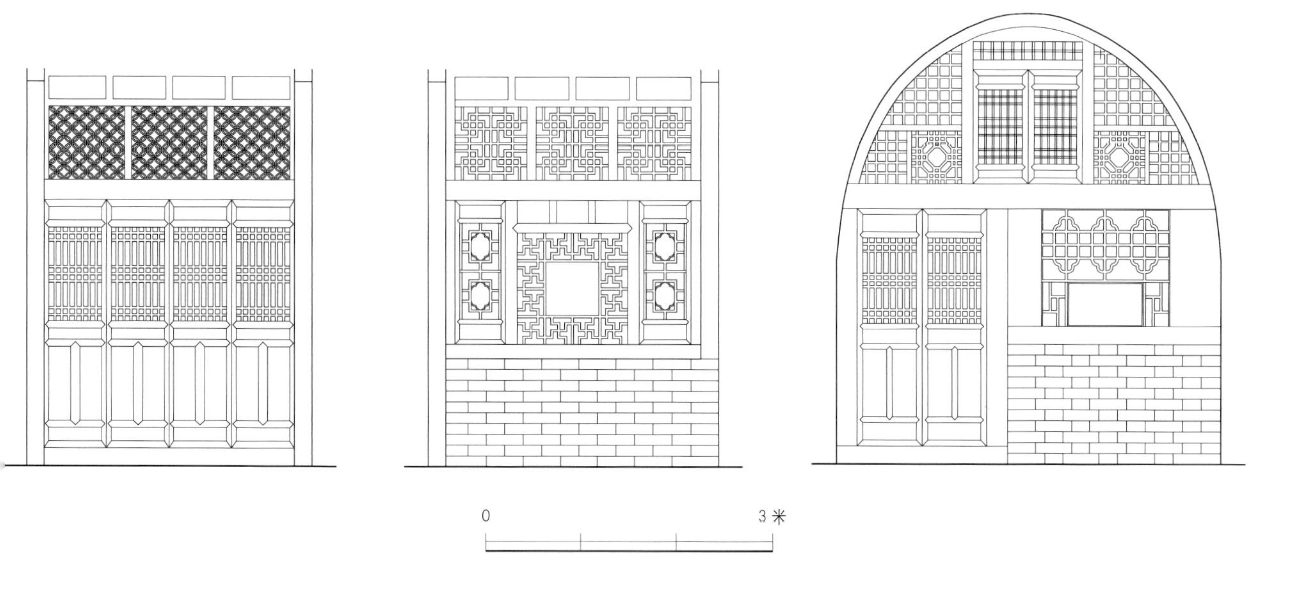

彩家庄下街地下院门窗大样

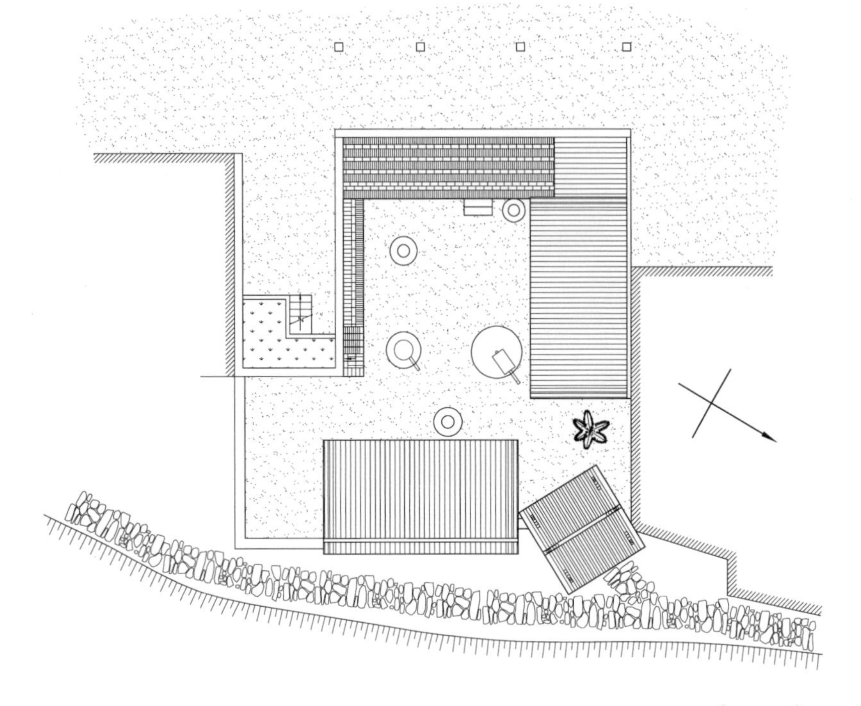

彩家庄上街染坊院屋顶平面

0 3 6米

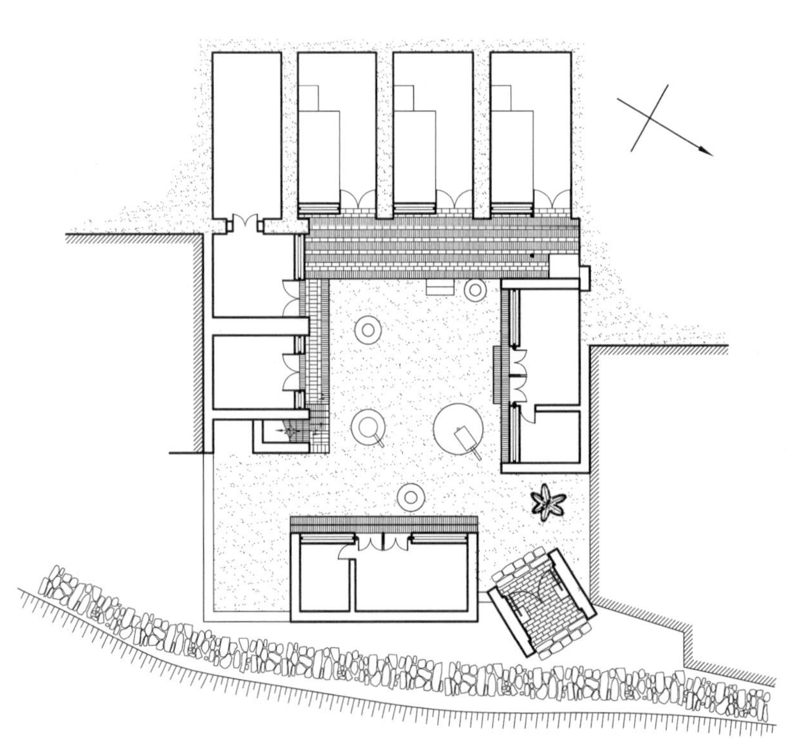

彩家庄上街染坊院平面

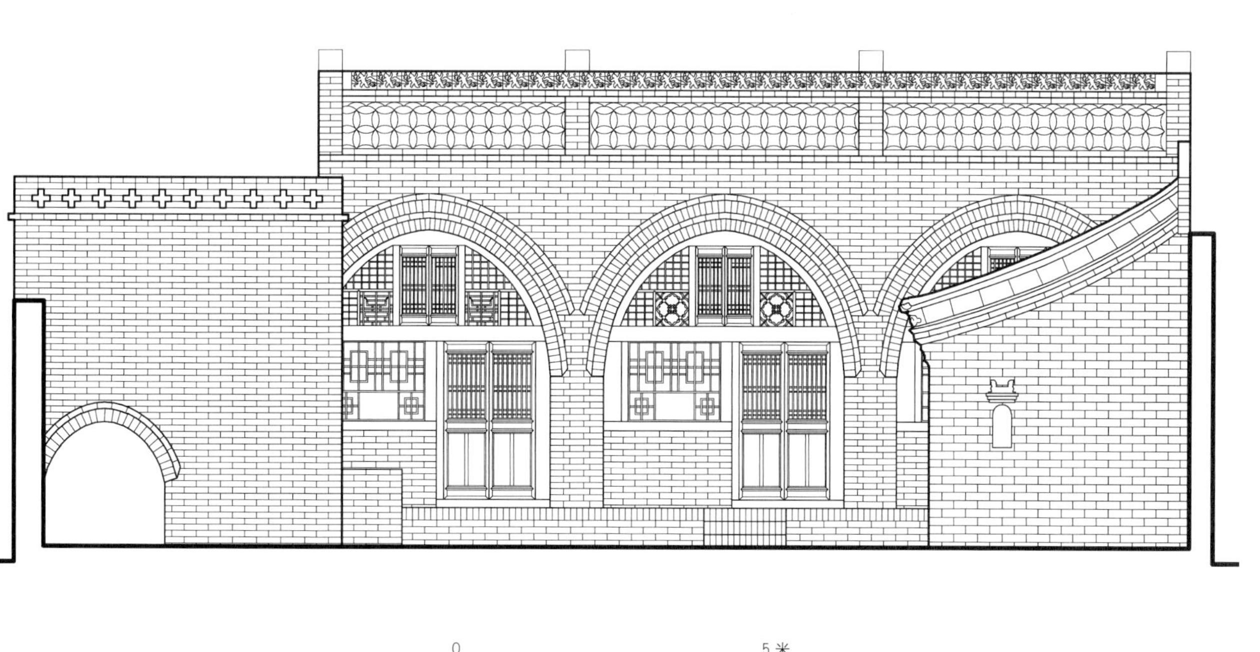

彩家庄上街染坊院正窑正立面

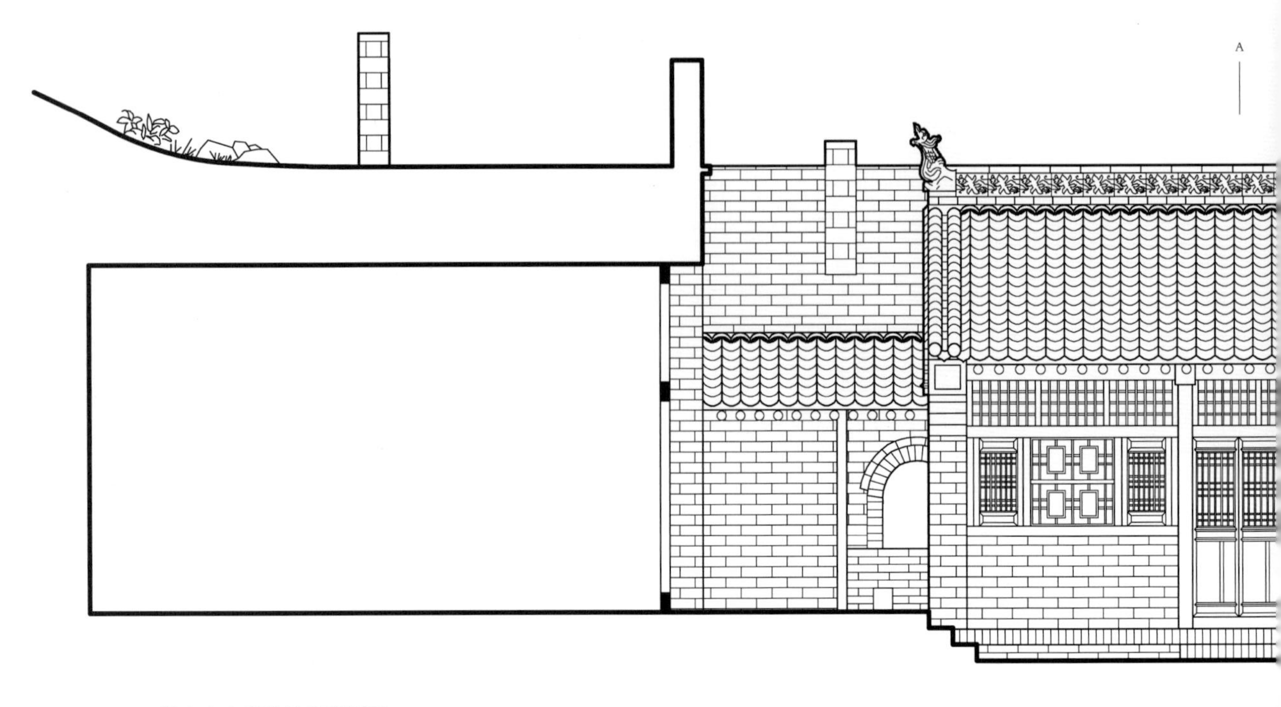

彩家庄上街染坊院纵剖面一

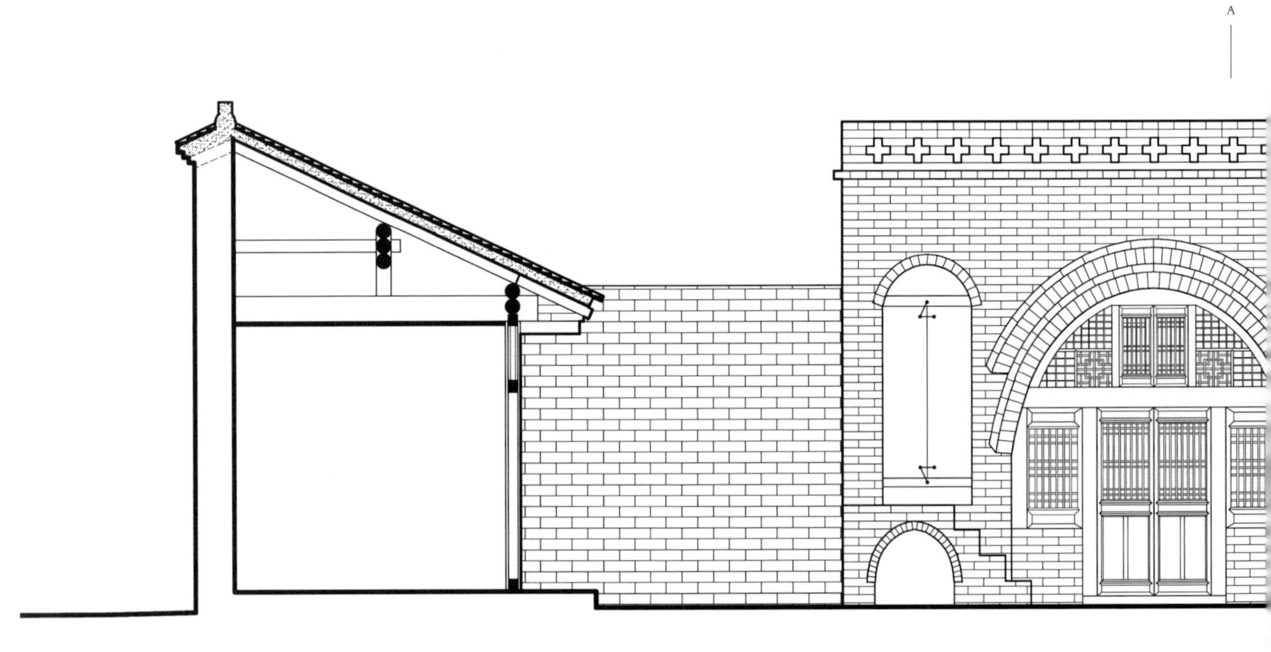

彩家庄上街染坊院纵剖面二

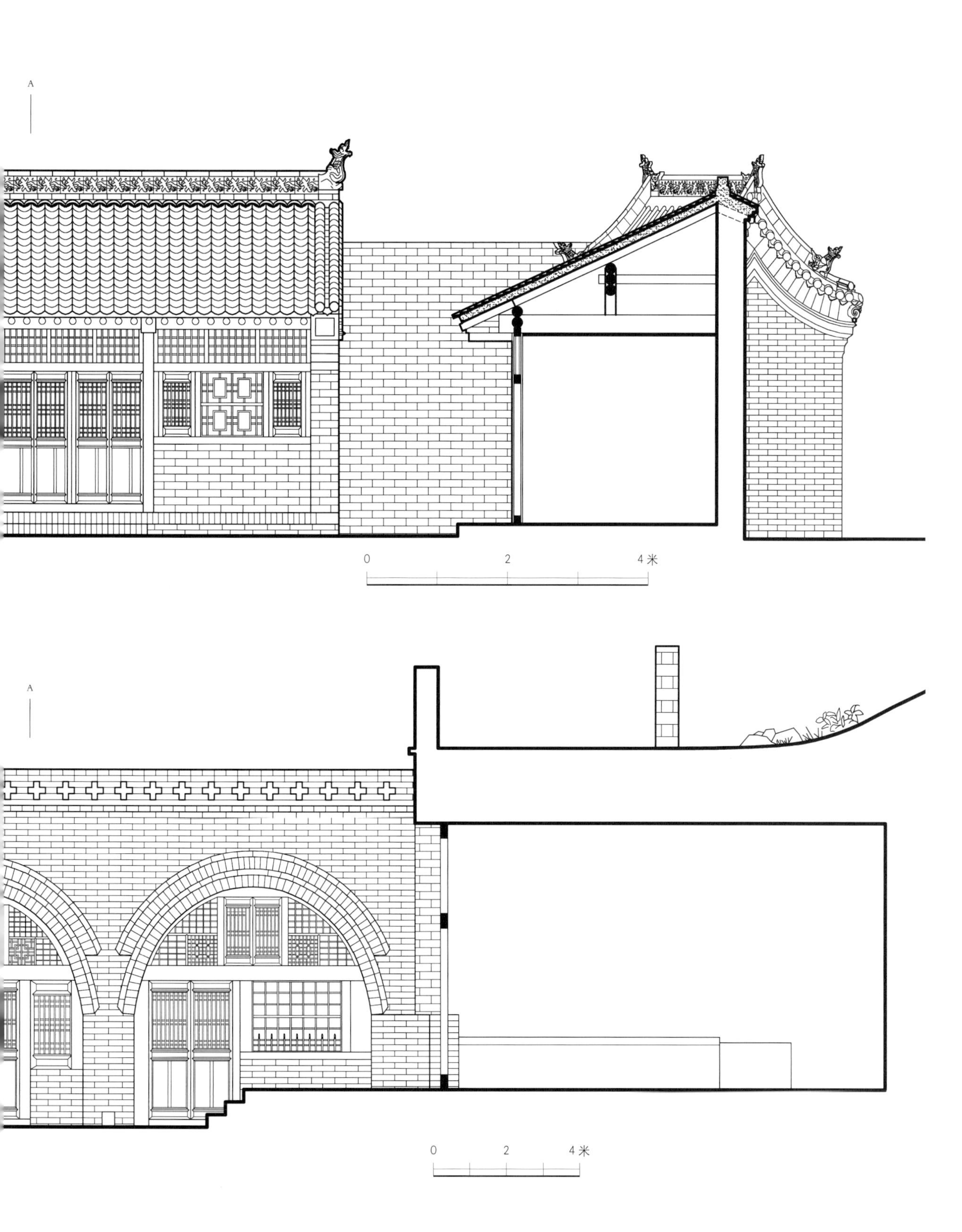
A
0
2
4米
A
0
2
4米

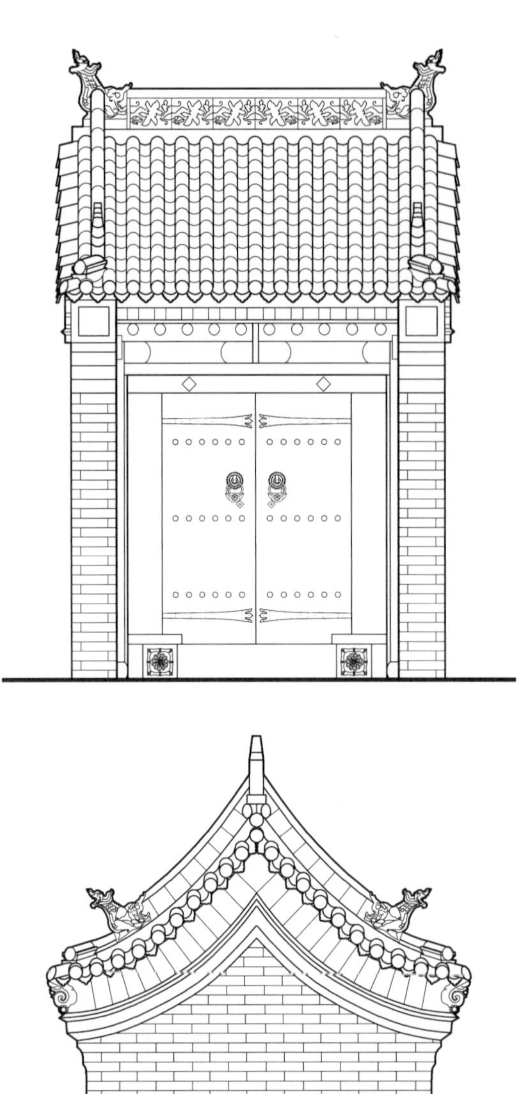

彩家庄上街染坊院大门正立面、侧立面

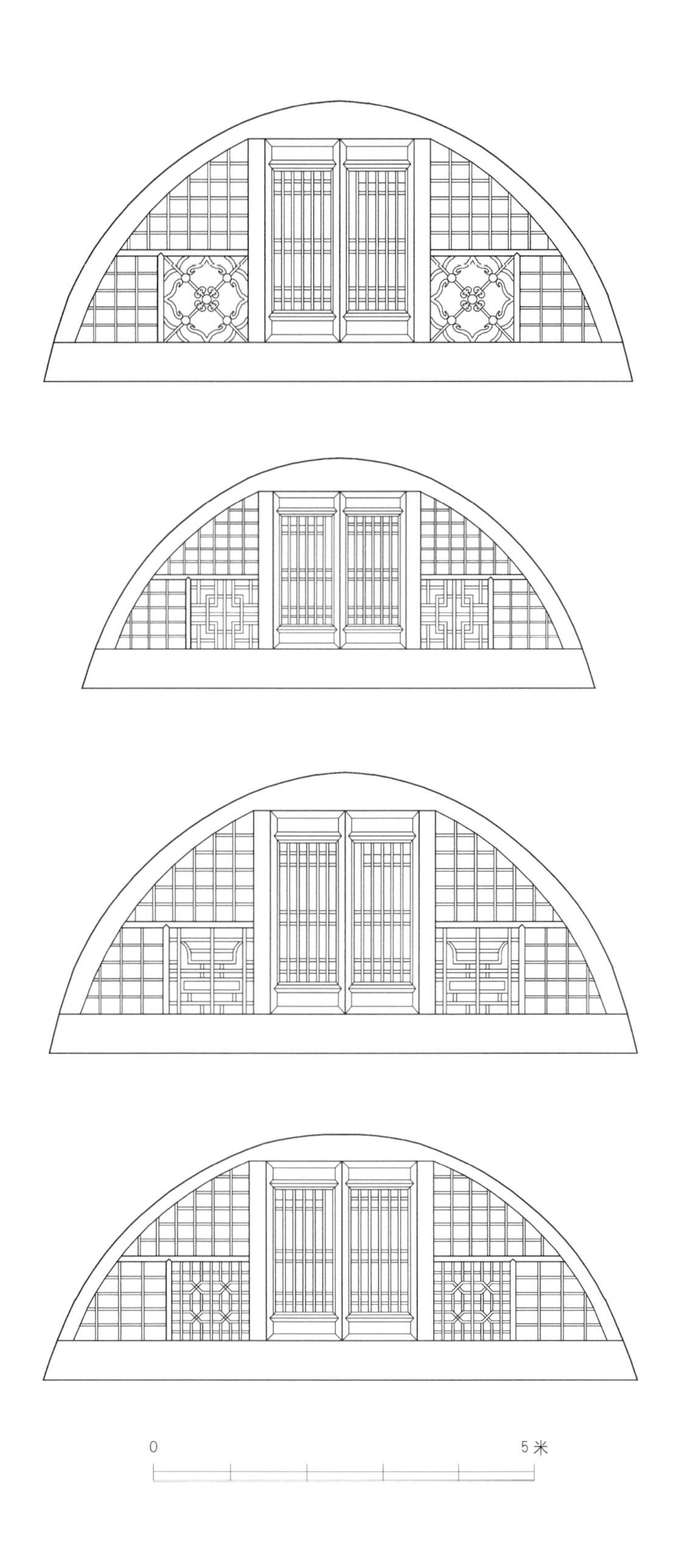

彩家庄上街染坊院窗饰大样

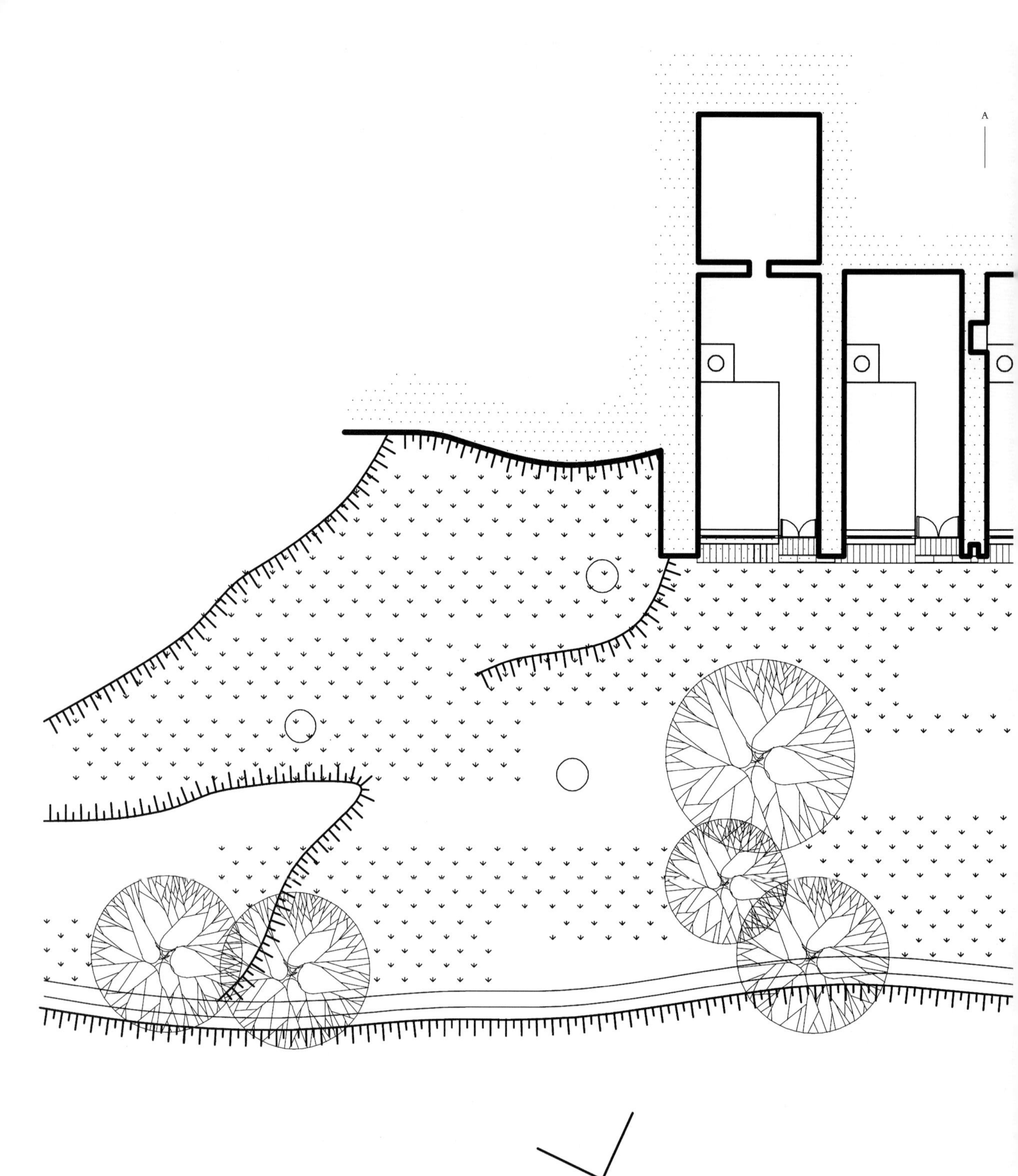

彩家庄上街书房院平面

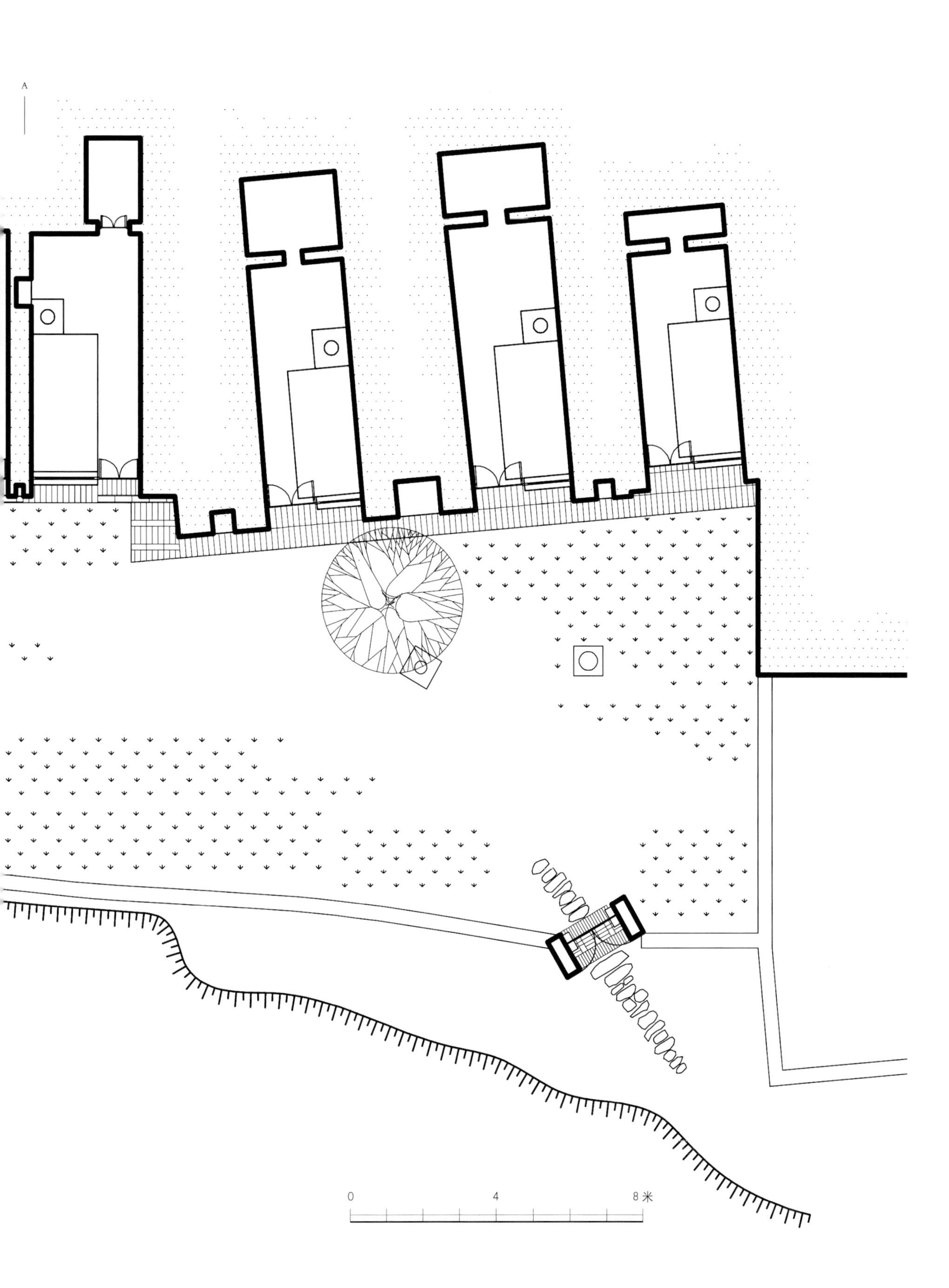
A
0
4
8米

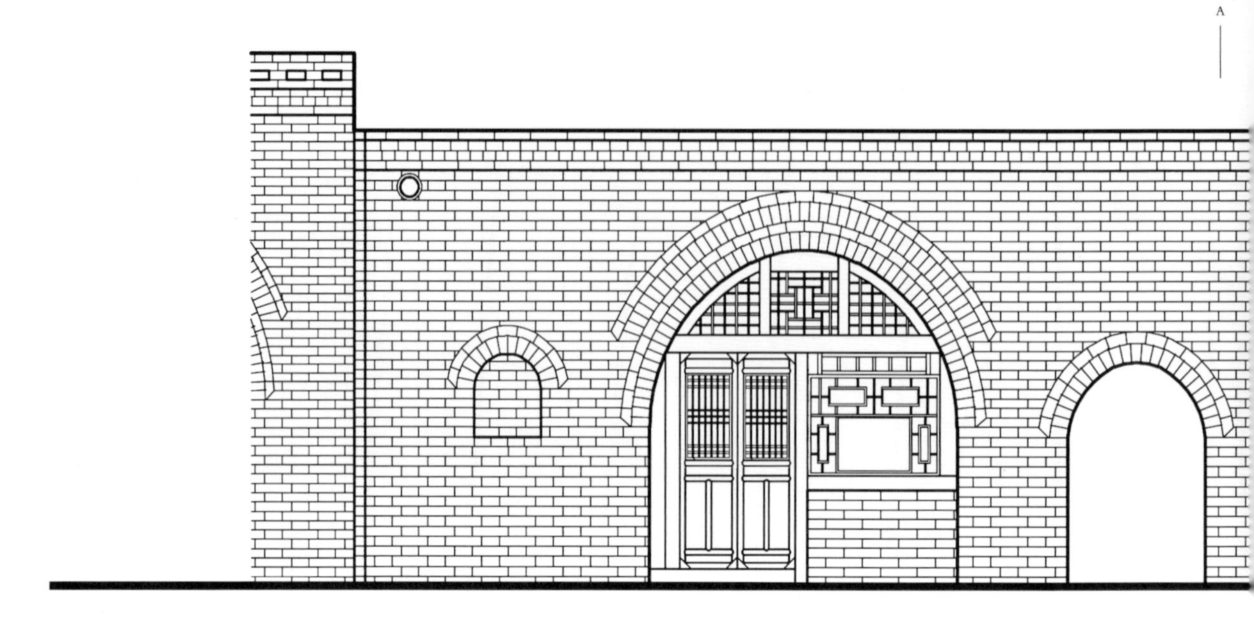

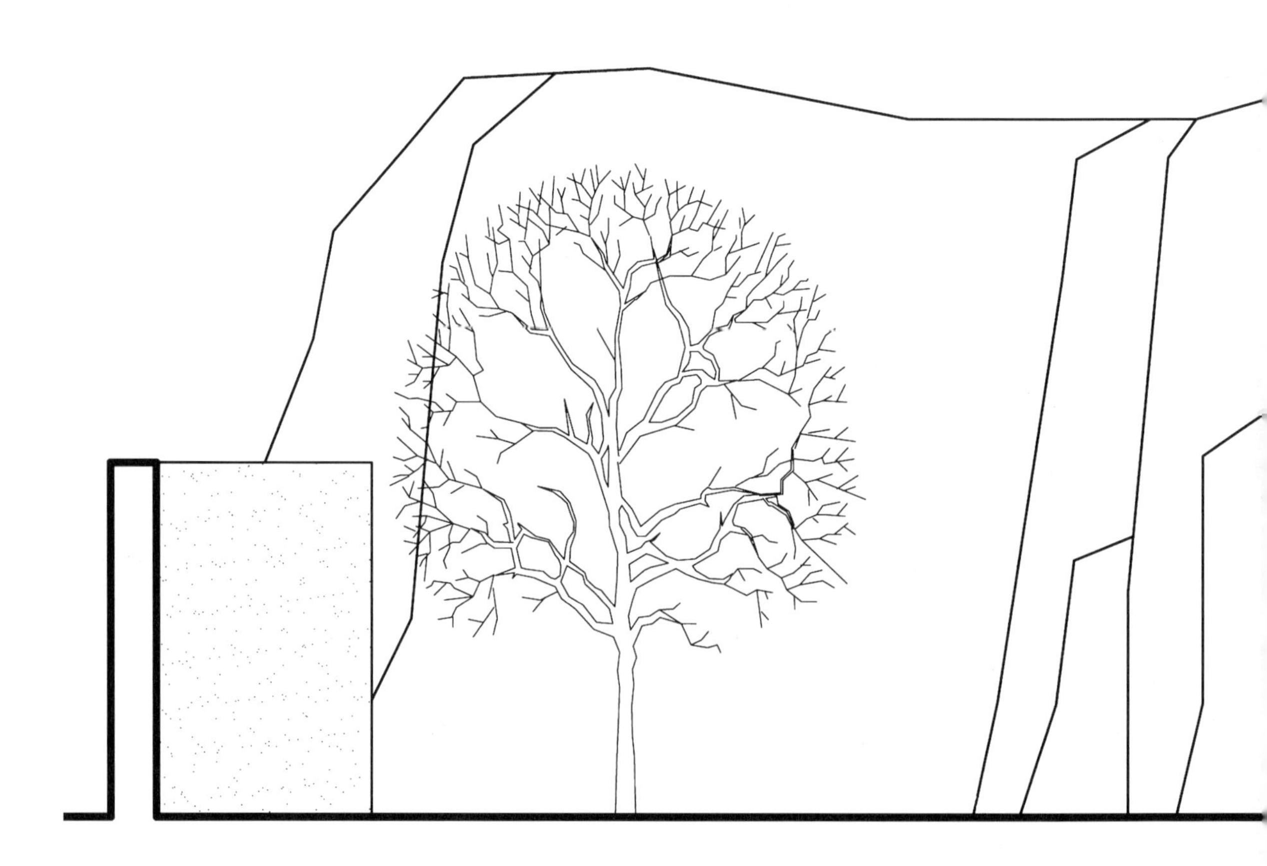

彩家庄上街书房院东立面及剖面

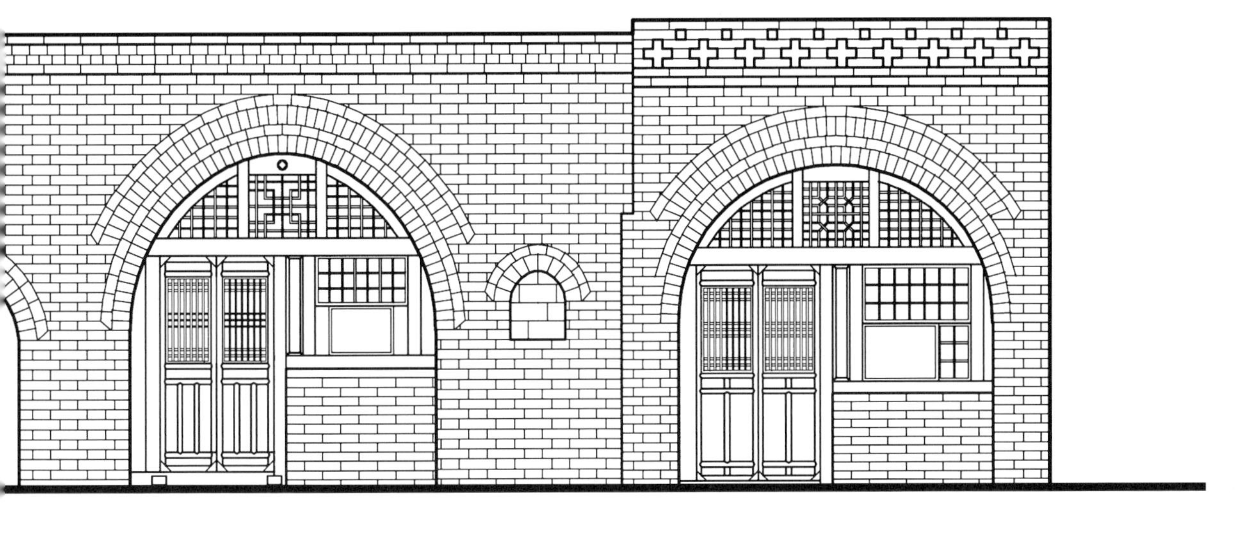

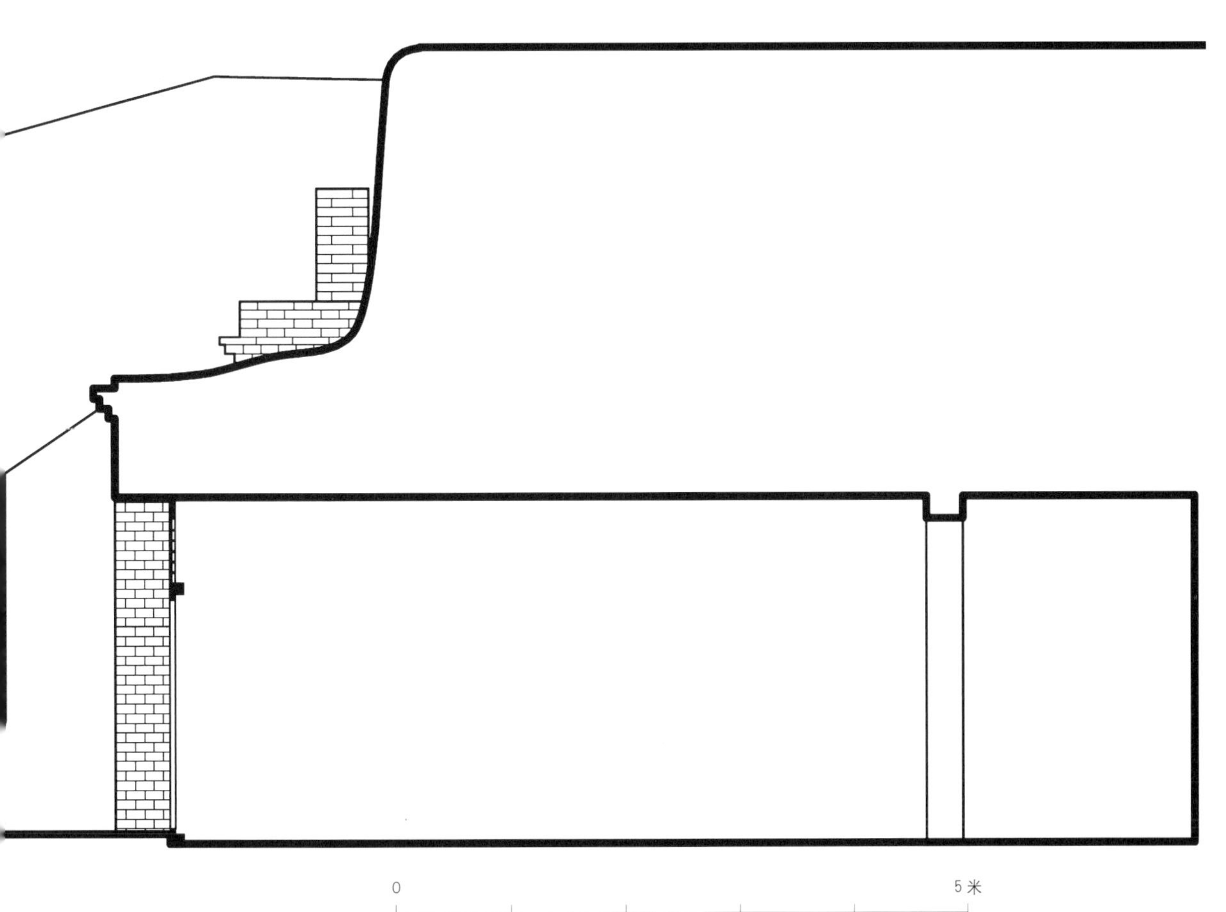

0 5米

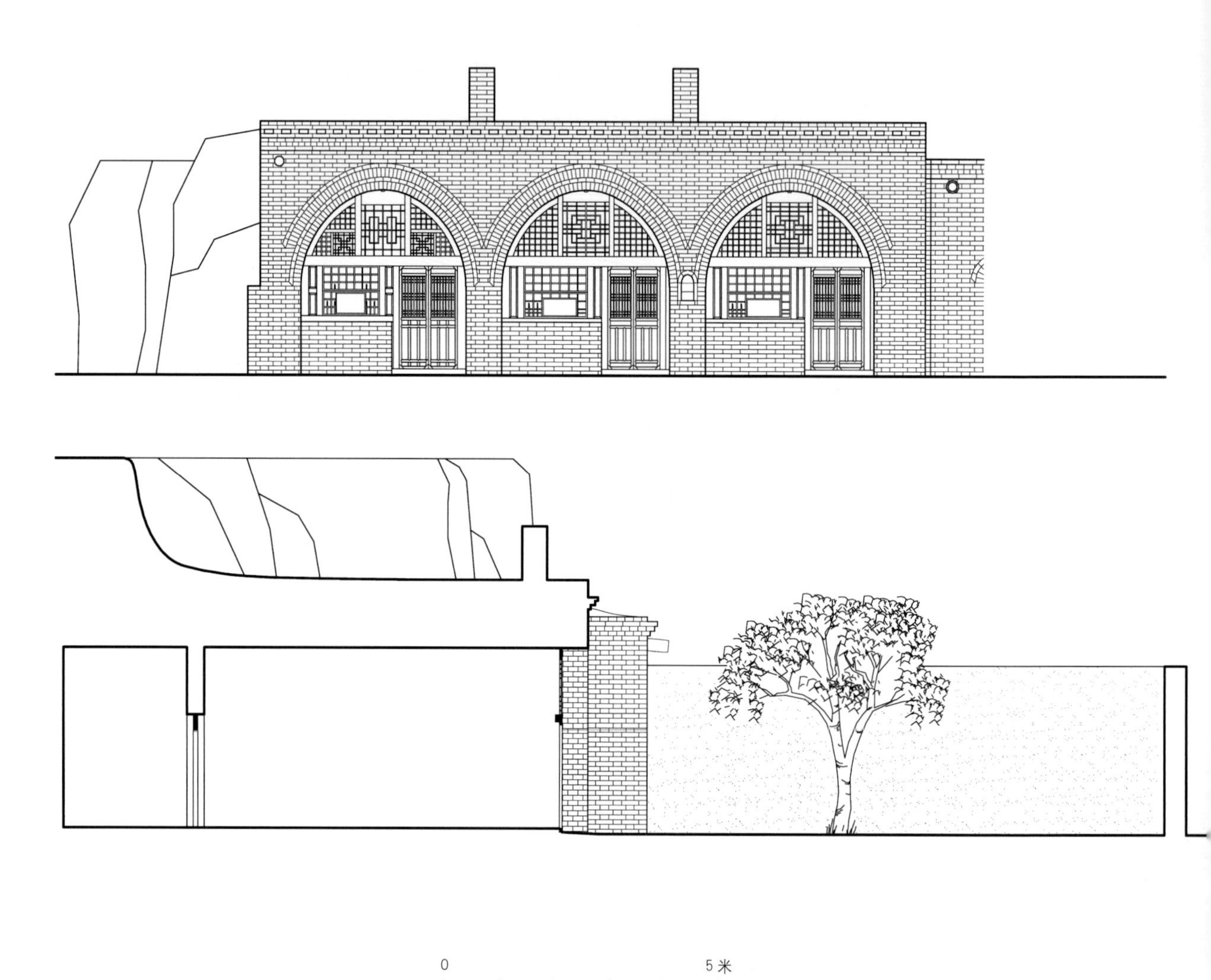

彩家庄上街书房院西立面及剖面

第七章　吴城镇老街概况

“驮不完的碛口，填不满的吴城”，这句乡谚所说的吴城，就在离石县城以东三十七公里处，乡谚里说的碛口则距离石县城西三十八公里，因此吴城、碛口两地相距七十多公里，曾是山西西部往来繁忙的商路。碛口作为重要的水陆码头，也是商路的源头。货物在黄河上岸后，经由驼队输转一路向东，吴城即是出吕梁的最后一站，处于山区和平原间的咽喉之地，也是“东货西运”进山的第一站。两方向驮来的货物绝大部分都卸在吴城进行批发，再经运转销售东向至太原、晋中到京津，西向至内蒙古和陕甘等地。为此，两个站口货物川流不息，批转过手十分繁忙，才有了“驮不完的碛口，填不满的吴城”之说。

吴城镇属吕梁市离石地区，东倚薛公岭，与汾阳市交界，是历史上重要的战略要地。早在春秋战国时期，韩、赵、魏三家分晋，诸侯割据，群雄纷争，离石地处秦晋交通的咽喉，是魏赵抗秦的西北制高点，即离石的东大门，成为各路诸侯激烈争夺的战略要塞。

相传，当年魏国大将吴起在此训练兵士，曾筑城拒秦，得名“吴城”。不知从何时起，吴城不再驻兵，城墙也在风雨飘摇中渐渐塌毁。休养生息促进了商贸发展，这个交通线上的吴城驿，为过往行人、商客们提供打尖、休息之便。久之，这座城成为商道上一个重要的、有一定规模的商贸站口，同时促成了周围人气和小村落的形成。

明末清初，碛口水旱码头达到兴盛期，口岸经贸，商贾辐辏，而临县通往晋中只有两个孔道，都起于碛口。民国《临县志·疆域》载，其中“南山孔道。城南一百里碛口镇，东行十里曰樊家沟，又东三十里曰南沟镇，与离（石）界牙错。又东三十里曰梁家岔，为碛口东通离石孔道”。到了离石，向东七十里便可以抵达吴城，再往东南到汾州（现汾阳），太谷、祁县、平遥、介休这些晋商大本营就在前面了；也可以从汾州向东北到太原盆地。这里便是“欢欢喜喜”的汾河湾。碛口这个秦晋大峡谷中段最好的出口，恰巧是离晋中和太原最近的出口之一。从太原经榆次向东，从娘

吴城老街现状　李秋香摄

吴城镇老街背后的窑洞建筑　李秋香摄

子关出太行山便是石家庄，从此一马平川，可由此上京津，南下顺德府（今邯郸）和郑州，东南则是济南。

碛口的兴盛带动了吴城商贸的迅猛发展。当年一批批大宗货物从碛口转由陆路源源不断向东输出时，吴城作为商道上的最佳站口，变得异常热闹起来，长途骆驼队、短程挑担的脚夫都要在此歇脚、吃饭、过夜，补充能

量。人要吃饭，也要为牲口添好饲料，喂足了水，第二天才能再启程赶路。

随着物流的日渐增加，精明的商人和乡民抓住了商机，沿过境大道边建起了供留宿的大车院、骆驼院、马房院、小客栈、小饭铺、杂货店，还经营起配套的各种服务业。清代中期鼎盛时，一条延展三里长的街道两旁，红砂石筑起了一座座高台阶建筑，店铺林立，商贾云集。青石板路，每逢有驼队、骡马队路过，踏出“嘚嘚”的响声，望见骆驼高大昂首的身躯，小街也有了一种气势。那个时期，吴城镇几乎日日为集、月月有会，街道上整天人头攒动，车水马龙。

吴城镇上曾有二十四家骆驼店，三十多家骡马店，每家都有十几个槽口，大多日日爆满。最大的月盛店，自养的骆驼有十八槽，一槽供六头，总数就达一百零八头，每天都往返于碛口水路码头的路上，驮运粮油、货物。

吴城街里也有几家拉骆驼，专门跑碛口至平遥、汾阳一段。吴城镇的王竹畔（1925年生，八十三岁，吴城人，务农）称，其老祖父开过骆驼店，叫南店，与街上的月盛店一起都是当地赫赫有名的大骆驼店。吴城有骆驼店和骡马店，骆驼和骡马不能关在一个阁栏里，骡马好动，容易把骆驼踢伤。骆驼晚上歇下来，第二天很早就启程，骡马队启程要稍稍晚些。

吴城老街上的骡马院现状　李秋香摄

南店生意开得很大，有八槽，四五十峰骆驼，用阁栏围着，用石槽喂食，一槽骆驼六匹，两个人照顾，一个掌柜的，一个拉脚的。精饲料主要是黑豆，由店里准备好。骆驼需要补充盐才能有劲儿，但又不能吃太多，所以盐要放到布袋里挂在骆驼嘴边让它舔着吃。

每年年中吴城镇都会办七月会，非常热闹，届时整条街上的高台阶上摆满了各种摊子，下面人头攒动，水泄不通。来的客人有住店的，也有做买卖或零售批发的。晚间牲口休息，货物就卸在大车院的院子里，店家养着狗来看护。此时的骡马店就是一个配货站，各种应时的货物互换互卖，最后装满一个个箩筐，人们满载而归。

街上的骡马店的建造都是依山就势，形式以箍窑为主，夯土的、青砖的都有，多为二层、三层，围合成三合院、四合院，院落十分宽大，供骡马、车子掉头，院内的牲口棚为箍窑形式，

小窑院旧时为杂货店，为箍窑形式　李秋香摄

栈房院后面是山，利用山体挖窑，前面用石头和砖做接口，实用美观　李秋香摄

敞开不做窑垌子[1]，沿前檐位置放置石槽。

由于往来的人多，街上各种服务业应运而生，渐至成熟。有南货店、鞋帽店、裁缝店、打制首饰的店铺、打铁铺、纸扎店、香烛店、染布坊、碾米坊、磨油坊、棺材铺、估衣铺等；管理型行业中的商会、各类牙行等也逐渐完善起来，街上需要人力时，周边乡村的农人则及时补充到商业服务中。

吴城从一个交通咽喉之地一跃成为一个商业物流转运集散中心、生活服务的中心。与老街临近的村落在商业街格局基本形成后，村落的发展也基本以商业为主，兼而种地，许多村人在街上有商铺，就把住宅建在商铺的背后，形成了典型的前店后场——街前是商业、骡马店场，街后是商家居住区。商业要发财，居家要添丁，风水也开始备受关注。人们将整个镇子附会成一条龙，街东边是龙头的位置，为了生意兴隆，要高高抬起，于是镇上人合力在街的东侧修建了东台，即一座砖塔，人称"龙头角"。20世纪80年代，东台塔拆毁。

商人们天南海北的，在此定居的多了，精神上不同的需求也多起来。老街除商业外，在它的四周建起一系列的大小庙宇，有财神庙、老爷庙、土地庙、娘娘庙、魁星庙、龙王庙，共同庇佑着街上的生意和街上的人。吴城老街南、北两边都是山地，狼多狐狸多，山神供奉的是狼和狐仙，民间认为它们也是财神，因此香火很盛。

两山之间的吴城镇位置较低，每年7月、8月雨水集中时，都会因发洪水造成镇上建筑及道路的毁坏，影响商贸及往来，因此镇上很早就建起了河神庙，供奉龙王、河神，每年的六月六还专门请戏班子到镇上唱戏，朝祀龙王，上香祭拜。可惜这些庙现都已毁圮，仅仅从老辈那里得到一些记忆的片段，为我们认识那个曾经辉煌的吴城，以及密切相关的水陆码头——碛口多少留下一些佐证。

---

① 窑垌子，即为窑洞的门、窗的统称。或说是窑洞洞口的立面部分。

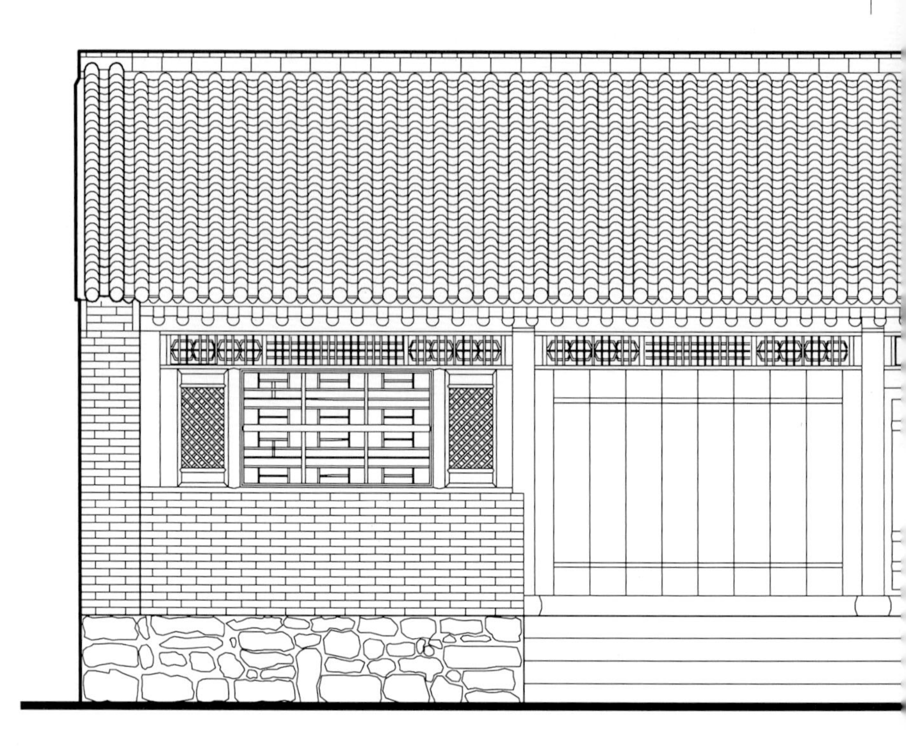

吴城镇街上村 200 号外立面

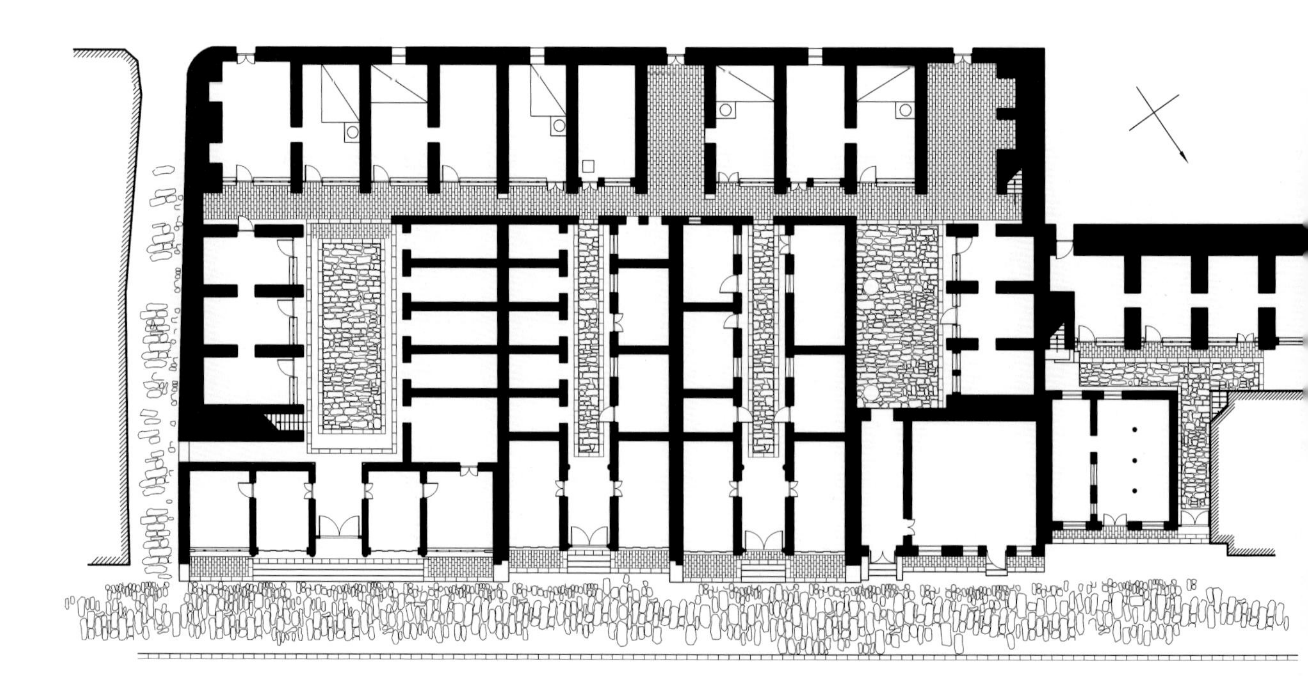

吴城镇街上村 200 号至 205 号总平面

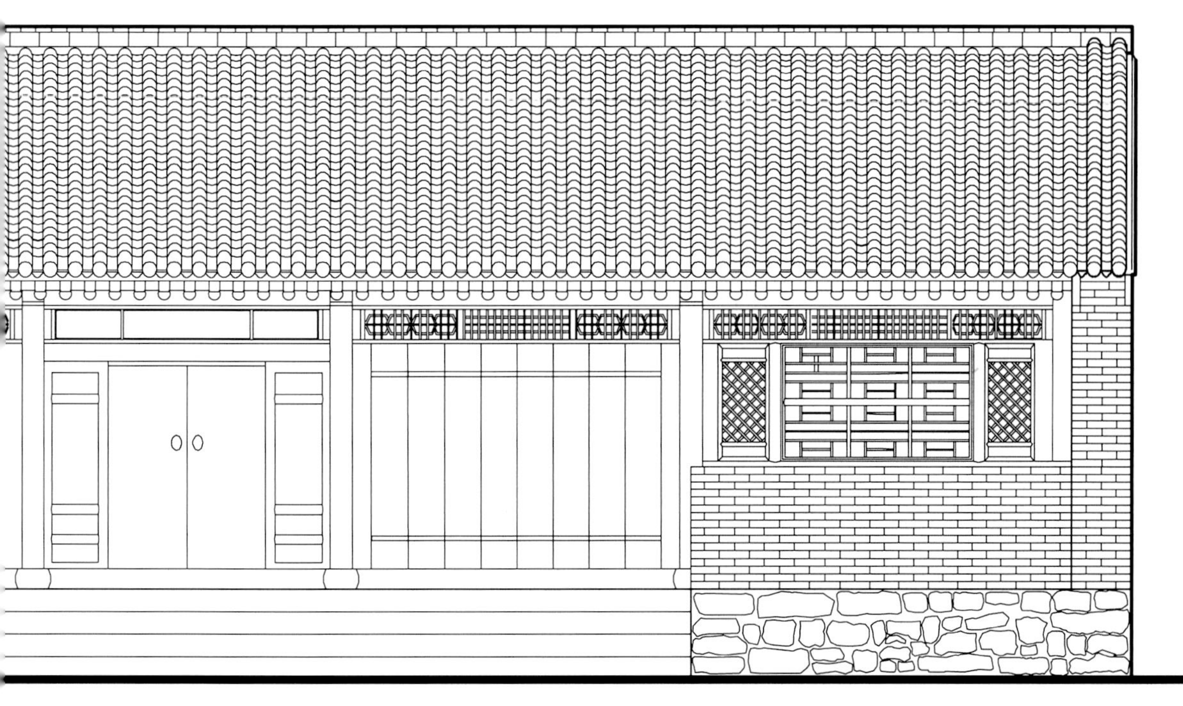

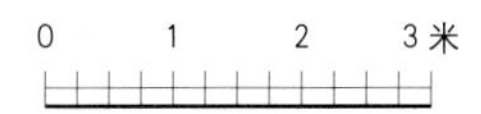

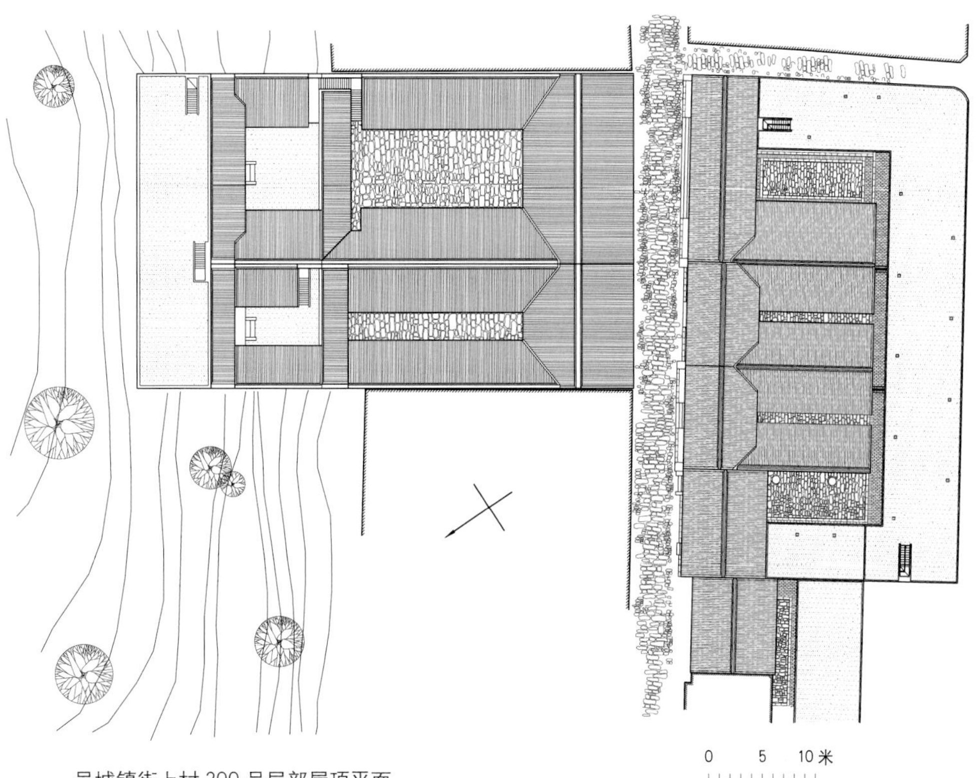

吴城镇街上村 200 号局部屋顶平面

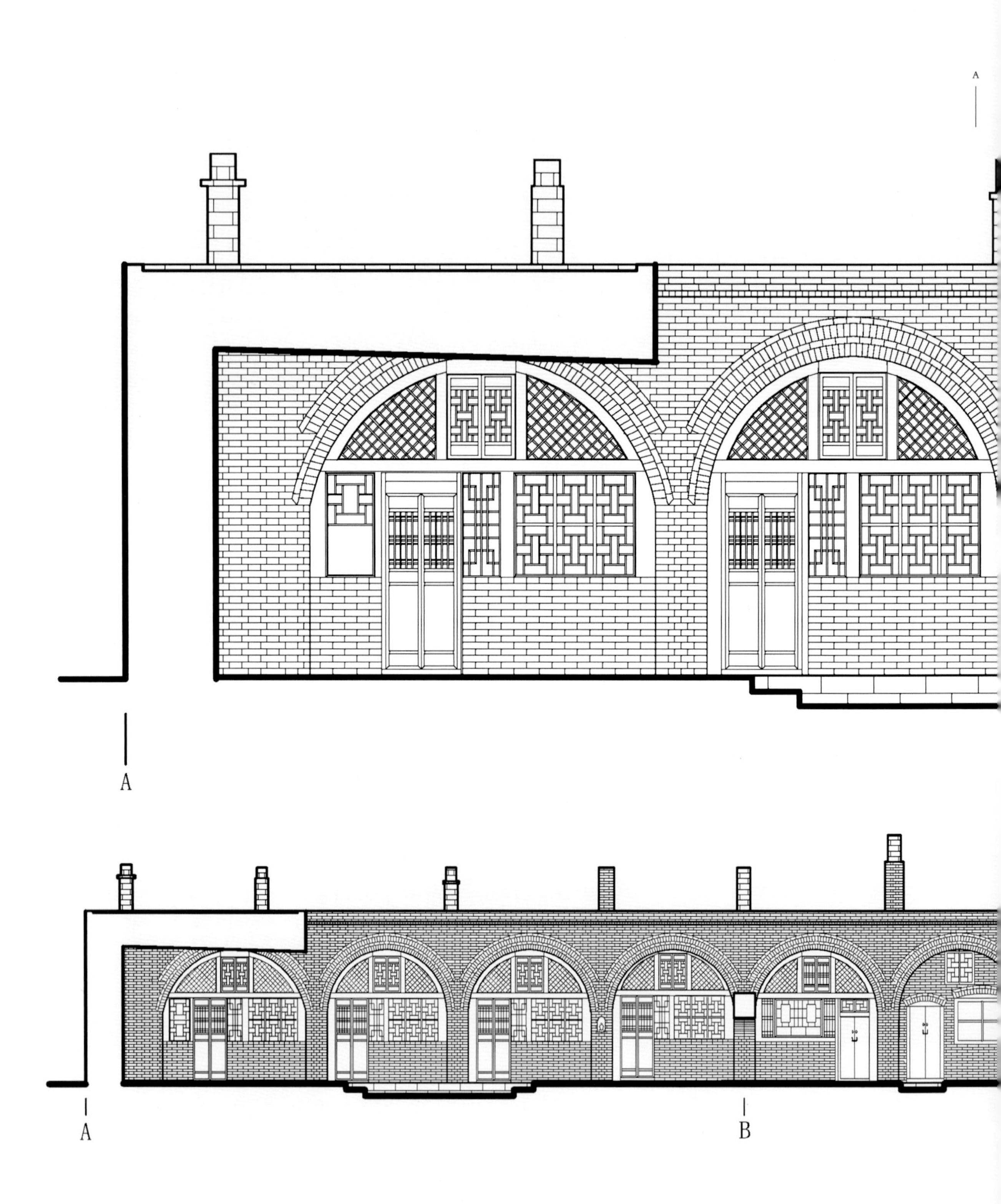

吴城镇街上村 200 号横剖面

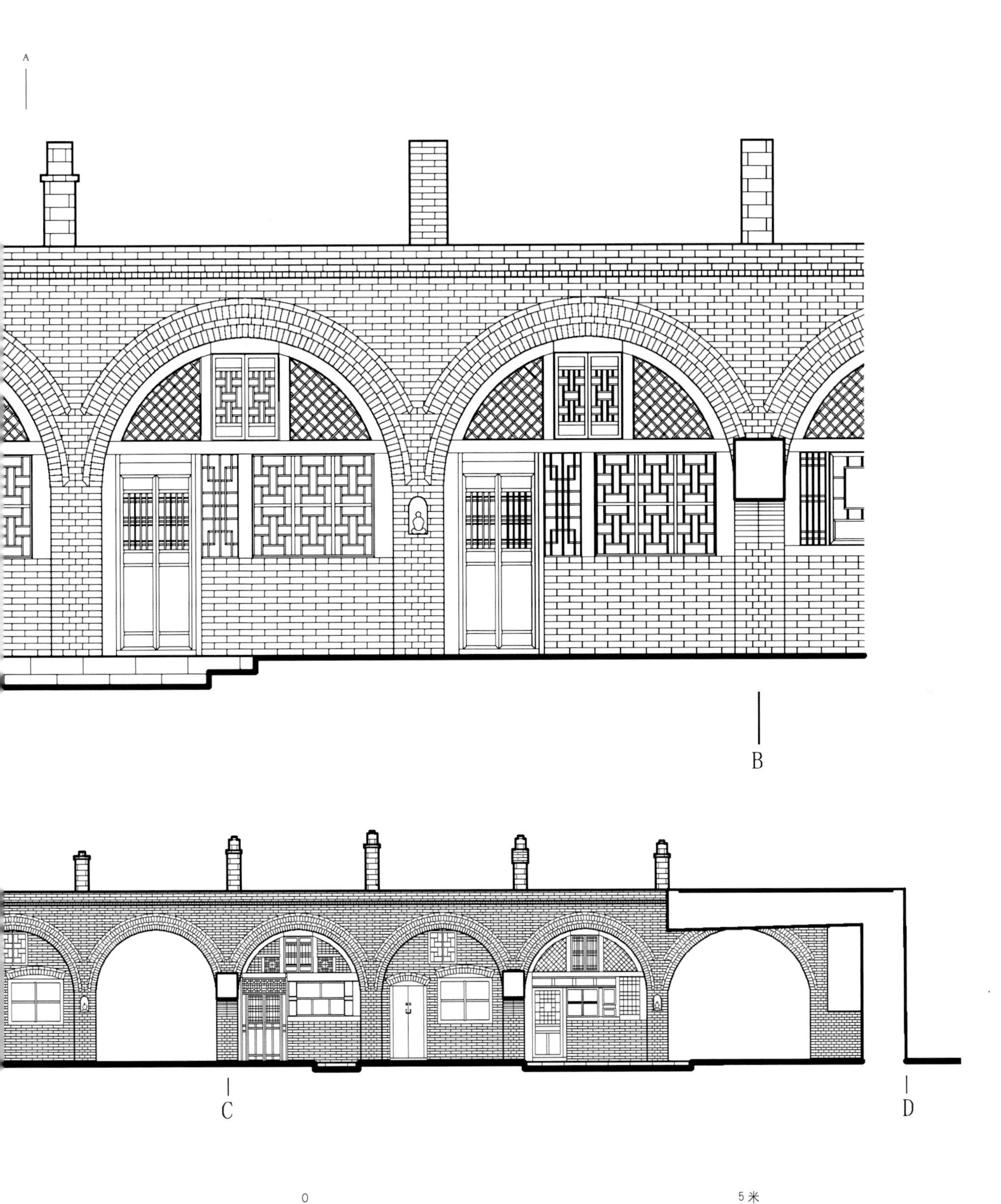
A
B
C
D
0
5米

吴城镇街上村 200 号纵剖面

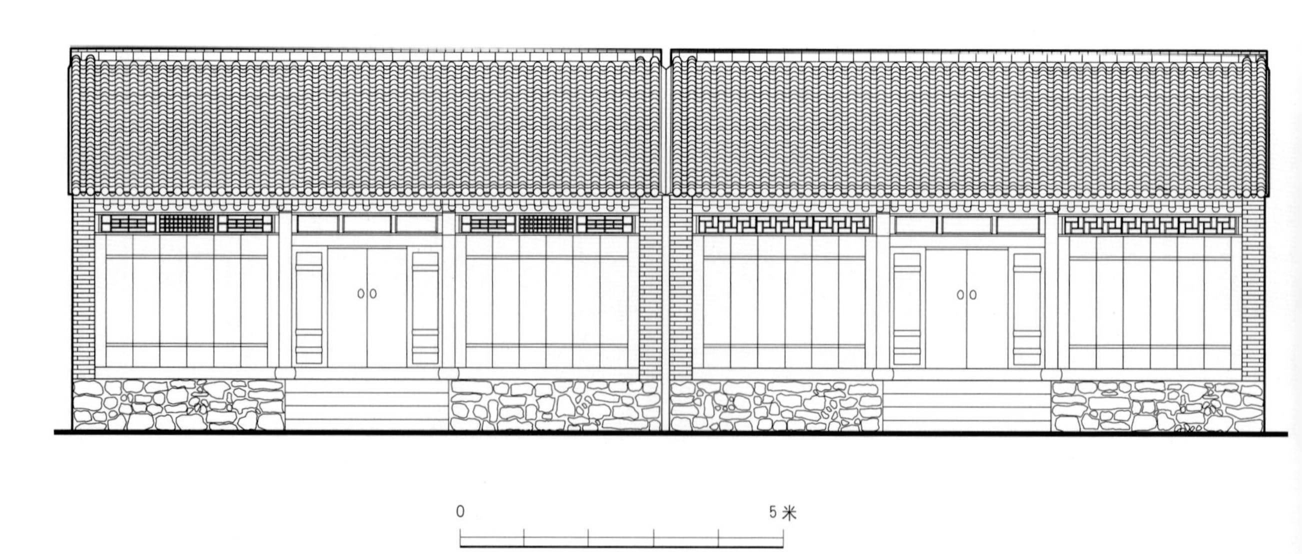

吴城镇街上村 201 号、202 号外立面

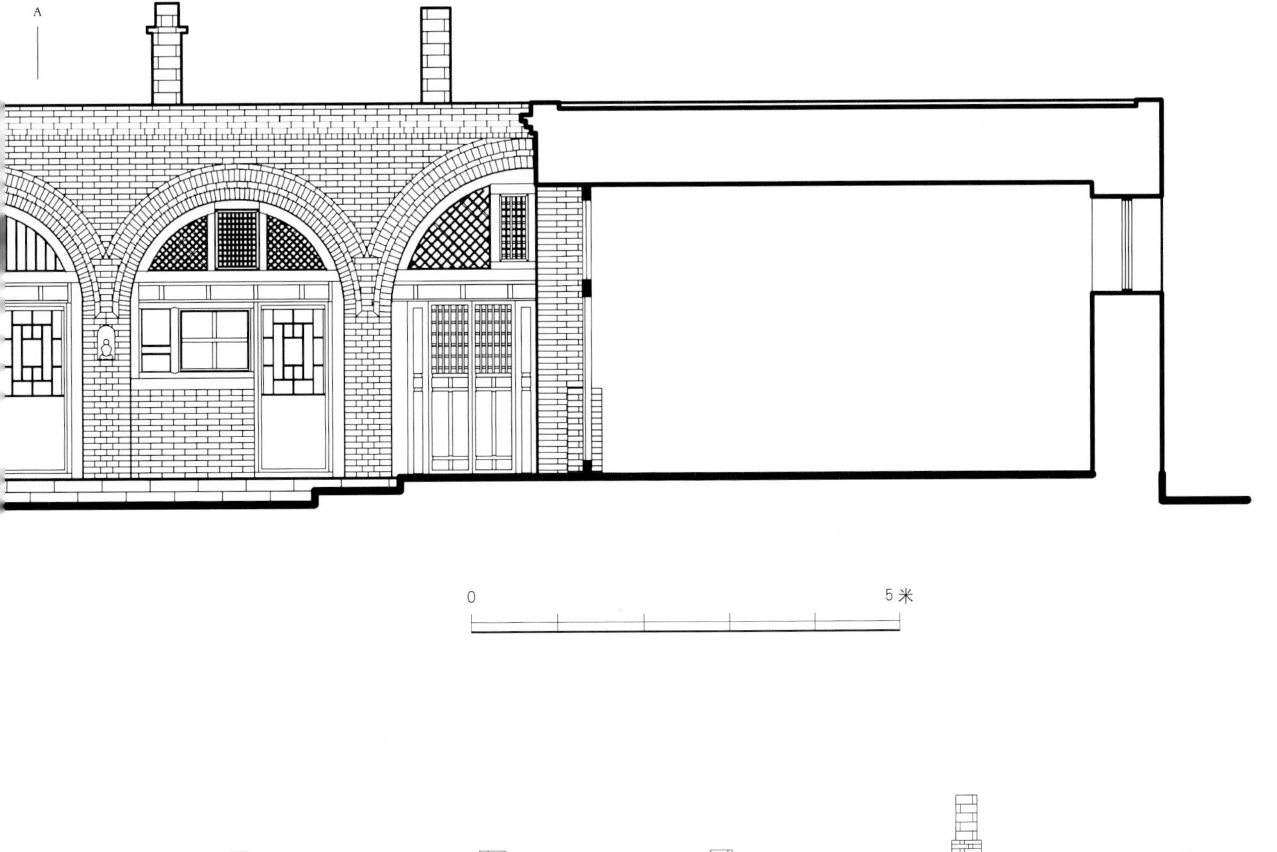

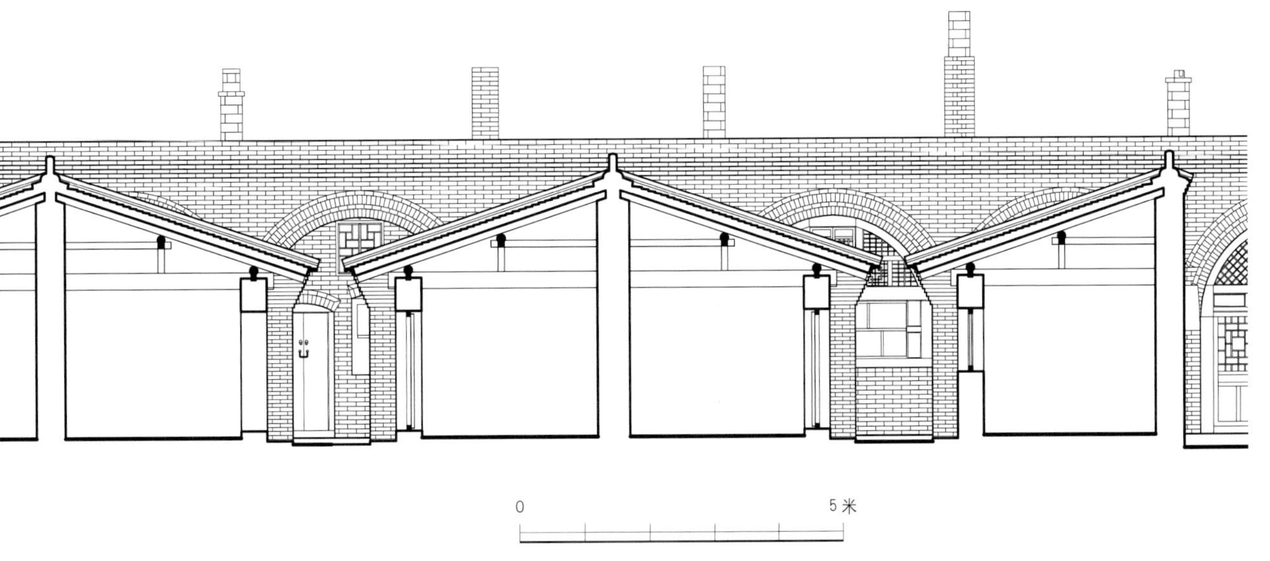

吴城镇街上村 201 号、202 号横剖面

吴城镇街上村 201 号横剖面

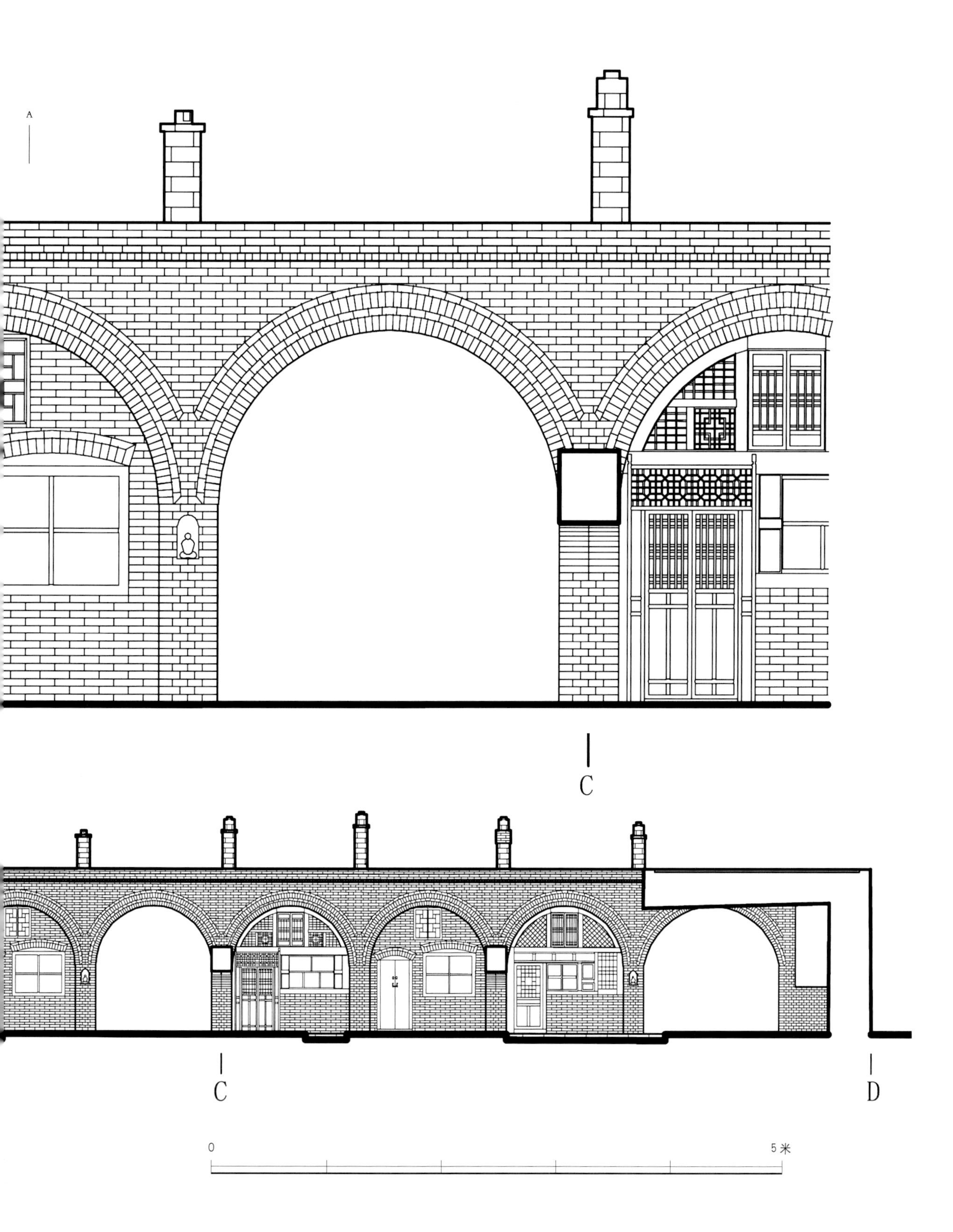
A
C
C
D
0
5 米

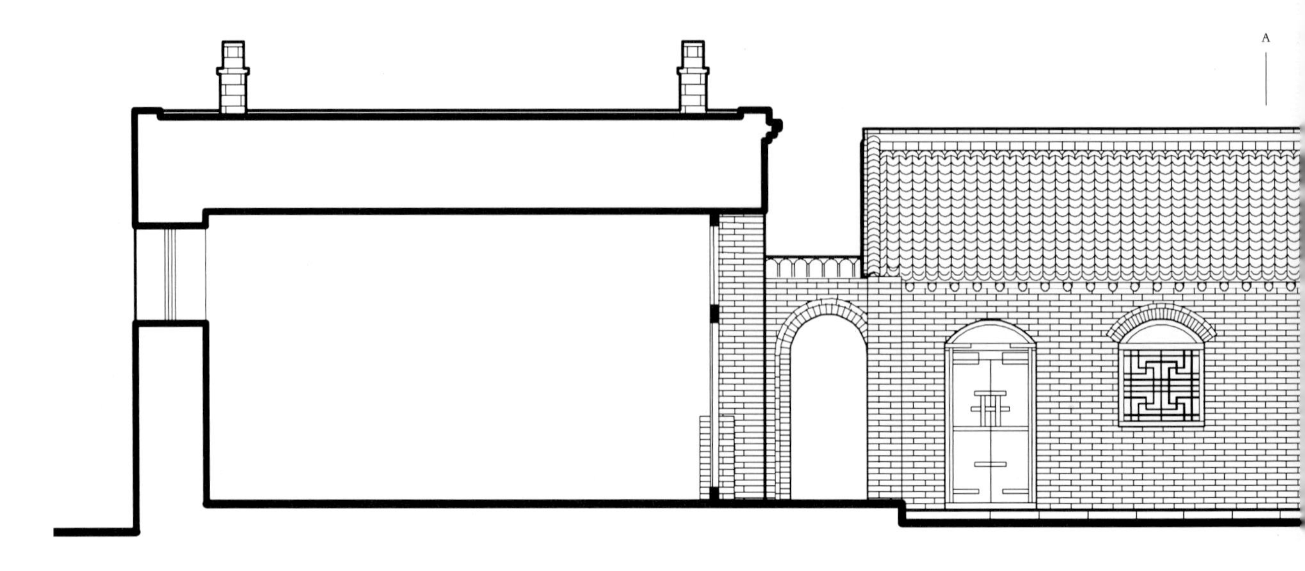

吴城镇街上村 202 号纵剖面

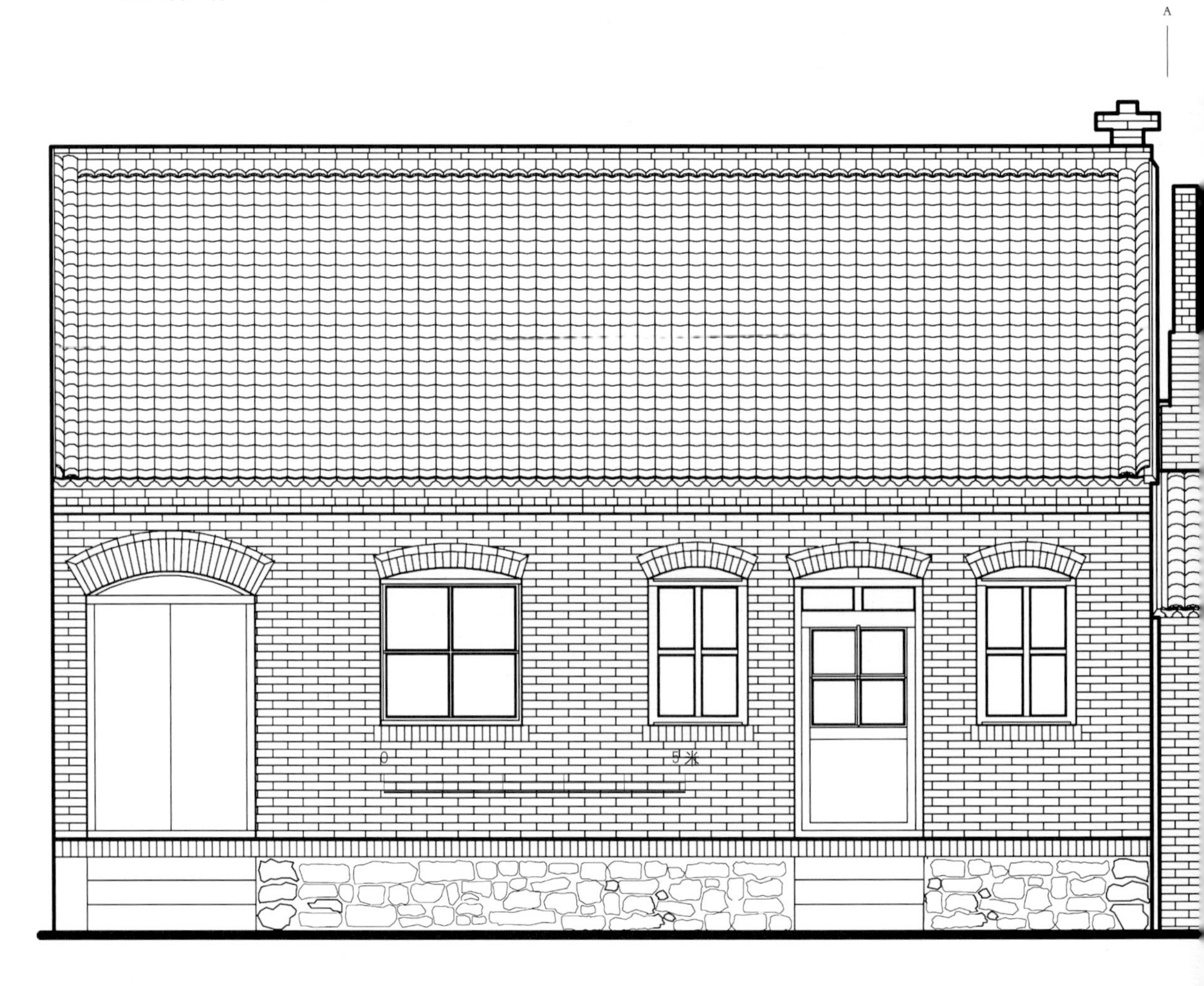

吴城镇街上村 203 号至 205 号外立面

A
0
5米
A
0
5米

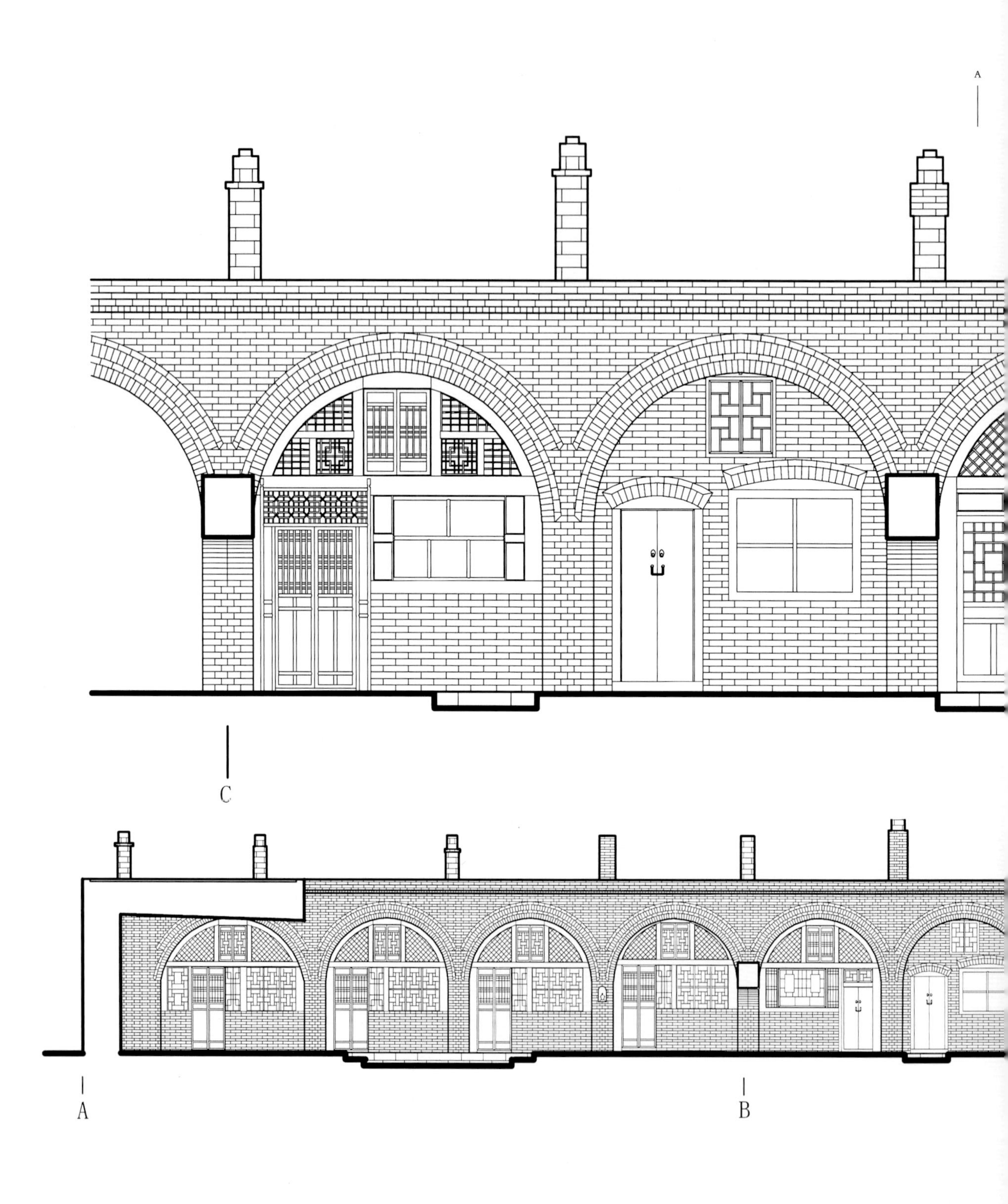

吴城镇街上村 202 号至 203 号横剖面

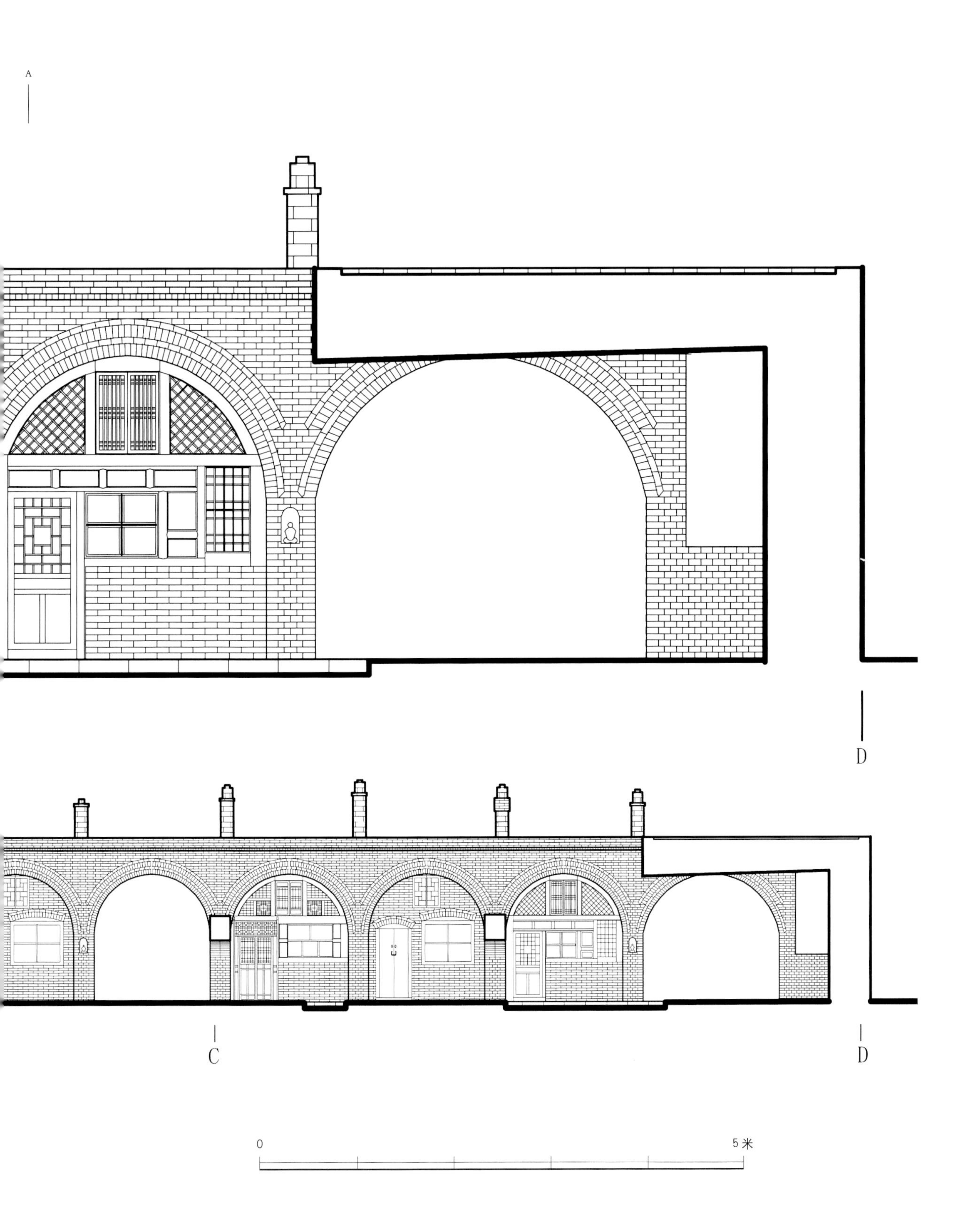
A
D
C
D
0
5米

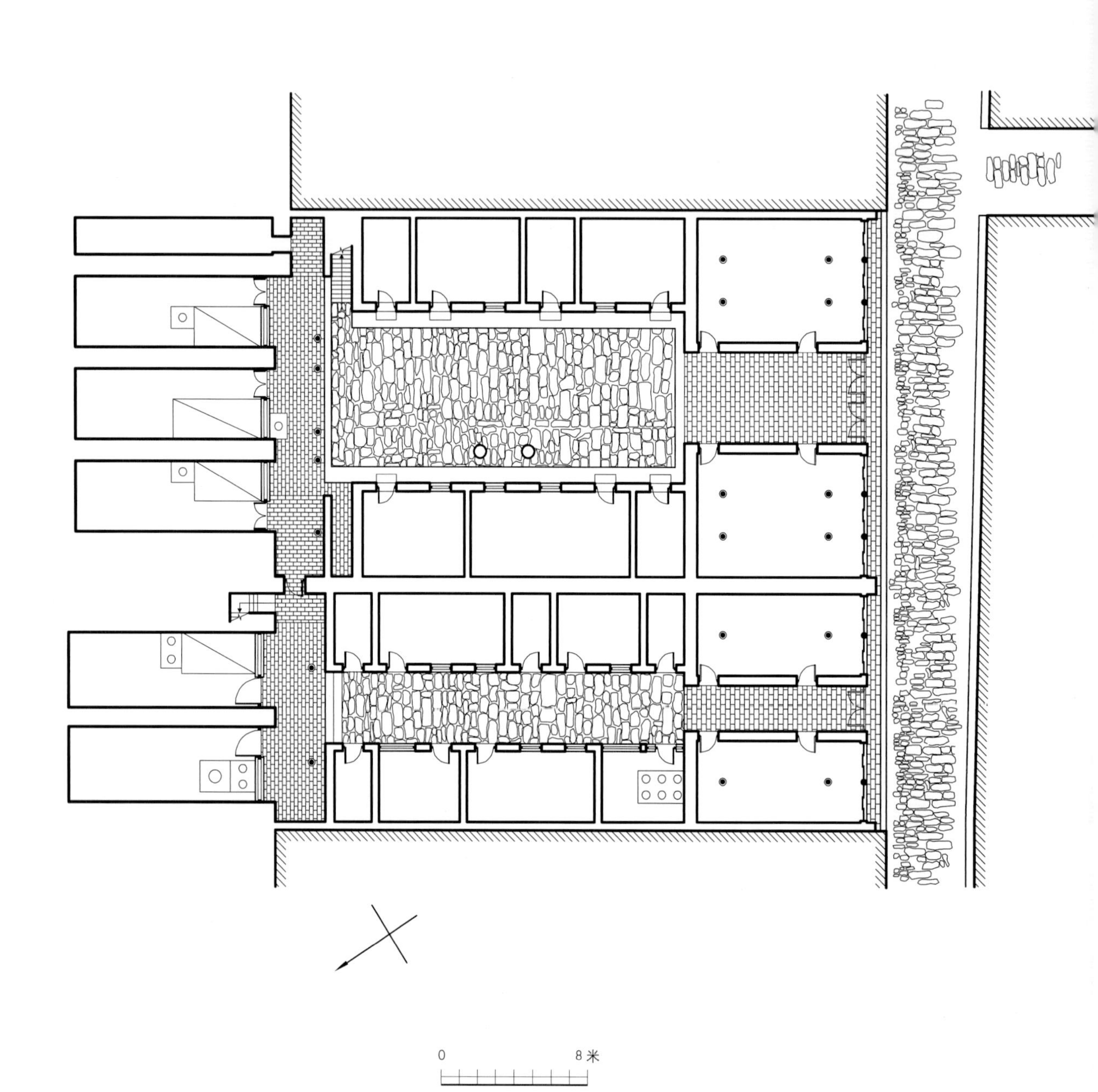

吴城镇街上村 215 号一层平面

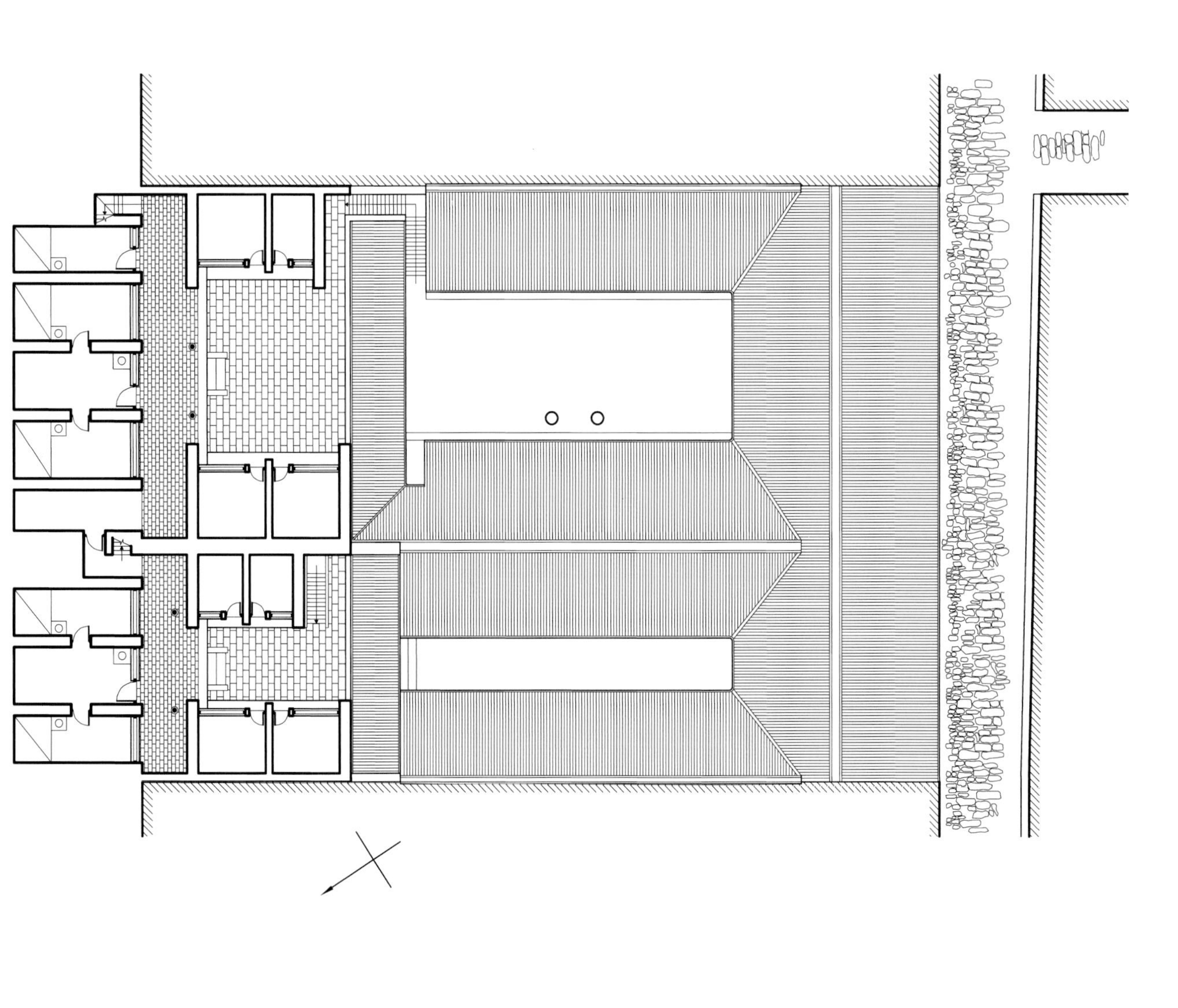

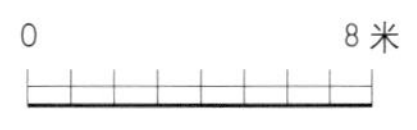

吴城镇街上村 215 号二层平面

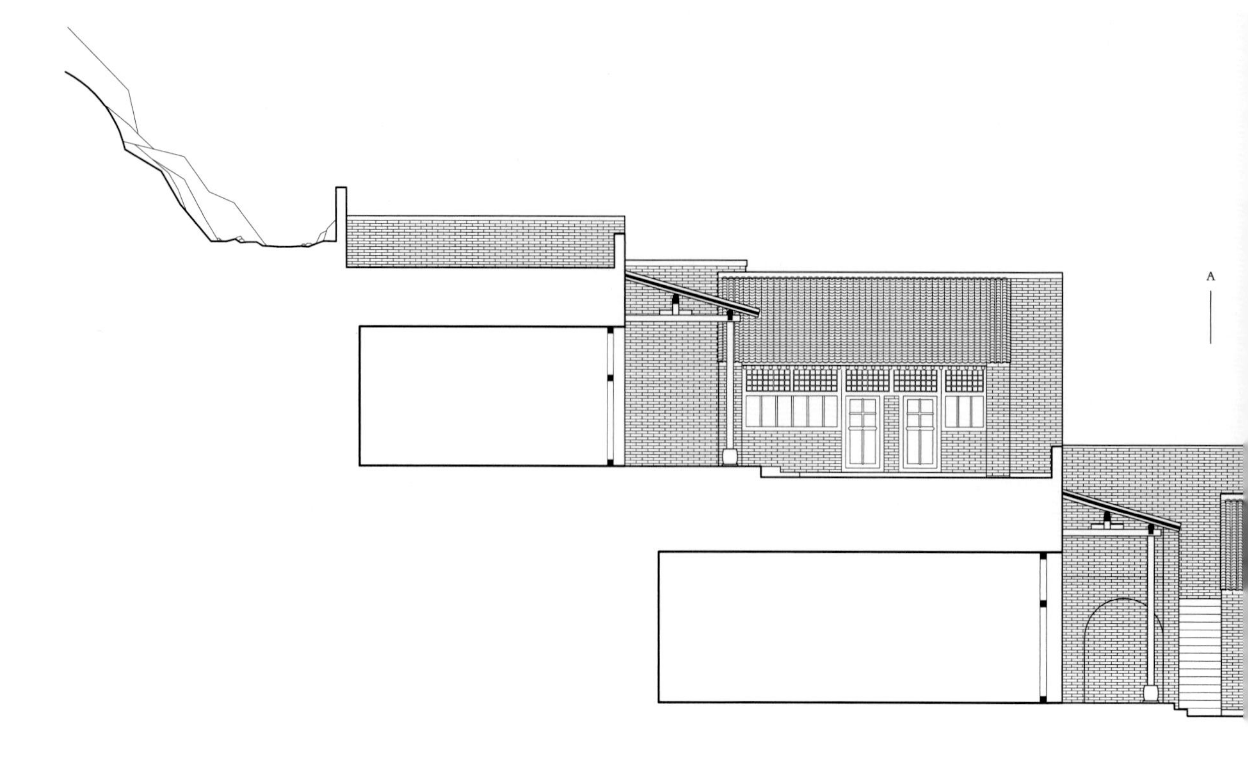

吴城镇街上村 215 号纵剖面

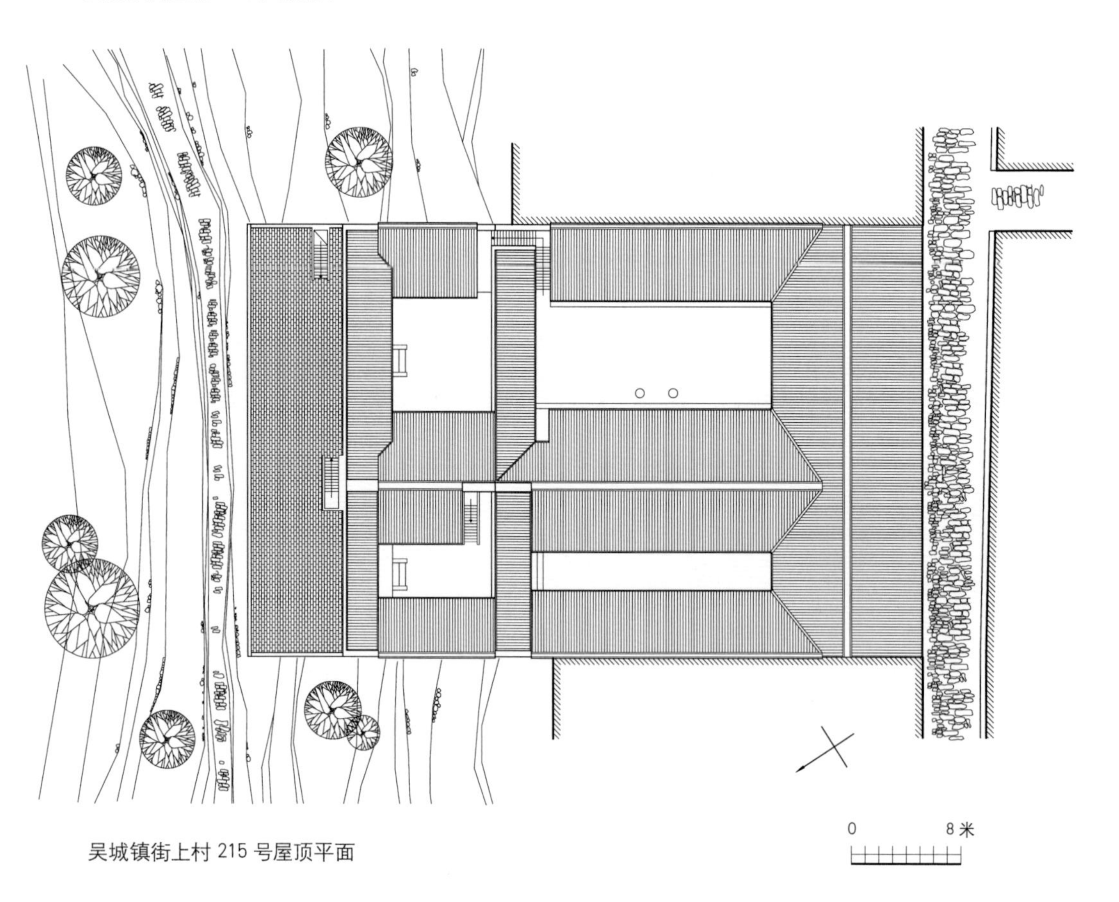

吴城镇街上村 215 号屋顶平面

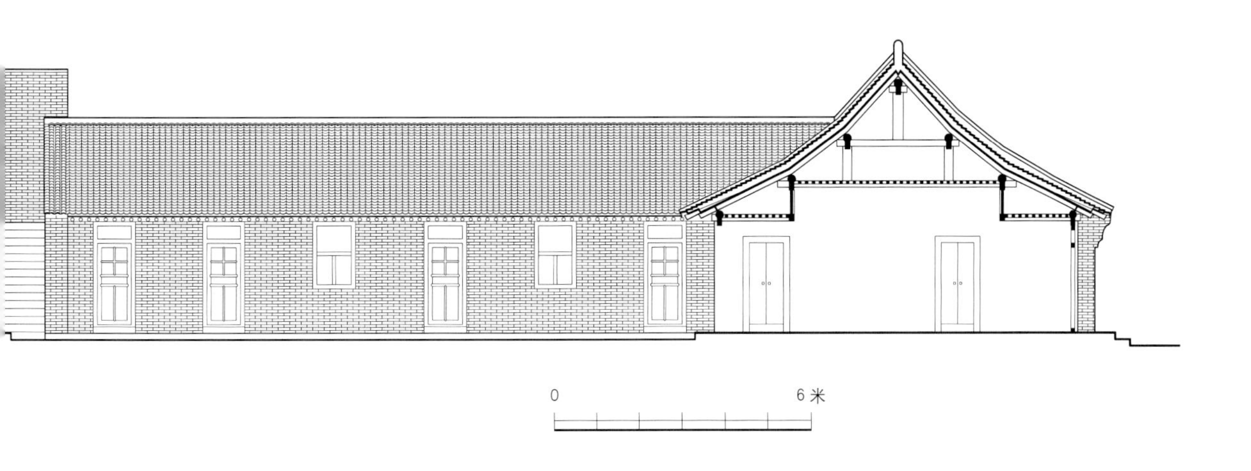

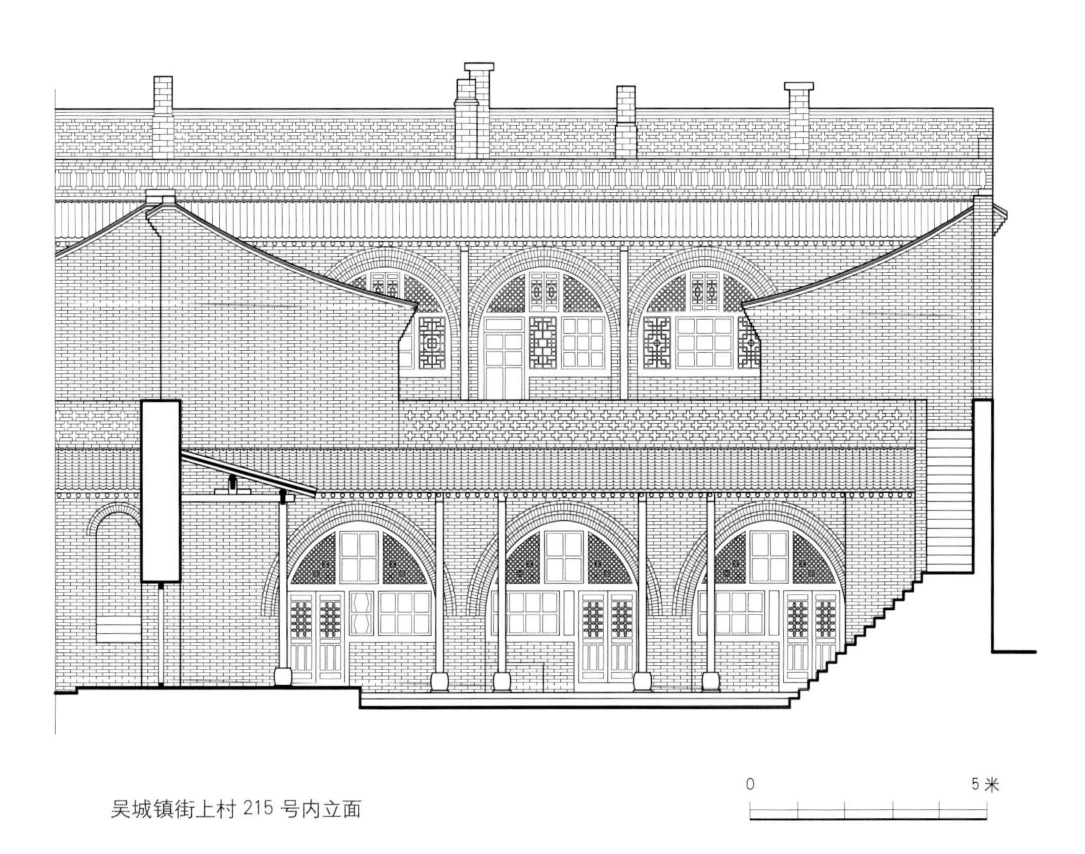

吴城镇街上村 215 号内立面

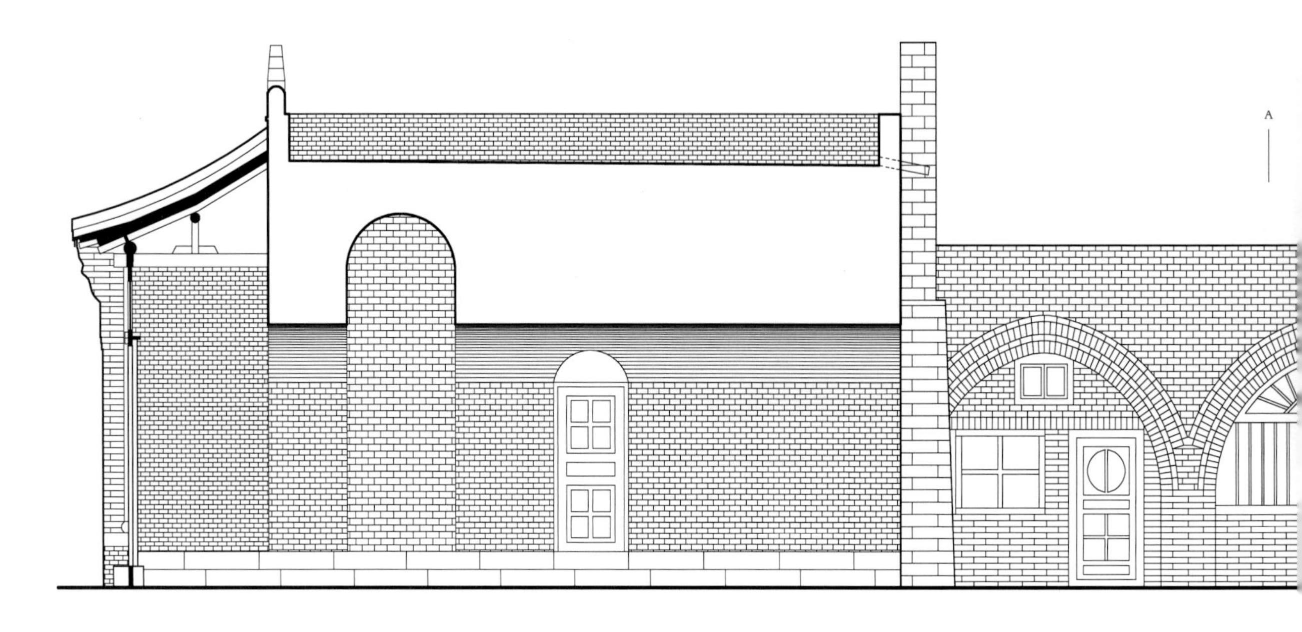

吴城镇街上村 199 号纵剖面

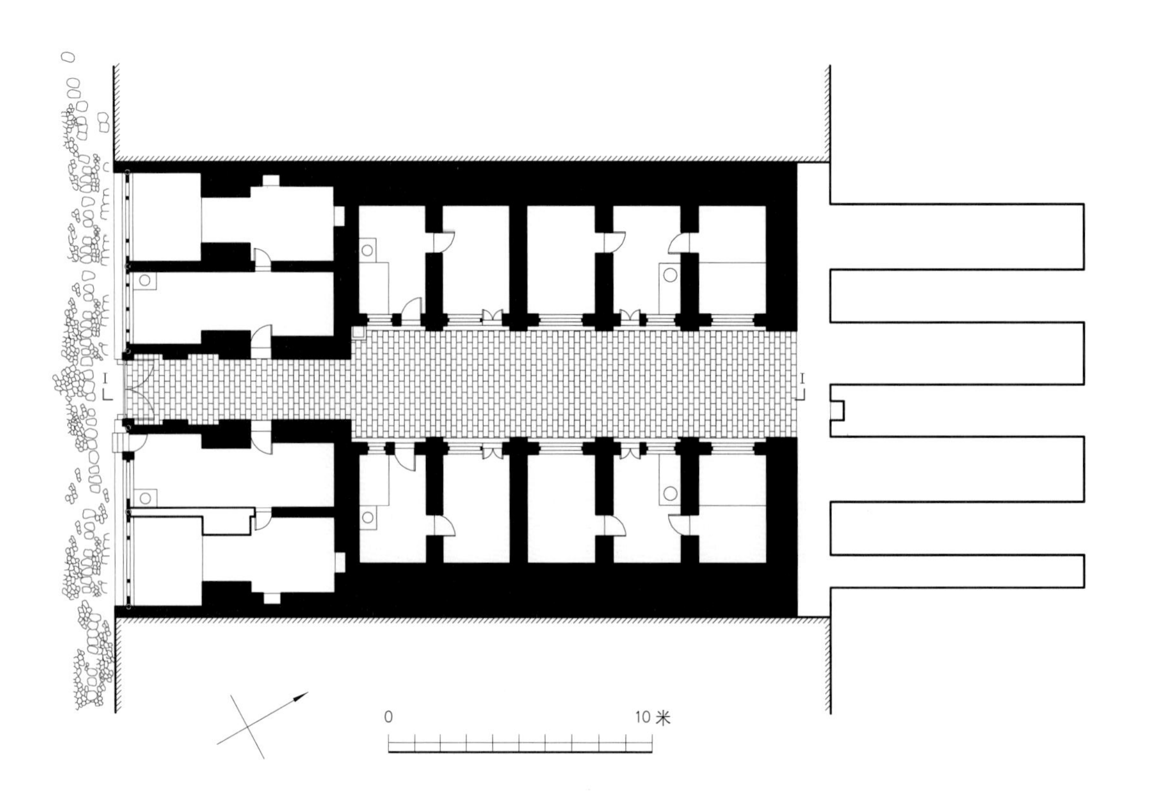

吴城镇街上村 199 号平面

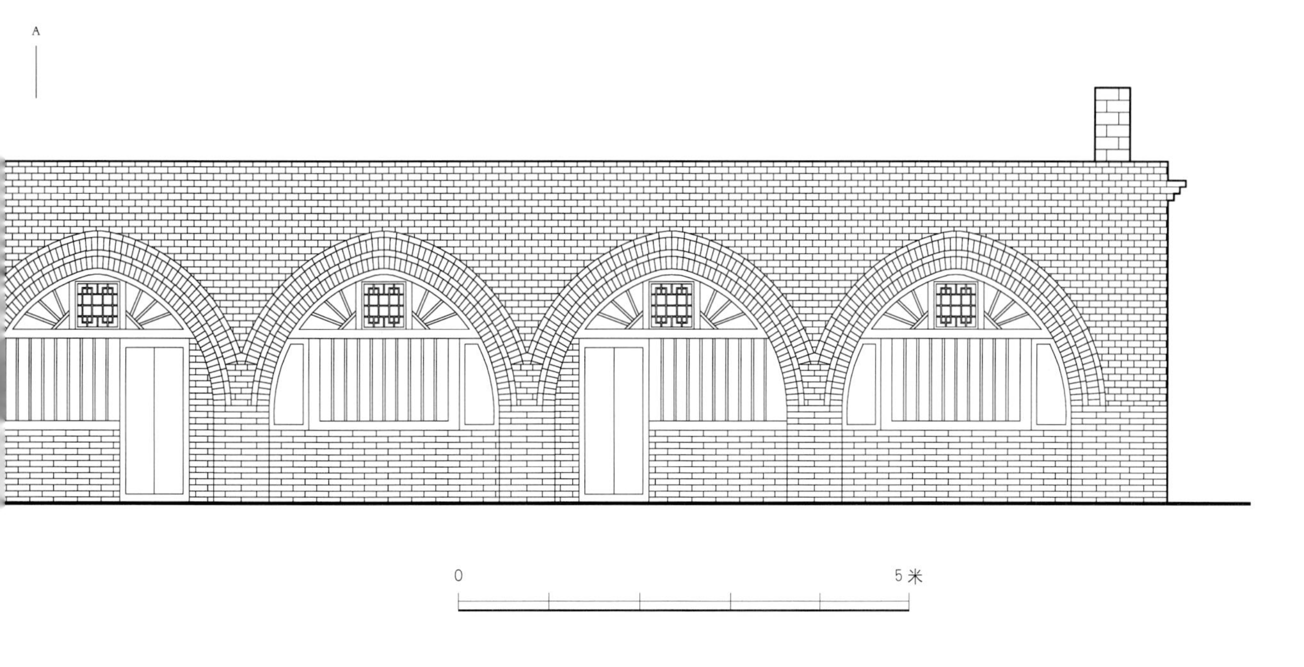

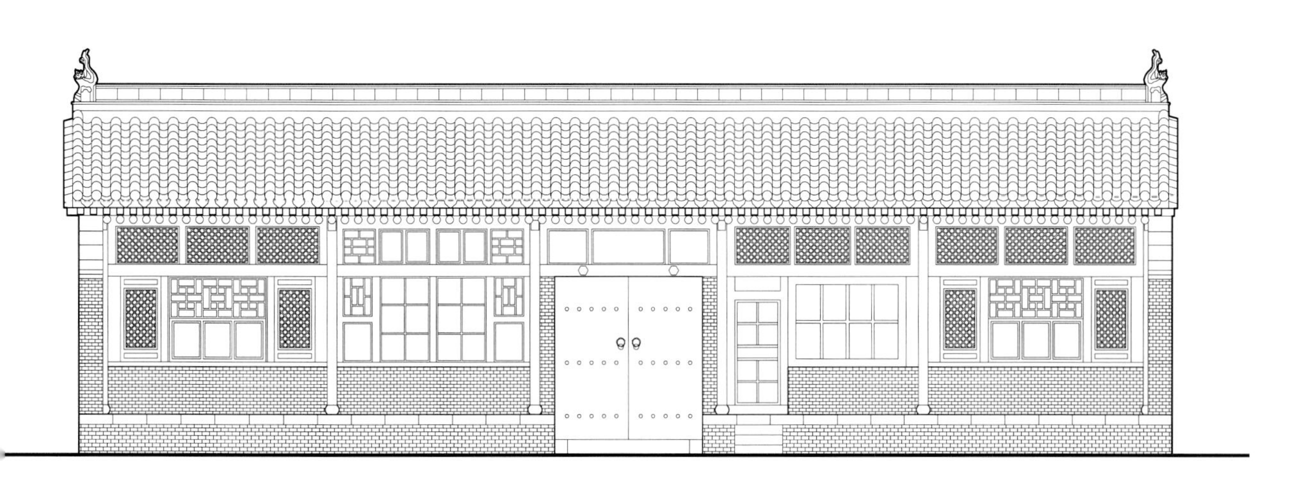

吴城镇街上村 199 号立面

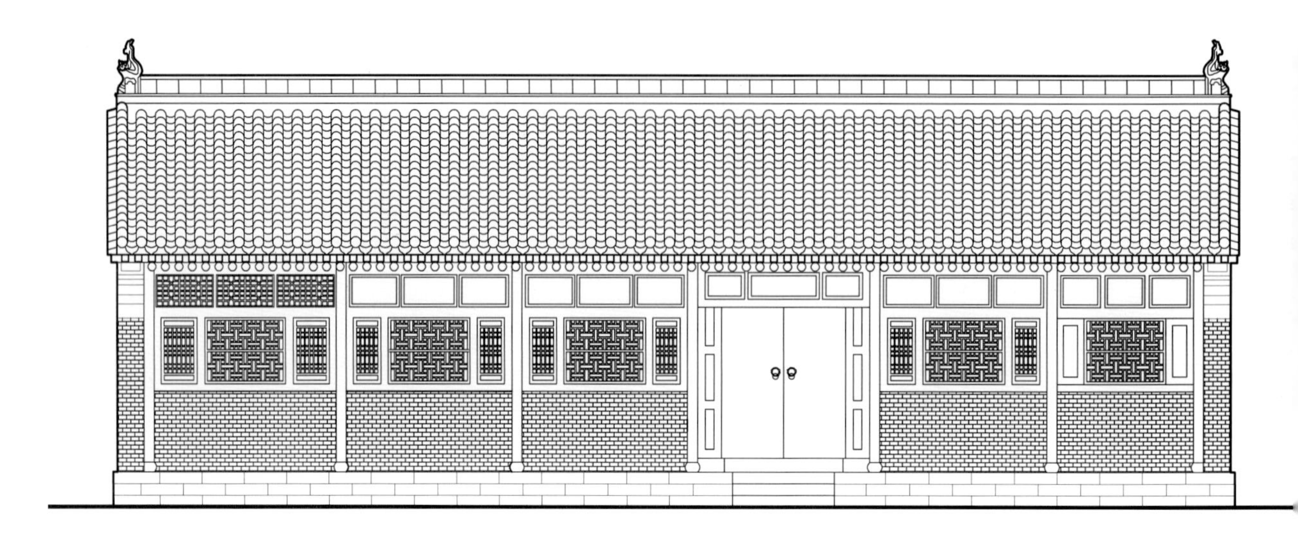

吴城镇街上村 187 号外立面

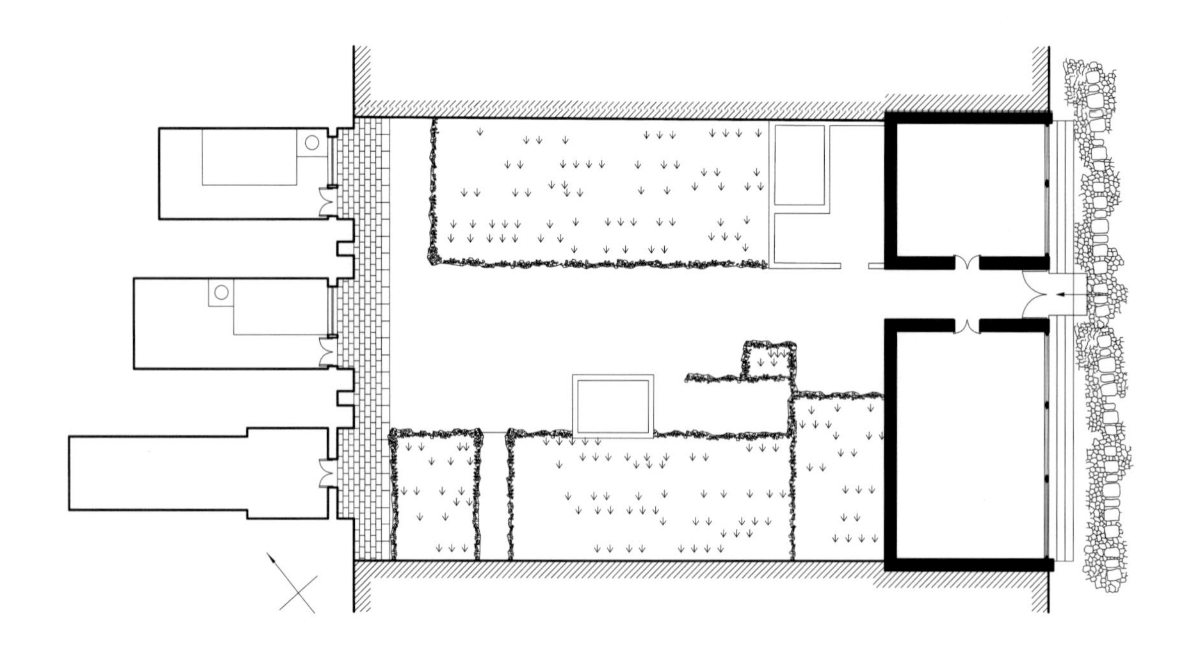

0 5 米

吴城镇街上村 187 号一层平面

吴城镇街上村 187 号内立面

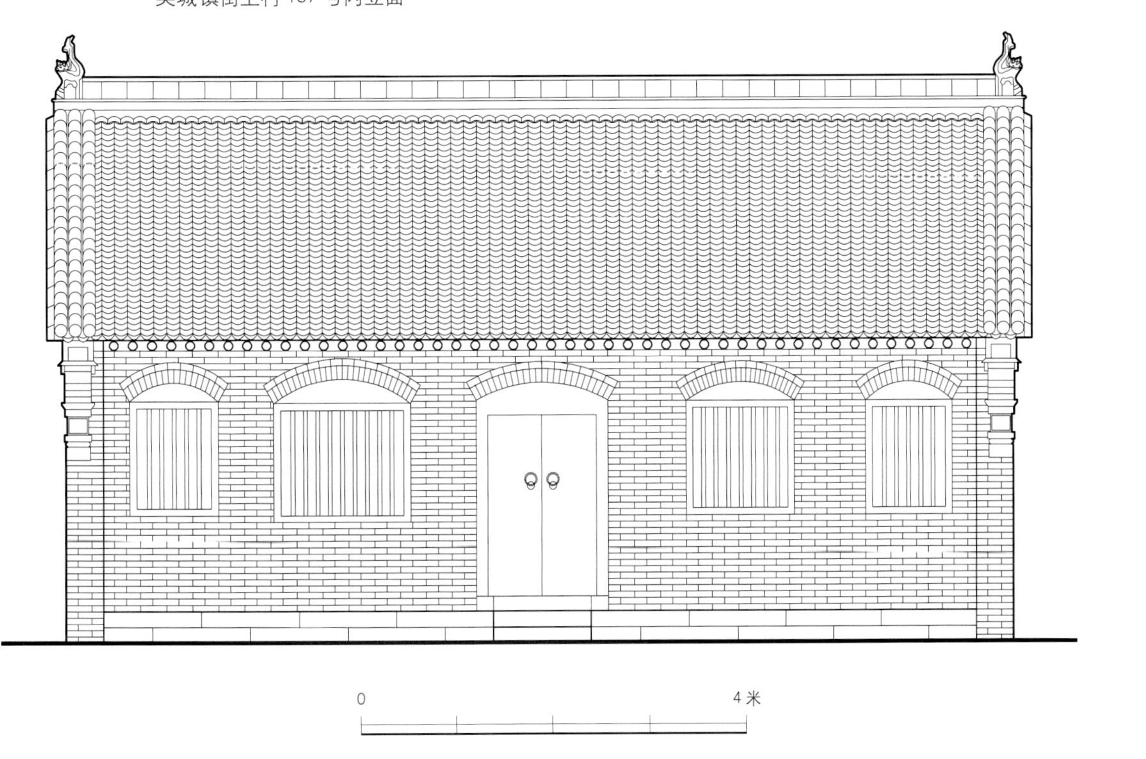

吴城镇街上村 183 号内立面

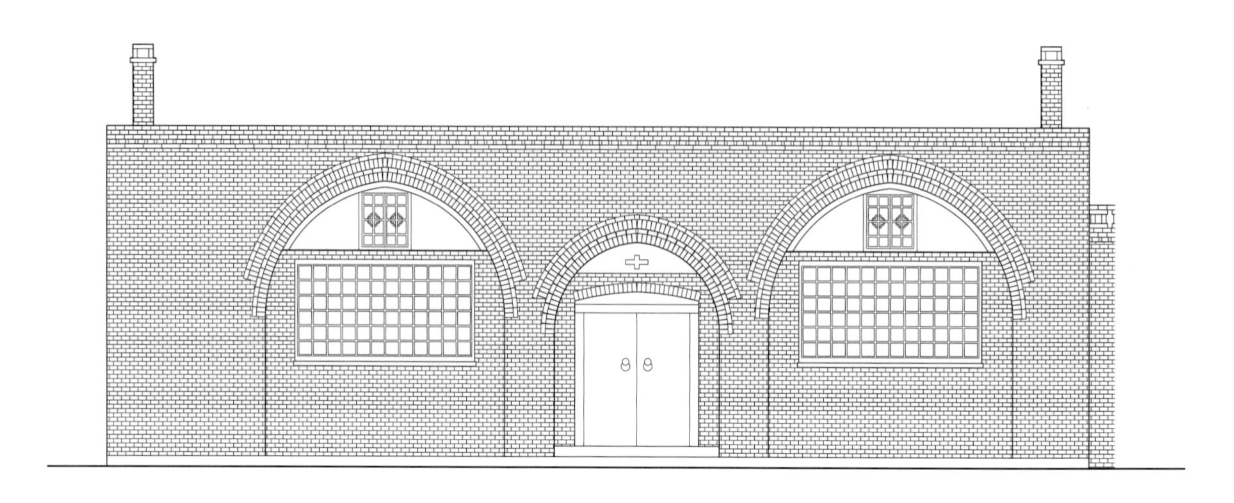

吴城镇街上村 330 号沿街外立面

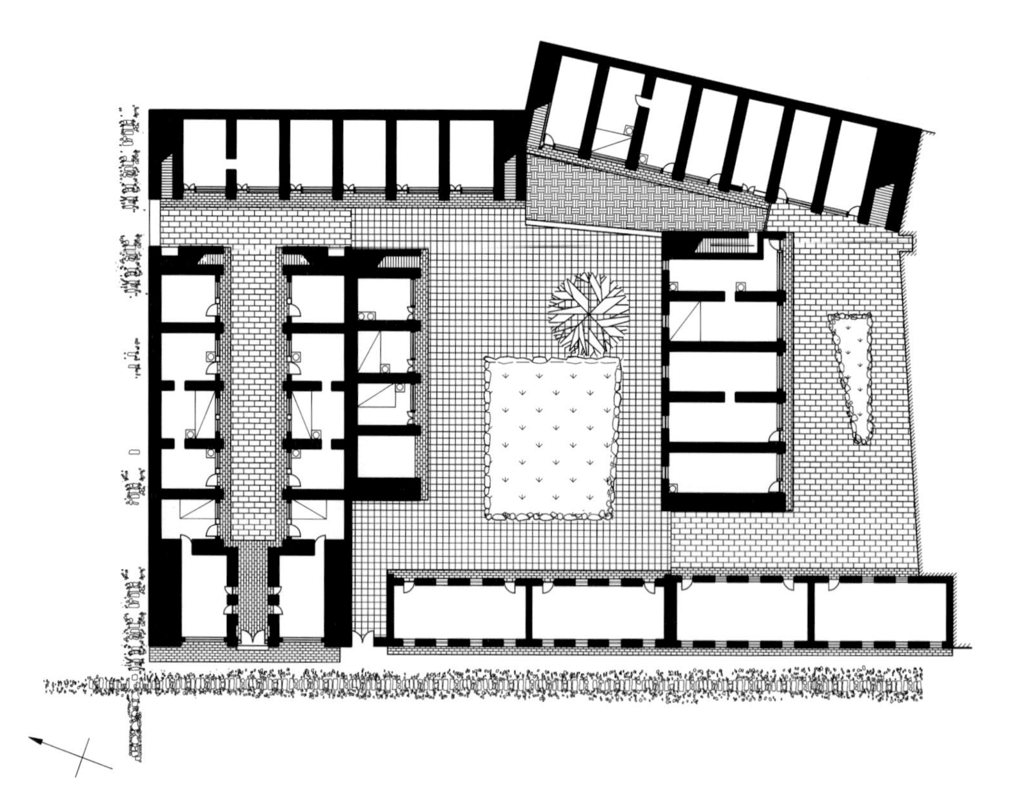

吴城镇上街村 330 号、327 号及邻院平面

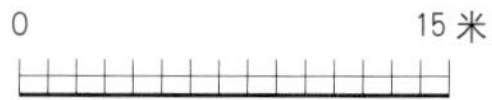

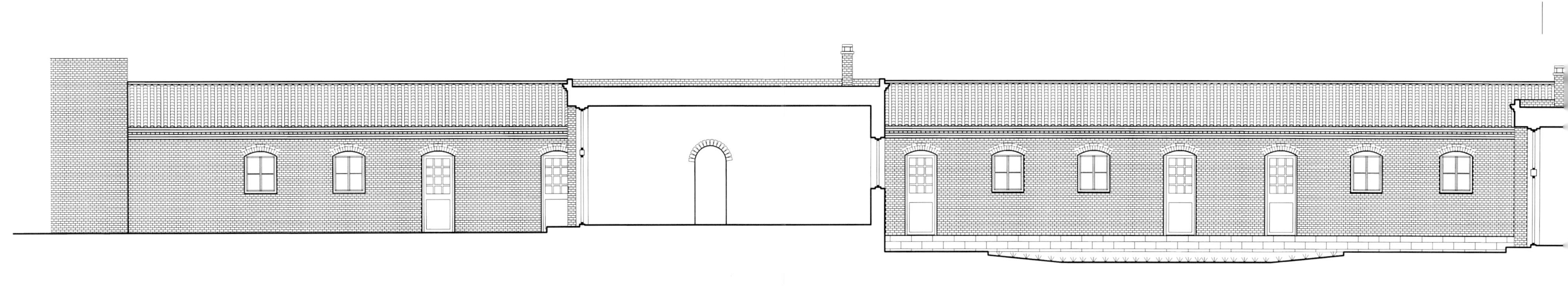

吴城镇街上村 330 号、327 号及邻院横剖面

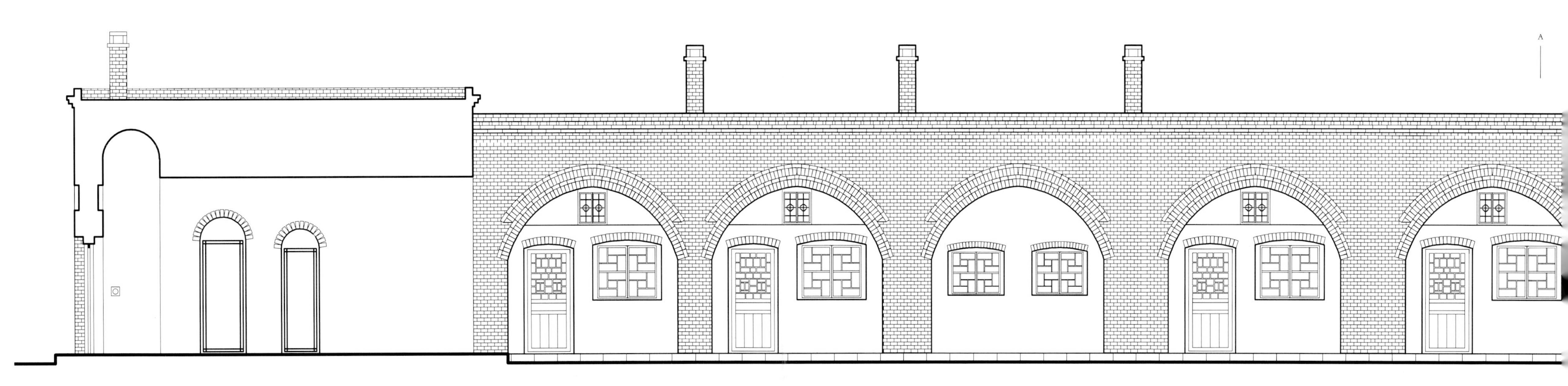

吴城镇上街村 330 号纵剖面

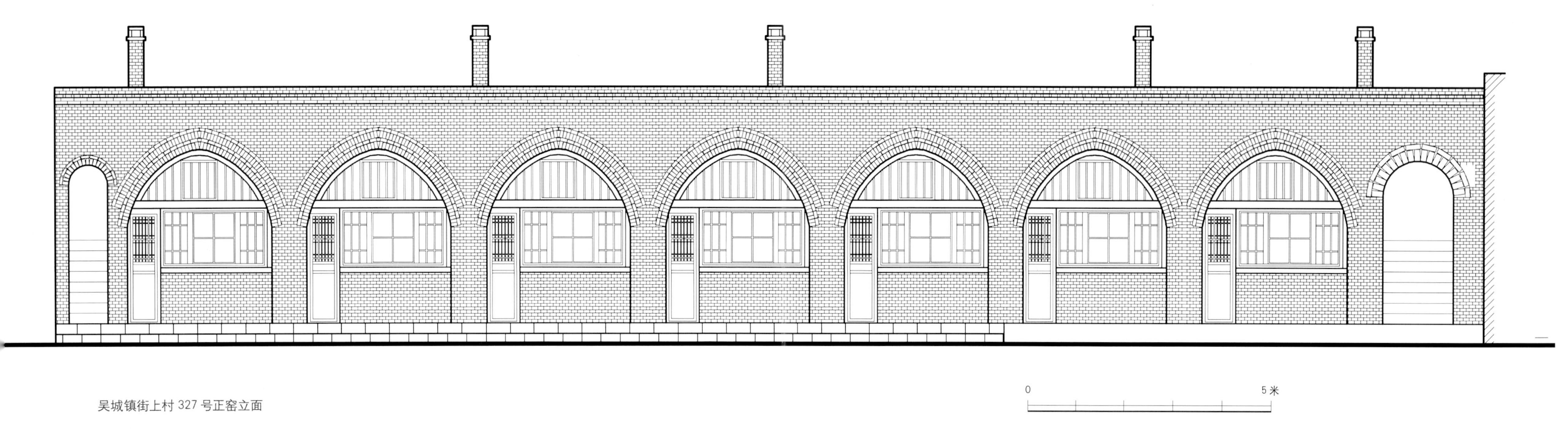

吴城镇街上村 327 号正窑立面

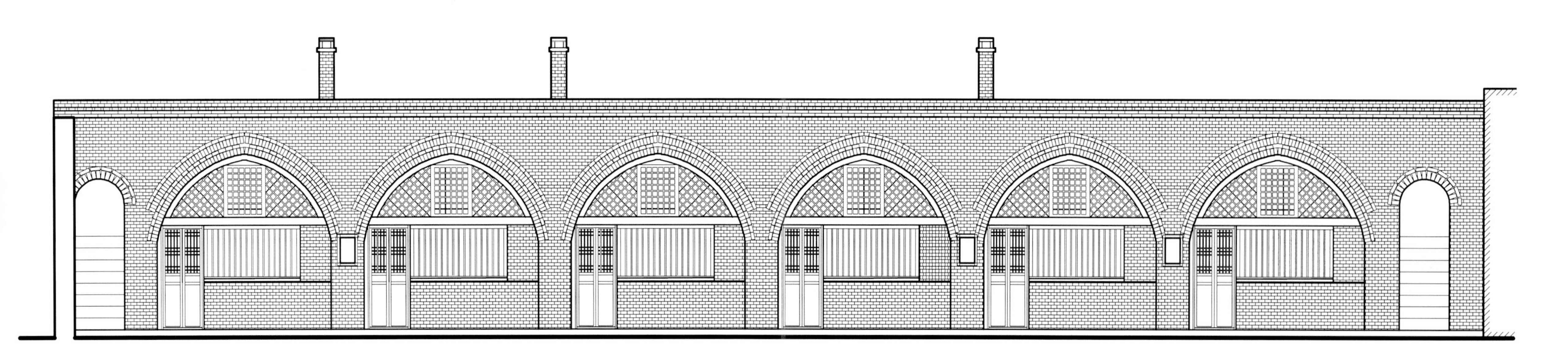

吴城镇街上村 330 号正窑立面

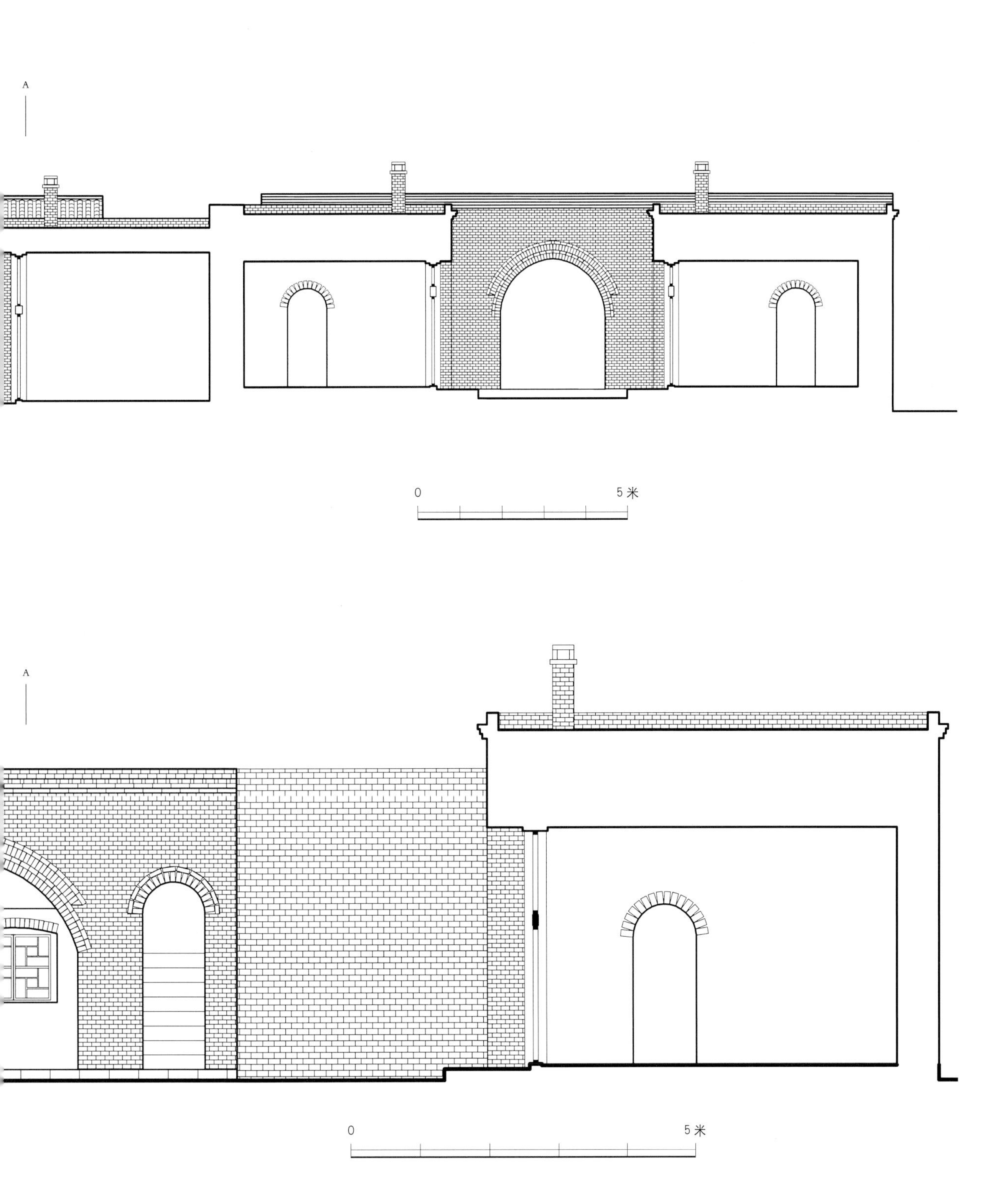
A
0
5米
A
0
5米

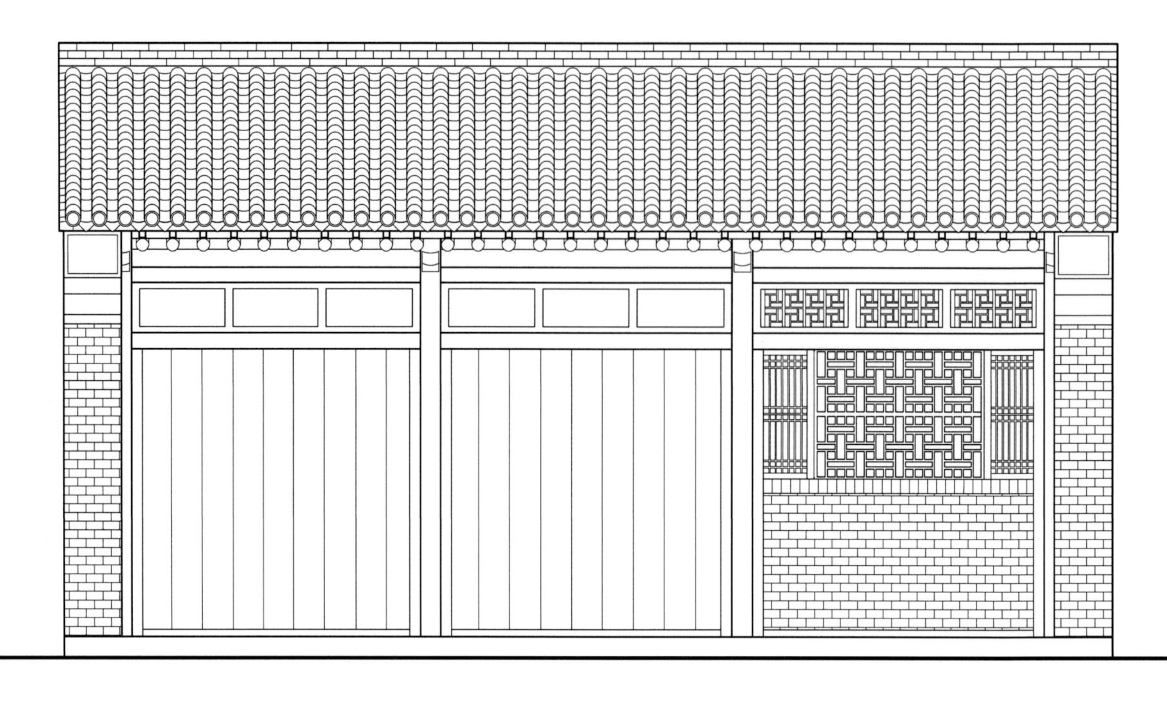

吴城镇街上村小店铺立面

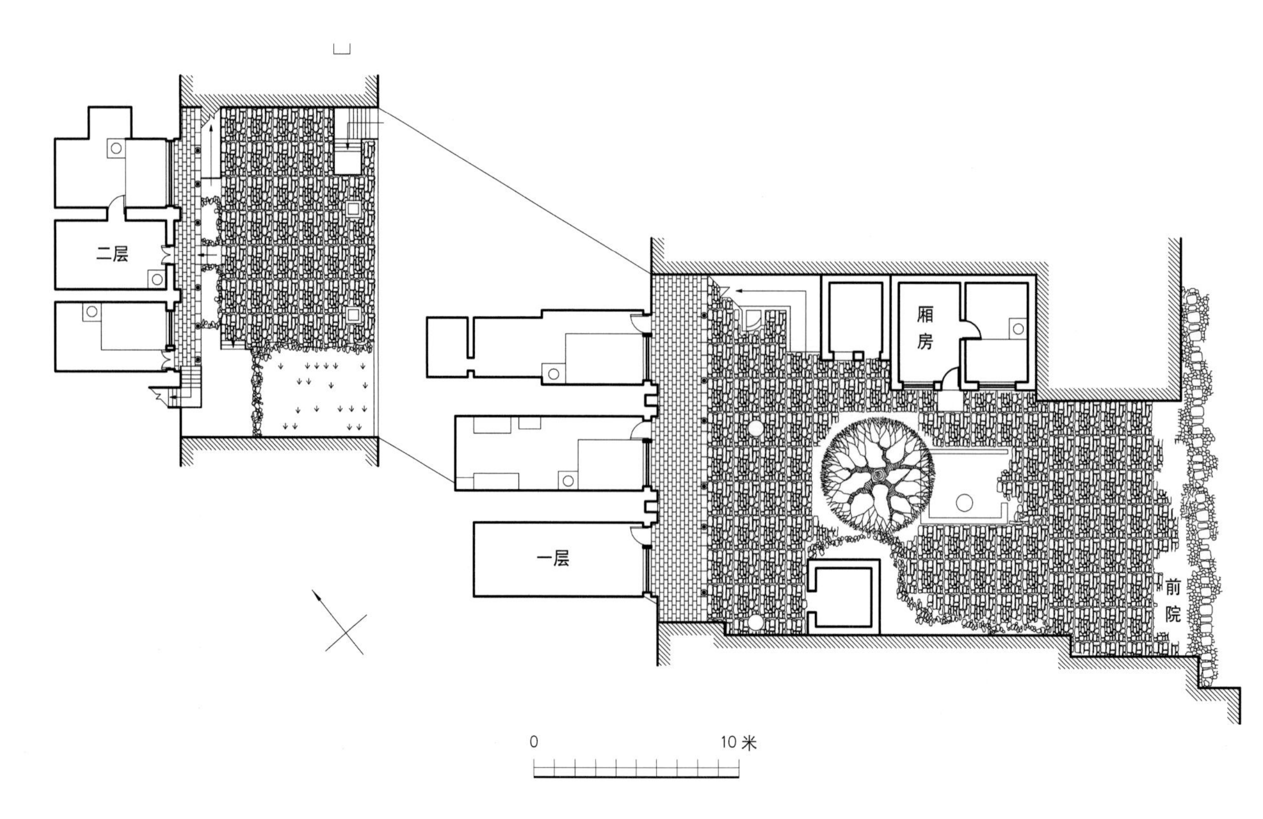

吴城镇街上村老井住宅一层平面

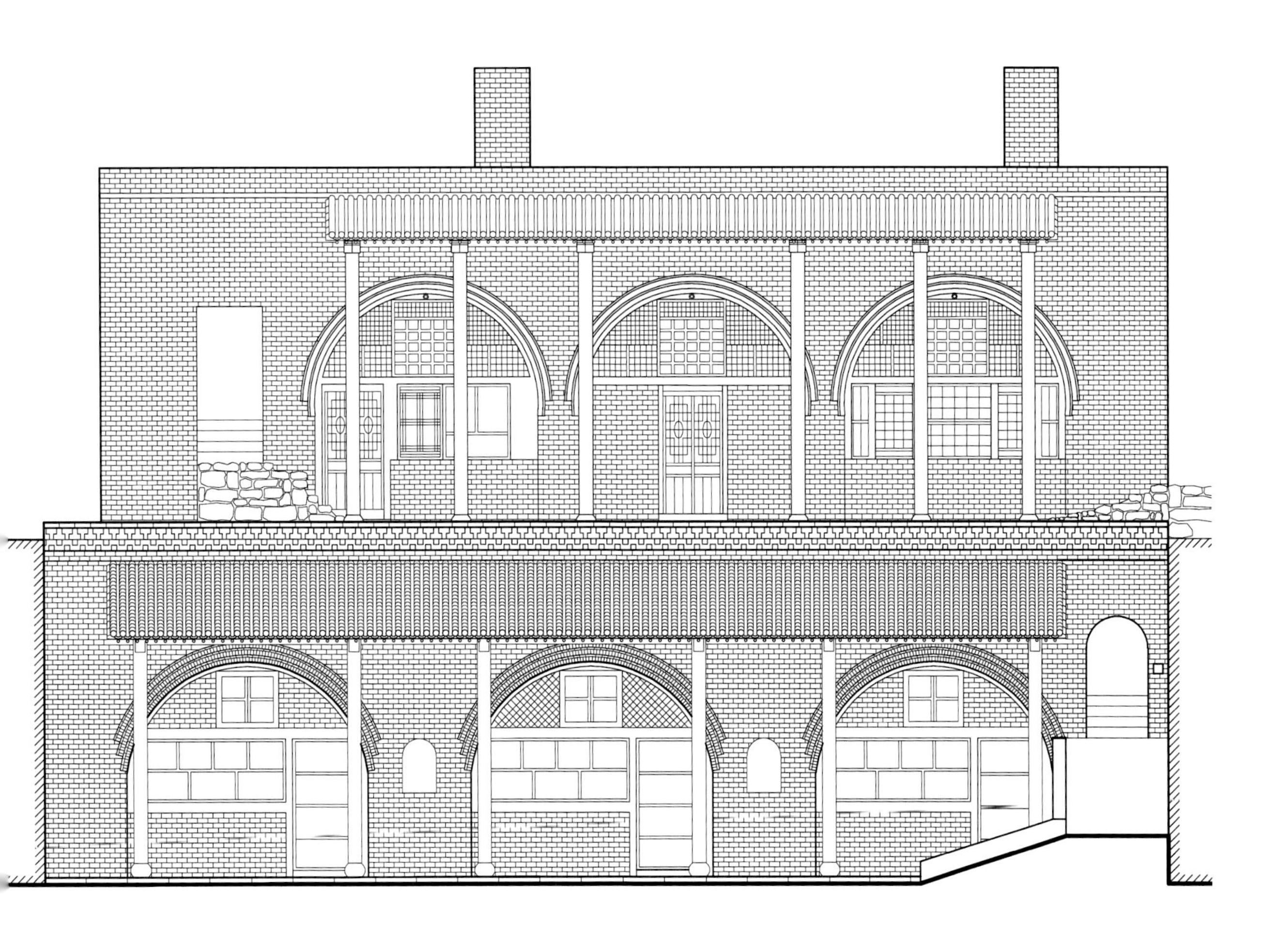

吴城镇街上村老井住宅内立面

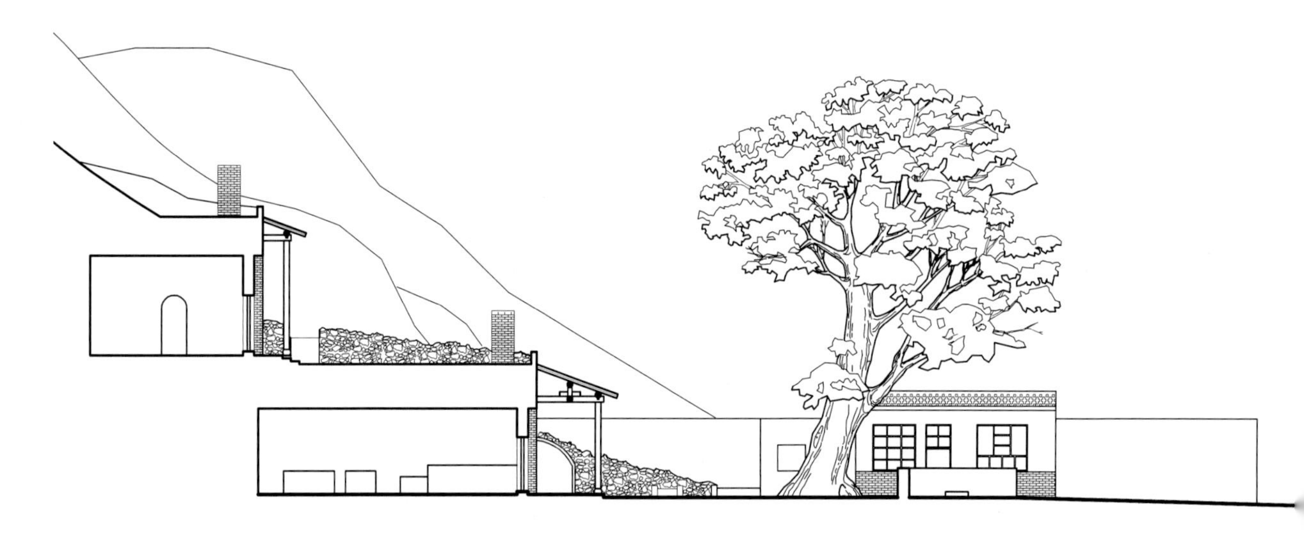

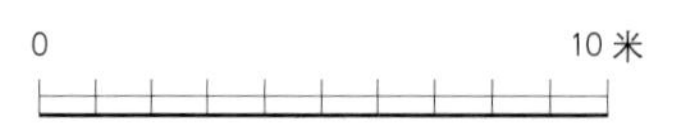

吴城镇街上村老井住宅纵剖面

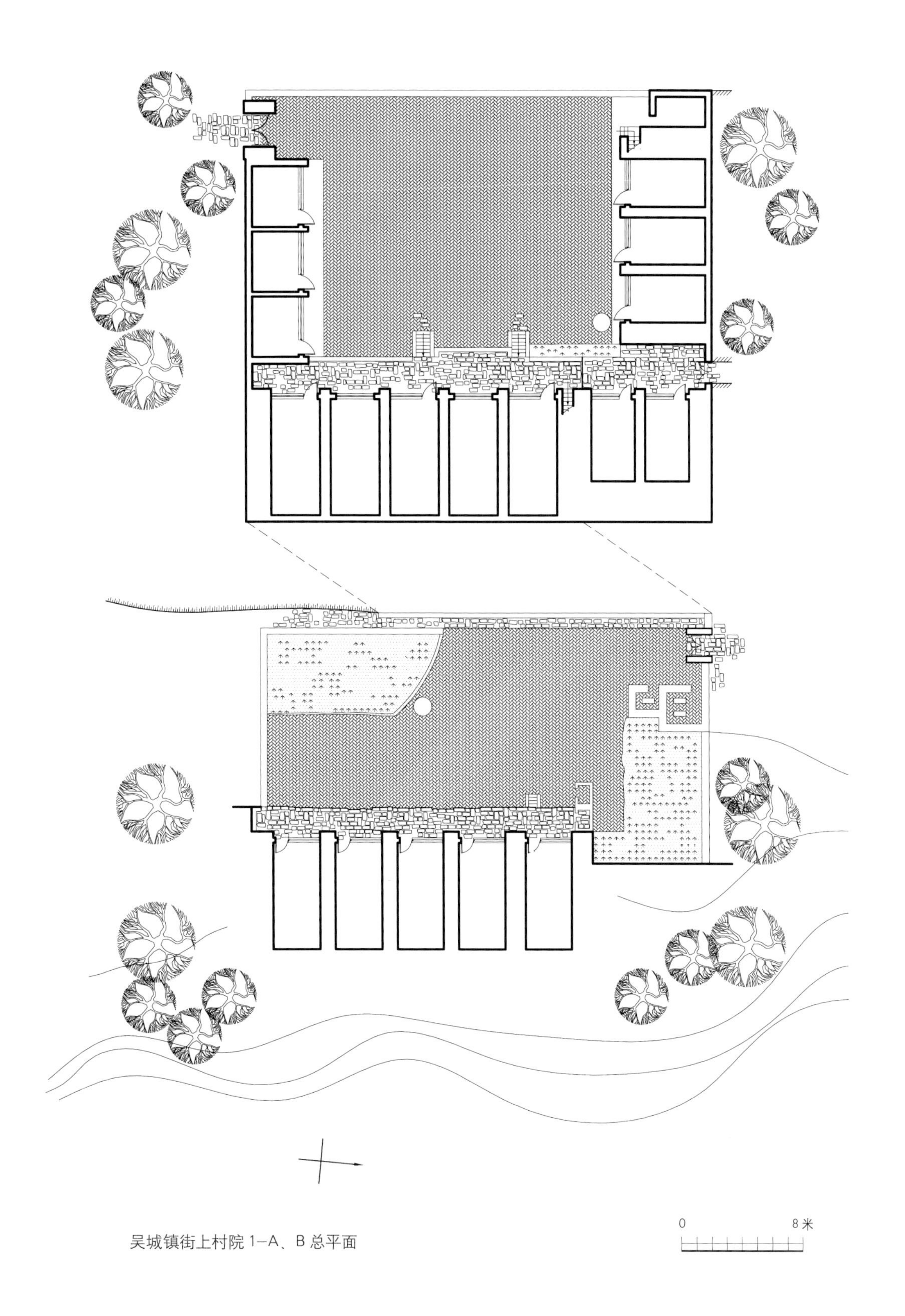

吴城镇街上村院 1—A、B 总平面

吴城镇街上村院 1—A、B 总立面

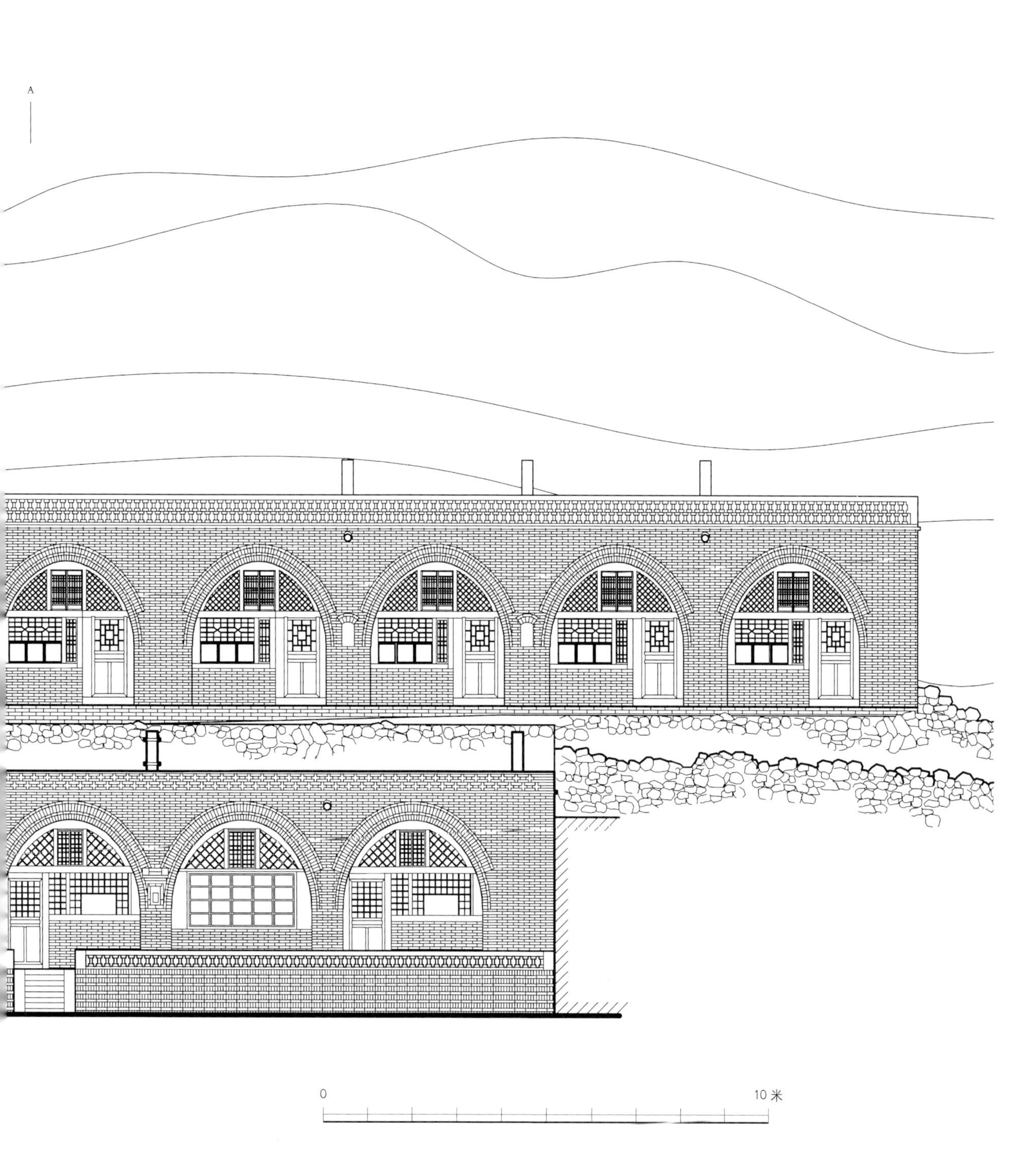
A
0
10米

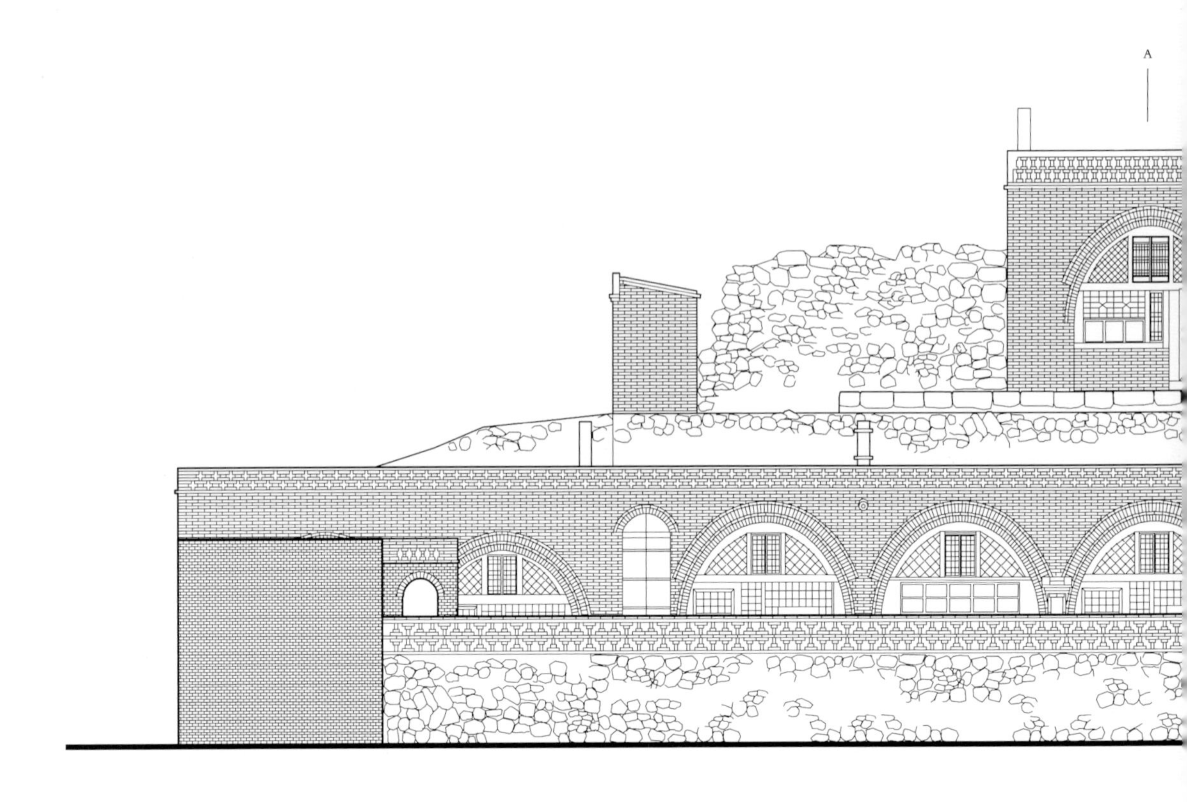

吴城镇街上村院 1—A、B 外立面

吴城镇街上村院 1—A、B 纵剖面

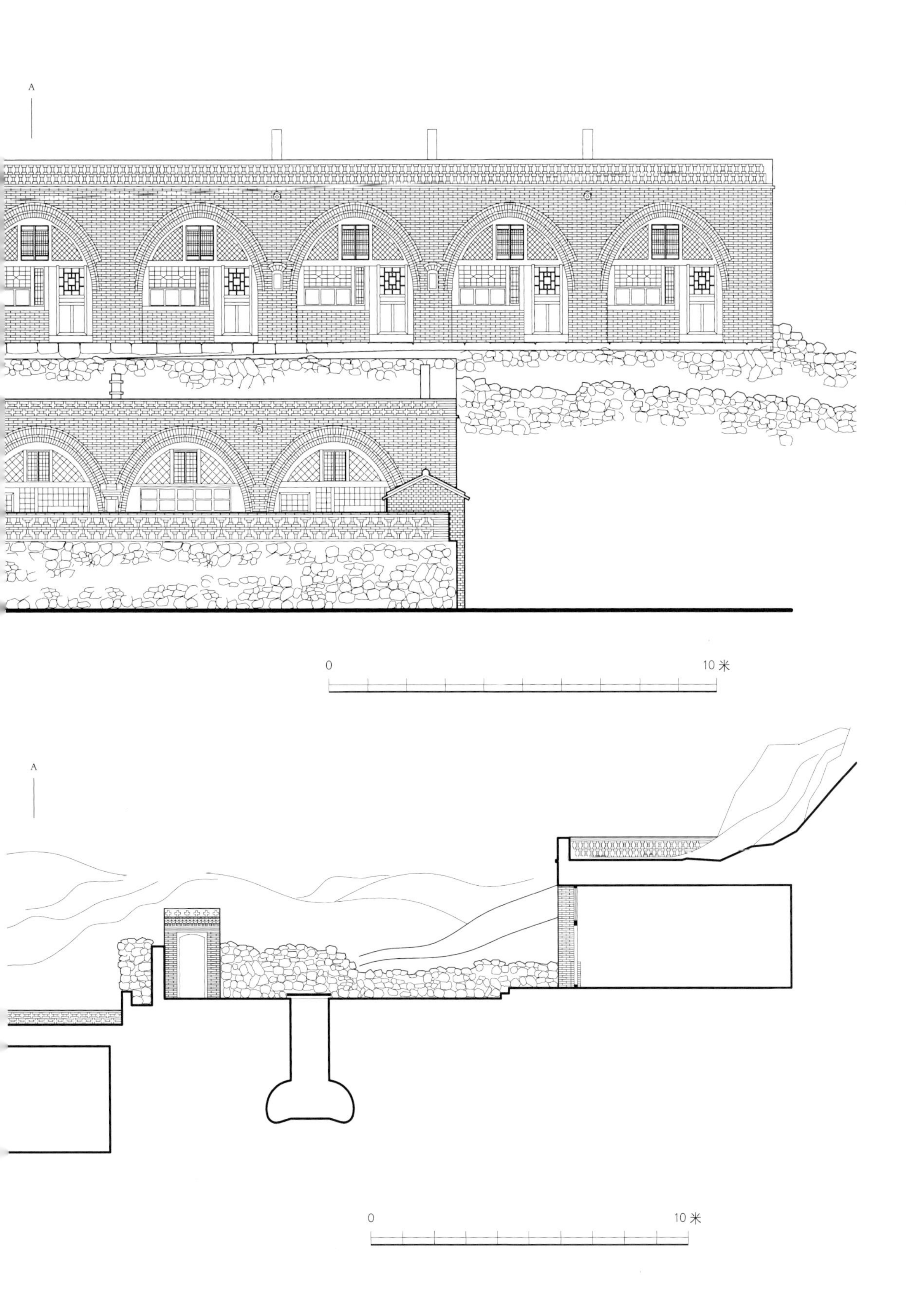
A
0
10 米
A
0
10 米

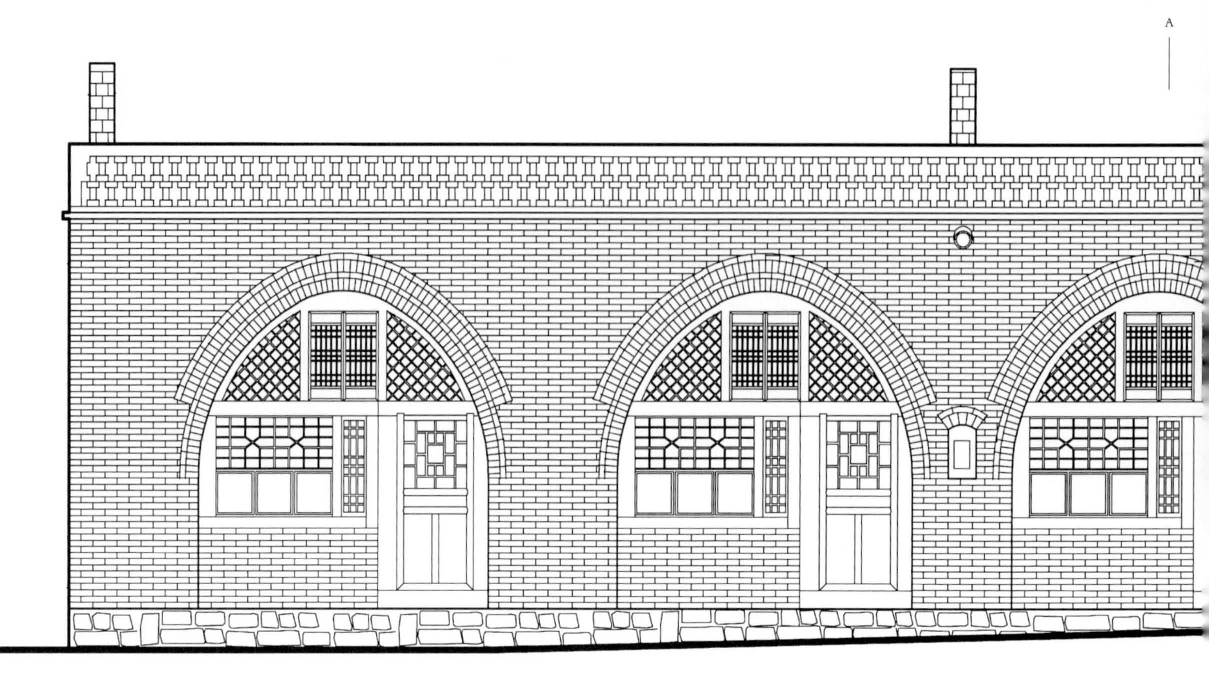

吴城镇街上村院 1–A 立面

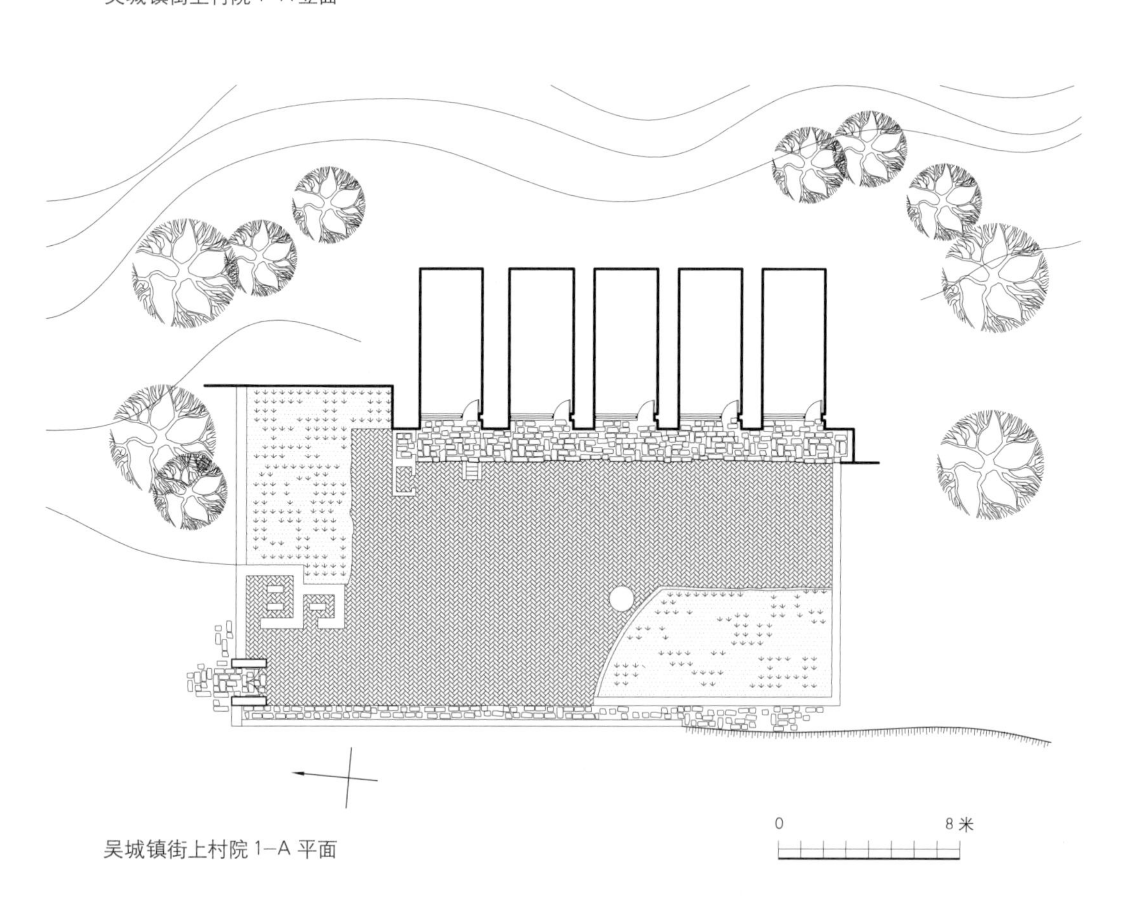

吴城镇街上村院 1–A 平面

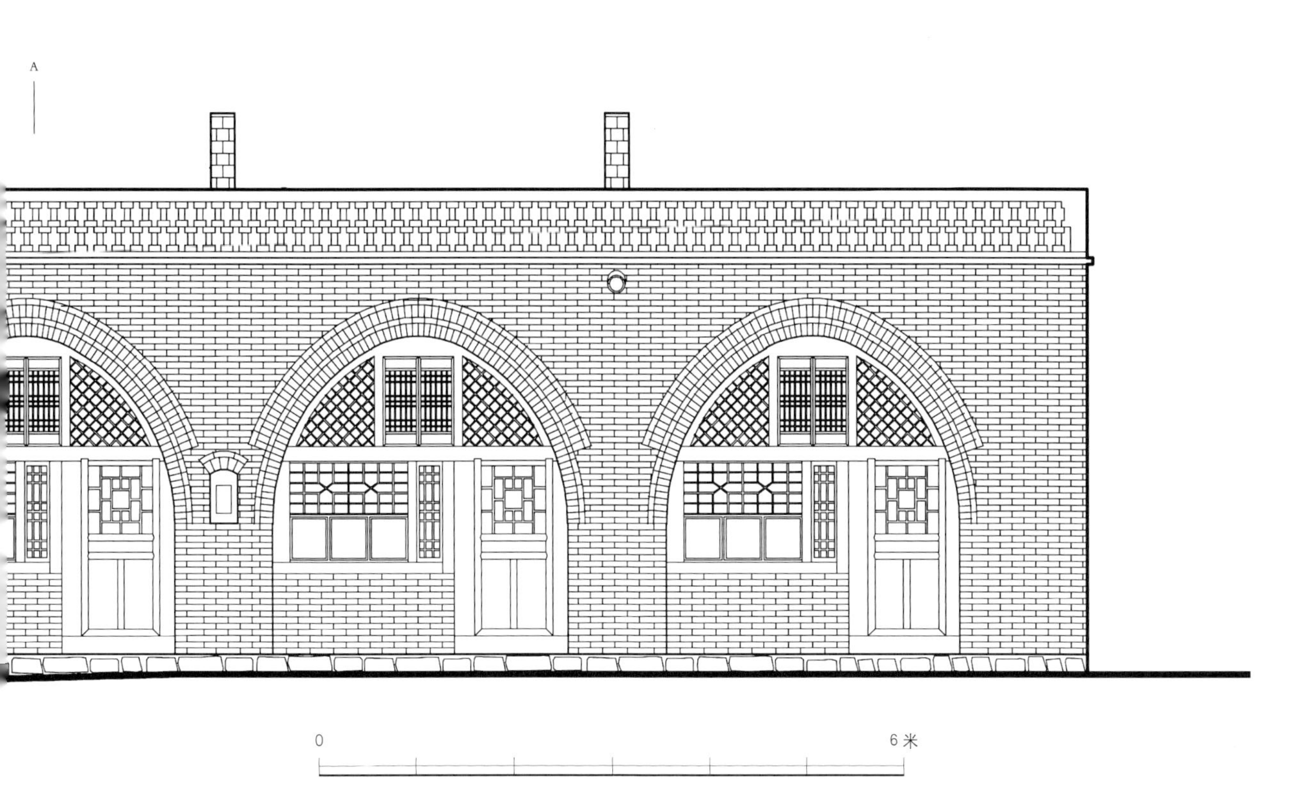

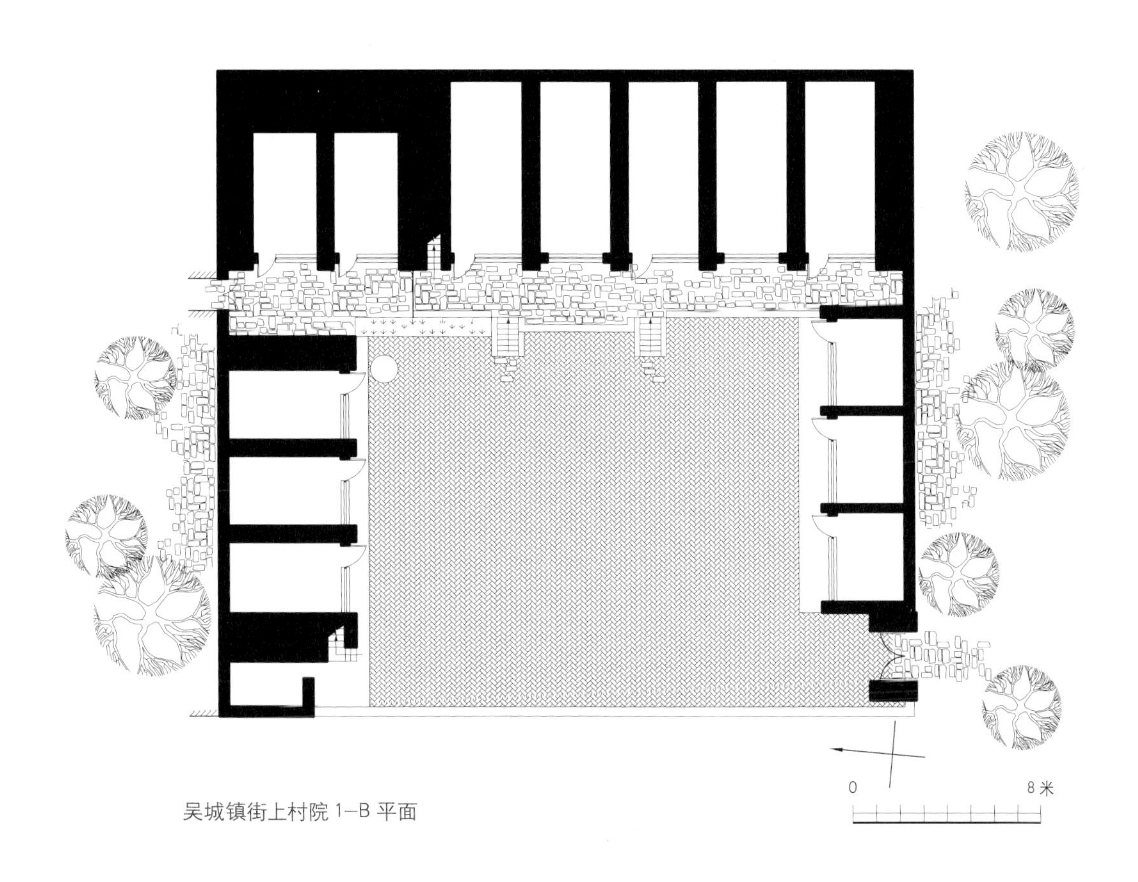

吴城镇街上村院 1—B 平面

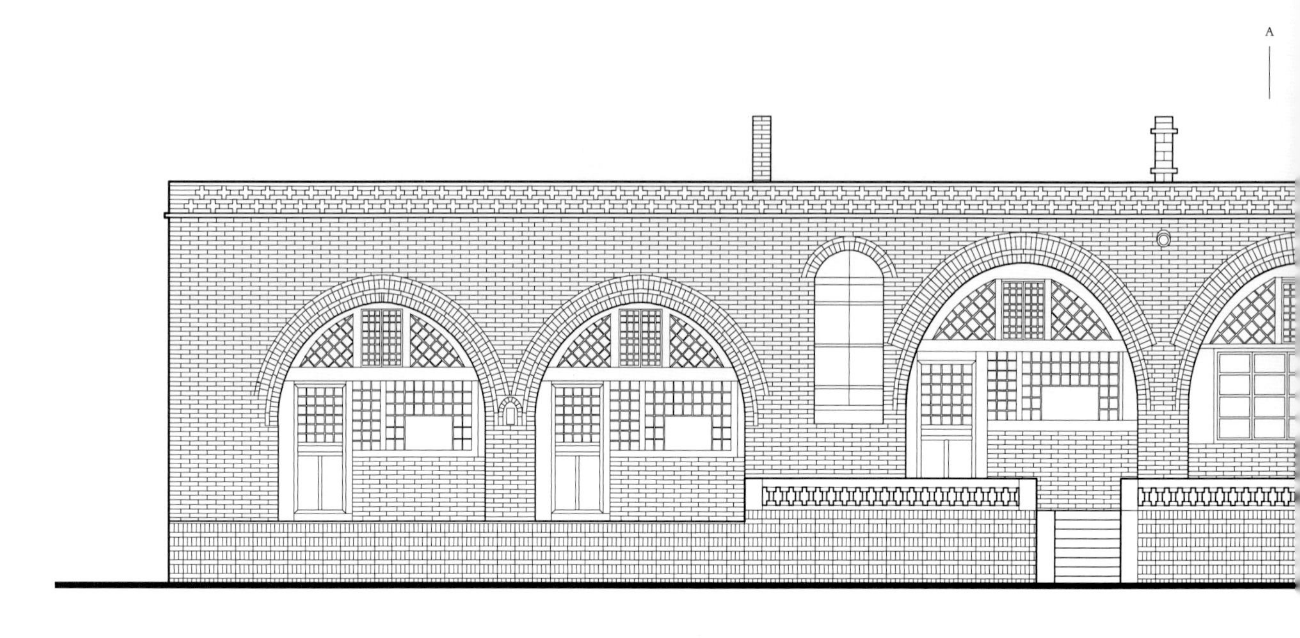

吴城镇街上村院 1–B 立面

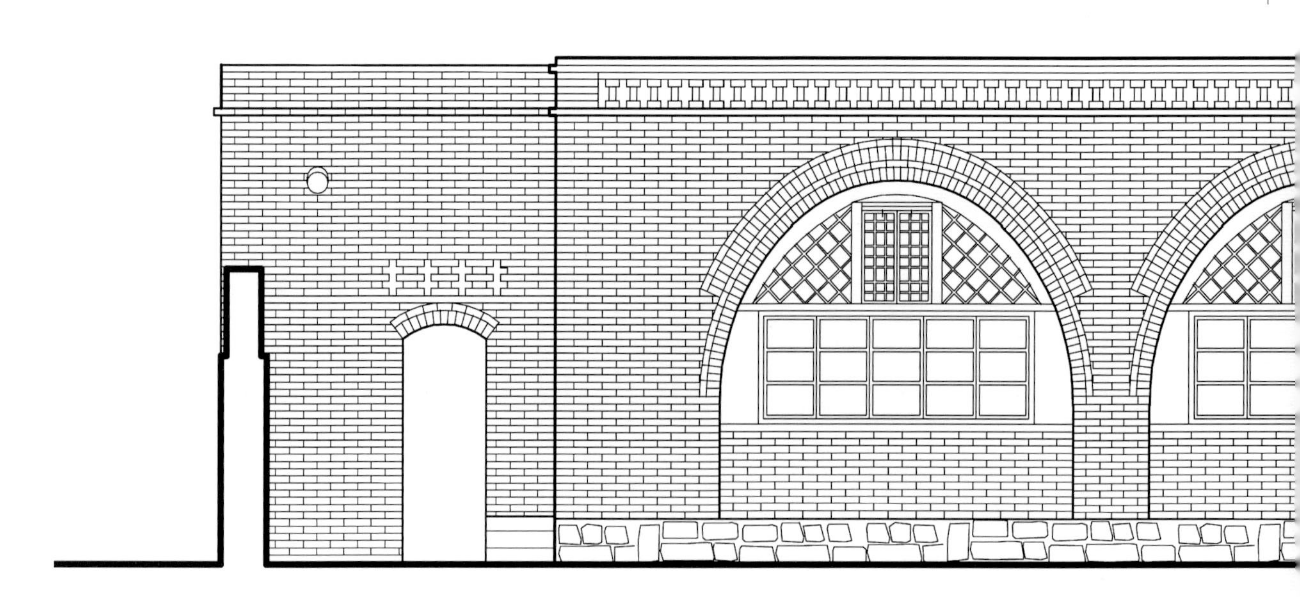

吴城镇街上村院 1–B 侧立面

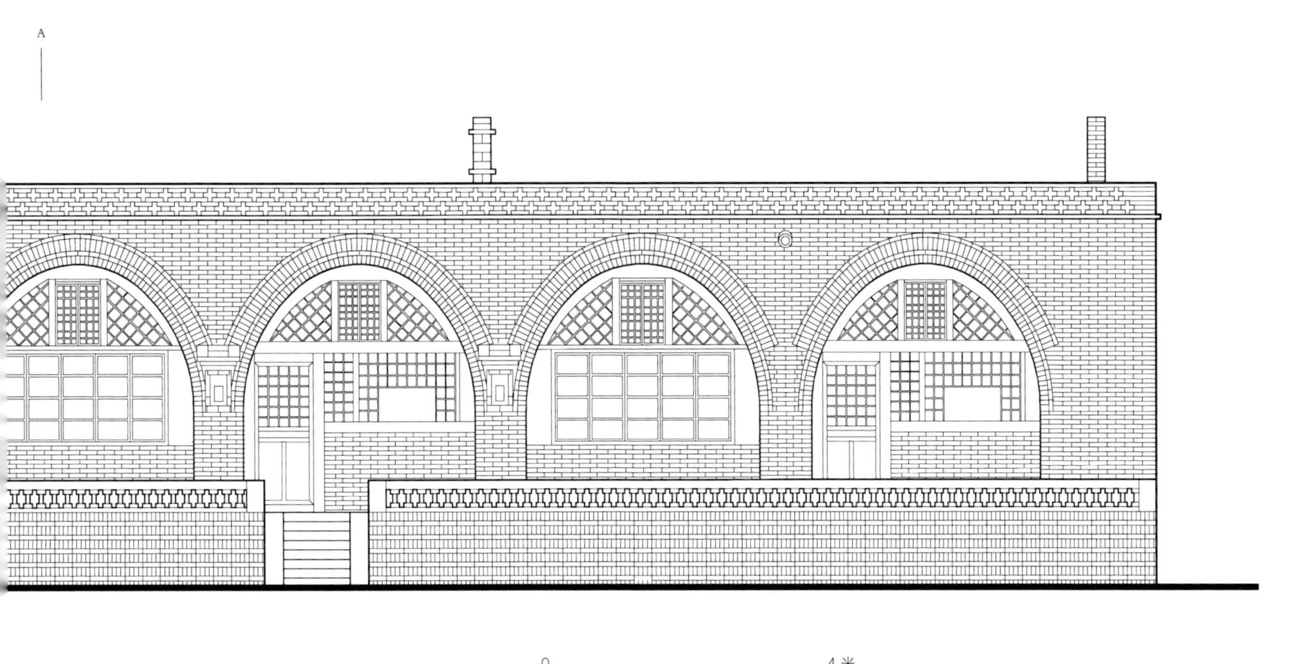
A
0
4米

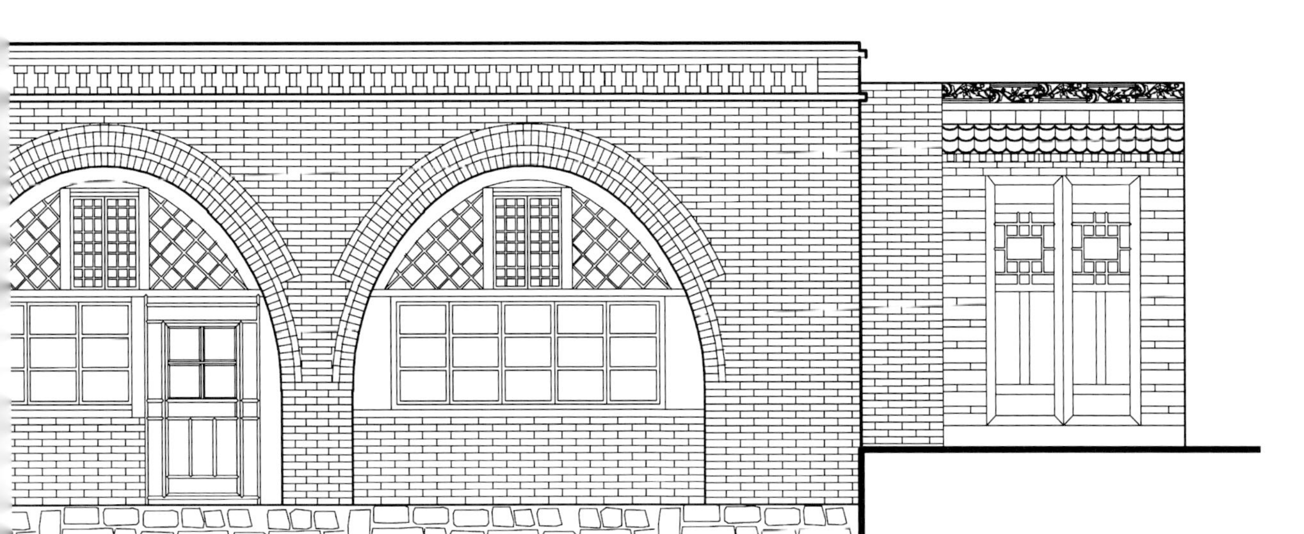
A
0
5米

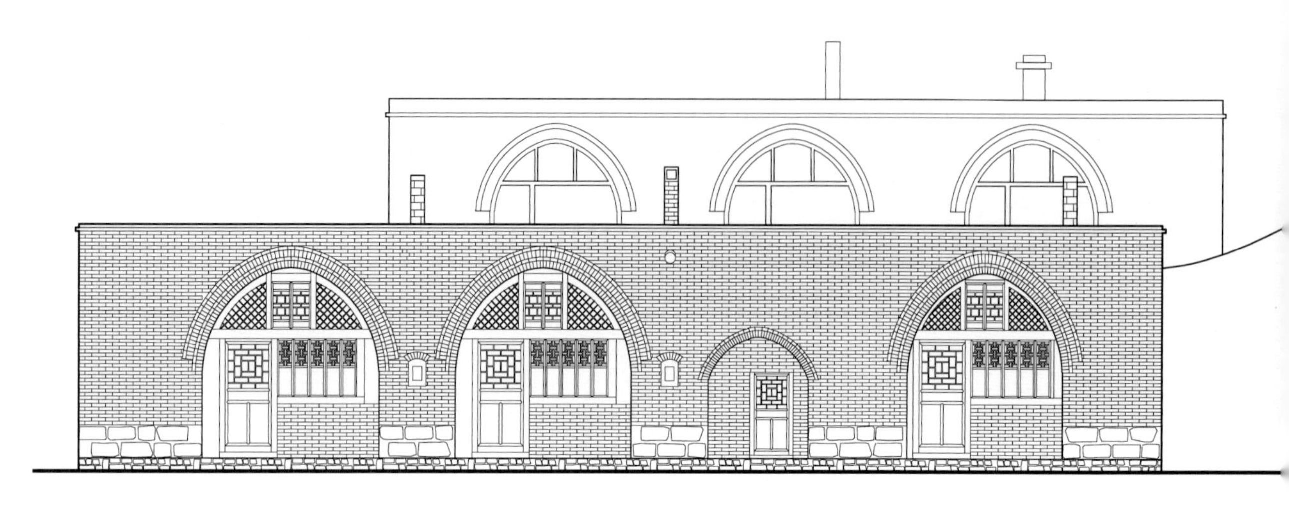

吴城镇西头村院 6 立面

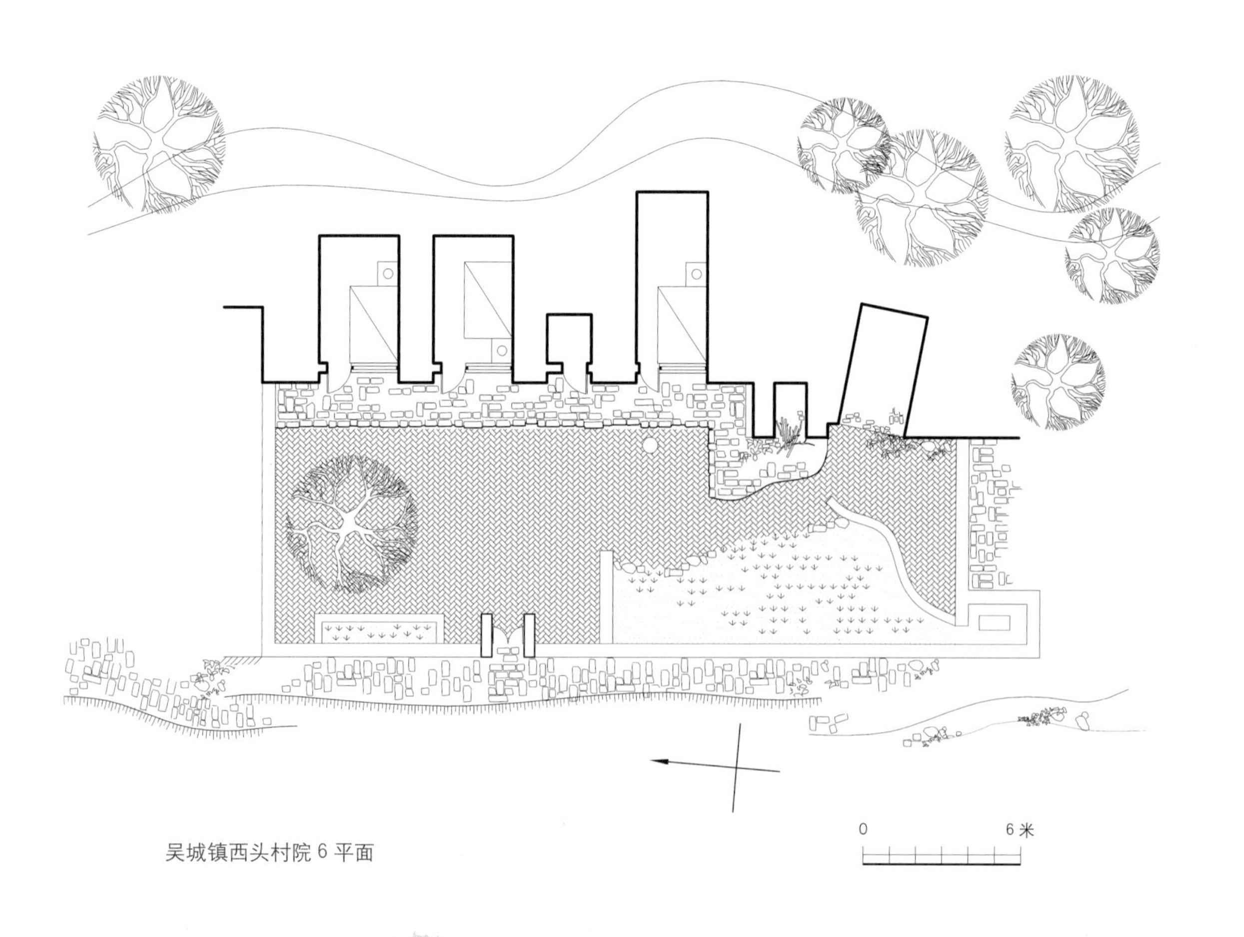

吴城镇西头村院 6 平面

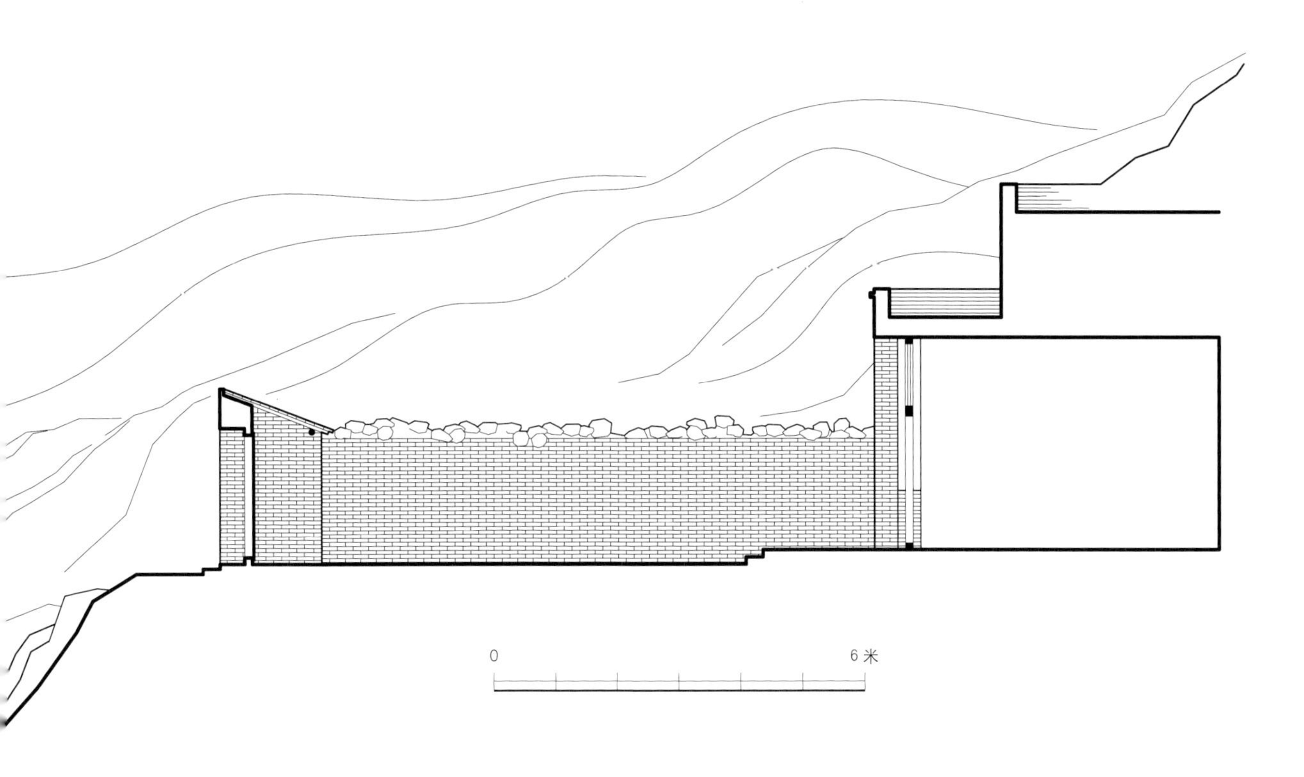

吴城镇西头村院 6 剖面

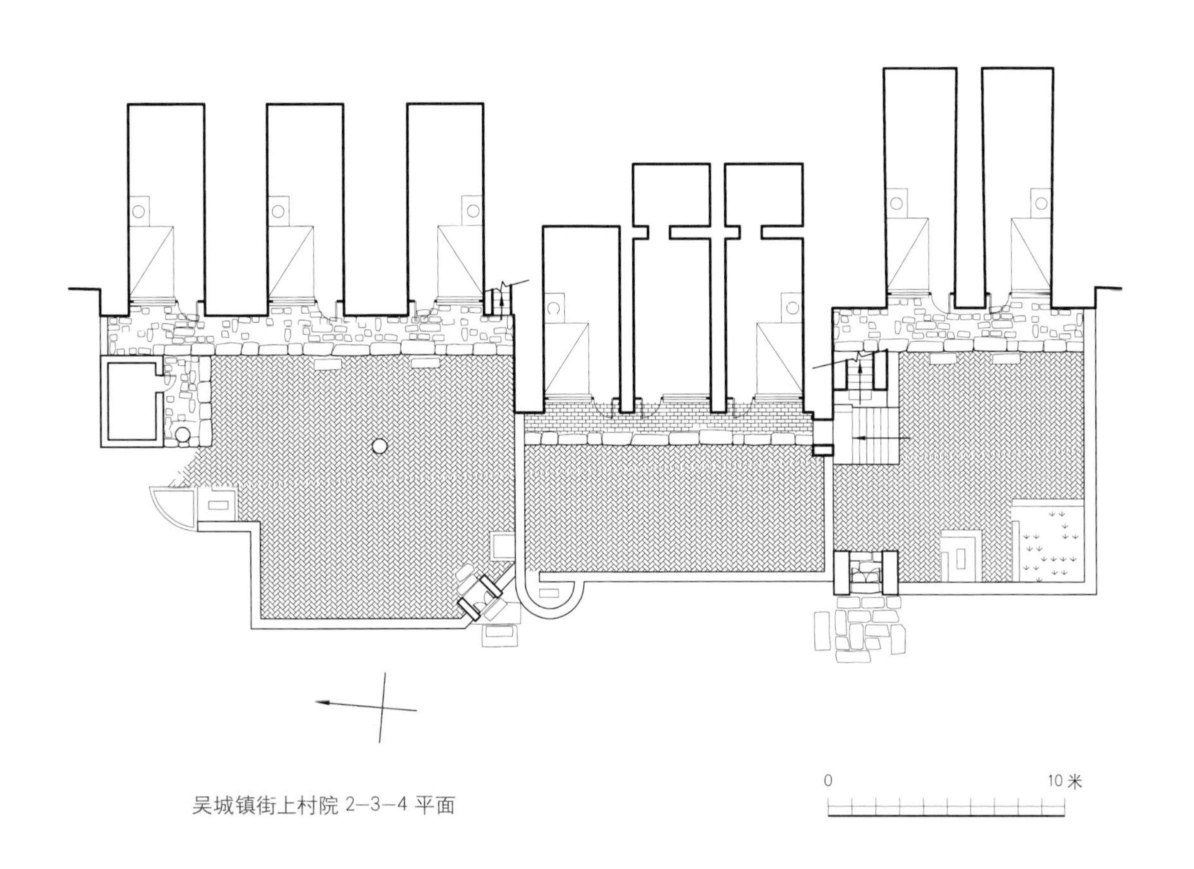

吴城镇街上村院 2-3-4 平面

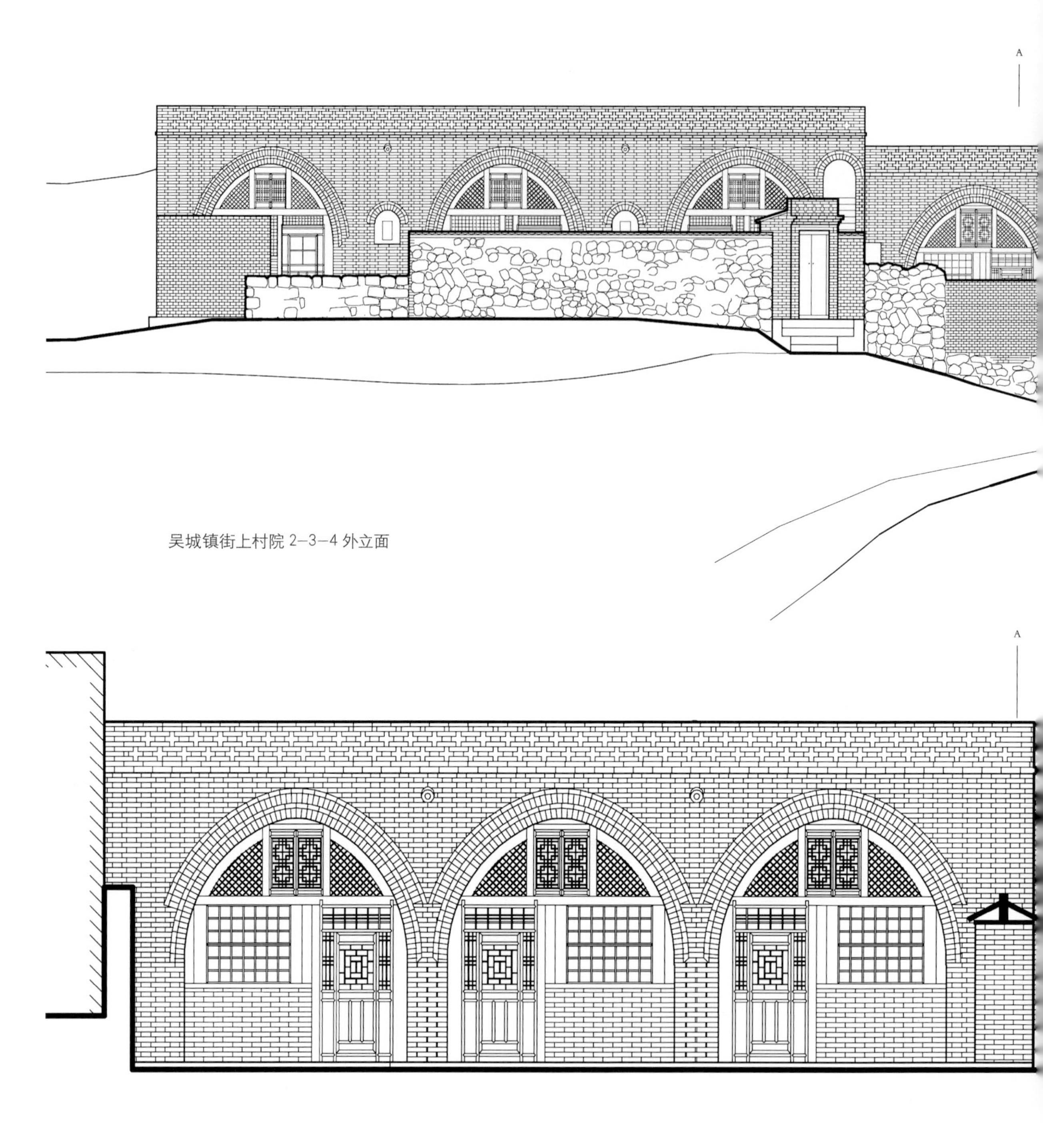

吴城镇街上村院 2-3-4 外立面

吴城镇街上村院 2-3 立面

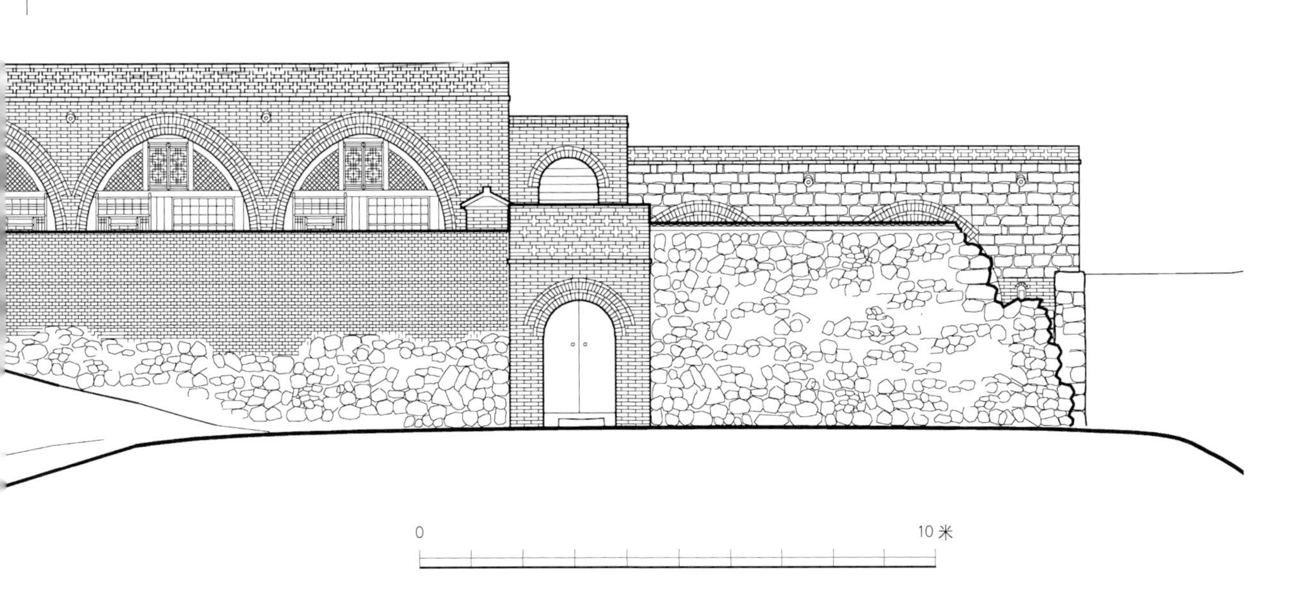
A
0
10 米

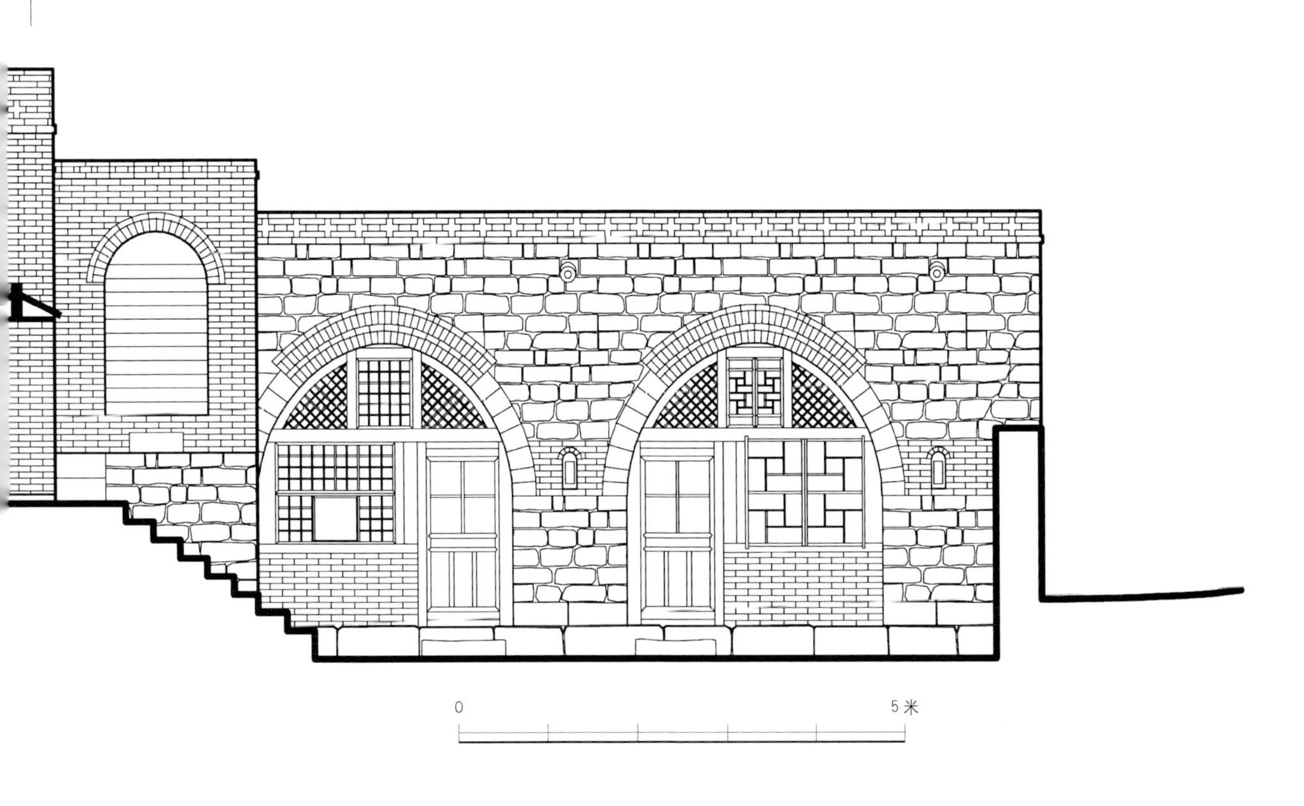
A
0
5 米

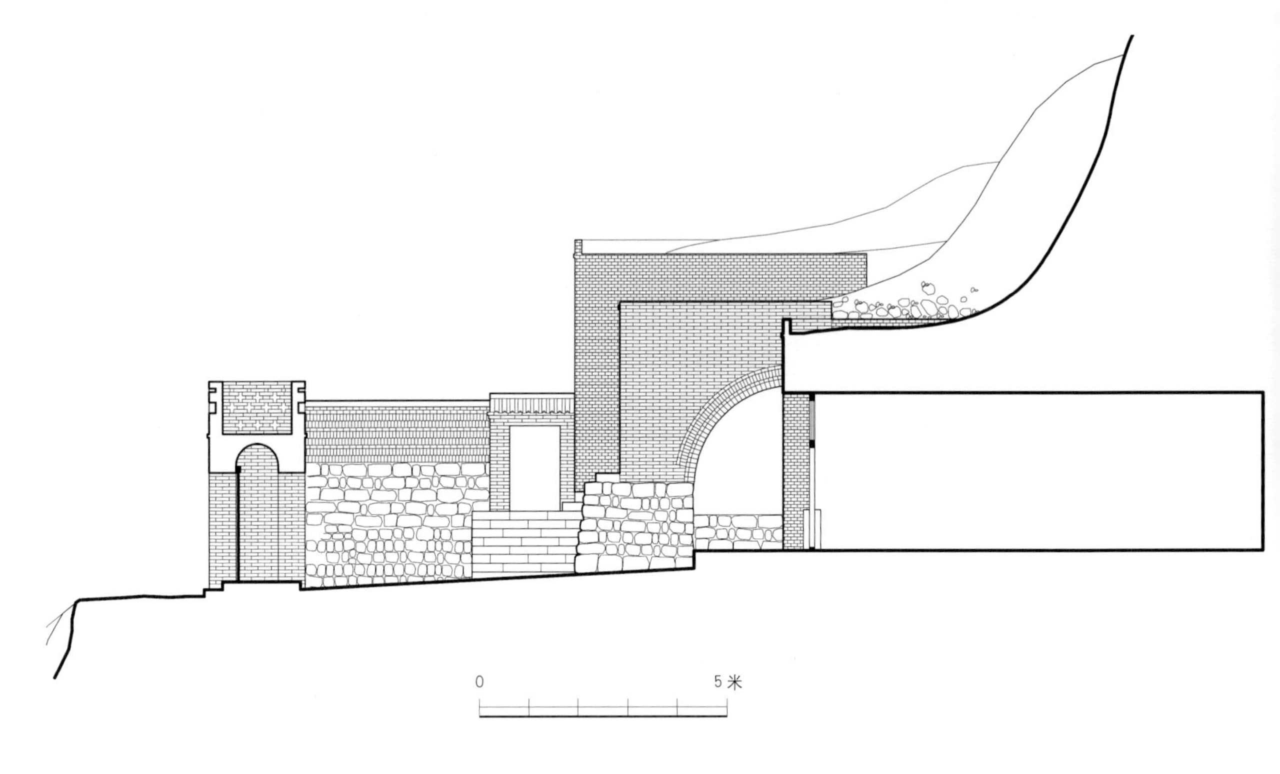

吴城镇街上村院 2 纵剖面

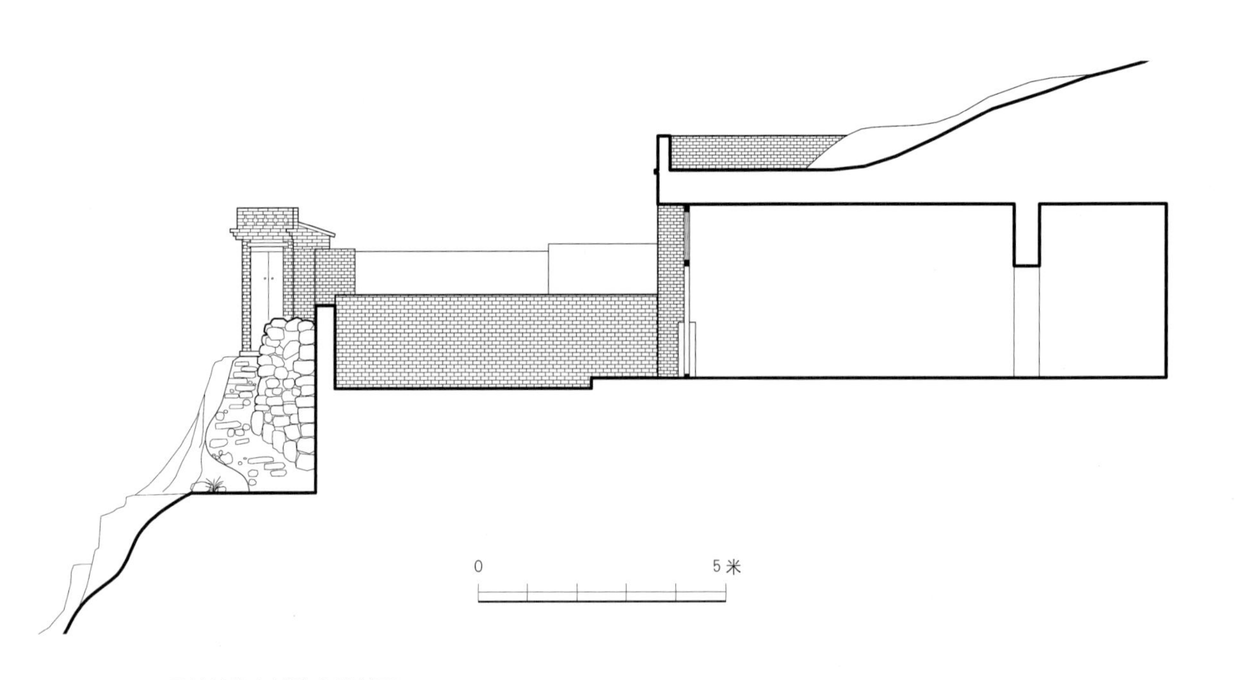

吴城镇街上村院 3 纵剖面

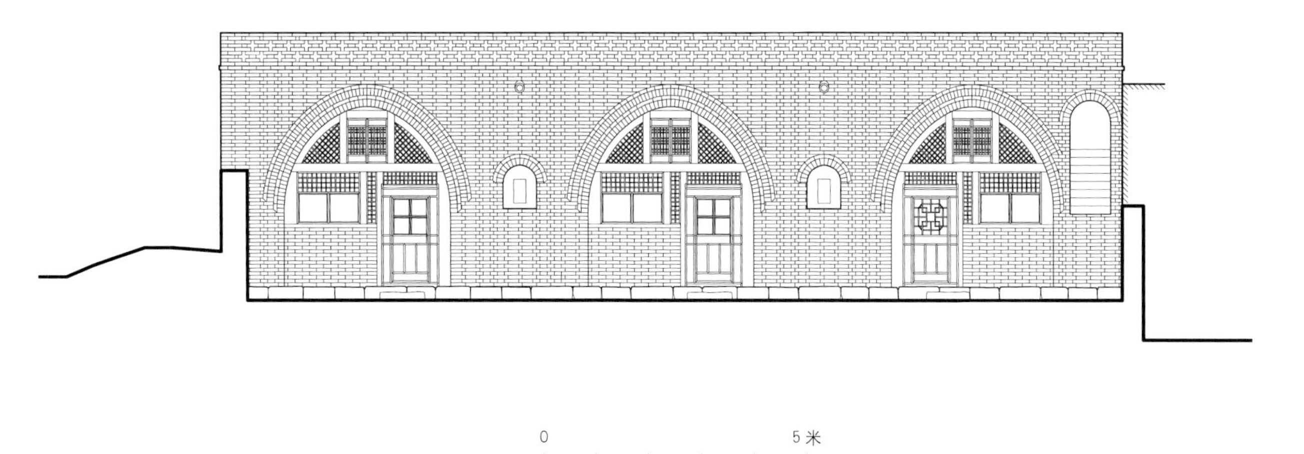

吴城镇街上村院 4 立面

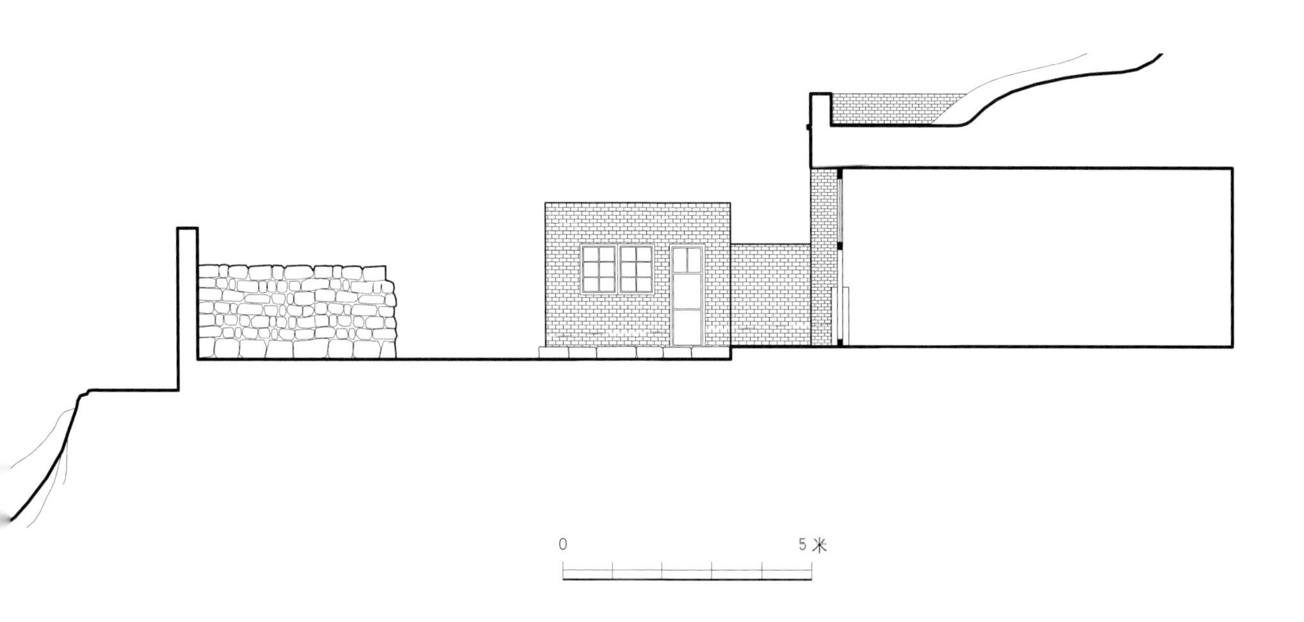

吴城镇街上村院 4 纵剖面

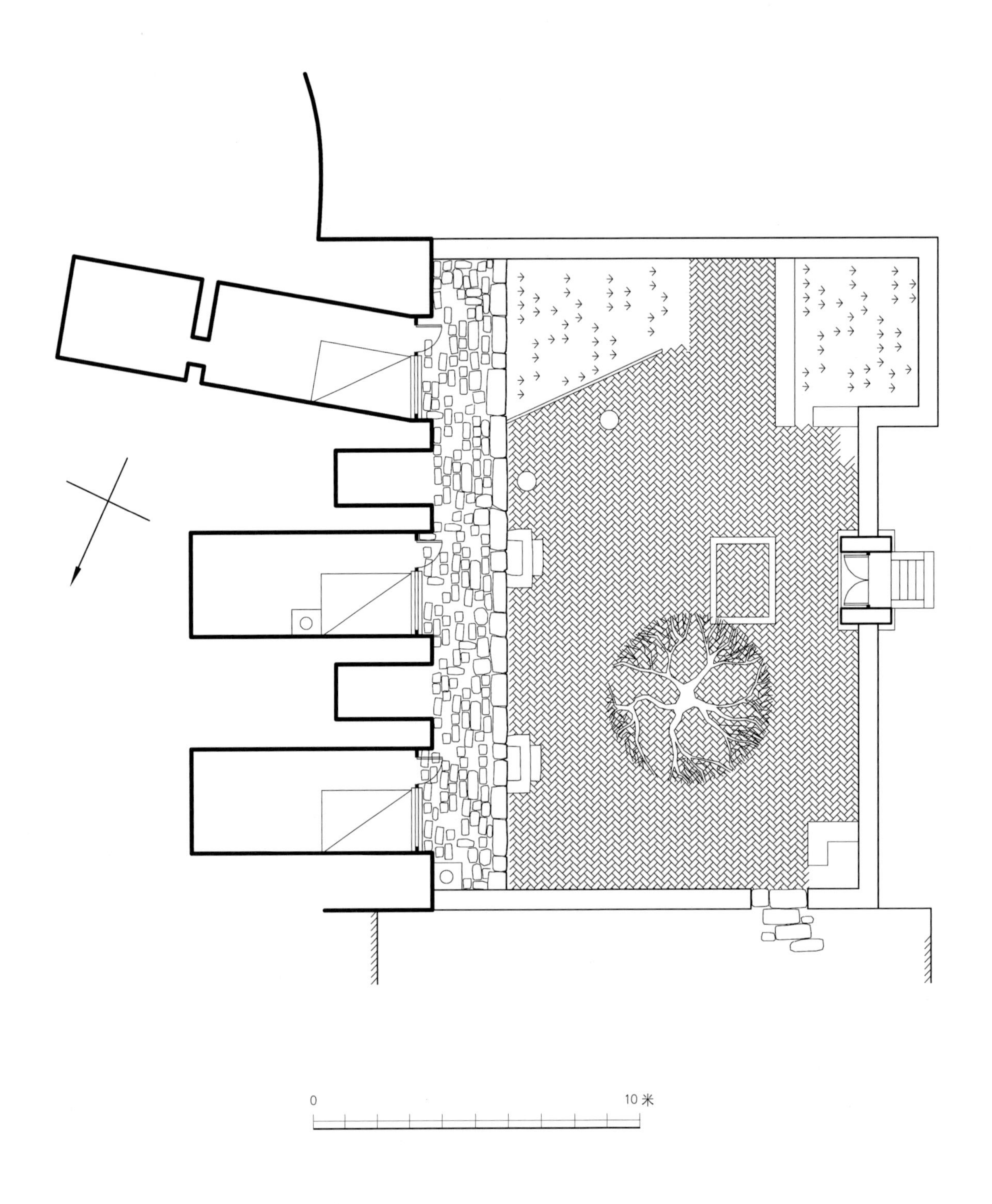

吴城镇西头村院 5 平面

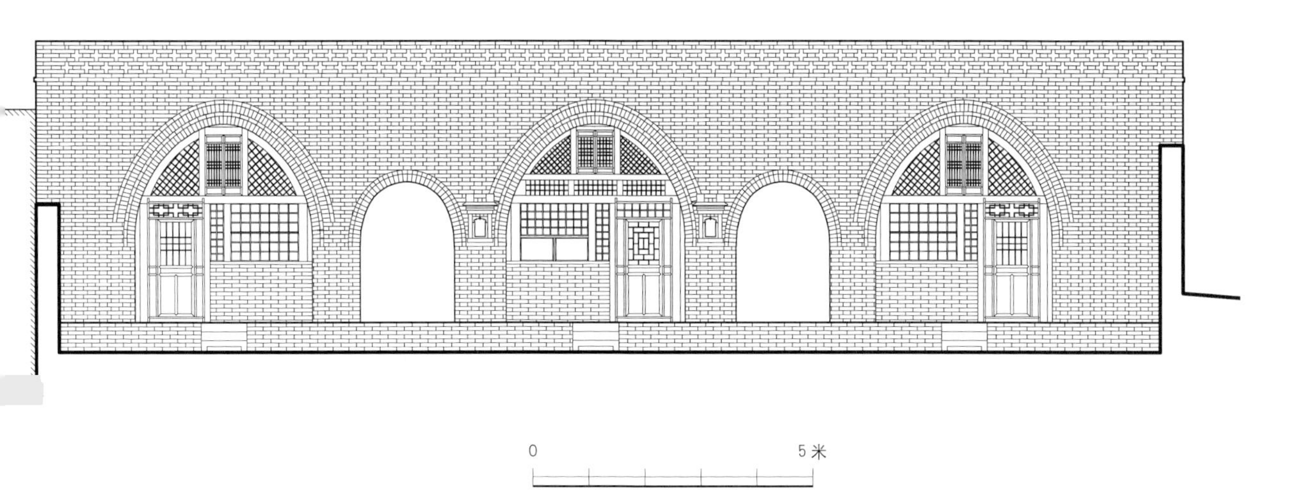

吴城镇西头村院 5 立面

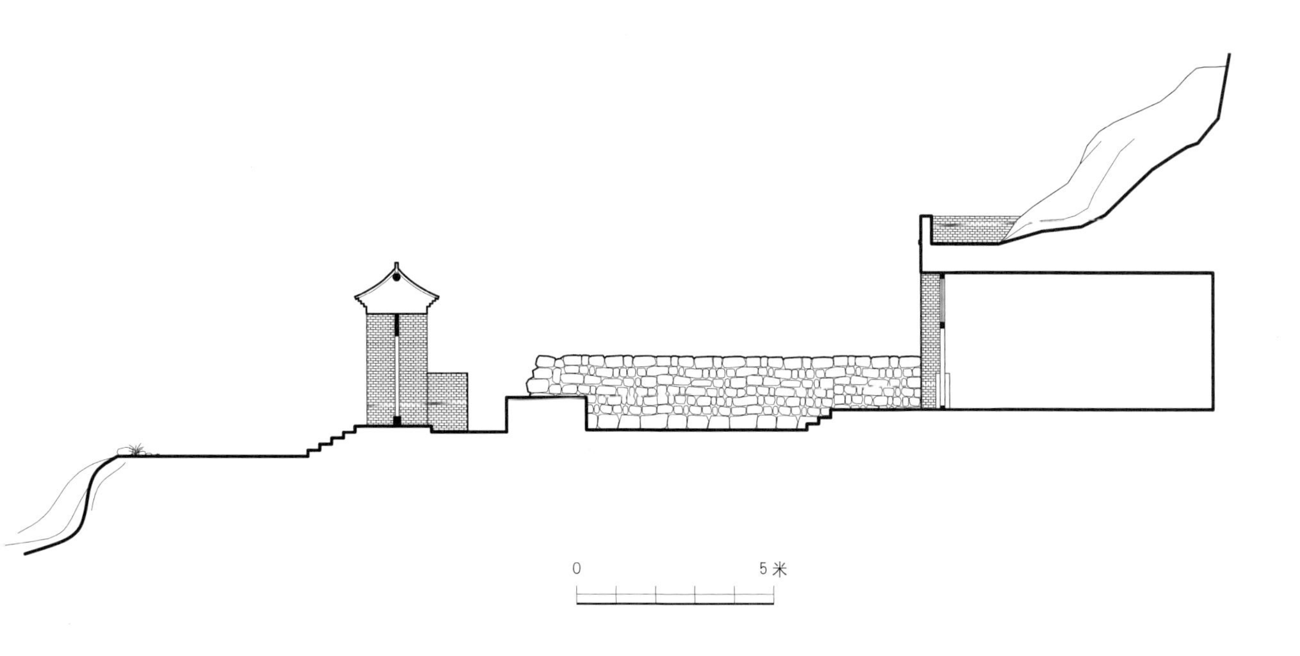

吴城镇西头村院 5 剖面

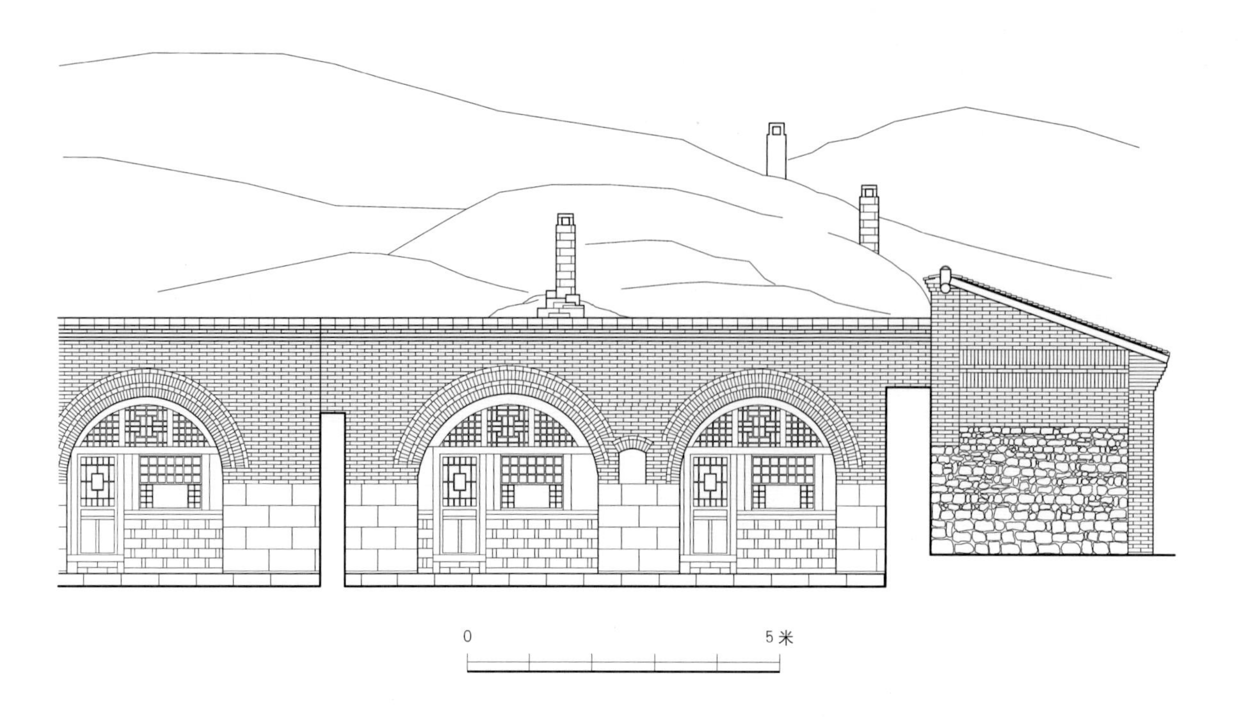

吴城镇中部北山坡上小院内立面

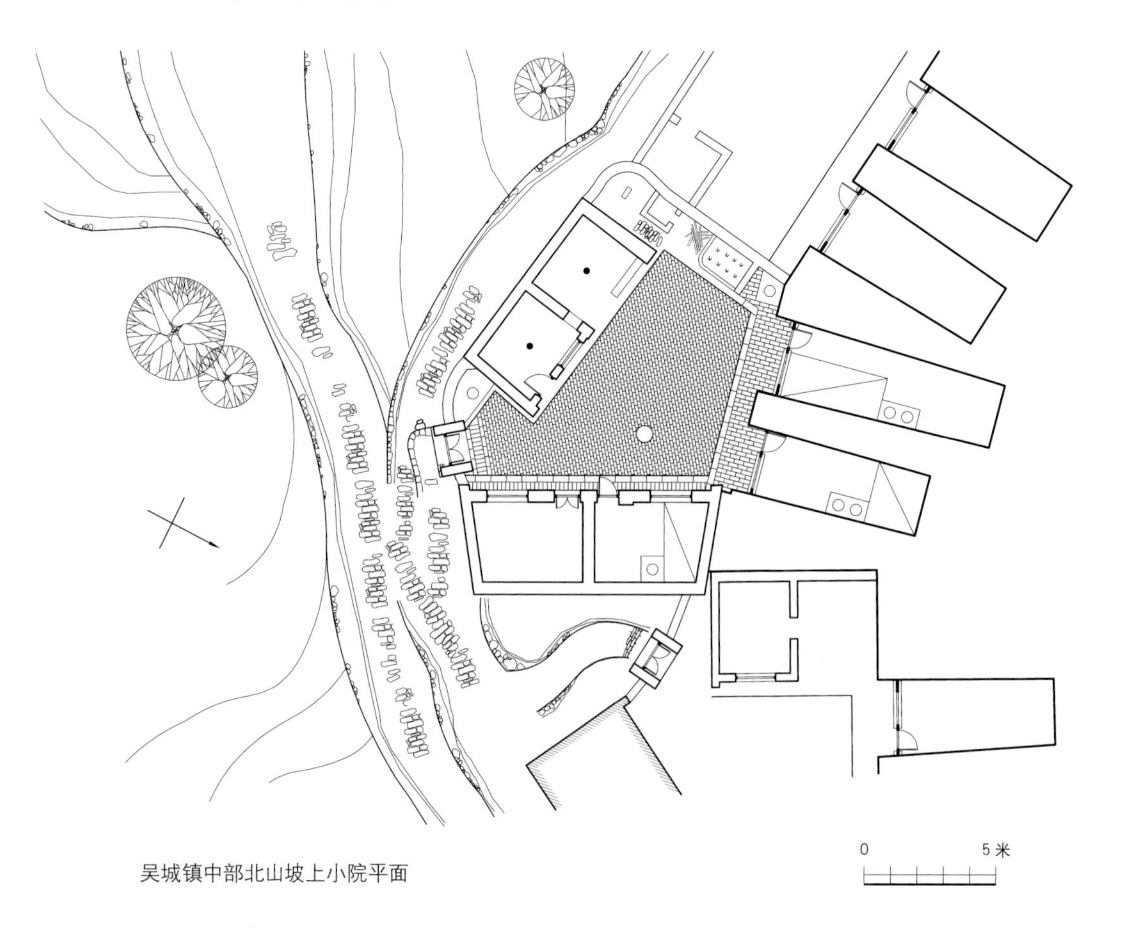

吴城镇中部北山坡上小院平面

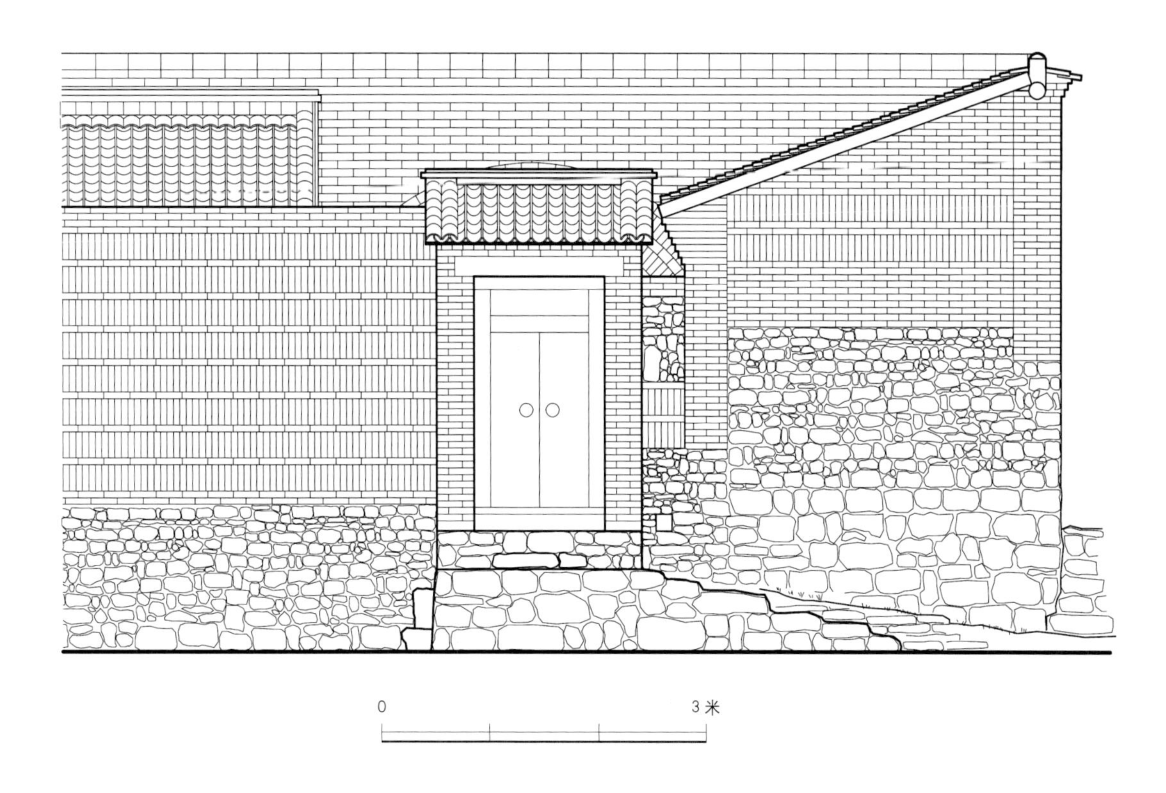

吴城镇中部北山坡上小院外立面

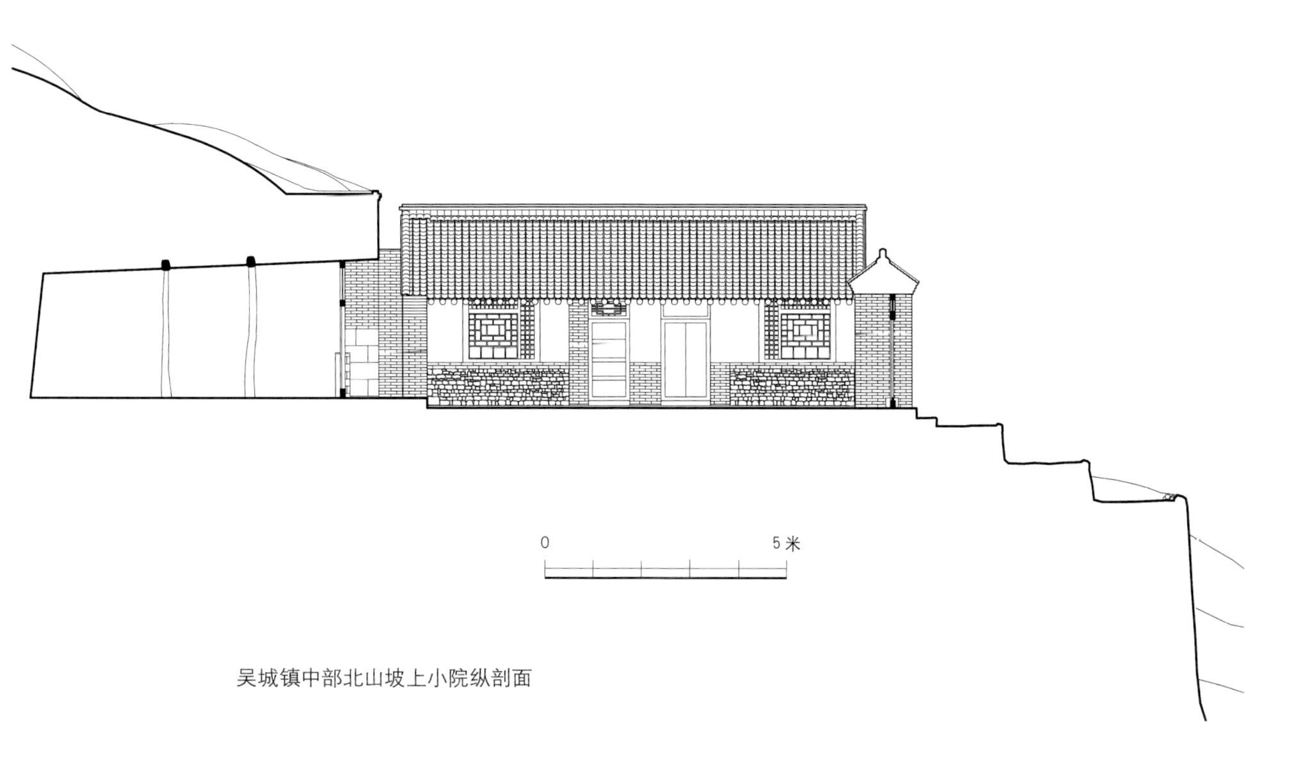

吴城镇中部北山坡上小院纵剖面

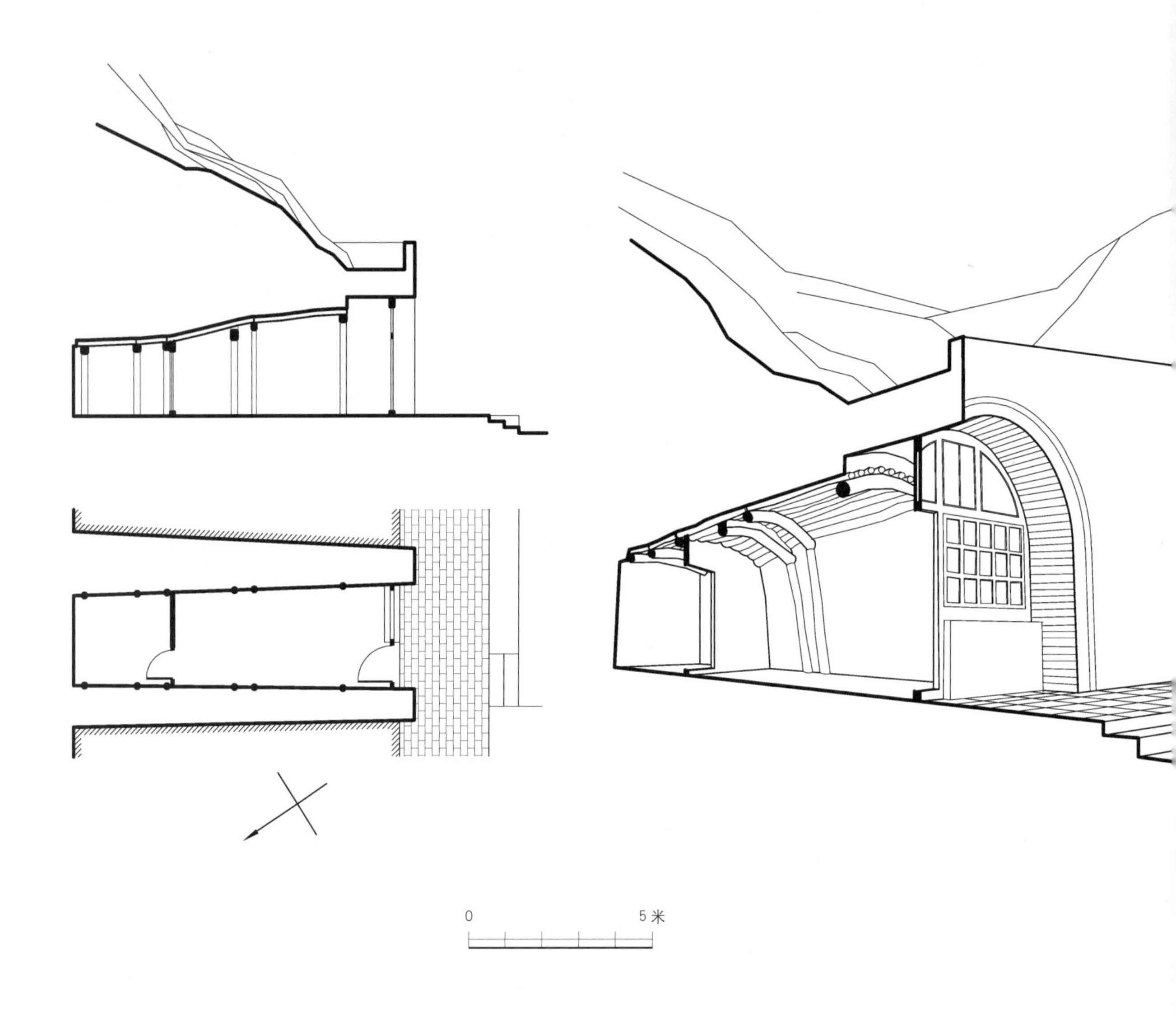

吴城镇街上村 30 号窑洞纵剖面及平面、剖透视

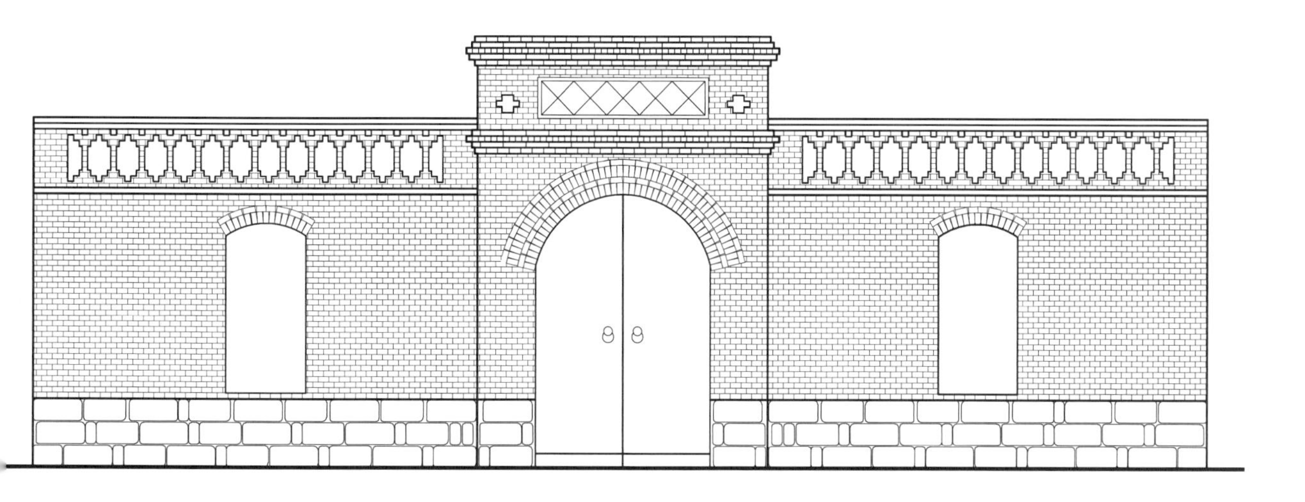

吴城镇上街村天主教堂大门立面

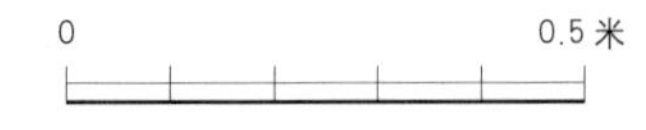

吴城镇街上村 30 号神龛、墀头大样

采访访问纪要

访问马常春
访问兴盛韩药店后人韩福兴
谈谈拉骆驼
访问碛码头工丁四保
从扛包工到经纪人
做过载生意的和合店
复泰泉粉坊
大德通票号碛口分号
碛口聚星魁
访问老艄高恩才

访问马常春

第一次 访问时间：2000年4月25日。

访问地点：西头村马家。

第二次 访问时间：2004年3月11日，作为对第一次访问的核实、补充。

访问地点：西头村马家。

马常春，1929年生，碛口镇西头村人。父母世代以农耕为主，家中兄弟姐妹十人。马常春出生后，家里贫寒无力养活，就将他送给别人奶养，因此又名“马奶保”。马常春虚岁十五岁开始在碛口镇上骆驼店里帮工，老板是碛口镇上单德荣掌柜。那时马常春年纪小，一个月的工钱为二斗小米，在掌柜家里吃饭住宿。1947年贺龙的一零二师部队在碛口驻扎并招当地的青壮年男子当兵打兰州，马常春便参加了部队。一年之后，1948年，马常春退伍回到碛口家乡至今。

您说说当初碛口镇怎么个热闹法。

就是热闹，先是人多，南来北往的。知道吗？镇上一天光卖掉的豆腐就十来担，一担百十来斤，这就一千多斤啦。再是牲口多，驮来运往的。牲口过晌大都在镇上休息，饮水吃料。牲口花力气，草料里就拌上些黑豆，有三成或四成。碛口镇上光是牲口吃黑豆，一天就吃四担，一担三百斤，有一两千斤，你说这牲口能少了？还有店铺多，有说三百多家，有说四百多家，还有说六百多家，到底多少家说不清。有倒闭的，就有开张的；有赁铺子的，就有租店的。逢个集市、年节，摆摊的路边贩就有上百家。镇上人多店多，日常吃用应有尽有，人们轻易不出镇子。但出镇子也方便，男人多骑牲口。

碛口镇上热闹，买卖多，以男人为主。

清末民国初年，全镇上总共有三个女人。一个是王侯检（绰号“大排长”）的母亲，帮儿子料理日常生活，做饭，从不到店前来。一个是做木工的毛京带着他的妻子。还有一个装卸工，又称“扛包子的”，母亲在这里照顾他。

旧时有传统，女人不能参与商业活动，尤其是不能在店前露面，否则会倒了买卖，晦气。

20世纪30年代，镇上女人多起来，女人出门骑毛驴，少数有钱的就坐“架窝子”（前后各一头牲口，一般是骡子，俩牲口之间用木杠架起一座轿子）。街上有专门做“架窝子”的行当。

最繁华那年代，碛口街上分金炉就有好几个，将碎银子铸成大锭，有二十两、三十两……六十两的。一个分金炉在西头村与西云寺之间的地段上，一个在四十眼窑院。这窑院大。传说这院里的老板发了财，养了一个不干净的女人在院里，经常闹出一些稀奇古怪的事来，街上人叫这院子“鬼家庄”。

镇上人多人杂，大店为了揽生意，店堂里都有烟灯，有的私下里还卖大烟土。镇上有暗赌场，二道街上还有几十个暗门子妓女呢。

说说您知道的大买卖。

碛口的天聚永规模挺大，掌柜的是包头人，主要经营油，是油行。

听说大盛魁买卖也挺大。

大盛魁是兰州人办的大买卖，在兰州也有店，在碛口街上有个杂货店。它是从北京、天津买货，用骆驼、骡马陆上运到西北兰州、包头那块儿地方。骆驼在碛口黄河上游十五里的高家塌卸货装到船上，过到黄河西岸的岔上镇，再把牲口从高家塌用船运过河去，第二天骆驼再把货物驮起，上路。岔上是吴堡县最北的一个镇。经过董家山，翻山到白家山，再到牛古二川、满堂川；直到义合、绥德、兰州，这叫东货西运。

大盛魁也做西货东运的生意。货从包头雇船运下来到碛口换骆驼。从这里分为两条路：一条到河北邢台、顺德府，再到河南、山东；另一路去离石、吴城、汾阳、太原，再到北京。

口外的油是怎么运来的？

运油不用船，用羊皮筒。黄河上游甘肃、包头又产油，又有羊，把羊杀了，去头和毛，称“红胴”，咱们一般就叫“羊皮筒”，非常轻。先将羊脖子及三条腿用羊皮绳扎起来，从第四条腿往里面灌上油，不很满，剩下一点吹上气。再把这条腿也扎牢。红胴大小不一样，一般一只红胴装七十多斤油，有胡麻油和小麻子油，都是炒菜吃的，也用来点灯。

羊皮筒单个不能运，要做成油筏子。怎么做？方法挺简单：底层用直径十几公分粗的圆木做成木架子，长三丈多，宽有二丈多。长向的木杆子在两头和中间都打上孔，把宽向木杆两头的榫头穿进去，就像个木爬梯。木杆穿接处用羊皮绳捆绑。然后，在木杆底部用羊皮绳捆扎成一个皮绳网，再把灌了油的羊皮筒子固定在木架和网上。羊皮筒有大有小，木架宽向大约每排捆十只红胴，一个挨一个并排放，就像躺了一排羊。长向大约捆十排这样的红胴，头尾相接。红胴之间拴牢，每排之间再拴牢。这样就成了一只筏子。油筏子航行时候摞起来，最多可摞四层，每层筏子都一样的。路上漂的时间长，怕遇上风浪，筏子木架之间还要加固，用十来公分粗的木杆，将筏子底层至四层的木架框子沿周边再扎牢固定，四角的木杆还稍稍粗些。这样，四层的筏子四周扎上八根或十根木杆，很结实。

航行的时候，筏子往往串连起来走，最多可串连十几个筏子[①]，筏子与筏子之间也用羊皮绳拴牢。油比水轻，羊皮筒子里面又有一些空气，下面还有木架子，筏子浮力很大，漂在水上，靠河水冲劲，河上行筏不很吃力。一般每个筏子上有八个人，六个人是划桨的，一边三个。一个人在筏子头上，手拿锚，需要靠岸时，他就将锚绳绕在胳膊上，用力将锚向水中一抛，胳膊向前伸直，绳子就突突地滑出去了。抛锚是个技术活，一般人做不来，抛锚人平时事情少，工作少，筏工中一旦有人生病，他就替上。还有一个人在筏子尾部掌“尾木造”（音），就是橹，掌管航向。他的地位最高，指挥船工，有一套掌筏的“号令”，筏工都熟悉，向左转喊一声，向右转喊一声，长短不一样，筏工按着命令或停划，或用力划，筏子就会或偏左或偏右。

除了运油，羊皮筒子还能运什么？

用皮筒子运货，主要是油，少数是粮食。运油用羊皮筒，运粮用牛皮筒，那时从甘肃、包头运的粮食主要是小米、莜麦面、高梁、黑豆。用筏子运粮的时候，拿牛皮筒当口袋用有优点，一是防水，二是吹上气有浮力。后来运粮食不用筏子了，也就不用牛皮筒装粮食了。

有没有运草药的皮筒？

没有见过，只见过油筏（羊皮筒）、粮筏（牛皮筒）和运木料

① 有关筏子的连接方式，一串筏子到底能连多少个，是否每个筏子上都有筏工，以及老艄到底在筏子前还是筏子后等一些问题均说法不一，现在已很难弄清楚了。

的木排筏子。甘草、枸杞、当归等草药都用船运。

牛红胴装多少粮食?

一只牛红胴装三百多斤粮食。扎筏的方式与羊皮筒一样，长度、宽度都略大于羊皮筏，由于很重，上面不再摞。牛的个头大，一个筏子上一般绑六十个牛红胴。

到岸怎么装卸这些红胴?

油筏子到岸后，将筏子上固定羊皮筒的皮绳子割断，把皮筒一个个卸到驳船上，运到岸边，再由扛包子的扛到粮油货栈里。

牛红胴也是先割断羊皮绳，用驳船先卸到岸边。牛红胴装了粮食很沉，为了扛运方便，通常把一只红胴的粮食在岸边分装到两只用羊毛织成的“毛口袋”里，一只毛口袋可装一百五十斤左右，然后再扛到粮栈。为了好扛，毛口袋做成瘦长形，口袋宽一尺八（周长三尺六），长四尺。一个毛口袋可用五六年。扛包子的通常一次扛一包，也有一次扛两包的。

碛口有句俗话：“四、八月的河路，九、十月的羊肉”。

每年四月和八月适合漂筏子，筏子多，扛包子的活也多。扛包子的怕乱，筏子没来就先排好号了。如果赶上筏子到了，人没到，就废了号再重新去排号，有可能这一天一趟都扛不上了。扛包子的人家大都很贫寒，家无隔夜粮，碛口人有句俗话说：“扛包子的吃白面，商户人家吃杂面。”人听了都奇怪，其实就是吃了上顿没下顿的，没挣着钱就饿着，挣着钱了就赶紧在街上买两斤白面回家吃，所以才有这说法。冬天黄河一封冻，扛包子的就没活干了。

筏子上怎么能待人?

油筏子的最上面铺一层木板，人可以站立，走动。头上扯上个布篷子。怎么架篷子？也很简单，在油筏子前、后木框架上各拴牢一根木杆，木杆顶上一定要是个杈，在前后杈上拴牢一根细杆，上面搭上一块老布，就是家里自己织的土布，四角用绳子分别拉起拴到筏子四角的木杆上。布面斜着，下雨不会漏，有水就流下去了。

吃饭怎么办？吃饭的时候还是要下船，有时中午就在筏子上吃。筏子从水上走，主要是靠河水向下游漂，行进速度缓慢，从甘肃、包头漂一批油筏子到碛口，少说也要走一个来月，碰上天气不好，走两个月的也有，所以筏子上都带着小煤炉、煤炭、锅碗瓢勺，再装上几袋小米子。到晚上停筏靠岸休息，把灶具卸下来在岸上做饭。天天吃同一样饭，煮熟了小米，捞出来用油一炒，我们叫油捞饭。吃这饭，筏工们知足了。在家平时能吃上小米饭就不易，那时常喝米汤，哪儿见油哇？你想吃油捞饭？哪儿来的油！

哪儿来的油呀？

还不是偷的？押的就是油，还能不吃油？

怎么偷？

简单极了，打开一条羊腿，放些油出来，再把它扎起来。筏子走一个月，哪儿有不损失的？要碰上天不好、有暗礁，有时整个筏子就冲散了。这就算倒霉了。我们押筏子的船工不赔损失。

押筏子的辛苦，挣钱虽不多，比种地还强些。四层的筏子装几百筒油从包头运到碛口，运费三两百元钱。运得多钱会多些，运得少钱也少。每个筏子上都有七八个人，三两百元分到每个人手里也就几十元。

扛包子的都是哪里人？羊皮筒装过油回收吗？

以前镇上有专门扛包子的人，黑龙庙后头西山上全村都是扛包子的，附近其他村也有扛包子的。把油筒子扛到粮油货栈，倒进围在地面的油池子里。装油用的羊皮筒子重复用几次，太旧了就在碛口卖掉了。筏子上的木架子、木船板也拆了卖了木料，碛口附近农家买了去做家具，盖房子。也有专门的木料商来收购的。

羊皮筒子卖了做什么用？

羊皮筒子用处可大了。装过油的羊皮筒子就成了熟皮了，很柔软，那时碛口镇上有三交镇来的人专门收羊皮筒子做皮绳。一个羊皮筒子三毛银角子，合五斤白面。牛皮筒子也能做皮绳。筏子多，皮绳用量也大。

西山上人不种地吗？

哪儿有什么地呀？那穷山沟子里除了石头就是石头，又没有水，风调雨顺能打下点粮食，也不够吃的。他们也不会种地，这地方会种地的数李家山人，又会做买卖，有好几个财主哩。

扛包子也不是老有活，干一天领一天工钱，吃一天饭。扛包子一辈子打光棍的多啦。娶得起媳妇的也是苦一辈子。原来西山上有个扛包子的娶了个媳妇，有两孔土窑，用的是别人扔掉的半截破水缸，炕上没席子褥子，吃一碗米（小米）去买一碗米，媳妇一劲埋怨，扛包子的却说：“不喝隔夜水，不吃虫蛀粮，晚上不用摊铺盖，早上不用拾掇炕。”这就是扛包子的生活。

扛包子的归什么人管？

扛包子的由商会统管。扛包子的也有自己的组织、自己的头目。每年要向镇上交税，扛包子的税由头目交给商会，其实扛包子的税钱已经在工钱里扣过了。商会向镇上包税。记得1937年前后，商会有个叫李德禄的李家山人（活着到今年有九十三四岁了）专门管镇上的税收和卫生，不交税就不能在镇上做买卖了。

商会那时在黑龙庙下面的一排窑里办公，后来窑塌了就搬到黑龙庙里。商会有六七个人，管货物运输、码头调度、

中市街上店铺集中　李秋香摄

税收、建房子和街上卫生。每年街上的店铺有评比，客人称赞的、商会认为守规矩的，就发个经营许可证。

做商会会长要有家产，如果贪污或亏损，县府查出就用他的家产来抵。碰到荒年灾害，商会还要出资赈灾，还要让商人们捐粮，当然是按照商号的经济实力让它捐。闹灾害时村里都成立临时救济会，与商会一起工作。分发粮食按各户人口，根据各村各家贫困程度分发粮食，十分严格。1940年，时西头村的救济会会长刘山川借管粮的机会贪污了粮食，县里查出来将他家产全部没收，由商会负责拍卖，拍卖的钱买成粮食再分发给百姓。商会的人干得好可以一直干下去，干不好或者有人告状，只要情况属实，就随时更换。

商会的人也挣工资，李家山的李德禄，我记得（20世纪）30年代商会每月给他二十几元的“贴金蓝板票”（一种地方性钱币），一元等于两个银圆。

以前碛口街上生意、秩序、卫生可好了，街上每天早晚各扫一遍地，洒上水，防止起土。哪个店不讲卫生，商会会处罚他们，让他扫街一直扫到黑龙庙上。不能随便倒垃圾、拉屎撒尿。现在的碛口街上都不讲卫生了，镇上传个顺口溜：“碛口街上好风光，稀泥半磕膝，又是拉来又是尿，早上还要把尿盆往里倒”。

跑旱路比跑水路挣得多吗?

跑运输、跑天津，来回要二十来天。跑汾阳十二天，一趟赚四十五元钱。坐店的伙计一个月一斗半谷米，也就合七八角钱。谷子的价格是不断变的，1945年一斗谷米四角。1947年“土改”时一斗谷米要十元钱，1948年春一斗谷米降至八元钱。我们这地方穷，三亩地一年才出四斗谷子（一担谷为120斤），不做生意怎么活呀?

碛口街上大一点的店铺的店

里都供财神，也有不供的，俗话说："财神爷好请难发送。"供财神每天要敬神、上供，初一、十五，逢年过节都要大祭，花钱很多，如果一年到头还是不赚钱，有些人干脆就不供了。人们说这叫"家破人亡鬼瞎灯"，凡破了产的都怪罪财神。

（李秋香采访整理）

访问兴盛韩药店后人韩福兴

(1924年生，河北邯郸人)

2000年4月26日　下午

我记得特别清楚，那是1937年，卢沟桥事变的冬天，河北邯郸老家闹灾荒，日子实在过不下去了，我娘就给在碛口街上做生意的爹捎了口信，父亲回到家里，料理了一下家事，就带着我出门了，我和爹白天晚上连着走了十来天来到了碛口镇上，那时我才十四岁。

我父亲叫韩少修，是个很能吃苦、头脑又灵便的人。听父亲讲，兴盛韩在碛口已经做了几代生意了，算上我这辈应是七辈人了。老祖宗最初是清代乾隆年间来碛口的，走街串户卖些毛笔纸张，算是个小货郎。由于勤奋，时间不长，自己就租下一座店铺，开起了“书笔墨局”，这是祖上在河北老家时开店用的店名。以后本钱有了，就自己买了铺面房开起药店。

老祖宗有三个儿子，到清代嘉庆年间儿子们个个长大成人，老祖宗就将家业分成三份，让儿子们自立门户。大儿子手上分到了原兴盛韩的老匾，又给了五十两银子，在碛口镇东市街上另立了一个门面，依旧称“兴盛韩”。老祖宗将老店基给了二儿子，又给了五十两银子作为本钱，也立起一个门面在拐角上，称“兴胜韩”，虽声音与老店名字一样，但中间的“盛”字改成了“胜”字。三儿子没有匾，也没有老店基，老祖宗就给了两个元宝，在东市街上立起一个商号称“新盛韩”。三家都做药材买卖。

我祖父是大房兴盛韩一支的，兄弟共有六个人。兄弟六人长大后，又将兴盛韩的家业平均分六份。我祖父有三个儿子，我父亲是老三，祖父看我父亲头脑灵便，是块经商的料，就把他留在兴盛韩老铺子里。以后父亲回河北老家成了亲，几年回家一趟，也生了三个儿子，我是行二，上有哥哥，下有弟弟。1937年父亲回河北老家，住了几天一直在观察我们兄弟三个，后来才决定把我带到碛口来接班[①]。

初来碛口的铺子里，父亲让我做伙计，先从杂事干起。白天倒茶壶，晚间倒夜壶。店里的伙计看我是老板的儿子，就叫我少掌柜，父亲听了不高兴，不让他们这么叫，也不让我跟自家人一起吃饭，不让在自家炕上睡觉，要我和伙计们一同睡在柜台上。犯一点差错跟伙计们一样挨罚、挨打。其他的待遇也跟伙计一样。我记得很清楚，在柜台上干活，店里不管吃不管穿，一年买一套衣服要花一个大洋。我第一年在店里挣了八块银圆，第二年十块银圆，第三年十二块银圆。第四年干得好，长到二十几块银圆，这时我已经从伙计升到二掌柜，第五年长到三十来块银圆。这不是我父亲偏心眼给提升的，全是凭我自己干出来的。1946年兴盛韩倒闭时，我自己有四百大洋的积蓄。

兴盛韩为什么能一直兴盛不衰？一是讲信誉，二是老板勤奋肯吃苦。我到碛口时，街上很热闹，光是大小药店，就有祁县、禹州、邯郸、平遥等地人开的好几家，还有本地人开的药店。那

① 店铺代代分家，是小农业的传统，严重阻滞了中国工商业经济的发展。

时，药材大多是从邯郸一带运过来，自己做成药丸，再请人坐堂行医开处方，看各种病症。为了竞争，商号纷纷让利给顾客，让利的方式是发行一种本镇商会认可的、自己印制的票子，每个店只有资产达到一定数量，在商会的同意下，才能按资产的百分之五至百分之十来发行票子。这票子只能在碛口镇上用。凡用这种票子买货都可以打折，但事先要用现金买成票子。这样对店铺也有利，可以很快地回收大洋，避免贬值。兴盛韩也发了票子，现在家里还存着一些。

一般在店里当伙计，三年可以回一次老家，店里给五十来天假，老板还会多给点盘缠带上。我1937年来碛口，因兵荒马乱，又跟父亲在一起，四年没有回河北老家。到我十八岁时，父亲给我找了个媳妇，是李家山的人，家里做生意，家教不错，就成了亲。娶了媳妇不久，父亲就让我自己经营兴盛韩的买卖，做二掌柜，又称“二把刀”，地点仍在老店里，没有分店。我媳妇在店里管杂务事，帮家里做饭。我常出门跑买卖、购货、谈判，生意一直不错。

*

兴盛韩沿街是店，后面是院子。正窑有上下两层，我们叫后楼。还有厢窑。沿街门脸是开买卖的，白天有坐堂医生在那里，有专门卖药的掌柜的和伙计。在

街上的烧饼铺，最受脚夫、扛包子的欢迎
李秋香摄

铺子里有一间是掌柜（现在的会计）专用的算账、记账处，存放各类买卖清单什么的。晚上掌柜就睡在账房间里。铺面要保卫，还留一个两个伙计轮换住在铺子的柜台上值班。其他的伙计、杂工都住在院内厢窑里。我父亲住在后楼下的主窑里，我成了亲以后，也单住一孔窑。平时，买药的人长途跋涉到碛口，为了买到价格、质量都满意的货，要在碛口逗留几天，以比较各药行的药品。为了拉买卖，我就免费让这些客人住在兴盛韩药店后院窑里。后楼上层一般不住人，存放药材，药材怕潮气，长了霉就不能用了。

如果店里住得宽松，主窑也不住人，炕是有的，来了客，上炕聊聊，主窑就当成会客室。正窑里通常都供财神，我们的店里还供药王爷。就像卖瓷器的店里供老君，是行业神。每月初一、十五吃早饭前都要拜，过年时还要摆供品，烧香磕头祭祀。老祖宗的牌位放在靠右侧（西侧）的窑壁前，有条案，逢到生辰冥日、过年过节也都要祭祀一番。这里商人去世，很少立即拉回老家，一般先在附近找个坟地埋了，过几年再将骨殖取出运回老家下葬、立碑，所以碛口附近商人的坟很多没有碑。

听我父亲说，我们兴盛韩的老祖宗很会做生意，结交了不少大商号的人。（清）嘉庆年间兄弟们分家，因各种原因分不开，许多事情缠搅在一起。为了分得公道，不留后患，老祖宗特地请来山西太谷专做定坤丹的著名药店广盛裕的老板、祁县永春源商号的老板、平遥道生明商号的老板，三家一起来调和，帮着分家。为分家一事，老祖宗前后用了两个多月，花了不少银子，惊动了镇上不少大商号，最后问题都解决了。镇上的人都很佩服老祖宗办事公道，兴盛韩的名气为此也更大了。

（李秋香采访整理）

谈谈拉骆驼

碛口兴盛时期，水路靠船筏，陆路靠骆驼。骆驼如何饲养，驼工如何生活，现在鲜为人知。为了使后人知道前人的这一段生活，笔者采访了年过古稀的驼主陈百保、陈大牛，驼工马奶保、高明光等人。

下面是经整理的笔录：

驼主是些什么人？驼工又是些什么人？

碛口称驼主是养骆驼的，驼工是拉骆驼的。

驼主自然是有钱人家，像今天养汽车的一样。20世纪40年代，碛口陈家“立”字辈堂兄弟二十八人，不种一分地，家家都靠养骆驼过口子。

碛口的大户驼主集中在西头村，零星小户分布在索达干、碑楼、河南坪、寨子山、寨子坪、侯台镇和攀家沟等村。

养骆驼多的主户，都要雇驼工。骆驼队上路，一般六峰为一组，叫一链，十二峰为一槽。一链就得雇一个驼工。雇用人员多数是自家靠得住的亲友，工钱要比种地收入多一些。碛口周边村庄当时养骆驼的人家很多，最少的只养一峰，普遍养二至五峰，这些小驼主根本不雇驼工，都是自己拉着跑买卖，有的是父子兵。一峰骆驼可以养活三至四口之家，养三到五峰就相当富裕了。一峰骆驼值三百多银圆。碛口西头村马奶保，好拉骆驼没本钱，常常廉价买一峰残、病、老的骆驼，跑短途赚点钱，骆驼实在不能跑运输了，他就杀了卖卤肉。后来他到平遥学了一手卤煮技术，回来专卖骆驼肉，色鲜味香，食客盈门。有人说："马奶保的肉好吃。"他笑着说："我的肉贵贱不卖！"

碛口"陈家骆驼队"是怎样发展起来的？

碛口陈家的高祖叫陈协中，是从西湾村迁往西头村的。开始在碛口开的叫天星店，是个骡马骆驼草料店。地址在如今叫"六眼窑"的地方。六眼窑确实有六眼窑，窑洞修得深，隔为前后两间，靠街面的可以做生意，靠院子的是客房。院子特别大，直达卧虎山，足有六亩多地，两侧修有马棚，能拴百十头骡马，院子正中就地修了四排骆驼槽，能容二百多峰骆驼卧着吃草。当时天星店草料充足，服务周到，安全可靠，很受脚夫欢迎。民间流传这样一段顺口溜："住店要住天星店，伙计殷勤吃喝贱，货物堆下多半院，丢不了你的一针线。"用今天的话说，就是"信得过"客栈。开店赢了利，自家也开始养骆驼。陈协中的五个儿子，都受过私塾教育，老大陈逢时，老二陈新时，早养骆驼早发财，最多都养过二三百峰。老三陈道兴苦读经书，中秀才后觉得穷秀才只能当个教书匠，于是也开始经商养骆驼，儒商懂世故，识时务，自然生意做得红红火火。老大陈逢时生了十个儿子，长大以后都养骆驼，这就是有名的"十个儿家"。逢时夫人高寿，像"佘太君"一样，巧管家务，哪个儿子穷了，就让其他儿子接济一峰骆驼。陈家"立"字辈包括堂兄弟二十八人，养着近千峰骆驼，驼队出州过县，走南闯北，在运输行里响当当。

拉骆驼这营生怎么样？苦，还是甜？

拉骆驼起鸡叫睡半夜，风餐露宿，应说是一件苦差事，但苦中有乐。当时在交通不便利的情况下，拉骆驼的走南闯北，能替他人买点时兴东西，能讲出州过县的故事，在闭门不出的穷苦人眼里，算得上一个人物。小伙子找对象，姑娘们抢着愿嫁。

拉骆驼也是苦事。给骆驼上驮子、卸驮子至少要两个人合作。先是两人抬着厚约五寸多的鞍子，轻轻搁上骆驼背，要抚得很平，否则会硌伤驼背，轻者伤皮肉，重者导致腐烂流脓血，得医治。上货也要俩人抬，左右两边重量要配匀，放上驼背后要缚紧。卸驮子也得两人抬。万一发生倒驼、坠驼的事，就得几个人合力救助。所以养驼人上路都得结伙而行，互相帮助。晚上住店，得卸货，卸鞍，然后铡草、饮水。次日黎明，又得铡草、喂草、饮水，然后上鞍，上货。一只骆驼能驮三百五十至四百斤货，上货卸货要有力气。拉骆驼的早、晚不得睡，很苦。

怎样拉骆驼？

骆驼公母性情不同。母驼温驯；公驼性暴，尤其发情期间，乱奔乱跳，难以控制，因此一槽骆驼只留一个公驼，其余全部阉割。阉驼体壮力大，且易管理。

人常说“骆驼虽大，都是用毛绳绳拉着”，骆驼是较好管理的动物。一个人最多能拉六峰。第一峰称首驼，一般是母驼，骆鞍子的夹杆上，一面挂一盏马灯，供夜行照明，一面挂草料袋、干粮袋。第二峰拴在第一峰的鞍子上，称二链子，以下是三链子、四链子，最后一峰称尾驼，也叫梢尾子。尾驼鞍子的夹杆上吊着一个尺余长的筒形熟铁铃，走动时“叮当——叮当——”地响着。如果一峰骆驼断了缰，它和它后面的就站着不走了，拉骆驼的听不到铃声，就知出事了。

骆驼走十里左右，就得站下来放一次尿。

一天一般走一站，即六十里到七十里，八十里就称大站口。

什么叫站口？每个站口都有骆驼店吗？

一站是一天能走的里程，站口是能住宿的地方。骆驼一天走七十里为宜，但如果七十里无村落店铺，八十里才有，那就再走十里住宿。如果六十里处和九十里处才有村落店铺，那就在六十里处住下来，少走十里。因此才有大站与小站之别。

站口大都有开店的、卖饭的。当时社会普遍贫困，店栈无非有几孔窑洞，窑里修着一盘大土坑，铺一块破席子，根本没有被褥，十多个客人就睡在破席子上。山村里的骆驼店人称“柴草店”，大门外挂一把干草做幌子。柴草店里设备更为简单，院子里拦几根木棍，就是骆驼槽。因此拉骆驼的都自己带着破铺盖，以免“夜穷难受”。

骆驼住了店，驼工忙着喂骆驼，店家也开始给客人做饭，

街上的杂货铺　李秋香摄

一般是山药、萝卜、粉条之类的大烩菜，主食是小米捞饭或豆面“旗子”，吃白面时很少。

沿途只有些干粮铺，驼工买块饼子，边走边吃。渴了向人家讨碗冷水喝，见到有水的山沟，就爬下来喝“爬爬水”。生活很苦，不过驼工们都惯了。

骆驼能骑吗？

骆驼可以骑，不过从碛口往东运货，骆驼只只满载，驼工跟着走。从东边回来，货少，有的驼便空了身子，驼工们便有机会骑上去。驼工常常骑在最温驯、最有灵气的首驼上。过去骑骆驼出远门也是一种享受。上骆驼时，驼工将

缰绳往下拉，它的头就低了下来，用手抓着鞍子，一只脚踩在骆驼脖子上，骆驼一抬头，就把人送上去了。坐在骆驼鞍子上，鞍子里面垫着驼毛或麦秸，软绵绵的，前后都有驼峰，比骑骡马稳当得多。抱着驼峰还可以睡觉，骆驼一晃一晃地走着，好像坐在摇篮里。如果是熟路，它会自己往回走。

骆驼怎样饲养？

骆驼能吃也能饿，但在运输的时候，还得精心饲养。驼工鸡叫就得起床，先忙着铡草，就是将谷草秆切成一寸长的短节节。切好后就开始上草，大约一峰骆驼一次能吃草十五斤左右。吃完草后，再给骆驼上料袋，料袋是用白布缝的一尺有余的袋子，每次装二斤多拌了水的黑豆，二两食盐（有时隔两天加一次盐），然后套在骆驼嘴上，用料袋上缝着的绳子拴在骆驼头上，让它自己吃。（也有人说口食三十到五十斤草，黑豆四五斤，盐半斤）。骆驼吃草、吃料都跪着。然后拉着到河边饮水，如果离河太远，就挑水饮。骆驼是一种反刍动物，吃进的食物，会“嚼”起来再吃，常常看到骆驼走着站着嘴里嚼食。

骆驼吃料要干净，带进杂土会拉稀，带进铁钉、针，骆驼会消瘦，引起死亡。吃下鸡毛也会有严重后果，所以养骆驼人家不养鸡。草料要筛土，黑豆要簸扬。

骆驼吃饱喝足后，跪着备鞍、上驮货。铡刀也得捎在货驮上，以备下一站使用。

晚上到站后，卸下货，如早晨一样让它吃“晚餐”。

有人说骆驼是“日没上路，半夜投宿”，对吗？晚上如何确定时间？

双峰骆驼是寒带沙漠里的动物，不宜在高温下行走。因此在气温高的时候，需要“日没上路，半夜投宿”。有人说四条腿的动物都长着夜眼，确实骆驼晚上行走比人看的路面要清楚。在冬季或气温不高的时候，还是白天行走夜间住宿为安全。

过去没有手表，晚上行走看月亮。民谚云“十七、十八，人定月发”，即阴历的十七、十八，村里人上床的时候，月亮升起来了；“十九、二十，人定睡着”，即阴历十九、二十，晚上人都睡着了，月亮才升起来；“二十七、八，两明相刮”，即阴历二十七、二十八，太阳与月亮同时升起。人们就此推算晚上的时间，但只是个大概而已。

碛口向外有几条官道？一般运输些什么？它与骡马有分工吗？

碛口在山西这边有三条通道：一条是路过侯台镇，钻进樊家沟，翻过王老婆山，经离石，到吴城，再翻薛公岭到晋中平川；一条是顺着湫水河北上，过三交，到临县，上白文，翻过紫金山到兴县、岚县等地；还有一条是从碛口沿着黄河岸边往南走，到孟门镇，再翻山到柳林、大宁、永和、石楼、吉县等地。

骆驼主要是搞长途运输，碛口起程时拉着黄河里运来的油、碱、盐、皮毛、莜面等。骡马主要搞短途运输，以地区内互通有无为主，还有招贤的瓷、铁货也靠骡马转运到碛口。毛驴主要从招贤、南沟往碛口拉炭，每天上千毛驴排着一字长蛇阵，像一股黑水一样，注入碛口。

骆驼为什么要“下场”？驼工在下场期间干什么？

骆驼是我国北方寒冷沙漠地区的动物。每到夏天，（骆驼）受不了酷热的气温，必须到深山老林里避暑，俗称“下场”。

骆驼从春天起开始脱毛，到夏至前，身上的毛大都自己脱尽，剩下腿上和脖子上的长毛，再人工剪去。这时候就要准备下场。先给骆驼服解暑药，即苦瓜蔓、蜂蜜水、鸡蛋清或其他中草药；然后再给下场的驼工包粽子，戴雄黄香囊。

下场一般在中阳县车鸣峪沟（吕梁山），那儿山高、沟深、林大，住户人家不太多，只有岔上、弓阳等几个小村庄。到了某村后，先找地方住下来，然后拉着骆驼到山脚下围成一圈，所有人员跪下来烧香磕头拜山神，祈祷山神爷爷保佑平安，诸事如意，这时再给每一峰骆驼脖子上吊一个大小不一的铜铃。放牧开始后，驼工分为两组：一组在家整理缝补鞍子、毛口袋等；一组跟着骆驼群到水草好的地方放牧，在深山里搭一个庵子，吃喝住都在这儿，过起了游牧生活。白天骆驼解去缰绳，让它在山坡上吃草，下午再拴上缰绳拉着饮水，晚上拴在驼工住的庵子周围的树上。

放牧是非常辛苦的差事。除生活条件非常艰苦外，还要防野山豹出来伤人。不过，骆驼很有灵性，如有风吹草动，它就摇头踏脚，哞哞吼叫，跑来维护主人，豹子大概也看到骆驼身高体壮，溜之大吉。另外，山里在头伏、二伏期间，有成千上万的灰蝇，骆驼被咬以后，会起疙瘩出血，严重者有死亡的危险。因此提前用柏籽、柏树皮熬制“柏油”，骆驼浑身上下涂上油以后，皮上起水泡，臭气冲天，灰蝇就再不近身了。也有人说涂柏油是为了好长新毛。

下场长达三个月的时间，放牧工也搞一些副业，就是刨黄芪、党参等药材，这也是一笔不小的收入。

起场一般在白露以后，即天气下霜以后。如果提前起场，当地农民是不允许的，因为暗示会提前下霜。

骆驼回来以后，再吃一些凉药，休整几天就开始驮运。

骆驼易得什么病?

骆驼是一种娇生惯养的动物，最怕的是“传槽”。用现在的话说，就是一种严重的传染病。一旦发生传槽，就有全部死光的危险。碛口西头村陈立华养着五十多峰骆驼，有一年下场就全部死光，由一个富公变成了穷光蛋，气得陈立华没几年也死了。

骆驼还会得一种腹胀病，人们说是“喝错了水”，就是说饮水时将水喝在罗筋皮（皮肉之间的半透明薄皮）之外。因此治疗的方法也很奇特，就是将槽状针刺进驼的腹部皮肉之间，再插进一根鸡翎子，于是略有黏性的水就往出流，驼工不敢让它卧下，拉着溜达一天多，等流完了水，拔掉鸡翎再休息几日，骆驼就逐渐能吃能喝了。

养骆驼要给它定期泄火，灌生鸡蛋或苦瓜蔓汤。

大年初一骆驼也“出行”吗？驼主供的是什么神？

大年（正月）初一碛口买卖人都要“出行”，就是按照算命先生的指导，今年喜神在哪个方位，到空旷的原野里朝着那个方向烧香磕头，求个流年吉祥，财运亨通。养骆驼的更是兴师动众，骆驼头上系一块红布条子，鞍子夹杆上贴着大红纸写的“水草通顺，四季平安”“日行千里，夜走八百”等吉祥语。孩子们打扮得花枝招展，几个孩子骑一峰骆驼，随着驼主，拿着香表，提着酒壶，穿着长袍马褂，一齐到河滩里叩拜，祈求一年时运通顺，平安发财。

养骆驼的主要供奉的是马王爷。马王爷是家畜的守护神，相传六月二十三为马王爷祭祀日，凡养骆驼的人家都要在这一天设立牌位，上写“供奉马王爷之神位”，摆上供品，烧香烧表，磕头祭拜，并许“神书”三天，择日请盲艺人说唱。

请盲艺人说唱，大都在骆驼下场以后，一切祭祀活动，由家里人筹办。比如西头村养骆驼的最多，每年秋后常请一个有名的盲艺人说唱，一家三天，说罢再换一家，长篇故事这样接着说，也能说完。盲艺人说唱，虽然没有唱戏热闹，但围观的人也很多。一般说唱的内容有《花柳记》《包公案》《彭公案》《大八义》《小八义》等长篇曲艺故事。有时盲艺人也唱一些庸俗的民歌，逗得女人们抱着肚子大笑。这在当时文娱贫乏的年岁，是民间重要的文化生活。

（王洪廷采访整理，薛容茂补充）

访问碛码头工丁四保

丁四保，1929年生，高家塌人，因为家贫没有读过一天书，十岁开始就跟着父亲“爬河滩”。

“爬河滩”是在码头上劳作的意思。“爬河滩野鬼”是碛口人对黄河码头工人的称呼。当时，碛口码头上扛包子工人都是些穷光蛋，衣衫褴褛，散说乱道，不少人还染上了抽大烟的恶习，所以在有钱人眼里，都是些下三滥之流。

记得十岁那年，父亲背上生了一块疮，疼得他不能扛包子了，就让我跟着他去帮忙。父亲摸着我的头说：“小子孩（男孩）不吃十年闲饭啊！”后来我在河滩里捡破烂，捡掉在地上的粮食、碱块，帮助维持我们的五口之家。

我十五岁那年，父亲已是年近六十岁的人了。我看他扛着两百多斤重的包子，两腿直哆嗦，头上的汗珠不住地往下掉，扛不了多远，就要坐下歇会儿。我不让他一个人扛，我们父子俩就抬。当时抽大烟比今天吸好纸烟还便宜，为了解乏，父亲从此也抽起了大烟。祸不单行呀，第二年春，父亲染上“时令症”，不几天蹬腿就去了。我们全家哭得死去活来，养活一家人的担子就落在我母亲的身上，我这个半大小子也尽力帮着。母亲是纺花织布的能手，两个妹妹也夜以继日地纺花。母亲一天能织一丈多布，五天一集织一匹，拿到集上卖了再买棉花再织布。

碛口码头当时十分繁荣，河滩里天天停泊着百十多只船，卸粮卸油，几百号人靠扛包子挣一家子饭食。本来我不到扛包子的年龄，大叔们为了照顾我家的生活，就让我顶了父亲的班。

旧时，沿街是铺面门脸，从大门进到后院是住宿的大车店　李秋香摄

“顶班”是个新名词，但当时也不是谁想扛谁就扛的，码头工人也有自己的规矩。当时碛口大约有码头工人三百多名，分别住在西山下、西头、河南坪、寨子山这几个村子。他们有的全靠扛包子过日子，有的还有几亩（或租种）薄地，半工半农。三百多名码头工人分为三个队，每队又分五个组，上河里来了船，按队按组按花名次序轮流去扛，如若谁凑巧不在，那就不能再补了，只能等下一拨再挨号。如若谁犯了病扛不动，只要人在场，就可雇人搬运，工资平分。我当时重包扛不动，就请叔叔们代扛，我凭号分一半工钱。村里半工半农的人时常派人瞭望，见上河来了船，就放下农活去扛包。

上河里来的船，装五十件以上称“饱载”，以下称“半载”。粮、盐装在羊毛线编的口袋里，每包老秤重一百八十斤（老秤1斤=0.59公斤）为一件，两百斤为半件，二百二十斤为两件；油篓多为一百二十斤，因怕碰破，两人合抬两件。每件搬运费按货栈字号远近都有规定。上水货大都是招贤产的瓷器、铁器和炭（煤），店铺都在靠黄河岸边的二道街，搬运比较方便。有时也有往上运“洋板货”的，但为数不多。

当时人都诚实，船上来的货不一定是一个字号的，船主让往哪儿扛，扛包的就分头扛去，半点差错也没有。扛到了字号，收货人发一个木签，晚上组长收起让队长结算，往往要等到三更半夜才能领到工资。队长抽一点头，所以交税由队长去交，扛包子的自己不去交。“洋烟鬼”一般日子过得很紧困，没有“隔夜米”，领到工资后才买点米面、买点大烟摸着黑回家。但多数搬运工旺季收入还不错，一天能赚三四升米，也有赚一斗多的时候，如果精打细算，四口之家也能过个温饱生活。

在船运淡季，码头工们就做一些其他苦力活，人常说：

“碛口街里尽是钱，看你会捡不会捡。”我生来腰粗体大，二十岁时曾扛过四百八十斤重的玻璃箱。淡季时我就给人家干杂活，过个穷日子也不成问题。

“一只羊有一摊草，一头猪嘴上顶三升糠”，穷哥们儿大都爬河滩一辈子，有活咱就干，没活坐着一堆拉闲话，说说笑笑，打打闹闹，倒也心闲身自在。

（王洪廷采访整理）

从扛包工到经纪人

小塬则村白氏四兄弟，老大步福，老二步禄，老三步祯，老四步祥，从小跟随父母，到碛口镇上的黄河码头，以卖米汤、豆面食品为生。年龄稍大一点，老大、老二、老三相继干起扛包工的营生。

素有“天然良港”之称的碛口古镇，每天往来的顺水货船、羊皮筏子和上水货船，有七八十只，给周围村庄的贫苦百姓，提供了生财之路。人们叫装货、卸货的搬运工为扛包工。

白氏三兄弟初出坡（初上岗），从拜师入行，到经过行规行矩的熏陶，成为地地道道的扛包工。初出坡的扛包工，拜“揽头”（包揽生意的人）为师傅，称师傅为师叔或师兄。拜师入行，就得懂行规。扛包工不成文的行规是：“以苦为生，四海为朋；坑哄拐骗，行规不容”。本行规有三层意思：一是认命，认定扛包受苦，是命里注定的；二是互助，扛包工是集体行为，要有互相协作精神；三是诚实，搬运货物，任何人不敢小拿小摸。扛包工受宿命论影响，不敢有非分之想、额外之得。他们中间流传三句俗话：“捞得块木板丢了一扇门，拾得个盅盅倒了个盆，娶得个媳妇死了个人。”他们相信

粮食进货量大，过载店的储藏有上、下四层窑　李秋香摄

“外财不扶命穷人”的古训。

扛包工衣着单薄，一年四季不穿袜子，腰里缠一块白洋布包巾，扛包时，将包巾搭在颈部，一声不吭，一二百斤的重负，全不在话下。碛口扛包路程，少说也有二三里。大字号分别住在三胜永巷、当铺巷、拐角巷、画圪巷、驴市巷、流水巷、善旺巷、信义院巷、锦荣店巷等。

揽头包活，都在习惯占领的地段内。凡来的货船或要走的空船停泊在哪个地段内，哪个地段的揽头才能主动接头，船上的货主或接货的人，即告明货运目的地（字号）或装哪个字号的何种货，数量（包或件）多少。揽头即发话：“弟兄们，动手！”大伙各执其事。到晚上收工时，揽头破股子，把每人应赚得的工钱，悉数发到每位扛包工手中。

顺水船，一般能装粮食二十多石，八万余斤。上水船，一般能装日杂用品三万余斤，全靠拉纤，日行二三十里。货船搁浅，懂水性的扛包工还得下水义务背船。

遇洪水时，黄河上漂浮的货物、木料等，扛包工打捞上岸，凡搭手帮忙者，人人都有一份。此谓“天河之食，人各有份”。

扛包工乐于助人。凡上下船的客人，不管是男是女，只要打个招呼，他们都会背着上船或下船，不要一文钱，甚至连一句道谢的话都不用说。

河道上扛包，是有季节性的。每年谷雨后至小雪前，是水运期。到小雪冰凌封河，船运停止。在这段时间里，扛包工利用平时的影响和关系，被商行聘去，协助骆驼起货。

白氏三兄弟，扛包生涯，铸造了他们守行规、重义气、为人老实本分的性格，年年冬闲，商家都乐于聘用。

（高志鹏采访整理）

做过载生意的和合店

我叫李玉珠，今年七十一岁（1934年生），碛口西头村人。父亲李永财从小在碛口做生意，1938年日寇“扫荡”，我们举家逃往陕西吴堡县岔上镇。

当时岔上有吴堡县政府开办的货物转运站，父亲先给站上当职工，后任业务主任。1947年胡宗南进犯延安，我们家又回到碛口。那年正遇康生在临县搞“土改”，把我家定为中商，父亲看到斗地主、打恶霸的情景，就倾家荡产交出小米一百零七石（一石约300斤），折银洋七千多块。1948年，在三交土改纠偏会议上，又把我家按新政权翻身户对待，退赔小米三十石。是年，翻身农民喜气洋洋，碛口市面欣欣向荣，于是父亲又萌生了做生意的念头，与几位朋友开办了和合店。

严格用人　合理分红

1948年秋，家父李永财与好友白振斌、陈应治、薛荣岭四人合伙开办了过载店——货物存放出售店。父亲出资两千元（银圆）为两股，其他人各出资一千元为一股，父亲自然为东家兼正掌柜，其余三人为东家兼副掌柜，在碛口中街租赁了原积生成的院落，聘请了能写会算、能说会道的丁振林（陕西丁家畔人）为五掌柜，李丕贞为账房先生，各按一份身股子对待。这样，银股子共五份，身股子六份，参与年终分红。

另外，店内还雇用两名做饭的大师傅陈玉高、薛三虎，一名贴账先生白云昌，一名打杂的白候昌，两名“劳金的”我（李玉珠）和白润有。当时我才十五岁，有人喊我少东家，父亲严肃地说：“学生意得从劳金开始，千万不敢以少东家自居。”确实，父亲管教很严，饮食起居与“劳金的”一样看待。

掌柜的们也有明确的分工：家父李永财全面负责；白振斌为“接客的”，在黄河码头上迎接船上来的货客，招揽生意；陈应治为“站院的”，负责迎客、过秤、保管、帮助洽谈生意；薛荣岭为“管钱的”，像今天的出纳一样；丁振林是“跑街的”，与各字号联系生意，招揽货客，并采买日用品；账房先生自然是“管账的”。当时中式记账十分麻烦，有万金账、流水账、往来账、借账、伙食账、草账等。草账要将当天发生的事都记在上面，包括白天来货过秤时每一秤的数量都要记在草账上，晚上三架算盘核算，再分别记在分类账上，因此账房里睡觉都在深更半夜。

平时无论掌柜与伙计用钱，都得正掌柜批准，才能在账房里借款。一年下来分红，总结算一次账，五份银股子与六份身股子自然按规定分取。如果店内盈利好，除说定的工钱外，还额外给予伙计们奖励，这样大大地调动了每个人的积极性，大家都想把生意做好，得到更多的实惠。

诚信待客　严守店规

过载店是接纳水路与陆路所来货物的店铺，不同于前街里所开的草料店。货物进店后，先由店家过秤登记，存放保管，丢损由店家全部负责；然后，店家帮助货主出售，或货主委托店家出售，店家抽取百分之二的佣金。像这样的货栈店铺，碛口当时有十多家，最出名的有丰记货栈、益生成货栈、全胜栈等，因此竞争十分激烈，如不善于经营，就很难招揽货主。

黄河水路来货主要有油、盐、碱、甘草、皮毛、粮食等，其中碛口上游三十多里的陕北货物集散地螅镇（即螅蜊峪）来货最多。每天碛口所有货栈都有专人到黄河码头守待，一旦货船到来，都上前招揽生意。我们和合店的丁振林，人惯马熟，能说会道，是招揽客商的能手。

陆路来的货一般不专程去接，因为货主大都不跟随牲口，是由脚夫带着货签到指定货栈卸货。当时东路（晋中各地）字号大都在碛口常驻有采买货栈，届时接收。

买卖人最讲诚信，有的货签就明确批示让某货栈验收，并确定最低价格，托其代售。我们和合店也常遇这样的情况。比方有一次汾阳德厚承字号用骡子运来两驮白洋布，以每匹不低于七十四块银圆的价格托我店代为出售。可巧碛口行情上涨，每匹能卖到八十一块，有的掌柜想克扣一点，我父亲严肃地说："没有三年不漏风的墙，我们不是做了这次再不做了。倘若人家知道了，传出去，不是自寻倒霉吗？"还有一次东路运来的火柴放在南边的库房里，因为当时不是安全火柴，让老鼠啃得着了火，几乎酿成大灾，全部损失都由我店负责。

除此以外，店里对伙计们有严格的要求，招待客人像接待大喇嘛一样，不得有半点不周之处。小伙计晚上铺被褥、提尿壶、打洗脚水，白天清理客房，沏茶递水；大师傅每顿饭都要端进客房，问热问寒；打杂的每天打扫几次院子街头，垃圾不许随便乱倒，必须倒在指定的河滩里；账房里日结日清，不许拖在第二天。当时我的任务是打杂兼跑街要账，要账时手里拿着"摺子"。这种摺子用油纸折成，付钱后可以擦掉。

商号存储的大院　李秋香摄

航运萧条　生意淡薄

人常说："做生意的千家万家，赚钱的只有三家两家。"我们和合店一开始确实生意兴隆，赚了不少银钱。我家在西头村买了一院房子，置了三亩水地，生活过得非常富裕。谁知到了1952年，黄河水运日渐萧条，和合店的生意也很不景气，父亲愁得睡不着觉，就与母亲成天抽大烟。大烟这东西原来很便宜，这时却成倍成倍地涨价。父母想戒戒不了，没钱花，就做起了犯法的生意。有一次，父亲他们在汾阳买了一千块银圆，放在特制的油篓夹缝内，又装了酱油往回运。不知怎么泄了密，一回到碛口就被区公所查获，怕得我父亲逃到陕西。区公所抓住丁振林，坐了五天禁闭，银圆全部没收。

再说搞犯法的生意。那时候的商人几乎没有不搞的。听四盛永的掌柜马德清讲，1948年，他与薛荣质等四人骑着自行车跑天津、到洛阳，专门做贩金银和大烟的生意。有一次，他们在汾阳买了二百四十个金戒指，寄藏在四辆自行车轮的内胎里，每天骑车行二百多里，经过许多关卡也没搜出来。那时天津比汾阳金货贵一倍，贩一个赚一个。他们又在天津买了人参，回来时坐木炭烧的汽车到石家庄，后又骑自行车回到碛口。那时做生意赚钱，就怕"跌股"（被查获）了连根烂。

我父亲胆小怕事，没做过多少犯法的事，这一次银洋"跌股"，也对他打击不小，从此退出了和合店的股金，成天在家里闷坐。后来陈应治、白振斌也退了出来，和合店只留薛荣岭、丁振林继续支撑。次年（1953年）国家开始实行统购统销，和合店才不得不彻底停业。

我父亲早在1952年冬买了当时先进的织布大机，在自家院子里办起了土纺土织的小工厂。谁知到了1953年，国家从苏联进回"爱国花花布"，充满了整个市场，历来不穿花红的男人们也穿上了花衬衫，以示爱国。土纺土织赚不了钱，不久也停产。父母亲两根大烟袋，坐吃山空，过着穷困潦倒的生活。1977年父亲辞世，享年六十九岁。

（王洪廷采访整理）

复泰泉粉坊

西云寺前街南，有一个很大很大的院子，坐西向东，修有七孔窑洞，北面有一个破破烂烂的驴圈，南面靠街是较为讲究的大门，这里在民国二十年（1931年）前后，曾是小有名气的复泰泉粉房。

以下内容为复泰泉掌柜刘德华的长孙刘如功（七十九岁）的回忆。

我在十多岁的时候，复泰泉还非常兴盛，粉坊里常雇着二十多个帮工，养着三头毛驴，每天忙着推粉、漏粉、晒粉，有时还涮粉皮。粉渣是最好的猪饲料，院子东边修了一个大猪圈，常常养着二十多头肥猪。

我爷爷留着八字胡子，戴着瓜壳帽，有时穿着长衫，就像碛口街里的掌柜一样。爷爷写得一笔好字，粉坊里的账簿由爷爷自己记。柜房里来了照顾手（顾客），他总是热情招待。老人家很会做生意，买里卖出从不捣鬼，顾客们都想和他打交道。当时临县是小杂粮的产地，再加上河路里常来绿豆、扁豆，推粉的原料从来不短缺，然而粉条粉皮要卖个好价钱，可不是容易的事。碛口当时粉坊很多，尤其是圪垯上村，一百六十多口人，几乎家家都漏粉，因此爷爷常为销路发愁，天天在货栈里拉买主。后来爷爷便拉着粉条到东路（晋中平川）去卖。

粉坊里的劳务事都靠父亲管理。推粉不像现在一样，机器骨碌碌一转就现成，当时专门有推粉的石磨，一盘磨由一头驴拉着转，一天能推一百五十斤漏粉的粮食。那时候，还不懂用山药（1940年后始加山药）推粉，而是用高粱九十斤，扁豆十五斤，绿豆三十斤混合而推。我们有三盘磨，就是每天能推四百五十斤粮食。推粉的过程与推豆腐一样，将粮食浸透后在磨上推，推一次用罗往大缸里过罗一次，一般需重复推三次，剩下的粉渣就喂了猪。推完了将缸里的粉浆挖在粉包内，吊在架子上，滤完水后即成块状粉面了。

做粉条时，匠人将块状粉面用擦子擦成末，先用五斤粉面加水加热打成稀浆，再和进一百二十斤粉面，搅拌成稀粥状，就够一个粉匠一天漏粉了。

漏粉工具很简单，只准备一些开眼多少大小不一的葫芦瓢即可。漏粉开始后，大师傅将准备好的面浆用葫芦瓢漏进沸腾了的大锅内，然后捞进冷水大盆中，再手工盘成把，搭在架上晾干，最后六把束一捆，就可出售。粉条粗细不等：用一个扁眼瓢漏的称大扁粉，用两个扁眼瓢漏的称二条粉，用四个圆眼瓢漏的称线粉，用九个扁眼瓢漏的称芃菜粉。

涮粉皮也很简单，就是将粉面浆盛一勺在平底铜盆内，然后放在热水锅中一旋转，再放在冷水盆中冷却，剥下晒干即成粉皮。

现在机器推粉容易得多了，不过现在都是山药粉条，没有过去的粮食粉条好吃。

（王洪廷采访整理）

大德通票号碛口分号

中国历史上第一个官办银行是大清户部银行，创办于光绪三十一年（1905年）。在此之前，最早则是晋商创办的私人票号。说起碛口办票号，还有一段动听的故事呢。

早在光绪初年，祁县乔家的触角就延伸到碛口，除开着两家大油店外，还开着世恒昌皮毛店，专门收购河路从口外运来的皮毛，再通过陆路运到天津口岸。有一年仲夏，碛口从宁夏来了一支船队，九艘长船都是满满装着皮毛。船家是回人，听说“二碛”难以闯过，就决定在碛口让利销售。世恒昌乔掌柜明明知道这是一桩不小的好买卖，可一核算，需白银上万两。一下子哪能凑齐这么多银子呢？他想与碛口另一家天津宏源皮毛庄合伙购买，不巧掌柜的回天津去了，无人做主。船家在碛口码头停泊了两天，最后碛口著名的李老艄给船家出了个主意，让他将少许货转放在一艘空船上，冲过碛，然后牵着空船逆水而上。这样周而复始将货物运下大半，再轻舟直下，保证安然无恙，如惹出了事故，李艄公愿负一半责任。船家听了他的话，决定冒险闯碛。原来李老艄深知二碛水性，这时正是肥水期，乍看惊涛骇浪，实际有惊无险。他有一班专门的船工，都是闯碛的行家里手，真的只用了三天工夫，就把全部毛皮安全闯过二碛，李老艄赚了不少银子。

再说世恒昌乔掌柜吃了一时缺资本周转的大亏，就产生了在碛口设立票号的念头，于是专门回祁县与东家乔致庸商议。乔致庸早知碛口水旱码头的重要地位，一拍即合，决定在碛口设立“大德通票号碛口分号”。

大德通挂牌以后，生意果然兴隆。原来异地成交的生意，还得驮运沉重的银两，且又很不安全，有了票号以后，拿着帖子可以在异地兑换现金，这大大方便了客商的经济往来。同时票号也做存货生意，对碛口市场的繁荣，起了不可估量的作用。

民国初年，阎锡山曾成立晋胜银行，不久碛口人称省银行的支行在画市巷万盛店院开张营业了。从此民间票号就相继倒闭了。

（王洪廷采访整理）

碛口聚星魁

今人陈德照四合院，曾是名驰西北地区的聚星魁，主营黄米、绿豆、白豆、红盐。碛口聚星魁是绥远（包头）聚星魁的分字号。据上了年纪的人讲，民国十九年（1930年）年初，绥远聚星魁一帮（500只）骆驼，驮着包头红盐，在西头村“号头起”接受盐局“稽查”，围观者络绎不绝，聚星魁的大名从此传遍了全碛口镇。

相传，绥远聚星魁是祁县人的生意，发祥于一个年三十的晚上。约在清朝中叶，祁县二兄弟逃荒到绥远开小店，至除夕晚，无米下锅，正在发愁之际，店里来了一位拉一头骆驼的客人。客人急着回家过年，将骆驼驮的六个银圆宝，请店掌柜妥为保存，约定正月初三来取，走时放了一些碎银两，作为保管费用。兄弟二人百般热情，点头称是，遂将六个大元宝置于财神台前，又是烧香，又是祷告，财神保佑，有了买米钱。

到第二年初三，“客人”未来。到初六，还不见“客人”。弟兄二人商议，让财神作证，暂借一个元宝做本钱，先干拉骆驼的生意。过了些时日，“客人”还不露头，便动用剩余的五个元宝作本钱，扩大了业务。挂牌经

现存的骆驼店　李秋香摄

营绥远聚星魁。不几年，生意兴隆，所养牲畜，以帮计算，成帮成帮的骆驼，成帮成帮的骡马。护场犬也有一帮。二兄弟给祁县送信，给店里定了两条规矩：一是每年连本带利，还“客人”两个银圆宝，置于财神供台上。据说到民国年间，财神供台前，元宝已堆积如山；二是每年除夕，店里的员工，必须喝米粥，以示不忘当年创业之艰辛。不过，传了几代后，除夕的米粥，花样翻新，不断加进了玫瑰、核桃仁、青红丝等多种美味食材，到后来演变为八宝粥。

碛口聚星魁创立于光绪年间，所出售的黄米，颗粒饱满，培养了碛口人喜欢吃黄米捞饭的习惯；所出售的绿豆，色泽光亮，出粉率高，是碛口下塌、寨子山等村加工粉条、凉粉的上乘原料；所出售的白豆，玉润硕大，是碛口冯家塔村加工豆腐的首选原料，每升加工豆腐八九斤。碛口聚星魁，在碛口独家经营包头红盐。包头红盐颗粒大，呈淡红色，咸而味佳，骑河两岸，颇受群众欢迎。

（薛容茂采访整理）

访问老艄高恩才

访问时间：2004年2月9日。

高恩才1922年生于距碛口镇北二十华里的高家塌村，他从十五岁开始搏击在黄河里，过着船工的生涯，是当地著名的老艄工。

碛口周边有多少村庄靠水吃水，养船过日子呢？

俗话说，“靠山吃山，靠水吃水”。碛口周围边沿黄河岸的村庄，过去有不少人靠当船工过日子。最出名的村庄有高家塌、上咀头、下咀头、马家塔、马家圪凹、索达干、小罗子等；陕西那边有贺家畔、拐上、薛家港、杨家畔、川口、螅镇等，这些村庄当时都出过船主，但大多数是船工，过着牛马不如的辛酸日子。

有什么著名船主吗？

陕西慕家垣村有个慕发明，传说他的父亲就是养船能手。慕发明兄弟三人，民国初年迁住碛口西头村，先后养过三百多只船。

请问船有几种？

黄河里的木制船，从用途上讲可分两种：一种是供长途运输的，故称长船，装载粮食和草药，也运牲口；一种是供两岸摆渡用的，故称渡口船。

船按大小而分，那就太多了，最大的船是肚宽二丈四（8米），身长七丈二（24米），载重八万斤。这种船常见于口外，碛口在肥水期也曾来过。

碛口常来往的船有两种：一种叫丈八船〔肚宽一丈八（6米），长五丈四（18米）〕，载重四万斤；一种丈五船〔肚宽一丈五（5米），长四丈五（15米）〕，载重三万斤。船的比例是“一帮二底”（就是帮高和底宽之比为1:2），“一丈肚子三丈长”（就是底宽和船长之比为1:3）。

碛口并非渡口，只有对岸村民往来的渡口船，客货来往的渡口在碛口附近的有高家塌、上咀头、小垣子。渡口船船肚宽一丈二五（约4米），长三丈七（约12米），也称小船，这种船也搞短途运输。

人常说“船烂了也有三千六百根钉子”，对吗？

这是一句比喻的话，意思是富人家穷了，也比穷人家富。船上有多少钉子，那要看船的大小，船上所有木板都是用钉子固定的。

听说筏上家不与船上家作亲，为什么？

俗话说：“筏上家不与船上家作亲（成婚），为他们吃水远哩。”这是一句笑话，筏子上的人顺手就能舀水吃，船上人还得用桶往上吊，这句话讽刺那些夸张细故，吹毛求疵的人。

什么叫沙河？什么叫石河？什么叫碛沙？

人称黄河是一条神路，沿途千关万险，幸有河神保佑，才能处处化险为夷。河曲以上河床多为泥沙，故称沙河，水势平稳，易于航行。河曲以下进入山陕峡谷之后，水流湍急，河底多有巨石，故称石河。

人常说，“有河就有碛，有沟就有沙（小碛之意）”。“碛”和“沙”都是河沟里冲出的泥沙堆积而成的险滩。

碛口以上有什么著名的碛沙？

从河曲往下开始十里八里不是碛就是沙，著名的有老牛湾碛、迷魂碛、万家碛、娘娘滩、软米碛、獾皮沙、狮河碛、罗峪碛、葭芦碛、翻人坪碛，大同碛等等。碛口以下至潼关，碛沙同样也很多，最著名的是龙王占（壶口），“旱地行船，水里冒烟”（船到龙王占上边便抬到岸上，陆路绕过龙王占再下河口，龙王占水雾弥漫如浓烟）。

听说船上有很多规矩，你能讲讲吗？

国有国法，家有家规，船上自然有清规戒律。比如坐船的人不能拍掌，不能背手，不能在船头上撒尿，女人必须坐在中舱或后舱，不能坐在船头。船工的铺盖不能捆起来，避免逃跑之嫌。

船令有哪些？有船工号子吗？

讲船令先得讲各人的职责。船体分前舱、后舱、中舱。前舱头上拴着一条绳，靠岸时一名船工先下水拉船，紧急情况下也抛锚固定；后舱尾上安装着“杝”（土语），就是掌握方向的“橹”。掌橹的称“老艄”，全体船工都由他指挥；中舱是筏工搬桨的地方，桨土语称“棹”，左右各一（称上、下棹或东、西棹），各三个人搬棹。

自古“船令如军令”，一有失误，几秒钟内即有船破人亡的危险，因此老艄的船令，一点不取马虎。具体有：

“棹——”（两面都搬）

“哎！”（两面都停）

“上棹搬！”（下棹则停，用于慢右转弯）

“下棹搬”（上棹则停）

“上棹搬，下棹埋！”（埋即反向搬，用于急转变或调头）

“下棹搬，上棹埋！”

船工也有号子，往陆地上或往水上推船时需齐心协力，故由号子指挥，一般只喊“一、二、三”，特殊也有唱号子歌的。

黄河上一天能行多少里？航行是一帆风顺吗？

黄河航行是很辛苦的活计，为了安全，必须请著名的老艄领头。航行不是一只船单独行驶，最少有两只以上相跟，互相照应。我们从包头到碛口，为与出名的李老艄相随，在包头多住了五天。

包头到碛口一千一百八十里，沿途有二十多架大碛沙，如在肥水期，一般流十五六天，不顺利了就得流二十多天。如在瘦水期，那就更费时间，因为过一架碛，就要先停泊在碛架上游，然后老艄们步行看河，自古道“行船容易分水难”，必须先认定正确的航道，方可顺利下行。过碛是很危险的，倘若选择航道有半点差错，就有砸船的可能。就是沙河地段航行，也常遇搁浅，冬季凌水中也得下河背船，有时长达几小时才能启动，找深水行进。天气也很有关系，风平雨停才能继续行驶。

“船工揽，老艄寻”是什么意思？

“老艄”是掌橹人的俗称，是船工中的尖子。船工“破股”（分红）的规矩是：“一工二艄三把头”。就是船工一份，老艄两份，把头三份。把头是船主的代表，兼管一切经营活动，自然股份要大。俗话说，“船工是揽，艄工是寻”。船工卖苦力，参与者多，就得自己出去揽生意，老艄少，尖子更少，因此货主得寻好把式，方才放心。

什么是“过碛老艄”？

河路与陆路不一样。河路水底变化无常，行船不能按着过去的记忆，要随时看水纹水向而定航线，特别是遇到大碛，一般老艄是不敢冒那个险的，必须请当地著名的老艄。碛口民国年间有个李老艄，穿绸着缎，成天在碛口街里游来摆去，如有船要闯碛，必定高价请他当老艄。他根据水性决定载重多少。李老艄一生谨慎，不幸晚年二碛砸船，丢了性命。

老艄都能发大财吗？

唉！哪有发大财的，如果真的发了大财，谁还看下干这苦不堪言的活计的人。就是著名老艄，从包头到碛口也要黄河里搏击七至十五天。返回时走陆路，碛口到保德四百八十里，保德到包头四百八十里，还得步行十多天，你说苦不苦呀！况且当时百分之七十的老艄，都染上了大烟瘾，哪里还能发了财。

冬季船只能否行驶？

“开河闭河”时船不能行驶。闭河是指初冬开始封冻的时候，小雪前后，黄河两岸冰层还未冻硬，人畜不敢走近水边，同时黄河冰碴儿粘船，船行不易划动。等到冬季坚凌硬时，又可航行，但危险性大，船只自然减少。开河是阴历立春前后，冰雪开始融化，两岸冰虽厚而不坚，故也不敢航行。

那么春、夏、秋都可航行吗？

俗话说：“骆驼下场船避伏”“杏黄麦熟买卖稀”。这就是说船也要避过三伏才能航行。为什么？因为三伏之内，易发洪水，何时暴涨，神鬼莫测。

为什么说“船工是死了没有埋”？

人常说“船工是死了没有埋，炭毛是埋了没有死”。我二十岁那年，父亲已成为小有名气的老艄。那年腊月初十，父亲在软米碛船破落水，船上七个人，三个游向西岸，幸好下游岸上有人救了上去。我父亲等四人游向东岸，冰畔太高，爬不上去，泅水百十多里，终因筋疲力尽，寒不可当，四人全都遇难。

民国初年，兴县黑峪沟有一只船被特大洪水吞没，船上七名船工全部落水。后来六人尸体在下游找到，一人没有下落，于

中市街的铺面　李秋香摄

是只好按当地的风俗，“招魂”埋葬。正在全家戴孝，举行葬礼时，这人回了家。大家以为鬼来了，怕得跪下，这人再三解释，说自己没有死。有个胆大的人上前摸了摸，确实有骨头有肉，大家这才惊喜交加，原来这人冲了二百多里，当冲到碛口时，才有船工把他救了上来。

你能谈一下纤夫拉纤吗？

从包头来到碛口的船，大都卖掉了。从河曲以下来的船，有往回拉的。“拉船”官话称“拉纤”，这可是船工最辛苦的日子。船只返回时，一般装载着碛口招贤出产的瓷器、铁器和少量东路来的洋板货。原来的老艄大都步行回了，船上就由二把刀撑杆，其他船工拉纤。在夏天，烈日炎炎，赤身裸体的纤夫弓着腰，头上的汗水直往下掉。在冬天，纤夫穿着老羊皮袄，在冰上行走。

逆水行舟可难啊！一般每天只走二三十里，如遇一架碛，那就需要很长的时间。从碛口到河曲陆路四百八十里，河路弯来拐去，足有六百里，上行船顺利也得拉十五到二十天。

你能谈谈船工的食宿吗?

当时整个社会穷，船工倒起码还能吃个饱肚子，但吃得非常单调。船上也没有多少灶具，只有一个小破瓮泥的火炉，吃的主要是小米干饭，有时也吃口外产的黄米干饭，不炒什么菜。只有腌的蔓菁、萝卜。往下漂流时，一个人抽空儿做饭，到时靠岸一起吃。

船工住宿可别提，“铺得水，盖得天，有时还往石崖钻”。如果晋升为一名老艄，那可身份倍增，上下船还得船工背，晚上也不用看船，到村子里住店去了。

祭祀活动

黄河是条神路，怎样祈祷河神保佑呢?

当时人们思想非常迷信，把命都寄托在神灵身上，沿黄河两岸不知有多少河神庙。碛口除黑龙庙以外，河南坪的河神庙香火最为旺盛。

每当起程开船前，首先船主、货主以及全体船工跪在河滩里烧表磕头，祈求河神保佑一路顺风，也有的货主或船主许牲许愿，许唱三出还愿戏。表白完毕，货主、船主走了陆路。没有出什么问题就得还愿，不敢许而不还。还愿也很简单，如许了一只羊，就拉着羊到河神庙，烧表磕头表白谢意后，给羊头上泼碗冷水，羊打战摇头，就表示神灵接了牲。如果是许下三出还愿戏，还得趁某地唱戏时还愿。还愿戏更为简单，当正式演出结束后，就开始唱还愿戏。一个演员出台道白：“节节高，节节高，节节高上盖金桥，有人来把金桥过，不知金桥牢不牢。”这就算一出还愿戏。另一个演员出来念道：“远远望见一青天，一块石板盖得圆，有人从这石板过，不是佛来便是仙。”这又算一出。还愿戏台词也有逗着玩的：“远远望见一道沟，沟沟里面尽石头，不是孝子跑得快，差点碰了脚趾头。”唢呐“呜哇哇”一吹，三出还愿戏就算唱完。

船工们遇到危急险关时，也有许愿的。但穷光蛋们无力支付这笔开支，就在庙上求饶。磕头烧表后说：“我许的牲，我许的愿，那是当时怕得我胡说八道，河神爷爷可不要见怪。”

船工们做了“自我检查”，心态平衡了，照旧搏击在黄河里。

船只的买卖交易，也有牙行吗？

碛口称买卖说合人为“割牙的”。船行割牙的自然要对本行熟悉，且能说会道，又有威信。民国三十年（1941年）前后，碛口船行里有个王保魁，外号“刀子嘴”，大小买卖都离不了他，经他说合的生意，你也别想拉勾下蛋（反悔）。

“买卖一句话，成交一点头”。船只交易也不写什么契约，但有不成文的规矩，就是当割牙的说好价格后，买主再次上船查看所随配件，然后将“擢水槽”（船内进了水，往外擢的工具）拿到手，表示船属已有。这时船主也上船，解去拴船用的小绳。俗话说，“牛解笼头驴解缰，船解小绳不商量”，这些小东西虽然不值多少钱，但绝不卖掉，意思是以后还要经营。三者商定以后，再到熟悉的某店账房里付款，账房先生自然是中介人，割牙的是说合人，买主卖主付清款后，生意就算完结了。

你还有什么好故事吗？

黄河的水流不尽，船工的苦诉不完，有时间咱们慢慢再谈。

（王洪廷采访整理）

第一版后记

古镇碛口的调研工作，做得可有年头了。

1997年11月下旬，我们刚刚完成介休张壁村的田野调查，吕梁地区旅游总公司的侯克捷先生就用他那辆好像随时都可能解体的吉普车把我们接到了碛口。这时候，我们已经做了不少乡土建筑的调查研究，从鱼米之乡到戈壁高原都见识过了，一到碛口，看到黄河边上的镇子和附近几个山村，我们还是被大大地震动了。震动了我们的，第一是黄土高原特有的深沟大壑秃峁断梁，那么荒寒枯瘠又庄严雄浑得惊心动魄；第二是碛口镇三百年兴衰的历史，那么独特又丰富多彩，紧紧联系着秦晋大峡谷中黄河河运的开发和明清两代对蒙古的政策，那是一曲商人和苦力的奋斗史；第三呢，在深沟里，在陡坡上，在悬崖顶，在黄河边，一座座窑洞村落，那么自然地惊险，自然地变化，自然地和天地山川生为一体。它们是自然的产物。稍一细看，墀头上装饰着精致的砖雕，门窗上的细棂也疏密有致，连碾子上的石磙和牲口的料槽还刻着花呐！只要有一丝可能，建筑都会洋溢出人们对生活的热爱，记录下人们在极其困苦的条件下的追求、斗争和创造。它们是碛口开发史的实物见证。

侯克捷先生和临县王成军副县长的满腔热情也很使我们感动，他们深深地懂得这些文化遗产的价值，迫切地希望把它们保护起来。他们接我们去，为的就是要我们和他们一起努力做好这件极有意义的工作。我们毫无保留地立即跟他们绾了同心结，决定把碛口和它周边的几个村落作为我们调研的对象。

第三天早晨六点钟，我们在离石坐长途客车回北京，过了石家庄，下起大雪来，车轱辘小心翼翼地滚，到北京已经晚上九点多了，幸好老侯塞给我们一包黄河边上特产的滩枣，又软又甜，这才没有饿瘪。

碛口的研究价值很高，工作的规模必须稍大一点才能体现出它的价值，我们不愿也不敢草草成书。而且，干起来也有些外在的困难，临县是个国家级贫困县，而我们这个研究小组也只有在别的课题上攒下点余钱来才买得起车票，于是，工作就做做停停，三天打鱼，两天晒网。不过，我们始终挂念着碛口，不断向电视台、报刊、学者、摄影家等等中外朋友们介绍碛口。我们还曾经正式推荐碛口和它周边的村落作为国家级文物保护单位，可惜太过匆忙，资料不足，手续不全，没有成功。一天天拖下去，我们肚子里的疙瘩越长越大。

1999年，我们把香港中文大学的何培斌教授拉到了碛口，他一看大为激动，过了不几天，带着录像师又来了两次。在他的支持下，我们在2000年写成了一本初步的研究报告（李秋香执笔完成）。这以后，我们又在台湾龙虎文化基金会的支持下继续做碛口的工作，带着学生，陆陆续续测绘了几个村落的建筑，并且做了更深入一点的调查。就这样，算下来，到2003年，已经先后去了七八次之多。有一次是盛夏去的，天热得邪乎，风都烫人，三联书店的编辑杜非也随我们到碛口考察，她和李秋香在索达干往北七八里的路边上抄两块碑，第二天浑身上下凡没有遮挡的部分都脱了一层皮。那天晚上在西云寺斜对面的高圪台上吃饸饹，停电了，点上蜡烛，我仿佛幻听到东市街上管账先生们的算盘声噼里啪啦地响了起来。老侯大概没有在幻觉中闻到饭店小伙计给管账先生们送去的夜宵的香气，而是闻到了我们四个人身上几天积攒下来的汗臭，临时决定，不再在乡政府的文件柜上过夜了，立即赶回县城去。好吧，我口袋里已经有了一整本关于陈敬梓的访问材料，有点儿不适当的满意，就钻进了那辆叫人不大放心的吉普车。今年年初，我拿出那个笔记本来看，三年前的馊气依然扑鼻。

就这么的，到了2003年11月，忽然临县县委孙善文副书记来了电话，说是有了一笔经费，可以用来保护和开发碛口，要我们去帮着做点儿什么。这当然是个好消息，触发了压在我心底多年的愿望，我说，行，这就去。恰好那时候台湾汉声杂志社的黄永松先生在北京，我对他又劝又激再加上诱惑，他动了心，改了飞机票，决定跟我作伴。半上午从北京出发，天黑之后到了太原，第二天，孙副书记载上我们，过离石拉上侯克捷先生，直奔碛口而去。先到招贤镇，刚刚扎进瓷窑沟，还来不及细看，见多识广、平日里一向不动声色最沉得住气的黄永松立马掏出了手机，放大嗓门，东打一个电话，西打一个电话，打了几个之后，对我说：“都跳起来了，那几位都跳起来了。”还没有走出瓷窑沟，秋天里邀些境外专家在碛口开个小型讨论会的计划就大体形成了。我说，可不要开那种说几句话就走人的会，来了就得干点儿什么。黄永松说，那当然！

看过了碛口、李家山和西湾，跟孙副书记交换了些关于保护和开发的设想，确定了我们在第一阶段的工作，这里面就包括完成我们全面介绍碛口和它周边村落的书。这本书，一来可以深化对碛口的认识，把保护和开发的工作做得更准确、更完善，二来可以提高碛口的知名度，引起更多的人的关怀，促进保护和开发。黄永松则负责落实那个开会的计划。

不料，台湾的几位朋友看了黄永松带回去的照片之后，竟等不到秋天开会，立刻要求到碛口过正月十五。于是，我们一齐又去了一趟。刚到离石，王成军副县长候了个正着，给我们吃了顿山西省著名的莜面和荞面，看了看街上热火朝天的龙灯，当天下午就开始进村参观。

汉声杂志的出版人吴美云女士和台湾大学的夏铸九教授，走到哪里就喊到哪里，哇！哇！哇！最沉稳的是三联书店的前老总董秀玉女士，不喊，张着嘴笑，老也闭不拢。

吴美云以她的职业习惯，不断问我一些关于写书的问题。我回答：这座房子我们测绘过了，或者，这件事我们调查过了。说着说着，我发觉我们的准备工作确实已经做了不少，是到了动手完成这本书的时候了。夏教授则热心地对孙副书记表示，他们可以为保护和开发碛口做些实实在在的工作，他们在古迹保护方面和区域规划方面有丰富的经验。

台湾朋友走了之后，我独身留下来又和临县前工会主席王洪廷先生到樊家沟、南沟、索达干、高家塌几处去看了一趟，访问了一位行船的老艄。王洪廷先生近五年来一直从事《碛口志》的准备工作，积累了不少资料。他是碛口人，1997年我们第一次到碛口就访问过他。还有一位碛口人，县党校老师薛容茂先生，也一直和我们联系着，对我们2000年调研初稿的写作很有帮助。

3月和5月，我们又有人分头到碛口去。工作是调查碛口周边的几个村子，摄影，带同学去补充一些测绘。

王洪廷先生不断地给我们寄些访问记录来，还有他拍摄的照片，薛容茂先生也寄来几份资料。孙副书记则组织了县里的几位"秀才"分头调查了些我们希望得到的资料。可惜我们写的书不能篇幅太大，没有能容纳这许多好材料。

七年来，我们这个乡土建筑研究组的全体成员都先后参加了这个课题。我照应总体的工作，负责调查并撰写了序文和后记，李秋香负责调查访问，摄影，主持历年的测绘，完成碛口古镇撰文，陈志华修改定稿。李秋香同时完成西湾村、高家坪村的撰文；罗德胤负责孙家沟村、李家山村两村子的调查、测绘，并撰文。

参加了田野工作的学生几年来前后几批。其中有一部分用这个题材写了毕业论文。因为人数众多，我们不一一列出他们的名字了。

做乡土建筑研究，最高兴的是和学生们下乡进村，一起生活，交流发现和体验，共同享受发现和体验的快乐。绝大部分学生都朝气蓬勃，吃苦耐劳，有责任心。更叫我们欢喜的是他们有些人能够和村里人交上朋友，回来之后还书信不断。我们的研究成果中有很重要的一部分是测绘图，这些都是他们辛辛苦苦测量绘制的。我们对测绘图的质量要求很严格，必须真实，必须准确，还要尽可能地美观。所以工作过程反反复复，来来回回，他们都能理解、接受。最后的毕业论文大多数也写得认真，不但实地调查相当细致，还阅读了不少参考书。

这次碛口的工作，有一部分学生是利用国庆假期来做的，他们觉得这是一件很有价值的工作，所以宁愿放弃休息，来一厘米一厘米地测量、绘图，做这一份极细致又极枯燥熬人的事。我们特别感谢他们。

碛口的工作也有很大的困难。由于题材的特殊性，我们认为需要多做一些社会调查，例如货栈和过载店的经营，大商人的发迹史等等，但是，我们几乎什么都没有得到。事情过去不过几十年，并不算久远，知道详情的人却已经找不到了。有一些事情和人物，在镇子上倒是留下一些传闻，但各人所传的又大不一样，而且无从取证，真假难分，善恶难辨，我们只好不写了。连一些十分简单的事，例如油筏子的结构和驾驶都弄不确切。王洪廷先生说，这恐怕要到包头去调查才成，我们做不到，写了个大概就过去了。本来还想写一点民俗，但民俗的变化很快，伞头秧歌唱的都是眼前的话，连龙灯也很现代化了，而我们要写的主要是碛口辉煌的当年。于是，也是过一句就算了。

拍照片也一样，眼前是一幅衰落破败的景色，中间夹一些现代化的零碎，很难教人回想起当年的繁华。

这些困难给我们的研究报告留下许多遗憾，但是，比遗憾更重要的是使我们更痛切地感到危机，再过几年，连我们当前写下的这些事情也不会有人知道了。我们国家好像还没有提倡、支持和组织过一批人系统地调查记录几百年来普通而平常的老百姓的生活史。倒是花了大力气去考证夏、商、周的断代问题。那么，我们民族的历史，将永远是帝王家谱和断烂朝报，我们的子孙后代，将永远无法知道或者只零七八碎地知道千千万万普通而平常的老百姓是怎样生活着并且创造过多么光辉的文化成就的了。

闲话少说，我们接着干吧，像精卫填海那样。

甲申年上元节，我（七十六岁）、王洪廷（六十五岁）和董秀玉（六十二岁）在黑龙庙戏台上挽着臂膀唱了几首五十几年前年轻人的歌。我在照片下面写了几句：

如果你已经把青春忘记，
请和我们一起回忆；
乱石碛上也应开放花朵，
我们的生命化成了春泥。

陈志华　2004年4月

再版后记

古镇碛口的调研工作，是我们做得年头最长的，从1997年11月下旬起，一直到2003年结题，2004年正式出版。长达七年的时间，不是因为这工作有多难，主要是因为经费稍有困难，不能一鼓作气完成。碛口古镇的研究项目，是以碛口为核心的经济中心，向周围村落辐射的经济区域，它所涵盖的范围要比一个单纯的村落大得多，研究时间长，所需经费量也大，碛口镇所在的临县是个国家级贫困县，我们只能靠节省出其他课题的费用来陆续进行，研究因此做做停停。虽说时间拉得较长，却为我们留出了时间充分认识这个水陆码头的特质，展开的视野更宽，研究的关联深度更准确，从而在研究方法上较前几个课题有了一定的突破。

碛口的研究无论从哪方面看，价值都很高，它的特点是以水陆码头为核心，经济的辐射跨越山、陕两大农业经济区，带动周边村落的建设和发展，形成以农耕经济与商贸携手的经济文化圈，是中国乡土文化中难得的一个典型案例。

自民国初年开通同蒲铁路

在碛口商业大规模兴起之后，寨子山也受碛口经济力辐射，形成一定规模的村子。村中以陈懋勇、陈敬梓兄弟为代表，在民国年间经商达到顶峰。村里兴文重教办起学堂，请教书授课教习，名传一方。图为知县所赐匾赞誉教书先生的匾。 李秋香摄

后，碛口镇水陆码头没有了优势，镇子也随之衰落。没了营生，有点门路和关系的人都外迁出去讨生活了，镇上原有的商行、栈房大院空空荡荡，长满了蒿草。20世纪60年代初，发生了全国性的大灾荒，为了不至饿死，镇上的百姓自拆砖瓦、木料换取粮食来渡难关。很多建筑倒塌而无人问津，商业街的路面泥泞破烂，仅存几家烧饼店，一家旅店，一派衰落破败的景象，但透过骆驼店、油行、分金炉、各类商号，山顶上的黑龙庙，仍可想见古镇曾经的辉煌气势。

1999年10月是我们第一次对碛口街上的老建筑进行规模性的测绘，西市街上仅有的小旅店，前身是清末民初建的天主教堂，1949年后改为玻璃厂生产车间。

20世纪60年代玻璃厂撤并，厂房被拆除，空空的大院内，仅剩下北侧三间和沿街四间箍窑。沿街房是上下两层，底层作供销社的门脸，朝街面开门作铺面，从院内台阶可上到二层的旅店客房。平时住宿的人很少，只有逢碛口街赶场日，才有远途的小贩偶尔住住。乡下人没那么讲究，店里的铺盖长年不换洗，基本上看不出本色，拍打一下腾起满屋的灰尘，我们就在此住了下来，一干就是二十天。第二次、第三次的调研，分别是2002年5月和10月，我们再次到碛口镇测绘，依旧住在这家小店里。直到2004年4月我们第四次再来时，街上才有了条件改善的私人农家旅店。

之后的2007年7月、2008年7月，我们连续两次带毕业班的学生在碛口调研测绘。学生们跟着老师翻山越岭，走村串巷，到黄河沿岸的樊家沟、索达干、蛆蜊峪、琉璃畔、高家塌，访问行船的老艄，调研采访当年扛包工、街上的商户和老房主，并用相机记录下碛口及村子里的生产生活及民俗活动，其中一些学生以碛口为题撰写出了感情浓厚、增进学识的毕设调研报告。

临县的县长王成军，书记孙善文在我们工作期间给予很大的支持，帮我们找来了熟悉临县民风民俗的秀才王洪廷和薛荣茂两位先生，为我们翻译当地土话。他们还亲自找到曾经驾过船的老艄公及老客店掌柜等做采访，整理成文，供我们参考，为此笔者特将这部分文字收入本书当中。

距碛口仅十八公里的招贤镇，与碛口镇密切相关，是碛口镇重要物资——生活用的瓷器和铁货的供应产地。它以手工业生产聚集成一个个窑村，居住的窑房与烧炭、烧瓷器、炼铸铁的窑场掺和在一处，形成十分独特的村镇景观形态。镇上一年四季烟雾笼罩，污染严重，只要一出门，头发眉毛就挂上一层白毛，鼻孔下面会留下一溜黑灰。招贤镇环境条件差，没有招待所，也没有旅店，我们找到招贤的刘建平镇长，他冥思苦想，最终将我们十几个人安排在新开澡堂的杂房住下来。工作一天灰头土脸，晚上能洗上个热水澡，同学们都很知足，很开心了。

招贤严重缺水，百姓用水很省。每次开饭前，小店主人总是拿来一个脸盆，舀上一勺水，将盆子倾斜着招呼大家来洗手，十几个人用这一盆水，不过是在盆里把手沾沾湿而已。洗过手的水不能轻易倒掉，积攒在水缸中放入明矾澄清，用来洗衣服，再存起来澄清作他用，直到最后水无法再过滤才倒掉。招贤的日子让同学们真正体会到了什么是滴水贵如油。正如陈志华老师在第一版后记中写道的“工作环境差，同学们没有人叫苦喊难，绝大部分学生都朝气蓬勃，吃苦耐劳，有责任心。更叫我们欢喜的是他们有些人能够和村里人交上朋友，返校之后还书信不断”。

由于题材的特殊性，我们要做更多相关的社会调查，例如货栈和过载店的经营，大商人的发迹史等等，以觅踪寻迹发掘出更多碛口老街的历史信息。但是收获不多，很多事情由于时间太久，无法考证，也有些事情不过几十年，知道详情的人却找不到了。这些困难给我们的研究留下了许多遗憾，但是，比遗憾更重要的是在我们七八年的研究时间里，亲眼目睹了一座座老建筑的消失和破坏。再过几年，恐怕连我们当下记录的这些事情，也会随着人去屋倒成为过往云烟了，想想，我们肩上的担子真的很不轻松。

2004年汉声正式出版了《古

镇碛口》一书。虽出版，但我们仍感到有所欠缺，因此调查和测绘工作依旧持续进行。这次的再版增加了部分测绘图，对部分文字进行了调整和补充，收入了一些老照片，补拍了部分新照片，同时在后记中将参加这项研究的教师、学生的工作情况，从头到尾全部进行了记录（见附录）。

碛口及周边村落研究课题，陈志华为项目总策划，撰写序文和第一版的后记，负责文稿修改审定；李秋香负责碛口镇及周边村落的调查，撰写《碛口古镇》《西湾村》《高家坪村》《彩家庄村》《吴城镇老街概况》《招贤沟的工农庄》等文，进行采访整理有《访问马常春》《访问兴盛韩药店后人韩福兴》等，摄影并主持学生历次的测绘工作；罗德胤负责孙家沟的测绘，李家山及小塌则村的补充测绘，撰写《孙家沟村》《李家山村》两文，《招贤小塌则村》由罗德胤、余猛、路旭、蔡楠共同完成。陈金华参加了彩家庄的测绘工作，并参与修改了部分测绘图。

2007年前使用的都是胶片照片，由于存放时间较长，这次再版时才发现，有不少胶片已出现了变色，冲洗出的照片失真，甚至片子上布满斑点和划痕，起初还一张张地修复，将胶片扫描转成图像照片，再调色、修补，但费时费力效果却始终不理想。几经斟酌，最后下决心到碛口再走一趟，重新补拍相关的照片。此时的碛口镇已经过十几年的旅游开发，面貌有了不小的变化，一些老建筑修缮一新，街巷、码头、老建筑上，挂满红红绿绿的彩旗、红灯笼、大牌匾及各色招幌，不知能否拍出古镇原有的淳厚味道来。说来也巧，当我正为此事担忧时，李玉祥先生的一个电话提醒了我。

李玉祥是《老房子》系列书的作者，很早就用他的相机来关注中国传统村落，呼吁对老建筑的保护和宣传，20世纪90年代他就去过碛口，拍摄了不少照片。在李玉祥先生的支持下，精选的照片最终用到《碛口古镇》再版的书中，读者可通过一张张精彩的照片，回味碛口古镇淳厚的味道。

另一位湖南会同县的摄影师林安权先生，也是我多年的老朋友。他长期关注乡村，拍摄用心动情，一丝不苟，近二十年曾获得过众多乡土摄影的大奖。他听说《碛口》一书再版，还需补拍一些照片，便亲自跑到碛口拍摄，想尽办法避开花花绿绿的广告、招牌、汽车和人流，用心去捕捉碛口精彩的影像。当看到他拍摄的照片时，同时能感受到作者对乡土文化的爱。有了两位摄影师的精彩照片，这本书增色不少，非常感谢他们两位！

李秋香于清华园

2017年3月

参加碛口及周围村落测绘学生名单：

1、时间地点：1999年10月测绘碛口镇
　指导教师：李秋香
　测绘学生：林　霖　王　哲　赵　巍　张音玄　刘　煜　王亚莉　周奕奕　唐　斌

2、时间地点：2002年5月测绘西湾村、李家山村
　指导教师：李秋香
　测绘学生：黄绍滨　谈　松　臧春雨　罗德胤

3、时间地点：2002年10月测绘招贤工农庄、寺翻底村、小塌则村
　指导教师：李秋香
　测绘学生：赵星华　蔡沁文　李　磊　黄妙艳　于立彬　刘起周　吴轶秦　脱娅宁
　王　喆

4、时间地点：2004年4月测绘西湾村、高家坪村
　指导教师：李秋香
　测绘学生：邓显飞　梁多林　刘　敏

5、时间地点：2004年4月测绘李家山村
　2004年6月测绘小塌则村和化塔村
　指导教师：罗德胤
　测绘学生：余　猛　路　旭　蔡　楠

6、时间地点：2007年7月测绘彩家庄
　指导教师：李秋香
　测绘学生：周雯君　康惠丹　郭　璐　殷　霄　柳文傲　蔡　意　裴　雷　项　曦
　黄　峥　许伯文　陈金花

7、测绘时间：2008年4月测绘招贤镇招贤镇庙宇及烧窑炉子
　2008年7月测绘陈家塬
　指导教师：李秋香
　测绘学生：2008年4月　林永明　陈　华
　2008年10月　钟　声

作者简介

李秋香，清华大学建筑学院高级工程师，1989 年起从事乡土建筑的研究及传统村落的保护工作。主要专著有《新叶村》《中国村居》《石桥村》《丁村乡土建筑》《闽西客家古村落——培田》《川南古镇——尧坝场》《高椅村》《郭峪村》《流坑村》《十里铺》等,主编乡土瑰宝系列书籍《宗祠》、《庙宇》、《文教建筑》、《住宅》（上、下）和《村落》等。

陈志华，1952 年毕业于清华大学建筑系，留校任教，直至 1989 年退休。主要专著有《外国建筑史》《外国造园艺术》《北窗杂记》《意大利古建筑散记》《外国古建筑二十讲》等，还编译了《保护文物建筑和历史地段的国际文献》《现代西方建筑美学文选》等书。1989 年起从事中国乡土建筑的调查与研究，与楼庆西、李秋香共同成立“乡土建筑研究组”,出版《中华遗产. 乡土建筑》系列丛书和《中国乡土建筑初探》等著作。

罗德胤，现任清华大学建筑学院副教授，2003 年博士毕业，主要从事传统聚落与乡土建筑的研究工作，完成多个课题，开设“乡土建筑学”“乡土聚落研究”等课程。主持全国范围内的村落保护发展项目数十个,已出版著作有《蔚县古堡》《仙霞古道》《清湖码头》等。